游戏设计梦工厂

第4版

Game Design Workshop
A Playcentric Approach to Creating Innovative Games
（Fourth Edition）

[美] Tracy Fullerton◎著

陈潮◎译

U0218060

電子工業出版社
Publishing House of Electronics Industry
北京·BEIJING

内 容 简 介

　　《游戏设计梦工厂》是南加州大学电影艺术学院互动媒体与游戏专业的系主任特雷西·弗雷顿教授的经典著作。通过这本将现代游戏工业与先进教学体系完美融合的图书，你将学会"以游玩体验为核心"的设计哲学和围绕这一核心的一系列设计方法及工具。跟随书中精心设计的练习，有毅力的游戏设计师不需要编程或艺术专业知识就可以按部就班地完成真实游戏的设计。本书内容全面，细致且系统地讲解了游戏设计和制作的过程。从了解游戏设计师的角色及游戏的结构开始，到游戏的形式、戏剧和动态元素，再到游戏的原型制作和游戏测试，直到游戏的打磨、发行和游戏制作，本书覆盖游戏设计的方方面面，适合不同阶段的游戏设计师阅读。

Tracy Fullerton: Game Design Workshop: A Playcentric Approach to Creating Innovative Games, Fourth Edition, ISBN: 978-1-138-09877-0.

Copyright© 2019 by Taylor & Francis Group, LLC.

Authorized translation from English language edition published by CRC Press, an imprint of Taylor & Francis Group, LLC. All rights reserved.

Publishing House of Electronics Industry is authorized to publish and distribute exclusively the Chinese (Simplified Characters) language edition. This edition is authorized for sale throughout the mainland of China. No part of the publication may be reproduced or distributed by any means, or stored in a database or retrieval system, without the prior written permission of the publisher.

Copies of this book sold without a Taylor & Francis sticker on the cover are unauthorized and illegal.

本书原版由 Taylor & Francis 出版集团旗下 CRC 出版公司出版，并经其授权翻译出版。版权所有，侵权必究。

本书中文简体翻译版授权电子工业出版社独家出版并仅限在中国大陆地区销售，未经出版者书面许可，不得以任何方式复制或发行本书的任何部分。

本书封面贴有 Taylor & Francis 公司防伪标签，无标签者不得销售。

版权贸易合同登记号 图字：01-2019-1914

图书在版编目（CIP）数据

游戏设计梦工厂：第 4 版 /（美）特雷西·弗雷顿（Tracy Fullerton）著；陈潮译. —北京：电子工业出版社，2022.7

书名原文：Game Design Workshop: A Playcentric Approach to Creating Innovative Games, Fourth Edition

ISBN 978-7-121-43348-1

Ⅰ.①游… Ⅱ.①特… ②陈… Ⅲ.①游戏—软件设计 Ⅳ.①TP311.5

中国版本图书馆 CIP 数据核字（2022）第 085110 号

责任编辑：张春雨

印　　刷：固安县铭成印刷有限公司
装　　订：固安县铭成印刷有限公司
出版发行：电子工业出版社
　　　　　北京市海淀区万寿路 173 信箱　邮编：100036
开　　本：787×980　1/16　印张：36.75　字数：823 千字
版　　次：2016 年 4 月第 1 版（原书第 3 版）
　　　　　2022 年 7 月第 2 版（原书第 4 版）
印　　次：2025 年 2 月第 5 次印刷
定　　价：168.00 元

　　凡所购买电子工业出版社图书有缺损问题，请向购买书店调换。若书店售缺，请与本社发行部联系，联系及邮购电话：（010）88254888，88258888。

　　质量投诉请发邮件至 zlts@phei.com.cn，盗版侵权举报请发邮件至 dbqq@phei.com.cn。

　　本书咨询联系方式：（010）51260888-819，faq@phei.com.cn。

推荐语

（按姓氏笔画排列）

这本游戏设计领域的名著，透露了很多不为人知的行业秘密，无论是业内人士还是普通玩家，看后都会大呼过瘾。甚至有人戏言，读了《游戏设计梦工厂》，可以直接上岗，不用再攻读相关专业。这块入行"敲门砖"，你值得拥有！

——王世颖，资深游戏设计师

国内一直非常需要一本通俗易懂的适合游戏设计师的教学式图书，《游戏设计梦工厂》填补了这一空缺，让所有游戏爱好者都能有机会进入游戏行业，制作自己梦想中的游戏。

——王佳伦，游戏茶馆 CEO

游戏设计是艺术和工程的完美组合，这个工作简直是太梦幻了。在艺术和灵感、创意开发和游戏逻辑设计以及视觉表现手法等方面，这本书给我带来很多系统化的思考。我们都不是学院派出来的游戏人，我带团队成立游戏工作室的时候，靠的是苦苦摸索和本能的自我感觉。所以 2012 年第一次看到这本书时就觉得相见恨晚。但我曾经创办网络游戏公司，和一群制作人和设计师共同经历的十年探索之旅，令我一生无悔。

——王峰，蓝港互动创始人

游戏设计不仅是灵感和创意的表达，更是一套由成熟理论支撑起来的艺术科学。本书一直是我职业发展道路上最重要的导师，她用清晰易懂的语言，告诉我如何将一个创意用系统化的方法构建起来，并最终成为一部完整的作品。书中包含许多生动有趣的案例和开发者的感悟，对任何一个中国游戏开发者来说，她无疑都是一部伟大的游戏设计圣经。

——王海银，西山居游戏制作人

这本书带给我一种遗憾：如果早点遇到它，或许我的职业生涯会从游戏媒体转向游戏设计；这本书又带给我一种释然：要想做出自己的游戏，只要开始了，就永远不会晚。

——火狼，资深游戏媒体人

《游戏设计梦工厂》的好，不仅是可以让读者看到"以游玩体验为核心"的设计流程是什么样的，或是系统化地认识游戏设计的思路，而且自写完第 1 版的 15 年后，Tracy Fullerton 教授仍然在对书中的内容进行升级。最新的这一版在保持了"以游玩体验为核心"的设计指导的基础之上，又加入了很多新技术和众多著名游戏设计师对游戏设计的观点。我相信这对于正在发生巨变的国内游戏行业来说，拥有更贴近时代背景的参考价值。

——邓梁，游戏葡萄主编

中国游戏产业的经济效益与产业规模已经不容小觑，但游戏的社会地位，以及社会对游戏的认识，却并未因此而得到相应的提升。部分原因是我们缺乏对游戏素养的培养，也缺乏成体系的游戏设计的专业教育，更没有建立起"游戏是一种有专业生产链条的创意工业"的看法。

《游戏设计梦工厂》这一新版本的出版，恰逢其时。这本书在海外是游戏设计的经典著作，是为游戏设计师专门准备的教材，从篇章结构、内容编排到行业中著名设计师视角的大量访谈，都既展现了游戏的专业性，又为游戏行业的生力军提供了一份恰当的入门指南。

这本书在编排结构上，从认识游戏的基础工具出发，到设计游戏，再到行业指南，可以说既参考了海外游戏研究对游戏本体的充分研究，也展现出了对行业的理解与把握，是一本融合了理论与实践，方便、可靠、对新手友善的参考书，我愿将它倾力推荐给所有想要了解游戏设计的人。

——刘梦霏博士，游戏学者、
"游戏的人"档案馆馆长

本书作为游戏设计专业的经典教材，开宗明义地讲述了在世界范围内成功案例最多、也最受高制作质量和高设计质量的厂商推崇的设计流程。随着读者阅读并跟随思考题进行练习，会依次了解游戏元素、其中令游戏机制有趣的形式元素、令游戏充满游玩乐趣的戏剧元素，以及这些元素如何组合成系统。可以说，只要理解了本书前 5 章的内容并加以实践，读者和读者的游戏就已经能在市场上占得先机了。

因此，本书适合新近进入游戏开发行业，或是已在行业内探索一段时间的从业者阅读。读者可以通过阅读本书明确知道，在游戏行业数十年积累下来的经验中，哪些是与直觉不同，却是能令游戏设计与开发事半功倍的"正确的事"。

——刘嘉俊，资深游戏策划、
《游戏设计艺术》译者

游戏在社会生活中扮演的角色越来越重要，但大多数人对于游戏设计师的认识依然模糊。

有人无法区分游戏设计师和编程人员，有玩家觉得设计师一定和玩家是对立的，甚至有人好奇设计师是否一定要是硬核玩家。本书全面介绍了游戏设计师需要考虑的一般问题和流程，而且着重探讨了设计师角色与玩家的关系。

在技术更新的速度不断加快、硬件机能大幅扩展的今天，本书更侧重于回到游戏的娱乐本质。游戏设计师的角色应该定位为"玩家的拥护者"和"更好的玩家"，帮助玩家实现更好的游戏体验。在游戏设计师的日常迭代优化流程中，虽然在体验环节中，设计者和玩家的界限是模糊的，但是前者更加侧重体验中对游戏逻辑及背后机制架构的敏感察觉，而不是限于具体操作。书中采用理论与实际设计师和具体游戏案例相结合的方式，阐释成功的游戏设计师如何实现多元化的玩家需求，对于未来渴望进入该行业发展或对游戏行业好奇心旺盛的玩家来说是不错的入门类书籍。

——疯癫的 A 兵者

Tracy Fullerton 是一位在游戏领域有着极高赞誉的设计师和教育者，因为工作的缘故，十多年前我便与 Tracy 相识。在 2019 年，腾讯游戏学堂和清华大学共同成立了"互动媒体设计与技术"硕士专业，Tracy 和南加州大学电影艺术学院互动媒体与游戏系教授们的加入，帮助我们一起打造了国际化的培养方案及课程体系。Tracy 在游戏设计上深厚的积淀，在《游戏设计梦工厂》这本书中有着充分的体现，读者可以从中学习到系统的设计方法、使用工具的技能，还有 Tracy 和诸多优秀游戏制作者的思想理念。游戏行业是一个快速发展的创意产业，尽管不断有新技术、新平台涌现，但玩法的创新与突破一直是行业发展的动力之一。正因为如此，书中所传授的游戏设计知识显得历久弥新，而新版内容的补充相信会为读者带来更多关于当下的启发。

——夏琳，腾讯游戏副总裁、
腾讯游戏学堂院长

很多喜欢游戏的人都想自己制作游戏，现今，国内游戏行业的发展让更多人可以选择将开发游戏作为自己的职业，这时候最需要的就是一些专业的指引。《游戏设计梦工厂》是一本让想自己制作游戏的初学者学习如何设计游戏的图书，它循序渐进地带领读者全面了解和构建游戏设计的理论基础，并使读者快速获得进入游戏行业所需的知识。

在这本书中，作者并不是将游戏开发的内容一股脑儿地灌输给读者，而是通过对游戏开发各个环节中出现的问题进行分析，引导读者思考、研究案例，进而通过练习让读者拥有自己的答案，这一点尤为难能可贵。作者对早期的游戏原型设计、迭代和测试的反复强调值得国内游戏开发者重视，书中还有很多优秀开发者的访谈，涵盖了不同类型的开发者对自己的游戏的思考，颇值得一读。

——楚云帆，游研社创始人

推荐序 1

亲爱的读者，我是陈星汉，Jenova Chen。我是美国洛杉矶的 Thatgamecompany 公司的合伙创始人和创意总监。

为了把电子游戏从一种消磨时间的商业产品提升到艺术媒体，Thatgamecompany 公司在创立以来的十多年里获得了很多世界上重大的业界奖项，最终踏入独立游戏行业最有影响力的先驱制作室之列。我们的第一款作品《流》参选了美国现代艺术博物馆历史上第一次电子游戏设计展。我们的第二款游戏《花》是美国华盛顿国家博物馆历史上第一个电子游戏永久收藏品。我们最近的一款游戏《风之旅人》获得了英国电影电视艺术学院艺术设计成就奖和欧美多国最高荣誉的"年度最佳游戏"，《风之旅人》也成为历史上第一个在格莱美和其他好莱坞电影一起被提名的最佳原声音轨的电子游戏。

在此我非常荣幸能够为我的恩师特雷西·弗雷顿教授的经典著作写序。2003 年 8 月，我穿越太平洋来到美国洛杉矶南加州大学攻读电影艺术学院的互动媒体专业，特雷西·弗雷顿教授是教授我游戏设计和游戏评论的第一位导师，《游戏设计梦工厂》这本书也是开启我游戏设计师生涯的第一

本教材。

在电影艺术学院三年艰苦但快乐的学习中，我和特雷西教授在多门课程上邂逅，命运也让她成为我学术基金项目《云》和毕业设计《沉浸理论》，以及延伸游戏《流》的导师。一心梦想成为动画导演的我，因为有在南加州大学的学习经历及弗雷顿和其他导师的引导，在学业完成前已经和同学合伙创立了 Thatgamecompany 公司，期望由此改变游戏行业的未来。

南加州大学电影艺术学院的互动媒体专业在 2002 年成立，在短短的 14 年后，它已经成为美国普林斯顿排名第一的本科和研究生游戏设计专业，两年前正式改名为互动媒体与游戏专业。随着时代变迁，以及教学上的迭代进化，特雷西的经典教材《游戏设计梦工厂》已经出到了第 4 版。今天的游戏业和十几年前的游戏业比起来已经改朝换代，人们对游戏的认知和理解在全球都发生着巨大的变化。但当一个赤诚学子步入游戏设计的殿堂时，很多经典的东西还是不变的。

作为一本游戏设计的教科书，《游戏设计梦工厂》涵盖了游戏设计的基本理念、游戏开发流程、游戏制作团队的构成、游戏原型

制作，甚至游戏竞标融资等重要议题。该书从理论到实践，针对学生必须掌握的基本游戏设计概念，以及戏剧性设计和游戏核心系统设计等重要概念，让学生在不具备编写程序能力的情况下，也可以通过课堂纸牌游戏的原型设计练习来真正理解和掌握游戏设计师应具有的基本能力。

书中介绍的很多知识和讨论游戏的视角，成为我们新一代游戏设计师进入行业后互相沟通、点评的关键。只有当我们带着艺术性、批判性的眼光去研究和欣赏别人的游戏设计时，才能真正从中学习到让自己制作出更伟大的作品的精华。特雷西教授对我的教导改写了我的职业生涯，也希望《游戏设计梦工厂》能够帮助你走入游戏设计师的殿堂，和我们一起去改变游戏行业；让游戏成为一个帮助和感动全球玩家的成熟媒体，一个真正的第九种艺术；让游戏设计师和作家、画家、音乐家、导演一样成为一份受人尊重的职业。

陈星汉

推荐序 2

中国人对传道授业解惑的老师向来最为尊敬，比如谈起孔子，《朱子语类》里说："天不生仲尼，万古如长夜"。我总会不自觉地以此来类比西方传说，普罗米修斯盗走圣火，从此人类不必再于黑暗中苦苦摸索。

与我年龄相仿的这一代游戏人，是中国游戏行业筚路蓝缕发展历程的亲历者，都经历过如墨般漆黑的探索岁月。

中国的游戏公司是先于游戏设计师诞生的，所以如果公司实在找不到游戏设计师，就临时找一些人来凑合。很长一段时间，在游戏公司的招聘启事里，程序员需要是本科计算机专业的、美术人员需要美院毕业的，设计师则只需要"思想活跃、吃苦耐劳"，简直是个人就行。

那些年在中国的游戏公司里没有游戏设计师，一些资质各异的策划们摸着石头过河，用各种"独家"武功抗下了一个个项目。

因为没有上游的游戏产业人才，也就没有相对应的由相关人才转职的游戏专业的教师。就算肯学想学，也没有渠道去学习游戏设计。在扩招年代，许多学校都增设了游戏、新媒体、动画等新专业，但是因为前面提到的问题，赶鸭子上架的老师们拿本 PhotoShop 入门书就敢教一个学期，而他们也确实没有其他选择。

很多人问我为什么想做桌游设计师。

因为在 2012 年，我已经作为游戏美术从事游戏开发很久了，从端游到页游到手游，在各种大大小小的公司里任职。但让我从心底佩服、认可其游戏设计能力的游戏设计师，几乎一个都没有。

然后有一天我忽然想通了一件事：如果我自学游戏设计，不见得就比这些策划们差，而我本身是可以搞定美术设计的。这样，如果我做桌游的开发，可以绕过编程和音乐，我应该可以独立完成产品。

于是我开始学习，开始寻找当时能找到的与游戏设计相关的所有图书、视频和网页。但是在中国市场上可以找到的中文版的讲游戏设计的图书，大海捞针般困难。这个阶段也是有心把游戏设计做得更好的策划们和新一代的游戏人开始奋发的时候，他们也和我一样，急需相关的知识而不得。

说回开篇的第一段。打破鸿蒙，就需要有普罗米修斯的圣火来照亮前路。特雷西·弗雷顿教授的这本《游戏设计梦工厂》，在 2016 年被引进出版的时候，就有这样的光彩。这本书为我们拉开了游戏设计的帷幕，让读者看见了游戏设计应该有的样子、游戏开发本来的面目。

就我个人来说，读这本书之前我更沉溺于游戏设计的小技巧，就如一叶障目，会因为拾得一片又一片新奇的叶子而兴奋。而捧起《游戏设计梦工厂》一路读来，让我放下树叶，尝试退得远一些，以更完整地观察这头巨兽的样貌。多年后在我自己的游戏设计哲学里，从用户出发的思路，就是在此时打下的基础。初读时，觉得这本书非常适合入门。

因为天生驽钝，我虽然一贯热爱创作，但是从来对"结构"这种东西视若无睹、当"产业"这些事情根本不存在，关于"项目管理"这一类"杂事"尤其不关心，是这本书从头至尾帮我做了一个大梳理。虽然当时我觉得，就桌游设计、开发来说，书中的很多内容并不重要，但时隔许久，越来越觉得这些知识的宝贵。

而今我已经设计、出品了近 30 款桌游，其中有几款很受欢迎，也曾受邀被改编成《极限挑战》这样全民级别的综艺节目。在开发游戏和管理团队时，我仍然觉得《游戏设计梦工厂》可以作为工具书，常翻常新。

时光流转，在而今这个知识爆炸的时代，想学习某种知识，网上有海量的内容可以搜集、阅读和观看，新一代立志成为游戏设计师的朋友真的非常幸福。但经常被问到哪本书适合学习游戏设计时，《游戏设计梦工厂》依然是我首推的几本书之一，也是其中我觉得最重要的、最有价值的一本。

感谢特雷西教授，感谢引进本书的电子工业出版社。

感谢你们曾经为广大读者拉开帷幕。

新　茂
中国桌游设计师&插画师
2022 年 4 月 22 日

推荐序 3

在我写下这些文字的时候，距本书第 3 版的问世已经过去 6 年了。作为当初的译者之一，回想起过去的这段时光，现在依然思绪万千。在这里，请允许我仅从自己的视角，与大家分享一二。

首先，作为一名游戏玩家，这 6 年无论是 PC 游戏、主机游戏还是手机游戏，都涌现出了许多优秀的游戏，如《赛尔达荒野之息》《女神异闻录 5》《只狼》《动物之森》《原神》等。对于身为游戏玩家的我们来说，无疑是幸福的。

其次，作为一名游戏从业者，我深切地感受到了过去数年发生的巨大变化。6 年前的我还在制作网页游戏，而如今已经是手机游戏 3A 化的时代了。

今天我依然清晰记得自己刚刚步入游戏行业时那份做游戏的艰辛和坚持。15 年前，当时中国游戏行业还处于萌芽期，当年有朋友问我：也挣不了什么钱，为什么做游戏？我说：因为这是我从小的梦想啊。

因为梦想，所以坚持。

因为热爱，所以学习。

陈星汉说，这本书是他游戏设计师生涯的第一本教材，本书作者改变了他的职业生涯。

如果你也是一名逐梦者，请阅读本书，然后让我们一起来改变世界吧！

秦　彬
腾讯公司高级项目经理
《体验引擎：游戏设计全景探秘》译者
2022 年 4 月 23 日

推荐序 4

与各位资深的前辈比起来，六七年前才入门游戏设计的我只能算作后辈。六七年前进行检索时，可以接触到 Cousera 上的加州艺术学院的专项课程，Jesse Schell 的《游戏设计艺术》也已经出了第 1 版（第 1 版的书名是《全景探秘游戏设计艺术》），但当时在国内依旧难以寻找与游戏设计相关的图书，因为那时候《游戏设计艺术》第 1 版早已绝版，《游戏感：游戏操控感和体验设计指南》（原书名为 Game Feel: A Game Designer's Guide to Virtual Sensation）这本书，只能翻看天之虹老师私译的版本。

记得当时我了解到 Tracy Fullerton 的这本《游戏设计梦工厂》（Game Design Workshop）之后，费尽周折才从海外转运购入了原版书籍，但英文水平一般的我读起来磕磕绊绊，不能完全读明白，直到最终读到翻译的中文版才算一窥其真容。

如果现在让我梳理游戏设计类经典图书的顺序，我会将《游戏设计梦工厂》列为最适合学习游戏设计的入门读物。因为相较于同类读物来说，《体验引擎：游戏设计全景探秘》更适合思考而非制作游戏，《通关！游戏设计之道》和《游戏设计艺术》可能更强调整体与全流程的完整性，但读后给我留下的印象不深，而《游戏设计梦工厂》的结构更清晰，内容更具体：

1. 我特别喜欢其中邀请不同的游戏设计师对各自作品与设计哲学的分享。这至少呈现出一点——本书珍重且鼓励有不同经验的创作者发展出自己的创作哲学与风格。例如，游戏化设计师 Jane McGonical，《模拟人生》的设计师 Will Wright，个人游戏设计师 Anna Anthropy，还有《块魂》的设计师高桥庆太等，都是独立探索游戏可能性的好例子，能初窥游戏的边界。

2. 就像陈星汉老师在 USC 发表的论文中所描述的那样，本书始终强调且延续下来的是以玩家为中心的原型设计思维（player-centric prototyping），这是非常核心的基本的创作方法论。游戏设计是某种涉及玩家情感与体验的技术，它不是一种纯粹的灵感迸发，而是涉及运行、动态的理性设计的精巧结构，在我看来，游戏更接近于卡尔维诺与爱伦坡的创作哲学：作品是按部就班写成的，其形成过程就像演算数学题一样步步精确、严谨，所以需要被建模、测试、反馈与迭代，本书的方法论为这一视角打下了很好的基础。

不过，需要提醒的是，本书初版的成书年代距今已经有近 20 年了，采访的很多人大都属于前独立游戏时代的设计者，而后来的更多创作者（如 Derek Yu、Jonathan Blow 等人）有更多对业界的各种创作的推动与自身的思考（可观看纪录片 *Noclip*，或是 JesperJuul 等人的采访），本书对这一部分的涵盖范围还有待扩大。而意识到 USC 与 NYU 等不同院校的不同培养目标与校友作品风格或许也有助于大家摆正阅读视角，甚至去尝试一下作者自己的作品，*Walden, The Game*。

此外，就像是落日间译介的 Brendan Keogh 写的《游戏学校也是艺术学校？当没有工作岗位时如何教授游戏开发》（2019）一文所提醒的那样：“学生不能等到他们知道如何制作游戏后才开始，他们必须开始制作游戏，从而学习如何制作。”

读完这本书并不会让你知道或懂得如何设计游戏，因为“除非完成一个原型，并且进行测试，否则你永远无法真正理解游戏将会如何运行”。任何的教材都仅能作为脚手架，没有什么材料是“最优选择”。

电子游戏是关于表达、呈现某个想法的。它是否以“正确的”方式制作并不重要，因为没有正确的方式！所以还请在阅读书籍的过程中一头扎进游戏开发的世界中去吧，并且在自身的碰撞与思考中形成自己独特的开发哲学与设计风格。

祝大家阅读、工作顺利。

叶梓涛
NExT Studios 游戏设计师、译者、写作者、
媒体实验室“落日间”创始人

推荐序 5

有幸和 Tracy Fullerton 教授在 2016 年相识，当时我邀请她作为嘉宾来北京参加游戏产业论坛。Tracy 教授向在场的师生分享了南加州大学游戏设计教育的情况，并进行了签名送书，送的就是这本《游戏设计梦工厂》。Tracy 教授不仅是一位杰出的学者、教育者，本身也是一位经验丰富的游戏设计师。2018年，举办"重识游戏——首届功能与艺术游戏大展时，我也有幸邀请到她本人及她的游戏作品 *Walden, a game* 来参展，这款游戏以作家梭罗（Henry David Thoreau）的著作《瓦尔登湖》为原型，尝试让玩家体验当年梭罗远离都市的快节奏生活，在瓦尔登湖畔自给自足、享受孤独生活的感受。为了尽可能还原这样的体验，Tracy 教授和她的团队多次实地考察，甚至还在瓦尔登湖边住了一段时间。Tracy 和她的同事、学生历经了大概十年的时间来搭建这个世界，游戏中的天气、动植物、一草一木都有真实的参照性，就连背景声音中的蝉鸣都是在瓦尔登湖实地录制的，乃至这款游戏在很多大学中成为学习《瓦尔登湖》这本著作最好的辅助素材。从这件作品的制作过程可以看出 Tracy 教授个人对待游戏认知的深度、广度、态度，以及其深耕学术和

做人做事的品质。

《游戏设计梦工厂》这本书自然也体现出这一品质。这本书的结构与内容脱胎于 Tracy 教授在南加州大学电影艺术学院的教学经验，她几乎是毫无保留地将课程内容呈现在书中，整本书从游戏最核心的"设计师"角度出发，详细地讲解了基础理论知识、实用的设计方法论、完整的游戏开发流程、团队工作中必要的技巧，还有和游戏大师的对谈，无所不包，几乎涉及了制作一款游戏时需要的所有知识和技巧，是一本既能够扎实地构筑游戏设计基础理论，又能够一定程度拓展学生见知维度的图书。

中国传媒大学一直使用这本书作为游戏专业的教材，不仅因为它的知识架构清晰、体系化，非常适合用于教学，更因为其中体现了当前先进、科学的设计理念，对于学习游戏设计的同学可以作为一本工具书来使用，在需要的时候翻看相关的章节。对于学生而言，这本书十分易读、毫不晦涩，书中的每个章节都配有大量生动的实际案例作为说明，并抛出许多供读者自行思考、尝试解决的问题，以一种手把手教学般的态度引导学生入门。《游戏设计梦工厂》首次出版于

2004 年，十余年来不断更新、完善，增添新的游戏案例，但它的基础架构与底层逻辑从未变动，也从未过时，我相信再过十年，这依然会是一本值得任何对游戏设计感兴趣的人去阅读的图书。能在世界范围内让更广大的游戏专业学生、从业者、爱好者都能轻松地接触到这样一本伟大的图书，是为幸事。

张兆弓
中国传媒大学动画学院游戏
设计系主任

译者序

距参与本书第 3 版的翻译、并有幸撰写它的译者序，掐指算来，已 7 年有余。在这期间，我从南加州大学毕业，从洛杉矶搬到成都工作，然后结婚生子；去年为了开设自己的游戏工作室，又举家从成都搬到了杭州。几经周折，又到了这本书第 4 版即将付印的时候了。

翻译这本书的第 4 版，有一种老友相逢的奇妙感觉。这些年间，我作为游戏设计师经历了大大小小近十个游戏项目，有毕业设计，有商业项目，有经历完整生命周期的游戏，也有还未结束预研发就戛然而止的项目。几轮下来，对游戏设计的体会可谓今非昔比；但重读这本书，依然觉得收获颇丰。这并不是一本仅限于入门者阅读的图书，它也是一本职业设计师查缺补漏、检查自身的认知是否有缺陷，乃至提升上限的好书。在有了丰富的项目经验以后再读，那些自己不知道的部分、或者知道却运用不熟练的部分变得更加明显，也更容易知道怎么对症下药。新版本中添加了新的案例和访谈，根据产业的变化更新了数据和内容，译文中也修复了大量第 3 版中不尽如人意的地方，阅读

价值大大提升。

在这 7 年间，我能感受到的中国游戏行业发生的比较大的变化之一，就是优秀的游戏设计师的价值越来越高。一个显著的现象是游戏设计师的薪酬水涨船高——市场的认可不是设计师的唯一价值，但是能被认可也确实非常快乐。但与此同时，许多和我走相同道路（出国学习制作游戏）的年轻人，以及在大陆就读游戏专业的年轻人，依然会面对"我该去哪里"的就业迷茫。是去大厂参与大预算的项目，当一颗小小的螺丝钉？还是去小团队参与更独特的项目？还是找中型的团队两头兼顾，抑或是其他不同的选择？这本书并不能直接告诉你答案，但是它却可以帮助你建立一套评价和计划自己职业生涯的方法。作为一名游戏设计师，你的核心价值是什么？怎样提高你自己的不可替代性？怎样提高设计能力？通过参考书中提及的成熟的游戏产业的人才结构和协作方式，你可以自己找到答案。

设计，设计，设计。游戏是艺术和工程的美妙结合，商业和科学的神奇碰撞，而这一切的黏合剂就是设计。这个工业化、数据

化、空气中充斥着信息噪声的年代，游戏设计师才是真正能带来奇迹的灵魂人物。坚信设计的价值，不断锤炼打磨自己的能力。不要被亮眼的名词迷惑，坚持创作者的本心。如果有一天你觉得疲惫或者迷茫，玩一玩让你投身这个行业的游戏，想一想当初出发的原因，相信你会找到属于自己的路。

陈　潮

序

世间存在一种羁绊。我的生命中的每一点都通过这种羁绊彼此相连。这种羁绊就在那里，我们只需要天马行空般地去想象。

——Peter Handke

游戏中蕴含着某种魔力。

这种魔力并不是指游戏里的魔法技能，比如达到 19 级就能解锁使用的火球术；也不是指在游戏的魔法商店中买到的神奇道具；更不是宗教组织所描述的神秘体验。游戏的魔力就像是初吻时的激情与甜蜜，又像是遇到难题并最终柳暗花明时的喜悦与满足，或者像是和好朋友吃着美食一起聊天时的闲适与惬意。

游戏的魔力在于找出事物之间的内在联系、探索游戏宇宙的构建方式。正如所有游戏玩家所知道的那样，这种探索会带来更深、更丰富的体验。规则简单的国际象棋，在被人们研究了数个世纪之后，是如何能不断演变出新的战术和风格的？这个世界上几乎所有国家，甚至互相之间还在打仗——那可是战争——的国家，是如何能够一起参加一场体育盛会的？计算机和电子游戏所创造的游戏世界，看起来是一个非常独立的空间，却能渗入我们的现实生活并产生影响，也能让我们一同参与到游戏中，这又是怎么做到的呢？

其实玩游戏就是在认识和重新设定游戏单位之间、游戏玩家之间、游戏中和游戏外的生活之间的隐藏的联系，同时，这还会创造出新的意义。如果游戏是产生意义的空间，那么游戏设计师就是意义的根本创造者，是他们构建了这样充满可能性的空间来供玩家探索。

这就是本书的意义所在。你之所以在阅读这些文字，是因为你不仅想要玩游戏，还想要设计制作出游戏。相信我，《游戏设计梦工厂》是为数不多的、能真正帮助你设计制作出你想要的游戏的图书。游戏的灵感与想法不停地从你的内心与想象中迸发出来，让你彻夜难眠，苦思不止。这些游戏在探索的深度、价值意义及游戏魅力等方面都充满了潜力。

本书能够为你在思考和创作游戏时提供一些智慧与灵感，以及经过检验的切实可行的开发策略，并使你保持对游戏设计流程的重要性的关注。本书不仅会讲述关于游戏的奇思妙想，还会介绍游戏设计方面的方法论，让你能够把游戏设计理论真正应用到实践中。Tracy Fullerton 是一位在游戏制作、教授游戏设计师及撰写游戏设计文章等方面都具有丰富经验的人。坦白地说,她私下教会了我很多关于游戏方面的东西。本书体现出了作者对游戏领域有着深入的洞察和独有的眼界。

为什么我们需要一本像《游戏设计梦工厂》这样的图书?因为虽然游戏的历史非常悠久,每种文化中都有游戏的身影,并且游戏在人们的生活中越来越重要,但我们几乎对它一无所知。我们仍然在学习。游戏的原理是什么?我们如何创造它?游戏如何在宏观上适应文化?最近数十年来,计算机产业和电子游戏行业的爆发式增长大大增加了这些问题的复杂度和重要性。不管怎样,这样的问题是没有简单的答案的,本书也不会直接告诉你答案,但它能够帮助你通过自己设计的游戏来亲自探索答案。

我们正在经历人类文明中的一种古老文化的重生。正如 19 世纪是工业时代、20 世纪是信息时代,21 世纪将成为游戏的时代。作为游戏设计师一样,我们将成为建筑师,成为讲故事的人,在这个新奇有趣的世界中主持一场疯狂的游戏派对。我们的责任是多么美妙和重大,为了给世界带来意义,为了给世界带来魔法,为了创造伟大的游戏,为了通过游戏让世界都沸腾起来。

你想加入我们吗?

Eric Zimmerman

前言

自 15 年前我写本书的第 1 版以来，游戏行业已经发生了翻天覆地的变化，新的平台、新的市场及新的游戏类型不断涌现。今天，似乎每个人都在玩游戏，到处都有人在玩游戏。在这个不断变化的世界中，我看到了一件不变的事情，那就是有创造力的游戏设计师需要意识到在这些新平台上游戏发展的潜力。

因此我撰写了本书的升级版，它依然会聚焦于学习"以游玩体验为核心"的游戏设计与迭代流程，但同时会加入一些近期游戏行业发展所带来的新技术和新想法，以及一些新生代游戏设计师的观点，他们身处行业前沿，面临着如今游戏设计行业的挑战和机会，这些设计师包括 Jane McGonigal、Ian Dallas、Dan Cook、Robin Hunicke、Randy Smith、Michael John、Elan Lee、Anna Anthropy、Chirstina Norman 等。这个版本还包括了一些新的内容，关于组建一支具有包容性的团队，关于在游戏的独立设计与发行方面浮现出的新机会，关于情感驱动的游戏设计，关于移动端游戏和虚拟现实系统，关于艺术游戏和社交游戏，还有关于优化游戏的技术，以及如何利用数据统计指标来获得最佳的游戏体验。

回想起我写本书的第 1 版时，业内有一个观点，说游戏设计是教授不了的。对于游戏设计的技巧和窍门，你有就是有，没有就是没有。不用说，我是不同意这个说法的。15 年转瞬即逝，这种说法已经不复存在。现在，游戏设计专业，比如我在南加州大学负责的这个，已经被认为是创新思想和创新人才的孵化器。在这样的项目中对学生进行训练，并结合最好的实践练习，他们就能成为能够在多样化的团队中工作、有强大的设计能力，并懂得如何创造有趣的游戏机制的创造型人才。职业技校、美术学院，甚至是在人文、艺术、科学等领域都设立了相关游戏项目。游戏设计无处不在。

不仅每个人都在学习游戏设计，实际上每个人也都在实践游戏设计。如今，学生们会利用《我的世界》（*Minecraft*）或《模拟城市》（*SimCity*）等游戏来学习历史知识和培养环境意识。对游戏的热爱让他们学会了诸如系统性思考和程序化行事这样的重要技能。他们给游戏制作 MOD，制作、玩、学习之间的界限不再清晰，也不再重要。再过 15 年，当这些从小在游戏系统中学习和思考的孩子都长大成人时，世界会变成什么样子呢？到时候他们会想玩什么游戏？他们会通过什么样的系统来更深入地了解世界？我已经迫不及待地想看到这一切了。

在我写本书的前面 3 个版本的过程中，跟着我学习游戏设计的学生们已经用他们的天赋和愿景彻底地震撼了我。他们已经为游戏行业的美学设立了新的高度，他们深入参与的变革将会定义下一代游戏体验。如今，我所看到的行业中的游戏，尤其是实验游戏和独立游戏，让我坚信游戏在文化上、创意上和商业上的革新才刚刚开始。

我很激动自己能够成为这次游戏变革中的一分子，并将看到本书能够启发许多人去追求创新的游戏设计。我只希望读到这个新版本的学生和设计师可以和过去 15 年的人们一样，同样具有激情，同样忘我。

游戏开始！

读者服务

微信扫码回复：43348

● 获取本书扩展链接[1]

● 加入"游戏行业"读者群，与更多同道中人互动

● 获取【百场业界大咖直播合集】（持续更新），仅需 1 元

1　书中提到的网站链接可扫描此二维码获取。

鸣谢

我想感谢那些在我撰写这本书的数个版本的过程中提供无价的想法、信息和见解的游戏设计师、制作人、管理者和教育者们。这些出色的人们包括：

Steve Ackrich, Activision

Phil Adams, Interplay

Anna Anthropy

Graeme Bayless, E-line Media

Ranjit Bhatnagar

Seamus Blackley, Innovative Leisure

Jonathan Blow

Chip Blundell, Youbetme

Ian Bogost, Georgia Institute of Technology

Chris Brandkamp, Cyan

Jeff Chen, Activision

Jenova Chen, thatgamecompany

Stan Chow, Centrix Studio

Doug Church, Valve

Dino Citraro, Periscopic

Dan Cook

Don Daglow, Daglow Entertainment

Elizabeth Daley, USC School of Cinematic Arts

Ian Dallas, Giant Sparrow

Rob Daviau, IronWall Games

Bernie DeKoven

Jason Della Rocca, Execution Labs

Dallas Dickinson, BioWare

Neil Dufine

Peter Duke, Duke Media

Troy Dunniway, Realta Entertainment

Greg Ecker

Glenn Entis, Vanedge Capital

James Ernest, Cheapass Games

Noah Falstein, Google

Dan Fiden, Signia Venture Partners

Matt Firor, Zenimax Online Studios

Scott Fisher, USC School of Cinematic Arts

Nick Fortugno, Playmatics

Tom Frisina, Tilting Point

Bill Fulton, Ronin User Experience

Richard Garfield, Wizards of the Coast

John Garrett, LucasArts

Jeremy Gibson, University of Michigan Ann Arbor

Chaim Gingold, UC Santa Cruz

Greg Glass

Susan Gold, Northeastern University

Bing Gordon, Kleiner Perkins Caulfield & Byers

Sheri Graner Ray, Schell Games

Bob Greenberg, R/GA Interactive

Michael Gresh

Gary Gygax

Justin Hall

Brian Hersch, Hersch and Company

Richard Hilleman, Electronic Arts

Kenn Hoekstra, Pi Studios

Leslie Hollingshead, Vivendi Universal Games

Josh Holmes, 343 Industries, Microsoft

Adrian Hon, Six to Start

Robin Hunicke, Funomena

Steve Jackson, Steve Jackson Games

Michael John, GlassLab and Electronic Arts

Matt Kassan

Kevin Keeker

Heather Kelley, Perfect Plum

Scott Kim

Naomi Kokubo, LavaMind

Matt Korba, The Odd Gentlemen

Vincent Lacava, Pop and Co.

Lorne Lanning, Oddworld Inhabitants

Frank Lantz, NYU Game Center

Nicole Lazzaro, XEODesign

Marc LeBlanc, TapZen

Elan Lee, Xbox Entertainment Studios

Tim Lee, Whyville

Nick Lefevre, Konami of America

Richard Lemarchand, USC School of Cinematic Arts

Tim LeTourneau, Zynga

Ethan Levy, FamousAspect

Stone Librande, Electronic Arts

Rich Liebowitz, Behaviour Interactive

Starr Long, Portalarium and Stellar Effect

Sus Lundgren, PLAY Research Group

Laird Malamed, Oculus VR

Michael Mateas, UC Santa Cruz

Don Mattrick, Zynga

American McGee, Spicy Horse Games

Jane McGonigal

Jordan Mechner

Nikita Mikros, Tiny Mantis Entertainment

Scott Miller, 3D Realms

Peter Molyneaux, 22Cans

Alan R. Moon

Minori Murakami, Namco

Janet Murray, Georgia Institute of Technology

Ray Muzyka, Threshold Impact

Christina Norman, Riot Games

Dan Orzulak, Electronic Arts

Trent Oster, Overhaul Games

Rob Pardo, Blizzard Entertainment

Celia Pearce, Georgia Institute of Technology

David Perry, Gaikai at Sony Computer Entertainment America

Sandy Petersen, Barking Lizards Technologies

Chris Plummer, DeNA

Rhy-Ming Poon, Activision

Nathalie Pozzi

Kim Rees, Periscopic

Stephanie Reimann, Xbox Entertainment

John Riccitiello

Erin Reynolds, Zynga

Sam Roberts, USC School of Cinematic Arts and IndieCade

Neal Robison, AMD

John Rocco

Brenda Romero, UC Santa Cruz and Loot Drop

Bill Roper, Disney Interactive

Kate Ross, Wizards of the Coast

Rob Roth

Jason Rubin

Chris Rubyor, Microsoft

Susana Ruiz

Katie Salen, Gamelab Institute of Play

Kellee Santiago, Ouya

Jesse Schell, Carnegie Mellon University

Carl Schnurr, Activision

Steve Seabolt, Electronic Arts

Nahil Sharkasi, Microsoft

Bruce C. Shelley

Tom Sloper, Sloperama Productions

Randy Smith, Tiger Style

Warren Spector

Phil Spencer, Microsoft

Jen Stein, USC School of Cinematic Arts

Michael Sweet, Berklee College of Music

Steve Swink, Flashbang Studios

Keita Takahashi, Funomena

Chris Taylor, Gas Powered Games

Brian Tinsman, Wizards of the Coast

Eric Todd, Electronic Arts

Kurosh ValaNejad, USC Game Innovation Lab

Jim Vessella, Zynga

Jesse Vigil, Psychic Bunny

Asher Vollmer

Jeff Watson, OCAD

Steve Weiss, Sony Online Entertainment

Jay Wilbur, Epic Games

Dennis Wixon, USC School of Cinematic Arts

Will Wright, Stupid Fun Club

Richard Wyckoff, Reverge Labs

Eric Zimmerman, NYU Game Center

我同时还想感谢我在 CRC Press、爱思唯尔（Elsevier）、Morgan Kaufmann、CMP 和 Waterside Productions 的编辑和经纪人：

Rick Adams, CRC Press

Dorothy Cox, CMP Books

Danielle Jatlow, Waterside Productions

Georgia Kennedy, Elsevier

Laura Lewin, Elsevier

Carol McClendon, Waterside Productions

Jamil Moledina, CMP Books

Dawnmarie Simpson, Elsevier

Paul Temme, Elsevier

此外，我还要感谢南加州大学的全体学生和同事们。

图片版权声明

　　游戏测试和原型的照片除了有特殊说明的，均由 Tracy Fullerton 和 Chris Swain 拍摄。

　　图标和插图除了有特殊说明的，均由 Tracy Fullerton 提供。

Images from You Don't Know Jack™ courtesy of Jellyvision—© Jellyvision, Inc.

Image from Beautiful Katamari © 2007 Namco Bandai Games

Image from chess tournament courtesy of SK-Bosna

Image from Quake tournament courtesy of Foto

Image from Darfur is Dying © 2006 Susana Ruiz

Image from World of Warcraft™ © 2007 Blizzard Entertainment®

Image from City of Heroes © 2007 NCsoft

PAC-MAN™ © 1980 Namco Ltd,. All Rights Reserved. Courtesy of Namco Holding Corp.

Image from 7th Guest © Virgin Interactive Entertainment

Image from Tomb Raider courtesy of Eido Interactive. © Eidos Interactive Ltd.

Image from Slingo courtesy of Slingo, Inc. © Slingo

SOUL CALIBER II™ © 1982 Namco Ltd. All Rights Reserved. Courtesy of Namco Holding Corp. SOULCALIBUR II® & © 1995 1998 2002 2003 NAMCO LTD., ALL RIGHTS RESERVED.

Scotland Yard © Ravensburger

Scrabble, Monopoly, Milton Bradley's Operation, Lord of the Rings board game, Connect Four, and Pit © Hasbro

Images from Dark Age of Camelot courtesy of Mythic Entertainment. Copyright © 2003 Mythic Entertainment, Inc. All rights reserved.

Images from Maximum Chase™ courtesy of Microsoft Corporation. Screenshots reprinted by permission of Microsoft Corporation

POLE POSITION™ © 1982 Namco Ltd,. All Rights Reserved. Courtesy of Namco Holding Corp.

MotoGP™ © 1998 2000 Namco Ltd., All Rights Reserved. Courtesy of Namco Holding Corp.

MotoGP3 © 1998 2000 2001 2002 NAMCO LTD., ALL RIGHTS RESERVED. Licensed by Dorna.

总述

尽管常常被人轻视，但创造一个好游戏却是人类最难以完成的任务之一。

—— C. G. Jung

游戏是所有已知人类文化中不可分割的一部分。电子游戏虽然具有丰富的形式与类型，但它也仅仅是对游戏这种古老的社交互动方式的一种全新的表达。正如 Jung 在上面所提到的，创造一个好游戏是充满挑战的任务，需要有趣的方法和系统的解决方案。游戏设计师既是工程师，也是表演家；既是数学家，也是社交主管。游戏设计师这个角色需要打造一系列玩起来有动机、有意义的规则。无论我们讨论的是民间游戏、桌面游戏、街机游戏，还是大型多人在线游戏，游戏设计的艺术始终在于创造出挑战、竞争和互动的组合，并让玩家们觉得有趣。

游戏行业在过去的 30 年里已经渐渐变得成熟，如今电子游戏的文化影响力已经可以和电视与电影匹敌。游戏行业的收入多年来一直保持着两位数百分比的高速增长，其在美国市场的销售收入早已超过了美国的电影票房收入，在 2017 年达到 360 亿美元。[1]根据 Pew 公司最新的一份互联网报告显示，在 12 岁至 17 岁的美国青少年中，有 97% 的人会玩计算机游戏、网页游戏、主机游戏或手机游戏，这可几乎涉及所有的青少年。而在上述人群中，近三分之一的人每天玩游戏，五分之一的人每周有 3 到 5 天玩游戏。[2]对于青少年，这样喜爱游戏可能并不是多么令人惊讶的事情，但根据娱乐软件协会（Entertainment Software Association）的报告，游戏玩家的平均年龄是 35 岁，并且每个美国家庭平均至少拥有一台专门用于游戏的主机、计算机或智能手机。[3]

随着游戏在商业和文化两方面的发展，越来越多的人有兴趣从事游戏设计职业。就像以前在电视和电影行业蓬勃发展的时候，编剧与导演成为热门职业一样，如今有不少具有创造力的人把目光聚焦到游戏领域，把它作为一种新的表达形式。世界各地的许多大学都设立了游戏设计的学位以满足学生们的需求。国际游戏开发者协会（The International Game Developers Association）看到了大家学习制作游戏的高涨热情，他们建立了一个教育团体，来帮助老师们设计课程，以教授学生学习职业游戏设计师的真正工作流程。在每年的游戏开发者大会（Game Developers Conference）期间都会举办游戏教育峰会（Game Education Summit），在这里，教授游戏设计的老师会分享游戏设计教学方面的最佳实践经验。同时，GameCareerGuide.com 网站提供了关于学校、工作机会和学生游戏之类的信息，将游戏开发的学习和游戏开发的实践联系在了一起。GameCareerGuide.com 网站上还列出了北美超过 200 个提供游戏设计课程及游戏设计学位的项目。在世界范围内，这个数字超过了 400 个。

我除了具有为微软、索尼、MTV、迪士尼等游戏公司设计游戏的经验，还给不同背景和级别的学生教授游戏设计超过 20 年，并为南加州大学电影艺术学院的互动媒体与游戏专业开设了获得全世界认可的游戏设计课程。在这段时间里，我发现了游戏设计初学者掌握游戏结构元素时可以使用的模式、一些初学者容易犯的错误，并且提供了一些特定类型的练习来帮助他们学会如何更好地制作游戏。本书凝聚了我与学生一起设计、制作原型及对无数原创游戏进行游戏测试所积累的经验。

我的学生已经在游戏行业的各个领域工作，包括游戏设计、制作、编程、视觉设计、市场营销和质量保证等。他们中的一部分人已经成为著名的独立游戏开发者，比如 Thatgamecompany 的团队，他们以在南加州大学创作的一个学生研究项目为基础，开发出了《流》（flow），并在之后推出了广受好评的游戏《花》（Flower）和《风之旅人》（Journey）。还有一些人从微软、Electronic Arts 去了 Riot 和 Zynga 等公司工作。他们制作的游戏广泛多样，比如《生化奇兵 2》（Bioshock 2）、《Zynga 扑克》（Zynga Poker）、《英雄联盟》（League of Legends）、《伊迪丝·芬奇的记忆》（What Remains of Edith Finch），以及《Kinect 星球大战》（Kinect Star Wars）。我曾见过许多不同的学生一次又一次地证明我所教授的方法是成功的。不管你的背景如何，你拥有什么样的技能，或者你想设计游戏的动机是什么，本书致力于使你能够设计一个可以让玩家去玩并能感受到快乐的游戏。

我的方法是练习驱动的，并且可以完全脱离技术。这可能会让你感到意外，但我确实不建议立刻把你的设计转换为电子形式。软件开发的复杂性常常会束缚一个设计师的能力，使其无法看清他们的系统中的结构性元素。本书包含的练习不需要专业编程知识或美术方面的技能，这样可以把你从电子游戏制作的复杂性中解放出来，同时让你学习游戏系统中什么是有效的，什么是无效的。此外，这些练习将教给你游戏设计中最重要的技能：制作原型、游戏测试、基于玩家的反馈改进设计的一整套流程。

我的方法包含如下 3 个基本步骤。

步骤 1

首先要懂得游戏是如何运转的。学习规则、过程、目标等。什么是游戏？是什么让一个游戏能吸引人来玩？本书的第 1 篇将涵盖这些游戏设计的基础。

步骤 2

学习如何对你的原创游戏进行概念化、原型制作和游戏测试。根据你的设计创建简单的实体或软件原型，让你能把关键的系统元素从复杂的游戏制作中剥离出来。把可玩的原型交给玩家并进行游戏测试，以获得有价值的反馈，然后再通过反馈去修改和完善游戏设计。本书第 2 篇的内容会涵盖这些重要的设计技巧。

步骤 3

了解当今快速变化的行业及游戏设计师在其中的位置。前两个步骤提供了成为一名合格游戏设计师应具备的知识基础。由此开始，你就能继续学习游戏行业中可使用的专业技能。例如，你可以去尝试制作、编程，进行美术设计或市场营销。你也可能会成为一名首席游戏设计师，或者在未来的某天经营一家公司。本书第 3 篇的内容会涵盖游戏设计师在设计团队和行业中的位置。

本书中有很多练习，旨在让你能解决游戏设计中的问题并做出自己的设计。在这个过程中，你将会为很多游戏制作原型并进行游戏测试，而且至少会获得一个属于你自己的原创的、可玩的项目。这里特别强调一下，完成这些练习非常重要，因为要成为一名真正的游戏设计师，唯一的方法就是做游戏，只是玩或分析游戏是远远不够的。如果你不只是读一读，而是把本书当作引导自己学习设计的工具并充分利用，那么你将会收获更多有价值的经验。

如果你准备好了，现在就开始投入学习吧。祝你好运！

尾注

1. Entertainment Software Association Press Release, January 18, 2018.

2. Pew Internet, "Teens, Video Games and Civics," September 16, 2008.

3. Entertainment Software Association, "Essential Factsabout the Computer and Game Industry," June, 2017.

目录

第 1 篇
游戏设计基础

自从有了游戏，就有了游戏设计师。那些最早的游戏设计者的名字或许会被历史遗忘，但是在某一刻，会有第一个土制骰子被掷出，第一颗光滑的石头被作为棋子放置在新刻好的非洲棋棋盘上面。这些早期的发明家或许没有把自己当成游戏设计师，或许他们只是利用身边的日常物品设计一些比赛来娱乐自己和朋友，但他们创造的很多游戏都流传了上千年之久。尽管游戏的历史可以追溯到人类文明的开始，但是如今当我们想起游戏时，我们会想到的总是抓住我们想象力的电子游戏。

电子游戏能够通过神奇的角色和全面真实的互动环境，把我们带到一个惊人的新世界。游戏是由专业的游戏开发者组成的团队经过漫长的时间完成特定的任务而设计出来的。这些电子游戏在技术方面和商业方面都很令人赞叹。可是，电子游戏对玩家的吸引力来自基本的冲动和欲望，这与那些古老的游戏是一样的。我们玩游戏的时候可以学习新技能，得到成就感，和朋友、家人互动，有时也只是为了打发时间。问一下你自己，你为什么玩游戏？了解自己的答案和其他玩家的答案，是成为游戏设计师的第一步。

在这本主要介绍电子游戏设计的书里，我提到了游戏的悠久历史，原因是，我认为对于今天的设计师来说，"回收"一些过去的游戏设计作为灵感，并作为优秀游戏玩法的例子，是非常重要的。记住，游戏能成为如此长久的娱乐形式，并不是因为任何技术或者媒体，而是由于玩家的体验。

本书的焦点是理解和设计玩家的体验，这和你在什么平台上制作无关。我把这叫作"以游玩体验为核心"（playcentric）的设计方法，这是使游戏体验新颖并且能够让人投入情感的关键。在第 1 篇的第 1 章中，我会讨论在整个游戏制作和玩游戏的流程中游戏设计师所扮演的特殊角色：游戏设计师和制作团队的关系，一个设计师必须拥有的技能和愿景，设计师把玩家带入这个流程的方式。然后我会讲解游戏的核心结构——形式元素、戏剧元素、动态元素，设计师必须使用它们来创造至关重要的玩家体验。这些是游戏设计的基本构成模块，它们也能让你理解什么才能造就伟大的游戏。

第 1 章

游戏设计师的角色

游戏设计师会预想游戏在运行过程中的表现。设计师创建了目标、规则、过程；想出戏剧化的设定并赋予它生命；并负责计划任何需要的资源，来创造一个引人入胜的玩家体验。正如建筑师为一座建筑绘制蓝图，或是编剧为一部电影创作剧本，游戏设计师制定出一个系统的结构元素，当玩家参与到这个系统的运作中时就形成了互动体验。

随着电子游戏影响力的扩大，人们爆发出了投身于游戏设计这个职业的热情。现在，很多富有创造力的人不再梦想要去创作下一部好莱坞大片，而是开始把游戏看作一种全新的表达方式。

但是如何成为一名游戏设计师呢？你需要什么样的才能和技巧？在这个过程中你需要做什么？什么是最好的游戏设计方法？在这一章，我会揭晓这些问题的答案，并概述一种迭代设计的方法，设计师可以用这种方法在设计和开发的过程中判断游戏设计是否实现了预期的玩家体验目标。我们将这种迭代方式叫作"以游玩体验为核心"的设计方法。它依赖于早期的玩家反馈，并且这种方法是设计出真正让玩家快乐和投入的游戏的关键，因为游戏机制从无到有的过程，都是以玩家的体验为核心的。

当玩家的拥护者

作为一名游戏设计师，首先且最重要的就是和玩家站在同一阵营。游戏设计师必须通过玩家的眼睛来看游戏。听起来简单吧，但你会惊讶地发现其实这一点特别容易被人忽视。因为我们实在是太容易把注意力放在游戏的画面、故事或新功能上，而忘记了扎实的游戏玩法才会让游戏出色，让玩家兴

奋。除非你的游戏玩法能真正吸引他们，不然即使玩家告诉你，他们喜欢这个游戏的特效、美术风格或情节，他们也不会玩太久。

作为一名游戏设计师，你的主要任务就是把注意力集中在玩家体验上，同时还要保证自己不被制作过程中的其他顾虑干扰。就让美术总监去关心画面，制作人去担心预算开销，技术总监去琢磨游戏引擎吧。你的主要工作是要做到，当游戏交到玩家手里时，

有足够棒的玩法。

当你第一次坐下来开始设计一款游戏时，所有东西都是全新的，你很有可能对即将要做的东西有一个大概的愿景。在游戏开发过程中的这个时候，你看游戏的视角和玩家是相似的。然而，随着流程的推进，以及游戏的开发，你会越来越难客观地看待你所创造的东西。经过好几个月的测试及调整每一个你能想到的角度后，你曾经清晰的思路可能已经变得混乱不堪了。在这种情况下，设计师就很容易离自己的作品太近，并失去对全景的把握。

游戏测试者

在上述所说的情况中，游戏测试者就显得十分重要了（参见图 1.1 和图 1.2）。游戏测试者就是试玩你的游戏，并给你反馈的人。有了这些游戏测试者，你就可以从一个全新的玩家视角来继续开发游戏了。通过观察别人玩你的游戏，你可以学到很多东西。

图 1.1 游戏测试小组

仔细观察玩家的体验感受，试着通过他

们的眼睛来看游戏。注意玩家会把目光放在游戏中的哪些物体上面，看他们卡住、懊恼或无聊时，会触碰屏幕的什么地方或是把光标移动到哪里，并记下所有玩家告诉你的信息。这时，玩家是你的向导，你的目标是让他们指引你进入游戏，并找出任何潜伏在设计的表层下面的问题。如果你经常训练自己做这样的事情，就能够重新变得客观，能清晰地看到游戏的优点和缺陷。

很多游戏设计师在开发过程中都不让游戏测试者参与，要不就是等游戏快做完时才让人测试，但这个时候已经不可能改变游戏设计的核心内容了。也许他们的时间表太紧张了，觉得没空考虑玩家的意见。或许他们担心，玩家的意见会让他们改变自己本来特别喜欢的设计内容。或者他们认为找一群测试者开销太大。也可能是他们总认为测试是只有大公司或市场人员才能做的事情。

这些设计师不知道的是，如果他们在开发过程中没有融入至关重要的玩家测试环节，反而会消耗更多时间、金钱和精力。这是因为，游戏并不是一种单向交流的形式。要成为一名出色的游戏设计师，并不是要掌控游戏设计的每一个角度，或者精确地指示游戏的全部细节。游戏设计师要做的是创造一种有潜力的体验，让所有的内容都各就各位，让玩家进入这个世界后亲自展开这些内容。

从某种角度看，设计游戏就像是主办一个派对。既然你是派对的主办者，那么把所有东西，包括食物、饮料、装饰品、烘托气氛的音乐都准备好就是你的职责。然后你给客人打开门，看看接下来会发生什么。结果总是难以预料的，很可能会和你想象的不一样。一款游戏其实就像一个派对，是一场互

图 1.2　更多样的游戏测试小组

动体验，只有当你的客人加入后你才知道派对举办得是否成功。你的游戏会是一个什么样的派对呢？你的玩家会不会像个局外人一样坐在你的客厅中一动不动？他们会不会茫然地找不到放外衣的地方？还是说他们会有说有笑地结交新朋友，希望这个夜晚永远都不会结束呢？

　　邀请玩家来试玩你的游戏，听他们边玩边讲感受，是了解自己游戏的游玩效果的最好方法。评估玩家的反应，解读玩家沉默的时刻，研究玩家的反馈，并找到游戏中相关的特定元素，这是成为一名职业游戏设计师的关键。当你学会仔细倾听玩家意见的时候，就可以有效地帮助你的游戏改进了。

　　在第 9 章中，当我详细地讲解游戏测试流程时，你会学到具体的方法和步骤，它们能够帮助你进行专业的游戏测试，并通过问出优秀的问题及心态开放地聆听玩家的评价，来发挥测试的最大价值。不过此时此刻，你只要牢记一点就好——在本书中，游戏测试是整个游戏设计流程的核心，在这些测试过程中获得的玩家反馈，将会帮助你把游戏变成一个真正给玩家带来快乐的体验。

　　就像任何一个生命系统一样，游戏在自身的开发周期中会发生变化。没有铁打的规矩，没有绝对的技术，没有完全正确的计划表。如果你理解整个结构有多么灵活，就可以通过反复测试和仔细观察来把游戏塑造成期望的形态。作为一名游戏设计师，你可以让游戏进化到超越自己最初的想法。这就是游戏设计的艺术。不是把东西全都锁起来；而是孕育生命，并抚养其长大。如果不经历这个流程，无论这个人多么聪明，都无法从一张白纸中构想和制作出一款成熟完善的游戏。学习如何在这个流程中创新地设计游戏，就是本书的内容。

练习 1.1：成为一名测试者

来当一名测试者吧。去玩一个游戏，然后在玩的时候观察你自己。把你的行为和感受都写下来。做一页纸的详细记录，记录你的行为和动作。然后在一个朋友玩同样的游戏的时候，观察他，再重复记录一遍。比较这两份记录，并分析出你在这个过程中学到了什么。

在本书中，我纳入了很多练习，它们能够让你练习游戏设计的关键技能。我把它们分解成很多小知识点，这样你就可以一个一个地掌握它们，但在本书的末尾，你会学到大量的知识——关于游戏、玩家，还有游戏设计流程方面的内容。并且你会亲自为至少一个原创的游戏想法做设计、制作原型和进行游戏测试。我建议你把完成的练习都放到一个文件夹（电子的或实体的都可以）中，作为学习本书的参考记录。

热情和技能

怎样成为一名游戏设计师？这既没有简单的答案，也没有绝对成功的方式。不过，游戏设计师通常会具有一些基本特质和技能。首先，一个伟大的游戏设计师是一个热爱创造好玩的东西的人。对游戏和玩充满了热情，是所有伟大的游戏设计师的共同点。如果你不爱玩游戏，就永远不会花费足够多的时间来创造出真正革新的游戏。

在外人看来，做游戏似乎是一项微不足道的工作——就是一件随便玩玩的事情。但它不是。就像所有经验丰富的设计师都会告诉你的一样，把自己的游戏测试上千遍是工作，不是玩耍。作为一名设计师，你必须在这个游戏设计流程中保持专注度。你不能只是走过场，你必须让自己和整个团队的热情持续下去，以保证即使在制作结束前大家都精疲力竭、充满压力的那段日子里，你早期设想中那些特别棒的玩法还能够被实现出来。为了做到这一点，除了热爱游戏和理解以游玩体验为中心的设计流程外，你还需要一些额外的技能。

沟通

作为一名设计师，能够和团队中的所有成员清楚、高效地进行沟通，是你要学习的最重要的技能（参见图 1.3）。在游戏上架销售前，你就已经需要"推销"它很多次了：向你的团队成员、管理者、投资人，甚至可能还要向家人和朋友进行"推销"。为了完成这项任务，你需要使用良好的语言技巧，清晰地表达你的愿景和有说服力地进行陈述。这是能够召集大家参与到你的计划中，并确保你获得后续支持的唯一办法。

但善于交流并不仅仅是能说会写，还意味着你要做一个好的听众并懂得如何妥协。倾听你的游戏测试者和团队中的其他人的意见或建议，可以给你提供新的想法和方向。

图1.3　与团队成员进行沟通

倾听还可以让你的团队成员参与到这个创新的流程中，让他们对最终的设计有一种创作权威感，这会增加他们对项目的责任感。听到一个你不同意的想法，你并没有失去什么，而这个你没有采用的新想法或许可以激发出一个你会采用的想法。

如果听到了一些你不想听到的东西，要怎么办呢？或许生活中最难做到的就是妥协了吧。事实上，很多设计师认为妥协是一个不好的词。但是，妥协有时是必要的，如果妥协做得好，能够给团队合作带来创造性的效果。

比如，在你的游戏中，由于资源和时间的限制，有一个技术特性是不可能实现的。如果这时你的程序员想出了其他办法，但是并没有抓住原始设计的要点呢？你要如何基于实践的需要来调整自己的想法，以保证玩法不受影响呢？你要妥协。作为一名设计师，用优雅而有效的方式找到妥协的办法是你的职责，这样游戏本身就不会受到影响。

团队合作

制作游戏或许是你所经历过的最紧凑和合作最密切的一个过程了（参见图1.4）。游戏开发团队的乐趣和挑战，就在于和你一起工作的团队成员是来自各行各业的人。其中包括资深计算机专家，他们设计 AI 或图形技术；才华横溢的插画家和动画师，他们给角色带来生命；有经济头脑的执行经理和商务管理者，他们把游戏交付给玩家。整个团队成员之间的性格差异是惊人的。

作为设计师，你几乎需要接触所有人，然后你会发现这些人全都在讲不同的专业语言，都有不同的视角。太过技术性的词汇对于美术师或制作人来说可能不好理解，

图1.4 团队会议

而一个角色在草稿上的微妙的阴影对于一个程序员来说也没有那么显而易见。大致的情况就是如此。当然，许多团队成员可能是多面手并且还具有多重学科背景，但是你不能因此就指望不同职位的人能够互相理解。所以你的工作内容的主要部分，同时也是你需要去做设计文档的原因之一，就是担任一个通用翻译，保证所有不同职能的人，确实是在协作完成同一个游戏。

在本书中，我通常把游戏设计师看作一名独立的团队成员，但在多数情况中，游戏设计的任务其实是需要全员一起努力完成的。无论这个团队中是有一组专职设计师，还是说在一个合作的环境中，视觉设计师、程序员或者监制（producer）都要对游戏设计做出贡献，游戏设计师很少单独工作。在第12章中，我会探讨团队结构，以及设计师如何融入复杂的、令人困惑的开发团队。

流程

游戏设计师通常需要在巨大压力下工作。你不得不对游戏做出至关重要的改变，并且还不能在这个过程中制造新的问题。因为修正一个问题而使游戏失去平衡，这种情况常常

发生，这是因为设计师的视野过分局限于某一部分，只想着解决一个问题，却造成了更多其他问题。但是，如果设计师不能从大局上看到问题的所在，继续修改，这些问题就会更加严重，直到这款游戏失去了它最初的魅力，变得一团糟。

游戏是一系列脆弱的系统，并且每个元素间都相互依赖，一个变量的改变就可以造成扩散性的破坏。这种情况在开发游戏的最后阶段尤其惨烈——你快没时间了，但很多问题还没有修复，只能砍掉游戏的部分内容，希望借此能挽救剩下的部分。这很残酷，但这或许可以帮助你理解，为什么某些有很大潜力的游戏都 D.O.A.了。（D.O.A.是 dead on arrival 的缩写，是指一个游戏玩起来完全没有任何乐趣，一上市就被认定失败。）

有效防止这种事情发生的一个好办法，就是从开发的最开始阶段就坚持执行良好的流程。开发是一件很麻烦的事情，特别是当游戏的各种想法开始互相缠绕在一起时，目标就会随着开发每天都面临的混乱和危机而逐渐消失。但是，如果你使用"以游玩体验为核心"的方法和与玩家测试相结合的这样一个好的开发流程，并且在迭代中进行可控的改变，就可以帮助你专注于目标，优先考虑什么是真正重要的，并且避免误入歧途。我会在整本书中探讨这些方法。

练习 1.2：D.O.A.

找一个你玩过的 D.O.A.的游戏。这里的 D.O.A.指的是"上市就失败"（一个游戏玩起来没有任何乐趣）的游戏。写下你不喜欢这个游戏的什么部分，设计师忽略了什么，如何提高这个游戏的水平。

灵感

游戏设计师通常在用和大部分人不同的视角看这个世界。一部分是职业原因，另一部分原因是游戏设计的艺术需要一个人能够看清和分析复杂系统之间的关系和规则、在日常的互动中能找到玩法的灵感。

当一名游戏设计师观察这个世界时，他总是能看到事物背后的挑战、结构和玩法。游戏无处不在，从我们如何管理财产，到如何和人建立关系。每个人在生活中都有目标，并且都需要克服障碍来实现这些目标。当然，还有规则。如果你想在金融市场中胜出，就必须了解股票交易、证券、利润预测、IPO 等。当你投身于股票市场中时，投资这个行为变得非常像一个游戏。追到自己心上人的过程也是如此。在追求心上人的时候，有很多你必须遵循的社会规则，了解并适应这些规则能够助你成功。

如果你想成为一名游戏设计师，那么就试着去观察这个世界背后的系统（参见图 1.5）。试着分析你生活中的事物的原理。事物背后的规则是什么？这些机制是怎样运作的？有没有挑战或玩耍的机会？写下你的观察，分析事物之间的关系。你会发现身边全都是潜在的游戏玩法，都可以被当成游戏的灵感。你可以把这些观测和灵感当作开发一种新玩法的基础。

为什么不从其他游戏中找灵感呢？你可以这样做，也应该这样做。我马上会谈到这个问题。但是，如果你想找到非常独特的想法，那么就不要从现有的游戏中挖掘，而应该去看你周围的世界。一些东西曾经启发过别的游戏设计师，也必将能启发你，比如：人际关系、买东西和卖东西、工作场合中的竞争等。用蚂蚁的群落来举例。它们的行动是

图 1.5 我们身边各式各样的系统

围绕着一套微妙的规则来组织的，并且蚂蚁无论是与自身的群落，还是与群落外部的其他昆虫群体，都存在着竞争行为。知名游戏设计师 Will Wright 在 1991 年做了一个关于蚂蚁群落的游戏，叫 *SimAnt*。"我总是被这些社会性昆虫吸引！"他说，"蚂蚁是其中为数不多的有和我们类似的智能，并且我们可以从中学习和解构的例子。我们还在努力研究人类的脑部是如何工作的。但如果你观察蚂蚁群落，会发现它们有时会展现出极高水平的智能。"[1]这个游戏的商业效果有点令人失望，但 Wright 有一种由内而发的对世界的原理的好奇心，正是这种好奇心让 Wright 关注蚂蚁群落，而这种探索精神也使他利用类似 Gaia hypothesis 这样的生态系统作为灵感，做出了 *SimEarth*；或者用马斯洛需求层次理论之类的心理学理论，作为《模拟人生》系列中的 AI 的灵感。对学习这个世界的强烈好奇心和热情，显然是 Wright 作为一个游戏设计师的灵感的重要来源。

是什么启发了你？从系统的角度解构你热爱的事情，把它们拆解成目标、行为、关系等。试着理解这个系统中的每一个元素到底是如何进行互动的。这就可以成为一个有意思的游戏的基础。通过练习把你的生活中的方方面面都抽取并定义成游戏，这不但训练了你作为一个游戏设计师的技能，也打开了你对游戏的想象的界限。

练习 1.3：把你的生活做成一个游戏

列出你生活中的 5 个可以作为游戏的方面。然后简要地描述每一个方面可能成为的游戏结构。

成为一个更好的玩家

和玩家站在同一阵营的一个简单方法，就是让自己成为一个更好的玩家。这里说的"更好"，并不是指你有更多玩游戏的技巧或总是能取胜——当然通过深入地研究游戏系统，你毫无疑问地会成为一个技术更好的玩家。我的意思是，用你自己对游戏的体验与经历，来训练自己对好的游戏玩法的敏锐直觉。练习任何艺术形式的第一步，都是训练对这种艺术形式的深入理解。比如，如果你练习过任何一种乐器，那么你很有可能已经可以听出多种音调之间的关系了。那么，你就开发了一双会听音乐的耳朵。如果你学过画画，你的老师会极力要求你去仔细观察光影和材质。这样，你就开发了一双熟悉视觉构成的眼睛。如果你是个作家，你将学会批判性阅读。如果你想成为一个游戏设计师，你需要在玩游戏的时候，保持对自己的体验的有意识的敏感性（conscious sensitivity），以及对背后的系统进行批判性的分析，正如其他艺术形式所需要的一样。

在本篇接下来的章节中，将会探讨游戏中形式的、戏剧化的和动态的方面。将这些章节中的概念加在一起，就形成了一个工具，用来分析你的游戏体验，让你成为一名更好的，或者说更善于表达的玩家和创新的思考者。通过练习这些技能，会训练出你的游戏素养（game literacy），这会让你成为一名更好的设计师。素养是阅读和用一种语言写作的能力，这个概念也可以被应用在媒体和技术上。具有游戏素养，指的是能理解游戏系统如何运作，分析它们如何产生意义，并且用你的理解来创建你自己的游戏系统。

我建议你把自己对游戏的分析都写在一个游戏日志中。就像一个梦境日志或日记一样，游戏日志可以帮你彻底思考自己的游戏体验，还可以帮你在很久之后依然记得玩游戏时的细节。作为一名游戏设计师，这其中有很多容易被忘记的领悟。写游戏日志时，试着去深入思考你的游戏体验，这是极其重要的——不要只是给游戏写评论或讨论游戏的特性。要讨论玩游戏期间一个有意义的时刻。试着记住它的细节——为什么它震撼了你？你当时想到了什么，感受到了什么，又做了什么？是什么样的游戏机制让这一刻产生了这样的效果呢？从戏剧化的角度来看是怎样的呢？也许你的这些领悟能构成未来的一个设计的基础，也许不会。但是，就像速写或是在乐器上练习音阶一样，像这样记录和思考游戏设计，会帮助你训练出属于你自己的思考游戏的方法，这对于成为游戏设计师来说至关重要。

练习 1.4：游戏日志

开始写一个游戏日志。不要只是说游戏里面有什么特性，而是深入挖掘你在游戏中所做的选择，你对这些选择的思考和感受是什么，并且找到提供这些选择的游戏机制。详细地写，并找到游戏中存在多样的游戏机制的原因。分析为什么游戏在某一特定时刻很好玩，而在某些时刻不好玩。坚持每天写自己的游戏日志。

创造力

创造力很难衡量，但一定需要有创造力才能设计出一个很棒的游戏。每个人的创造力的表现形式都不同。有些人不用尝试就能想出很多主意；而有些人则偏好专注于一个想法，并且探索这个想法的所有可能性。有些人喜欢静静地坐在自己房间中独自思考，而有些人则喜欢和一组人讨论想法，并且通过和他人互动来促进想法。有些人寻找刺激的或新的体验来激发他们的想象力。像 Will Wright 这样的优秀设计师，是那种可以在梦境和想象中提取出想法，并且把它们设计成互动体验以带入现实世界中的人。

另一位伟大的设计师——任天堂的宫本茂（Shigeru Miyamoto），他说总是会从自己的童年和爱好中寻找灵感。"当我还是个孩子的时候，在徒步时发现了一个湖，"他说，"我非常惊讶自己能发现它。当我不带地图在国内旅行，去试着找到一条路、随处寻找神奇的事物时，我感受到这样的探险是多么奇妙。"[2]宫本茂的很多游戏都来自他记忆中童年探险时的感觉和奇遇。

想想自己的生活经历。有没有这样可以激发你游戏灵感的记忆呢？童年可以成为一个强大的游戏设计灵感来源的原因是，当我们还是孩子的时候，我们会全神贯注地玩游戏。如果你观察孩子们在操场上是如何互动的，通常会发现他们是通过一起玩游戏来实现的。他们玩游戏，从玩乐中学习社会制度和组织动态。游戏渗透到小孩子生活中的方方面面，也是他们成长过程中至关重要的部分。所以当你回顾童年，回想那些你曾经非常享受其中的事情时，会发现所需的游戏素材就在那里。

练习 1.5：你的童年

列出 10 个你小时候玩过的游戏，比如

捉迷藏、跳格子等。简单地形容每个游戏吸引你的地方在哪里。

创造力或许还意味着把两个看似无关的事物结合在一起——比如莎士比亚和《脱线家族》（Brady Bunch）。你怎样才能把这么奇怪的组合结合起来呢？《你不了解杰克》的设计师把阳春白雪和下里巴人结合在了一起，创造了一个益智问答游戏，让玩家同时需要熟知两类知识。结果是这个游戏大受欢迎，并且还打破了常见的游戏边界，让男女老少都很喜欢玩这个游戏（参见图 1.6）。

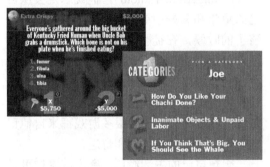

图 1.6 《你不了解杰克》（You don't know Jack）

有时候创新的想法会主动找上门来，这时，你要知道何时才需要去坚持一个看起来不靠谱的想法。Keita Takahashi 是一款古怪又创新的游戏——Katamari Damacy——的设计师。他在南梦宫（Namco）工作时被分配到这样一个任务：构思一款竞速游戏。这位年轻的艺术家和雕刻家想做一款比竞速游戏更加独特的游戏，于是，他就想出了一个关于粘球的游戏机制，在游戏中玩家可以滚动粘球，粘起从回形针、寿司，到棕榈树和警察等的各种东西。Takahashi 说，游戏的灵感来自很多不同的事物，比如毕加索的画、约翰·欧文的小说、Playmobil 品牌的玩具，但很明显的是，Takahashi 还受到了日本小孩玩的运动游戏的影响，如滚球游戏（参见图 1.7）。作为一个设计师，在思考未来要做什么的时候，他跨越了电子游戏的边界。"我想给孩子们做一个游乐园，"他说，"游乐园通常是平坦的，但我想要一个地势起伏、凹凸不平的游乐园。"[3]

图 1.7 《美丽块魂》（Beautiful katamari）和滚球游戏

我最近在设计一个关于亨利·大卫·卢梭在瓦尔登湖所度过的时光的游戏。我被他的作品和想法所启发。在卢梭开始"从容不迫地生活"时，他的哲学实验背后蕴藏的是他所遵循的一套有趣的规则。这个游戏的开发花了 10 年时间，需要很坚定才能在这么多年后还保持创作的初衷。当我们刚开始做这个游戏的时候，一个讲述哲学家在生活中的实验的独立游戏还是非常陌生和新鲜的。如今，个人游戏和实验游戏都已经相对常见，尤其是在独立游戏领域中。

我们过去的经历，我们的爱好，我们的感情关系，还有我们的个人身份，在我们试图创新时全都扮演着重要角色。了不起的游戏设计师能找到一个进入创作灵魂的方法并把最棒的部分带到游戏中。然而当你这么做的时候，不管你是自己一个人还是在团队中工作，不管你是在读书还是在爬山，不管你是从其他游戏中找灵感，还是从自己的人生经历中找灵感，这件事情的要义就是，这其中没有一种单一的绝对正确的做法。每个人在思考想法和创新时，都有不同的风格。你的想法是什么并不重要，重要的是这个想法出现后，你要如何去做。这时，就到了以游玩体验为核心的设计流程发挥重大作用的时候了。

以游玩体验为核心的设计流程

拥有一个良好的设计流程，来从最初的概念到一个可玩的且让人满意的游戏体验，是像一个游戏设计师一样思考的另一个关键。我将在本书中展示的以游玩体验为核心的设计方法，专注于让玩家参与到你的设计流程中，从概念一直到游戏完成。我的意思是说，我们要持续不断地思考玩家的体验，并在每一个开发阶段都让目标用户测试游戏。

建立玩家体验目标

越早让玩家参与进来，效果就越好，做这件事的第一步就是建立"玩家体验目标"。玩家体验目标就像字面上的意思一样：设计师希望玩家在游戏过程中能够获得的体验。这些目标并不是游戏特性的实现，而是描述在游戏中你希望玩家可以自己发掘的有趣且独特的体验。比如，"玩家必须合作才能赢，但是游戏的设定让玩家很难彼此信任"，"玩家会感觉到快乐和好玩，而不是竞争感"或"玩家可以在游戏中自由地按照自己选择的顺序来完成目标。"

把设置玩家体验目标放在最前面，作为你的头脑风暴流程的一部分，也可以让你在创作流程中更专注。注意，这些描述并不会解释这些体验目标在游戏里要如何达成。稍后，你们才会头脑风暴，找出能够实现这些目标的特性，并且进行测试来看这些特性是否可以实现玩家体验目标。首先，我建议从全局的角度来思考，你的游戏让玩家觉得有趣和投入的是什么，以及他们会怎么向朋友描述自己的体验，来介绍这个游戏里吸引他们的地方。

学习如何设定有趣且令人投入的玩家体验目标，意味着钻进玩家的大脑里，而不是专注于你想设计的游戏特性。当你刚开始设计游戏的时候，最难的事情之一是越过游戏的特性，去关注玩家真正感受到的游戏体验。他们在你的游戏中做出选择的时候，想的是什么？他们的感受是什么？你提供的选择是不是真的很丰富和有趣？

制作原型和游戏测试

在以游玩体验为核心的设计中，另外一个关键就是要尽早地做出游戏原型并进行游戏测试。用头脑风暴集思广益之后，我们建议设计师马上制作一个可玩的游戏原型。这里我指的是实体的游戏原型。实体原型可以是用笔和纸、索引卡，甚至由人表演来完成的。这个原型是由设计师本人和朋友来玩的。目标是在任何一个程序员、制作人员或美工投入时间之前，来试玩和修改，以让这个简单的原型尽可能完美。用这种方式，游戏设计师立刻就能知道玩家对这款游戏的看法和感受，并判断出这款游戏是否实现了预期的玩家体验目标。

这听起来或许像常识，但是在今天的游戏业界中，很多游戏的核心玩法都在开发后期才进行测试，这样很可能会产生让人失望的结果。因为很多游戏没有经历完整的原型制作，或者没有在早期进行测试，游戏设计的缺陷在开发后期才会体现出来——很多时候，都为时已晚。从事游戏行业的人开始渐渐意识到，如果缺乏玩家反馈，很多游戏就没办法完全发挥出它的潜力。如果想要解决这个问题，就需要改变游戏开发的流程。像 XEODesign 的 Nicole Lazzaro、微软的 Dennis Wixon（见本书第 305 页和第 329 页的专栏）这样的用户研究专家的工作变得越来越重要，他们的工作会帮助游戏设计师和发行商来提升游戏体验，尤其是在一些类似智能手机和平板这样的平台吸引来许多没有经验的游戏玩家以后。但你并不一定要用一个专业的测试实验室来实践以游玩体验为核心的设计方法。在第 9 章中，我会介绍一些非常实用的、你自己就可以实现的方法来改善你的游戏设计。

我建议，不要在还没有对你的玩家体验目标、核心游戏机制有深入理解时，就开始制作游戏。这很关键，因为在制作流程开始后，再想改变游戏设计就变得异常困难了。所以，在开始制作游戏前，设计和原型的准备越充分，就越可能避免代价高昂的错误。你可以通过在设计和开发流程时使用以游玩体验为核心的方法，来保证在开始制作游戏前，你的核心游戏设计概念是可行的。

你应该知道的设计师

下面所提到的设计师都对电子游戏有着巨大的影响。这个列表很难定下来，因为有那么多伟大的人都在通过不同的方式对这门手艺做出杰出贡献。我的目标不是面面俱到，而是让读者知道那些曾经做出奠基性工作的设计师，以及谁会是比较适合你作为一个设计师去获取灵感的对象。我很高兴这个列表中的多数设计师都为本书接受了专栏访谈。

宫本茂

1977 年从工业设计学校毕业后，宫本茂就受雇于任天堂公司了。他是公司的首位美术雇员。在职业生涯早期，他被分配去做一个叫 *Radarscope* 的潜水艇游戏。这个游戏和同时期的大多数游戏一样——简单的游戏机制，没有故事，没有角色。他很疑惑为什么电子游戏不能像他从小就熟知并喜爱的史诗故事或童话那样引人入胜。他想去构造一个冒险故事，并向游戏内加入情感。他没有专注于做 *Radarscope*，而是构思了他自己的"美女与野兽"式的故事：一只大猩猩偷走了它的管理员的女朋友，然后逃跑了。最后宫本茂做出了《森喜刚》（*Donkey Kong*），你将扮演的角色是马里奥（最初的名字叫 Jumpman）。马里奥可能是游戏中最经久不衰的角色了，也是世界上最知名的角色之一。自最早的 NES 开始，每次任天堂推出新的主机，宫本茂都会负责制作一款马里奥游戏为其保驾护航。宫本茂的游戏里总是充满了狂野的创造力和想象力。除了《马里奥》系列，宫本茂的作品列表还很长，其中还包括《塞尔达》、《星际火狐》和《皮克敏》等。

Will Wright

　　1987 年，Wright 在刚入行没多久的时候制作了一款叫作《救难直升机》（*Raid on Bungling Bay*）的游戏。这是一款驾驶直升机袭击岛屿的游戏。他非常享受给这些小岛上的城市编写代码，他认为建造城市可以是一个很有趣的游戏的题材。这就是《模拟城市》（*SimCity*）的灵感来源。当他刚开始开发《模拟城市》的时候，发行商们都不感兴趣，因为没人相信会有玩家买这个游戏。但 Wright 坚持住了，这个游戏一推出就大获成功。《模拟城市》是一个大突破，从设计的角度来说，它不再是强调破坏，而是强调创造。同时，它也没有预先设定的目标。这些因素向游戏中增添了新的维度。Wright 总是对模拟现实非常感兴趣，并且比所有人都更努力地把模拟游戏带向大众。《模拟城市》带来了一个全新的系列，其中包括 *SimEarth*、*SimAnt*、*SimCopter* 等。他的《模拟人生》（*The Sims*）曾是历史上卖得最好的游戏之一，而《孢子》（*Spore*）（他截至目前最有野心的项目）则探索了新的设计领域——用户生成的内容。在本书第197页，你将会读到 Celia Pearce 和 Will Wright 的对话。

席德梅尔（Sid Meier）

　　传说席德梅尔和他的好朋友 Bill Stealey 打赌，他两周之内就可以做出一款比他们目前一起玩的空战游戏更有意思的作品。Stealey 接受了他的提议，和他一起创立了 Micro Prose 公司。其实最终游戏花了不止两个星期来制作，但他们最终在1984年把这款名为 *Solo Flight* 的游戏推向了市场。梅尔被许多人认为是 PC 游戏之父，他创造了一款又一款史无前例的游戏。他的《文明》（*Civilization*）系列对 PC 上的策略游戏有着十分重大的影响。他的游戏《席德梅尔的海盗》（*Sid Meier's Pirates!*）是一款结合了动作、冒险和角色扮演等类型的游戏，同时还混合了即时制和回合制。他的玩法构思被无数的 PC 游戏改造并采用。梅尔的其他作品还包括《殖民统治》（*Colonization*）、《席德梅尔的盖茨堡》（*Sid Meier's*

Gettysburg!)、《半人马星阿尔法座》(*Alpha Centauri*) 及《死亡潜航》(*Silent Serv*)。

Warren Spector

Warren Spector 的职业生涯开始于在得克萨斯州奥斯汀的 Steve Jackson Games 做桌面游戏。然后他去了专门做 RPG 桌游的公司 TSR，在那里他开发了数个桌游，写了一些 RPG 相关的故事和几本小说。1989 年，他想做一些电子游戏，于是加入了 ORIGIN Systems 公司，在那里他与 Richard Garriott 一起参与了《创世纪》(*Ultima*) 系列的制作。Spector 对于如何把角色和故事更好地融入游戏有着强烈的兴趣。他通过 *Ultima Underworld*、*System Shock* 和 *Thief* 等一系列作品，开创了"自由形态"玩法。而在《杀出重围》(*Deus Ex*) 中，他把灵活性玩法的概念和游戏的戏剧性提升到了一个新的高度，这个游戏也被认为是有史以来最好的 PC 游戏之一。在本书第 30 页你可以读到他的"设计师视角"的访谈。

Brenda Romero

Brenda Romero 的职业生涯开始于 Sir-tech 软件的《巫术》(*Wizardry*) 系列角色扮演团队，她在这里从测试者一路升职到《巫术 8》(*Wizardry 8*) 的设计师。在 Sir-tech 公司的时候，她还参与过 *Jagged Alliance* 和 *Realms of Arkania* 等系列游戏的设计。在这之后，她加入了雅达利，开始参与制作《龙与地下城》(*Dungeons & Dragons*)。在她的职业生涯中，她一直充满热情地致力于增加行业的多样性。由于对行业的贡献，她被游戏开发者大会授予了大使奖 (the Ambassador Award)，同时还获得了英国电影电视艺术学院奖。在第 96 页，她讨论了她的史无前例的模拟游戏系列——*The Mechanic Is the Message*。

Richard Garfield

1990 年的时候，Richard Garfield 是一个没有名气的数学家，他当时还兼职做游戏设计。有 7 年时间，他尝试着将一个叫 *RoboRally* 的桌游原型推销给多个发行商，不过无一例外地遭到了拒绝。当又一个发行商拒绝他的时候，他毫不意外。然而，这次这个发行商是一个叫 Peter Adkison 的人，他为 Wizards of the Coast 工作。他问 Richard Garfield 是否可以提供一个一小时内打完一局的便携式卡牌游戏。Garfield 接受了这个挑战，他开发了一个对战游戏系统，在这个系统中，每一张卡片都能用不同的方式影响规则。这在游戏设计上是一个大突破，因为这个系统是可以无限扩展的。这个游戏叫作《万智牌》(*Magic: The Gathering*)，它一手造就了集换式卡牌产业。《万智牌》也被做成了数个电子游戏。1995

年，孩之宝花了 3.25 亿美元买下了 Wizards of the Coast 公司，Garfield 拥有了这家公司的很大一部分。在第 237 页可以读到他的文章《万智牌的创造》。

Amy Hennig

Amy Hennig 的游戏职业生涯始于 NES，她当时给游戏担任美工和动画师。当她在 EA 作为美工参与 *Michael Jordan: Chaos in the Windy City* 时，首席设计师离开了那个项目，Hennig 得到了这份工作。在那之后，她跳槽去了水晶动力，担任 *Legacy of Kain: Soul Reaver* 的游戏导演、监制和编剧。她因担任了一系列非常成功的游戏的总监和编剧而出名，这其中包括顽皮狗工作室和索尼的《神秘海域》（*Uncharted*）系列。《神秘海域》系列给她带来了两次美国编剧工会授予的电子游戏编剧奖，以及其他许多奖项。她把自己在神秘海域系列的编剧工作称为这类电影式的电子游戏的"最前沿"。

Peter Molyneux

Peter 的故事开始于一个蚁丘。Peter Molyneux 小时候曾经这么玩弄过一个蚁丘——把它拆毁，然后看蚂蚁们努力重建，或者是把食物丢到蚂蚁的世界中，看蚂蚁们怎么夺取食物，等等。在这些小小的、无法预测的生物身上施加力量的感觉深深地将他迷住。Molyneux 后来成为一名程序员和游戏设计师，并最终成为开发"上帝游戏"这一游戏类型的先驱。在他的一款突破性游戏《上帝也疯狂》（*Populous*）中，玩家将扮演一个能支配世间万物的"神"。这个游戏具有革命性的地方在于，这是一个策略游戏，但采取的却是即时制，而不是回合制，同时玩家对游戏单位只能间接地控制。这些单位有自己的意识。这个游戏和其他 Molyneux 的大作对即将到来的即时战略（RTS, real-time strategy）游戏有着深远的影响。他创作的其他游戏包括《暴力辛迪加》（*Syndicate*）、《主题公园》（*Theme Park*）、《地下城守护者》（*Dungeon Keeper*）及《黑与白》（*Black & White*）。

Gary Gygax

在 20 世纪 70 年代早期，Gary Gygax 是威斯康星州日内瓦湖的一个保险推销员。他喜欢各种各样的游戏，这其中就包括桌面战争游戏。在这些游戏中，玩家可以像战场上的将军一样指挥微缩游戏模型所代表的军队。Gygax 和他的朋友们非常热衷于扮演指挥官、英雄等不同的战场角色。他按照自己的偏好创造了一个叫《锁子甲》（*Chainmail*）的游戏。这个游戏能够让玩家控制不同派别的微缩游戏模型进行战斗。在这种游戏兴起之后，玩家们就提出要对游戏具有更多方面的控制，希望每个游戏单位都能有更加丰富的角色信息。他们还想要扮演游戏内某一单独特定的角色。Gygax 和游戏设计师 Dave Arneson 一起开发了一个精心制作的角色扮演系统，并最终把它命名为《龙与地下城》。《龙与地下城》游戏系统是后来所有纸上和电子角色扮演游戏的鼻祖，包括《暗黑破坏神》(*Diablo*)、《博德之门》(*Baldur's Gate*)、《魔兽世界》(*World of Warcraft*) 等。

Richard Garriott

Richard Garriott（也有人称他为 Lord British）在 1979 年读高中的时候编写了他的第一款角色扮演游戏。这款游戏叫作 *Akalabeth*。他通过奥斯汀当地的一家电脑商店售卖这款游戏。游戏初版的包装是一个拉链式的塑料袋。*Akalabeth* 后来被发行商看上了，并且卖得很好。Garriott 把他所学的东西运用到了制作《创世纪》(*Ultima*) 中，并由此开创了史上最有名的系列游戏之一。《创世纪》系列在多年内不断进化，每一次成功都推动技术和玩法的进步，最终把这个游戏带入了在线网络游戏时代。《创世纪 Online》(*Ultimate Online/UO*) 在 1997 年发布，成为大型多人在线（MMO）游戏的先驱。Garriott 还通过科幻 MMO 游戏 *Tabula Rasa* 持续不断地拓宽在线游戏的边界。

Dona Baily

1981 年，Dona Baily 还是一个年轻的程序员。她和 Ed Logg 一起创作了经典的街机游戏《蜈蚣》(*Centipede*)。那时，Baily 是雅达利的投币游戏机部门唯一的一位女性雇员。当时她收到了一笔记本的可能的游戏想法，几乎每一个都包含"用激光打爆/炸毁一些东西"。她最后选择了一个描述简单的点子：射击一条沿着屏幕往下爬的虫子。她说，"射击一条虫子看起来没那么糟糕。"《蜈蚣》后来成为街机的黄金时代商业上最成功的游戏之一。

Gerald Lawson

Gerald Lawson 是一个电子工程师，他因 20 世纪 70 年代时设计了 Fairchild Channel F 电子游戏系统而成名，并且还发明了电子游戏卡带。Fairchild Channel F 主机虽然没有获得商业上的成功，但是却让人们开始意识到，编写好的游戏软件可以存储在可以插拔的卡带中。在 Fairchild Channel F 之前，大部分的游戏软件都直接写在硬件架构上，所以永远无法添加或更新游戏。Lawson 的发明是如此新奇，以至于他制作的每一个卡带在配送前都被当成新产品，从而必须获得 FCC 的批准。很快，他的发明成了所有之后的游戏主机的标准。Lawson 是当时非常少见的在游戏行业中工作的非裔美国人。

迭代

对于"迭代",我的理解是,在你的游戏的开发周期中一遍又一遍地进行设计、测试和评估结果。持续提升游戏的质量,直到玩家在游戏中的体验能符合你的预期。迭代对于以游玩体验为核心的设计来说是极为重要的。图 1.8 所示的是一个在你设计游戏时应该使用的详细的迭代流程。

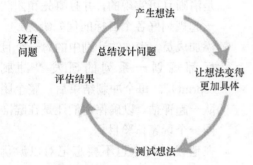

图 1.8 迭代流程图

- 设定好玩家体验的目标。
- 构思好一个想法或系统。
- 让一个想法或系统成型(即写下来或做一个原型)。
- 以达成预期的玩家体验为目标,测试一个想法或系统(即通过游戏测试或演示来收集反馈)。
- 评估结果并排列优先级。
- 如果结果没有达到预期,想法或系统出现了根本性的缺陷,那么回到第一步。
- 如果结果是可以改进的,那么做修改并再次测试。
- 如果结果达到预期,想法或系统是成

功的,那么迭代流程就完成了。

正如你看到的,无论是最初的概念还是最终的游戏质量测试,这套工作流程对于游戏设计的方方面面都是适用的。

步骤 1:头脑风暴

- 设定玩家的体验目标。
- 尽可能多地想出你认为可以实现你的玩家体验目标的游戏概念或玩法机制。
- 选出其中最好的 3 个。
- 为每个想法写一页简短的描述,有时这一页描述会被称为概念文档。
- 找这个游戏的潜在玩家,测试你写下的概念(在这个阶段可能还需要制作可视化的模型,帮助你与其他人沟通想法)。

步骤 2:实物原型

- 使用纸、笔或其他手工材料制作一个可玩的游戏原型。
- 使用第 7 章和第 9 章中描述的流程对实物原型进行游戏测试。
- 当实物原型所展示出的游戏玩法能达到你的玩家体验目标时,写一篇 3 至 6 页的游戏玩法叙述,着重解释游戏是如何玩的。

步骤 3:演示(可选)

- 演示通常是用来获取资金以雇用原型团队的。即使你不需要资金,通过创建一个完整的游戏演示也能够很好地提升你对游戏全局的思考的方式,也可以把它更加清楚地介绍给管理层及研发团队中的其他成员以获得反馈。

- 你的游戏展示应该包括 Demo 的画面表现和核心的游戏玩法。
- 如果你的研发资金不太充裕，则可以返回步骤 1，开始一个新的游戏概念，或者向你的赞助方征求意见，通过修改游戏来满足他们的需求。因为你还没有在昂贵的美术资源或者是编程开发上进行投入，你到目前为止的开支应该是相当合理的，应该有充足的灵活性来做出改变。

步骤 4：软件原型（可能不止一个）

- 当你的原型团队到位之后，就可以开始制作核心玩法的软件原型了。通常来说会做多个软件原型，每个原型都聚焦于游戏系统的不同方面。数字原型在第 8 章中有相关的讨论。（如果可能的话，试着用临时的图形资源来开发软件原型。这将节省很多时间和资金，使开发的进程更快。）
- 使用第 9 章介绍的方法对软件原型进行游戏测试。
- 当软件原型展示出来的玩法达到了你预期的玩家体验目标时，紧接着就要制定游戏的完整特性和关卡的开发计划。

步骤 5：设计文档

- 当你在为游戏玩法制作原型的时候，可能你已经写下了不少给"正式"版本游戏的笔记和想法了。利用这些在原型阶段积累的认知来为游戏制作一个完整的目标列表，并用对团队有用且可读的方式记录下来。
- 现在，许多设计师已经不再出于这个

目的而使用庞大的静态文档了，他们使用在线的团队共享工具，比如维基，或者是更小的符合需求的文档形式，它们更适合现代设计流程的天然的灵活性和合作性。你的研发流程中的设计文档应该是一个随着研发进程而改变和成长的合作工具。

步骤 6：生产

- 与所有团队成员配合，确保你的目标是清晰且可实现的，并且事先和团队一起规划好各个目标的优先级。
- 添加成员，为你的计划中的每一个目标都规划一系列的研发"冲刺（sprint）"。每个冲刺结束后，整个团队一起评估，以确保你们还是在瞄准同一个玩家体验目标。
- 在研发过程中也不要忘记对以游玩体验为核心的流程的关注——测试你的美术方面、游戏性、角色等。在整个生产阶段中也要保持迭代流程，能发现的问题和你需要做的改动会越来越少。这是因为你在原型阶段就已经解决了主要问题。
- 不幸的是，大多数游戏设计师在这个时候就停止继续设计他们的游戏了，而不继续设计的结果可能是额外的时间、金钱消耗及挫败感。

步骤 7：QA 测试（质量保证，Quality Assurance）

- 在项目准备进入 QA 测试阶段的时候，你应该确保你的游戏玩法是可靠的。可能还存在一些问题，因此要继续测试游戏，并关注游戏的可用性。

现在要确保你的游戏对于你的整个目标群体是可用的。

如你所见，以游玩体验为核心的设计方法在整个开发流程中都需要引入玩家的反馈，这意味着你在游戏开发的每个阶段都要做很多的原型和游戏测试。如果你不知道玩家在想什么，你就不能真的站在他们的立场上，而游戏测试是最好的获得深入你的游戏的反馈和见解的机制。我再怎么强调这一事实也不为过，并且我鼓励任何设计师在研发的日程表里尽可能多地对游戏的方方面面安排独立的游戏测试。

迭代设计流程

Eric Zimmerman，游戏设计师、教授，纽约大学游戏中心

Eric Zimmerman 是一名拥有20年行业经验的游戏设计师。Eric 在纽约创办了 Gamelab，这是一个备受赞誉的工作室，曾制作过 *Diner Dash* 这样世界闻名的休闲游戏。其他作品还包括独立在线游戏 *SiSSYFiGHT 2000*、桌面策略游戏 *Quantum* 及 Local No.12 的卡牌游戏 *The Metagame* 等。Eric 还与建筑师 Nathalie Pozzi 共同创作了实体游戏装置（*game installations*），并在世界各地的博物馆与活动中展出。他和 Katie Salen 合著了 *Rules of Play* 这本书，同时他也是纽约大学游戏中心的创始人之一和艺术教授。在本书第 318 页中可以看到他与 Nathalie Pozzi 的关于游戏测试方法的交谈。

下面的摘录来自一篇原名为 "Play as Research" 的长文，这篇文章发表在由 Brenda Laurel 编辑的《设计研究》（*Design Research*，麻省理工学院出版社，2004 年）这本书中。这里的引用已得到了作者的许可。迭代设计是一种设计方法，它基于原型、测试、分析和随时改进的循环流程。在迭代设计中，和设计系统的交互是设计流程的基础，当一个设计的版本还在更新迭代阶段时，这样的交互会对开发项目产生影响并促进项目的演变。本文后面描述了我参与过的一个游戏（*SiSSYFiGHT 2000*）的迭代流程。

什么是迭代设计的流程？就是测试、分析、改进、重复。因为你不能完全预知一个玩家的体验，所以在迭代流程中，决策要基于制作中的原型的体验。原型被测试，被修改，所以项目也相当于又被测试了一次。通过这种方式，项目的开发通过设计师和测试对象之间的不断交流而持续推进。

在游戏开发中，迭代设计意味着游戏测试。在整个设计和开发的流程中，你的游戏不断被试玩。你玩这个游戏，开发团队的其他人也在玩，办公室里的其他人也在玩，人们来你的办公室玩，你组织一组一组符合你的目标用户设定的游戏测试者玩，你邀请尽可能多的人来玩游戏。在每一次测试中，你观察他们，问他们问题，调整你的设计，然后再次进行测试。

迭代设计的流程和通常的零售游戏开发是完全不同的。通常来说，在为电脑或主机开发游戏的设计流程的开始，一个游戏设计师会构思出一个完整的概念，然后写一个冗长的

设计文档，列出游戏每一个可能的方面的细节。无一例外，最后做出来的游戏都会与最开始精心构思的概念有不小的差距。另外，一个迭代设计流程不仅能节省开发资源，还能最终构建出一个更加强健和成功的产品。

案例研究：SiSSYFiGHT 2000

　　SiSSYFiGHT 2000 是一款多人在线游戏，玩家扮演一个女学生，和 3 到 6 个其他玩家在操场上对抗。在每个回合中，玩家都可以从取笑、告密、退缩和舔棒棒糖等 6 个行动中选择一个执行。一个行动的结果取决于其他玩家的决策，这带来了高度社交化的玩法。*SiSSYFiGHT 2000* 同时也是一个强健的在线社区。你可以在 sissyfight 官网上玩到这款游戏。1999 年夏天，我被 Word.com 雇用来开发他们的第一款游戏。我们最初的工作是定位项目的玩乐价值：游戏设计应该包含的抽象原则。我们列出的玩乐价值的列表包括：为广泛的非玩家群体设计游戏、更低的技术门槛，这个游戏要易于上手同时又有深度和复杂性，玩法必须天生就有社交性，以及最后一点，要符合 Word.com 的风格。

　　这些玩乐价值是一系列头脑风暴会议（其中穿插着电脑和非电脑游戏的集体游戏）的指标。最终，一个游戏概念浮现出来：小女孩们在操场上的社交冲突。市面上大部分游戏都包含某种冲突，我们决定以一种前所未有的全新方式去表现冲突。由于技术和制作的限制，游戏是回合制的，但游戏中也会加入即时聊天功能。

　　当我们逐渐把游戏的概念和基本框架规划出来后，首个原型的制作也逐渐变得清晰。首个版本的 *SiSSYFiGHT* 是用便利贴制作的，我们在会议室的桌子上玩这个游戏。我设计了每个玩家能够执行的一些基本行动，并亲自示范流程，我"处理"每个回合的行动，并向玩家报告结果，并把分数记在一张纸上。

　　设计第一个原型时，需要一些战略思维来想出要如何最快地制作一个可以玩的版本，以开始通过一种有意义的方式来定位项目的最主要的不确定因素。你能为你的游戏做一个纸面原型吗？你能为一个很长的游戏制作一个简短的版本吗？你能利用少数玩家就对一个大型多人游戏的交互模式进行测试吗？

　　在迭代设计流程中，任何时候都最需要细细思考的是，你要做什么来完成下一个原型。当然，理解大局是非常重要的：整体的概念、技术和设计问题共同驱动着项目的发展。确保不要在迭代研究之前进行超前的设计。始终关注你要达成的目标，但在你的设

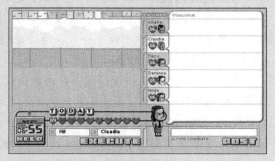

SiSSYFiGHT 2000 的界面

计里为玩法留出空间，这样才能保留在游戏测试后进行改动的潜力。接受事实，你对设计的一些假设会被证明是完全错误的。

项目组持续制作纸面原型，寻找合作和竞争之间的平衡，这种平衡是玩法的核心。我们改进了基本的规则——玩家每回合可以采取的行动以及对应的结果。这些规则被转化成了第一个数字原型：IRC 上只有文字的版本，我们一起坐在同一台电脑前，轮流玩以进行测试。在早期做这样一个只有文字的原型，让我们专注于游戏逻辑的复杂性，而不用去担心交互性、视觉和声音的美学以及游戏的其他角度。

在我们对文本原型进行迭代测试的同时，开始编写游戏的最终版本的程序，最初在 IRC 原型上开发的核心逻辑也被修改后用到了这个版本中。和游戏设计同时进行的是，项目的视觉设计师开始开发游戏的图形语言，并规划可能的屏幕布局。这些视觉上的早期草稿（在整个开发过程中会被修改许多次）也会被放进游戏的导演剪辑版本，同时在亨利·达格（Henry Darger）的外来艺术和复古游戏画面的启发下，SiSSYFiGHT 作为一款多人在线游戏的第一个粗糙的迭代版本成型了。

当 Web 版本可以玩的时候，开发团队一起玩了这个版本。随着我们的"丑小鸭"被修改得越来越好，其他的 Word.com 员工也加入了测试。随着游戏越来越稳定，我们会在工作日结束的时候找到朋友，让他们没有任何准备就坐下来玩这款游戏。所有的测试和反馈都能帮助我们完善游戏逻辑、视觉美学和界面。而我们所面临的最大挑战在于玩家行动与游戏结果之间的关系的清晰度：由于每个玩家的行动都不能直接影响每个回合的结果，早期版本的游戏给人一种令人疲惫的不受控制的感觉。只有通过许多设计修正，以及和我们的测试者进行充分沟通，我们才能让每一回合的结果清晰地向玩家展现出来，让他们知道发生了什么以及为什么。

SiSSYFiGHT 2000 的游戏界面

当游戏服务器的架构完成后，我们在一个邀请制的游戏设计社区发布了游戏，为几周后的正式发布预热。在办公室内的测试环节有规划好的时间段，但是在线版本允许测试玩家随时来玩。我们让测试玩家能够很轻松地联系到我们，以及用 E-mail 发送 bug 报告。

即使参加测试的玩家样本只有几十个，但是依然涌现出了非常不同的玩法模式。举个例子，和大部分多人游戏一样，防御式的玩法可以获得更多优势，但这会带来僵局。作为应对，我们修改了游戏逻辑，以减少这种玩法风格：任何玩家连续"退缩"两次，都会被惩罚去扮演一只小鸡。当游戏发布时，我们忠诚的测试玩家成为游戏社区的核心，他们会把新玩家拉入游戏的社交空间。

在 *SiSSYFiGHT 2000* 这个案例中，迭代设计的测试和原型都非常成功，因为我们在每个阶段都会明确想要的测试内容及测试方法。我们使用纸质问卷和在线问卷进行调查。每次测试后，我们都详细地询问测试者。我们很有策略地计划游戏的每个版本应该如何兼容之前版本的视觉、声音、游戏设计和技术元素，同时会为最终的游戏体验打下所需的基础。

要设计一款游戏就要构造一系列的规则。但是，游戏设计的重点并不是让玩家体验你所制定的规则，而是让玩家体验游戏的乐趣。因此，游戏设计是一个二阶设计问题，即设计师只能间接地通过他们创造的规则系统来创造乐趣。在玩家理解并掌握这些规则时，产生了涌现式的行为模式、感知、社会交易（social exchange）以及意义。这展现了迭代设计流程的必要性。规则和游玩之间微妙的互动太过于精妙和复杂，它们无法被提前规划出来，只能在测试和制作原型的过程中进行即兴的平衡。

在迭代设计中，设计师和用户之间、创作者和玩家之间是是没有界线的。通过对玩不断进行创造，贯穿整个设计流程。通过迭代设计，设计师创造系统，并且和系统交互。设计师成为参与者，但是他们这么做是为了评判自己的创作，以求修改它们，推翻它们，把它们重做成一个新的事物。在这些调查研究和试验的步骤中，一种特别的探索形式出现了。通过玩来设计的迭代流程是一种发现潜在问题的答案的方式。这是一种强大而又重要的设计方法。*SiSSYFiGHT 2000* 的开发人员包括 Marisa Bowe、Ranjit Bhatnagar、Tomas Clarke、Michelle Golden、Lucas Gonze、Lem Jay Ignacio、Jason Mohr、Daron Murphy、Yoshi Sodeka、Wade Tinney 以及 Eric Zimmerman。

行业中的原型和游戏测试

在今天的游戏行业中，设计师经常跳过制作实物原型，直接从概念阶段开始写设计文档。这种方法的问题在于，在任何一个人对游戏机制的好坏有真正的感觉之前，就开始编写软件代码了。造成这种现象的原因可能是，许多游戏的设计其实是对一套经典游戏的机制进行一些变化，所以设计师觉得一套已经被市场验证过的游戏机制是可靠的，以此作为基础进行改造，就可以生成另一款游戏。

要记住，游戏产业也是一个产业。冒着风险，花费大量的钱和时间去创造新的玩法机制很难得到商业上的认可。然而，游戏产业正在改变和快速成长，有更多的创新设计需求的新平台随之涌现。这意味着要为不少传统游戏用户之外的玩家进行设计。VR、AR、智能手机、平板电脑、手势识别和多点触控界面等多种新兴的平台，以及轰动一时

的游戏 *Pokémon Go*，都证明了新用户的需求需要新的游戏玩法来满足（参见图 1.9）。

图 1.9　《愤怒的小鸟：星球大战》（*Angry Birds Star Wars*）和 *Pokémon Go*——非常规的市场和玩家

　　虽然整个游戏业一直都维持着稳定的技术创新，也不断致力于培养核心玩家对这些创新的需求，但却并不总会从玩家体验的角度出发来启迪原创想法。新玩家在和传统玩家截然不同的环境中使用游戏设备，为了满足他们的要求，我们需要在玩家体验上取得突破，就像技术方面的突破一直都在推动整个行业的前进一样。如果跳过实物原型阶段，你很难设计出一个原创游戏。如果在设计描述中你就不得不一直参考现有的游戏，会发生什么？这意味着你的游戏从一开始就注定是衍生品。当游戏制作正式开始以后，摆脱你的参考对象会变得更加困难。当你的团队就绪后，程序员已经在编码、美工已经在设计图形了，想倒退回去修改核心玩法就会变得异常困难。

　　这也是为什么许多知名的游戏设计师开始使用以玩法体验为核心的设计方法了。EA 这样的大公司建立了最初由视觉总监 Glenn Entis 带领的预研发方面的内部培训（可参阅第 188 页）。这个培训包括在最初开发阶段的实物原型制作和游戏测试。Entis 带领开发团队进行一系列的练习，其中之一是快速做出一个实物原型。他认为实物原型应该是"快速、廉价、公开和实体的"。"如果你看不到团队发生争执，你就不知道他们之间是否在交流想法，"他说，"一个实物原型可以让你的团队面对面地产生更多的讨论和互动。"[4]

　　Chris Plummer 是 EA 洛杉矶分公司的执行制作人，他说："纸面原型是一个很棒的低成本的游戏创意和测试工具，可用来测试游戏的特性或是系统，并且相比于直接开发游戏，可以节约大量的时间和资金。在使用性价比更高的方法（比如模拟原型）完成并改良游戏框架后，会更容易判断要不要投入资源去制作一个完整的游戏。"[5]

　　规模较小的公司可以经常参与 game jam 这样的活动，所谓的 game jam，指的是当地的独立游戏开发者、学生、小公司人员在周末聚到一起，在一两天的时间内为一个新游戏项目做一个原型（参见图 1.10）。Global Game Jam 已经成为一年一度的世界性活动，其汇集成千上万名参与者来开发具有创新性的游戏原型。参与一些当地的独立游戏设计者社区活动，能够让小公司或小团队在协作的环境中开启一些新的想法。

图 1.10　USC Games 的学生正在参加一个周末的 Game Jam

为革新而设计

正如我上面所提到的，今天的游戏设计师面临很多挑战和机遇，在玩家的体验方面做出突破成为他们工作的一部分。他们必须在不冒花费太多时间和金钱的风险的基础上去做到这一点。关于革新，我指的是：

- 设计具有独一无二的玩法机制的游戏，超越现有的游戏玩法类型。
- 吸引那些与"硬核"玩家有着不同口味的新玩家。
- 为智能手机、平板电脑、手势识别和多点触控界面等新平台进行设计。
- 创造能融入日常生活、真实空间和我们身边的系统的游戏。
- 接受免费或订阅等新的游戏商业模式。

- 尝试解决游戏设计上的难题，比如：玩法和叙事的一体化、更深入人心的角色、创造情感丰富的游戏玩法、发现游戏和学习之间的关系。
- 多问自己一些问题，比如，游戏是什么，游戏可以是什么，游戏对我们个人和文化的影响可以是什么等。

以游玩体验为核心的设计方法可以帮助创新，并给你提供一个扎实的过程去探索这些游戏玩法的刺激的、独特的可能性，去尝试那些看起来从根本上就不合理却能孕育突破的想法，并将它们打磨到能玩为止。真正的创新很少来自第一缕灵感的火花，往往来自长期开发和实验。通过在设计过程中与玩家互动，一些实验性的想法会随着时间发展并变得成熟。

总结

本书的目标是帮助你成为一名游戏设计师。我想提供给你一些技能和工具，你或许需要它们来构思想法，并且把想法做成游戏，同时这些游戏又不会是市场上已经有的东西的扩展。我想让你有能力去挑战游戏设计的极限，做到这件事的关键就是流程。你将在本书中学到的方法，主要是关于如何内化以游玩体验为核心的设计方法，这会让你更有创造力、更有生产力，同时避开许多折磨游戏设计师的陷阱。

本篇的其他章节将会列出一张设计的词汇表，并帮助你批判性地思考你正在玩的和你将要设计的游戏。理解游戏的工作原理和玩家感兴趣的原因，是成为一名游戏设计师的下一步。

设计师视角：**Christina Norman**

拳头游戏（Riot Games）的首席设计师

Christina Norman是一个经验丰富的游戏设计师，她的作品包括《质量效应》（2007）、《英雄联盟》（2009）、《质量效应 2》（2011）和《质量效应3》（2012）。

你是如何成为游戏设计师的

我会说，9岁的时候我就是游戏设计师了。我在学校和一群孩子玩《龙与地下城》，但有一天我们的地下城城主转学了。我已经记得了所有的规则，所以我顺理成章地取代了他。这一刻不仅仅是一场持续9年的《龙与地下城》的历程的开始，还是我成为游戏设计师的一刻。

但关于我是怎么被雇用成为一个游戏设计师的故事，当然就完全不同啦。这个故事的开始非常令人沮丧。我之前的职业是给一个电子商务网站写代码，虽然还算成功，但我深深地感到不满足。我对自己正在做的事情漠不关心，所以我问自己——你真正关心的是什么？你真正想做的是什么？最终的答案是做游戏。

有3件事对我有利：我是一个硬核玩家，我制作过几个成功的《魔兽争霸3》的MOD，以及我是一个程序员。我向BioWare发了简历，申请游戏设计的职位……但是他们拒绝了我。后来我又发了一份简历，但这次我说我想成为一名程序员，他们居然答应聘用我。我待了几年后，说服首席设计师让我试一试游戏设计。从那之后，感觉生活瞬间就灿烂起来了！

你受到过哪些游戏的启发

《龙与地下城》：这个使用纸和笔来玩的角色扮演游戏教会了我系统设计的基础。我对更多《龙与地下城》体验的无法抑制的渴望，驱使我去玩CRPG（也就是"computer RPG"）。

Nethack（荣誉提名《暗黑破坏神2》）：这是一个早期的roguelike游戏。在这个由程序生成的世界中，我得到了Yendor的护身符而不断努力通关。当我在看起来无尽的地下城关卡中前进时，我惊叹这个游戏中复杂和精细的系统，以及丰富的交互。许多年后，《暗黑破坏神2》是第一个捕捉到*Nethack*大部分长处的主流游戏，并且通过AAA级的制作水

平和令人沉迷的多人游戏模式进一步提升了游玩体验。

《博德之门 2》：这个游戏让我知道，游戏也可以成为一个讲故事的媒体，让你真的能感受到一些东西。通过游戏中的冒险，我开始真正关心我的同伴——我想帮助他们实现他们的目标！除此之外，《博德之门 2》有出色的系统设计，并且我个人认为《博德之门 2》应该算是至今为止把《龙与地下城》改编得最好的一款电子游戏。

Master of Orion 2（荣誉提名《文明》）：这是第一款完全迷住我的 4X 游戏（探索、扩张、开拓和消灭）。从一个单独的星球开始开发空间飞行技术，并最终统治整个宇宙，这个想法简直让人兴奋不已。

《无尽的任务》（*Everquest*）：我不仅玩了《无尽的任务》这个游戏，还被这款游戏改变了。我扮演一个角色，进入 *Norath* 的虚拟世界。离开的时候，我是一个硬核的副本玩家，并且最终在《魔兽世界》（*World of Warcraft*）中获得了世界首个 boss 击杀。更重要的是，通过《无尽的任务》，我了解到线上世界中的社交关系可以这么深厚、有力而真实。

在近期的游戏业里，你认为最令人兴奋的进步是什么

作为一名游戏设计师，这是一个令人鼓舞的时代。我们正在经历一个"文艺复兴"时期，小型的游戏正在主宰创意的领域。手机游戏的崛起、自主发行的出现及新的游戏模式都为小型游戏开发者提供了很多机会，让他们既可以创作革新的游戏，同时也可以获得商业上的成功。无论从哪个方向创新都有机会取得商业上的成功。《英雄联盟》在最开始只是一个小游戏，后来受益于某些行业的发展而大获成功。

你对设计流程的看法

我不为自己做游戏。做一个你想玩的游戏很容易；但真正理解别人的需要却困难得多。要设计出一款能让多元化的玩家都喜欢的游戏，需要你全身心地投入，去理解他们是如何享受游戏乐趣的。

我设计游戏或系统时所做的第一件事，就是倾听目标玩家的声音。我试着去理解什么样的体验会让他们在游戏中感到愉悦，然后无情地、毫不妥协地去追求这种体验。

你使用原型吗

我是一名程序员，所以代码是我的画笔。当我想尝试一个想法时，我会以最快的速度和最直接的方式把它写出来。然后就是测试、迭代、测试、迭代……然后设计成功……接着就用正确的方法制作它。用代码做原型时，我会尽快尝试任何能实现我的想法的工具。

我也喜欢制作实物原型。有时候通过卡牌游戏或桌游的方式来做原型会更快，然后再把它编写出来。

谈一个你认为特别困难的设计问题

《质量效应》实际上是一款披着射击外皮的硬核 RPG 游戏。你是否击中敌人，是由一个不可见的骰子来决定的。这意味着即使是完美瞄准，你也可能会打不中，所以枪让人觉得弱小且不可靠。

在《质量效应 2》中，我们想要使枪的感觉更加准确、强大、可靠。我们不再使用骰子影响游戏中的瞄准射击，但是瞄准效果仍然让人不满意。这是我学习战斗相关设计的"野路"子——我学到了把一些东西通过特定的方式实现出来，和把它们做得感觉非常棒，是很不同的两件事。我的团队研究了优秀的射击游戏，从它们中学习，然后我们一直打磨枪械，直到它们用起来感觉很棒。

但是这并不简单。要让枪械射击感觉很好，首先需要调整玩法的节奏，这几乎需要重做《质量效应》中的每个系统。当我们做完的时候，我们得到了一个与前作完全不一样的游戏，但结果是值得的——《质量效应 2》现在是 Metacritic（一个评分网站）上评价第 4 高的 Xbox 360 游戏。

在你的职业生涯中最自豪的是什么

重塑了《质量效应 2》的玩法。这需要的不仅仅是设计。为了实现这一目标，我必须得到团队的支持（对于成为游戏设计师后接手的第一个项目，这并不是一项简单的任务）。最后，我成功了，这是因为我有强烈的愿望，进行了清晰的沟通，并且抓住了团队成员们共同的渴望：给我们的玩家带来伟大的体验。

给设计师的建议

玩很多游戏。硬核地玩。进入游戏行业后，你玩游戏的时间会减少，但又有如此之多的洞见需要来自玩游戏的经历。

去超越你自己的见解。学习如何通过倾听其他玩家来成为更好的设计师。仅仅是观察别人玩游戏，也能学到许多关于游戏设计的东西。

倾听团队成员的声音。一些人的头衔里没有"设计师"这 3 个字，不代表他们没有有价值的设计见解。一些与我合作过的优秀游戏设计师，他们的头衔可能是监制、程序员或 QA。

设计师视角：Warren Spector

OtherSide Entertainment 总监

Warren Spector 是一位资深的游戏设计师，曾经制作的作品有《创世纪 6》（*Ultima VI*, 1990）、《银河飞将》（*Wing Commander*, 1990）、《火星之旅》（*Martian Dreams*, 1991）、《创世纪：地下世界》（*Underworld*, 1991）、《创世纪 7》（*Ultima VII*, 1993）、《荣耀之翼》（*Wings of Glory*, 1994）、《网络奇兵》（*System Shock*, 1994）、《杀出重围》（*Deus Ex*, 2000）、《杀出重围：隐形战争》（*Deus Ex: Invisible War*, 2003）、《神偷：致命阴影》（*Thief: Deadly Shadows*, 2004）、《史诗米奇》（*Disney Epic Mickey*, 2010）和《史诗米奇 2》（*Disney Epic Mickey 2*, 2012）。

关于你进入游戏行业的过程

我像大多数人一样，最开始只是一名玩家。1983 年，我把爱好变成了职业，开始在得克萨斯州奥斯汀的一家小桌游公司 Steve Jackson Games 当编辑。在那里，我参与了 *TOON: The Cartoon Roleplaying Game*、*GURPS*、几版 *Car Wars*、*Ogre* 以及 *Illuminati*，并且从 Steve Jackson、Allen Varney、Scott Haring 等人那里学到了很多关于游戏设计的东西。1987 年，我跳槽去了《龙与地下城》的开发商 TSR，他们也做了其他一些很棒的 RPG 游戏和桌面游戏。1989 年，我想念家乡奥斯汀了，同时又觉得桌面游戏市场有一些饱和了。正好那段时间我玩了很多早期的电脑和主机游戏，还恰巧获得了一个去 Origin 工作的机会，于是我立刻决定接受这份工作。我最开始作为一名助理制作人与 Richard Garriott 和 Chris Roberts 一起共事。我在 Origin 待了整整 7 年，共制作了 12 款游戏，职位从助理监制升到监制，最后再到执行监制。

你受到过哪些游戏的影响

有几十款游戏对我产生过影响，下面是影响最大的几个。

- 《创世纪 4》：这款游戏是 Richard Garriott 的杰作。事实证明，给予玩家权力去做选择可以增强游戏玩法的体验。给选择加以对应的后果，可以让体验更加强大。这款游戏让我知道，除了杀人和解谜，游戏还可以给我们带来更多的东西。这是第一款让我感觉像是在与创作者进行交流的游戏。而这也是我拼命想实现的目标。
- 《超级马里奥 64》：玩这款游戏的时候我惊呆了，宫本茂和他的团队到底把多少游戏玩法融入这款游戏。而且这些玩法是通过如此简单的操控和界面来实现的，这使作为一名开发者的我感到羞愧。马里奥可以做大概 10 件事情，并且玩家永远不会觉得被约束——你会觉得获得了力量和自由，你被鼓励去探索、计划、实验、失败，然后再次尝试，并且不会觉得有挫败感。没有人不会受到这样简单和有深度的组合的启发。

- *Star Raiders*：这是第一款让我相信游戏不仅仅是昙花一现的潮流的游戏。"哦，天呐，"我想，"我们可以让人们去往他们在现实世界中永远无法到达的地方。"这不仅仅是孩子的娱乐——这是能改变世界的东西。你知道吧，有句古话说，"不要评判别人，除非你穿上他的鞋子走上一英里（not judging someone until you've walked a mile in their shoes）。"游戏就像是人类的一家实验性质的鞋店。我们能让你穿上任何你能想到的鞋子。还不觉得这很强大吗？

- *ICO*：ICO 给我留下了深刻的印象，因为它证明了我们可以通过游戏在情感层面对玩家产生多么强大的影响。我说的不仅仅是兴奋或恐惧，这些是游戏中很常见的。ICO 通过优秀的动画、图形、声音和故事元素，探讨了关于友谊、忠诚、敬畏、张力等一系列问题。虚拟的触碰的力量——玩家需要牵住一个他要去保护的角色的手，虽然她看起来很脆弱，她的移动也是令人恼火得慢——这种触碰的力量彻底征服了我。我必须找到一些办法，把这样的力量做进我自己的游戏里。有趣的是，最近的一些游戏，比如《最后生还者》（*The Last of Us*）及《行尸走肉》（*The Walking Dead*），也利用了人类对接触彼此和保护他人的需要。很显然，这是一个游戏可以很好地利用的想法——这个想法让我们能够从情感上去感动别人，过去非玩家群体甚至一些玩家都觉得这不可能做到。

- 《幻想水浒传》（*Suikoden*）：这款 PS 平台上的角色扮演小游戏让我知道了设计对话的新方法。我以前从来没有见过哪一款游戏像《幻想水浒传》这样简单地、直观地、二选一地让你去做一些选择——诸如"你和你的父亲战斗过吗？是/否"或者"你离开后你最好的朋友肯定会死，你是逃脱还是完成这个重要关卡？是/否"。这样的问题让人觉得非常震撼。此外，游戏中还有另外两个关键系统——城堡建设机制和由玩家控制的盟友系统。城堡建设机制允许玩家在世界上留下个人的痕迹，这是一种强有力的设计，可以让玩家在游玩过程中陷入自我陶醉的状态。盟友系统会影响你在执行任务前得到的信息，以及在战斗中可以使用的能力，这使玩家能够创造自己的独特体验。这个游戏棒极了，即使是最有经验的 RPG 设计师在这款游戏中也能学到不少东西。

- 最近有一款叫《行尸走肉》的游戏启发了我，它带给我的启示，与在玩这款游戏之前我所设想到的收获或是这款游戏的开发者设想玩家会得到的收获，可能完全不同。玩这款游戏的时候，我深深地被叙事和体验所吸引，这种情感层面的吸引力比之前我玩过的不少游戏都更加强烈。作为一段体验，这个游戏是伟大的。作为一款游戏呢？我就不太确定了。我认为《行尸走肉》做得很好，它采用毫无掩饰的电影式叙事——游戏的作者精准地知道每个玩家在每一时刻会在哪里，会做什么，以及他们会怎么做……在某种意义上，《行尸走肉》"仅仅"是一部电影——但是这部电影提供了一种令人难以置信的、极具说服力的交互性的幻觉。作为一名玩家，我被它吸引住了。但作为一名开发人员，我被吓呆了，居然还有人会做这样一款游戏，在这款游戏里开发者不会被任何玩家的行为所惊讶到，玩家永远也不能做任何开发者期望之外、计划之外的事情。我还在努力化解作为玩家的喜爱和作为开发者的失望所带来的内在矛盾。任何游戏，只要像这样让我享受及发人深思，都会出现在影响过我的游戏的列表中！

关于高自由度游戏玩法，你有什么看法

对于高自由度玩法、玩家驱动体验近几年来的蓬勃发展，我感到很自豪。从《创世纪》系列的"中期"开始（第 4~6 部），到《地下世界》《网络奇兵》《神偷》，再到《杀出重围》，我们致力于弱化线性游戏的概念，不再以设计好的固定流程为中心。感谢在 Origin、Looking Glass Studios、Ion Storm、Rockstar/DMA、Bioware、Lionhead、Bethesda 及其他地方的人们的努力，用户终于开始对这种玩法感兴趣了。不仅仅是硬核玩家，大众市场也开始逐步跟上了。这太酷了。

我非常荣幸能和一些有惊人的天赋的人一起工作。在媒体报道中，把一个产品的创作归功于一个人是非常常见的事情，但这是胡说八道。这在游戏领域更荒谬。游戏开发是我能想象到的合作最紧密的工作，所以我非常荣幸能和 Richard Garriott、Paul Neurath、Doug Church、Harvey Smith、Paul Weaver 及许多其他人一起工作。我从他们身上学到了很多，我也希望自己能教别人一点东西以作为回报。

给设计师的建议

学习编程。你不必是一个高手，但你应该知道基本的东西。除了打下一个坚实的技术基础，你还应该尽可能地拓宽你的知识面。作为一名设计师，你很难知道将来具体需要了解哪些方面的知识——行为心理学将会给你带来很大的帮助，同样，建筑、经济和历史也是很有必要了解的。可以的话，最好能去获得一些美术、图形方面的经验，这样即使自己没有美术的技能，你也可以聪明地和美术师们进行沟通。做一切必要的事情让自己成为书面和口头的高效沟通者。还有最重要的，制作游戏。市面上有很多免费的游戏引擎，去掌握一个，然后做点东西。加入一个 MOD 团队，做地图，做任务，或者任何你能做的东西。

在 Minecraft 中做点惊人的东西吧！你可以全都自己做，或者在某个提供游戏开发和游戏研究课程（甚至学位）的高校中学习。你是怎么训练的、怎么获得经验的，其实并不是特别关键，只要确保你能获得经验就行了。噢，还有确保你真的、真的、真的想把做游戏当成自己的职业。这是漫长而又艰苦的工作。有许多人想要做这件事情。除非你绝对确定这是属于你的职业生涯，否则不要进入游戏行业。这里没有外行的位置！

补充阅读

Kelley, Tom. *The Art of Innovation: Lessons in Creativity from IDEO, America's Leading Design Firm*. New York: Random House, 2001.

Laramée, François Dominic, ed. *Game Design Perspectives*. Hingham: Charles River Media, 2002.

Moggridge, Bill. *Designing Interactions*. Cambridge: The MIT Press, 2007.

The Imagineers. *The Imagineering Way*. New York: Disney Editions, 2003.

Tinsman, Brian. *The Game Inventor's Guidebook*. Iola: KP Books, 2003.

尾注

1. Phipps, Keith, "Will Wright Interview by Keith Phipps" A.V. Club. February 2, 2005.

2. Sheff, David. Game Over: How Nintendo Conquered the World. New York: Vintage Books, 1994, p. 51.

3. Hermida, Alfred. "Katamari Creator Dreams of Playground." BBC News.com November 2005.

4. Entis, Glenn. "Pre-Production Workshop." EA@USC Lecture Series. March 23, 2005.

5. Plummer, Chris. E-mail interview, May 2007.

第 2 章
游戏的结构

练习 2.1：思考一个游戏

1. 选出任何一款你玩过的游戏，然后为这个游戏写一段描述。写详细一些，假设是给从来没有玩过这种类型的游戏的人写的。

2. 现在再选出一款和上面的游戏类型完全不同的游戏，差异越大越好，用同样的方法描述这款游戏。

3. 比较这两段描述，其中有哪些元素相同，哪些元素不同？深入地思考两款游戏的内在机制分别是什么。

这个练习是没有错误答案的。练习的目的只是为了让你思考游戏的本质，并且意识到，即使看起来是不同的游戏，也会有一些共同的元素。这些共同的元素就是我们将一种体验与游戏联系在一起的标准。在本书中，这些元素将成为我们对游戏和游戏设计进行研究的基础。

《钓鱼》和《雷神之锤》

所有游戏的结构都一样吗？当然不是。比如卡牌游戏和桌面游戏的形式就非常不同；3D 动作游戏和益智问答游戏也完全不一样。然而，确实有一些东西是所有游戏共有的，我们用这些东西来定义游戏。比如，《钓鱼》（*Go Fish*）和《雷神之锤》（*Quake*）（参见图 2.1）。如果我问你它们是不是都是游戏，你肯定会说"是"。换句话说，如果它们没有共同的结构，那么我们为什么把它们都归类为游戏，而不是两种不同的娱乐形式？

在开始找它们的相似点之前，最好先分别看看这两款游戏各自是什么样的。

《钓鱼》

这是一款用一副标准的 52 张扑克牌（除去大小王的）玩的游戏，玩家数量为 3 到 6 人。发牌人会给每个玩家发 5 张牌，剩下的则牌面朝下，扣成一摞。从发牌人左边的第一人开始玩起。

每一回合的出牌玩家都会向其他玩家要一张特定牌面的牌。举个例子，假设轮到你时，你说，"Chris，把你的 J 给我。"而你自己手上必须至少有一张相同牌面的牌才能这么要求，所以这时你手上至少有一张 J。如果 Chris 手上有你要的 J，她就必须把自己手上所有的 J 都给你。这种情况下你就可以再行动一个回合，找任何一个玩家要任何一张牌面的牌。

如果 Chris 手上没有你要的牌，她就会说"Go Fish！"这时你就必须拿起牌堆中最上面的一张牌。如果这张牌是你要的那一张，你就要把牌展示给其他玩家，并且可以再行动一个回合。如果这张牌也不是你要的，你就得拿着这张牌，并且这时就轮到刚刚喊"Go Fish！"的人行动了。

一旦一名玩家集齐 4 张同牌面的牌，这名玩家就必须将它们展示出来，并且把这 4 张牌牌面朝下合成一个牌组。游戏会一直继续，直到其中一名玩家手上没牌了，或牌堆中的牌被拿光了。持有最多牌组的玩家获胜。

《雷神之锤》

在《雷神之锤》的单人模式中[1]，玩家会在 3D 环境中控制一个角色。这个角色可以走、跑、跳、游泳、开枪和捡起物品，但

你的装备、生命值和弹药都是有限的。

游戏中有 8 种武器：斧头、霰弹枪、双管霰弹枪、钉枪、穿孔机、榴弹发射器、火箭发射器和雷电发射器。每种武器都要用特定的弹药：霰弹用于两种霰弹枪，钉子用于钉枪和穿孔机，榴弹用于榴弹发射器和火箭发射器，电池用于雷电发射器。在游戏中还可以拾取增益物品，这些物品可以让你更强大、保护你、给你加血、让你进入隐形模式或无伤模式，或者可以让你在水下呼吸。

你的敌人包括罗威纳犬、兽人、打手、死亡骑士、腐鱼、僵尸、瘦骨人、食人魔、喷卵怪、恶魔、蛛魔和跛行兽。在这个游戏中，还有一些环境上的威胁因素，包括爆炸、水、黏液、熔岩、陷阱和传送器。你主要的敌人叫作 Quake，它会用名为 slip-gates 的传送门让死亡章鱼入侵你的基地来烧杀抢掠。游戏共有 4 章；每章的第一关都以传送门结束——这表明你进入另一个维度。当你完成一整个维度的关卡时（通常有 5 到 8 个关卡），会遇到另一个传送门，它可以把你传送回最开始的地方。《雷神之锤》这个游戏的目标就是在关卡中存活下来，并杀死沿途的所有敌人。

图 2.1　《雷神之锤》和《钓鱼》

对比

第一眼看上去，这两款游戏的描述可谓天壤之别：一款是回合制卡牌游戏；另一款是即时制的 3D 动作射击游戏。一款需要购买一个商业软件并拥有一台个人电脑才能玩；另一款只需要一副扑克牌就可以玩。一款是有版权的产品；另一款则有公开的玩法规则，是可以被人口口相传、代代相传的游戏。但我们将它们都叫作游戏，即使我们一开始还不能用语言来形容它们之间的相似点，但是从更深的层次上来看它们的确存在相似之处。

当我们近距离地观察，并试着不去忽略那些显而易见的地方时就会发现，《雷神之锤》和《钓鱼》还是有很多我们能够定义为游戏的共同点，这可以让我们开始理解那些供我们判断一个东西是不是游戏的一些标准。

玩家

这两个描述中最明显的相同点就是，它们都是为玩家设计的。这听起来似乎是个很简单的特点，但你想一下，还有什么其他的娱乐形式是需要消费者主动参与其中的呢？拿音乐来说，音乐家创造出音乐，但是主要的消费者只是听众，而不是玩家。相似地，戏剧演员进行表演时，这种体验主要是为观众创作的。

在单人游戏《雷神之锤》中，玩家需要独自一人对抗游戏系统，但是在《钓鱼》游戏中，一组至少需要三个玩家互相挑战。这两款游戏的场景非常不同，但是在两种情况中，"玩家"这个词都意味着自愿参与和消费这个娱乐。玩家是主动的，玩家做出选择，玩家投入游戏，他们是可能的赢家——他们是非常不同的一个群体（参见图 2.2）。为了

成为一名玩家，他必须自愿接受游戏的规则和限制。这种对游戏规则的接受被作家 Bernard Suits 称为"游戏态度（Lusory attitude）"（Lusory 衍生于拉丁语的"游戏"一词）。

图 2.2　玩家

玩家的游戏态度是"一种好奇的状态，在这种状态中，一个个体接纳了一套规则，这套规则需要额外的努力才能得到结果。"[2]举个例子，Suits 是这么描述高尔夫球游戏的："假设我的目的是尽可能高效地把一个小球送入地上的一个小洞中。那么最自然的方式就是用我的手直接把球放进去。但很确定的是，我不会拿一根棍子，在一头装上金属片，然后在离洞三四百码远的地方，试着用棍子头上的金属片把球打进洞里。"[3]但是，很显然，玩家这么做是因为他们在玩高尔夫球并尝试着达成游戏的目标时，已经接受了"只能使用球棍来进球"这样的规则和限制。

这种态度，这种对游戏规则的自愿接受，是玩家的心理和情绪状态的一部分，我们需要把它当成以游玩体验为核心的游戏

设计流程的一部分来考虑。

练习 2.2：玩家

　　描述玩家可能会怎么加入或开始《钓鱼》或《雷神之锤》这样的游戏。每种情况下，他们需要进行哪些操作——社交上的、流程上的或技术上的？一个多人卡牌游戏和一个单人电子游戏的开始似乎必然有显著的不同，但是是否也存在相似之处呢？如果是的话，那么请描述这些相似之处。

目标

　　两款游戏另外一个突出的共同特点就是，在两者的游戏描述中，都为玩家指定了明确的目标（参见图 2.3）。在《钓鱼》中，玩家的目标是成为拥有最多牌组的人。在《雷神之锤》中，玩家的目标是生存下来并打通复杂的关卡。

图 2.3　目标

　　这与我们日常的体验比起来非常不同。

在读书或看电影时，你没有一个明确的需要你来完成的目标——当然，书中或电影中描述的角色是有目标的，但现实生活中的玩家却没有。在生活中，我们会定下自己的目标，并且用我们认为合适的努力程度去完成它们。我们不需要完成所有目标来拥有一个成功的人生。然而在游戏中，目标是一个关键因素，如果没有它，游戏的大部分结构就会变得松散，玩家对实现游戏中目标的渴望就是我们衡量玩家对游戏投入的一个标准。

练习 2.3：目标

　　列举 5 款游戏，并用一句话分别描述每款游戏的目标。

规程

　　两款游戏的描述都详细地告诉了玩家可以通过什么方式来实现目标。举例来说，在《钓鱼》中有这样一些说明，比如"发牌者给每人发 5 张牌"或"每一轮由一名指定玩家向其他玩家要一张指定牌面的牌"；在《雷神之锤》中，也有告诉玩家该怎么操作的提示，比如"你的角色可以走、跳、游泳、射击和捡起物品"。游戏教程给玩家提供了一系列进行这些行动的操作方式。这些操作方式就是玩家进行游戏的基本方式。如果我们在电脑上玩《钓鱼》，那么就要设计一些例如发牌和找其他玩家要牌的操作。

　　规程（Procedure），规则允许的玩的行动或者方式，是游戏这种体验的重要特点（参见图 2.4）。它们指引玩家的行动，创造了在游戏之外几乎不可能发生的互动。

图 2.4 规程

举个例子，在现实生活中，如果你想要一些相同牌面的牌，你不会一次只向一名玩家要牌，而是会向所有玩家要，或者干脆直接从牌堆中翻出你要的牌。但是因为游戏天然就有这些必须遵守的规程，你就不会去采用更高效的行动。取而代之的是，你要遵守规程，而这么做就明确了游戏和其他的行动以及体验的区别。

规则

两款游戏的描述都详细地解释了游戏由什么元素组成，玩家能做什么，不能做什么。它还说明了在不同情况下可能会发生什么事。比如，在《钓鱼》中就描述了"牌在牌堆中倒扣"和"如果有我要的牌，他就必须把这些我要的牌都给我"这样的规则；在《雷神之锤》中描述了"一共有 8 种武器"和"霰弹可用于两种霰弹枪，钉子可用于钉枪和穿孔机等"这样的规则（参见图 2.5）。

其中有些规则定义了游戏的物品和概念。物品，比如一副扑克牌、牌堆、武器，

相当于游戏系统的基本元素，其余的设计要依赖于这些基本元素。其他规则用来限制玩家的行为并规定游戏响应事件。比如，如果钉子用于钉枪，那么你就不能给雷电发射器填充钉子。如果你有一张 J 并且有人找你要，那么你必须把牌给对方，如果你偷偷留下就打破了游戏规则。什么会阻止你打破游戏规则呢？是你自己心中的公平意识？是其他玩家？还是电子游戏的代码？

图 2.5 规则

规则和规程的概念都意味着权威，并且游戏的规则描述中并没有把这种权威授予任何人。这些规则的权威性是玩家自己在决定玩游戏时就默认了的。如果你没有遵守这些规则，那么实际上，你就已经不是在玩这个游戏了。

因此，我们要谈论的下一个特点是，游戏是一种有规则的体验。这种体验由规则来定义游戏目标、原则和游戏内的行为限制。这些规则要得到尊重，因为玩家都知道它们是游戏的关键的结构元素，没有规则，游戏就无法进行。

练习 2.4：规则

你可以想出一个没有规则的游戏吗？如果有，请描述这个游戏。只有一条规则的游戏会怎么样呢？为什么这个练习很难？

资源

在游戏的这些描述中，我提到了一些特定的物品，它们能帮助玩家实现目标，因此有着相当高的价值。在《钓鱼》中，每一个牌面对应的牌都很有价值，而在《雷神之锤》中，规则里提到的武器、对应的弹药和增强物品也都很有价值。这些物品有价值是因为它们可以帮助玩家实现目标，在游戏中它们被设定为比较稀缺，这就是我们所说的资源（参见图 2.6）。

图 2.6　资源

寻找并管理资源是很多游戏的关键部分，无论这些资源是卡牌、武器、时间、游戏单位、可行动的回合还是领土。在我们看到的这两个例子中，其中一个是直接互换的资源（《钓鱼》），另外一个则是由设计师设定的在游戏的固定位置出现的资源（《雷神之锤》）。

资源的定义就是，某些物品由于稀缺性和实用性而拥有价值。在现实生活和游戏中，资源可以用来让我们更接近目标；它们可以被组合起来制作新产品或材料；还可以在多种市场上购买和进行出售。

冲突

正如之前提到的，两个游戏的描述都给玩家制定了特定的目标。同时，它们通过游戏的规程、规则来引导和限制玩家的行动。问题在于，游戏的规程和规则常常是用来阻止玩家直接完成目标的；并且在像《钓鱼》一样的多人游戏中，还会让玩家互相竞争来实现自己的目标。比如，就像前面提到的，在《钓鱼》中你不能一次性地向所有人要牌，每次只能向一个人要牌，还需要承担什么都得不到和失去继续要牌机会的风险，并且还会向其他玩家透露你想要的牌。

类似地，在《雷神之锤》中，如果你可以直接离开复杂的关卡，那其实你就已经完成了目标，但游戏并没有那么简单。为了找到出口，你需要通过一个充满危机和敌人阻碍的迷宫。在这两个例子中，玩家的目标和规则、规程的关系限制并指引了玩家的行动，创造了游戏的另一个特点——冲突（参见图 2.7），玩家需要用自己的方式解决冲突才能实现目标。

练习 2.5：冲突

对比足球和扑克牌的冲突。分别描述这两款游戏是如何给玩家制造冲突的。

图 2.7　冲突

边界

边界是这两款游戏体验的另一个相似之处，它并没有在描述中被明确指出，但是却由规则和目标暗示：这些规则和目标仅存在于游戏中，不存在于"现实"中（参见图 2.8）。在《雷神之锤》中，3D 的游戏空间结构形成了一个虚拟的界限。玩家被代码限制，他们不能把自己的角色移出这个边界。

图 2.8　边界

在《钓鱼》中，边界更加概念化。玩家并没有被任何规则限制在一个物理空间中，除了他们必须和其他玩家说话，并且交换卡牌。但是这些玩家在社交共识上被限制在一个概念化的边界中，比如他们在玩游戏时，不能带着一些卡牌离开游戏，或者给这副牌增加额外的卡牌。

在理论家约翰·赫伊津哈（Johan Huizinga）的一本奠基性图书《游戏的人》（Homo Ludens）中，他把游戏所创造的临时世界称为一个"魔法圈"（magic circle），这个临时世界中运行的是游戏的规则而不是平凡世界中的规则。他写道："所有的游戏行为都开始于一个在材料上或想象中事先标明的游乐场……竞技场、卡牌桌、魔法圈、神庙、舞台、屏幕、法院等，都是以游乐场形式和功能出现的。所有这些平凡世界中的临时世界，都专用于进行特殊的表演。"[4]

这些让游戏体验和其他体验不同的界限，可以作为我们区别游戏的另一方法。

结果

这两款游戏体验中的最后一个相似点是，在所有这些规则和限制中，两种体验的结果都是不确定的，尽管在都有可衡量的、不相等的结果这一点上是确定的——两款游戏都有赢家、输家等（参见图2.9）。举个例子，在《钓鱼》中收集最多牌组的玩家赢，在《雷神之锤》中玩家既可能赢（生存）也可能输（被杀）。

图2.9 结果

游戏的结果和目标是不同的，因为所有玩家都可以实现目标，但系统中的其他因素会决定到底哪名玩家会赢。比如，在《钓鱼》中，很多玩家都可以实现拥有一个牌组的目标，但只有一名玩家会有最多牌组（除非打

成平手，并且这种特殊情况通常也在游戏规则中说明了）。

不确定的结果在以游玩体验为核心的流程中很重要，因为这对玩家来说是一个关键的驱动力。如果玩家能预测一局游戏的结果，他们就不会玩下去了。你很可能有过这样的经历，当一名玩家实在是领先其他玩家太多，没有人能追上时，通常每个人都会同意结束游戏。在国际象棋中，如果一名玩家算出了自己不可能赢，通常他会认输而不会继续下到棋局结束。

对于我们最喜欢的电影或图书，即使我们已经知道结果还会觉得很有趣，但游戏是依赖结果的不确定性来实现每一次玩游戏时戏剧化的紧张感的。玩家把自己的情感投入这种不确定性，所以游戏设计师的职责就是设计出一个令人满意的游戏结果，通常来说是一个可衡量但不平等的结果。

形式元素

在练习2.1的游戏描述中，你或许想到了其他我没有提到的元素：可能有特殊装备、电子环境、复杂的资源结构或角色定义等。当然，在《钓鱼》和《雷神之锤》中也都有我还没提到的独特元素，比如《钓鱼》中的回合制系统或《雷神之锤》中的即时制系统。但现在我们正在讨论的是所有游戏中共有的元素——组成游戏的本质元素。

不同领域的一些学者用不同的视角研究了同样的问题。其中较有影响力的一些人通过游戏来研究冲突、经济学、行为心理学、社会学和人类学。Katie Salen 和 Eric Zimmerman 在他们的 *Rules of Play* 一书中对这些与游戏本质有关的各种观点做了很好的结合（见补充阅读）。这里并不会从严格的学术视角进行阐述，我们的目的也不是提供一个分类学上的游戏定义。这里的视角是提供一个有用的情境、一套概念化的工具，以及一张让我们能讨论设计游戏的以游玩体验为核心的流程的专业词汇表。

我们上面讨论的这些区分游戏和其他事物的元素，对设计师来说是非常重要且需要理解的概念，因为其提供的结构和形式可以帮助设计师在开始设计时做出决定并理解游戏测试中出现的问题。然而，就像其他任何艺术形式一样，理解和掌握传统的结构是为了可以实验不同的事情（参见第 273 页的专栏内容）。在今天的游戏领域，寻求创新的设计师或许需要超越这些基础元素，进而探索新的互动形式，这些互动形式处在我们称之为"游戏"的定义的边缘。尽管它们在传统游戏系统中作为基本的结构功能，我却将其叫作游戏的"形式元素"。第 3 章会更加详细地讲解这些形式元素，并探讨你可以如何以不同形式组合它们，来实现你的玩家体验目标。

让玩家投入

如果之前提到的这些形式元素提供了游戏体验的结构，那么是什么把这些元素的意义给予了玩家？是什么让一款游戏抓住了玩家的想象力，另一款却平淡无奇？当然，有些玩家会喜欢参与纯粹抽象的挑战，但是对于多数玩家来说，他们需要更多让他们投入的东西，并且还要能够让他们对于游戏体验有情感上的连接。游戏，无论如何，最终是一种娱乐形式。一种好的娱乐形式会让我们投入其中，并会在情感和智慧上都触动我们。

这种投入感对于不同玩家来说来自不同的事物，而且并不是所有的游戏都需要通过复杂的意义来创造。下面我来列出一些能够让玩家对游戏产生情感连接的元素。

挑战

我说过，游戏能够制造冲突，玩家必须以他们自己的方式解决冲突。这些冲突为玩家带来了挑战，在玩家解决问题时创造紧张感，并带来不同层次的成就感或挫败感。随着游戏的进行，提高挑战的难度会让紧张感逐渐增加，如果挑战太难，会让玩家产生挫败感。但是，如果挑战难度不变或减弱，玩家或许会认为自己已经掌握了这款游戏转而去玩其他游戏。平衡玩家对不同难度的挑战的情感反应是让玩家持续投入游戏的关键。

练习 2.6：挑战

列举 3 个你觉得特别有挑战性的游戏，并说说为什么。

玩

游戏和玩之间的关系很有深度也很重要。让玩家投入一个游戏系统就得让玩家玩它，但坑本身并不是一个游戏。Salen 和 Zimmerman 把"玩"定义为"在一个限定的结构中的自由行动"，他们用一个"自由地玩"的汽车方向盘来举例。"'玩'就是方向盘在带动汽车轮胎转动前，它自己在这个系统中可以转动的总量。这种'玩'之所以存在，只是因为它存在于驾驶系统这样一个更实用的系统中。"[5]尽管这个定义有点抽象，但却很有用，因为它指出了一种方式，游戏中一个更刚性的系统能够给玩家提供机会，让他们利用想象力、幻想、灵感、社交技能或形式更自由地互动，去完成游戏空间中的目标，去玩游戏，并投入游戏所提供的挑战中。

玩也可以很严肃认真，比如国际象棋大师赛那样的排场；玩也可以气氛紧张、充满侵略性，比如像马拉松比赛一样的《雷神之锤》多人对抗赛（参见图 2.10）。玩也可以像奇幻的大卖场，比如《魔兽世界》和《激战 2》那样丰满的在线世界。要设计能吸引你的玩家的那种"玩"，同时在更刚性的游戏结构内还要给玩家设计一些自由度，这是另一个让玩家投入游戏的关键点。

图 2.10　国际象棋比赛和《雷神之锤》多人竞赛

什么是谜题（puzzle）

作者：Scott Kim

Scott Kim 从 1990 年开始就在他的公司 Shufflebrain 做全职谜题设计师了。他参与过《俄罗斯方块》（*Tetris*）、《宝石迷阵》（*Bejeweled*）和 *Moshi Monsters* 等游戏的谜题部分的制作，他还为 PC 游戏 *Heaven & Earth*、*Obsidian*，以及益智游戏网站 Lumosity、创新的拉手游戏系统 Sifteo Cubes 做过游戏设计。他曾经给 *Discover* 杂志写了一个月的 Puzzle 专栏，也设计了很多游戏，包括给玩具公司 ThinkFun 做的 *Railroad Rush Hours*。他拥有斯坦福大学音乐和计算机图形学的双学位，并进行了很多谜题设计和数学方面的教学演讲。

从休闲游戏到 3D 动作游戏，解谜是很多电子游戏中重要的一部分。不管是设计制作手机游戏、网页游戏、PC 游戏，还是主机游戏，你都要知道如何设计出好的谜题。在这篇文章中，我定义了什么是谜题，并解释了解谜游戏和其他类型的游戏有什么不同，我还提供了一些如何设计好的谜题的建议。

谜题的定义

Random House 词典对谜题的定义是"一个被设计得有难度的玩具或装置，需要人通过耐心或智慧去驾驭"。一个很幽默并且充满洞见的定义是"一个简单却有着糟糕的界面的任务"——比如魔方的六面就是这样，它的界面糟糕极了，但你的任务很简单，就是把每个面都恢复到同一种颜色。

以下是我最喜欢的"谜题"定义，它来自与我一样爱好谜题的好友 Stan Isaacs：

1. 谜题是有趣的。

2. 它有一个正确答案。

定义的第 1 部分说明了谜题是一种玩的形式，第 2 部分区分了谜题和其他形式（比如游戏和玩具）的玩。

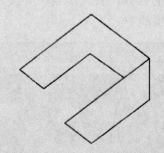

这种看上去很简单的定义产生了一些有趣的效果。举个例子，下面是我所创造的第一个谜题。右侧的图 1 表示的是字母表中的一个字母，它被从纸上剪了下来并被折叠了一次。它不是字母 L，那么它是什么？

图 1　什么字母被折叠一次后会变成这个形状

如果你愿意，可以花一些时间来解答这个谜题。答案会在这篇文章末尾给出。现在，让我们来看一看这个定义有多么适用。

它好玩吗

这里有一些可以让谜题变得更加好玩的因素。

- 小说：谜题是一种玩的形式。玩开始于暂时忘掉日常生活中的规则的时候，之后我们就可以去做不实用的事情了。折叠的字母当然没有实际价值。所以作家们会在一些大家都熟悉的东西的基础上加一些小说式的反转——这是一种让你体验乐趣的良好方式。

- 不要太简单，也不要太难：太简单的谜题会让人失望，太难的谜题会让人受挫。你知道字母表中只有 26 个字母，所以这个谜题似乎不会太难。但事实上这个谜题难倒了很多人，他们到最后也没解出答案。不过，开始的简单印象有助于让人对它保持兴趣。

- 小把戏：要解决这个谜题，你必须改变自己解读图片的方式。我就很喜欢这种需要知觉转变的谜题。

但是，就像对待美的看法一样，好不好玩也取决于参与者的眼光。让一个人觉得好玩的事情或许对另一个人来说是折磨。举例来说，有些人喜欢文字谜题但却从来不会去碰视觉谜题或逻辑谜题。对一个人来说很简单的谜题或许对另外一个人来说很难。国际象棋谜题只有在你知道如何下国际象棋时才会好玩。

因此，我的第一份作为谜题设计师的工作就是让谜题与我的用户的兴趣和能力相匹配。比如，我给 *Discover* 杂志出的月度谜题都是围绕着科学和数学进行设计的。为了让普通的科学读者和科学家都可以接受，我把每个谜题分解成几个问题，从非常简单到非常难。最后我让每一栏中都包含 3 个谜题，通常是一道文字谜题、一道视觉谜题、一道数学谜题，从而让喜欢不同类型谜题的读者都可以参与。

好玩这件事情的主观本质会带来另一个结果：对你来说是日常的烦恼，但是对于另一个人来说可能是一个有趣的谜题。洗盘子是一件苦差事还是游戏？这取决于你在问谁。这也引发了我的下一个想法，对于世界上的每一个问题，无论它看起来多么乏味，总会有人愿意去解决它。

如果好玩是一种思维状态，那么你就可以通过把工作变成玩，来将你的生活变得令人享受。我还在学校的时候，非常讨厌记笔记，但是后来学会了思维导图，这是一种通过图表和卡通图画来捕捉想法的工具，我就再也不用记录老师说过的每一个词了。我的笔记不仅更有趣了，记笔记对我来说也变成了一个有趣的把语言转化成图画的游戏。

反过来说，即使是最好的游戏也会因为玩家没有带着乐趣去玩它而被毁掉。游戏设计师和哲学家 Bernie Dekoven 在他的书 *The Well Played Game* 中提到，玩家愿意通过修改规则使每个参与者都对游戏感到有趣。举个例子，一个职业国际象棋选手和一个新手一起下棋，组织者会让职业选手的起始棋子更少，或者允许新手悔棋。

上面的谜题有正确答案吗

所以，我的字母谜题有正确答案吗？当正确答案揭晓的时候，大部分人都会同意这是最好的答案。但是这个问题有一些漏洞。

首先，什么样的形状代表一个字母是主观的。例如，在近似方形的字体中，下面图 2 所示的形状可以理解为小写的 R 或大写的 J：

图 2　这些形状可以是小写字母 r 也可以是大写字母 J

我可以通过提供特定的字母表（参见下面的图3），来解决这个漏洞：

ABCDEFGHIJKLM NOPQRSTUVWXYZ

图3 答案来自这种字体

这个谜题的另一个微妙之处在于，我对于题目的定义并没有强调只有唯一正确答案。如果你用不同的方式解读这张图，会有许多可能的答案。举个例子，下面图4所示的形状可以解读为字母J或G，它们都可以由图1展开而成：

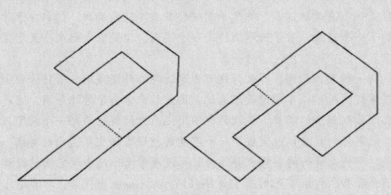

图4 其他展开图1的方式

谜题和游戏

"存在一个正确答案"的目的在于把谜题和游戏还有其他玩的行为区分开来。有一些游戏设计师把谜题分类在游戏的亚种中，但我更倾向于一种粒度更细的定义，这个定义来自资深游戏设计师和 *Chris Crawford on Game Design* 的作者 Chris Crawford。

Chirs 划分出了4种玩的行为，从互动性最强到互动性最弱排序（参见下页图5）：

- **游戏**是基于规则的系统，目标是有一个玩家要获胜。游戏中包括"敌对的玩家能够得知其他人的行为，并做出反应。游戏和谜题的区别不在于机制；我们可以很容易地把许多谜题和运动的挑战转变成游戏，反之亦然。"
- **谜题**是基于规则的系统，正如游戏一样，但是目标是找出解决方案，而不是击败一个对手。不像游戏，谜题的重玩价值很低。
- **玩具**像谜题一样可以被操纵，但是没有固定的目标。
- **故事**包含幻想式的扮演（fantasy play），像玩具一样，但是玩家无法进行改变或操纵。

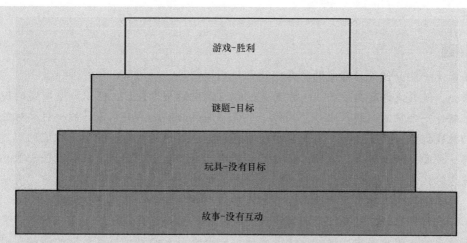

图5 4种玩的类型，每一种都基于前一种

举例来说：

- 《模拟城市》（PC）是个玩具，玩家通过给自己定目标来做类似谜题的事情。
- 《半衰期2》（主机/PC）是第一人称的射击游戏，包含了一些谜题。
- 《传送门》（主机/PC）是一个建立在第一人称射击引擎上的解谜游戏，拥有衔接紧密的故事和创新的合作解谜。
- 《雷顿教授》（掌机）系列是一个有优秀剧情的冒险游戏，在一个松散的故事中混合了不同的谜题。
- 《割绳子》（手机）有一个吸引人的角色和一系列谜题，既需要玩家通过逻辑解决问题，还需要精确掌控时间。
- Boggle（实体/手机）是一款多人游戏，玩家找到一个随机生成的谜题的最多解法则获胜。

这样的层级给了谜题设计师一个有用的经验法则：要做一个好的谜题，先要做一个好的玩具。玩家应该能够在解决谜题的过程中得到乐趣，即使他们还没有得到一个解法。比如，玩家在旋转和操作动作解谜游戏《俄罗斯方块》中的方块时会产生乐趣，即使他们还不明白这个游戏的目标是什么。

卡牌游戏 Solitaire 是一个介于游戏和解谜之间的很有趣的临界案例。我们通常认为 Solitaire 是一个单人游戏，但实际上它很像解谜游戏，因为每一组卡牌中都有一个确定的解法（有时候无解）。洗牌则是随机生成新谜题的一种方式。

其他接近拥有正确解法的解谜游戏类型包括：益智问答（需要很广泛的知识）、反应类谜题（可以归类为运动）、概率类谜题（玩家不能完全掌握他们的命运），还有以投票为基础的问题（这种情况的正确答案取决于其他人的回答是什么）。

设计谜题

下面是一些如何设计好谜题的窍门。

第一，谜题设计有两方面。一方面是谜题游戏中的关卡设计，它以一个固定的规则为基础来制作一个特定谜题。比如，制作一个填字游戏谜题就是关卡设计的一种。对关卡设计师的挑战就是，创造出一个有着独特的戏剧感和连贯性的谜题，并制定适宜的难度。

另一方面是规则设计，发明整体适用的规则、目标和谜题形式。比如，Ernö Rubik 在发明魔方时就是一名规则设计师。总的来说，规则设计要比关卡设计难。注意，有些规则集合，比如数独，产生了上千个谜题，但有些规则的集合只产生了一个谜题。

第二，总的来说，谜题设计和游戏设计拥有一样的目标：让玩家处在一个在享受的同时拥有挑战的心流状态中。这就意味着要通过一个吸引人的目标抓住玩家的兴趣，以一种有趣自然的方式让玩家学会谜题规则，在玩家参与时给予回馈以使玩家持续投入，并在最终适当地奖励玩家。

最后，要有创造性。不要把自己限制在你见过的谜题中。你的前方还有无穷多的谜题等着被发明。谜题可以像歌曲、电影或者故事一样多变并且有表现力。寻找灵感时，你可以看看电脑游戏之外的东西，比如谜题书、神话故事、物理谜题、科学、数学，以及任何能够捕捉你的想象力的东西。

练习：创造一个谜题

你的挑战是，从今天报纸的头条中获得灵感，去发明一个基于电脑的谜题。制定好规则后，为你的游戏制作至少两个关卡：一个简单的，一个难的。记住，你是在设计一个谜题，而不是一个动作游戏，因此这个谜题应该有一个很准确的答案，甚至是唯一解。

为你的谜题制作一个纸面原型，并找其他人来测试。确保你自己解释了谜题的目标、规则，以及玩家要怎么执行。你的测试者们享受哪些东西？他们在哪里卡住了或者是有困惑？你如何改变谜题或者规则，让这个游戏变得更好？

字母谜题的答案

为了让谜题更刺激一点，上面那个谜题的答案是字母表中唯一一个没有在这句话中出现的字母。（Just to make things more exciting, the answer to the quiz above is the only letter in the alphabet that does not appear in this sentence.）

设定

　　游戏的一个基本的使人投入的方式就是游戏的主要设定，它给形式元素带来了语境。举个例子，在《大富翁》中的设定就是玩家都是地主，能买、卖和开发有价值的地产，目标是成为游戏中最富有的玩家（参见图 2.11）。《大富翁》发明的时候正好是经济大萧条时期，这个设定对许多穷困潦倒的玩家非常有吸引力。直到今日，它还很受欢迎，其中一个原因就是它的设定——成为有权力的、坐拥大量土地、可以操控许多钱的地主，玩家很享受这样的幻想。

　　许多电子游戏有更丰富的设定。比如，我们之前举的《雷神之锤》的例子，把游戏内容放置在一个沉浸的环境中，里面充满暴力、军事的想象。《魔兽世界》的设定是，玩家是一个丰满的幻想世界中的角色，这个世界中充满了经典的任务和冒险。设定的基本效果是，让玩家更容易语境化地思考他们的选择，这样的设定也是一个强有力的工具，可以让玩家在情感上投入形式元素的互动。

练习 2.7：设定

　　Risk、*Clue*、*Pit* 和《吉他英雄》的游戏设定是什么？如果你不知道这些游戏，那就选一些你更熟悉的游戏来回答这个问题。

角色

　　随着角色扮演和电子游戏的问世，设计师开始利用另一个潜力工具让玩家投入，这就是角色（参见图 2.12）。在传统的故事叙述中，角色是体验一个戏剧故事的中介，它也可以在游戏中以同样的方式出现，让我们能够移情到角色的处境中，通过角色的所作所为来间接感受它们的生活。但游戏中的角色也可以成为我们参与游戏的引导，作为我们体验处境和冲突的介入点。我们可以通过

图 2.11　《大富翁》

图 2.12　马里奥的进化

装扮成游戏角色来完成体验。角色在游戏中是一个戏剧化投入非常丰富的区域，很多游戏，特别是电子游戏，已经在探索这个潜力的区域。

故事

最后，有些游戏依靠故事的力量，结合形式元素创造出的环境，让玩家产生情感的投入（参见图 2.13）。故事与设定的不同在于叙事质量。设定在讲述完游戏的背景以后就不需要推进了，但故事会随着游戏进程而展开。故事如何结合玩法一直是大家争议的话题。多少故事算多？多少故事算少，是否允许游戏玩法改变故事？故事应该决定玩法吗？这些问题没有统一的回答，但明确的是，无论是从设计师的角度还是玩家的角度来看，故事和玩法结合可以产生出强大的情感效果。

练习 2.8：故事

有没有哪款游戏中的故事曾把你紧紧抓住，对你产生了触动，或激发了你的灵感呢？如果有，为什么？如果没有，又为什么？

戏剧元素

你在练习 2.1 中选择的游戏中，几乎必然有一种或者更多种以上的元素。我称这些为游戏的"戏剧元素"，因为这些元素通过给形式元素创造一个戏剧性的语境来让玩家产生情感上的投入。在第 4 章中，我会更深入地讨论这些，并介绍应如何运用戏剧元素来为玩家创造更丰富的体验。

图 2.13　《最终幻想 8》

本部分小结

在你的游戏的描述中，或者在我们给出的案例《钓鱼》和《雷神之锤》的描述中，有一件事情可能不那么明显：我们讨论的这些元素的深度取决于其他元素。这是因为游戏是一个系统，系统的定义是，一组相互关联的元素组合在一起形成一个复杂的整体。

把游戏作为系统来思考时，有一个重要的想法，这个想法来自那句古话："整体优于各个部分的总和"。这句话的意思是，一个系统由于内部元素的关系，当它们运行起来时，成为新维度的事物。思考一个你熟悉的系统，比如，汽车里的引擎。你可以检查并了解引擎中的每一个部件。你可以理解它

们的功能，甚至可以预测它们之间如何互动。但除非你让这个系统运行起来，否则你不能检验这个系统作为一个整体的质量，它有关于引擎的主要目的：提供动力。然而，当系统开始运行时，其质量会由所有部件彼此交互的结果来体现。

游戏系统也一样。所有我之前列出的游戏元素，在被人玩之前，都只是形成了一个初始的潜力。在玩家玩游戏时会出现什么是我们无法通过分别检查每一个游戏元素来预知的。游戏设计师不但需要能够看清游戏的每个部分，更要能够把游戏当作一个玩家参与的整体来看。在第 5 章中，我们会把游戏看作动态系统，并介绍一些关键概念，它们是你在创作游戏中的系统元素时离不开的。

定义游戏

我们已经思考了游戏的许多不同角度，现在似乎是个不错的时机来汇总一下，并回答本章开始我提出的那个问题：游戏是什么？是什么使得《钓鱼》《雷神之锤》或是其他你玩过的游戏被称为游戏，而不是任何其他形式的体验？

我说过，游戏是由形式元素构成的，并且还有戏剧元素使游戏成为情感投入的体验。我还说过游戏是个动态系统，游戏中的元素通过合作来产生一个复杂的整体。我可以通过提取之前讨论中的一些重要的元素来扩展我的定义。

当我谈论边界时，我提到了实体边界和概念边界，因为这是多数游戏规则中的处理方式。我没有提到的是一款游戏与人生的情感边界。当你玩游戏时，你把生活中的规则放到一边，取而代之的是你手中游戏的规则。相反，当你玩完游戏时，会把游戏中的事件和结果放到一边，回归到现实世界中。在游戏中，你或许杀害了你最好的朋友，或者她把你杀了。这都只是在游戏范围中的。在游戏之外，这些行为都不会真正发生。在这里我强调的是，游戏系统是和这个世界的其他部分分开的；游戏是封闭的。

我说过游戏是形式系统，形式元素使它们被定义为游戏而不是其他形式的互动。而且，我知道说明这些元素是相互关联的，是

给游戏下定义的关键，可见应该把游戏是一个系统包含在定义中。所以，我可以充满信心地给出的第一个陈述就是：游戏是封闭的形式系统。

我说了很多关于游戏是为玩家而做的话，游戏的整个目的就是让玩家投入。如果没有玩家，游戏就没有存在的意义。游戏如何让玩家投入其中呢？通过让玩家参与到一个由形式元素和戏剧元素构成的冲突中。游戏挑战玩家是否能实现目标，同时还有规则和规程让实现目标变得困难。在单人游戏中，挑战可以来自游戏系统本身，在多人游戏中，挑战可以来自系统，也可以来自其他玩家，或者同时来自两者。所以我对游戏定义的第二个陈述就是，游戏让玩家投入结构性的冲突中。

最后，游戏通过不平等的结果来解决不确定性。游戏玩法的一个基础部分就是不确定性。然而，通过产生一名赢家或多名赢家，游戏还能够结束这种不确定性。游戏并不是一个为了证明我们都是平等的而设计的体验。公正地说，就广泛意义的游戏系统而言，有些游戏并没有精确的结局或者是衡量结果的方式。然而，即使你在玩《魔兽世界》这样的游戏，似乎永远都不会停止，或者像《模拟人生》这样的游戏，完全没有明确的目标，但这些游戏最终还是找到了提供结果和可衡量成就的方法。

把这些概念放在一起，终于可以总结出游戏本质的结论了。一个游戏是：

- 一个封闭的形式系统。
- 让玩家投入结构性的冲突。
- 以一种不平等的方式来解决游戏的不确定性。

超越定义

现在，我创造了一个游戏的定义，我想做的第一件事情就是去看看定义之外还有什么。对游戏设计师而言，有很大一片充满可能性的区域位于我们对游戏的定义的边缘。我已经提到了例如《魔兽世界》这样的网络游戏和《模拟人生》这样的模拟游戏，但现在还出现了很多其他类型的游戏，让游戏超越了娱乐，涉及教育、训练、政治活动、健康保健、艺术、建筑，以及这个社会中的其他重要领域。

举例来说，围绕着"严肃游戏"或者通过游戏来学习，有一个很大的设计社区。这些游戏针对学生设计成和教育有关的可玩内容。有些人称此为"游戏化"，并把概念扩展到生活中所有我们需要投入更多动力的领域。比如在一个游戏化的项目中，如果你完成了一个历史课题或者是跑了 5 英里，它就会给你发一个徽章。

作为一名游戏设计师，我并不是很喜欢游戏化的概念，因为它暗示了"把游戏特性放到任何系统上都会让它有趣"。玩家马上就会意识到这不是真的。虽然他们可能为闪闪发光的奖牌而获得片刻的热情，但真正的投入需要强烈得多的吸引。这就意味着我们必须设计开发一个更深层次、更有趣的系统。

不过游戏化背后的精神还是很好的，这

种精神在于把玩乐的体验和需要我们投入的重要想法结合到一起。而且确实有很精彩的设计案例，通过玩乐的活动和游戏来创造学习的机会。比如，*Darfur is Dying* 这款游戏讲述了达尔富尔大屠杀的历史故事，*September 12th* 这款游戏描述了关于军事打击恐怖组织的徒劳行为。这些游戏选择了严肃的主题，并使用了游戏的形式元素和戏剧元素让玩家投入对游戏主题的探索中。最近，我们也看到了诸如《癌症如龙》（*That Dragon Cancer*）这样的游戏的力量，这款游戏讲的是一个家庭中年幼的儿子患了癌症，于是全家一起面对病魔的故事。The Games for Change Festival 针对这种游戏的发展趋势建立了一个大社区，并在它们的网站上重点展示了一些好的例子。

除了严肃游戏和学习游戏，艺术和实验性游戏的社区也在不断壮大。你大概能想象到，这些游戏非常独特（参见图 2.14）。比如，这里有美丽和深沉的《亲爱的艾斯特》（*Dear Esther*），在这款游戏中，玩家要远赴一个遥远的岛屿去探索；有集体电影体验游戏 *Renga*，在这款游戏中，100 名玩家作为影院观众需要用激光笔来管理他们的资源，让他们的飞船成功回家；有我自己的艺术游戏 *The Night Journey*，这是和媒体艺术家 Bill Viola 合作的一款游戏，在一个超现实的游戏环境中探索心灵的旅程；还有 Eric Zimmerman 和 Nathalie Pozzi 的装置游戏 *Interference*，这是一个在巴黎的 La Gaîté Lyrique 博物馆展出的实体游戏。Richard Lemarchand 会在第 210 页中提供更多实验性游戏的例子。

实验性和艺术类游戏的产业规模在急

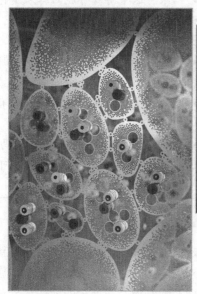

图 2.14 *Interference* 和 *The Night Journey*

Interference 的图片版权属于 Maxime Dufour Photographies。*The Night Journey* 的图片版权属于 Bill Viola 工作室及南加州大学游戏创新实验室。

速扩大，专门玩这类游戏的场所的数量也在增加。IndieCade 游戏节和游戏开发者大会中的独立游戏节（Independent Games Festival）就开设了这样两个展馆。它们对学生和职业参与者开放，这是一个独立游戏得到曝光和吸取经验的好机会。在第 13 章中，Indiecade 游戏节的总监 Sam Roberts 会向独立设计师详细讲解类似 IndieCade 这样的展出机会。

有些人不会把这些例子叫作游戏，但当游戏的商业市场变得多元化时，我相信这些创新社区会引导新的想法，并为新的娱乐互动形式指明道路。

练习 2.9：运用你学到的知识

在这个练习中，你需要一张纸、两支笔和两位玩家。首先，玩一下这个简单的游戏[6]：

1. 在纸上随机地画 3 个点。选一位玩家先开始。

2. 第一位玩家用线连接任意两个点。

3. 这位玩家再在这条新画的线上的任意位置画一个新的点。

4. 第二位玩家也画一条线和一个点。

- 新的线必须连接两个点，但不能有任何一个点同时连接超过 3 条线。
- 新的线不能与已有的任何线交叉。
- 新的点必须在新的线上。

- 一条线可以从一个点开始并以同一个点结束，只要不打破"不能有任何一个点同时连接超过 3 条线"的规则。

5. 玩家轮流反复进行游戏，直到其中一位玩家没办法继续画线。最后一位行动的玩家是赢家。

我们来确定一下这个游戏中的形式元素。

- 玩家：几个人？有什么要求？是否需要特殊知识、角色等？
- 目标：这个游戏的目标是什么？
- 规程：这个游戏要求的行动是什么？
- 规则：玩家行动的限制是什么？有没有关于行动的规则？它们是什么？
- 冲突：什么制造了这个游戏的冲突？
- 边界：这个游戏的边界是什么？这个边界是概念的还是实体的？
- 结果：这个游戏可能的结果是什么？

这个游戏有戏剧元素吗？如果有，把它们找出来。

- 挑战：什么地方让这款游戏拥有挑战性？
- 玩：在这款游戏的规则内有没有玩的感觉？
- 设定/角色/故事：它们出现了吗？

你认为什么样的戏剧元素或许可以增加到这款游戏的体验中？

总结

注意，即使我得到了一个对游戏有用的定义，但我也并没有得到一个总体的游戏的绝对定义。事实上，我说得很清楚，新一代的游戏设计师已经在尝试跨越传统游戏定义去探索新领域。我展示的结构部分对游戏的设计流程很重要，并且也是设计师需要了解的。阴影中的未知部分也同样有趣，我鼓励你从更多角度思考让你感兴趣和受启发的游戏。

在这个分类学的练习中，我的目的是提供一个起点。这并不是为了限制作为一名设计师的你。我说过，术语是关键。缺少共通的专业术语在今天的游戏业中是最大的问题之一。我在这里提供的这些术语只是建议，在本书中我会不停地使用它们，这样我和你就可以使用共同的语言探讨设计流程，并帮助你估计和评判你的设计。

当你有了这个流程的体验后，作为一名设计师的你可以决定是否要跨越其中的限制。把你在这里读到的所有内容当作一个你可以跳跃的起点，一个为你远征游戏设计世界准备的发射台，希望你可以打破牢笼，把玩家带到超越他们想象力的地方。

设计师视角：Jane McGonigal

发明家，SuperBetter

Jane McGonigal 博士是一位游戏设计师，也是畅销书《游戏改变世界：游戏化如何让现实变得更美好》（*Reality is Broken: Why Games Make Us Better and How They Can Change the World*）的作者。她制作的游戏包括 *Cruel 2 B Kind*（2006）、*World Without Oil*（2007）、*The Lost Ring for the 2008 Olympic Games*（2008）、*SuperStruct for the Institute for the Future*（2008）、*CryptoZoo for the*

American Heart Association（2009）、*EVOKE for the World Bank*（2010）、*Find the Future for the New York Public Library*（2011）及 *SuperBetter*（2012）。

你是如何成为一名游戏设计师的

我在研究生阶段学习戏剧的时候，基于位置的游戏开始流行起来，当时是 2001 年。我觉得我在外百老汇剧院积累的舞台管理经验对这些在现实空间中玩的游戏是有用的，因此我从美国第一家基于位置的游戏公司 Go Game 得到了我的第一份工作，担任作家和任务设计师。

给你带来灵感的游戏有哪些

我做基于现实的游戏的灵感来自 2001 年的替代现实游戏 *The Beast*，这个游戏是微软游戏工作室为斯蒂芬·斯皮尔伯格的电影《人工智能》（*Artificial Intelligence*）做的。这是第一个 100%基于群体智慧的合作游戏。项目主管 Elan Lee 说，他想把所有玩家转化成世界上首个真正的人工智能，由成千上万个玩家合作形成蜂巢思维。从那以后，差不多我的每个游戏都是基于这个想法来创作的。

你认为行业中最令人兴奋的发展是什么

我对所有把游戏和现实活动连接在一起的创新都感到很激动。基于游戏这个产业，我觉得我们应该帮助人们获得更快乐、更健康的生活。对于大部分的玩家来说，这意味着每天试着锻炼一个小时——如果我们能用实体的界面来做这件事，我们在社会中就扮演了一个积极的角色。GPS、动作捕捉、像耐克手环一样穿戴的传感器，这些都是很棒的、能够让我们对游戏增加好感的方式。我对开发 3D 虚拟现实头盔没觉得有多激动，因为对我来说这反而是倒退了一步。我想要更多的现实中的活动，而不要老是逃避现实。

你对设计流程的看法

说实话，我的大多数的游戏设计始自我长时间的散步，或者是和丈夫一起跑步的时候。我在整个散步或跑步过程中一直在大声说出不同的游戏想法，然后他帮我判断哪一个是值得试验的。我以这种方式做了 10 年的游戏设计。我觉得在开始制作原型之前，要找一些能帮你改进你的想法的人，把你的想法大声说给他们听。这对我来说特别重要，因为我总想做从来没有人做过的游戏。比如，一款当你在游戏中获胜时，你已经写了一本可以打印出来的书，并可以放到真实图书馆中收藏的游戏；一款能够帮你获得从未想过的创业投资的游戏；一款可以教你掌握一项"遗失的"奥林匹克运动项目，并能够让你去北京得到一块金牌的游戏。当你有这么疯狂的想法的时候，在你开始深入设计它之前，能够和一个你信任的人聊一聊是非常有帮助的！

你对原型的看法

我会使用原型，但它们更像是实验而已。我一般不用软件做原型。我会问某个人，"你认为你可以做到这个吗？""如果这么做的话，你会觉得有趣吗？""如果你的目标是 X，你会采用什么样的策略？"事实上，在游戏设计初期，这是我最喜欢的设计策略。我称之为虚拟 Twitter 游戏测试。我在 Twitter 上发出我正在考虑的游戏规则和目标，然后问我的关注者们"你会采纳什么策略？"及"你有多大把握可以执行这个策略？"最近，我在设计一个室外的大一新生参加的游戏时，就用了这种方法。我打算让 4000 名新来的学生做纸飞机，然后在同一时间放飞这些纸飞机。我现在在设计的游戏部分是：要怎样做才能让这件事不仅仅是一个挑战，同时还是一个能够通过创造力和团队合作来让 4000 只纸飞机同时飞行的活动呢？

谈一个对你来说有难度的设计问题

说说那个 2008 年奥运会的游戏吧。我获得一个机会去发明一项运动，并且我们要在奥运会开始前 6 个月内把玩家训练得很擅长玩这个游戏。在奥运会的最后一天，我们会举行一个金牌决赛。(顺便说一下,我们真的做到了!我们在中国的长城上举行决赛,实在是太美妙了。)我知道我想发明一种新的团队运动,这种运动并不需要太多的运动能力,更多的是需要团队合作和奉献。我受古希腊人和他们对迷宫的喜爱的启发,同时我也尝试了不同的想法。我最终得出了一个令我非常兴奋的想法:一名被蒙住眼睛的跑步者试图从迷宫的中心逃跑。但来自世界各地的人怎样从头开始完成一个迷宫游戏呢?我想让它类似篮球、飞盘或足球:玩家在一个球场或一块空地上,不用特殊装备就可以玩这个游戏。但我想不出来。他们可以摆放绳子吗?如果可以,用什么把绳子固定住呢?我在做瑜伽的时候就在想这些问题。我总是在运动的时候思考游戏设计的问题。我在做一个叫作"三角形"的动作,我的脚放在地上,身体转向一侧。突然我在脑海中看到了答案:玩家可以排成一条线。然后我意识到了:玩家可以成为迷宫的墙。他们可以聚在一起用身体组成墙。如果没有在做瑜伽,我不确定自己是否能想出这个答案。结果这成了最好的想法,玩家用声音引导被蒙住眼睛的跑步者跑出迷宫。跑步者必须把他们的双手抱在胸前,以防止其通过触感找到迷宫的出口,他们必须信任队友的声音指引。我说这么多只是为了说明,我在创作过程中大量利用了身体运动。动起来能让我思考得更好。

你对自己的事业感到最骄傲的是什么

我想我的成功在于我的每款游戏都展示了一些新的东西,一些关于游戏和玩家有能力去尝试的新东西。玩家可以解决现实中的问题,或者仅仅通过玩游戏来改变他们自己的生活。最近的项目 SuperBetter 可能是我个人最满意的了。我发明它来帮助自己从一次大脑的外伤中康复。现在,25 万人通过玩这款游戏来实现如减肥、从手术中恢复,以及和糖尿病、哮喘、渐冻症和癌症做斗争这样的目标。宾夕法尼亚大学做过利用这款游戏来治疗抑郁症的独立、受控、随机的实验。250 名参与者的结果表明,在玩家玩游戏 6 周之后,有 6 名抑郁症患者的症状消失了。我每天都会收到玩家的来信,说玩了这款游戏真的改善了他们的生活。我爱这种游戏设计师可以改变甚至拯救生命的力量!

给设计师的建议

试着让你做的每一款游戏都能在现实世界中带来正面的影响。可以通过制作多人游戏,尤其是合作游戏来促进人与人之间的关系。你可以通过在游戏玩法中加入运动部分,来改善人们的健康;可以通过动作或解谜游戏来提高人们的认知能力;也可以通过任何类型的冒险游戏教人们对不同类型的人产生同理心。你也可以简单地专注于一种积极的情感,比如好奇或惊喜,然后试图带给玩家尽可能多的这种情感。在我梦想的世界里,每一名游戏设计师,都可以聪明并富有激情地谈论他们的游戏给玩家带来了什么样的真正影响。

设计师视角：**Randy Smith**

创意总监，Tiger Style

Randy Smith 是一名游戏设计师，他做过的游戏有《神偷：暗黑计划》（*Thief：The Dark Project*，1998）、《神偷 2：金属时代》（*Thief II：The metal age*，2000），还有《神偷：致命暗影》（*Thief：Deadly Shadow*，2004）。在 2009 年，Smith 创办了 Tiger Style，并在 iPhone 平台发布了获奖游戏《蜘蛛：布莱斯庄园的秘密》（*Spider：the Secret of Bryce Manor*），然后发布了 *Waking Mars*（2012）和《蜘蛛：月亮笼罩的仪式》（*Spider：Rite of the Shrouded Moon*，2015）。

你是怎样成为游戏设计师的

1992 年，我在读大学时，还没有游戏专业。我主修计算机科学，辅修哲学及媒体艺术，结果意外地获得了很好的知识组合，即使以今天的标准来看也是如此。毕业后的第一个夏天，我找到了一份普通的计算机相关工作。在工作之余，我把所有可能会招聘我的游戏公司列了出来，并以我对它们的兴趣的浓厚程度进行排序。排在第一位的是 Looking Glass Studios，我非常敬佩它们的作品，如 *System Shock*，一款沉浸感非常强的模拟游戏，直到今天它都是我最喜欢的游戏之一。Looking Glass 的网站在当时非常吸引人，网站上有一款叫作 *The Dark Project* 的游戏，关于它的任何细节都没有公布，只展示了氛围和情绪。没有比这个项目更让我想做的东西了，所以我查了游戏总监 Greg LoPiccolo 的资料，并给他打了电话。如今我不会推荐这种做法，但是当时 Greg 并没有挂掉电话，而是觉得我想开车来马萨诸塞州剑桥市面试的想法非常好玩。在完成了几轮面试和一些证明我潜力的作业之后，我被雇用为一名设计师兼程序员，参与了后来成为《神偷》的游戏。最终，一些管理者让我转成了纯粹的设计师，因为相比起我平平的编程能力来说，他们对我的设计技巧更有信心。

给你带来灵感的游戏有哪些

《创世纪》游戏系列，特别是 4 和 5，因为它们呈现了一个巨大的且能让人信以为真的世界，并给人提供了属于自己的心灵上的旅途，也从而证明了游戏可以产生共鸣和有意义。*System Shock* 展示了一个无缝的沉浸体验，并且在给玩家主动权这方面甚至超过了最现代的游戏。Rogue 和它的后续作品，特别是 ADOM，运用程序生成来让游戏系统成为游戏体验的基础，而不是设计师主导的内容。还有《塞尔达传说》，展示了一款游戏即使没有任何复杂的用户界面，也可以带来强有力的操控。

你认为行业中最令人兴奋的发展是什么

游戏开发的民主化。在五年前，感觉上是几个主要的游戏工作室在控制着游戏业，并推行它们规避风险、追求爆款的开发方案。这是一个让人伤心的、文化单一的、令人不舒服的时期。最近的一些发展，包括一些更加强大的创作工具、数字发行和能够允许自发行的平台让事情有了转变，使得小工作室和风险高的项目的生存和大卖变得非常可能。这些都对独立游戏的崛起和玩家群的扩大做出了极好的贡献。今天独立游戏在游戏业扮演的角色和电影及音乐一样：一个可行的并可以自持的生意，可以提供不同于主流的选择。这是巨大的改变，并为游戏革命做出了重大的贡献，从根本上来说，把我们从近十年前的束缚之地解放了出来。

你对设计流程的看法

我使用一个多方面综合的流程，游戏想法可以来自任何方向，最初是一个松散的形状，最后形成一个整体。这个自上而下的方向可以贯穿剧情结构、产品愿景、核心游戏机制、作品的主题，还包括互动和虚构部分。那么举个例子来说，*Waking Mars* 完全是关于"生态系统"和它们在我们的生活中扮演的角色的游戏，所以主要的游戏玩法、环境、故事节奏和对话都是围绕着这个想法而制作的。《蜘蛛》则有真实的家庭戏剧和家庭空间，并在其上加以更多的神秘性，所有这一切都是通过一只离开蜘蛛网的蜘蛛的眼中看到的，所以每一个关卡的设计都用于展示这些想法。而顺着自下而上的方向会产生一些可能会在作品里找到位置的独立的内容片段，包括特殊的地点、互动、故事节奏和情景。《蜘蛛》早期的一个画面是，一个心形的小盒子被扔在了井里：这是一个非常适合游戏目标的情感事件，它是如此合适，我知道我必须找到一个办法来让它适用于更高阶的故事。至于 *Waking Mars*，我非常喜欢的想法就是，死亡的生命会腐败，并会留下一些有用的东西，因为这代表了真正的生态系统最迷人的地方，不过我们必须想出留下的东西是什么，以及它如何和其余的游戏玩法结合起来。我觉得这里也存在无数分支的方向，比如由于随意的一条评论产生的灵感，合适的头脑风暴讨论会，或被偶然情况或研究所启发。*Waking Mars* 需要数月的研究，去调查星球如何形成、火星的历史，还有地球生命的进化，多数研究成果都成为游戏真实的细节，或者是从上至下的限制。

通常来说，我会试着整合所有方向的想法，其远远多于能够用于一个项目的想法，然后就有了一个约束集合。现在设计中存在多种解决方案，但是最佳方案会在满足项目目标的前提下，以一种和谐的方式尽可能多地吸纳最好的想法，同时不会导致项目太难实施。游戏自上而下的方向使这种方式更加巩固；一开始，一切皆有可能，然后它们开始变得有迹可循，最后你要么意识到哪种设计会产生最好的结果，要么就是开始调整一直以来在不知不觉中坚持了很久的方向。

你对自己的事业感到最骄傲的是什么

我以一些想法为前提创建了 Tiger Style。第一，我想证明大众休闲已经准备好接受精妙的互动概念。大家只是没有每周花几十个小时玩游戏，或不想阅读大量的数据表，但并不代表他们不能理解《蜘蛛》的环境叙事，或不能做到接受 Waking Mars 中出现的涌现式的互动。第二，更重要的是，我想创造出不依赖暴力也能让玩家投入的游戏。《蜘蛛》的"动作作画"和 Waking Mars 的"生态系统玩法"都是 Tiger Style 团队发明的，并且两者都是完全不包含暴力的。并不是我们完全反对暴力游戏，而是我们认为暴力实在是被过度滥用了，并且对暴力的使用总是在抑制我们对这种艺术形式的情感方面的发挥。我很自豪的是，我们的工作室避开了游戏惯例，并把自己推向了探索未知的设计前沿，我相信这是互动媒体继续革新所必需的。

给设计师的建议

不要做其他人都在做的事情。不要因为你是游戏粉丝就把做游戏设计当作职业，以及向你最喜欢的游戏致敬。不要只是因为格斗、竞速和平台玩法已经被实现、被验证以及被观众所喜爱，就去遵从这些玩法。认真想想你的主题，以及你的游戏要如何传达它。把互动媒体当作一种艺术形式来看待。要挑战传统游戏！游戏并不一定要好玩、公平、平衡、清晰，或让人上瘾。游戏可以有意义和产生共鸣，就像其他任何艺术形式一样。我们仅仅是刚开始探索它所有的可能性。未来有一天所有人都会忘记《使命召唤 2：黑色行动》的模仿者们，但推动媒体边界的游戏会被人们载为经典。拼命设计这样一款游戏吧！

补充阅读

DeKoven, Bernie. *The Well-Played Game: A Playful Path to Wholeness*. Lincoln: Writers Club Press, 2002.

Huizinga, Johan. *Homo Ludens: A Study of the Play Element in Culture*. Boston: The Beacon Press, 1955.

Salen, Katie and Zimmerman, Eric. *Rules of Play: Game Design Fundamentals*. Cambridge: The MIT Press, 2004.

Suits, Bernard. The Grasshopper: *Games Life and Utopia*. Boston: Godine, 1990.

Sutton-Smith, Brian. *The Ambiguity of Play*. Cambridge: Harvard University Press, 1997.

尾注

1. 可以说单人和多人的《雷神之锤》是完全不同的游戏，或者至少它们提供了非常不同的玩家体验。为了进行这个讨论，我选择分析单人模式，来和多人纸牌游戏《钓鱼》形成更强的对比。

2. Suits, Bernard. *The Grasshopper: Games, Life and Utopia*. Boston: Godine, 1990. p. 23.

3. Ibid, p. 38.

4. Huizinga, Johan. Homo Ludens: *A Study of the Play Element in Culture*. Boston: The Beacon Press, 1955. p. 10.

5. Salen, Katie and Zimmerman, Eric. *Rules of Play: Game Design Fundamentals*. Cambridge: The MIT Press, 2004. p. 304.

6. Conway, John and Patterson, Mike, Sprouts, 1967.

第 3 章
形式元素的运用

练习 3.1 《金拉米》(*Gin Rummy*)

以经典纸牌游戏《金拉米》为例。《金拉米》中的每个回合都有两个基本步骤：抓牌和出牌。我们去掉出牌的流程，去玩这个游戏，结果怎样？

然后我们把抓牌和出牌的流程都去掉，再去玩这个游戏，结果又怎样？游戏中缺少了什么？

现在我们将抓牌和出牌的流程还原，但是去掉对手可以"贴"不搭的牌来加长knocker（游戏中的一个角色）的牌的规则。改变规则之后的游戏还具有可玩性吗？

现在还原最初的规则，但是去掉游戏目标，再去玩游戏。这次又有什么变化？

从这个练习中，我们能了解到游戏中的形式元素意味着什么吗？

形式元素，我之前说过，是组成游戏结构的元素。没有它们，游戏将不再是游戏。就像你在刚才的练习 3.1 中看到的一样，如果一款游戏缺少了目标、玩家、规则和规程，它就不再是一款游戏了。玩家、目标、规程、规则、资源、冲突、边界和结果，这些都是游戏的本质，透彻理解它们之间的潜在关系，是游戏设计的基础。

掌握这些基本规律后，你就可以运用它们进行创新性的组合，为你的游戏创造崭新的游戏机制了。在本章，我们将更加深入地探讨第 2 章中讲到的形式元素，并把它们解构为概念性工具，以供你使用这些工具来分析现有的游戏和进行你自己的游戏的设计决策。

玩家

我们已经说过，游戏是给玩家设计的体验，而玩家为了玩游戏，必须自愿接受游戏的规则和约束。当玩家接受了游戏的邀请，

他们便踏入了赫伊津哈的"魔法圈"，正如我们在第 2 章讨论的那样。在这个魔法圈内，游戏的规则具有一定的权力和一定的可能性。在游戏规则的约束之下，我们去做一些从来不敢想的事：射击、杀戮、背叛，诸如

此类。但我们也会做那些我们认为自己有能力去做，但从未有机会面对的事——有勇气去面对难以把握的困境、令人痛心的牺牲及各种艰难的决定。就这样，通过这种奇怪而又精彩的悖论，这些游戏规则带来的限制和约束开始在魔法圈内运转起来的时候，便像谜一样地创造出了游戏的体验。

游戏的邀请

其他艺术形式也会创造自己的临时世界：一幅画的画面，一个舞台的幕前部分，或者电影的一块屏幕。进入这些世界的时刻都是仪式化的、好识别的：灯光变暗，拉开幕布，而对于游戏，就是游戏的邀请。在游戏中最重要的时刻之一就是游戏的邀请（Invitation to Play）。在桌游或者卡牌游戏中，邀请就是游戏玩家的社会行为——玩家们邀请其他人来玩游戏。当邀请被接受时，游戏开始。在电子游戏中，这个过程就更加科技化了。通常会有一个开始按钮或者是一个进入界面作为对玩家的邀请。但是有些游戏会投入更多努力来展开一个更贴合游戏的邀请。其中最好的一个例子就是《吉他英雄》（Guitar Hero）的控制器。一把吉他的小塑料模型，当玩家穿戴好它时，突然摇身一变成为一名吉他手，玩家不仅在玩一款游戏，而且进入了游戏的幻想。精心设计游戏的邀请，使它符合游戏内涵，并吸引你的目标受众，是以游玩体验为核心的设计中的重要部分。

你需要有一个吸引人投入的邀请，来让玩家对玩你的游戏产生兴趣，这看起来很明显。但是你仍需先做一些决定。例如，如何构造他们的参与感：这个游戏需要多少名玩家？最多支持多少名玩家？每名玩家都有不同的角色吗？他们是对立关系、合作关系，还是二者都有？这些问题的答案将会改变游戏的整体体验（参见图 3.1）。为了回答这些问题，你必须去回顾玩家的体验目标，并且思考哪些结构可以支持你的目标。

图 3.1　Comi-Con 漫展上 Cosplay（角色扮演）的玩家

玩家的数量

为单人玩家所设计的游戏，从本质上就与那些为双人、4 人，或是 10 000 人所设计的游戏不同。为特定数量玩家所设计的游戏和那些为不确定数量玩家所设计的游戏所考虑的内容也不同。

《纸牌接龙》（*Solitaire*）和《井字棋》（*Tic-Tac-Toe*）就是需要特定玩家数量的游戏。《纸牌接龙》很明显是仅支持单人玩家的游戏。而《井字棋》则需要两名玩家——不能多也不能少，否则系统将无法运行。很多单人电子游戏仅支持一名玩家，这是因为它们和《纸牌接龙》一样，它们的结构仅支持一名玩家与游戏系统对战。

另外，还有一些游戏是为一定数量范围内的玩家所设计的。帕克兄弟公司制作的《十字戏》（*Parcheesi*）是一款为 2~4 名玩家设计的游戏，而《大富翁》（*Monopoly*）是一款为 2～8 人设计的游戏。《无尽的任务》和《魔兽世界》则是为大量玩家所设计的，玩家最多可达上万人；不过，若在《无尽的任务》的世界里只有一名玩家，游戏中的大部分形式元素也可以照常运转。

练习 3.2：3 名玩家的《井字棋》

创造一版可容纳 3 名玩家的《井字棋》游戏。你可能需要为此改变棋盘的大小或游戏的其他元素。

玩家的角色

大部分游戏都会给所有的玩家提供相同的角色。在国际象棋和《大富翁》里，所有玩家只有一种角色。而有一些游戏有超过多个角色供玩家选择。在 *Mastermind* 中，一名玩家选择成为密码编写者，另一人则成为密码破解者。系统需要两种角色都有人承担，否则将无法运转。同样，很多团队游戏，如足球，由不同的角色来组成整个团队。角色扮演游戏，正如名字所暗示的那样，有多

种多样的角色供玩家从中选择。玩家可以选择扮演治疗者、战士或者施法者。这些角色定义了玩家的许多基本能力，并且玩家也常常在一个网上世界中创建不止一个角色，这样他们就有机会去玩几个不同的角色了（参见图 3.2）。

除了在游戏规则中定义的角色，你可能还要在设计你的游戏时，在考虑角色类型的同时考虑其他潜在的玩法风格。第一个多人地下城（MUD）的创造者 Richard Bartle 写了一篇被广泛引用的文章，其中描述了在 MUD 中发现的 4 种基本的玩家类型：成就者、探险家、社交者和杀手。[1]Bartle 假定玩家通常会有一个主要的玩法风格，并且只在满足自己的目标时才会更换玩法风格。《第二人生》（*Second Life*）这类在线世界给玩家提供了一个完全开放的游戏环境。在这个环境中，玩家可以自由定义角色。这类设计决策更偏向鼓励创造性及自我表达，而不是竞争性。所以，如果你正在设计具有不同角色的游戏，或者给你的玩家提供定义自己角色的机会，考虑这些角色的本质和平衡就变得极其重要。

图 3.2　创建角色界面：《魔兽世界》和《英雄城市》（*City of Heroes*）

玩家交互模式

在设计你的游戏的时候，另一个需要考虑的选项就是单个玩家、游戏系统和其他玩家三者之间的交互结构。下面是对交互模式的解析，改编于 E. M. Avedon 的文章 "The Structural Elements of Games" [2]。你会发现很多电子游戏都可以被归入"单玩家 vs 游戏系统"类，但最近"多边竞争"多了起来。而很多很有潜力的其他模式则很少被选用，我接下来就会介绍这些模式，希望它们能激发灵感，让你去探索在设计中运用玩家互动的新组合和可能性，参见图 3.3。

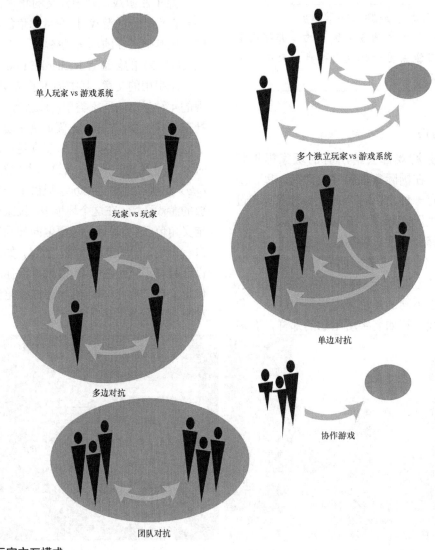

单人玩家 vs 游戏系统

玩家 vs 玩家

多个独立玩家 vs 游戏系统

多边对抗

单边对抗

团队对抗

协作游戏

图 3.3　玩家交互模式

1. 单人玩家 vs 游戏系统

这是一种单人玩家与游戏系统对抗的游戏结构。这类游戏包括《纸牌接龙》、《吃豆人》（*Pac-Man*），还有一些其他的单人电子游戏，参见图 3.4。这是电子游戏中最为常见的模式，尽管如今的单人游戏往往都支持多人模式。可以在移动游戏、主机游戏或者是 PC 游戏中见到这种模式。由于游戏中没有其他人类玩家，所以这种游戏通常倾向于使用谜题或者其他游戏结构来创造冲突。或许是因为这种模式的成功，我们现在把那些支持多个玩家的电子游戏叫作"多人"游戏，而实际上，游戏可以有多个玩家这个定义已经有上千年的历史了。

2. 多个独立玩家 vs 游戏系统

这是一种多名玩家与游戏系统对抗的游戏结构。玩家之间没有直接的互动，参与者之间的互动也不是强制要求的或者必需的。例子包括《宾果》（*Bingo*）、轮盘赌博和 *Farmville* 等，参见图 3.5。这种模式自从 Facebook 出现之后就变得非常流行，因为许多社交游戏天然就是异步的。从本质上讲，这是一个在多人游戏环境（虚拟或者现实）中进行单人游戏的模式，环境中的其他人都在进行同样的游戏。这种模式适用于非竞争性，又喜欢活动和社交竞技场的玩家，比如赌博游戏的玩家。

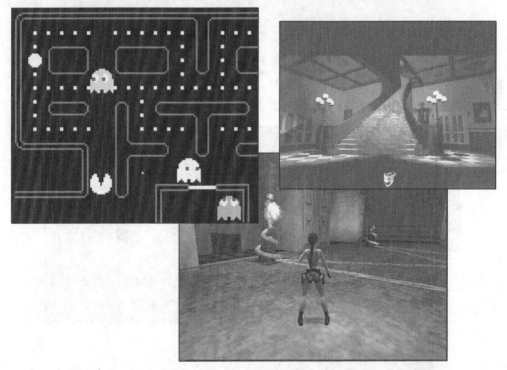

图 3.4　单人对抗游戏系统的例子：《吃豆人》、《第七访客》（*The 7th Guest*）、《古墓丽影》（*Tomb Raider*）

《吃豆人》图片由南梦宫控股集团提供，版权归南梦宫有限责任公司所有。

3. 玩家 vs 玩家

这是一种两名玩家直接对抗的游戏结构。这类游戏包括跳棋、国际象棋，还有网球等。这是一种适用于策略游戏的经典结构，并且对具有好胜心的玩家非常具有吸引力。

这种一对一的对抗使游戏充满个人主义。双人格斗游戏，如《剑魂 II》（*Soul Calibur II*）、《真人快打》（*Mortal Kombat*）等游戏都成功运用了这种结构，参见图 3.6。激烈的对抗使这种模式适合专注的、硬碰硬的玩法。

图 3.5　多名独立玩家对抗游戏系统：*Farmville 2*

图 3.6　玩家 vs 玩家：雅达利 2600 上的《拳击》（*Boxing*）和 Xbox 上的《剑魂 II》

《剑魂 II》图片由南梦宫控股集团提供，版权归南梦宫有限责任公司所有。

4. 单边对抗（非对称对抗）

这是一种两人及以上与一人对抗的游戏结构。这类游戏包括 *tag*、躲避球、《苏格兰场》（*Scotland Yard*）桌游，参见图 3.7。这是一种被高度低估的结构，其模式适用于"自由对抗"的游戏，如 *tag*，也适用于紧张的策略游戏，如《苏格兰场》。和 *tag* 一样，在《苏格兰场》中，一名玩家扮演 Mr. X 来对抗所有其他玩家。但是，与 *tag* 不同的一点是，《苏格兰场》中人数较多的一方（侦探们）会试图抓住潜藏在他们之中的一名罪犯。这款游戏可以在两方势力间保持平衡，

图 3.7　非对称对抗：《苏格兰场》

因为罪犯握有游戏状态的所有信息，而侦探们不得不齐心协力从罪犯留下的线索中进行推理。这个范例非常有趣，它结合了合作及竞争的玩法。

5. 多边对抗

这是一种 3 名及以上玩家直接竞争的游戏结构。这类游戏有扑克、《大富翁》，以及《使命召唤：黑色行动》（*Call of Duty: Black Ops*）、《星际争霸 2》（*StarCraft II*），还有《光环 4》（*Halo 4*）等，参见图 3.8。这是当人们提到"多人游戏"时，大多数玩家首先会想到的游戏类型。如今，普遍认为多人游戏要包括很大数量的玩家，但是有数千年的传统多人游戏的历史在前，我认为还是有非常大的创新空间去思考更小的、更直接的对抗模式。这种玩家互动模式的桌游经过了几代调整，已经成为适合 3 至 6 人进行的游戏；很明显是社交群体的影响力令这个数量成为理想的直接对抗玩家数。想在电子游戏里做一些新鲜的东西吗？试着调整你的多人游戏，促使它和 3 到 6 人的桌游具有同样高水平的社交互动。

图 3.8　多边对抗：《超级炸弹人》（*Super Bomberman*）和《马里奥派对》（*Mario Party*）

6. 协作游戏

这是一种两人及以上协作对抗游戏系统的游戏结构。这类游戏包括《求生无路 2》(*Left 4 Dead 2*)、《风之旅人》(*Journey*)及《传送门 2》(*Portal 2*),参见图 3.9。这种模式近来取得了很大的创新,包括《风之旅人》这样极简主义的设计。设计师陈星汉创造了一个庞大的神秘世界,在这个世界中,两个旅行者在旅途中相遇。玩家们只能通过唱出单音符来沟通,他们利用非常有创造力的方式来传达想法,和他们的旅伴建立深刻的、有意义的联系。《传送门 2》的合作战役要求玩家充满创造力地协作来通过关卡。很高兴能看到更多的设计师继续开拓这种交互结构。

图 3.9 合作游戏:《风之旅人》(*Journey*)

7. 团队对抗

这是一种二至多个团队对抗的游戏结构。这类游戏包括足球、篮球、比手画脚(charades)、Dota 及《军团要塞 2》(*Team Fortress 2*)等,参见图 3.10。团队体育运动一次又一次地证明了这种玩家互动模式的力量,不仅仅是对运动员,还对另外一个庞大的参与者群体——体育迷们有效。就像是对这种特别的多人游戏模式的需求的回应一般,大型团队(部落或者公会)几乎在这种大型多人电子游

图 3.10 团队对抗:《军团要塞 2》

戏出现后立刻就涌现出来。《军团要塞 2》中基于团队和职业的玩法，允许非常多不同的玩法风格和对抗模式。思考你自己玩团队对抗游戏的经历——什么能令团队游戏充满乐趣？什么让它不同于个人对抗游戏？在你的回答的过程中，有什么团队游戏的新想法出现吗？

练习 3.3：交互模式

在每种交互模式中，挑选你喜欢的游戏，列一个清单。如果你想不起来某个类型的游戏，那就试着去搜索并玩一下。

有说服力的游戏

Ian Bogost

Ian Bogost 是伊万·艾伦学院（Ivan Allen College）的特聘主席、佐治亚理工学院交互计算专业的教授，同时也是 Persuasive Games LLC 的联合创始人。他写过许多书，如 *Persuasive Games: The Expressive Power of Videogames* 和 *How to Do Things with Videogames*。

电子游戏是如何表达想法的呢？如果不理解一般意义上的游戏是如何具有表现力的，那么就很难弄懂游戏如何具有说服力。电子游戏是如何提出一个观点的呢？电子游戏不同于口头表达、文字、视觉或者电影性质的媒体。因此当它们尝试去说服玩家的时候，它们会用一种和演讲、写作、图像或者动画不同的方式。

电子游戏如何表达想法

电子游戏擅长表现系统的行为。当我们创造电子游戏时，我们从世界里的一些系统开始——交通、橄榄球，什么都行。我们暂且把它们叫作"源系统"（source system）。为了创造一款游戏，我们建立源系统的一个模型。由于电子游戏是软件，所以通过编写模拟我们所关注的行动的代码来创建模型。写代码不同于写散文、拍摄照片或视频；代码建模了一系列潜在的行动，这些行动符合一套通用的规则。这种呈现可以叫作程序性（Murray 在 1997 年提出）；程序性指的是计算机执行基于规则的行动的能力。电子游戏是一种程序性的呈现。

思考一些例子：*Madden Football* 是橄榄球运动的一个程序化的模型。它为人类运动的物理机制、比赛中的不同情况下的策略，甚至是特定专业运动员的表现特性建模。《模拟城市》（*SimCity*）是城市动态的程序化的模型。它为居民和工人的社会行为，同时也为经济、犯罪率、污染程度，以及其他环境动态建模。

因此在电子游戏中，我们有了源系统和与之对应的程序化的模型。游戏玩家需要和模型互动以使之运作——电子游戏是交互性的软件；它们需要玩家提供输入以使程序化的模型运行起来。当玩家玩游戏时，他们会对建模的系统以及它对应的源系统产生一些想法。他们基于源系统的模拟方式产生这些想法；也就是说，程序化一个系统也许会有许多不同的方式。某位设计师也许会基于教练的策略制作一个足球游戏，而另一位设计师则会基于场上的一个特定位置来做一个游戏，比如防守前锋。类似地，一位设计师也可能设计一个聚焦于公共服务和新都市主义（Duany，Plater-Zyberk，& Alminana 2003）的城市模拟器，而另一位设计师可能专注于罗伯特·摩斯（Robert Moses）风格的郊区规划模拟器。这不仅仅是一个理论上的观察，它强调了一个事实，即源系统永远不会真的像这样存在。一个人对橄榄球、一座城市或者任何其他呈现事物的主题的想法总是主观的。

电子游戏固有的主观性制造了不和谐，在设计师根据源系统设计的程序化的模型和玩家的主观性之间，以及他们的预想和对模拟的既存理解之间，产生了鸿沟。这就是电子游戏变得具有表达性的地方：它们鼓励玩家质疑，并且让他们自己的世界模型和游戏中呈现的世界模型谐调起来。

电子游戏如何产生说服力

大多数时候，电子游戏会创造一个幻想中生物的程序化的模型，比如，*Madden* 中的专业棒球手、《魔兽世界》中的血精灵，以及《毁灭战士》（*DOOM*）中的太空陆战队队员。我们也能使用这种设计来邀请玩家以新的或不同的方式去看待平凡的世界。这样利用电子游戏的方式之一是通过产生说服力，来提出一种对这个世界运行方式的观点。

下面介绍我的公司 Persuasive Games 所创作的一款游戏。《机场安检》（*Airport Insecurity*，Persuasive Games，2005）是一款和 TSA（Transportation Security Administration，交通运输安全管理局）有关的移动游戏。在游戏里，玩家扮演一名乘客，出现在美国 138 个最繁忙的机场中的任意一个里。游戏玩法很简单：玩家必须有秩序地通过安检，要注意他前面的人移动时，自己不要掉队，并且也必须避免和其他旅客直接接触。当他要进行 X 光检查时，玩家必须把他的行李和个人物品放在传送带上。游戏随机地给玩家分配行李和个人物品，包括"有问题"的物品，比如打火机和剪

《机场安检》

刀，也可能是合法的危险物品，比如刀和枪。

对于每一个机场，我们收集了交通和等待时间的数据来为队列流建模，并且我们还收集了尽可能多的有关 TSA 工作的公开记录。GAO（Government Accountability Office，美国政府审计署）对 TSA 工作的分析曾经是公开的，但是该机构在明白这有可能导致全国性的安全风险之后，开始把该信息列为保密。这类策略的结果是，普通公民丧失了他们的权利，他们对获得的安全保障究竟如何毫无概念。尽管机场安检的效果是极度不确定的，然而美国政府希望它的公民相信为了保护他们免遭恐怖主义袭击，提升安保而减少权利是必要的。这个游戏对这种不确定性进行了程序化的建模：玩家要选择是在靠近 X 光机履带的垃圾桶里丢弃他们的危险物品，还是通过带入这些危险物品来挑战扫描处理过程的极限。

参考一下另一个例子，这是一个在现实世界里的手机上通过短信来玩的游戏。Cruel 2 B Kind 是一款由随时随地在思考的游戏研究者和设计师 Jane McGonigal 与我一道创作的游戏。这是一款类似于《刺客》（Assassin）的游戏。在《刺客》中，玩家会试图秘密地用诸如玩具水枪这样预先分配好的武器消灭对方。但是在 Cruel 2 B Kind 中，玩家会"仁慈地杀人"。每一位玩家都将被分配到"武器"和"弱点"，但其实这些"武器"和"弱点"也就是日常生活中人们见面时的寒暄、打招呼。例如，夸奖某人的鞋子好看或为某人唱一首歌，都可以作为玩家的"武器"或可以被攻击的"弱点"。《刺客》通常是在封闭环境中玩的，如大学的宿舍，而 Cruel 2 B Kind 则是在像纽约、旧金山或世界任何地方的街道这样的公共场合中玩的。

Cruel 2 B Kind（图中手机上的信息：你的武器已经变更！现在，你的武器是，你可以假装把你的攻击目标误以为是大明星；你的弱点是，别人可以用一个编出来的节日来祝你节日快乐。）

玩家不仅不知道他们的目标是什么，而且也不知道谁在玩。在这些情况下，玩家把注意力集中于使用猜测法和排除法来找出他们可能的目标。结果，玩家经常"攻击"到错误的目标，而且因为游戏是在街上这样的公共场合玩的，导致有些根本没有参与游戏的路人，有时候也会被攻击。人们总是被这种情况吓一跳，毕竟，与陌生人打趣在纽约的街道上并不是经常会发生的事情。Cruel 2 B Kind 要求玩家在一个他们习惯的世界中体验一套不同的社交方式。相比于忽视身边的人，游戏要求玩家去和他们互动。游戏规则和社会规则的共同作用把人们的注意力集中在日常生活中与（或者更确切地说，不与）另一个人交互的方式上。

引发争议的陌生观点

有说服力的游戏根据设计师的主观想法对世界和世界的运行方式进行建模。作为玩家，我们来玩电子游戏时，对这个世界和它的运行方式有一个预期。一款游戏展示了相同世界的模型，但是这个模型有着它自己的属性，和玩家心目中的模型很可能不同。当我们把这两个模型放在一起时，能看到它们的相同点和不同点——当我们批判性地玩游戏时就会有这样的效果。通过程序化的冲突，可以引起玩家的深思，而这并不来自一些让玩家很舒服、很习惯的观点，而是提出引发争议的陌生观点。

参考资料

Bogost, I. *Persuasive Games: The Expressive Power of Videogames*. Cambridge: MIT Press, 2007.

Bogost, I. *Unit Operations: An Approach to Videogame Criticism*. Cambridge: MIT Press, 2006.

Duany, A., Plater-Zyberk, E. and Alminana, R. *The New Civic Art: Elements of Town Planning*. New York: Rizzoli Publications, 2003.

Murray, J. Hamlet on the Holodeck: *The Future of Narrative in Cyberspace*. New York: Free Press, 1997.

目标

目标给你的玩家可追求之物。目标定义了玩家在游戏规则之内试着去完成的内容。在最佳的情况下，这些目标对于玩家来说十分具有挑战性，但是仍然可以实现。除了提供挑战之外，游戏的目标可以奠定它的基调。目标是抓捕或者屠杀对方群体的游戏，与那些目标是拼写更多或者更长单词的游戏相比，具有完全不同的基调。

在有些游戏中，不同的玩家拥有不同的目标，而有的游戏允许玩家在多个目标中选择一个，还有一些游戏允许玩家在玩的过程中建立自己的目标。此外，在游戏中可能会有短期目标，或者是一些小目标，来帮助玩家实现主要的大目标。在任何情况下，我们都应该仔细地考虑目标，因为它不仅影响着游戏的形式系统，同时也影响着游戏的戏剧性。如果目标能够完整地融入设定或者故事中，游戏的戏剧性将会增强。

在设计你自己的游戏时，需要问自己一些关于目标的问题：

- 你玩过的游戏中都有什么目标？

- 这些目标对游戏的基调有什么影响？
- 某些特定类型的游戏需要加入某些特定的目标吗？
- 多目标的游戏是怎样的呢？
- 目标必须明确吗？
- 玩家自选目标的游戏情况如何呢？

以下是一些游戏目标的例子，你可能玩过这些游戏。

- 《四子棋》：成为第一个在棋盘的一条线上放置 4 颗连续棋子的玩家。
- *Battleship*：率先击沉对手的 5 艘船。
- *Mastermind*：在尽可能少的步数内推断出 4 个有颜色销子的密码。
- 国际象棋：将死对手的国王。
- *Clue*：成为第一位推断出谁、在哪、如何制造了一场谋杀的玩家。
- 《超级马里奥兄弟》：打通游戏的全部 8 个世界（32 关），从邪恶的 Bowser 手中救出公主 Toadstool。游戏的每个世界都有一个小目标。
- 《小龙斯派罗》：通过挑战游戏的 6 个世界，解救被变成石头的伙伴们，并且打败邪恶的 Gnasty Gnorc。游戏中

的每个世界都有一个小目标。

- 《文明》：可选目标 1，征服所有其他文明；可选目标 2，殖民半人马座阿尔法星。
- 《模拟人生》：管理一个虚拟家庭的生活；只要保持全家人活着，你就可以设定自己的游戏目标。
- 《块魂》：滚动黏糊糊的块魂球，收集足够的材料，来制造能够重新充满天空的星星。
- *Gone Home*：探索 Greenbriar 一家的房子，调查出在他们身上发生了什么。
- *Pokémon Go*：在身边的现实世界中，捕捉尽可能多的宝可梦。

是否可以将这些目标的类型进行概括，从而在设计过程中帮助我们呢？许多游戏学者按照目标对游戏进行了分类，下面有一些他们定义的分类。[3]

1. 掠夺

掠夺游戏（参见图 3.11）的目标是夺取或摧毁对手的东西（地盘、单位，或两者都有），同时避免被捕或被杀。这种类型的游

图 3.11　掠夺或杀戮：SOCOM II 和《毁灭战士》

戏包括国际象棋、跳棋这样的策略类棋牌游戏，或者《雷神之锤》、SOCOM II 系列这样的动作游戏。另外，这个分类还包括即时战略游戏，如《魔兽争霸》系列和《命令与征服》（Command & Conquer）等。实际上，这种目标类型的游戏由于太多而难以归纳。简单来说，抓捕或者是屠杀对方群体的概念很早就已经深入人心了。

2. 追逐

追逐游戏的目标是抓住对手，或者当你是被抓的一方时，躲避对手的追逐。追逐游戏的例子有 tag、Fox & Geese、《刺客》及《极品飞车：宿敌》（Need for Speed: Rivals）等，参见图 3.12。追逐游戏可以是单玩家对抗电脑、玩家对抗玩家，或者是非对称对抗。比如 tag 和 Fox & Geese 就是非对称对抗，或者说是单个玩家对抗许多玩家。《刺客》则是玩家对抗玩家的结构，每位玩家在追逐的同时也是被追逐着的。《极品飞车》有一个创新的社交系统，它允许玩家在和电脑对抗或是和玩家对抗之间无缝转换。追逐游戏中决定胜负的可以是速度或者是身体上的敏捷程度，比如 tag 和《极品飞车》，或者是潜行和策略，比如《刺客》。并且，我们之前讨论过的《苏格兰场》也是追逐游戏，但它是通过逻辑和推理判定胜负。可见选择这种目标类型的游戏有着非常多的可能性。

3. 竞速

竞速游戏的目标就是在其他玩家之前到达物理上或概念上的终点。这类游戏包括《竞走》、Uncle Wiggly、《飞行棋》（Parcheesi）这样的桌游，以及《VR 赛车》（Virtua Racing）这样的模拟游戏，参见图 3.13。竞速游戏的胜负可以由身体的灵活性（如竞走，以及同类的扩展游戏《VR 赛车》等），或者运气（如 Uncle Wiggly、《飞行棋》）决胜。决定胜负的也可以是策略和运气的混合，如《双陆棋》。

4. 排列

排列游戏的目标是按照某种空间构造排列游戏中的棋子或者类似物，或者在不同类的游戏块间创造一种概念性的排列。例子包括《井字棋》《纸牌》《四子棋》《黑白棋》《俄罗斯方块》，还有《宝石迷阵》等，参见图 3.14。排列游戏在实现目标的过程中，多多少少在空间上或者组织上有些像解谜游戏。它们可以由逻辑或者计算来决定胜负，比如《黑白棋》和《玉攻棋》（Pente），或者由计算和机会的组合来决定胜负，比如《俄罗斯方块》和《宝石迷阵》。概念化排列被应用于很多游戏中，它们需要玩家为游戏的棋子或者类似物配对。

5. 救援或脱逃

救援或脱逃游戏的目标是使一个或多个单位达到安全状态。这类游戏包括《超级马里奥兄弟》、《波斯王子 3D》（Prince of Persia 3D）、《紧急救援：消防员》及 ICO，参见图 3.15。这类游戏的目标通常由其他短期目标组合而成。例如，在《超级马里奥兄弟》中，整个游戏的目标就是去救援公主。但是，每个游戏关卡还都有一个小目标，而完成这些关卡小目标的过程一般让人感觉像是在解谜。

图 3.12 追逐游戏:《极品飞车:宿敌》

《极品飞车:宿敌》的商标归属 EA 所有。

图 3.13 竞速游戏:《杆位》(*Pole Position*)和《GT 赛车 4》(*Gran Turismo 4*)

《杆位》(1982)图片由南梦宫控股集团提供,版权归南梦宫有限责任公司所有。

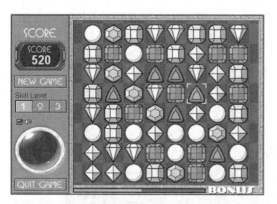

图 3.14   排列：《宝石迷阵》

图 3.15   救援或脱逃：《波斯王子 3D》

6.   行动禁止

行动禁止游戏的目标是通过笑、谈话、放弃、错误的移动，或其他不应该做的事来破坏规则。这类游戏包括 *Twister*、*Operation*、*Ker-Plunk!* 和 *Don't Break the Ice*，参见图 3.16。这是一种在电子游戏中少见却很有趣的游戏类型，也许是因为其缺少直接对抗或是难以控制游戏的公平性。从例子中可以清楚地看出，这种类型的游戏中通常带有实体组件，有时还涉及毅力和灵活性，而有时只是靠运气获胜。一个很有趣的带有行动禁

止类目标的实验性游戏叫 *Johan Sebastian Joust*。在这个实体游戏中，玩家要试着握住他们手中的 Sony Move 手柄，试着用撞或者其他办法和其他玩家互动，逼迫他们移动手中的 Sony Move 手柄并超过一个速度。任何能达到目标的办法都可以，包括踢人和推人，最后一个留下的玩家就是胜者。

图 3.16   行动禁止：Milton Bradley's Operation

下面列出的是虽然没有被包含在学者的分类中，但是却很有趣的目标分类。

7.   建设

建设游戏的目标是建造、维护和管理对象；这可以在直接或非直接对抗的环境中进行。在很多情况下，这是一种复杂版本的排列游戏。例子包括《动物之森》、*Minecraft*、

《模拟城市》和《模拟人生》这样的模拟游戏，以及《卡坦岛》（Settlers of Catan）这样的桌游，参见图3.17。带有建设目标的游戏通常将资源管理及贸易作为游戏的形式元素。它们通常通过策略取胜，而不是靠运气或身体的灵活性。而且建设游戏最终的成功常常由玩家的解读所决定。例如，在《模拟城市》中选择建设何种类型城市，或者在《模拟人生》中选择培养什么样的家庭。

8. 探索

探索游戏的目标就是探索游戏区域。这通常与更有对抗性的目标结合在一起。在经典的探索游戏《深谷探险》（Colossal Cave Adventure）中，目标不仅仅是探索深谷，而且还要在这个过程中寻找宝藏。在《塞尔达》

系列这样的游戏中，探索的目标、解谜，还有时不时发生的战斗交织在一起，构成了多面的游戏玩法。像《上古卷轴5：天际》（The Elder Scrolls V: Skyrim）和《侠盗猎车手5》（Grand Theft Auto V）这样的开放世界冒险游戏同样使用探索作为游戏结构的若干目标之一，同样这么做的还有《亲爱的伊斯特》这样的实验游戏和 Gone Home 这样的叙事游戏，参见图3.18。

9. 解决方案

解决方案游戏的目标就是在比赛结束前（或更准确地）解决一个问题或谜题。这类游戏包括视觉冒险游戏《神秘岛》系列、经典的 Infocom 这样的文字冒险游戏；还有属于其他分类但有解谜部分的游戏，包括之

图 3.17　建设：《动物之森》和《卡坦岛》

图 3.18 探索：《亲爱的伊斯特》和《塞尔达传说：风之杖》（*Legend of Zelda: The Wind Waker*）

前提到的《马里奥》、《塞尔达》、《俄罗斯方块》及《模拟人生》。有些纯粹的策略游戏也属于这种类似解谜的类别，如《四子棋》和《井字棋》，参见图 3.19。

图 3.19 解决方案：《疯狂时代》（*Day of the Tentacle*）

10. 以智取胜

以智取胜游戏的目标是获得并运用知识来击败其他的玩家。这类游戏有些聚焦于利用游戏外的知识，如 *Trivial Pursuit* 和《危险边缘》（*Jeopardy*），另外一些则聚焦于获得或利用游戏内的知识，如《幸存者》和《外交》，参见图 3.20。后者激发出有趣的社交

动态，这在电子游戏里还没有被真正探索出来，但已有相当数量的实体游戏利用了这类目标，比如 *Area/Code's Identity*、*Ian Bogost* 和 Jane McGonigal 的 *Cruel 2 B Kind*。

图 3.20 以智取胜：《外交》

总结

这个列表远不够详尽，并且游戏中最有趣的目标通常是由各种类型的目标混合得到的。例如，混合了战争和建设类型目标的即时战略游戏，会吸引那些对纯粹的战争游

戏或纯粹的建设游戏不感兴趣的玩家。你可以将这些分类作为工具，找到你喜欢的游戏目标和不喜欢的游戏目标，以及学会如何在你的游戏中设置这些目标。

练习 3.4：目标

列出 10 款你最喜欢的游戏，并且把它们的目标列出来。你看到它们的相似之处了吗？试着确定吸引你的游戏类型。

规程

如第 2 章中所讨论的，规程就是玩家玩的方法和为了实现游戏目标而采取的行动。考虑规程的一种方法是：谁在哪里，什么时候，做了什么，怎么做的？

- 谁能使用这些规程？一名玩家？部分玩家？还是所有玩家？
- 玩家具体会做什么？
- 规程在何处生效？规程的有效性受地点的限制吗？
- 规程是在什么时间发生的？受到顺序、时间或游戏状态的限制吗？
- 玩家是如何执行这些规程的？直接通过身体互动？还是通过控制器或是输入设备来间接地进行交互？或者是使用口头命令？

下面有几种大部分游戏常用的规程类型：

- 开始行动：如何开始一个游戏。
- 行动：在游戏开始后进行的规程。这里面包括"核心循环"，指的是一系列重复进行以推进游戏进程的活动。
- 特殊行动：受限于其他元素或者游戏状态的规程。
- 胜利行动：指引游戏结束的行动。

在桌游中，规程通常在规则中说明，并且被玩家直接执行。在电子游戏中，由于它们被放到了游戏说明的操控部分，因此通常由玩家通过操控来得知。这是区分规程与规则非常重要的一个方法，因为在电子游戏中，规则可能对玩家来说是隐藏的，我们将会在下文中讨论这一点。这里有一些桌游和电子游戏中规程的例子。

《四子棋》

1. 决定先手玩家。
2. 在每个回合中，玩家分别从棋盘顶端落下代表各自颜色的一子。
3. 游戏轮流进行，直到一方令同色的 4 个棋子在横、竖或斜方向上连成一条直线，参见图 3.21。

《超级马里奥兄弟》[4]

选择按键：使用这个按键来选择你想玩的游戏类型。

开始按键：按下这个键来开始游戏。如果你在游戏中按下了这个键，它将会暂停/继续游戏。

左箭头键：向左走。同时按 B 键则向左跑。

右箭头键：向右走。同时按 B 键则向右跑。

下箭头键：蹲（只在《超级马里奥》中有）。

A 键

跳：如果你长按这个键，马里奥将跳得更高。

游泳：在水中时，按下这个键会让马里奥浮起。

B 键

加速：按下这个键可以跑。长按 B 键时，如果按 A 键跳，则会跳得更高。

火球：如果你摘下了一朵火球花，则可以按这个键来扔出火球。

图 3.21 《超级马里奥兄弟》和《四子棋》

对比

注意，《四子棋》和《超级马里奥兄弟》都有一个特别的开始行动。《四子棋》的行动流程在步骤 2 和 3 中十分清晰地展现出来，而在《超级马里奥兄弟》这个即时游戏中，游戏进程由左右移动的命令来控制，这是玩家在整个游戏过程中移动的方式。《四子棋》中没有任何特殊行动，而《超级马里奥兄弟》中则有只在某些特定场合才可以使用的命令，即"在水中时，按下这个键会让马里奥浮起"和"如果你摘下了一朵火球花，则可以按这个键来扔出火球"。在《四子棋》中有胜利行动：一方令同色四子连成一条直线。而在《超级马里奥兄弟》中则没有规定胜利行动，这是因为胜利是由系统决定的，而非玩家自己。

练习 3.5：《21 点》的游戏规程

详细地列出《21 点》游戏中的规程。要具体一些。开始行动是什么？过程行动是什么？有特殊行动吗？有胜利行动吗？

系统规程

电子游戏可以比非电子游戏有更复杂的游戏状态，比如允许多层次的系统规程在场景背后运转，以响应各种游戏状态和玩家行动。在角色扮演游戏的战斗系统中，角色和武器的属性可以作为系统数值的一部分，来决定玩家的某个操作是否成功，以及如果成功，将造成多少伤害。如果游戏和很多角色扮演游戏一样是在纸上进行的，这些系统规程需要玩家自己使用骰子产生随机数来计算。如果游戏是电子化的，那么同样的系统规程可以由程序而不是玩家计算。

因此，电子游戏可以包含更复杂的系统规程，并且比非电子游戏处理得更快。但这并不意味着电子游戏比非电子游戏更复杂。当我们在第 5 章中谈到系统结构的时候，就会看到规程简单，却产生极为复杂结果的系统。例如，国际象棋和围棋是非电子系统，但是它们却用其与生俱来的复杂度令玩家着迷了几个世纪，而所有这一切都源于非常简单的游戏单位（或称为对象）和操控这些单位的规程的组合，参见图 3.22。

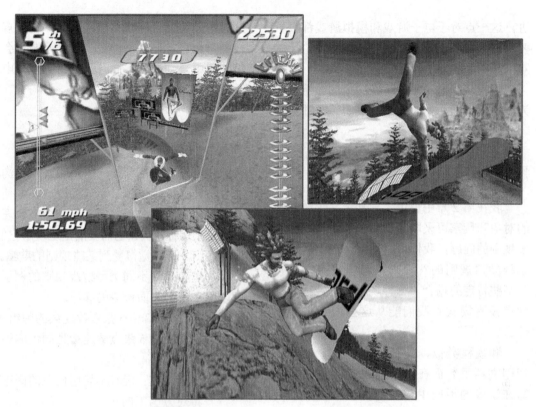

图3.22　SSX Tricky: 学习技巧规程以获得"技巧得分"

定义规程

在为你的游戏定义规程时，需要时刻牢记你的游戏的环境的限制。你的游戏是非电子的吗？如果是，那么你必须确保规程容易被玩家记住。如果你的游戏是电子的，那么它需要什么类型的输入/输出设备呢？玩家是使用键盘和鼠标，还是需要一个专属的控制器？他们是坐在一个高分辨率的屏幕前，还是站在一个离低分辨率屏幕几步远的位置上？

考虑"核心循环"是特别重要的，这个概念在之前提过，指的是一套特别的规程，玩家需要不断重复来推进游戏。举个例子，投掷骰子，移动你的单位，或者是在桌游的简单的核心循环中，照着你落下的那个格子里写的字去做。在一个电子游戏中，核心循环可能包括检查游戏状态的许多条件，比如玩家在世界中的什么位置，以及他们是否被什么重要的事情阻挡。核心循环也会检查玩家的输入，这样系统才能知道如何前进——不管是移动一个特别的玩家，还是对世界中的某个对象采取行动。在一个模拟游戏中，玩家必须在每个循环中自行调整他们的行动有可能带来的结果，因此通过这样的方式来设计你的核心循环，使玩家可以快速掌握它，并能很轻松地执行每一步来让游戏推进，这一点对于电子游戏和模拟游戏都很重要。Dan Cook 在第 165 页更详细地讨论了游戏循环。

规程从本质上受到这些约束的影响。作为一名设计师，你需要对约束敏感，并寻找到具有创造性且优雅的解决方案，这样规程才能符合直觉，易于记忆。这些问题将会在第 8 章中得到详解，届时我们将会讨论电子游戏界面和操控的原型。

规则

我在第 2 章中说过，规则定义了游戏中的对象和玩家可采取的行动。其中有一些关于规则的问题，我们可以问问自己：玩家是怎样学习规则的？规则是怎样被执行的？在某些特定的场合，哪种规则最为合适？规则有没有模式？我们能从这些模式中学到什么？

和规程类似，规则通常存在于桌游的规则文档里。而在电子游戏中，它们会被写在游戏的说明中，或隐含在程序中。例如，电子游戏不允许没有明确告诉你可以执行的行动；界面不会提供这样操作的控制按键，或者程序本身就阻止玩家进行这样的行动。

规则还可以堵上游戏系统的漏洞。我们拿一个比较经典的规则来举例，《大富翁》中一个有名的规则就是"不允许后退，不允许收集 200 美元"。这个规则当一个玩家从棋盘上任意一点被送至监狱时起效。这很重要，因为如果没有这个声明，玩家将可能退回监狱，然后获得 200 美元，这样反倒会将预期的惩罚转变为奖励。

当你在设计规则的时候，与设计规程一样，一定要时刻考虑它们和玩家之间的关系。太多的规则会令玩家难以管理他们对游戏的理解。而若规则描述得不明确或者沟通甚少，会让玩家迷惑甚至疏远游戏。即使游戏系统（在电子游戏的情况下）严格合理地按照规则运行，玩家也需要清楚地理解它们，这样他们才不会觉得受到某些规则的欺骗。

这里有几款不同类型游戏规则的例子，可以用来作为后面讨论的参考。

- 扑克：顺牌由 5 张点数连续的牌组成，同花顺由 5 张点数连续且同色的牌组成。
- 国际象棋：玩家不能用自己的国王去将对方国王的军。
- 围棋：玩家的落子不能重复棋盘之前的状态，因为这意味着复制整个棋盘。
- 《魔兽争霸 II》：玩家若想生产一个骑士单位，必须升级得到城堡并建造一个马厩。
- *You Don't Know Jack*：如果玩家回答问题错误，则其他玩家将获得答题的机会。
- 《杰克与达斯特》：如果玩家用完了绿色魔法，那么他将出局，并且回到本关最后的检查点。

即使在这短短的清单中，也可以看到有一些对游戏规则本质的概括。我们接下来就要对其展开讨论。

定义对象和概念的规则

游戏中的对象都有独特的状态和意义，这与现实世界中的对象完全不同。这些游戏中的对象被定义为游戏的规则集的一部分，既可以是完全虚构的，也可以基于现实世界的对象。但即使它们基于熟悉的对象，它们也只是这些对象的抽象，并且仍然需要在游戏规则中，按照它们在游戏中的本质重新被定义。

思考一下扑克中涉及顺牌或者同花顺概念的规则。这是这款游戏中特有的概念。在扑克领域之外没有顺牌的概念。当你学习扑克规则时，学习的关键概念之一就是组织某种牌的组合的价值——顺牌就是这些牌中的一种。

再来说国际象棋。我们知道，在国际象棋系统的对象中有国王、皇后，以及象等，所有这些对象在现实世界中都有对应的存在。但这是具有误导性的，国际象棋中的国王是在清晰规则下定义的抽象的对象。在这款游戏之外的国王与这个抽象的游戏对象毫无相似性。国际象棋的规则只是使用了国王这个概念来给游戏中的行动增加一个背景设定，以及说明这颗棋子的重要程度。

桌游和其他非电子游戏通常会明确地定义它们的对象，并将其作为规则集的一部分。玩家必须阅读和理解这些规则，然后他们必须能够自己裁决游戏的胜负。因此，大多数非电子游戏由于自身的限制而使用相当简单的对象，每个对象仅有一到两个可能的变量或者状态被记在一些物理设备、棋盘上，或者是其他的界面元素上。在国际象棋这样的游戏中，每一个棋子的变量就是颜色以及位置。对于每一项，玩家都可以明显地追踪。

电子游戏也有对象，比如角色或战斗单位，它们的整个状态由相当复杂的变量集来定义。玩家可能不会了解到整个状态，因为与桌游不同，程序会跟踪所有幕后的变量。例如，以下是藏在游戏《魔兽争霸 II》中骑士和兽人场景背后的默认变量，参见图 3.23。

- 花费：800 金，100 木材
- 攻击力：90
- 伤害：2~12
- 护甲：4
- 视野：5
- 速度：13
- 射程：1

虽然这些变量对游戏的进程至关重要，但它们实际上是通过界面提供给玩家的，而不是玩家必须直接管理和升级的东西。即使是顶级的玩家，可能也不会不断地使用这些数学变量来制定他们的策略。相反，对于骑士的花费、强度、力量、射程等，与面板上其他单位属性的对比，他们通过玩游戏的经验，获得了更符合直觉的认识。

当你定义游戏的对象和概念时，应该时刻考虑玩家将如何学习这些对象的本质，这是十分重要的。如果对象是复杂的，那么玩家必须直接处理这种复杂性吗？如果对象是简单的，那么玩家会觉得它们彼此有足够的区分度，来影响游戏的过程吗？对象是会进化的吗？它们只在某些情况下可用吗？玩家在游戏中如何了解每个对象的特性？我们可以注意到一个有趣的现象，物理世界的规律让许多非电子游戏可以降低游戏对象描述的复杂性。例如，《四子棋》中的重力影响会创造一个关于玩家如何在棋盘上放置棋子的潜规则。

Unit Properties					
☑ Use Default Data					
	Knight	Ogre	Elven Archer	Troll Axethrower	Mage
Visible Range:	4	4	5	5	9
Hit Points:	90	90	40	40	60
Magic Points:	0	0	0	0	1
Build Time:	90	90	70	70	120
Gold Cost:	800	800	500	500	1200
Lumber Cost:	100	100	50	50	0
Oil Cost:	0	0	0	0	0
Attack Range:	1	1	4	4	2
Armor:	4	4	0	0	0
Basic Damage:	8	8	3	3	0
Piercing Damage:	4	4	6	6	9

图 3.23　《魔兽争霸 II》——单位属性

规则限制行动

在我们的简单规则的清单中能够反映出来的另一个常见的规则概念是，规则限制行动。在国际象棋中，"玩家不能用自己的国王去将对方国王的军"的规则使玩家可以避免意外输掉比赛。而围棋中"玩家的落子不能重复棋盘之前的状态"的规则可以避免玩家陷入无限循环。上面的两个例子都是针对游戏系统的漏洞而言的。

此外，规则限制行动可以以基本界线的形式出现："游戏区域是 360 英尺×360 英尺的场地"（橄榄球）或"每队由 11 名玩家组成，其中一名是守门员"（足球），参见图 3.24。在这两个例子中，我们可以看到规则与其他内容的交迭——指定游戏边界和玩家人数。所有的形式元素都是这样的，可以在规程或规则中通过某些方式被体现出来。

另一个规则限制行动的例子是避免游戏因为对某位或者某些玩家太有利而带来的不平衡。思考一下《魔兽争霸 II》中"玩家若想生产一个骑士单位，必须升级得到城堡并建造一个马厩"这一规则的效果。这个

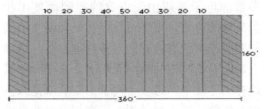

图 3.24　一块橄榄球场的尺寸

规则意味着玩家不能在游戏的开始阶段，当其他玩家还在生产低等级的战斗单位时，就使用资源生产骑士。所有的玩家必须按照相似的资源管理路线来升级，以获得更为强大的单位。

练习 3.6：规则限制行动

规则限制行为有很多类型。请思考一下，在 *Twister*、*Pictionary*、*Scrabble*、*Operation* 和 *Pong* 这些游戏中，哪些规则限制了玩家的行动？

规则决定效果

在某些情况下，规则也可以触发效果。例如，"如果"发生了什么事，规则就会产生"什么"结果。在我们的规则示例列表中，*You Don't Know Jack* 的规则"如果玩家回答问题错误，其他玩家就会获得答题的机会"就是这种类型的规则。同样，《杰克与达斯特》的规则"如果玩家用完了绿色魔力，他就会出局，并且回到本关最后的检查点"也是这种类型的规则，参见图 3.25。

图 3.25　《杰克与达斯特 2》——魔法快用光了

触发效果的规则之所以有用，其原因有很多。首先，它们在游戏玩法中制造了变数。触发规则的情况并不总出现，因此当它出现时可以创造兴奋和不同。*You Don't Know Jack* 中的规则就有这种效果。在这个例子中，第二位玩家在看到第一位玩家的答案不正确之后，就获得了回答问题的机会。因此，形势将变得对第二位玩家有利——他将有更大的概率回答正确。

除此以外，这种类型的规则可以用于让游戏过程回到正轨。《杰克与达斯特》中的规则正是如此。因为这是一款单人冒险游戏，并没有竞争性，所以当玩家失去他的所有魔力时，不应该"死去"。但是，设计师希望玩家在某种情况下受到惩罚，这样他们才会谨慎地采取行动，并且试着避免失去魔力。设计师的解决方案就是前面的规则："玩家将在失去所有魔力的时候受到惩罚，但并不是很严重。"这让游戏回到了原来的轨道，迫使玩家尽力去避免失去魔力。

定义规则

与规程一样，定义游戏规则的方式会受到游戏环境的影响。规则对玩家来说一定要十分明确，或者在自动进行裁判的电子游戏中，规则需要直观且易于理解，这样游戏看起来才公平，并且能够对特定的情况做出良好的响应。通常来说，要记住，你的规则越复杂，就要被迫设置越多的要求去强迫玩家理解它们。玩家对规则理解得越不好，无论是理性层面还是直觉层面，就越不可能在系统中做出有意义的选择，而且会越觉得他们不能控制整个游戏。

练习 3.7：《21 点》的规则

像你在练习 3.5 中写下《21 点》的规程那样，现在写下它的规则。这比你想象的要难。你记得所有的规则吗？试着像你写的那样去玩这个游戏。你应该会发现自己忘记了一些内容。你忘记了哪些规则呢？这些漏掉的规则对游戏有什么影响呢？

资源

到底什么是资源？在现实世界中，资源就是资产（如自然资源、经济资源、人力资源等），它们可以用于实现某些目标。在游戏中，资源起着同样的作用。许多游戏都在其系统中使用着某种形式的资源，如扑克中的筹码、《大富翁》中的房产，还有《魔兽争霸》中的金子。管理资源并且决定资源的产出方式和时机是游戏设计师的主要职责之一。

那么，设计师怎样决定给玩家提供何种资源呢？玩家要如何控制对资源的获取，以保持游戏的挑战性呢？这是很难从抽象层面回答的问题。用一款熟悉的游戏来举例会较为容易理解。

回忆一款类似《暗黑破坏神 3》的角色扮演游戏。在这样的游戏系统中，你会找到哪些资源？金钱、武器、防具、药水还是魔法道具？为什么你没有看到类似回形针或寿司之类的东西？虽然找到一些随机的东西可能会很有趣，但事实上，寿司对你实现游戏目标没有任何帮助。同样的物品可能只会在另一款游戏中有实用价值。例如，在第 1 章讨论的《块魂》中，回形针和寿司只是你需要处理的两个古怪的游戏资源类型。在这个游戏中，这些资源的主要价值在于它们和你的块魂，或者是"粘球"的大小对比。在这些案例中，设计师给你提供了一些目标，并且精心地安排你如何发现或者获得用于完成这些目标的资源。你可能找不到或者赚不够想要的那么多钱，但是如果你能看到游戏呈现给你的挑战，你就会去获得足够的资源以继续前进。如果没有获得这些资源，游戏系统可能存在一些不平衡。

根据定义，资源在游戏系统中必须同时具备实用性和稀缺性。如果它们没有实用性，就会像《暗黑破坏神 3》中的寿司一样：找到这样的东西古怪又有趣，但是本质上是无用的。同样地，如果资源特别丰富，那么它们也会失去在系统中的。

练习 3.8：实用性和稀缺性

在 *Scrabble* 和《使命召唤》中的资源分别是什么？它们对玩家有什么用？它们在游戏系统中的稀缺性是怎么造成的？

涉及游戏资源管理时，很多设计师会落入复制现有游戏机制的陷阱中。让你的游戏跳出已经验证的游戏的一种方法就是用更抽象的方法来思考资源。

看看资源类型的基本功能，然后尝试应用新颖并有创造性的方法来应用。为了解释我在说什么，让我们来看一些你在游戏设计过程中应该考虑的抽象示例。

命数

在动作游戏中最经典的稀缺资源就是

你有的那几条命。街机游戏通常建立在这一主要资源的管理之上。《太空侵略者》（*Space Invaders*）或者是《超级马里奥兄弟》都是如此，在游戏中你有一定数量的生命来实现游戏目标。失去它们，你将不得不重新开始游戏。若玩得好，你将会获得更多的生命以在后续关卡中使用。生命作为一种资源类型，通常以最简单的模式设计：越多越好，且没有任何副作用，参见图 3.26。

图 3.26　《小蜜蜂》（*Galaxian*）：剩下两条生命

了，那它们就永久消失了），也可以是可再生的，随着游戏推进允许玩家再建新单位。当单位再生时，通常每个单位会需要一定的消耗。决定每个单位的消耗和确定它是怎样与其他资源结构保持平衡的很棘手。游戏测试是判断你的单位消耗是否平衡的好方法。

图 3.27　西洋跳棋：简单的单位

单位

在有些游戏中，玩家在同一时间内要控制多个单位，他们通常可以管理这些单位资源，而不是命数。单位可以全部为一种类型，如西洋跳棋，或者是不同类型，如国际象棋，参见图 3.27。单位可以从始至终都保持同样的值，也可以和即时战略游戏一样可以升级、进化。单位可以是有限的（即如果它们消失

生命值

生命值可以是一种独立的资源类型，也可以是游戏中个体生命的一个属性。无论你怎么看待它，当生命值作为一种资源被使用的时候，它将有助于戏剧性地表现生命和单位的损失。当游戏玩法中应用了生命值这种资源时，通常意味着有方法去增加生命值，参见图 3.28。

图3.28　《暗黑破坏神》——在屏幕左下方可以看见玩家的血量值偏低

那么在游戏中玩家应该如何提高生命值呢？很多动作游戏会在关卡中放置医药包——捡起它们将会恢复玩家的生命值。有一些角色扮演游戏则会要求玩家进食或者休息来治疗他们的角色。每种方法在特定的游戏类型中都有它的优点。动作游戏使用较为快捷的方式，虽然在一定程度上会显得不真实。而角色扮演游戏从游戏的故事角度来看则显得更为真实一些，但是节奏比较慢，玩家可能会对此感到有些疲惫。

货币

在游戏中最有力的资源类型之一就是可以用来进行贸易往来的货币了，参见图3.29。和我们将在第5章中看到的一样，货币是游戏经济系统的关键元素之一。它并不是创造游戏经济系统的唯一方法——很多游戏仍然使用以物易物的系统来达成同一目的。货币在游戏机制中扮演着与现实生活中同样的角色。它推动贸易的进行，使玩家更容易通过交易得到他们想要的东西，而不必使用手中现成的物品去交换。此外，货币不需要局限于标准的纸币系统。

行动

在一些游戏中，行动，比如移动或回合，可以被认为是资源。*20 Questions* 就是这样一款游戏。你的提问次数在这个系统中是具有实用性和稀缺性的，你必须谨慎地在问题的数量限制内猜测答案。另一个例子是《万智牌》每回合的阶段结构。每个回合都由若干阶段组成；而在每个阶段都可以执行一些特定的操作。玩家必须仔细规划每回合的行动，以免浪费任何可能的行动机会。

即时游戏中也可以限制过于强大的行动，并且只有这样做，这些行动才会成为需要管理的资源。在 *Enter the Matrix* 中可以看到这样的例子，其中的"聚焦"（focus）特性允许玩家进入"子弹时间"——这个特性可以减慢动作，这样他们可以相对于敌人移动得更快。在你回到正常时间之前，你只有一定的时间来聚焦。充分利用聚焦时间是游戏玩法的关键，参见图3.30。

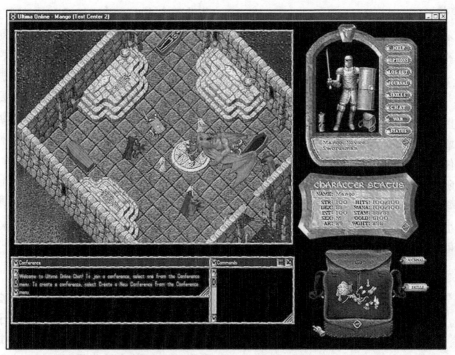

图 3.29 《创世纪 Online》——玩家的背包中装着黄金

图 3.30 *Enter the Matrix*：聚焦

能力增益

一个经典的资源类型就是能力增益。它可以是《超级马里奥兄弟》里的魔法蘑菇（参见图 3.31），也可以是《杰克与达斯特》中的 blue eco。能力增益，正如其名字所示，通常是指加强玩家的某部分能力。能力增益可以是增加大小、力量、速度、生命值或游戏中的任何变量。能力增益物品通常都是稀缺的，所以找到它们并不会令游戏变得太过简单。能力增益通常是临时的、数量有限的，仅在一小段时间内有效，或者只在某些游戏状态下可用。

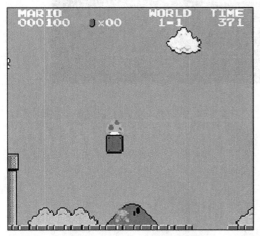

图 3.31　《超级马里奥兄弟》——魔法蘑菇

仓库

有些游戏系统允许玩家收集及管理一些既不是能力增益也不是单位的物品。这些物品的通用术语是"仓库"，仓库出现在常见的管理物品的方式中。我们已经提到过铠甲、武器还有其他诸如《暗黑破坏神 3》这样的角色扮演游戏中的物品。这些物品可以帮助玩家来实现游戏目标，并且这些物品常常因为高价，或者是在地下城中被更多、更强大的怪物守护着，因而具有稀缺性。游戏中仓库的概念并不只限于角色扮演游戏：集换式卡牌游戏，如《万智牌》，需要玩家管理他们的卡牌仓库，因为他们的卡组里只能放有限数量的卡牌。此外，像弹药和武器这样的物品也可以被认为是仓库物品。像上面提到的所有其他类型的资源一样，仓库物品必须具有实用性和稀缺性，所以玩家必须在管理这些物品时进行有意义的选择。

特殊地形

特殊地形在一些游戏系统中被用作一种重要的资源类型，尤其是一些基于地图的系统，比如策略游戏。在《魔兽争霸 3》这种游戏中，游戏的货币（木材、金子、油）都是从地形中特殊的区域获得的，因此这些区域成为重要的资源。其他类型的游戏同样也可以从你不曾想过的角度来使用地形资源。*Scrabble* 中的 Triple Letter Score（三倍字母得分）就是游戏盘上的重要资源，就和棒球场上的垒一样，参见图 3.32。

时间

一些游戏使用时间作为资源——用来限制玩家的行动，或按时间将游戏分为几个阶段。将时间作为资源的一个比较好的例子就是国际象棋的快棋玩法，玩家在整局游戏中有一个总的可用时间（如 10 分钟）。玩家们像往常一样轮流下棋，但是有一个游戏钟一直在记录玩家的总消耗时间，参见图 3.33。

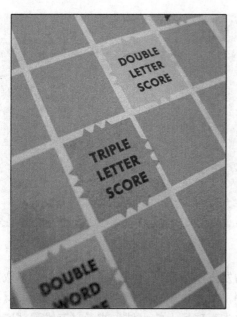

图 3.32　拼字游戏 *Scrabble*——三倍字母得分

图 3.33　国际象棋计时器

其他将时间作为资源的例子有儿童游戏《热土豆》（hot potato）和《抢座位》（musical chairs）。在这两款游戏中，玩家努力避免在到时限时成为"那个人"——手里拿着热土豆的或唯一一个没有座位的人。当时间作为资源时，它有天生的戏剧化力量。我们都熟悉那种在最终期限来临前倒计时的紧张感，和在动作片中定时炸弹的滴答声带来的期待。当时间被当作资源时，玩家必须分配时间或抢时间完成工作，时间会为游戏设计在情感方面加分。

练习 3.9：资源类型

对于以上描述的资源类型，写出使用了这些类型资源的、你喜欢的游戏列表。如果想不起来使用特定资源类型的游戏，可以查找一下并且玩玩看。

这些只是你在设计自己的游戏时需要思考的一部分资源类型。挑战一下自己，创造自己的资源类型，或者把一个类型中的资源模型用到不常用这种资源的游戏中。你会为结果感到惊讶的。

冲突

当玩家试图在游戏的规则和边界之内实现目标的时候，冲突就会涌现出来。正如之前提到过的，冲突是通过创造规则、规程和各种情景（如多人对抗）被设计进游戏的，目的是阻止玩家直接完成目标，参见图3.34。规程提供了一种相对低效的方式供玩家实现目标。低效，意味着对玩家提出了挑战，迫使他们掌握一种或者一系列特定的技能。规程同样会创造出一种竞争或者游戏感，在某种程度上令玩家感到有趣，这样玩家将会服从这种低效的系统，通过参与来获得终极的成就感。

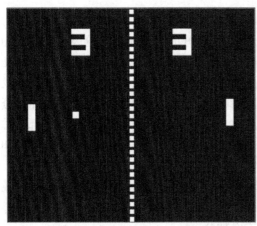 

图 3.34 *Pong* 和《雷神之锤 3》中的对手

下面是一些导致游戏出现冲突的例子。

- 《三维弹球》：仅使用挡板或其他游戏内提供的设备来防止球掉出面板。
- 《高尔夫》：在尽量少的杆数内，令球越过场上的障碍，把球打入洞内。
- 《大富翁》：管理你的金钱和财产，成为游戏中最富有的玩家。
- 《雷神之锤》：在其他玩家或电脑对手试图杀死你的时候活下去。
- 《魔兽世界 3》：维护你的军队和资源，同时利用它们来征服并控制地图上的目标。
- 扑克：通过手牌或打牌技巧战胜对手。

这些例子都指出了 3 个经典的游戏冲突来源：障碍、对手和两难选择。让我们来仔细研究一下，为了创造出类型丰富的游戏，它们分别带来了些什么。

障碍

无论在单人还是多人游戏中，障碍都是一种常见的冲突来源，但在单人游戏中，障碍发挥着更加重要的作用。障碍可以采取物理上的形式，如《套袋跑》中的袋子、《高尔夫》球场上的水域，或者《三维弹球》中的挡板。障碍也可以要求智力技巧，例如冒险游戏中的解谜。

对手

在多人游戏中，其他玩家通常是冲突的主要来源。在之前的例子中，《雷神之锤》在非玩家对手和物理障碍之外，还利用了其他玩家来创造游戏中的冲突。与此类似，《大富翁》中的冲突也来自与其他玩家的交互。

两难选择

与物理或智力上的障碍及与其他玩家的直接竞争不同，另一种游戏冲突的类型来源于玩家在两难困境面前必须做出的选择。《大富翁》中一个两难选择的例子就是要选择花钱购买新的房产，还是选择用这些钱来升级已经拥有的房产。另一个例子是在扑克中选择留牌还是出牌。在这两个例子中，玩家都必须做出选择，这将带来或好或坏的后果。在单人游戏和多人游戏中，两难选择都是强有力的冲突来源。

练习 3.10：冲突

　　阐述冲突是如何在《俄罗斯方块》《青蛙过河》《炸弹人》《扫雷》和《单人纸牌》这些游戏中产生的。这些游戏中的冲突来自障碍、对手、两难选择，还是这些方法的组合？

边界

　　边界就是将非游戏内容与游戏分开的东西。我们在第 2 章中提到过，认可游戏、接受规则，以及踏进赫伊津哈的"魔法圈"这些行动，表明了玩家感觉到安全。因为它只是临时的游戏，终将会结束，如果你不想再玩下去，随时可以离开。作为一名设计师，你必须定义游戏的边界，并定义玩家如何进入或离开魔法圈。这些边界可以是物理的——如区域的边界、游戏场地或游戏盘，也可以是概念性的——如社交上同意参与一个游戏。比如，在玩真心话大冒险时，虽然坐在一个房间里的人一共有 10 个，但其中两人可能不认可这个玩法，所以他们是处在系统的边界之外的。

　　为什么边界是游戏设计中需要考虑的重要内容呢？想象一下，如果在一个你熟悉的游戏系统中没有边界会怎样。想象一下橄榄球这样的游戏。如果你玩橄榄球（在实际场地或计算机中）的时候，场地没有边界会怎么样呢？玩家可以跑到任何他想去的地方；他们会跑到能跑到的最远的地方，而不会被其他队或建筑物、汽车等随机物品拦住。这将对橄榄球的策略有什么影响呢？玩这款游戏所必需的能力又会发生什么变化呢？按照这个思路去想一想你知道的其他游戏。你能看出边界不闭合时游戏本质上的不同吗（参见图 3.35）？如果你可以在《大富翁》中的银行里存真正的钱会怎样？在扑克的牌池中加牌呢？如果国际象棋的棋盘可以无限扩展呢？很显然，不用玩这些游戏你就可以发现，这些游戏将会变成完全不同的游戏。这并不一定是一件坏事——试着改变熟悉游戏的边界，然后观察在游戏体验上会有什么变化，这会是有趣的设计练习。

图 3.35　网球场的边线

设置游戏边界除了实用的原因以外，还有情感因素。游戏的边界是将现实生活与游戏中的事件区分开的一种方法。因此，你可以在游戏的边界中扮演朋友的凶恶对手（夺取他们的国民，或者破坏他们的军队），但在游戏结束后你们依旧可以握手拥抱，各自走开而不用担心会对双方的友谊有什么伤害。实际上，通过与他们在游戏世界中相互对抗，你可能会觉得与他们更亲近了。

机制即是信息

作者：Brenda Romero

Brenda Romero 是一个载誉甚多的游戏设计师、艺术家、作家，她 1981 年就进入了游戏行业，还赢得过富布莱特学者奖（Fulbright）。作为一名游戏设计师，她参与了许多开创性的游戏，包括 the Wizardry 和 Jagged Alliance 系列，以及《幽灵行动》（Ghost Recon）和《龙与地下城》系列。她模拟了 6 个游戏，《机制即是信息》（The Mechanic is the Message），获得了国家和国际上的赞誉，并且被 National Museum of Play 所收藏。

《机制即是信息》是 6 个模拟游戏的合集，它被设计来回答一个问题："游戏机制能否像摄影、绘画、音乐和图书那样，捕捉并且表达困难的情感？"答案可能明显而又响亮："可以！"但是在电子游戏中，我们通常通过文本、转场动画和其他视觉手段来传递更深刻的含义。在这一系列游戏中，采取形式主义的观点，我希望意义来自机制。毕竟，机制是游戏之所以是游戏的关键。

这个系列始于 2007 年 2 月，当时我 7 岁的女儿 Maezza 放学回家，和我讨论她的一天。"你今天学到了什么？"我问她。"中间通道（The Middle Passage）（非洲人被当成奴隶运送到美洲的航路）。"她回答。我停下了手上的事情，仔细地端详她。Maezza 的父亲是黑人和爱尔兰人的混血，中间通道会是 Maezza 个人历史中的一个重要部分。"你对此感觉怎么样？"我问道。她开始谈论中间通道，旁征博引各种名字和重要的时刻，那种记忆力让任何家长或老师都会感到骄傲。但是，对于这段沾满黑人血泪的历史，她并没有任何的感情流露。她才 7 岁，因此我不希望她感到崩溃，但是一些意义上的相连，一些同理心，会给这个话题加上沉重感。当她不再接连不断地对这段历史吐出术语时，她看向了她的游戏主机，然后问，"我可以玩会儿游戏吗，妈妈？"

"可以。"我说道。突然，我不受控制地抓起了一些木头棋子、一些颜料和几把刷子，然后把这些东西摆在她面前。作为一名游戏设计师，家里有很多实体的游戏原型，房子里到处都是制作游戏的东西。"来，用不同的颜色给妈妈组建一些家庭。"我说道。她就开始了。她首先组建了一个蓝色的家庭、一个粉色的家庭、一个黄色的家庭。差不多一个小时后，我来到她身边，抓起了一些棋子放到了一条船上（其实是一张索引卡）。在船边，我放下一叠硬币，当成食物。"等等，"她说道，"你忘了妈妈。"她拿起一个家庭中的"妈妈"并放到了船上。我抓取的方式是，随机抓一些人到船上，并没有刻意去抓一个家庭里的所有人。在 Maezza 移动了这枚"妈妈"棋子后，我把这枚棋子放了回去。"她想走了，"Maezza 说，并把"妈妈"又放回到了船上。我坚持让"妈妈"棋子下船。"没人想走，"我告诉她，"这是中间通道。"她用一种只有游戏设计师的孩子才会用的方式看着我，仿佛在说，"你的原型搞砸了，你的规则不合理，但是好吧，我且试试看。"

游戏的规则很简单：跨过大洋需要 10 个回合。每个回合，我们投掷一个骰子，看我们会消耗多少食物。我们差不多走到一半的时候，Maezza 变得非常兴奋。"我不觉得我们可以做到，"她说，"我们要怎么办？"她正在面临一个转折关头。

"我们可以继续前进，然后希望我们能做到，或者我们可以把一些人推进水里。"我回答道。她才 7 岁，所以我不想给她的冲击太大，但我也不想向她隐瞒真相。她准确地理解了我在说什么。她盯着小船和桌子另一侧的海对岸看了一会儿，问："妈妈，这个真的发生了吗？"

在学校的整个黑人历史月之后，在电影、图书、海报、演讲之后，终于轮到一个简单的游戏体验了，这个体验将会建立她和故乡的联系。那一天以我们全家用非常个人的角度讨论中间通道而结束。

我决定重现这样的体验，我决定制作包括 6 个游戏的一个系列游戏，每一个都聚焦于人类历史上的一个不同的困难时刻。这里面包括克伦威尔入侵爱尔兰（*Síochán Leat*）、血泪之路（*One Falls for Each of Us*）、墨西哥移民（*Mexican Kitchen Workers*）及海地的日常生活（*Cité Soliel*）。在这一系列的游戏中，最有名的可能是 *Train*。

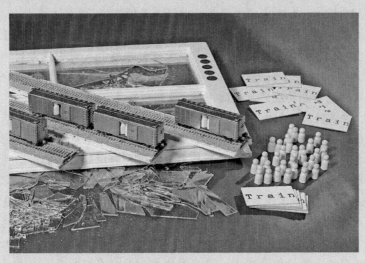

Train

Train 是一个 3 人游戏，在这个游戏中，玩家的任务是把乘客从轨道的起点送到终点。游戏由 3 条轨道（每个玩家一条）、60 个棋子和 6 列火车组成。每个回合可以投掷一次骰子来增加火车上的乘客，或者让火车向前移动同样数量的格子，又或者选择打一张牌。玩家通常会在第一轮投掷骰子来添加乘客，然后在下一回合的时候开始移动火车。卡牌允许玩家加速或减速火车的移动。然而，这个游戏的规则并没有把所有事情讲清楚。我刻意地设计了模糊性。举个例子，如果玩家选择打出一张出轨牌，那么这张牌就会强迫他们把一半的乘客送回起点，并告诉玩家这些人拒绝重新登车。那么玩家会怎么处理这些棋子呢？游戏没有就此做出说明，玩家需要自己找出方法。

有一些玩家宣称，这些人死了；有一些玩家把这些棋子放在铁轨的一侧，在稍后掷骰子时再把他们加回来；还有一些玩家会抓住这些棋子，宣布他们"自由"了，并且告诉所有人这些人要去丹麦了。作为游戏设计师，我敏锐地从上面这些情况中察觉到了游戏所蕴含的可能性空间。因为规则中的每一条都允许或禁止了一些行动，所以我一次又一次地推敲每一条规则所发挥的作用，希望玩家能够探索这些规则中蕴含的可能性空间（"规则没说我不能做这个！"），并在这些空间中找出办法，最后，玩家们会发现他们共同犯下的罪恶，或者找到解救之道。在铁轨的尽头——终点那里，玩家抽一张卡，这张卡会告诉玩家，他们已经将客人送到了终点。每张卡上都写着一个纳粹集中营的名字。对玩家来说，这是一个残酷而尖锐的时刻。有些人哭了，许多人呼吸急促，但还有一些人明白了游戏中某些象征的含义（火车休息站有一扇窗被砸坏了，这象征着水晶之夜（Kristallnacht），比如，玩家看到棋子是黄色的，火车都是厢式车，并且意识到这些火车不会去什么好地方。他们开始让自己的车脱轨来释放这些人，这让其他还不知道怎么回事的玩家感到困惑。

对我来说，游戏中的关键时刻在于发现我想呈现的系统。系统在我们的周遭与生俱来，从去学校，到上课，到我们得到的分数。在我的游戏中，尤其是那些聚焦于困难的主题的游戏，我首先会寻找那些能让事件发生的系统，这种规模的人对人造成的惨剧总是需要一个这样的系统。然后，我决定我想让人们和系统交互的直接结果会带给他们什么样的感受。这可能是我要做的最重要的决定。

举个例子，在 Síochán Leat 中，我想让玩家感受到英国人的猛攻，然后慢慢被迫背叛他们的爱尔兰伙伴以求生存。Train 则是对玩家进行质问。如果这些规则是由一台纳粹打字机打出来的，我们还会盲目地遵守吗？如果我们知道进行中的事情的背后充满了邪恶，我们会袖手旁观吗？在 One Falls for Each of Us 中，我的游戏的主题是血泪之路这段历史，这次我希望玩家能够感受到游戏系统对他们的思维的压迫和笼罩。这个游戏主要是由 50 000 个独立的小块组成的（每个小块都代表一个印第安人），玩家只要一眼望去，他们在思想上就会被全面压垮，"我怎么才能把这些移走啊？"我为这个游戏挑选的游戏机制能够进一步充实玩家在游戏中的角色。但事实上，这一游戏机制就来自游戏角色本身。比如，在 One

Falls for Each of Us 中，迁移这些印第安人的规则是什么呢？这一点其实当你真正去参与游戏、对这些人进行迁移的时候就能知晓。我从来都不觉得游戏机制要在服从游戏系统的前提下建立，我也不接受以那样的方式建立的游戏机制。游戏机制应当自然地融入游戏，控制玩家的行动并为玩家的游戏角色赋予意义。游戏机制还应当让玩家有空间去另辟蹊径，找到玩游戏的新方式，为他们的游戏体验赋予更多的意义。以 *Train* 为例，有一位玩这个游戏的玩家对我说，他想要追忆曾经和家人共度的零星时光，而这个游戏让他有了这样一个机会。我不知道他过去经历过怎样的家庭生活。其实游戏规则也仅仅就是游戏规则而已，它并没有什么其他特殊的作用，而这个游戏的规则却给了这位玩家充分的空间，让他用专属于自己的、独特的意义与感动填满这个游戏，这份规则没有让玩家限制于游戏作者所表达的东西。当游戏机制以那样自然和宽容的方式融入游戏时，游戏就不再需要过场动画来表达思想、激起玩家的感情了。

为什么要让游戏机制有意义？为什么要让游戏机制传达信息？依我看，纯粹的游戏机制就会造就纯粹的玩家，会带给玩家纯属于他们自己的体验。在一个纯粹的游戏中，没有任何事物（比如，故事、过场动画、文本、外部影响等）需要为游戏里发生的事情负责。玩家遵循规则玩游戏，游戏最后的结果和由此而生的意义都是专属于他们自己的。在规则允许的情况下，玩家为了追寻他们想看到的那部分内容，最终接受了他们的角色、改变了游戏世界的状态。其实，上文所说的道理跟下面这句话有异曲同工之妙——一辆车当然应该让司机来开了，难道要让司机坐到后座，然后让别人握车把吗？游戏从始至终的体验与感受当然应该让玩家自己去追求了，为什么一定要通过"过场动画"这样的方式给玩家施加游戏作者的想法呢？

作为游戏设计师，边界是另一个可以用于构建玩家体验的工具。有些游戏的玩法非常自由，不需要精确定义边界。例如，*tag* 通常没有精确定义的边界，但对整个游戏的体验没有损害。最近，游戏设计师们也认识到，游戏系统与外界元素的相互作用可能是有趣的设计选择。一个叫作 ARG（Alternative Reality Game，平行实境游戏）的新兴游戏类型就结合了现实世界和网络的互动。

一个很好的例子就是 *I Love Bees*，一款用于宣传《光环 2》而发布的 ARG 游戏。这款游戏可以让玩家在真实世界中找到突然响起的公用电话，然后收到进一步的信息和指示。Elan Lee 在第 296 页的"设计师视角"中讨论了 *I Love Bees* 的设计。有些突破物理和概念边界的游戏被称为"大游戏"（big game，玩家亲身参与的实体游戏，如捉迷藏），因为通常需要用到公共空间来进行游戏交互，参见图 3.36。像 Frank Lantz、Katie Salen 和 Nick Fortugno 创作的游戏 *Big Urban Game*，Chris Weed 和 Brad Sappington 创作的游戏 *Humans vs Zombies*，或者病毒式的民

© Doug Jaeger, 2004 - doctorjaeger.com

图 3.36 大型城市游戏和《曼哈顿吃豆人》——把城市变成游戏中的版图

间游戏 *Ninja*(这个游戏在大学校园和独立游戏节中曾经非常流行),都是这类突破边界游戏的例子。同时,类似 *Zombies, Run!*这样的移动游戏(在第 15 章的 Adrian Hon 专栏中有关于它的讨论)能够利用玩家的位置及移动,来把游戏玩法整合到现实世界的交互中。

这些实验作品处理系统边界的方式是令人激动的创新,即使它们都是当下的特例。大部分游戏还是典型的封闭系统。这些游戏会明确地定义什么在游戏内,什么在游戏外,并且刻意将游戏内的元素与外部力量分开。但在哪里、何时及如何使用这些边界,

或者要不要突破它们,都取决于你这位游戏设计师。如今,有一个很明显的设计潮流,在思考是否要通过打开游戏的边界,或者部分边界允许现实世界的信息和行动渗透进来,以强化游戏体验。

练习 3.11:边界

桌面角色扮演游戏《龙与地下城》中的边界是什么?你能想象出一些物理上或概念上的边界吗?

结果

正如前面所说的,为了吸引玩家,游戏的结果必然是不确定的。这种不确定性通常由可衡量且不平等的结果带来,虽然这并不是必需的:许多大型多人在线游戏的世界中并没有获胜者的概念,或者结束的状态。同样,模拟游戏可能也没有一个预先设置好的

获胜条件。一些游戏被设计为可以无限地进行下去。它们以其他形式,而不是获胜或结束游戏来激励玩家。虽然有些人可能因为它与基本定义不同而不把它们称为游戏,但我认为没有必要将这些体验从游戏的范畴内移除。相反,我认为,扩大我们的定义,或探索边界的案例,有助于站在有趣且有效的

角度去看待游戏。

　　然而，对于传统的游戏系统，产生一个或一些获胜者就是游戏的结束状态。每隔一段时间，玩家（在非电子游戏情况下）或系统就会检查一下是否达到了一个获胜状态。如果达到了，系统就会确认，游戏便结束。

　　确定结果的方法有很多种，但是最终结果的结构常常会与前面讨论过的玩家之间的交互模式和目标有关。例如，在单人对抗游戏系统的模式中，玩家可以赢可以输，也可以在最终输掉之前获得一定的分数。拥有这样结果结构的游戏有单人纸牌、桌上弹球，以及大量的街机游戏。

　　除了在第 2 章介绍过的玩家交互模式，结果还由游戏目标的本质决定。一款由分数定义目标的游戏极有可能用这些分数来衡量结果。一款以掠夺为目标的游戏，如国际象棋，可能就不会有分数系统。它的胜负就基于能否达到主要目标：吃掉对方的国王。

　　国际象棋是一种零和游戏。也就是说，如果我们将赢棋计数为 +1，将输棋计数为 −1，那么任何结果的总和都将是零。在国际象棋中，一位玩家赢（+1），那么另一位玩家输（−1）。无论哪一方赢，结果的总和都是零。

　　但是很多游戏并不是零和游戏；非零和游戏的总收益及总损失大于或小于零。像《魔兽世界》这样的游戏就不是零和游戏，因为整个复杂的、持续运转的游戏世界的收益结果的总和永远不会等于零。合作游戏，如 Reiner Knizia 设计的《指环王》棋牌游戏，同样是非零和游戏，因为当一个玩家获得什么的时候，并不意味着另一位玩家会失去什么。叙事游戏，如 *Gone Home*，同样也是非零和游戏，因为它们天然就不具备对抗性。与零和游戏相比，非零和游戏的奖励和惩罚通常有更为微妙的层次：如天梯系统、玩家数据统计，或者多目标，甚至玩家自定的目标，所有这些都会创造一个可衡量的结果，而不需要像零和游戏那样的有限的对结果的判断标准。

　　在第 10 章中，我们将讨论零和游戏创造的这些有趣的情形：让玩家陷于两难困境，以及游戏本身的复杂度、风险和奖励互为依赖。这些都能造就有趣的游戏体验。看看你玩的游戏：什么类型的结果最令人感到满足？这个问题的答案是否会在不同情况下有所改变？例如，在社交游戏和体育赛事之间进行对比。当你决定正在设计的游戏要有什么结果时，确保你首先思考了这些问题。

练习 3.12：结果

　　写出两款零和游戏和两款非零和游戏的名字。这些游戏结果的主要不同是什么？它们对游戏有什么影响？

总结

　　当这些形式元素起作用时，就会构成我们认知的游戏。从本章中可以看出，有多种可能的组合方法能够将这些元素有机地组合在一起，可创造出更多、更广泛的游戏体验。理解这些元素是如何共同发挥作用的，并考虑组合这些元素的新方法后，你可以为游戏发明新的玩法。对于一名刚入行的游戏设计师来说，一种很好的练习是使用这些核心元素来分析你在玩的游戏。使用你在第 1 章开始做的游戏分析记录，将提高你对游戏玩法的理解和表达复杂游戏概念的能力。

练习 3.13：修改规则和规程

《西洋双陆棋》的规则和规程相当简单。对它们进行修改，使它们不再依赖运气。这将对游戏产生什么影响？

设计师视角：Tim LeTourneau

Zynga 前游戏高级副总裁

　　Tim LeTourneau 是非常有经验的游戏制作人。他参与过的产品包括《模拟城市 3000》（1999）、《模拟人生》（2000）、《模拟人生 2》（2004）、《我的模拟人生》（2007）和 *FarmVille 2*（2012）。在加入 Zynga 之前，他在 EA/Maxis 负责《模拟城市》及《模拟人生》系列游戏。

你如何看待游戏设计师这一称谓

　　我不会自称游戏设计师，而会自称游戏制作人或游戏制作者。在我的职业生涯中，我有机会和产业中最有天赋的设计师们一起工作，并且不仅能够向他们学习，还能够帮助他们把设计带到屏幕上，带给玩家。

给你带来灵感的游戏有哪些

　　我在 Maxis 开始游戏制作人的职业生涯，给我灵感最多的是一些环环相扣、内部具有互相作用的系统的游戏。《模拟城市 3000》里模拟的丰富层次和它们在游戏中的作用第一次让我看到了游戏的幕后。这些系统如何彼此作用，更重要的是你如何让玩家了解这些互动，这构成了我的许多设计思路的基础。将之与玩家通过掌握这些系统进而表达自己的能力相结合，你便能了解到我的设计哲学的基础。我热爱将创造的力量交给玩家的游戏——我不太确定你能不能把乐高称为游戏，但它确实是带给我最大灵感的事物之一。

你认为行业中令人兴奋的发展是什么

　　智能手机。每个人的口袋里都有了一台终极游戏系统设备，并且它还能够和世界上的其他玩家连接在一起。

你对设计流程的看法

　　我参与过的很多游戏都基于对真实世界元素的模拟，因此我通常通过一个问题来开始一款游戏的设计：现实中有什么东西让玩家在虚拟世界里玩起来会充满乐趣？更重要的是，我们能否把现实中的体验转变成在屏幕上容易理解并参与的体验？

　　这个流程通常开始于一次头脑风暴，参与者包括来自不同专业的充满创意的人（程序、艺术、制作，当然还有设计）。第一次头脑风暴后，所有的灵感就会产生碰撞，我喜欢建立一张思维导图，来看一看这个灵感有没有"四肢"——看看我们能够挖掘多深。在思考模拟的层次时，思维导图是非常有效的工具，因为你可以开始在节点和规划之间连线，看看它们会怎样相互作用——互动设计就是游戏设计。

　　到了这步以后就可以开始制作核心互动的原型了。原型有很多种形式和大小，但是关键在于做出一些你可以做出反应的东西。原型帮助我们建立信念，这些信念推动游戏前进。

　　一旦建立起信念，你就要开始思考如何真正把它们做出来。你需要一种把原型变成可发售的游戏的渴望。原型是用过即抛的。它们是用来提供清楚的方向的，它们是学习的工具。

　　在设计之外，技术和团队是你做成或毁掉游戏的原因。我的哲学是"游戏是团队铸就的"。你需要聚集起有正确的"化学反应"的团队。真正意义上的打磨来自这样的团队成员：充满激情、对他们所做的东西感到骄傲，并渴望能够把最令人难以置信的体验带给玩家。

你使用原型吗

　　当然！它们的形式非常不同。作为一个流程，我常常问自己怎么能够最快、最清晰地做出一个原型。我认为，制作原型的关键是你得非常清楚地知道你想从这个原型中获得什么。纸、实物、视觉及代码都可以很高效地提供给你一开始想要学习的东西。我发现最好的原型来自那些特别想证明一些事情，并且选择了最高效率的媒体的人。原型的关键在于它们是一次性的——它们是草稿，不是蓝图。

谈一个对你来说有难度的设计问题

　　通常来说，设计不会是问题，关于设计的沟通才是真正的挑战。举个例子，在 *FarmVille 2* 中，我们有一个非常酷的设计，是关于船上的水。在游戏里，水是一种关键元素，种植农作物都需要水。玩家从水井（随时间流逝积攒水）里取水。然而，在水边种植作物不需要浇灌（因此在水边种植作物是非常有好处、有策略的）。即使我们教玩家从水井里取水，这似乎是他们本能地就应该学会的，但当水井干涸了，他们就会一直试着取船上的水来收集水。无论我们如何试着去告诉他们这是不可以的，他们总会在水干涸的时候去做这件事情，进而觉得困惑或是挫败。对团队来说，船上的水是我们最喜欢的功能之一，并给农场之间带来了很多的不同。但我们要怎么解决这个问题呢？我们砍掉了这个功能。即便我们充满了对这个功能的激情，但我们发现这个功能弊大于利。我学会了无论何时都不要惧怕砍掉某些无法生效的功能，即使它可能非常酷。在一些好的游戏里，设计师都选择砍掉很多功能——伟大的设计往往是明智的取舍的结果。

你对自己的事业感到最骄傲的是什么

这真是个好问题。我常常在面试的时候问别人这个问题。《燃情约会》(*Hot Date*，《模拟人生》的第三个资料片）是让我感到最骄傲的。我的骄傲不仅来自游戏——它允许模拟人们离开自己的家并去到小镇上，更重要的是，这是我所建立的第一支游戏团队；后来我们又并肩作战，制作了 4 个资料片。

给设计师的建议

优秀的设计师不仅要了解设计的艺术和工艺，他们还懂得游戏开发这门生意。你懂得的商业知识越多，那么你把游戏变成现实的效率就越高。

补充阅读

Callois, Roger. *Man, Play and Games*. Urbana: University of Chicago Press, 2001.

Church, Doug. Formal abstract design tools. *Game Developer Magazine*. August, 1999.

Hunicke, Robin, LeBlanc, Marc and Zubek, Robert. MDA: A Formal Approach to Game Design and Game Research. *AAAI Game AI Workshop Proceedings*. July 25-26, 2004.

Salen, Katie and Zimmerman, Eric. *The Game Design Reader: A Rules of Play Anthology*. Cambridge: The MIT Press, 2006.

尾注

1. Bartle, Richard. "Hearts, Clubs, Diamonds, Spades: Players who Suit MUDS." April 1996.

2. Avedon, E.M., "The Structural Elements of Games," The Study of Games. New York: Robert E. Krieger Publishing, Inc. 1979. pp. 424-425.

3. Adapted from the work of Fritz Redl, Paul Gump, and Brian Sutton-Smith, "The Dimensions of Games," The Study of Games. New York: Robert E. Krieger Publishing, Inc., 1979., pp. 417-418; David Parlett, The Oxford History of Boardgames. New York: Oxford University Press, 1999.

4. Nintendo, Super Mario Bros. Manual, 1986.

第 4 章
戏剧元素的运用

练习 4.1：让西洋跳棋①戏剧化

跳棋游戏非常抽象：这个游戏没有故事、没有角色。它给了玩家一个目标（吃掉对手的所有棋子），但是却没有给玩家一个充分的理由去实现它。

在这个练习中，你需要为这个游戏设计一系列的戏剧元素，使跳棋游戏能让玩家在情感上更加投入。比如，你可以撰写一个背景故事，给每一个棋子赋予名字和独特的外观，在棋盘上设计特殊的区域，或者任何你能够想到的把玩家和这个简单、抽象的系统连接起来的创造性的想法。现在，和你的朋友或家人一起玩这个新游戏，记录他们的反应。戏剧元素是如何提升或者损害游戏体验的呢？

我们已经见过形式元素是如何结合在一起创造游戏体验的，现在让我们关注那些能够让玩家在游戏中投入情感的元素——游戏的戏剧元素。戏剧元素赋予游戏玩法以情境，与系统的形式元素结合在一起，形成有意义的体验。基础的戏剧元素，比如挑战和玩，在所有的游戏里都能找到。更复杂的戏剧元素技巧，比如设定、角色和故事，在许多游戏里被用来解释和加强形式系统中更抽象的元素，制造一种更深的联系感，丰富玩家的整体体验。

一种创造令人投入的游戏的办法是，学习这些元素如何运作以创造投入感，以及它们是如何在其他游戏中被使用的——还有其他媒体。对这些戏剧元素和传统工具的探索可以帮助你设计思考新的想法和新的情境。

练习 4.2：戏剧化游戏

说出 5 款你觉得充满戏剧性乐趣的游戏。这些游戏中的哪些部分吸引了你呢？

---

① 西洋跳棋是跟国内跳棋不一样的一种棋，你的棋子从别人棋子上跳过时，别人的棋子就被吃掉了。——译者注

挑战

多数玩家都会同意一个让他们投入游戏的原因，那就是挑战。但挑战的意思到底是什么呢？玩家并不是说他们希望被迫面对很难完成的任务。如果这是真的，游戏中的挑战和日常生活中的挑战就没有什么不同了。当玩家谈论游戏中的挑战时，他们说的是一个让他们完成后感到很满意的任务，是一个需要刚好合适的努力的挑战，从而创造出一种既享受又有成就的感觉。

因为这一点，挑战因人而异，并且还取决于玩家相对于这款游戏的能力。一个刚刚学会数数的孩子或许会认为 *Chutes* 和 *Ladders* 非常有挑战性，但一个成年人很早之前就掌握了这些技能，会认为它们十分无聊。

除此之外，挑战还是动态的，一位玩家可能在任务开始时觉得非常有挑战性，但当任务完成后就不再认为它有挑战性了。所以游戏必须保持挑战性来满足那些进度快的玩家。

有没有研究不以个体体验来定义的挑战的方式呢？有没有一些我们在设计游戏时通用的想法呢？当你创造你的游戏最基本的挑战时，你或许以人们怎样感到快乐，哪种活动让他们喜欢来开始。实际上，这个问题的答案和挑战的概念以及一个体验所提供的挑战的难度是直接相关的。

心理学家 Mihaly Csikszentmihalyi 通过研究各种各样的人的类似体验，定义了快乐的一些元素。他的发现令人惊讶：无论年龄、社会地位、性别，人们描述快乐的感觉的方式几乎是一模一样的。人们享受的这些活动本身跨越了很多领域，包括演奏音乐、爬山、画画、玩游戏，但是人们描述如何从这些活动中得到快乐时，使用的词语和概念却非常接近。在所有的任务中，人们提到了这些活动使他们感到快乐的特定条件如下。

第一，这个（愉快的）体验通常出现于一件我们有可能完成的任务中。第二，我们必须能对我们在做的事情很专注。第三和第四，通常是由于这个任务有明确的目标，并且可以提供即时的反馈，我们才有可能保持专注。第五，人们自然而然地非常投入，使得生活中的担忧和烦恼暂时消除了。第六，愉快的体验能够让人逐渐锻炼出一种对这种活动的掌控感。第七，尽管在这个过程中人们的自我意识会消失，但当心流状态结束后人们会感到自己变得更加强大了。最后，在这个状态中时间流逝的速度是不同的；几小时就像几分钟一样过去了，而几分钟也可以被拉长好像是几小时一样。所有这些元素结合在一起形成了一种深度的享受，这种享受让人感觉非常值得，以至于单纯地为了感受到它，人们觉得投入多少都是值得的。[1]

基于这个发现，Csikszentmihalyi 创造了一个叫作"心流"的理论。当人们刚刚开始做一项活动时，他们通常只有较差的技能。如果挑战太难，他们就会感到挫败。当他们继续进行这项活动时，能力会逐渐提升，但是如果与此同时挑战是保持不变的，他们就会感到无聊。图 4.1 展示了变难的挑战和增长的技能恰当地平衡在挫败和无聊中间，这就是一个用户的最优体验。

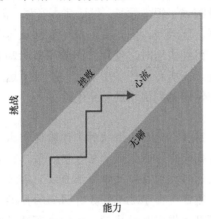

图 4.1　心流图

如果挑战等级和技巧等级保持匹配，如果技巧提升挑战也随之提升，这个人就会保持在中间区域并处于被 Csikszentmihalyi 称为"心流"的状态。在心流中，一项活动能平衡一个人的挑战和技能、挫败感和无聊感，来创造一种成就感和快乐的体验。这个概念对游戏设计师来说非常有趣，因为这种挑战和技能的平衡正是我们试图通过玩法实现的。现在让我们进一步看看这些能够帮助我们达到心流状态的元素吧。

一项需要技巧的有挑战性的活动

根据 Csikszentmihalyi 的理论，心流的状态在"以目标引导，有规则限制，并需要一定技巧来完成的事情"[2]中出现得最多。技巧可以是体力的、脑力的、社交的等。对于一个没有任何能够完成任务的技巧的人来

说，这不是挑战，而是无意义的。当一个人有这些技巧，但任务的结果并不完全确定时，这就是一项有挑战的任务，参见图 4.2。这点对游戏设计特别重要。

图 4.2　一项需要技巧的活动：《托尼霍克滑板》（*Tony Hawk Pro Skater*）

练习 4.3：技巧

列出你喜欢玩的游戏需要的技巧。还有什么样的技巧是人们喜欢，并且可以运用到游戏中的呢？

行动和意识的结合

"如果一个人具有的所有相关技能都需要用到一个挑战中，那么此时这个人的注意力就完全被这项活动抓住了。"Csikszentmihalyi 继续说，"人们对他们在做的事情如此投入，那么这个活动会变得自发甚至是自动的；他们开始感觉不到自己的存在，只会注意他们正在执行的行动。"[3]这样的例子参见图 4.3。

清晰的目标和反馈

在每天的日常生活中，总是会有一些矛

盾的需求；我们的目标并不总是非常明确。但是在心流的体验中，我们知道什么是需要被完成的事情，并且我们很快就能意识到事情结果的好坏。举例来说，音乐家知道下一步该演奏什么，并且如果自己犯了错误就能马上听到；同样，打网球和爬山也是如此。当一款游戏有一个清晰的目标时，玩家就知道应该做什么来赢得游戏、闯到下一关卡及实现他们策略中的下一个计划等，并且他们能够从行动中得到直接的反馈。例子参见图 4.4。

图 4.3　行动和意识的结合：《合金装备 3》

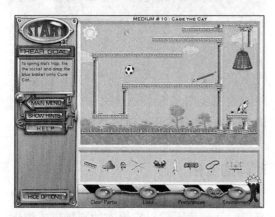

图 4.4　清晰的目标和反馈：《不可思议的机器：更精巧的装置》（*Incredible Machine: Even More Contraptions*）

练习 4.4：目标和反馈

请选 3 款游戏，并说出它们的反馈的类型。然后形容这些反馈是如何和游戏目标联系在一起的。

专注于目前正在做的任务

心流中的另一个典型元素就是我们只意识到了和我们正在做的事相关的事情。如果一名音乐家在演奏时考虑他的健康和税务问题，那他很容易弹错音符。如果一名外科医生在做手术时胡思乱想，那么病人的生命就会有危险。在游戏的心流状态中，玩家不会去想他们需要去洗衣服，或者电视中在演什么；他们全身心地投入游戏的挑战中。很多游戏的界面覆盖了整个屏幕，或制作了非常棒的画面和音效来吸引玩家的注意力，参见图 4.5。下面是一名登山者对他的心流体验的形容（这也可能是一个《英雄联盟》玩家说出来的话）："你不会有多余的精力去想你生活中的问题。这件事情会形成一个独一无二的世界，而进入这个世界的条件是你要非常专注。一旦你进入这个世界，就可以完全控制这个世界中的一切，你会感觉一切都是那么真实。最终，你的内心都被这件事情所占据了。"[4]

图 4.5　专注于任务：《英雄联盟》

控制的悖论

人们喜欢在困难的处境中练习控制的感觉；但是，除非结果是不确定的，否则人们是不可能体验到这种控制感的，这意味着其实这个人并没有完全地控制它。像 Csikszentmihalyi 说的那样，"只有当存在一个不确定的结果，并且这个人可以影响这个结果时，他才可以真的知道事情在掌握之中。"[5] 这个"控制的悖论"是一个让玩家感到快乐的游戏系统的关键元素，参见图 4.6。怎样给玩家提供有意义的选择，但同时又不给玩家绝对的控制和有保证的结果，这是一个我在本书中反复讨论的主题。

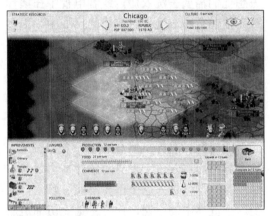

图 4.6 控制的悖论：《文明 3》

失去自我意识

在日常生活中，我们总是审视自己在他人眼中的形象，并保护我们的自尊。在心流体验中，我们太投入以至于忘记去保护我们的自我，参见图 4.7。"这里没有自我审视的空间。因为让人愉快的活动包含明确的目标、确定的规则，还有和技能水平匹配得当的挑战，所以基本上没有什么让自己感到担

心的机会。"[6] 尽管心流体验如此引人入胜，以至于让我们失去自我意识，但当心流行为结束后，我们通常会成为一个更强大的自我。因为我们知道，我们成功完成了一个有难度的挑战。举例来说，音乐家感觉到和宇宙的和谐；运动员感受到了团队的整体性；游戏玩家由于自己的有效策略感到更有力量了。这可能有点违背常识，但人们通过忘记自我的行为实现了自我扩展。

图 4.7 失去自我意识：《DDR 热舞革命》

时间的变化

"最优体验中的一个最常见的形容就是，时间似乎不再以它原本的那种方式流逝了。"Csikszentmihalyi 说，"通常几小时就像几分钟一样流过；总的来说，多数人说时间

变快了，参见图 4.8。但偶尔也有几个相反的情况出现：芭蕾舞者形容一个实际上只有不到一秒的高难度转身似乎花了一分钟的时间。"[7]电子游戏就以夺取玩家无法计量的时间而被诟病，因为它让玩家进入了心流体验而忽略了玩家对时间的感受。

体验的过程成为玩家的目的

当大部分条件满足而使得心流状态产生时，不管是什么样的活动，人们都会积极自发地去参与，并且享受其中，用希腊语来说就是 "autotelic"（自成一体的），这个词在这里表达的是目的与过程体验的一体性。人生中大多数事情都是外来的。我们去做它们并不是因为我们享受它们，而是希望可以实现一些目标。但是对于艺术、音乐、运动及游戏等活动，人们去参与这些事情的原因是因为他们想去参与，参与本身就成了目的。

我们没有理由去做它们，除非我们本身享受这样的事情。

这些能够影响快乐的元素并不能指引你一步步创造有趣且有挑战性的游戏体验；你需要好好想想这些东西在你的游戏中能起到什么作用。在你希望把游戏做得更好时，或许 Csikszentmihalyi 所专注的目标导向的、规则驱动的，并带有清晰的焦点和反馈的活动，可以为你提供一个好的参考和思路。

在设计游戏时应思考以下这些问题：

- 你的目标玩家具有怎样的技能和技能水平？得知了这样的信息后，你怎样更好地根据玩家的技能平衡你的游戏呢？
- 你怎样给玩家清晰的、聚焦的目标，有意义的选择和可辨的反馈呢？
- 你怎样把玩家操作上的行动和他们在游戏中的思考结合起来呢？
- 你怎样消除失败的干扰和恐惧呢？

图 4.8　时间的变化：《魔兽世界》

就是说，你怎样创造一个安全的环境，让玩家失去自我意识，并只专注于目前的任务呢？

- 你怎样可以让玩家主动地享受你的游戏呢？

玩

玩的潜力是让玩家投入情感的另一个关键戏剧元素。正如第 2 章中讲过的一样，玩可以被认为是在一个固定结构中拥有行动的自由。拿游戏来说，规则和规程的限制就是固定结构，在这个结构中的玩，就是玩家在规则中的自由——这其中会有涌现体验和个人表达的机会。

玩的本质

The Promise of Play 是一部研究这个主题的纪录片，它就玩的本质询问了一些人。下面是其中的一些回答："玩是热闹的""玩是没有方向的""玩是自发的""玩是没有剧本的""玩是大声的""玩不是工作""玩是身体上的""玩是有趣的""玩是当你感到愉快时的一种情感状态""玩实际上是没有意义的行为。玩的行为一般出于人的本能，但是我们可以利用玩的过程来增进自我，也就是说，玩可以帮助你锻炼某些本领，并且这些本领还能在除了玩的其他地方发挥作用""我觉得玩是我们感受这个世界的一种方式""玩是孩子们生活中的主要活动。就像是运用它来成长一样。孩子们用玩来学习""玩是孩子们的工作。这是所有小孩子都要做的事情，是用来学习他们所在的这个世界的"。[8]

从这些回答中我们可以很清晰地看到，

玩有很多方面：它帮助我们学习技巧和获得知识，让我们社会化，帮助我们解决问题，让我们放松，并以不同的角度看事情。玩并不是非常严肃的；它包括了欢笑和趣味，这对我们的健康是有好处的。另外，玩也可以很严肃，作为体验的一种流程，玩可以拓展人们对事物认识的边界，并可以让人们尝试新事物，所以就跟孩子一样，玩对于艺术家和科学家来说也是一件很正常的事情。事实上，这是孩子们可以被当作专家来教大人的为数不多的事情。玩被认作实现创新和创造力的方式，因为它帮助我们从不同的角度看事情，或实现预料之外的结果。在这些对于玩的本质的思考中，有一点非常重要：玩并不是任何一件东西，而是一种思维状态，一种活动的方式。一种玩的方式可以被运用在最严肃或最难的主题上，因为可玩是一种思维状态，而不是一种行为。

玩的理论家 Brian Sutton-Smith 在他的书 *Ambiguity of Play* 中形容了一些可以被认作玩的行为，包括思维上的玩，如做白日梦；实实在在的玩，包括收集和做手工；社交中的玩，包括开玩笑或跳舞；表演性质的玩，包括演奏音乐和表演；比赛性质的玩，包括桌上游戏和电子游戏；具有风险的玩，包括滑翔和极限运动。[9]社会学家 Roger Callois 在他 1958 年写的书 *Man, Play and Games* 中将上面这类可玩的活动分为 4 类：

- 竞争类

- 机会类
- 代入类
- 眩晕类

Callois 更深层次地修改了这些分类，提出了以规则为基础的玩，和自由形式的、即兴的玩的概念。图 4.9 展示了每种玩的类型的例子。对于游戏设计师来说，这个分类系统有趣的地方在于，它让我们可以讨论特定的游戏系统类型中特定的"玩"的类型所带来的最核心的乐趣。举例来说，国际象棋和《魔兽争霸 3》等策略游戏很明显是竞争的、以规则为基础的玩法；角色扮演类游戏同时包括了代入类游戏和在一个以规则为基础的环境中的竞争类游戏。熟悉每种玩的类型可以帮助你决定游戏系统的玩家体验目标。

玩家的类型

在对游戏玩法本身进行分类后，我们还可以对玩家类型进行一些区分，因为他们对游戏有着不同的需要和诉求。与第 3 章中 Richard Bartle 描述的基本玩家类型相似，这些类别也是从玩家乐趣的角度进行分类的。[10]

- 竞争者：不管什么游戏都想比其他玩家玩得更好。
- 探索者：对世界充满好奇心，喜欢在外部世界进行冒险和探索。
- 收集者：热衷于收集物品、奖杯或知识；喜欢分类，对历史进行梳理等。
- 成就者：为了不同级别的成就而玩游戏；天梯和等级对这类玩家有很大的刺激作用。
- 娱乐者：不喜欢严肃认真地玩游戏，仅仅是为了娱乐而娱乐；娱乐者型玩家对那些认真的玩家有潜在的干扰作用，但另外一方面，娱乐者型玩家可以让游戏更偏社交而不是对抗。
- 艺术家：被创造力、创意、设计等所驱动的人。
- 导演：喜欢承担责任、指导游戏的人。
- 叙事者：喜欢创造或生活在幻想和想象世界中的人。
- 表演者：喜欢表演给其他玩家看的人。
- 工匠：热爱建设、手工、工程学及搞明白一些复杂事情的人。

	自由形式的玩法	以规则为基础的玩法
竞争类	规则限制较少的运动（竞走、摔跤）	拳击、击剑、台球、跳棋、足球、国际象棋
机会类	挑兵挑将	赌博、轮盘、彩票
带入类	小孩子的过家家、面具、假扮	剧场、各种奇观
眩晕类	转圈圈、骑马、华尔兹	滑雪、爬山、走钢丝

图 4.9 *Man, play and games* 中的例子（表格基于 Salen 和 Zimmerman 著的 *Rules of Play*）

这个玩家分类的列表并不算详尽，也不意味着现代的电子游戏已经均衡地满足所有人的需求了，这个列表意在向游戏设计师提供一个有趣的研究领域，让他们能发现新的玩法并在情感上吸引玩家。

练习 4.5：玩家类型

针对上述每种玩家类型，列出一个吸引这种玩家类型的游戏。你自己更倾向哪种类型的玩家？

参与度

除了考虑玩法类别和玩家类别，游戏的参与程度也会因人而异；不同的玩家获得相同的乐趣，所需要投入的程度是不同的。例如，"旁观者"类型的人会觉得看体育比赛、看别人玩游戏比真正去参与更能让自己获得满足。我们通常不会倾向于为这些"旁观者"设计游戏，但现实中确实存在很多人喜欢用这种方式去享受游戏的乐趣。你记得有多少次自己在旁边看朋友玩一个主机游戏，并且等待轮到自己上场吗？作为一名设计师，是否有办法把这些旁观者融入游戏中？

当然，设计玩法的时候只考虑玩游戏的人是最常见的做法。与"旁观者"相反，参与游戏的玩家是积极主动的，只针对游戏玩家设计游戏的做法对设计者来说风险最小。从我提到的各个方面来说，参与式的玩是最能直接给玩家带来收益的。有时候玩家的游戏体验也会给他们自己带来变革，这种深层

的玩甚至会转变和重塑玩家的生活。儿童也是通过玩而学习到生活中的方方面面的；实际上，这也是他们自然参与到玩中的原因之一。

新兴的严肃游戏类型正在尝试把这种玩法带来的转变当成他们的玩家体验的关键目标。例如，在 *Peacemaker* 这款游戏中，玩家将承担一个领袖的角色并试图给中东地区带来和平，这款游戏尝试把玩家卷入一个错综复杂的真实世界中，通过直接的体验对玩家起到教育作用，参见图 4.10。

图 4.10 *Peacemaker*

如果把游戏看成一种艺术形式，那会带来很有趣的思考。其他艺术形式会通过对它们的体验带来转变和深刻的学习。如果我们找到一种方式，来让玩也能给人带来转变和深刻的学习，那么我们也许就能把游戏的地位提升为一种艺术。

故事设定

除了挑战和玩法，游戏也可以使用一些传统的戏剧元素来增加玩家对这些游戏的形式系统的参与度。最基本的传统戏剧元素之一就是故事设定，它建立了游戏中的行为应符合的一套设定或者框架。如果没有一个戏剧性的故事设定，很多游戏对玩家来说将会很抽象，让他们无法产生情感投入。

想象一下，玩一个你是一组数据的游戏。你的目标是改变自己的数据，去提高它的值。为了做到这一点，你要基于复杂的交互算法去和其他数据交战。如果你的数据赢得了分析，你就胜利了。这听起来非常难以理解以及无聊，但这也确实是从游戏的形式角度去看的一个典型的战斗系统的运行方式的例子。为了从情感上把玩家与游戏联系到一起，游戏设计师需要为游戏的交互创作一个戏剧性的故事设定，并覆盖于形式系统之上。我们再次使用前面的例子，想象一下，你扮演一个叫 Gregor 的矮人，而不是一大堆数据。你面对的是一个邪恶的巫师，而不是一组与你对立的数据，你用大刀攻击他，而不是调用复杂的算法。就这样，两组数据的互动就建立在一个戏剧性的语境之中了。

在传统戏剧里，故事设定通常在一个故事的开场中建立起来。开场搭建起了时间和地点、人物和关系、此前的生活状态等。还有其他可以在开场中被展示出来的故事元素，如问题（problem），这是改变生活状态并且带来冲突的事件，以及攻击点（point of attack），这是问题被带入故事、情节开始的时间点。虽然在游戏中没有直接一一对应，但是开场中至少有两个元素能够在我们对游戏的形式元素的定义中找到，即目标的概念和起始行为。

为了更好地理解故事设定，我们一起来看一些著名的电影和书里的故事。

在《星球大战》第四部中，故事设定在了一个遥远的星系。主人公卢克·天行者是一个年轻人，他想离开他叔叔的农场，加入星际反叛军中，但是责任和忠诚让他放弃了这一想法。故事开始时，他的叔叔买了两个带有秘密信息的机器人，这些信息对反叛军极为重要。

在《指环王：护戒使者》（The Fellowship of the Ring）中，故事设定在中土世界，一个充满了奇特种族和角色的幻想世界。主人公佛罗多·巴金斯是一个年轻的霍比特人，他很享受待在家乡的生活。故事开始时，佛罗多从他叔叔那里继承了一枚戒指，而这枚戒指是一个强大的神器，它的存在对中土世界的安全造成了威胁。

在《虎胆龙威》里，故事设定在洛杉矶市中心的一栋现代办公大楼里。主人公 John McClane 是一名纽约警察，他到这座大楼里见他分别已有半年之久的妻子。故事开始时，大楼被恐怖分子占领，John McClane 的妻子被当作了人质。

这些都是传统故事中的故事设定，我们可以看到，故事设定设置了时间、地点、主要人物和目标，以及推动故事向前发展的行动。

现在让我们看一些游戏中的故事设定，

有些游戏你可能已经玩过了。在一款游戏中，故事设定可能和电影、小说一样复杂，它涉及人物和戏剧性的动机，或者一款游戏的故事设定只是通过比喻的方式对游戏进行了一次包装，不这样做的话，玩家就会直接看到抽象的系统。

首先，这是一个非常简单的游戏故事设定：在《太空侵略者》中，游戏设定在一颗星球上，大概是地球吧，这颗星球受到了外星人的袭击。你扮演一名匿名的主人公，负责保卫星球，避免星球受到侵略者的入侵，当你射出第一颗子弹的时候，故事就开始了。显然，这个故事设定没有之前我们看到的故事那样丰富，然而作为一款游戏的设定，它确实是简单有效的，不需要玩家慢慢去详读《太空侵略者》的故事背景，然后再去感受外星人逐渐迫近所带来的紧张，参见图4.11。

现在，让我们来看一个试图创建更饱满的故事设定的游戏（参见图 4.12）：在《陷阱》（Pitfall）中，游戏的地点设定在一个"禁止进入的森林深处"，[11]你将扮演一名

图4.11 《太空侵略者》

"世界闻名的丛林冒险家和赏金猎人" Pitfall Harry。你的目标是探索丛林并发现隐藏的宝藏，并且在面对陷阱、鳄鱼、流沙等危险时能生存下来。当你进入丛林的那一刻，故事就此展开。

在《暗黑破坏神》中，你扮演一个刚到 Tristram 镇的流浪武士，而这个镇遭受了暗

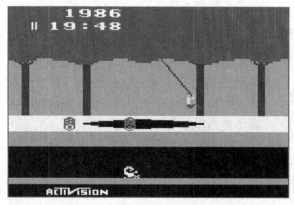

图4.12 《陷阱》（Pitfall）和《暗黑破坏神》

黑破坏神的破坏。镇上的人民请求你去打败暗黑破坏神和他的亡灵军队，它们藏在教堂下面的地下城中。当你接受任务的时候故事就开始了。

在《神秘岛》中，游戏的地点设定在一个奇怪的荒岛上，岛上充满了神秘的机械物件和谜题。你将扮演一个对神秘岛本身和岛上的居民一无所知的匿名主角。当你遇到被困在图书馆魔法书中的 Sirrus 和 Achenar 两兄弟时，故事就此开始。两兄弟请求你找到书中丢失的书页，帮助他们从中逃脱出来，但他们互相指责对方的背叛，都跟主角说不要救自己的兄弟，参见图 4.13。

练习 4.6：故事设定

　　写出 5 款你玩过的游戏的故事设定，阐述一下这个设定对游戏起到了什么样的帮助。

　　故事设定的首要任务是让游戏的形式系统对玩家来说具有可玩性。在《太空侵略者》中，玩家想要射击的是外星人，而不是屏幕上那些抽象的方块。在《陷阱》中，玩家想要寻找钻戒，而不是寻找一个价值 5000 分数的资源像素点。除了简单地把抽象的系统概念变得具体和可玩之外，一个好的故事设定还可以在情感层面吸引玩家。

　　例如，《神秘岛》的故事设定让玩家寻找书中丢失的书页的同时，对两兄弟的互相不信任进行了表现，让玩家觉得他俩都有可能欺骗自己。这使得玩家在游戏中的体验更加丰富，玩家必须通过在游戏中找到的线索

图 4.13　《神秘岛》

决定帮助哪一位。

设计师可以通过创造一个结合了形式元素和戏剧元素的故事设定来增强玩家的游戏体验。随着电子游戏的发展，越来越多的设计师开始在设计中利用更加完善的故事设定。我们可以看到的结果是，这使游戏中的故事发展成了更加真实的故事。

角色

角色是戏剧的媒介，戏剧通过角色的行为来讲述，参见图4.14。通过认同一个角色和他的目标，观众把故事的事件内化，并且在事件向结局发展的过程中产生了移情。

有很多理解故事中虚构角色的方式。第一种，也可能是最常见的，就是心理上的——角色是现实中观众的恐惧和欲望的一面镜子。不过，角色也可以是象征性的，代表更大的事情，比如基督教、美国梦、民主理想等。或者他们也可以是代表性的：代表一部分人群，比如社会经济或民族群体、一种性别的群体等。角色也可以是历史性的，描述真实存在的形象。角色在故事中发挥作用的方式很大程度上取决于叙事的类型。一个动作冒险故事或许只需要一个老套的角色，来讲述某种特定的文化上的陈词滥调。又或许这是一个以比喻、预言的形式讲述的动作故事。也许这个动作故事的主角是一个更宏观的东西的象征，比如真相、公正或美式思维。

故事的主要角色也叫主角（protagonist）。

图 4.14　电子游戏角色（从左上角沿顺时针方向）：毁灭公爵（Duke Nukem）、布鲁斯思（Guybrush Threepwood）、Abe、林克、刺猬索尼克、劳拉、马里奥。

布鲁斯思的图片由卢卡斯艺术提供（卢卡斯影业娱乐有限公司的一个部门）。

故事主角身处问题之中，从而创造了使故事发展的冲突。故事中还有反派，就是阻止主角解决问题的人或事物。角色可以是主要的，也可以是次要的——主要角色对故事结果有重大影响，次要角色有较小影响。

角色通过他们在故事中说什么，做什么，外貌是什么样子，和别人对他们的评论而被定义。这些是描述角色的方法。除了对故事的影响力和功能之外，角色被描述的细致程度可以有所不同。如果一个角色有很多被细致描述的特征，并且有真实的人格或故事中的人格有很大的转变，那么这个角色就可以被认为是一个"丰满"的角色。拥有丰满角色的例子有《卡萨布兰卡》中亨弗莱·鲍嘉（Humphrey Bogart）扮演的里克·布莱恩（Rick Blaine）、哈姆雷特或《乱世佳人》中的斯嘉丽。如果角色特征很少（或没有）或性格不突出，就会被认为是"单调"的。单调的角色的性格几乎不会转变，并且他们常常被用来衬托其他角色。他们通常还以典型的模板形式出现，比如，懒散的保安、邪恶的继母、快乐的门卫等。

不论一个角色的复杂程度是什么样的，当你塑造角色时，我们都需要问你这 4

个问题，来保证你确实仔细思考过故事中的角色了：

- 这个角色想要什么？
- 这个角色需要什么？
- 观众/玩家的期待是什么？
- 观众/玩家的恐惧是什么？

这些问题对游戏角色和传统媒介角色都非常适用。事实上，游戏角色和传统意义上的角色非常相似，通常他们是使用同一种描述的技巧被创造出来的。

游戏角色还有一些独特的考量。其中最重要的就是"替身"和"移情"的平衡。替身指角色在游戏中的实际功能是作为玩家的代表。"游戏替身"可以被完全功能化，或者它可以包含一些创造力、角色扮演或身份认同的元素。移情是指在玩家和角色之间有潜力建立起情感连接，认同他们的目标，当然也是这个游戏的目标。

"替身"和"移情"必须在游戏设计的每一个包含角色的层面被仔细考虑。举例来说，角色是不是事先设计好的？他们有没有背景故事和动机？他们是不是玩家创造的角色？他们能不能个性化和成长？参见图 4.15。早期的游戏角色完全只有他们的外

预先设计好的角色，
故事背景，动机

玩家创造的角色，角色扮演，
成长，自定义装饰

图 4.15　角色与玩家的虚拟化身（avatar）

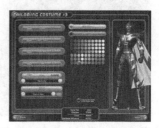

貌，几乎没有其他描述。马里奥，当他第一次出现在《大金刚》中时，是由好笑的鼻子和标志性的帽子定义的。他的动机是拯救Pauline，当他被结合在游戏的形式元素和戏剧元素中的时候，只是一个苍白的、一成不变的角色，在游戏过程中没有变化和成长。更重要的是，马里奥不会做任何事情来完成他的目标，除非玩家控制他。

如今很多游戏角色都有很丰富的背景故事和描述，用以影响玩家的游戏体验，参见图 4.16。比如，《战神》中的主角奎托斯，是一个被派去杀死战神阿瑞斯的斯巴达大将。他的使命和命运交织在一起，并且随着游戏的展开，我们发现他的动机远远不止接受了一个简单的命令；他把家人的死亡归罪于战神阿瑞斯，他的任务是他复仇的一部分。另一个例子是《旺达与巨像》的主角旺达。旺达的目标是使一个已经牺牲的、叫Mono 的女孩复活。我们不了解旺达与这个

女孩的关系，也不了解旺达本身。但是，他的角色却由于他的行为和风度而变得丰满。在游戏过程中，他自身也在变化着，逐渐变成自己的敌人——他要摧毁的巨像。

然而，《魔兽世界》或《星球大战 OL》中的虚拟化身是玩家创建的，通常需要玩家投入大量的时间和金钱。玩家创建的角色作为驱动故事的角色，有很大的移情潜力。问题并不是哪种方式更好，而是哪种方式最符合你的游戏设计和玩家体验目标。

另一个设计师在创作角色时需要考虑的问题就是"自由意志"与玩家控制的平衡，参见图 4.17。被玩家控制的角色通常没有自己行动的机会。玩家通常完全控制游戏角色，这限制了角色展示自己的个性和内心活动的机会。但是，有时游戏角色并没有完全被玩家控制，而是被 AI 控制。AI 控制的角色展示了一种自主感，在玩家想要的和角色想要的之间，创造了一种有趣的潜在的张力。

图 4.16 《战神 2》（*God of War II*）和《旺达与巨像》（*Shadow of the Colossus*）

"自由意志"
AI控制的角色

混合型
玩家控制的角色拥有
一些独特的拟真元素，
体现出角色的性格

"自动操作"
玩家控制的角色

图 4.17　自由意志与玩家控制

　　游戏角色自主感在早期的一个体现是《刺猬索尼克》中的角色，这个角色是世嘉用来对标马里奥的。如果玩家停止和索尼克互动，这个小刺猬就会双手抱臂，不耐烦地踏着脚，向玩家表达他的不满。没有耐心是索尼克的性格重点：他以最快的速度做所有的事，没时间闲下来。然而，不同于玩家控制的高速激烈的行动，不耐烦的踏脚行为成为索尼克自己独特的标志。

　　当然，索尼克的踏脚行为对游戏玩法没有任何影响，但玩家控制行为和角色控制行为的张力形成了一个有趣的区域，对这个区域的探索为游戏带来了良好的效果，比如，《模拟人生》、《奇异世界：蒙克历险记》（Oddworld: Munch's Oddysee），还有《黑与白》。当自由意志功能在《模拟人生》中被开启时，角色就会自己决定他们的行动（假设玩家还没有给他们下达指令）。玩家可以在任何时间让角色停止他们正在做的行动，但正是因为游戏中有这样的功能，游戏通常会呈现为来回交织的复杂舞蹈，在玩家希望角色做什么和角色自己渴望做什么之间切换。这样复杂的模型产生了戏剧化的结果，让玩家既有责任感又有惊喜。

　　近些年，类似《模拟人生》这样的可信

的 AI 角色成为游戏设计的圣杯，无论是玩家操控的角色还是非玩家操控的角色。电子游戏中可信的敌人和非玩家角色能带来更令人兴奋、值得重玩的游戏关卡。举个例子，在《光环》系列中，敌人和非玩家盟友都有很复杂的 AI 来跟踪角色的区域的信息（周围有多少敌人等）以及他们的恐惧感。如果他们寡不敌众并且感到害怕，他们或许会逃跑。实验游戏，如 Michael Mateas 和 Andrew Stern 的 Façade 突破了新的领域，不仅是因为其中有令人信服的 AI 角色，还有令人信服的 AI 故事，参见图 4.18。在 Façade 中，主角 Grace 和 Trip 会邀请你吃晚餐。在晚餐中会发生什么事情是基于独特的"故事

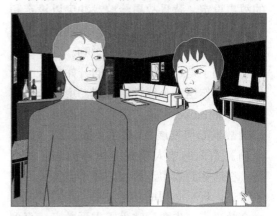

图 4.18　Façade

节拍" AI、角色 AI 和玩家输入共同生成的。

总的来说，游戏角色在渐渐进化成更加丰满、动态的个体，并在众多游戏的戏剧结构中成为越来越重要的部分。如果能很好地理解如何运用传统戏剧工具和人工智能来创造令人投入的角色，那将能够让你游戏中的角色效果更好，更让人信服。

练习 4.7：游戏角色

说出 3 个吸引你的游戏角色。这些角色是如何在游戏中被赋予生命的呢？是什么让你认同他们？他们是丰满的还是单调的、动态的还是静态的？

故事

我说过，游戏的结果必须是不确定的，这是游戏形式元素中的一部分。这对故事来说也是正确的。一个故事的结局（至少在我们第一次体验它的时候）是不确定的。戏剧、电影、电视、游戏，这些媒体的叙事都是以不确定性开始，随着时间而得到解决的。然而，这种不确定性在电影或表演中是被作者解答的，但游戏中的不确定性却是由玩家来解答的。因此，把传统叙事方式结合到游戏中是非常困难的。

事实上，在很多游戏中，故事会受到背景故事的限制：背景故事类似一种精心设计的故事设定。背景故事给游戏冲突以设定和情境，而且它还可以给角色制造动机。但它的进展却并不受游戏玩法的影响。这种做法的一个例子是，在每一章节的开始插入一个故事，制作出一个线性的进展，遵循传统叙事弧（narrative arc），穿插于玩法中，但不影响故事如何发展。《魔兽争霸》和《星际争霸》系列的单人模式中就遵循这样的模型。在这些游戏中，游戏的故事在每关的开始讲述，玩家必须成功进入下一个关卡或下一个故事点。失败意味着需重玩关卡，直到

成功故事才会有进展，就像是 Bill Murray 的电影《土拨鼠日》的游戏版本一样。

有一些设计师有兴趣让游戏中的玩家行为来改变故事结构，于是玩家的选择会影响最终结果。有很多种方式来实现它。第一种也是最简单的，就是创造分支故事线。玩家的选择在每个节点决定了这个结构的走向，造成了故事的改变，但这些改变是被预先设置好的。图 4.19 用一个众所周知的童话故事展示了这种故事结构。

近期的一个分支游戏叙事的例子是《暴雨》（*Heavy Rain*），玩家扮演不同的角色，参与到一个神秘惊悚的探险中。《暴雨》的游戏机制从日常的吃东西、刮胡子，到搏斗之类的动作机制，以及一些重大的决定，比如你是否要为了救一个孩子而切掉自己的手指。每一个决定都会影响分支式游戏叙事的展开，并且游戏会有许多差异巨大的结局。《暴雨》是一个例外，因为通常来说，分支故事线的一个主要问题是对规模的限制。玩家的选择会被限制在一个结构中，使得游戏变得单调和没有挑战性。此外，一些选择或许会得到没意思的结果。许多游戏设计师相信，游戏玩法和故事的融合会比一个

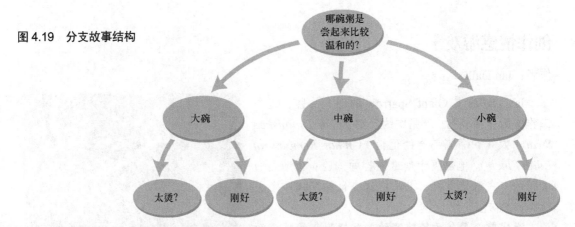

图 4.19　分支故事结构

预先设定好的结构更有在游戏中叙事的潜力。举例来说，在《模拟人生》中，玩家用由形式系统提供的基本的元素来想象不计其数的关于角色的故事。这个系统的特性可以带来涌现式的叙事，包括截图工具、管理截图相册及将相册上传到网上并和其他用户分享的功能。

然而，游戏叙事最流行的形式是，在主要的单人战役中，用故事推进冒险游戏。在这类游戏中，我们来比较两个有意思的游戏，《行尸走肉》和《最后生还者》。两款游戏都是类似僵尸启示录的求生主题，但却有着非常不同的故事弧和结构。《最后生还者》是线性叙事，专注于讲述主角 Joel 和 Ellie 的关系。Ellie 是一个在感染中生还的年轻女孩，她是研发解药的希望，然而 Joel，在世界刚被感染时失去了自己的女儿，接受了安全护送 Ellie 到可以生产疫苗的组织的任务。故事并不会由玩家行为而改变，但故事却发展得非常丰富，并且 Joel 和 Ellie 之间的关系在玩法方面既有深度，又很重要。

《行尸走肉》也是一款冒险游戏，只是这一款游戏注重角色发展而不是动作或解谜。跟《最后生还者》一样，《行尸走肉》重点描述了一组类似父女的关系。在这个例子中，逃跑的罪犯 Lee Everett 保护了一个和父母分开了，名叫 Clementine 的女孩。Lee 要帮助 Clementine 找到她的父母，游戏的故事弧由他们的旅途构成。在这款游戏中，不像《最后生还者》那样，玩家的对话选择和行动会对故事产生影响。这可以造成某个角色被杀，或是转变一个角色对 Lee 的态度。游戏以集为结构，并且在之前一集中玩家造成的影响会持续到下一集中。

每一个例子都是这个发展趋势的一部分，游戏设计师不仅考虑叙事，还要实验新的能够结合和扩展叙事的深度，同时不牺牲玩法的方法。

练习 4.8：故事

选一款你觉得故事和游戏融合得非常成功的游戏。这款游戏为什么成功？在游戏发展时剧情是怎样展开的？

创作情感游戏

作者：Ian Dallas

Ian Dallas 是 Giant Sparrow 的创意总监，这个工作室的作品包括《未完成的天鹅》（*The Unfinished Swan*）及《伊蒂斯芬奇的记忆》（*What Remains of Edith Finch*）。他热衷于创造这样的体验：帮助人们用新的方式看待世界，以及把这个世界变成一个更新鲜的地方。

游戏曾经聚焦于很狭窄的一些情感：欢乐、欲望和生理。这些感受很普遍，因为大部分游戏的目标都是创造一种有趣的体验，而以上这些都是有趣的情感。

这种情况在近期随着一些情感驱动的游戏的出现而得到了改变，其中就包括我自己工作室的《伊蒂斯芬奇的记忆》。这些游戏专注于传达和探索一种情绪，而不是乐趣。

因为情感驱动的游戏有一个不同的目标，因此也有不同的达到目标的方式。聚焦于乐趣的游戏倾向于通过探索一个系统或者游戏机制来进化。举个例子，如果玩家能够跑和开枪，那么你也许会实验不同的枪，或者不同的射击目标，或者改变跑步速度来找到最有趣的一种可能。另外，情感驱动的游戏通过探索一种情绪或者感受来进化。

让我提供一个例子。在《伊蒂斯芬奇的记忆》中，我们的整体目标是唤起一种庄严崇高的感觉。对我们来说，崇高意味着有一个时刻，它既让你感到美好，又让你有一种被征服的感觉。我自己有一个不断提供灵感的源头，它来自我 14 岁在太平洋西北地区水肺潜水的记忆。在大洋的底部，我目睹了大地滑向了似乎无尽的黑暗。这是一种审美上的美丽，但同时也是一记强有力的提醒，告诉我自己有多渺小和脆弱。当我们开始创作这款游戏的时候，就想要试着给玩家带来这样的体验。

我们先从字面开始，做了一个水肺潜水模拟器，试图复制水肺潜水的感觉。但是效果并不算好。我们做了一个粗糙的原型，戴上它感觉确实像是在进行水肺潜水，但是情感上是非常单调的。感觉上就像是在玩一个游戏。最后玩家只会专注于一些很基础的问题，比如我要如何移动，我能和什么交互，以及什么是我的目标。

类似这样的问题几乎在每个原型中都会出现，但是因为水肺潜水是一个相对异常又笨拙的交互方式，我们发现问题更棘手了。并且，因为所有的事情都在水下发生，所以好几个原因使在游戏中无法进行优雅的沟通，包括潜水员通常不能在水下讲话，肢体语言很难阅读，更多的自由度使玩家更难集中注意力，等等。这些都是可以解决的问题，但是在游戏的早期的阶段发现这么多的问题，使我们停了下来。

我们把水肺潜水模拟器放到了一边，一起来找什么是沟通我们想要的情感的必需的东西。没有理由非得在水下，但是自然世界应该是重要的。不管是什么原因，崇高的体验通常在户外发生。我们头脑风暴了其他可能的地点，比如在一个茂密丛林的深处，或者在大风天的海滩上，或者在风暴中的任何地方。同时，另一个重要之处是角色要是特定的、可信的人类，这样才能够在脆弱的个体和包围他们的广阔的地景之间形成清晰的对比。

下一步是头脑风暴在我们自己的童年时（那是我们最脆弱的时期）和自然世界的交互，理想情况下，最好还有家庭（一种保护的源头和强调人这个元素的方式）。这个头脑风暴中出现的想法包括：在一个你父母搭建的轮胎秋千里晃荡，一对父女之间的露营之旅，户外婚礼，以及在海滩上放风筝。随着时间的推移，这些想法中的一部分以不同的方式进入了游戏。举个例子，例如，我们做了一个在海滩上放风筝的情节。作为一个创意总监，向团队中的其他人提供方向是我的职责。主要是要回答两个问题：

- 我们的方向是什么？（或者说，我们最需要达成的感受是什么？）
- 什么是最糟糕的东西？（或者说，目前是什么对整体体验的伤害最大？）

"我们的方向是什么"这个问题被分解成两个主要挑战：找到答案，并且找到一种方式来沟通。如果你在做一个类型成熟的游戏，目标是传递一种熟悉的情感，这个过程会直接得多。现有的游戏提供了一种通用语言（"它像游戏 X+游戏 Y，同时混入了……"），并且帮助每个人想象这种新的组合是什么样的。但是如果你在创作一种更个人和情感驱动的体验，可能没有其他游戏供你参考，你得想新办法。

你脑海里的东西是个不错的开始，但是往往不够。寻找表达你的感受的其他媒介，会让你更容易从其他角度看你的主题，并且让你找到你的潜意识里觉得"感觉对"的东西。我发现最简单的开始的办法就是搜索图片。上网搜索，找关于一个主题的一系列图片，这种随机性在早期特别

我们的方向是什么

有用，尤其是当你觉得许多可能的方向都看起来很有吸引力的时候。如果你搜索"阴暗的森林"图片，你可能会发现你被水洼，或者乌鸦，或者是一片散落着废弃的洗衣机的灌木丛所吸引。图片是一种很容易让你开始把抽象的想法凝聚起来的方式。这在团队成员开始有越来越具体的问题时派得上用场，比如"这是哪一年？"或者"阴影的边缘要多硬？"

音乐也能够帮助你缩小情绪基调的范围。一条捷径是从基调上和你的游戏相似的电影原声开始，因为他们已经找到并创作了能够唤起那种感觉的声音。无论你是否和团队中的其他人分享音乐，在工作时听这些音乐是一种推动自己走向合适的思维框架的良好方

式。循环一些白噪声（比如森林里的雨声或者海滩上的海鸥叫声）也可以起到类似的作用。

在图片和音乐之外，当然还有一整个世界供你参考，无论是原始的（比如你亲自去体验）还是被人构建出来的。举个例子，当制作《伊蒂斯芬奇的记忆》时，我们发现了一种 20 世纪 30 年代的叫作怪诞小说的文学类型非常利于唤起崇高的情感。我们注意到，这种类型中最有效的例子是短篇故事，因此我们把自己的游戏转向了一系列的短故事。

当你找到了方向以后，下一个挑战是和你的团队沟通。这会很棘手，因为大部分游戏团队的成员通常有着非常不同的视角和敏感性。我的经验是，每个部门的团队成员讲的语言有些许不同。泛泛地但是有用地概括一下，艺术家喜欢视觉的参考，程序员想要理解有什么新特性，设计师更喜欢图标和文字。口头讲解你的方向并且提供提问的机会，这样可以帮助到所有人，但是即使在数小时的讨论之后，也经常在数天之后发现有人的理解和你完全不同。

对于所有人来说，最清晰的沟通形式是一个可以互动的原型。亲眼看到游戏在动，并且能亲自去互动，可以回答许多问题，但是不幸的是，在开发过程的早期，这么做的代价可能过于高昂。在实践中，我们一般会考虑不同的参考类型和沟通风格，因为这比找到或者制作一个完美的样品要简单，同时这可以强调任何情感丰富的主题中与生俱来的模糊性。

一旦团队理解你了，最后一步就是把这一切与玩家沟通。从这里开始，情感驱动的游戏的开发开始越来越像其他游戏。标准的问题包括让玩家的目标清晰，让操控符合直觉，以及让世界用令人满意的方式响应玩家的行为。如果有什么区别的话，这种细节的问题在情感驱动的游戏中更重要，因为如果玩家被技术问题阻碍了（比如令人挫败的操控），他们就不愿意接受甚至注意到体验的情感目标。创造一种情感体验是非常微妙的，有点像一个梦——如果任何东西让你从梦中醒来，那就几乎不可能再回去了。

这也是为什么在早期，我们专注于减少玩家的挫折感，即使我们的终极目标是传达一种感受。我发现短的、频繁的游戏测试是最快的定位挫败感来源的方式。往往一个问题会掩盖或者引发另一个问题（比如，玩家可能没有注意到桥上的一个提示，这是因为他在之前的区域挣扎了 20 分钟，现在已经完全失去耐心了）。迭代式地工作，每次修复几个问题，然后再次测试。修复这些问题也给了我们时间去探索正在制作的情感效果，即使很多时候，情感的细微差别对于玩家来说几乎不可见。

预测一个交互体验的感受十分困难，直到你把它真的做出来了。对什么会吸引人，什么会令人困惑，什么难度较高的感觉往往和游戏测试中你看到的不同。这是双向的。通常这是消极的，比如玩家卡在一个看起来非常明显的东西上。但是有时候，玩家会被一个你不经意间加入场景的东西所迷住。当你保持灵活性，并且知道你的团队、你的技术和你的原型在某些方面已经做得很好时，做更多的这类事情，会更容易取得进展。在成果的基础上去做，会更快、更有效，以及更享受，而不是强行把一个理论上听起来很好，但是无法连接玩家的想法塞进游戏。

　　就算你的游戏并不是主要聚焦于情感，情感驱动的设计依然是很有用的工具。情感是强大而又特殊的，但是它们也是灵活的。你有许多办法来传达失去孩子的痛苦或者是表现走进一个全是陌生人的派对时的尴尬。游戏内外的东西一直在持续进化，有一个情感核心能够给你一个锚点。这就像一个能够指引你和你的队友一直航行的灯塔，无论一路上你们要转多少个弯。

世界构建

　　将故事结构融合进游戏乃至互动媒体是一件很困难的事情，但是有一种故事创作对于游戏设计来说是一种天然的补充，这就是世界构建。世界构建是对一个虚构世界进行深度而复杂的设计，通常来说最开始是从地图和历史入手，但还可能包括对种族、语言、神话、政府、政治、经济等方面的完整文化研究。现今最广为人知的、最完善的虚构世界应该是 J.R.R.托尔金所构建的"中土世界"。托尔金先从创造一种语言开始，然后创造出说这种语言的人（精灵）以及这个世界上所发生的故事。市面上有不少游戏和电影使用了世界构建技术，尽管构建出的这些世界不如中土世界那么详尽，却已经给玩家营造出了一种恢宏有深度的感觉，让他们能对游戏保持长期的兴趣。《魔兽世界》的宇宙就是一个很好的、基于游戏构建的世界，而围绕《星际迷航》和《星球大战》两者的世界创作的内容跨越了电影、游戏、小说、动画等领域，同时还有粉丝们创作的同人作品。

　　媒体理论家 Henry Jenkins 曾在他的书中写道，"越来越多的叙事成为一种构建世界的艺术，作者创造出一个极具吸引力的世界，这个世界无法通过一个作品甚至是一种媒介来完全探索和消耗。世界比电影大，甚至比整个作品系列都大——因为玩家的欣赏和投入也会在许多方向扩展这个世界。" [12]

　　这种深度世界构建的例子在科幻小说和幻想体裁中并不少见，世界构建也越来越多地成为新媒体创作的一部分。今天的媒体经济看重世界构建，这不仅仅是为了做系列作品，也是为了在新平台上构建游戏玩法，同时提供线性和参与性的结构。电影《少数派报告》（*Minority Report*）是一个现代世界构建的很好例子。

　　制作团队邀请了科学家、建筑师、城市规划师和机械工程师一起开会，让他们通过提出各种想法来定义电影世界中的某些"规则"。在设计游戏时，一个虚拟世界的规则必须是连贯的。麻省理工学院的研究教授 John Underkoffler 发明了一种用于电影屏幕科技中的手势语言。不仅为了持续性，也为了真实的技术，同时还告知了观众手势系统背后的一些思路，比如微软的 Kinect。

　　随着媒体的跨平台开发越来越多，对它们的初始想象的深度显得越来越重要。同时随着这些资产开发的进行，整体式的预研发也显得越来越重要。有远见的设计师亚历克斯·麦克道尔（Alex McDowell）参与过《少数派报告》《搏击俱乐部》《守望者》《超人：钢铁之躯》等电影的制作，他一直倡导通过可视化的理念来进行世界构建，他自己把这种工作方式称为"沉浸式设计"。跨领域进行沉浸式设计可以创建出一个紧密联系的世界，它拥有自己的历史、地理、风光以及内在逻辑和隐喻。在设计过程中包含着非线性的、数字的、虚拟的环境，允许不同职能的人进行合作，以设计这个世界的方方面面。麦克道尔建立了"5D 研究所"，这是一个世界构建的小群体，里面有来自电影、动画、时尚、游戏、剧院、电视、音乐、建筑、科学、互动媒体及其他领域的顶尖设计师，他们在这个涌现想法的地方共同促进世界构建的发展。

戏剧的弧

前面我已介绍了一些关键的戏剧元素，它们可以为玩家在游戏中带来参与感。但在这些元素中最为重要的，也是之前讨论形式元素时我说过的，是冲突。

任何好的戏剧的核心都是冲突，而冲突同样也是游戏系统的核心。设计出有意义的冲突不仅可以防止玩家太容易就完成他们的目标，而且还能通过营造出一种对于结果的张力去吸引玩家深入游戏的情感层面。这种戏剧的张力不仅是电影和小说获得成功的必备元素，它对游戏而言同样重要。

在传统的戏剧中，冲突发生在当主人公遇到了一个阻止他完成目标的问题或者障碍时。对于一个故事来说，主人公通常是故事的主角。而对于一款游戏来说，主人公是玩家自己或是代表玩家的某个角色。玩家遇到的冲突可以是和另一个玩家对抗，和另一群玩家对抗，游戏系统设置的障碍，或是其他的压力和困境。

传统的戏剧冲突可以分为以下几类：角色之间的冲突、角色与自然的冲突、角色与机器的冲突、角色自己的内在冲突、角色与社会的冲突、角色与命运的冲突。作为游戏设计师，我们可能需要加上另一组类别：玩家与玩家的冲突，玩家与多个玩家的冲突，团队与团队的冲突，玩家与游戏系统的冲突等。以这种方式对游戏冲突进行思考的好处是，能帮助我们把游戏的戏剧化故事设定和形式系统更加自然地整合到一起，还能深化玩家和这两者的联系。

冲突应该逐步增强，以让效果变得明显。升级的冲突带来张力，在大部分故事中，张力都会欲扬先抑，给观众带来一个经典的戏剧弧。这种弧描述了在故事随着时间推进的过程中，所具备的戏剧张力的总量。图 4.20 表现了戏剧张力在一个典型故事的不同阶段的起伏。这个弧是包括游戏在内的所有戏剧媒介的脊骨。

如图 4.20 所示，故事会从开场开始，首先介绍对故事其他部分的行为很重要的设定、角色、概念。当主角的目标与环境、对手或两者都处于对立面时，冲突就被引入了。有了冲突，主人公就会试图去解决冲突，由此会引起一系列事件的发生，戏剧张力开始上升。这个张力上升的变化向前发展并达到高潮，一些决定性因素或事件会被引入。高潮时发生了一些事情，最终决定戏剧的结果。在高潮之后随着张力的下降，冲突开始被化解，然后被解决，或者说到达了结局，最后冲突得到了最终的解决。

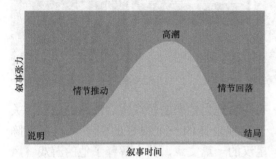

图 4.20　经典的戏剧弧

　　为了更好地理解经典弧线，让我们来看一个你可能熟悉的简单故事。在电影《大白鲨》（*Jaws*）中，警长布罗迪（Brody）是主角，他的目标是保证 Amity 海滩上游客的安全。主角的对手是鲨鱼，它攻击游客，与布罗迪的目标产生了对立。这就创造了一个布罗迪和鲨鱼之间的冲突。而布罗迪天生怕水，他试图阻止人们去海里，但这个计划以失败告终。随着鲨鱼袭击的人越来越多，戏剧张力开始提升，甚至威胁到了布罗迪自己孩子的安全。最后，布罗迪必须面对自己的恐惧，毅然出海猎杀鲨鱼。在故事的高潮中，鲨鱼现身并袭击布罗迪。布罗迪杀死了鲨鱼，把故事送回了过去的生活状态，冲突得到了解决。看起来很简单，是吧？你可以审视一下任何你知道的故事，你都会看到它的结构中有戏剧弧。

　　现在让我们来看一看游戏中的戏剧弧。在游戏中，戏剧张力的上升和游戏的形式与戏剧系统是联系在一起的。这是因为，随着游戏进程的推进，游戏会为玩家提供更大的挑战。游戏中也会有整合良好的戏剧元素，这些元素和形式系统结合在一起，随着挑战的提升，故事也得到了推进。下面是一款经典游戏中的例子：在《大金刚》中，马里奥是主角，大金刚把马里奥的女友 Pauline 绑架后逃到了一个建筑脚手架的顶部。马里奥的目标是在时间耗尽之前拯救 Pauline。为了达到目标，他必须一层一层地往上爬，在钢梁、电梯及传送带之间穿梭，同时还要避免触碰到火焰、滚筒和大金刚投掷出的弹起的铆钉。每次马里奥快要救到 Pauline 时，大金刚都会再次抓住她，逃往更高的关卡。每个关卡都为玩家带来了难度，创造了上升的戏剧张力。最后当游戏进入高潮时，马里奥不仅要避开大金刚的攻击，还要拆除每一块地板上的铆钉。当铆钉被移除后，大金刚头朝下地掉了下去，马里奥救到了 Pauline，形式系统的张力和戏剧张力同时得到了释放，参见图 4.21。

　　从这些简单的叙述中可以知道，《大白鲨》主要是依靠故事和角色在推动发展——布罗迪怕水，但他必须克服恐惧去解决问题，从保护 Amity 的人们到拯救自己的家庭，再到保护自己并与鲨鱼展开搏斗，他的角色动机一直发生着变化。而马里奥从头到尾只有一个目标，他在大金刚的攻击面前很脆弱，没有任何内部冲突阻碍他自己完成目标，他的目标也从未改变。Pauline 的处境并不会因为游戏的进一步推进而变得更加危险，这一切使得游戏的形式与戏剧系统有了更加充分的结合。

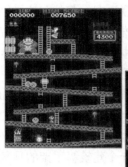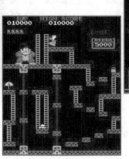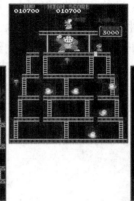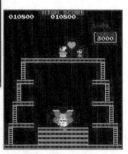

图 4.21 《大金刚》

然而，马里奥不是布罗迪，他的成功或失败都掌握在玩家的手中。玩家必须学会如何躲避攻击，迅速移动，并最终离目标越来越近。在游戏的高潮，玩家必须找出如何击败大金刚的方法。当《大白鲨》的剧情发展到高潮时，布罗迪知道了如何杀死鲨鱼，我们对他的角色和整个故事过程中他的挣扎的同理心所建立起来的张力得到了释放。这与我们在《大金刚》高潮时的反应是完全不同的。

在《大金刚》的例子中，我们是找出解决张力的关键行动的人，而张力则是通过许多关卡建立起来的。当我们最终解决这个张力时，会感到一种个人的成就感，这种感觉超越了任何我们对马里奥和 Pauline 的故事所能产生的移情的情绪。这种形式系统和戏剧系统的内在冲突显然可以为玩家提供一种强力的游戏体验。

《大金刚》这个经典游戏展示了一个简单的戏剧弧。正如之前我在"故事"一节中提到的，现在的游戏有着更为丰富的故事背景，更深层次的角色和更有意义的主题。游戏设计师正在不断扩展着他们的职能，包括

有深度地为他们的游戏规划情感的旅程。关于这种设计的一个很好的例子可以参考陈星汉的一篇文章，其中解释了他的游戏《风之旅人》的戏剧弧的设计。陈星汉的灵感来源包括 Joseph Campbell 的《英雄之旅》（*The Hero's Journey*）和 Bruce Block 的《视觉故事》，前者代表了世界范围内英雄故事的基本模式，而后者则讲解了一种视觉叙事结构。在 Campbell 的《英雄之旅》中，一名英雄会响应行动的呼唤，并奋不顾身地投入未知的危险中。第一个门槛是正常世界的限制，英雄必须离开这里进入危险和未知的领域。旅程中有许多考验，包括诱惑、与比他强大的力量的对抗，以及在低落的时候面对包括死亡和重生的深渊。最后英雄返回到最初出发的地方，他获得了改变，并不再感到恐惧。

当陈星汉着手设计《风之旅人》时，他的目标是为玩家创造一个心灵上的英雄之旅的情感弧。虽然《风之旅人》这款游戏非常抽象，但每个阶段的情感都会通过颜色、建筑、音效、音乐及最重要的游戏机制的潜在变化来进行明确的表现。从图 4.22 中可以看到，在陈星汉的原始设计中，每个游戏的

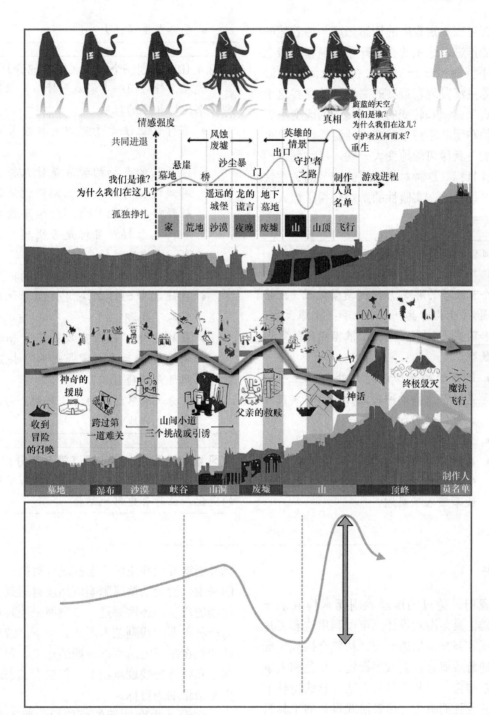

图 4.22 《风之旅人》中的情感弧设计

关卡都对应一定程度的情感强度。随着他的设计的推进，这里的强度开始逐渐和英雄之旅的不同时刻一一对应。在游戏测试的时候，陈星汉发现在最终的高潮，从深谷这个最低点到启示和转变的点，其中的改变不够大。他和团队不得不重新设计游戏，让这个情感的飞跃尽可能地变大一些，以达到他们的设计目标。这种对戏剧弧的细节的关注使得这个抽象的、实验性的游戏获得了惊人的成功。

练习4.9：策划一个故事（第1部分）

选择一款你自己通关过的游戏。确保它是一个有故事的游戏，例如《质量效应3》《杀出重围》《生化奇兵：无限》和《星球大战：旧共和国武士》等。现在，根据戏剧弧策划一个故事。

- 最开始的开场该怎么处理？主人公是谁？主要的冲突是什么，它该在什么时候被引入？
- 为了解决冲突，主角做了什么？
- 在故事中是什么在推动情节及戏剧张力的发展？是什么决定性因素把故事带入了高潮？

- 最终发生了什么？

练习4.10：策划一个故事（第2部分）

现在，针对同一个游戏和情节，根据戏剧弧来设计相应的玩法。

- 有什么玩法元素可以支持情节的发展？
- 最开始的开场的玩法是什么样的？游戏的操作方式和机制能被清晰地解释吗？它们与戏剧的故事设定结合得怎么样？目标是否明确？与故事的主要冲突结合得怎么样？
- 游戏玩法如何引起戏剧张力的提升？
- 是玩法中的什么决定性因素把游戏带入了高潮？
- 最终发生了什么？戏剧元素和游戏玩法元素两者之间是起到了促进作用还是阻碍作用？
- 从游戏情感发展的角度来看，它们如何能更好地结合？

练习4.11：策划一个故事（第3部分）

在同样的游戏中，想出3个情节或玩法的变化，让两者更好地结合。

总结

我们讨论过的这些戏剧元素构成了一套基础工具，游戏设计师可以利用这套工具引出玩家强烈的情感反应。从整合挑战和玩这样的游戏概念，到故事设定、角色和故事的复杂结合，这些工具只有在灵感的指导下使用才会强而有力。尽管游戏设计的工具箱已经能够开始和电影、电视进行对抗，但总的来说，游戏的情感影响依然没有达到它应达到的深度，还需要进一步发展来让游戏成为一种重要的戏剧艺术形式。眼下，游戏设计师们在叙事的基调、主题的意义、角色的深度和整体的戏剧意图上，都在尝试去达到更复杂精细的目标。

你看到戏剧的新的可能性了吗？你的

设计会带来什么突破？为了回答这些问题，你必须熟练地掌握传统戏剧工具、理解优秀的游戏玩法及实现这些玩法的方式。在开始讨论游戏中的系统动态之前，花一些时间做本章的练习，因为这些练习可帮助你熟悉这些传统工具。

设计师视角：**Dr. Ray Muzyka**

Threshold Impact 的创始人兼首席执行官、BioWare 的联合创始人和前首席执行官

Dr. Ray Muzyka 目前是 Threshold Impact 的一名天使/影响力投资人，专注颠覆性的信息技术、新媒体、医疗创新，他还是一个社会企业家。2012 年 10 月之前，他是 BioWare 的首席执行官和联合创始人之一。他制作的游戏包括《超钢战神》（1996）、《博德之门》（1998）、《博德之门：剑湾传奇》（1999）、《孤胆枪手 2》（2000）、《博德之门 2》（2000）、《博德之门 2：巴尔王座》（2001）、《无冬之夜》（2002）、《无冬之夜：古城阴影》（2003）、《无冬之夜：幽城魔影》（2003）、《星球大战：旧共和国的骑士》（2003）、《翡翠帝国》（2005）、《质量效应》（2007）、《索尼克编年史：黑暗兄弟会》（2008）、《龙腾世纪：起源》（2009）、《质量效应 2》（2010）、《龙腾世纪：起源-觉醒》（2010）、《龙腾世纪 2》（2011）、《星球大战：旧共和国》（2011）、《战锤：英雄之怒》（2012）和《质量效应 3》（2012）。

你是如何进入游戏行业的

我的背景有点不同寻常，我之前学的是医学（经过了 2 年全职训练，建立 BioWare 后还做了 8 年兼职），本来要去急诊科工作。我和 Greg Zeschuk 博士在为我们的大学做了几个医疗教育项目的编程和美术工作后，我们（还有 Aug Yip 博士，他一年后离开了公司，回到了医学领域）在 1995 年共同创办了 BioWare。最开始，我们幸运地遇到了一些有才华的程序员和艺术家，在 1996 年推出了 BioWare 的第一款游戏《超钢战神》。我们在 1998 年推出的第二款游戏《博德之门》取得了相当大的成功。我们的团队从未停滞不前，当我在 2012 年 10 月退休时，我们已经被 EA 收购了 5 年，在全世界 8 个地方拥有超过 1400 名员工。

你喜欢的游戏有哪些

我喜欢的游戏比较多，不仅覆盖多种平台，而且这些游戏的时间跨度也很大。在 20 世纪 80 年代早期，我热衷于一些角色扮演游戏，如 Apple II 上的《巫术》系列和《创世纪》。后来，我喜欢玩 PC 上的《网络奇兵》和《创世纪：地下世界》，这些都是角色扮演游戏。当时，它们的界面、图像和讲故事的方式在游戏界都是革命性的，到现在都很值得一玩。到了 20 世纪 90 年代，我喜欢玩《最终幻想》《超时空之轮》《塞尔达》等一些主机上的 RPG，即时战略游戏方面的《魔兽争霸 2》《星际争霸》《帝国时代》玩得也很多，之后我也很喜欢像《光环》、《战地》和《半条命》这样的第一人称射击游戏。2012 年 10 月，我从游戏领域退休了，但我仍然在玩电脑、主机、手机、网页等不同平台上的游戏。我发现，这几十年来我喜欢的所有游戏都有一些共同的特征，那就是它们制作精良并且能让玩家在情感上高度投入，这也是在 BioWare 时我们努力想要做到的，我们总是试图让每款新游戏都比上一款做得更好。

给设计师的建议

保持开发激情，但也要适时地进行自我审视，无论面对表扬还是批评都要保持一颗谦卑的心。不要在游戏质量上妥协，但同时也要意识到你对游戏质量的投入有一个收益递减点，因此要去找一个对质量的追求和实践的平衡点。坦白地说，大多数游戏都从未达到这一点，但如果达到了，将会增加游戏成功的概率。对于企业来说，你需要雇用聪明、有天赋、有创造力和勤劳的员工，但一定要尊重他们，并且要对他们很好。电子游戏和其他所有创意型的生意一样，绝对不是一个人努力就可以获得成功的。同时，为了保证游戏制作的质量能够跟上需求日益复杂的游戏观众，游戏团队的规模似乎每年都在扩大。从 BioWare 退休后，我明白了这些在 BioWare 期间学到的经验不仅适应于游戏或 IT 企业，作为一名天使投资人其实同样受用。

设计师视角：**Don Daglow**

Daglow Entertainment 的总裁兼创意总监

　　Don Daglow 是游戏行业的先驱，曾设计过 PDP-10 大型机游戏、《棒球》（第一款互动体育游戏，1971）、《星际迷航》（1972）、《地牢》（第一款计算机 RPG，1975）、《乌托邦》（第一款图形模拟游戏，1982）、《Intellivision 世界棒球大赛》（第一款使用多摄像机角度的游戏，1983）、《Earl Weaver 棒球》（1987）、《Tony La Russa 终极棒球》（1991）、AOL 版的《无冬之夜》（第一款图形 MMORPG，1991）。他是不少卖座游戏的监制和制作人，包括《冒险游戏套件》（1985）、《赛车游戏套件》（1985）、《纳斯卡赛车》（1995）、第一款 PC 版本的《麦登橄榄球》（1996 年）和《指环王：双塔》（2002）。他早在 1988 年就建立了游戏开发工作室 Stormfront，并在 2008 年因为《无冬之夜》获得了技术艾美奖，并且他还是互动艺术与科学学会的会长。

你是如何进入游戏行业的

　　我读本科和研究生时，一直把在学校的大型计算机上写游戏作为一项爱好，当时我还是研究生院的教师和作家。

　　刚好那时美泰公司（Mattel）开始组建内部的电子游戏设计团队，他们用广播广告招聘想做游戏的程序员。我从来没有想过会以这样的方式去找工作，但当我听到广告后还是给他们打了电话。我记得当时我说：“我没有计算机学位，但我在大学的时候一直在编程做游戏。”我想他们肯定以为我是在吹牛，因为雅达利的《乒乓》游戏在当时也才仅仅出现约 5 年的时间。幸运的是，最终我还是进入了美泰公司，成为 5 名电子游戏设计团队成员中的一位，而随着团队的发展壮大，我成为电子游戏开发部门的主管。

你喜欢的游戏有哪些

主要讲讲那些通过某些方式改变了设计环境的游戏吧。

- 《黄金七城》，由 Dan Bunten 和 Ozark Softscape 设计，1984 年由 EA 发行。游戏只提供了少量的可用资源，并要求玩家在一张巨大的地图上探索宝藏。它证明了一个简单的概念：如果挑战、悬念、奖励能被巧妙和优雅地融合到关卡中，即使游戏的画面粗糙不堪，也能让人觉得有趣并沉浸其中。

- 《超级马里奥兄弟》，由宫本茂设计，于 1985 年由任天堂发行。这款游戏一直都是被模仿的对象，对我来说，这款游戏为其他众多游戏奠定了基础。手眼协调、环境和敌人之间保持着一个合理的平衡，游戏进程的不断强化及对隐藏物品的探索让这款游戏变得既有趣又具有挑战性，无论是成年人还是小孩都能轻易上手并爱上它。

- 《模拟城市》，由 Will Wright 设计，于 1989 年由 Maxis 发行。尽管这款游戏没有遵守一些被普遍接受的设计原则，但它让人们知道了电脑游戏还可以这样玩，即没有真正的对手（除了偶尔会跑出来的哥斯拉），没有明确的得分方法，也没有明确的目标，你可以随心所欲地在游戏中进行建设。这种设计在当时是突破性的，以至于 Will Wright 被拒绝了无数次才最终找到一家愿意帮他发行游戏的发行商，而这款游戏在游戏史上有着重要的地位。

- 《麦登橄榄球》，由 Scott Orr 和 Rich Hilleman 设计，于 1992 由 EA 发行。《麦登橄榄球》最初的版本有着不少繁复的菜单，这在当时的体育游戏中看起来像个怪物，但让它名声大噪的是游戏中充满博弈的对战玩法机制，它可以让你的朋友们不知不觉地玩一个下午。

- GTA Ⅲ，于 2001 发行。GTA 系列实在是太成功了，以至于淹没了这款游戏本身的一些创新。跑动与驾驶相结合的玩法再融入 3D 沙盒，这款游戏的设计理念在 2001 年是革命性的，同时制作者通过对无线电台的使用改变了人们对音频的看法。发行商曾告诉我像这样混合了多种玩法的游戏有着极高的风险，因为它的预算和测试时间往往比通常的游戏高出约两倍，但即使在这种情况下，DMA 和 Rockstar 还是坚持了下来并取得了成功。他们使用风格化的图形来做市场营销，而当时大部分游戏都在游戏包装盒上用照片式的写实主义当卖点。我必须要提一句，他们使用过度的暴力进行负面宣传来推动销售，但是这游戏太棒了，其实根本没必要用这种办法。

- 《我的世界》（MineCraft，2009）。让我们看一看这款游戏为什么不被看好。只有一名程序员开发游戏，粗糙的方块模型，在生存模式下特别容易死掉，并且还是这个程序员自己发行的游戏……这款游戏是怎么克服这么多缺陷的？通过简单的游戏玩法来把乐高和电脑游戏中最棒的元素组合到了一起，创造出了一个近乎拥有无限潜力的世界，在这里你会觉得自己才是成就奇迹的障碍，而不是游戏本身。

给设计师的建议

享受做游戏的过程，而不是享受做完游戏后的派对。我看到许多人进入这个行业的时候急于成为下一个宫本茂或 Will Wright。其实大多数知名设计师的成功作品都与他们所处的时代有关，他们中很少有人是在行业发展后期成名的。许多曾经被媒体鼓吹为下一个宫本茂和 Will Wright 的设计师都已经在行业中销声匿迹。

如果让我看过去 10 年、15 年或 20 年中行业里最成功的人，一个简单的事实就会浮出水面：你必须做你热爱的事情，并在做的过程中让你的职业和个人技能全方位成长。

如果你热爱游戏，并且热爱创作游戏的过程，那么就会感染你周围的每一个人。如果你不断思考如何把一个任务做得更好，你就会成长。你的职业生涯还是会有起伏，但是它会一直前进。

如果你规划了一个伟大的计划，在 30 岁那年成为一个电子游戏的名人，那你就会停止思考创造伟大的游戏，而去思考你个人的自豪感。从这一刻起，那些应该进入游戏设计和制作的热情就跑到了你的职业生涯规划中。这显然是最快毁掉你职业生涯的方式。如果一个人在实现自己的目标前都不会快乐，那么他的大部分时间就是不快乐的。而享受通往目标的旅途的人——并且非常坚决地要去完成这个目标——在大部分时间中都是快乐的。

补充阅读

Block, Bruce. *The Visual Story: Creating the Visual Structure of Film, TV, and Digital Media*. Burlington: Elsevier, 2008.

Campbell, Joseph. *The Hero with a Thousand Faces*. New York: Pantheon Books, 1949.

Csikszentmihalyi, Mihaly. *Flow: The Psychology of Optimal Experience*. New York: Harper & Row Publishers, Inc., 1990.

Hench, John. *Designing Disney: Imagineering and the Art of the Show*. New York: Disney Editions, 2003.

Howard, David. *How to Build a Great Screenplay*. New York: St. Martin's Press, 2004.

Isbister, Katherine. *Better Game Characters by Design: A Psychological Approach*. San Francisco: Morgan Kaufmann, 2006.

McCloud, Scott. *Understanding Comics: The Invisible Art*. New York: HarperCollins Publishers, 1994.

Murray, Janet. *Hamlet on the Holodeck: The Future of Narrative in Cyberspace*. Cambridge: The MIT Press, 1997.

Wolf, Mark J.P. *Building Imaginary Worlds: The Theory and History of Subcreation*. New York: Taylor & Francis, 2012.

尾注

1. Csikszentmihalyi, Mihaly. *Flow: The Psychology of Optimal Experience*. New York: Harper & Row Publishers, Inc., 1990. p. 49.

2. Ibid.

3. Ibid, p. 53.

4. Ibid, pp. 58-59.

5. Ibid, p. 61.

6. Ibid, p. 63.

7. Ibid, p. 63.

8. Brown, Stuart and Kennard, David, Executive Producers. *The Promise of Play*. Institute for Play and InCA Productions, 2000.

9. Sutton-Smith, Brian. *The Ambiguity of Play*. Cambridge: Harvard University Press, 1997. pp. 4-5.

10. *The Promise of Play*. The Institute for Play and InCA, 2008.

11. Activision, Pitfall instruction manual, 1982.

12. Jenkins, Henry. *Convergence Culture: Where Old and New Media Collide*. New York: New York University Press., 2006. p. 114.

第 5 章
运用系统动态

前面两章讨论了游戏中的形式元素和戏剧元素。现在，我们来看一下如何使用这些元素组合出可玩的系统，设计师们怎样活用系统属性来平衡好游戏的动态本质。

系统是指由一系列互动元素所组成的一个集合体，并被赋予目标或意图。一般系统论最早是由生物学家路德维希·冯·贝塔郎非（Ludwig von Bertalanffy）于 20 世纪 40 年代提出的，该理论研究和解释了组成系统的各元素之间的相互作用，研究它的学科种类繁多，跨度很大。随着时间的推移，系统理论也产生了许多变种，每一种都聚焦于一种不同的系统。我的目标并不是要把每种不同学科的系统理论都分析一遍，而是研究如何通过理解基本的系统理论原则来控制我们游戏系统中的互动的质量，同时研究这些系统随着时间的推移究竟会产生什么样的变化。

游戏作为一个系统

系统存在于整个大自然和人类创造的世界中。无论在哪里，只要有离散元素间产生复杂的互动行为，系统就会存在。系统可以有许多不同形态，可以是机械的、生物的、自然社交形成的，或者是其他可能性。可以是像订书机这样简单的系统，也可以是像政府机关那样复杂的系统。但无论怎样，只要系统开始运作，其中的元素就会通过相互作用来实现系统想要达到的目标。如订书机装订纸张，或政府机关管理社会。

游戏本身也是系统。每款游戏的核心是一系列的形式元素。如我们所知，这些元素会随着系统开始运转，产生出一系列动态的体验让玩家参与。但与绝大多数系统不同的是，游戏不是为了制造产品、完成任务或是简化工作流程而存在的。一款游戏存在的目的是取悦它的参与者。当我讨论形式元素与戏剧元素的时候，我展示过游戏是如何制造结构性的冲突，并提供具有娱乐性的过程来让玩家去化解冲突的。形式元素与戏剧元素之间如何相互作用构成了游戏最基础的系统，并且这决定了该游戏的本质与能给玩家带来的体验。

之前讲过，系统可以很简单，也可以很复杂。系统可以精确地实现可预期的目标，也可以产生出多变的且无法预期的效果。对你的游戏而言，哪类系统是最好的？只有你自己可以决定。也许你想创作的是一款绝大多数内容都可以被预见的游戏。那么就设计一套只存在一两种可能的系统。但如果你想设计的是一套很难被预测的系统，那么在这个游戏中就会由玩家的选择和游戏元素的互动来产生数不清的可能的结果。

如果想要理解不同系统之间运作的差别为什么会这么大，并且想要有能力去控制那些能影响你游戏结果的系统元素，我们就需要先来辨识系统中的基础元素，并观察这些元素中什么样的因素决定了系统的运作。

系统中基本的元素是对象、属性、行为和关系。系统中的对象根据它们的属性、行为和关系相互作用，并使系统状态发生变化。这种变化有什么样的表现完全取决于对象的本质与对象之间的互动。

对象

对象是构建系统的最基本单位。系统可以被认为是一个由互相关联且被称作为"对象"的碎片所组成的群体。根据系统本身的性质，这些对象可以是具象的，也可以是抽象的，甚至可以是两者兼具。在游戏中，对象可以是某个独立的游戏单位（如象棋中的国王或皇后），或者是游戏中的某个概念（比如《大富翁》里的银行），也可以是玩家自己，或是代表玩家的角色（如网络游戏中的虚拟化身）。区域或地形也可以被视作对象，

例如，网格板上的方格或运动场上的码线都可以被视作对象。这些对象间的互动与其他游戏单位间的互动一样，在设计过程中需要被同等视之。

属性

属性用来定义具象或概念性抽象的对象的品质与特征。一般来说，一个对象会由一组值来表述。比如，国际象棋中的象的属性可以包含它的颜色（黑色或者白色）和它所在的位置。在角色扮演游戏中，角色的属性会更加复杂。不仅可能会包括如生命值、力量、敏捷性、经验值、等级等变量，同样还会包括其在网络游戏环境中的位置，甚至是与对象相关的视觉设计或其他媒体形式。

对象的属性可组合出一组描述数据，这组数据是判断对象在游戏系统中互动行为的基础。最简单的游戏对象所具备的属性非常少，而且有些属性不会随着游戏过程发生变化。西洋跳棋中的棋子就属于这类对象。跳棋具备三种属性：颜色、位置和类型。虽然位置会发生变化，但颜色永远不会。如果棋子到达棋盘另一边，棋子类型可以从"普通"变成"王"。这三种属性完全定义了游戏中每一颗棋子的状态。

游戏对象具备复杂属性的案例又有哪些呢？我们来看一个角色扮演游戏中的角色，如何？图 5.1 展示了《暗黑破坏神》中一个角色的主要属性。这个角色的属性列表要比之前棋子的案例复杂得多。对象的属性还会随着游戏进程发生改变，而且还不是像西洋跳棋那样简单的二进制变化。由于这种复杂性，这个系统中对象与对象之间的互动

相较于简单的西洋跳棋来说，更加难以预测。

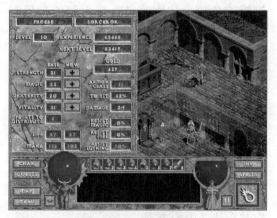

图 5.1　《暗黑破坏神》：角色属性

练习 5.1：对象和属性

选择一款你能清楚辨别游戏中的对象及其属性的桌游。策略桌游通常有着比较容易辨认属性的对象。列出这款游戏中的所有对象及其相关的属性。

行为

另一个可以定义系统中对象特性的东西是"行为"。行为是在某种状态下一个对象有可能展开的行动。国际象棋中象的行为，是从自己所在位置沿斜线向四周移动，直到被其他棋子挡住或吃掉。而角色扮演游戏中的角色的行为则可能包括走路、奔跑、战斗、说话、使用物品等。

当属性数量众多时，一个对象可以展开的行为会相应地变多，我们将越难预测它在系统中会展开什么样的行动。再用西洋跳棋中的棋子举例，一个"普通"的棋子有两种潜在的行为：它可以斜向移动一格，或是斜向跳过一格吃掉另一颗棋子。它的行为受到了这些规则的约束：它只能朝向对手移动；如果它能跳过对方棋子，它就必须这样做；如果可以的话，它甚至能在一个回合内进行多次跳跃。"王"这颗棋子有着同样的行为，但它不会受到"必须朝对手移动"这条规则的约束，所以它可以在棋盘上前后移动。上面这段话把西洋跳棋游戏中所有对象潜在的行为都总结出来了（显然，行为数量非常有限，所以这使得游戏模式也相对可以被预测）。

现在，我们再看一下《暗黑破坏神》中的角色。这个角色有些什么行为呢？它的移动方式是走路或奔跑。它可以用物品栏里的武器进行攻击，或使用类似魔法一样的技能。它可以拾取物品、与其他角色交谈、学习新技能、交易物品、开门或开箱子等。由于有这么多行为可供选择，所以一个对象在游戏中的行动会比简单的西洋跳棋棋子难以预测得多。

这就自然而然地让游戏变得更有意思了吗？我会在 144 页的专栏"解构 Set"中，通过分析 Set 的系统来详细讨论这一点。Set 是一款简单但很有意思的卡牌游戏。事实上，复杂的游戏玩法并不总是能为玩家带来好的游戏体验。现在最重要的是，我们要了解，增加潜在的行为会带来更多的选择，同时使游戏过程变得更加难以预测。

练习 5.2：行为

使用练习 5.1 中总结的对象和属性列表，为每一个对象加入其行为描述。请仔细考虑每种不同状态下的所有行为。

关系

如我之前提到过的，系统中的对象是有关系的。这是设计中的一个关键概念。如果对象间不存在任何关联，那这形成的仅仅是一套集合体，而非系统。比如，多张空白卡片是一套集合体，但如果你在卡片上写上数字或把它们标记成几组不同的套牌，那就在卡片之间建立了关系。如果从一套 1～12 序列的卡片中把卡片 3 移走，那么就会让一套使用这组卡牌的系统动态发生变化。

关系可以通过许多方式来表达。一个在桌上玩的游戏能够通过位置来表达对象之间的关系。对象之间的关系还可以通过层级结构来定义，比如之前提到过的卡牌的数字顺序。在一个系统中，如何定义对象之间的关系很大程度上影响了系统开始运作以后会发生什么变化。

卡片的层级结构是固定关系的一个例子：数字的值为卡牌组里的每一张卡牌确定了一种逻辑关系。另一种关系结构会随着游戏进行而发生改变，一个例子是西洋跳棋在棋盘上的移动：棋子向棋盘另一端移动，在移动过程中跳过并吃掉对手的棋子。在这个过程中，棋子与棋盘或与其他棋子之间的关系会不断地发生变化。

另一个例子是像《大富翁》一样的走格子桌游。这种线性的固定关系结构把游戏玩法的可能性限定在了一定的范围里，但相对地，对象之间的关系也可以是比较开放的。它们之间的互动可以基于距离或其他的变量。《模拟人生》就是其中一个例子，游戏里的角色与其他对象间的关系取决于角色

目前的需求和对象所具备的能力。这种关系会随着角色需求的变化而发生改变。比如，饥饿的角色会比刚吃过一顿大餐的角色对电冰箱更感兴趣。

关系也同样可能会由玩家的选择发生变化。西洋跳棋游戏中就有这种变化：玩家选择将棋子从棋盘上移动到哪里。除此之外，还有其他的方式可以改变游戏中的关系。许多游戏使用随机性来改变游戏中的关系。这在大部分战斗的算法中都能见到。下面是对《魔兽争霸 2》战斗算法原理的说明。[1]

游戏中的每个单位都有 4 种属性，以决定其在战斗中的表现。

- 生命值：这个数字决定单位死前能承受多少伤害。
- 护甲值：这个值不仅反映了单位所穿护甲的好坏，而且还说明了对伤害的抵抗力。
- 基础伤害：这个数值决定了该单位每次攻击时能造成多少伤害。基础伤害会因为目标护甲值的增加而减少。
- 穿刺伤害：这个数值反映了游戏单位的攻击是否能有效穿过护甲。（像龙息和闪电这样的魔法攻击可以无视护甲值。）

当一个单位攻击另一个单位时，决定其伤害的公式是：（基础伤害−目标护甲）+穿刺伤害=最大伤害值。攻击者会随机对对方造成这个数值的 50%～100%的伤害。为了更清楚地理解这个算法如何通过概率影响单位或对象之间的关系，我们来看一下来自 Battle.net 网站的策略指南：

一个食人魔和一个人类士兵发生战斗。食人魔有 8 点基础伤害和 4 点穿刺伤

害。人类士兵有 2 点护甲值。每当食人魔攻击人类士兵的时候，它能造成最多（8-2）+4=10 的伤害，或者最少 50% 的伤害，也就是 5 点伤害。平均下来，食人魔要对人类士兵攻击 8 次，才能杀死有 60 点生命值的人类士兵。

另一边，人类士兵的基础伤害是 6，穿刺伤害是 3。由于食人魔的护甲值是 4，所以每次攻击它能对食人魔造成 3 到 5 点的伤害 [（6-4）+3=5]。即使人类士兵很走运，每次攻击都能造成 100% 的伤害，他也要攻击至少 18 次，才能杀死具有 90 点生命值的食人魔。等到那时，食人魔早就已经把人类步兵剁成肉酱，拍屁股走人了，参见图 5.2。

这个例子展示了两种决定性的关系：随机性和规则。就像之前看到的计算过程那样，有一组规则在决定伤害的范围。然而即使范围定了下来，最终结果如何还要看随机性。有些游戏会掺杂更多随机成分，而有些

游戏则会倾向于更多基于规则的运算。哪种方法更适合你的游戏完全取决于你想要实现的目标体验。

图 5.2　《魔兽争霸 2》：挑战食人魔

练习 5.3：关系

使用练习 5.1 和 5.2 制作的对象、属性与行为列表，描述对象之间的关系。这些关系是怎样的？基于位置、基于力量，还是基于价值？

系统动态

就像我曾提到过的，系统中的元素并不是各自孤立存在的。如果你拿走系统中的部件，系统的运作和关系却没有因此受到任何影响，那你创造的这个就不是一个系统，而是一个集合。从定义上讲，系统要求所有元素都具备时才可以完成它要实现的目标。而且系统的组件必须按照特定的方式进行安排，才可以实现它的目的，即为玩家提供预期的挑战。如果这种安排发生了变化，则互动的结果也会随之改变。由于系统中的关系

的本质，结果的改变可能会是微乎其微的，也可能会是灾难性的。但在某种程度上，这种改变一定会存在。

我们就用前面《魔兽争霸 2》中食人魔与人类士兵的例子来说，假如伤害值不是由基础伤害、穿刺伤害和护甲值来决定的，而只是单纯地从 1～20 随机抽取一个数字。这会对每场战斗造成什么样的影响呢？这又会对整个游戏的结果造成什么样的影响？比如，对资源或者升级系统存在的价值会造成哪些影响？

没错，随机元素会改变每场独立的战斗和整个游戏。同样地，资源和基于这些资源

的升级的价值就会变得荡然无存，因为对单位和护甲进行升级不再会对游戏的结果造成任何影响。对于玩家来说，游戏就会只剩一种策略，那就是造越多单位越好。因为在这种情况下，只有人海战术还是确实可行的。所以仅单纯改变单位之间的战斗方式，我们就将整个《魔兽争霸 2》系统的本质给改变了。

但如果只是把原先战斗计算方式里的随机元素移除，让所有单位的攻击都会造成最大伤害，那会对战斗有什么样的影响呢？这样的话，玩家就可以精确预测一个单位究竟需要多少次攻击可以摧毁另一个单位。这种可以预测的感觉不仅会影响战术，而且还会影响游戏对玩家的吸引力。如果说前面那种完全随机的伤害系统会使游戏丧失许多策略性，那这套完全固定的系统则会丧失每一场战斗的不确定性，并会对整个游戏体验产生影响。

关于互动系统另外一个需要理解的重要特性是，完整的系统大于它每个部分单纯加在一起的总合。我的意思是，将系统中的每一部分独立拿出来研究的效果，是无法和将这些部分联系起来一起研究相比的。意识到这点对游戏设计师来说尤为重要，因为要理解游戏，只有通过玩，游戏的动态效果才能显现出来。正因如此，Katie Salen 和 Eric Zimmerman 把游戏设计叫作一种"二阶"问题，[2] 意思是当设计游戏时，我们无法直接决定玩家的体验，也无法确定规则会带来什么效果。我们必须尽可能地打造一个"可能性空间"，并尽可能严厉地进行游戏测试，但最终我们还是无法知道游戏每一次玩起来会出现什么样的状况。

解构 *Set*

Set 是 Marsha Falco 于 1988 年设计的一款纸牌游戏。当时，Falco 在英国剑桥作为一名人口遗传学家开展研究工作，试图理解患有癫痫症的德国牧羊犬是否会遗传这种病。为了帮助理解相关变量，她在档案卡上写下了每只狗的相关信息，她画了一些符号来代表一些数据，意为不同的基因结合。有一天，她发现她的孩子们在玩这些卡片——他们用卡片创造了一个游戏。游戏太好玩了，以至于他们将它发售，这成为他们的家庭产业。这款游戏成为经典之作，赢得了包括门萨奖在内的许多奖项。

Set 的规则

Set 的系统非常优雅。游戏的进行需要一套卡牌，包含 81 张各不相同的卡片。卡片就是游戏的基础对象，每一张卡牌都带有 4 种属性的符号：形状、数字、模式及颜色；每个属性有 3 个选项。右侧的图表显示出了每种卡牌的属性及

	1	2	3	卡牌总数
形状	椭圆	菱形	曲线	3
数字	1	2	3	9
模式	实心	空心	条纹	27
颜色	绿色	红色	紫色	81

Set 的元素以及它们如何产生复杂性

其选项的数量是如何产生卡牌的复杂性的，复杂性是通过这套卡牌中卡片的数量来衡量的。

　　Set 的游戏进行过程也很简单。先洗牌，然后像下图一样，拿出 12 张卡牌进行排列。玩家们都看着卡片，搜寻 "Set"。一个 Set 需要三张牌，其中包括的各种属性要么完全相同，要么完全不同。例如，在下图中，A1、A2 和 A3 就是一个 Set，因为：（1）形状=完全相同；（2）数量=完全不同；（3）模式=完全不同；（4）颜色=完全不同。A1、A4 和 C1 也组成了一个 Set，因为：（1）形状=完全不同，（2）数量=完全相同，（3）模式=完全不同；（4）颜色=完全不同。

　　当玩家看到一个 Set 的时候，他就喊出 "Set!"，然后指出他认为会组成一组 Set 的卡片。如果他是对的，就拿走卡片；再从牌库里拿出三张卡片填入空缺，再重新开始游戏。如果他是错误的，他就要拿出自己的一套 Set 卡，放入弃牌堆里。当没有卡片剩下的时候，有最多 Set 的玩家获胜。

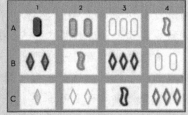

玩 *Set* 时场上的卡牌

分析 *Set*

　　正如我们所说，*Set* 的设计非常优雅。如果你仔细看看上图里的卡片会发现，对于你所选择的任意两张牌，都可以描述出需要怎样的第三张牌来构成 Set。例如，看一下 B2 和 C4。如果想要包括这两张牌做出一个 Set 需要怎样的另一张牌呢？第一，这些牌有不同的形状，所以你需要一张有不同形状的牌：椭圆。第二，这些牌要有不同的数量，所以你需要一张有 2 个椭圆的牌。第三，这些牌有不同的模式，所以你需要一张不同模式的牌：实心。第四，这些牌有相同的颜色，红色（在此图中显示为中灰色），所以你需要另外一张红色的牌。如果想要用 B2 和 C4 做出一个 Set，你需要一张有两个红色实心椭圆的牌——在套牌中只有一张这样的牌，并且目前还没有出现，所以用这两张牌我们无法组成一个 *Set*。

　　Marsha Falco 是如何决定 *Set* 这款游戏的系统配置的？为什么不添加一些属性，或者减少一些属性？为什么每种属性不能多加一些选择？正如我们在第 149 页中对《珠玑妙算》和 Clue 的分析中说到的，一个系统的复杂性在很大程度上是由其数学结构来决定的。在 *Set* 中，一套 81 张的牌提供了挑战性、可玩性和许多可能性。当学习玩 *Set* 的时候，如果玩家不考虑颜色这个属性，游戏会更简单一些。没有颜色这个属性之后，套牌中只有 27 张牌了，更加容易找到一套 Set。在新玩家了解游戏的玩法之后，就会将颜色属性加回到游戏之中，81 张牌会增加游戏的复杂性。

想象一下，在游戏中再加入一种属性——比如，背景色。如右图所示，那么套牌中则包含 243 张牌了。如果再加入边框属性，则变成了 729 张牌。假如我们在做 Set 的数字版，那么还可以加入动画效果！应该加吗？那就意味着在 Set 游戏中有 2187 张牌了。对于一名玩家来说，现在要考虑 7 种游戏属性，并且你所需要凑成 Set 的牌出现的概率将减少 30 倍。可以看出，增加这种级别的复杂性也许并不会增加玩家的游戏体验。实际上，这种版本的 Set 很有可能根本没法玩。

	1	2	3	卡牌总数
形状	椭圆	菱形	曲线形	3
数字	1	2	3	9
模式	实心	空心	条纹	27
颜色	绿色	红色	紫色	81
背景	白色	黑色	灰色	243
边框	银边	金边	宝石边	729
动画	静止	闪烁	旋转	2187

添加属性后的 Set 游戏元素

右图则代表着另一种可能——在每种属性中添加一个选项。这并没有带来多大改变，至少现在套牌中只有 256 张卡牌，只比之前的卡牌复杂 3 倍，但是游戏已经很难了。如果你想要看看这种改变会对玩家体验有什么影响，建立你自己的 Set 套牌，试玩一下。

	1	2	3	4	卡牌总数
形状	椭圆	菱形	曲线形	方块	4
数字	1	2	3	4	16
模式	实心	空心	条纹	阴影	64
颜色	绿色	红色	紫色	黄色	256

为现有属性添加不同选项后的 Set 游戏元素

结论

这里分析的 Set 游戏和其他电子游戏相比，非常简单。然而，正如你所见，如果对游戏的系统元素进行一点点改变的话，就会极大地改变这个简单系统和玩家体验的复杂性。对于你来说很重要的是，理解你自己游戏设计的数学结构，通过增减属性来对不同程度的复杂性进行实验。一种就是我们在这里用 Set 举例的方法：建立一个矩阵，用数学方法计算其复杂程度。而且永远要记住：复杂的数学解决方案并不一定会提供令人满意的游戏体验结果。目标永远都是建立这样一个系统：复杂程度足以使玩家高兴并且惊讶，但是不要使得他们感到困惑。

很难概括一款游戏系统的动态究竟会如何被对象的属性、特质和关系所影响。理解这些元素是如何互相影响的好方法就是观察一些系统案例——从非常简单的到相当复杂的，这些游戏系统中会有各种各样的动态行为。

《井字棋》

《井字棋》中的对象就是纸板上的空间。有九种，并且是由属性、行为，以及关系所决定的。例如，属性包括"空"、"×"或"O"。它们的关系是由位置决定的。有一个中间位置、四个角落位置、四个边上位置。当游戏开始的时候，不同空间之间的关系使得首先行动的玩家有 3 种有意义的选择——中心、角落或者边上。

对于后行动的玩家，有 2～5 种有意义的选择，是由首先行动的玩家在哪儿放下×来决定的，参见图 5.3。可以从图中的潜在行动预测中看出，如将第一个"×"放在中央则将下一步的可能选择减少至两种。而将"×"放在角落或者边上则会创造多至 5 种的可能性。

如果我继续画这个图表直到游戏结束，你就会发现，总体可能性并不是很多。实际上，当你了解了每一步的最佳选择的时候，你可以总是赢得游戏或者至少拿到一个平局，因为游戏真的很简单。而《井字棋》是怎样使得这个游戏系统如此容易了解呢？

首先，你可以看到游戏对象本身就很简单：只有三种属性和一种行为。其次，对象之间的关系是固定的：纸板上的空间位置是不会改变的。由于对象的数量（例如，纸板的大小）和对象间的关系，这个游戏系统只有几种最终可能，并且这几种可能是完全可能预料到的。由于玩的可能性有限，在玩家了解到每种情况的最佳下法之后，最终可能会对《井字棋》失去兴趣。

国际象棋

拥有超过一种对象、更多复杂行为及对象之间关系更加复杂的一个系统案例就是国际象棋。首先，我们看一下国际象棋中的游戏对象：有 6 种单位，加上棋盘上的 64 个独特位置。

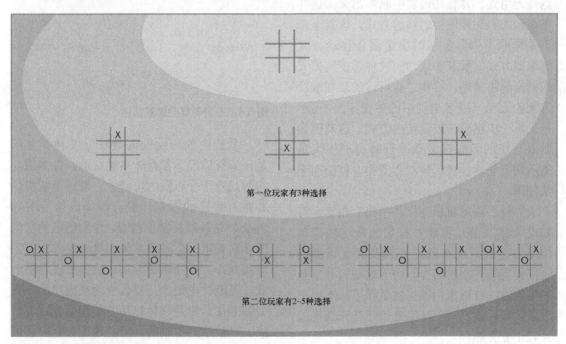

图 5.3　《井字棋》选择树示意图

每个单位都有多种属性：颜色、级别、位置，还有一系列行为。例如，白皇后在游戏开始的时候位于D1（第四排与第一列的交界点）。皇后的运动行为是：她可以沿水平、垂直或者对角直线移动，只要不被其他玩家单位阻挡。单独来看，这些属性和行为并没有使得国际象棋中的对象比《井字棋》中的更加复杂。然而，对象不同的行为以及对象之间的关系使得涌现出的游戏体验比较复杂。因为在移动和吃子的过程中，每个单位都有特别的行为，并且因为这些能力会对其在棋盘上的位置做出改变，玩家之间的关系也会随着每次移动而发生改变。

虽然理论上来讲，可以做出一张像我在《井字棋》中画出的移动预测图，但很快，仅仅前步棋所存在的可能性就会使这种预测毫无用处，并且在现实中画不出来。这并不是玩家们想要进行游戏的方式，这甚至都不是电脑下国际象棋时决定最佳移动方式的编码方式。玩家和成功的软件都使用模式识别来解决难题，寻找之前玩过的游戏解决方案的记忆（或者电脑中的数据库），而不是为每一步棋设计好最佳的方式。这是因为游戏系统的元素在游戏进行时会产生大量的不同可能性，树状表就会变得太复杂而无法使用。

为什么国际象棋与《井字棋》相比，有如此大量的游戏可能？答案就是这些简单但是多样的游戏对象的行为及其在棋盘上不停变更的关系的结合。由于这些极其复杂的可能性，在玩家们很早就掌握了基本规则之后，国际象棋对于玩家来说还是充满挑战并且十分有趣。

一款游戏最重要的就是在任何时刻展示给玩家的可能性的感觉。正如我在之前的章节中讲过的，谈论到挑战性的时候，设计师的目标是做出这样一种情境：与玩家的能力相符，但是随着其能力的增长，挑战难度也会增长。从上面两个例子可以很清楚地看出，在每个时间点，一个系统的构架方式如何戏剧性地随着时间改变系统的动态，以及玩家面对的可能性，参见图5.4。

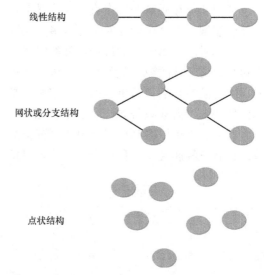

图5.4　各种各样的游戏结构

系统内的可能性的数量以及种类并不是在所有情况下都是越多越好的。许多成功的游戏有十分有限的可能性，可还是能提供非常有意思的游戏体验。例如，像 *Trivial Pursuit* 这种线性桌面游戏，它的结果的可能性非常有限，但游戏总体的挑战性并没有因此而减小。有些电子游戏，比如横板卷轴游戏，可能性也很少：要么成功完成挑战，要么被卡住。但是这种行动的范围适合这类游戏。以故事为基础的冒险游戏通常有树状的结构分支以及有限数量的结果。对于这种游戏的玩家来说，探索已确定的可能性就是挑战的一部分。

另外，有些游戏试着为它们的系统创造更多的可能性空间。方法就是将更多的游戏对象引入系统，且定义好对象之间的关系。例如，GTA 系列这样的开放世界游戏，即时战略游戏，以及大型多人在线游戏都用这样的方法来增加游戏结果的可能性。对于更大的可能性空间，期待的结果是玩家有更多的选择空间、有找到游戏中问题的创意解法的机会，以及提升可重玩性，这些都会成为吸引某种游戏玩家的优势。

下面的例子展示了两款有非常相似的对象及相关游戏设计的游戏是如何提供完全不同的游戏可能性，因而创造完全不同的玩家体验的。

《珠玑妙算》与 *Clue*

《珠玑妙算》这款游戏很简单，它是一款双人玩家的解谜游戏，一位玩家出题，另外一位解题，游戏工具参见图 5.5。

谜题由 4 个有颜色的小钉子组成（有 6 种颜色可能），解题者的目标就是在尽可能少的次数中解决难题。过程也很简单：每次游戏的时候，解题者做出猜想，然后出题者给出回馈，告诉他有多少小钉子是（1）正确的颜色以及（2）多少个小钉子是正确的颜色并且是正确的排列位置。而解题人则使用排除法，按照推理试着缩小可能性的范围，用尽可能少的猜测次数解开谜题。

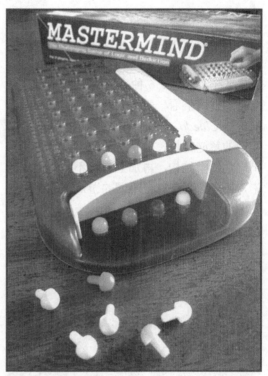

图 5.5 《珠玑妙算》

现在我们看一下这个系统结构。游戏对象就是这些小钉子，属性就是颜色和关系，关系是在出题者设置难题的时候定下来的。在《珠玑妙算》的通常版本中，使用 4 个且具有 6 种颜色的小钉子；允许重复颜色，所以有 6 的 4 次方，即 1296 种排列方式。如果你在其中再加入 1 个小钉子，那就有 6 的 5 次方，即 7776 种可能。[5]如果加 1 种颜色，那么就有 7 的 4 次方，即 2401 种可能。这些选择就是游戏系统结构的一部分，可以定下游戏结果的可能性。

即使你不是数学家，你也可以看出来，在游戏中再加入 1 个小钉子会增加太多的可能性，使得游戏基本上无法进行——或者至少更难了。而再加入 1 种颜色不会造成那么大的改变，但还是会将可能性的数量翻倍，使得游戏更加困难。毫无疑问，《珠玑妙算》的设计师测试了这些不同的搭配，最终决定下来 4 个小钉子、6 种颜色的规格。

现在我们看一下 Clue，这个游戏在欧洲被称为 Cluedo。Clue 有与《珠玑妙算》非常相似的解谜目标，但是这个目标有一个稍微不同的数学结构，再加上一组不同的过程元素，最终结果是完全不同的游戏体验，参见图 5.6。

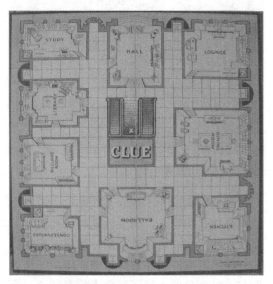

图 5.6　1947 年开发的桌游 Clue

Clue 也是有关逻辑和推理的游戏，目标就是解决一个谜题。但是，Clue 是 3 到 6 位玩家进行的游戏，并且没有什么特殊角色——所有的玩家都试着推导出游戏的谜题。游戏的故事设定就是解决一个有关解谜系统的谋杀案，并且通过纸板和移动系统在游戏过程中增加随机元素。

在数学结构方面，Clue 的谜题有更少的可能性。有 6 个可能的嫌疑人，6 种可能的凶器，以及 9 间可能的房间，或者说是 6×6×9=324 种可能的搭配。从数学方面来讲，这个谜题是比较容易解决的，但是玩家们必须扔骰子，在纸板上进行移动来收集信息进行猜想，这样就限制了玩家猜测答案的能力。这种随机性为那些并没有很好的推理能力的玩家（例如小孩）提供了更加公平的游戏平台，使得更多的人都可以玩。同时，谋杀案这个神秘的设定和彩色的人物为某些玩家提供了更好的游戏体验，因此 Clue 成了"家庭游戏"。

如果将《珠玑妙算》和 Clue 进行对比，可以看出，两者都有相似的游戏目标（例如，解决谜题）。两种谜题都是通过排列组合来产生的（例如，在每次游戏过程中，使用不同的排列组合来制造"随机的"谜题）。《珠玑妙算》有更多的可能的谜题组合。Clue 有更多搜集信息的方法：问询信息的社交结构，阅读其他玩家的脸色等。《珠玑妙算》使用逻辑和推理。Clue 也使用逻辑和推理，但是在系统中加入了随机性（骰子和移动），还有故事（人物和设定）。

做这个比较并不代表设计游戏系统有最佳方式，就如同没有固定类型的游戏玩家一样。但是你也许会发现，在分析一些你最喜欢的游戏的时候，这些游戏都在属性、行为和对象关系方面有成功的系统设计。研究这些系统的动态会帮助你集中于自己的想法和探索过程，帮助你达成自己的玩家体验目标。

练习 5.4：系统动态

现在拿出一个你在练习 5.1、5.2 和 5.3 中做过素材的游戏，看看我们如何通过改变游戏属性、行为或核心对象的关系来改变游戏动态。

1. 例如，如果你选择了《大富翁》这样的游戏，那么就改变每种资产的价格、位置及租金，或者改变移动的规则。如何改变由你来决定，但是要做出有意义的改变。

2. 现在玩游戏。发生了什么？你做出的改变会影响游戏的平衡吗？游戏还是可以玩的吗？

3. 如果游戏系统还是可以玩的，那么再做一次改变。例如，拿出《大富翁》中所有的"积极的"机会卡，只留下"负面或中性的"机会卡。再一次玩游戏，发生了什么？

4. 继续这样做，直到这款游戏失去可玩性。

你做出的主要改变是什么？你认为为什么这个改变最终破坏了整个游戏？

在游戏中经常出现的一种重要系统结构就是经济系统。我要详细讲一下这个结构，因为它包括游戏资源的动态，这也是游戏基本的形式元素之一。

经济

什么是经济（也称为经济系统）？我在第 3 章的资源可用性及稀缺性中简单讲过，有些游戏允许资源交换——与系统（例如，《大富翁》中的银行）或与其他玩家进行交换。

当游戏允许资源交换的时候，这个交换系统就形成了很简单的经济系统。在更加复杂的系统中，也许可以使用现实世界的经济规则，但是更加普遍的是，游戏有严格控制的经济系统，大体上类似于现实世界中的经济系统。即便如此，还是有一些基本的经济理论概念，我们可以将其用作自己的游戏经济系统可行性的预测表。

首先，想要建立经济系统，游戏必须有可以交换的物品，例如，资源或者其他可以交易的东西；进行交易的双方，例如，玩家或者系统银行；以及交易方式，例如，市场或者其他交易机会。经济系统也许有或者没有可以帮助促进交易发展的货币。如同在现实世界中一样，经济系统中的定价方式是由市场决定的。游戏中市场物品的价格可以随意、固定或者由一系列变量决定，这些都由游戏系统设计来决定。而且，玩家所拥有的交易机会可以是完全自由的，或者是对价格、时间、交易对方、数量等进行限制。这里有几个基本问题，在建立游戏经济系统之前，设计师应该问问自己：

- 经济系统的规模在游戏过程中会增加吗？例如，资源是被生产出来的，如果是这样的话，那么这种增长是由游戏系统控制的吗？
- 如果有货币，货币的供给是如何控制的？
- 经济系统中的价格是如何确定下来的？由市场力控制还是由游戏系统来确定？
- 交易双方在交易过程中有什么限制吗？例如，轮流交易、时间、成本或者其他限制？

为了了解游戏如何处理这些经济变量，我们来看一些例子，其中有传统的桌游，也有大型多人在线游戏。

简单的物物交换

Pit 是一个很简单的卡片游戏，玩家之间

可以交换各种商品来达到"垄断市场"的目的。有 8 种商品，每种商品有 9 张卡片。商品的分数各不相同，从 50 到 100。例如，橙子价值 50 分，燕麦 60 分，玉米 75 分，小麦 100 分等。游戏中玩家的数目可以是 3~8 人，在游戏开始的时候，卡组中商品的数量和玩家的数量相等，参见图 5.7。

图 5.7　pit

洗牌，然后将牌平均发给每位玩家。在每局游戏中，玩家进行交换，喊出他们想要交换的卡片数量，但是并不说出卡片上的商品。交换进行下去，直到某位玩家拿到了某个商品的所有 9 张牌——这就是市场上出现了"垄断"。

在这个简单交换系统中有几个特性要注意。首先，系统中产品的数量（例如，卡牌）一直都是稳定的——在游戏过程中并没有产出或者消耗牌；其次，每张牌对于其他牌的价值永远都不会发生改变。在游戏开始之前，价值就是定好的。而且，交换机会由数量所限制——所有交换必须是等量的卡片。除了这一点，交换对于所有玩家在任意时刻都是开放的。

在这个简单的物物交换系统中，游戏中的经济系统由游戏规则严格限制，没有增长的机会，没有基于供给与需求的价格变动，没有市场竞争的机会等。然而，以物易物式的交换系统的目的就是创造一个令人狂热的社交氛围，并没有现实世界经济系统的复杂性。重新梳理一下这个系统中的特性：

- 产品数量=固定
- 金钱供给=无
- 价格=固定
- 交换机会=无限制

复杂的物物交换

《卡坦岛》是一款德国桌游，由 Klaus Teuber 设计，在游戏中，玩家作为新大陆的开拓者而进行游戏。在游戏过程中，玩家建造道路，生产砖块、木材、羊毛、矿石，以及粮食等定居的必需品。这些资源可以和其他玩家交换，可用于建立更多定居点，并且将定居点升级为城市，而城市可以生产更多的资源。

就像 Pit 一样，资源的交换就是游戏的核心部分，除了有以下几点规则，这款游戏中的交换不受其他限制：

- 只有轮到对方的时候，你才可以跟他交换。
- 玩家只能交换资源，而不能交换定居点或者其他游戏对象。
- 一次交换每方必须拿出一种资源（例如，玩家不能单纯地将资源给予他人）。然而，双方可以进行不等量的资源交换。

除了这些限制，玩家可以对其需要的资

源随意进行交换。例如，如果经济系统中缺少砖块，玩家就可以用 2～3 份的其他资源，比如小麦，来交换 1 份砖块。

你可能已经做出判断，《卡坦岛》的经济系统比 *Pit* 的简单交换要复杂得多。其中一个主要不同点是，资源的相对价值会随着市场情况而变动，这个有趣而难以预测的性质在游戏进行过程的每个回合中都会改变游戏体验。如果在游戏中有很多小麦，那么小麦的价格就会立刻下降。如果矿石稀缺，玩家就会非常积极地进行矿石的交换。简单的供给与需求法则给游戏增添了很棒的一个方面，而这是我们在 *Pit* 中没有看到的。

另外一个与 *Pit* 的简单交换不同的是，在《卡坦岛》的游戏过程中，产品的总量会发生改变，参见图 5.8。每次轮到一名玩家时，都会有一个生产阶段，结果由骰子的点数以及玩家定居点的位置来决定。在这个过程中就会有产品加入游戏，然后在游戏轮到第二位玩家时会进行交换并且"消耗"（用来购买道路、定居点等）。

为了随时控制系统中产品的总额，游戏系统包括一种惩罚系统，惩罚手上有太多资源的玩家。当玩家在生产阶段扔出了"7"，那么拥有超过 7 张牌的玩家就要把一半的牌给银行。用这种方法，玩家就不会囤积产品，而是在赚到资源的时候就花掉。

这个经济系统有趣的另一点是，虽然交换系统是完全开放的，但在价值波动上是有限制的。银行会以 4∶1 的比率交换任何资源；这就有效控制了所有资源的价值上限。并且，我们也注意到，虽然交换系统本身是开放的，但交换机会是受玩家轮次限制的。

图 5.8　《卡坦岛》里的可交易资源

两个交换系统最后的区别就是其信息结构。在《卡坦岛》中，玩家藏起自己的手牌，但是生产阶段是个开放的过程，所以关注哪一位玩家在每一轮拿到了怎样的资源，细心的玩家就可以记住一些信息。

- 产品数量=有控制的增长
- 金钱供给=无
- 价格=有上限的市场价值
- 交换机会=由玩家回合限制

练习 5.5：交换系统

在这个练习中，以简单的交换游戏 *Pit* 作为案例，在其交换系统中加入新的复杂元素。一种方式就是为每种商品创造动态改变的价值。

简单市场

我们前面看到的两个例子都是以物易物的交换系统（并不涉及货币），接下来要看的系统就是《大富翁》的简单市场系统。在《大富翁》中，玩家们购买、出售、租借并升级自己的房产，以成为游戏中最富有的玩家。游戏中的房地产市场是有限的——在市场中有 28 处房产（包括铁路和设施）。虽然房产在玩家角色到达对应格子的时候才能被购买，但它们还是有一种随时供应的感觉。

每名玩家在游戏开始的时候可从银行获得 1500 美元，可以用这些钱购买房产或者付租金和其他费用。经济系统的增长是由玩家绕着游戏板的行进速度决定的，通过"起点"就可以获得 200 美元。根据官方规则，银行永远都不会破产；如果银行没有钱了，那么玩家可以用几张纸做出新的纸币。游戏中的金钱和财产如图 5.9 所示。

在交易方面，规则说明，玩家之间的房产购买及交易可以发生在任意时间，但游戏默认的"礼节"是只在其他玩家的回合之间进行房产交易。[3]

游戏中财产的价格是以两种方式确定的。首先，在地契上有面值，如果玩家在某块地上着陆，那么他就可以以这块地的面值购买。如果他无法购买这块房产，那么就会进行拍卖，卖给出价最高的玩家。拍卖的价值不受面值的限制，而之前以面值购买房产失败的玩家也可以来参加拍卖。在购买地产之后，这份财产可以在玩家间以任意商定的价格进行交易。所以游戏中财产第二种、也是更重要的价值就是由玩家的市场竞争所定下来的价值。

- 产品数量=固定
- 金钱供给=有控制地增长
- 价格=市场价值
- 交易机会=无限制

图 5.9　《大富翁》里的金钱与资产

复杂市场

要找到复杂市场经济系统的例子，我们看一下过去两个非常有意思的线上游戏：《网络创世纪》和《无尽的任务》。这两款游戏开创了大型多人在线角色扮演游戏（MMORPG）的先河。

这两种经济系统人体来讲有很多相似的地方，但是设计上有不同的着重点，所以每个系统都有其独特的情况。这两款游戏和其他的网络游戏都有的一个关键相似点就是，它们有持久稳固的经济系统，而这不是一名玩家在单局游戏中就能建立起来的。这就立刻超越了到目前为止我们看过的所有其他例子的复杂度。因为这些游戏中的经济系统具有持久性，同时游戏设计师也努力想创造一种替代世界的感觉，因此有一个猜想是，现实世界中的经济学总是可以应用到这些系统中。

在上述两款游戏中，玩家创造的人物在游戏开始的时候只有少量的资源——在《网络创世纪》中只有一点儿金子，在《无尽的任务》中只有一点儿白金、最低级的护甲及一种武器。玩家必须进入"劳动力市场"来获取更多的资源，参见图 5.10。在游戏中，玩家都是从劳动力市场最底层开始的——杀小动物或者做其他体力活来赚钱。他们可以把劳动成果卖给系统助手（NPC 店员）或其他感兴趣的玩家。除了劳动力市场，玩家可以寻找、制造、购买或出售更加复杂的物品，而不仅仅是那些通过劳动所得的。例如，武器、护甲及魔法物品之类的，就是复杂的"商品"市场的一部分。

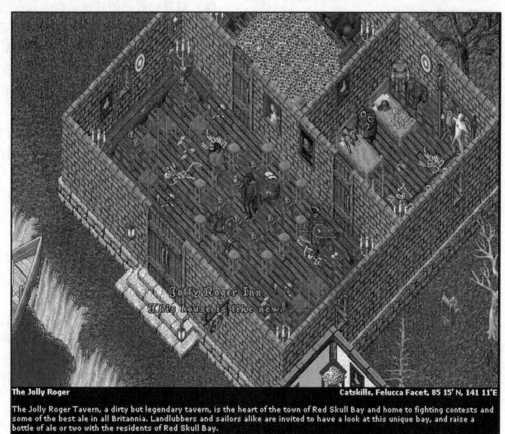

The Jolly Roger　　　　　　　　　　　　　　　　**Catskills, Felucca Facet, 85 15' N, 141 11'E**

The Jolly Roger Tavern, a dirty but legendary tavern, is the heart of the town of Red Skull Bay and home to fighting contests and some of the best ale in all Britannia. Landlubbers and sailors alike are invited to have a look at this unique bay, and raise a bottle of ale or two with the residents of Red Skull Bay.

图 5.10　《网络创世纪》里可以让玩家自己运作的场所

在这两款游戏中，商品和劳动力都是以两种方式进行交易的：玩家与玩家和玩家与系统。在这两款游戏中，玩家与系统的交易是由游戏设计师来控制的，一方面控制低端劳动的"就业"稳定性，另一方面也鼓励玩家与玩家交易稀缺物品。例如，店员通常会买下任何玩家出售的物品，即使在市场中有大量的这种物品。这就可保持新手一直都处于"忙碌"的状态。另外，店员也会买下高端的物品，但是出价不会比玩家与玩家交易的价格高，所以就会鼓励玩家在其他市场中寻求更高价格。

使用这种方法，游戏就模拟了现实世界中的市场的一些重要特性，在有些方面和现实世界相反。针对稀缺或独特的物品进行高水平商业活动的玩家来说，供给和需求是一个因素，但是对于只是想开始游戏的新手来说并不是。

游戏系统中产品的数量是由游戏设计师控制的，虽然《网络创世纪》最开始试图创造一个自我调控的系统，资源在系统内循环，被其他玩家"消耗"的时候可以作为其他生物或其他资源而重生。但这很快变成了由设计师直接控制的流入经济系统的资源。这样做有几种原因，其一就是由于玩家有积聚游戏物品的倾向，这会限制在游戏中循环的产品总量。

在这两个游戏以及其他现代 MMORPG 中，元经济（也称为游戏外经济）通常是从官方游戏玩法中分离出来的，这其中的角色和游戏对象可以在现实世界的市场中在玩家之间进行交易。在 eBay 网上有些在售的财产价格高达几百美元，由角色的级别和装备来确定。虽然在这些 MMORPG 中，这些元经济并不是计划中的特性，但有些游戏却在设计过程中就将其包含在内。

- 产品数量=有控制地增长
- 金钱供给=有控制地增长
- 价格=有基础的市场价值
- 交易机会=无限制

元经济

《万智牌》是另一个历史悠久的有趣的游戏，它是集换式卡牌玩法的起源。《万智牌》跟我们看过的其他示例游戏有些不同，因为游戏本身不包括交易或者交换成分。《万智牌》的核心系统是决斗，玩家使用自定义设计的卡组来互相战斗。这些卡牌是由玩家个人购买的，它们构成了元经济的中心资源。

《万智牌》于 1993 年由 Richard Garfield 设计，Wizards of the Coast 公司发行，这个游戏公司的本部在西雅图，参见图 5.11。当时，Garfield 是惠特曼学院的一名数学教授，也是兼职游戏设计师。Wizards 公司邀请他设计一种快速、有趣，并且可以在一小时内完成的游戏。Garfield 想出了一种拥有交换卡片或者弹珠性质的游戏，与 Strat-O-Matic Baseball 的性质结合在一起，玩家可以自行组队进行比赛。结果就是一种集换式卡牌游戏。在第 7 章的 Garfield 的专栏中可以读到更多相关资料。

正如上面所提到的，Garfield 设计的游戏是一个幻想题材的双人对战游戏。每名玩家有一套卡组，包含不同的法术牌、生物牌及地牌。地牌可以提供神力，使法术生效。这些法术可以召唤生物，用于攻击对方，这看起来很简单，可是事实上，一组基本的游戏卡牌并不会包括系统中所有的牌，这只是所有卡牌中很小的一部分。游戏鼓励玩家购买额外卡包，将自己的卡组升级为最新发售的版本。当然，对我们的经济系统的讨论来说，重要的是玩家间可以购买或者交易卡牌，他们确实非常热衷于做这些事。在全世界范围内，网络极大地促进了《万智牌》以及其他集换式卡牌交易市场的壮大。

图 5.11　《万智牌》的卡牌

　　游戏的发行商有这个经济总体形势发展的控制权，因为他们可以控制发行多少卡牌——有些卡牌非常罕见，有些不太常见，而其他的因为太泛滥而价值很低。但是发行商无法控制的是，卡牌被购买之后，会在哪里、何时被交易，并且除了稀有度，他们无法控制这些游戏对象的价格。

　　收集性特征及游戏对象的交易构成了《万智牌》中的元经济，但还有一个游戏内置的方面起到了作用。玩家从他们的卡牌收藏中选出卡牌组成套牌，调整牌的数量、生物和法术的种类来击败对方。

　　这个构建并测试牌组以获取胜利的过程类似游戏设计师在测试游戏系统平衡时所做的内容，当然，《万智牌》的设计师们会努力保证任何一张卡牌或任何一套卡组都不会太过强大以至于使游戏失去平衡。但是最终有关资源平衡的决定权是留在玩家手中的，并且受到元经济的巨大影响。

　　《万智牌》系统的开放性及其作为游戏和商业的成功，都成为交易游戏题材的起源。正如在线游戏一样，很显然这些游戏的成功主要基于它们对游戏内经济和游戏外经济的管理。

- 产品数量=有控制地增长
- 金钱供给=无
- 价格=市场价值
- 交易机会=无限制

　　随着游戏的"免费游玩"模式的兴起，游戏行业的元经济已经越来越成为设计的重要元素。在这些游戏中，玩家可以免费玩基本的内容，但是他们被游戏架构鼓励去购买包含额外资源、角色或者其他物品，以加快或者提高他们的玩法体验。这种模式的一个很好的例子是《部落冲突》（*Clash of Clans*），这是一个社交策略游戏，由一种绿色"宝石"的基础资源来驱动游戏的进行。玩家一开始有 500 个宝石，他们会用其中 250 个来完成他们的教程。玩家可以通过完成游戏内的目标或用现实世界的货币购买来获得更多的宝石。和之前讨论的《万智牌》的元经济类似，这意味着玩家如果愿意在这种微交易中投入金钱，可以显著提升他们的战斗力。如今的移动游戏非常依赖于这种低门槛的游玩模式再加上鼓励玩家在玩的时候额外付钱的设计框架。

如你所见，游戏有各种各样的经济系统，有简单交换，也有复杂市场，甚至是现实世界中的市场。设计师的任务就是将经济系统与游戏的整体结构联系起来，并确保它们能支持令人满意的游戏体验。经济系统一定要直接与玩家在游戏中的目标有关，而且要达成资源的相对有效性和稀缺性的平衡。玩家的每个与经济系统有关的行为要么促进、要么阻止其在游戏中的推进。在"免费游玩"的游戏中，更重要的是要思考玩家在游戏中何时和是否会觉得自己需要花钱。

总的来说，经济系统有潜力将简单的游戏系统转变成复杂的游戏系统，如果你富有创造力，那么就可以使用这种方式使玩家们进行互动。对于游戏社区建设来说，最好的办法就是在社区中植入经济系统，使得这个社区内的社交本身变成一款游戏。

发展新型的游戏内经济系统是现代游戏设计刚刚开始探索的领域之一。由于有了《部落冲突》这样的成功游戏和移动游戏这样在游戏经济和现实经济之间架起桥梁的经济模型，我们才刚刚开始理解这些系统的威力。经济模型与社交互动之间的良好融合是提升未来游戏体验最有可能的一个方面，在接下来的十年中，我们将会看到新型游戏经济系统的兴起，一定会颠覆我们对于游戏概念的理解。

涌现式系统

我提到过，一个动态的游戏系统会展现出复杂而难以预料的结果，但是这并不意味着其底层系统必须在设计上就很复杂。实际上，在很多情况下，如果将很简单的规则设置为动态的话，就会产生无法预料的后果。大自然中就有很多这样的例子，我们称之为"涌现"。例如，一只蚂蚁就是很简单的生物，它自己的力量很小，根据很简单的规则生活。但是，当很多蚂蚁在同一群居点进行互动，每只蚂蚁都遵循着这些简单规则时，有可能出现涌现式的智能。通过集体协作，蚂蚁有能力进行复杂的工程建设、防卫、食物存储等。同样地，研究人员相信人类意识也是涌现的产物。在这种情况下，脑海中百万种简单的"作用力"相互作用，创造出理性思维。关于涌现这个话题已经出版了很多本图书，它们探索了毫无联系的自然现象之间的关联。

有关涌现的一个实验，对游戏设计师来说很有意思，叫作 Game of Life。（这与 Milton Bradley 的桌游 *The Game of Life* 没有关系。）这个实验是在 20 世纪 60 年代由剑桥大学的数学家 John Conway 进行的。他对一个想法很着迷：基本元素根据简单规则一起运行，就会产生复杂并无法预测的结果。他想要创造这个现象的一个简单的例子，简单到可以在类似棋盘的二维空间中进行观测。

基于之前数学家们的研究成果，Conway 设置的规则就是使棋盘上的方块根据周围方块的情况"打开"或者"关闭"。他就像是游戏创作者一样，几年间他和剑桥的几位同事一同设计、实验以及修正不同的规则。

最终他做出了这样一套规则。

- 出生：如果未填充方块被三个填充方块所包围，在下一代，这个未填充方块就成为填充方块。
- 孤单致死：如果一个填充方块周围有少于两个填充方块，那么在下一代，这个填充方块就成为未填充方块。
- 人口过剩致死：如果一个填充方块周围有至少四个填充方块，那么在下一代，这个填充方块就成为未填充方块。

Conway 和他的同事们在棋盘上放置围棋的棋子来代表填充方块，然后他们手动执行规则。他们发现，不同的开始情况会演变成非常不同的结果。有些很简单的开始状况最后可以变成填满棋盘的漂亮图案，有些最开始扩展得很开的情况到最后可能什么都没有。在一组叫作 R Pentomino 的配置中发现了很有意思的事情。图 5.12 所示即为 R Pentomino 的初始位置，接下来是演变产生的几代图案。

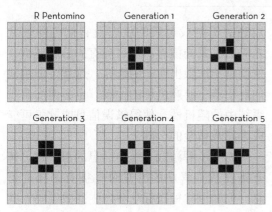

图 5.12 R Pentomino 的几代

Conway 的一名同事 Richard Guy 持续用这套配置来进行实验。他按照规则进行了

大概 100 轮，并且观察出现的图形。突然，一组沿着棋盘"行走"的方块出现了。Guy 向小组其他成员指出，"看，我的小方块在走路呢！"[4]Guy 继续研究这套方块，直到它走出这个棋盘。他们小组将这一现象称为"滑翔（Glider）"。滑翔指的就是一套小方块以某种形状来沿着棋盘行走。图 5.13 显示的便是 Guy 的实验结果。

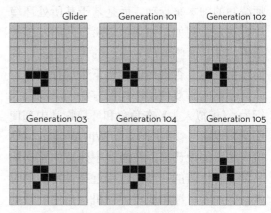

图 5.13 "正在走路"的滑翔循环

Conway 的系统被命名为 Game of Life，因为它说明了：复杂如生命的活动可以由一个十分简单的起点形态发展而来。有几种线上模拟器，你可以下载来尝试一下。你可以使用不同的规则，并且可以创造你想要的初始图案。

涌现式系统对于游戏设计师来说很有意思，因为游戏可以使用涌现式的技术来做出更加使人信服及难以预测的景象。像《模拟人生》、*GTA3*、《光环》、《黑与白》、《皮克敏》（pikemin）、*Munch's Oddysee* 及《合金装备 2》之类的游戏都在游戏设计过程中尝试过涌现式的属性。

第 4 章中讲过一个有趣的例子，就是《光环》系列中的角色 AI。非玩家角色有三种驱使其动作的要素：（1）对于周围世界的感知（听觉、视觉及触觉）；（2）世界的状态（对于敌方及武器地点的记忆），以及（3）情感（在受到攻击的时候恐惧度会增加等）。[5]这三套规则相互影响，成为一个角色的决策系统。这样就产生了这些游戏角色在游戏中的非常仿真的行为。非玩家角色并不遵循设计师编写的脚本来行动，而是基于其所处环境自行决定。例如，如果他们所有的朋友都被杀害，并且面临着敌方猛烈的炮火猛击，他们就会逃跑；否则他们会留下来进行战斗。

不同的游戏使用不同的方法创造涌现式行为。《模拟人生》在角色和环境物品中都使用简单规则，参见图 5.14。Will Wright，《模拟人生》的设计师，在游戏中建造的家居物品都是有价值的。当角色接近某种物品的时候，例如床、冰箱或者弹球机，角色的规则就会和物品的规则产生相互作用。如果一个

角色的规则表明他困了，那么可以用来休息的物品，例如床，也许就会吸引他的注意力。

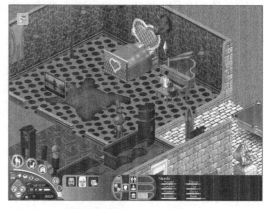

图 5.14　《模拟人生》

之前所有的例子中都有相同的概念，即简单规则在系统中进行互动的时候可以引发复杂的行为。这个概念是如今游戏中令人兴奋且快速发展的一个方面，并且对于实验与创新十分开放。

与系统进行互动

游戏设计是为了与玩家互动，而且其互动系统的结构完全与互动的本质联系在一起。在设计互动体验时需要考虑的事情如下：

- 玩家对于系统状态了解多少？
- 玩家可以控制系统的哪些方面？
- 操控是如何构建的？
- 系统给玩家怎样的反馈？
- 这会怎样影响游戏体验？

信息结构

为了在游戏进程中做出决策，玩家需要

知晓关于游戏对象的状态及它们当前彼此之间的关系的信息。玩家拥有的信息越少，他们越无法做出明智的选择。这就会影响他们对于整个游戏进程的控制，也会增加游戏系统中的随机性，使得错误信息或欺骗可能成为游戏体验的一部分。

为了了解游戏系统中信息的重要性，想一下在玩你喜欢的游戏时你拥有怎样的信息。你知道你每次行动会产生的效果吗？其他玩家呢？有没有只在限定时间内能获得的信息？

在游戏中如何组织信息对于玩家决策有很大的影响。在经典的策略性游戏，例如，

在国际象棋和围棋中，玩家对于游戏情况完全掌握。这就是开放信息结构的例子。开放结构强调玩家全面了解游戏状态及进程。这通常允许系统中包含更多基于计算的策略。如果这就是你想在系统中鼓励的玩法，那么你需要保证重要信息是向所有用户开放的。

另一方面，如果你想创造由猜测、虚张声势或欺骗为基础的玩法，你也许要考虑向玩家隐藏信息。在一个隐藏信息的结构中，玩家并不了解对手的游戏状态的相关数据。一个不错的例子就是扑克的梭哈游戏，所有的牌都是牌面朝下的。在这个游戏中，玩家能获取到有关对方卡牌的唯一信息就是对方有多少张牌及他们是如何下赌注的。这种隐藏信息结构允许一种不同的策略的发展——基于社交线索及欺骗来进行决策，而非计算。这会吸引一批完全不同的玩家。

练习 5.6：隐藏信息

许多策略性游戏有开放信息的结构，允许玩家充分了解游戏情况。举例来说就是国际象棋、围棋等。挑选一款有开放信息结构的游戏，对系统进行改变，使游戏中有一个隐藏信息元素。你也许需要在游戏中加入新的概念来完成这一点。测试你的新设计。加入的隐藏信息对于策略有什么影响？你认为为什么会变成这样？

许多游戏会混合使用开放信息和隐藏信息，这样玩家就会得到一些敌方状态的数据，但并非全部。这种混合信息结构的一个例子是七张梭哈。在赌博过程中，有些牌面朝上，有些牌面朝下，给予玩家一部分对方的信息。混合信息结构的另外一个例子就是21点，原理和七张梭哈相同。

玩家所得到的有关对方状态的信息量通常随着游戏的进行而发生改变。这也许是因为他们通过与对方互动而得到信息，或者因为游戏中有动态信息结构的概念。例如许多即时战略游戏，比如《魔兽争霸》系列，使用"战争迷雾"的概念向玩家提供对方的动态信息。在这款游戏，玩家如果将自己的玩家单位移到对方领地，就可以了解对方领地的信息。当他们将单位移开对方领地的时候，信息就会被冻结，直到另一单位进入领地。

动态地改变信息结构为基于信息的策略和基于欺骗与计谋的策略之间提供了动态平衡。在极大程度上，这种先进的信息结构在电子游戏发明之后，以及电脑可以精心安排玩家之间复杂互动之后才有可能实现。

练习 5.7：信息结构

在《虚幻竞技场》、《帝国时代》、*Jak II*、*Madden 2004*、*Lemmings*、*Scrabble*、《珠玑妙算》，以及 *Clue* 中提供了哪种信息结构？是开放、隐藏、混合还是动态信息结构？如果你不知道其中的某款游戏，也可以选择我没有提到的一款游戏用以替代。

操控

游戏系统的基本操控直接与其物理设计有关。桌游或卡牌游戏通过直接操作游戏元素来进行操控。电子游戏也许需要键盘、鼠标、摇杆、多点触控或者其他种类的操控器械。主机或 PC 游戏通常会提供专用的控制器。街机游戏通常使用游戏特有的操控器。这些操控中的每种都最适合特定的输入类型。由于这一点，需要特殊输入的游戏在某些游戏平台上就要比其他的更成功。例如，要求输入文本的游戏在游戏主机上就没有在电脑上那么受欢迎。现在的设计师有很多操控方案可供选择，每种都适应不同的游戏情况。例如，像 Kinect 的手势控制就会提供全身输入的可能。这对于那些在游戏中需要更大的身体动作、更多地关注运动的情绪和体验而不是精确的输入的游戏来说，是很有用的。最近，我们看到在移动平台和其他平台上出现了更多对语音控制的利用。家用控制系统，比如 Amazon Echo 或 Google Home 能够玩简单的口头游戏，这也带来了有趣的创新机会。

并不是一种操控系统就比另一种要好。重要的是操控系统是否能完美匹配游戏体验，而决定用哪种操控系统就是设计师的工作。我鼓励你想一下自己喜欢玩的游戏。你喜欢哪种操控？你比较喜欢直接操控游戏元素吗？例如，在第一人称射击游戏中移动自己，还是喜欢间接操控，例如《模拟城市》？你喜欢《愤怒的小鸟》这样的操控吗？喜欢 Kinect Star Wars 的手势控制吗？这些决策对你设计哪种游戏以及如何构建游戏有巨大的影响。

直接控制行动可以让玩家简单直接地影响游戏状态。玩家也可以直接控制其他输入，例如，物品的选择、直接呈现的选项等。然而有些游戏并不提供直接控制。例如，像《过山车大亨》这样的模拟游戏，玩家无法直接控制主题乐园中的游客。相反，玩家可以改变过山车的变量，试图以更低的价格、更高的吞吐量或者更好的乘坐体验使过山

车项目更有吸引力。这种游戏为玩家提供间接控制以影响游戏状态，它不会让玩家直接达成想要的改变，在特定游戏系统中也可以提供一种很有趣的挑战，参见图 5.15。

图 5.15　间接控制：《过山车大亨》

当设计师选择向玩家提供哪种操控的时候，他正在为游戏做一个很重要的决策。这个选择会决定玩家在游戏系统中的顶层体验。操控通常包括游戏过程中反复性的过程或者动作。如果这个基本动作很难进行、违反直觉或仅仅是不好玩，那么玩家可能就会放弃玩这款游戏。

除了决定操控是什么样的，设计师还要考虑彻底限制一些元素的操控。我在谈论设计冲突的时候就说过，游戏之所以具有挑战性，是因为玩家不能单纯选择最简单的方式解决问题。这在设计操控的时候也适用。有些游戏在玩家操控方面给予高度自由。例如，第一人称射击游戏就允许在环境中进行自发性的实时动作。其他游戏会限制玩家操控，使用这个结构来提供部分挑战。例子就是回合制策略游戏，例如围棋。

你如何决定允许玩家有怎样的操控？

这是设计过程的中心环节。如果你思考一下你熟悉的游戏，想象一下取消某些输入方式，那么你可以看到不同种类的输入对游戏的影响。

例如，我们看一下即时战略游戏，例如，《星际争霸 2》。在这款游戏中，玩家选择某些农民去采集水晶，其他的去采集气矿等。给定时间内多少玩家单位在做这些任务是一个可用性控制问题。如果这个控制分配的机会被移走了呢？想象一下，如果设计师决定系统会一直分配50%的可用农民去采集水晶，其余50%去采集气矿，系统会怎样运行？取消这种玩家输入会如何影响系统？会在不同玩家资源之间创造太多平衡吗？会消除游戏体验中无聊的部分吗？还是会使游戏失去重要的资源管理部分？这些就是设计师考虑在游戏中给予玩家多少以及哪种操控的时候要面临的问题。

练习 5.8：操控
对于在练习 5.7 中提到的同样游戏，描述其使用的操控方法：直接还是间接，实时的还是回合制的。有没有这些方法混合在一起的情况？

反馈

另外一种与系统进行的互动就是反馈。当我们在日常对话中使用"反馈"这个词的时候，通常指的是我们在一次互动中得到的反馈信息，而不是我们要如何处理这类信息。但是在系统术语中，反馈指的是一次互动的输出和另一系统元素的改变之间的直接联系。反馈可以是正面的，也可以是负面的，而且可以提高系统的发散程度和平衡性。

图 5.16 所示即为两种不同游戏积分系统的反馈循环。

在左边的例子中，如果玩家得到一分，就能额外行动一个回合。这就代表了得分的正面影响，为这位玩家带来了优势。而另一

图5.16　"正面"和"负面"反馈的循环

方面，右边的负面反馈循环效果相反。在这个例子中，每次玩家得到一分，就轮到另一个玩家。这就获得了在两位玩家之间平衡的效果，而不是允许一名玩家获得越来越多的优势。

"正面"以及"负面"是含有感情色彩的词汇，游戏系统理论使用"加强"以及"平衡"来代替它们。通常来讲，加强关系就是一种元素的改变直接导致另一种元素同方向改变。这也许会使得系统走向一个极端。在平衡关系中，一种元素的改变会导致另一种元素的反方向改变，使得系统趋于平衡，参见图 5.17。

例如，在 *Jeopardy !* 游戏中，当玩家正确回答了问题的时候，他就持有了对游戏的控制权。这就在回答下一问题时给领先玩家以优势，加强其在游戏中的领先地位，使得游戏朝对其有利的方向发展。这就是加强关系，或者强化循环。我们还可以对同样的反馈关系举出相反的例子，就是如果 *Jeopardy !* 中的玩家回答错误时，会被迫禁止回答下一问题。这不是游戏中的规则，但是如果是的话，就会加强答错问题的惩罚。

强化循环会带来稳步增长或稳步衰落的游戏体验。许多游戏将玩家选择与强化循环相结合，从而使游戏走向不平等的结果，为玩家制造令其满意的冒险/福利情境。如果想要阻止游戏太快结束，就要使用到平衡关系。

平衡关系试图阻止改变所造成的影响。在平衡关系中，某种元素改变的结果就是另一种元素反方向的改变。平衡关系的经典例子就是橄榄球。当一队得分时，球就要交给另一队。这就会给未得分的队伍带来动力，试图平衡对方得分所带来的影响。如果这种优势给了得分队伍，这就会成为加强关系的例子。

有些平衡关系并不是很容易辨认出来。例如，桌游《卡坦岛》中有一个规则，试图平衡任一时间每名玩家所拥有的资源数量。在这款游戏中，每次扔两个 6 面骰子，扔出数字 7 的时候，手中有超过 7 张牌的玩家就要放弃一半的牌。这个规则的效用就是阻止富有的玩家变得太过强大，以使游戏很快结束。

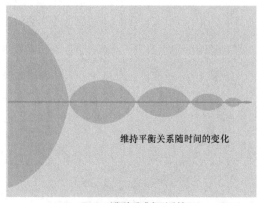

指数增长与行为分歧随时间的变化

强化关系或正面反馈

维持平衡关系随时间的变化

平衡关系或负面反馈

图 5.17　强化关系与平衡关系随时间的变化

为了优化游戏体验，一名好的设计师必须能够估计游戏的进度快慢，理解在系统中是否有由强化循环所造成的增长或是衰落，并且了解何时及如何应用平衡因素。

互动的循环和弧

作者：Daniel Cook

Daniel Cook 是 Spry Fox 的首席创意官。他设计的游戏包括 *Alphabear*、*Triple Town*、*Realm of the Mad God*、*Tyrian* 等。他在业余时间也会在 Lostgarden 网站上写一些关于游戏设计理论和游戏商业的东西。

所有的游戏（实际上是所有的交互系统）都由被称为互动循环的基本结构元素组成。它描述了玩家如何和游戏互动以及游戏如何响应玩家。一旦你学会了在游戏中找到它们，你会发现它们给你带来了一种强有力的分析工具，让你找出坏掉的系统和困惑的玩家背后的问题。

互动循环可帮助你理解：

- 玩家如何学习你的游戏。
- 玩家学到的技能以及学到这些技能的顺序。
- 你的游戏出故障并且引起困惑的具体部分。
- 游戏中最简单和最复杂的互动之间是如何产生联系的，玩家关心的是什么及玩家为什么会关心。

互动循环

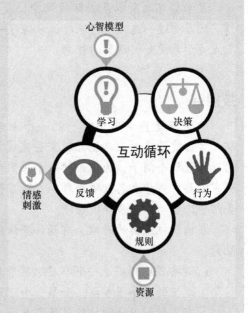

游戏中的任何互动都包含以下步骤：

1. 玩家开始游戏的时候有一个**心智模型**鼓励他们去……
2. 做一个**决策**去……
3. 应用一个**行为**，以实现……
4. 操纵游戏的**规则**，而作为回应……
5. 收到了……的**反馈**
6. 升级了他们的**心智模型**。或者，换句话说，他们开始学习游戏的系统如何运作了。

然后玩家一次又一次地重启互动循环，来更多地练习一个特定的技能。或者玩家觉得他们做的事情没什么价值，于是开始了一个全新的互动循环。

想一下，在任天堂的《超级马里奥兄弟》中，马里奥学着去跳跃。

1. 你把手柄递给一个新玩家。他们从来没玩过马里奥，不太知道该怎么做。但是他们注意到了手柄上有按键，并且他们有一个不错的已有的心智模型，让他们知道要如何和按键互动。

2. 他们并没有很多已有的信息来评估成本和收益，因此他们把顾虑抛到脑后，随机选了一个按键。即使对于一个未知系统的随机取样也会教会他们一些东西。

3. 然后他们按下了按键。

4. 游戏规则，游戏中的神秘黑盒，开始执行隐藏的代码。时间，一个抽象的资源，开始向前推进。此刻玩家心中有期待，因为他们不知道可能会发生什么。如果这个系统是完全未知的，那么玩这个系统可能一点儿都没意思。

5. 终于，计算机在屏幕上生成了视觉的反馈，马里奥跳了起来。这是一种功能性反馈的形式，因为它告诉玩家黑盒是如何运行的。

6. 啊哈！通过进行了几次互动循环，玩家升级了他们的心智模型，他们知道按下 A 键可以让马里奥跳起来。这种重复的因果带来的领悟就是掌握的时刻，玩家获得了一种去操纵世界的新的心智工具。

互动循环之所以是循环的结构，是因为只有在不断重复每一步之后才能成功掌握操作。玩家通过一遍又一遍地尝试来练习一个技巧。他们每一次从游戏中取样，都会获得一点点关于系统如何运作的信息。

技能链

跳跃不是马里奥中唯一的一个互动循环。掌握更简单的互动能让玩家去完成复合的互动。举个例子，为了杀掉一个板栗仔，玩家需要首先学会怎么跳和移动。然后他们会组合这些动作去杀掉板栗仔。

在构筑技能链的时候，有两件事情值得注意：

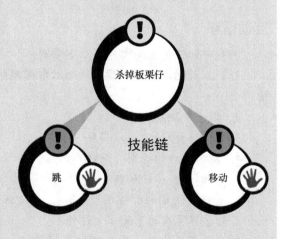

- 这些循环构成了一个有层次的节奏，这里的顺序很重要。如果一个玩家没有先学到低阶的技能，他们就会在学高阶技能的时候被卡住。如果一个玩

家无法学习你的游戏里的东西，那你就要先确保他们完全掌握了需要的技能。

- 这棵技能树的每一个节点都包含一个独特的互动循环，含有上面列出的相同的步骤。如果你的游戏出现了问题，你可以放大特定循环中引起问题的特定步骤。

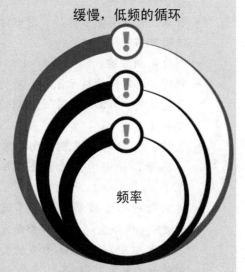

缓慢，低频的循环

频率

快速，高频的循环

频率

在整个游戏过程中，互动循环会以不同的频率发生，或者时间长短不同。像跳跃这样的技能差不多每秒都在使用，而每一关可能只有不多的几次杀死板栗仔的操作。通过理解游戏的互动循环，你就能更好地理解游戏的节奏。

何时使用互动循环

我在规划游戏中想让玩家学习的技能时就会考虑互动循环。互动循环和与它们相关的技能链形成了一个绝妙的结构，有条不紊地构建起了一个玩家的"智慧"，也就是对一个复杂系统的全盘的、直觉的理解。随着玩家在游戏的进程中行进，他们建立了一个心智模型，这里面包含所有成功和失败的经验，这些经验帮助玩家辨析游戏中各种选择造成的分支和游戏发生改变后产生的差异。互动循环丰富的游戏架构可让玩家能够带着自信和一套灵活的、验证过的心智工具去面对意料之外的新情况。

最快的交互循环是即时的，每个循环往往少于 200 毫秒。最慢的循环则是基于成长的 MMORPG，可能会长达数周甚至数月。

互动弧

互动弧是在游戏中发现的另一种结构性元素。和用来学习技能的循环不同，弧是用来传递唤起情感的内容的，就像故事和电影里的一样。

弧和循环有类似的结构。玩家从一个心智模型开始；他们对一个规则系统执行一个行为，然后收到反馈。在典型的弧中，心智

行为

规则

模型

弧

反馈

模型通过一系列预先设想好的练习及唤起的刺激被不断地升级。内容的作者的普遍目标是

尽可能高效、有效地传达关键想法。

想一下《超级马里奥兄弟》的结局。你刚刚通过让酷霸王掉进岩浆而击败了最终 boss。

- **心智模型**：你知道你击败了强大的敌人，在过去，这里往往会跟随着一个有奇诺比奥在的小过场。

- **决策**：你没有很多选择，所以你决定往右跑。

- **行为**：朝右跑。

- **规则**：游戏向你展示了一些新的视觉反馈。屏幕上几乎没有别的模拟了。

- **反馈**：你看到了进展！向你表示感谢，并告诉你你的任务结束了。

- 这对你的心智模型是一个丰富的更新。"公主"这个符号触发了你大脑中所有与她相关的知识的一个聚集。"任务"这个词也一样。你把二者通过自己的意会混合到了一起。这个过场内容传递的弧就完成了。

An arc delivering a narrative payload in Super Mario Bros.

这个弧是用来传递这些很仔细地被处理过的信息流的。你还会发现许多弧具有以下功能。

- **简单的模块化行为**：比如翻页或者看一部电影。或者，在马里奥的例子中，向右走。这些基本上不会带来玩家的表达，因为技能不是目标。你想让玩家尽可能容易且快速地接触到内容。

- **简单的系统**：向玩家展示内容。书的一页是一个简单的系统，以文本的形式向玩家传达了内容。

- **唤起式的反馈**：能够通过一些独特、有趣或有用的方式来连接已存在的心智模型。对于弧来说，信息流的 99% 都是反馈，行为和规则只是去往终点的方式。一旦这个信息流被顺利送达了，我们就没有必要重复进行互动弧了，因为它的使命已经被达成，它已经没有价值了。注意，在互动循环里，我们几乎看不到这种暗含着各种信息的反馈，因为互动循环的反馈都是直白的，而且它也是刻意保持这种直白的。

一个循环可能会被执行成百上千次，而一个弧一般只会被执行一次或两次。游戏完成后，只有非常少的玩家会重来以获得新的洞见。就像电影看过一次、书读完一遍，就不会重新再看。也许有的玩家很久之后会回来寻找一种怀旧的、舒适的或者略有不同的感觉，但是大部分人不会。在一个游戏的过程中，一个弧是一个让你几乎立刻离开的循环。

弧通过故事来传递成功的经验

弧可以通过故事来告诉你成功的经验，这是前人探索过的一条理想的黄金路径。最好的故事能给你上一堂课，无论它是提供了有用的、积极的信息，还是消极的信息。一个聪明的女人可能会告诉你通过一个关卡的最好的方式，或者一个需要避免的危险。这是一条绝好的学习捷径。一个告诉你如何建造一座坚固桥梁的故事，或者一个成功处理了糟糕人际关系的故事，可能会为人们节省数年为了在这些事情上取得成果所付出的努力。

然而，如果脱离了互动弧中的情境，人们所获得的知识可能就不是那么适用了。就算是只对原有情境做一个小小的改动，人们的"收获"也会立马失去直接使用的价值。当然，"纸上谈兵"和"亲身实践"总会有不同。因此，互动弧和互动循环并没有优劣之分，它们都是服务于游戏设计的重要工具。

弧的序列

和弧有关的一个常见的游戏设计问题是互动弧的过程很快就会被玩家完成，只有极少的人会想再次投入这种造价高昂的体验之中。通过规定弧的发展

序列，可以让弧留存的时间久一点儿。这是一个已经被验证过的技巧，并且也是在许多对内容弧进行"保鲜"的商业尝试中得出来的。书中的书页和电影里的场景都体现了弧的序列。依赖固定序列的内容弧来获取持续收益的公司总是为创作新内容忙得焦头烂额，因为如果不对内容进行更新，它们的生意就会逐渐衰落。而游戏工作室为了维持运营而推出游戏拓展包的行为，正是陷入了这种困境。

将循环扩展成弧

当你在分析你的游戏时，每一次互动循环的过程都可以用一条弧来记录，而任何互动循环都可以用一系列的这种记录弧来描述。这种井井有条的描述被称作"已展开的循环"。在展现一个人的个人经验的增量时，这种描述特别有用。然而，这样扩展的循环无法展现通过循环来描述的广阔的可能性空间。循环可以简单而聪明地描述结果的范围，而扩展后的弧只能费劲地描述单一的样本。

游戏建筑学：结合使用循环与弧

因为循环和弧总是互相嵌套并紧密联系的，所以在实际的设计过程中你会发现这两个东西总会黏在一起。是循环和弧架起了游戏的"高楼"。你可能觉得这两个概念有点儿难区分，最简单的区分方法就是：一个是可以重复的，而另一个不能重复。

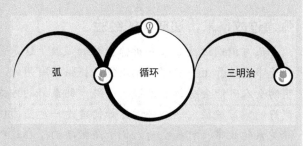

循环和弧结合使用的经典案例就是叙事类游戏。一种简单的结合方式是在玩家参与互动循环的部分插入一个互动弧。这会使得一段体验呈现经典的三明治夹心结构：过场动画——玩——过场动画。

然而，除了这些，这两种结构还有更多的结合模式。

- **平行弧**：在一款经典的游戏里，一段满载感情的音乐就可以视作一个与游戏核心的互动循环齐头并进、平行发生的弧。

- **关卡弧**：这种弧引导着游戏中每一个关卡的发展，它为玩家对核心游戏循环的变化的探索提供了情境。这个弧要达成的目的是让玩家吸取经验，故而它是一条通过关卡的黄金路径，但是这个弧可能会特意让玩家卡在关卡的某处，并使其接受各种挑战。

- **微平行弧**：像《半条命》这样的游戏，它对于以上两种弧进行了结合使用，在你通过关卡的过程中，游戏中会穿插许多小片段来引起你的情感共鸣。

传统媒介中同样存在这些结构。以书为例，当你仔细研究《圣经》时，你会发现它有着非常独特的形式。是的，从开始读这本书到读完它，你都只会觉得它就是普通的故事弧线。但是它是被嵌套在一个庞大的互动循环里的，而这个循环就是我们日常所说的宗教。这个互动循环跟游戏内的比较相似，它包含从祈祷的仪式到为了布道而去钻研《圣经》等一切互动的活动。这其中蕴含的内容弧向信徒们传达了《圣经》这本"规则说明"里的各种信息，而这都是为了"宗教"这个巨大的、主要由各种互动循环构成的"游戏"服务的。

即使是在上述的那样复杂的案例中，只要我们能理解循环和弧的概念，就能够分清这个系统中的各种行为。但人们从来没有逻辑性地表述过循环这一概念。内容的消费者们总能注意到弧的存在，并在最终对其进行评论，而没有看到背后有一个循环在驱动着这一切。即使玩家不能清晰地认识到这一系统结构正在推动着他们学习知识与技能，但事实就是事实：是循环向人们清楚地描述和有效地传达了一个游戏的规则，而宗教就是一个能够很好地展现这一点的例子。请对你的游戏也进行同样的循环解构，并分析组成这个循环的圆圈的各个部分。

梳理现有游戏中的循环与弧

近些年，在游戏中加入循环与弧的复杂结合成为各种类型的游戏的常态。而成熟的游戏类型通常会向游戏里塞满各种抓眼球的（同时制作昂贵的）内容弧来挽回那些之前已经对游戏感到厌烦的玩家。这使得我们很难看清这些游戏背后的关键结构。

我经常对各种受欢迎的游戏做一个练习。我会去辨清它们的循环与弧，并且移除游戏的各个部分，来看游戏剩下的部分是否还能正常运转。

首先，请你选一个你最喜欢的游戏类型（比如平台类游戏），并移除以下内容：

- 不含技巧的叙事序列。
- 像角色、美术或音乐这样激起情感的主要因素。任何能够让你想起一个大品牌或著名知识财产的元素。
- 像贴图、色彩、灯光或其他让玩家去感受但是没有帮助玩家去学习的那些次要的情感因素。

现在你手上的应该是一个结构完整、运转正常的游戏框架。这就是驱动游戏的主要结构，而现在运行这个框架会出现许多空白，可以往这些空白里加入你自己的新内容。而之前提到的那些需要不断去创作新内容来维持运营的工作室，就是靠着找出这个空白的框架，并向其中空白的位置加入新东西来发布他们的新产品的。

这还没完，你还得找出是什么让循环和弧产生了关联，并把它们去掉，彻底瓦解游戏的建筑结构。一般包括以下内容：

- 谜题、任务、问题。
- 关卡。
- 让你能够从一个活动状态切换到下一个活动状态的菜单或按钮。
- 反复重玩游戏，找出你想吐槽的点，或者是那些让游戏变得无聊的因素。

在把这个游戏彻底分解之后，现在还剩下什么？你能将它们重组为一个新的整体吗？你能用一套与之前完全不同的内容来填充这个新生的游戏吗？不出意外，你肯定可以。在这个过程中，你将学会如何真正地去创造一个新游戏，而不是对已有的游戏进行原封不动的复制。

我并不是让你抛开一切弧的结构或叙事的元素，而是让你理解游戏的结构组成。做游戏就像做菜，而循环和弧就是原料，你的目标是每次都能巧妙地将这两者进行结合，做出新菜，而不是做出一个味同嚼蜡的东西。

调整游戏系统

如之前所讲，唯一完全了解系统的方式就是把系统当成整体来研究，那就意味着要让系统运转起来。由于这一点，在游戏设计师决定了游戏系统中的元素之后，他需要进行游戏测试并且调整这个系统。设计师首先要自己试玩这款游戏，之后也许是再和其他设计师一起玩，然后再和设计团队外的玩家一同试玩。在第 10 章及第 11 章，我会详细讲述调整过程，以及一些游戏系统会出现的特殊问题，但是总体来讲，在平衡游戏系统的时候，设计师有几个重点问题要关注。

首先，设计师需要进行测试，保证系统自身是完整的。这意味着在游戏过程中，规则可以解决任何可能出现的漏洞。自身不完整的系统要么妨碍玩家解决游戏冲突，要么允许玩家回避设定的冲突。这就会导致游戏体验的"死角"，有时候也会导致玩家和规则的冲突。如果玩家就游戏规则应该如何适用某一特殊情况而进行争论，这就说明系统自身并不完整。

当系统被调整到完整的时候，设计师接下来要测试公平性以及是否平衡。如果在追求相同目标的同时，游戏给予所有玩家的机会都是相同的话，那么这款游戏就是公平的。如果一名玩家比其他玩家有优势，并且这是游戏系统内置的，其他人就会觉得受到欺骗，容易失去对游戏的兴趣。另外，如果出现最优策略，或者由于出现如第 10 章介绍的过度强大的游戏物品，游戏也有可能会失去平衡。在这些情况下，一种策略或一个游戏对象比其他要好，这样会极大减少对玩家来说有意义的选择。

当一个系统自身完善并且对所有玩家都公平的时候，设计师必须进行测试，以保证游戏玩起来有意思并且具有挑战性。这是很难捉摸的目标，因为对不同玩家来说有不同的感觉。当对乐趣及挑战性进行测试的时候，在脑海里一定要有清楚的玩家体验目标，找目标玩家群体来做测试。通常来讲，目标用户不会是设计师或者设计师的朋友。

例如，当设计师测试一款儿童游戏的时候，他也许没法准确判断困难程度，因而会使这款游戏对于小孩来说太难。决定目标玩家的需求以及技巧，并且为他们平衡系统，需要你清楚地知道目标玩家是谁，以及让目标玩家来进行游戏测试。在第 9 章中会讲如何找到这些玩家并将其带入游戏设计过程。测试乐趣以及挑战性会发现一系列的玩家体验问题以及改进有意义的选择的机会，这些会在第 11 章进行详细讲解；在第 401 页 Stone Librande 的专栏中会讨论如何将游戏的结尾调整得更戏剧化。

总结

　　在这一章，我介绍了游戏系统的基本元素，展示了游戏对象、属性、行为以及关系会如何创造不同的互动、改变以及成长的动态。我还讨论了玩家和这些元素的互动会如何被信息、操控和反馈的结构所影响。

　　在设计和调整游戏系统的过程中，一个真正的挑战在于区分出体验中的什么对象或者关系导致了问题，并且在不引发新问题的前提下，做出改变以修复原有的问题。当元素之间运作良好时，就会涌现出优秀的游戏体验。游戏设计师的职责就是创造这种完美的元素组合，让它们运作起来，制造出多种多样的游戏体验，让玩家一遍又一遍地玩。

设计师视角：**Alan R. Moon**

　　Alan R. Moon 是一位获得多个奖项并且很高产的桌游和卡牌游戏设计师，他设计的游戏包括 *Santa Fe*（1992）、*Elfenland*（1998）、*Union Pacific*（1999）、*Capitol*（2001））、*San Marco*（2001）、*10 Days in the USA*（2003）和 *Ticket to Ride*（2004）。

你是如何进入游戏行业的

　　我在巴尔提莫受雇于 Avalon Hill Game Co，担任他们家居杂志 *The General* 的编辑。但是我从未真的做过编辑，因为当我到这家公司的时候，就开始开发游戏了。我喜欢游戏，讨厌编辑。在作为开发者工作一段时间后，我就开始设计游戏了。四年后，我离开了 Avalon Hill，去了马萨诸塞州贝弗利的 Parker Brothers，去那边成为电子游戏部门的设计师。

你最喜欢的游戏有哪些

- *Descent: Journeys in the Dark*，第 1 版（*Fantasy Flight*）：虽然需要花 4 到 12 个小时来玩，虽然每次游戏都有许多的规则问题冒出来，虽然这款游戏要求一群玩家一

桌游 *Elfenland*

起对抗一个地下城主，虽然这款游戏和我通常的口味相比相当复杂，但这是到目前为止我最喜欢的游戏，即使连续不断玩了好多年，我还是期待下一局游戏。最近发布的第 2 版也不差，但是去掉了不少第 1 版里最好的东西。

- 猎人与采集者（第二个卡卡颂游戏由 Hans im Glueck 发行）：在你的回合中，你要抽一个小板块（tile）将其打出去，然后你就能决定要不要放下一个小人（Meeples）。这就是你要做的全部事情。但是游戏的过程一直很紧张、很令人兴奋。每局游戏都不同，而且结束之前你总是认为自己会赢。

- *Adel Verpflichtet*（原版由 F.X. Schmid 开发，Avalon Hill 发行。新版由 Alea 和 Rio Grande 发行）：像是一种升级版的剪刀石头布游戏。每一轮游戏的时候，5 名玩家首先在 2 个位置中选 1 个，分为两组。然后每组玩家进行对抗。这是有关玩家心理和倾向的最好的游戏。你要学会对抗自己的天然倾向，否则就很容易被人预测。和同一群人玩得越多，你就玩得越好。

- *Love Letter*（AEG）：近些年最棒的游戏，游戏仅仅包含 16 张卡片，几个木块。可是每次游戏都有不同的感觉，并且充满紧张感。虽然运气也占一部分因素，但有技巧的话通常都会获胜。在游戏设计中，我认为简单的优雅是游戏最需要的品质，从这一点来看，这款游戏真是大师之作。

- 扑克牌：最伟大的游戏，也许仍是世界上最流行的游戏。就像轮子一样，很难想象出另一种更加基础而又十分必要的发明。我的朋友，兼设计师同事 Richard Borg 解释道，这款游戏的伟大每次发牌的时候，每位玩家都希望能拿到一手好牌。而当他没有拿到的时候，5 分钟之后，又开始发牌，他就又有机会了。

桌游 *Ticket to Ride*

你受到过哪些游戏的影响

小时候，我的家人每周日都要玩游戏。我还能记住那些游戏，比如 *Heart*、*Risk* 还有 *Facts in Five*。*Hearts* 和 *Bridge* 是我对卡牌游戏热爱的起点，自那之后就愈发热爱。*Risk* 让我接触到了更复杂的历史模拟游戏，它们大部分是由 Avalon Hill 发行的。欧洲的游戏包含这些更复杂的游戏策略以及决策玩法，但是也加入了多玩家的社交元素，成为更有互动性的游戏，这也是让我一直玩游戏、设计游戏的原因。但是如果我要选一款给我启发最大的游戏，那就是 Sid Sackson 的 *Acquire*。令人难过的是，Sid 于 2002 年过世，但是他永远都是游戏设计师的偶像。我的第一款大型桌游——*Airlines*（ABACUS，1990），就是受 *Acquire* 启发而做出来的。

给设计师的建议

尽可能多地玩游戏。这是在做研究。这是你学习的唯一方法。如果不知道人们已经做出了什么、做过什么、没有做过什么，你是无法设计游戏的。几乎所有游戏的想法都来源于其他游戏。有时候虽然你玩的一款游戏不太好，但可能发现这款游戏里有一个很好的想法。有时候你玩的游戏很好，还会想出新花样。不断地玩，不断地设计。要有自信，但是记住，学无止境。一切都是这样的，练习得越多你就会做得越好。我花了 14 年才作为一名设计师获得真正的成功。14 年很艰苦，但是很值。

要尽可能多地对你自己的设计进行游戏测试。发展一组核心的游戏测试者。你也需要学习适时放手，去专注一些其他的东西，有时你也要坚持，即使游戏看起来根本不会成功。成为一名游戏设计师不仅需要富有创造力，还需要做事有条理，事无巨细，并且要非常灵活。你还需要成为一名好的销售人员，因为设计游戏只是战斗的一半。做完游戏之后，还要把游戏卖出去。

要专业。作为一名游戏设计师，设计游戏只是工作的一部分。你还需要建立起关系网，包括与其他设计师和游戏公司的高层领导；你需要推销自己和自己的工作；你需要管理自己的作品集、财务状况和时间；你需要理解有时候你的作品也许不够好，因为如果 10 家公司拒绝了你的原型，那你应该把它变得更好，然后再去尝试，或者放弃这个。最后，要学会面对拒绝。在事业的初期，也许你会被拒绝很多次，但一定要梦想着有一天，你可以回头看看当初的自己，笑看自己的早期作品。

设计师视角：Frank Lantz

纽约大学游戏中心主任

  Frank Lantz 已经从事游戏开发 20 年了。在 2005 年，他与人合伙成立了 Area/Code，这是一家在纽约的跨媒体研发商，专注于基于地理位置以及社交网络的游戏，于 2011 年被 Zynga 收购。在创建 Area/Code 之前，Frank 是 Gamelab 的游戏设计主任，也是一名在线或可下载游戏的开发者。他出名的作品是大热的手机游戏 *Drop 7*（2009），以及实验型游戏，例如，*Pac-Manhattan*（2004）、*Chain Factor-Numb3rs ARG*（2007）。

你是如何进入游戏行业的

  我上学的时候，学习的是戏剧以及绘画，然后在纽约一家叫 R/GA 的数码设计工作室做了几年电脑图形设计。这家公司最初是为电脑和电视节目做图像以及特效的，我帮助其转变成为专注设计游戏等互动媒体的公司。最终，我离开了 R/GA，开始全职投入游戏制作，一开始是作为自由职业游戏设计者，之后成为独立游戏开发商 Gamelab 的首席设计师。

你最喜欢的游戏有哪些

- 围棋，因为其整体上很简单而又很深奥，在全球范围都很流行，那种黑白色的设计，以及生与死的问题都很好。
- 扑克，因为就像围棋，它蕴含着战争的艺术，还可以培养人的灵性。
- 《旺达与巨像》，因为它那么悲伤却又那么美，打破了很多游戏设计规则，却又能完美地运行。
- *Fungus*，不太出名的 Mac 多人游戏，是由一位不出名的天才游戏设计师 Ryan Koopmans 设计的。*Fungus* 也许是第一款我认真玩的游戏，并且玩了很长时间才明白一款游戏可以这么深奥。
- *Wipeout*，因为音乐和图像，还有更重要的——它鼓励并且奖励那种对深奥的"禅"式的精准技巧的掌握。
- 喜欢的游戏太多数不清，还有《半条命》、*Crackdown*、*Rhythm Tengoku*、《星际争霸》、*Nethack*，以及 *Bushido Blade*。

哪款游戏对你的影响最大

我最先想到的就是《万智牌》。这款游戏对我的影响非常大。首先，你可以发明想法，不仅仅是游戏机制，还可以是全新的类型，用全新的方式去思考游戏要怎么玩以及相对应的社交语境，这太过瘾了。还有就是卡牌组合的丰富度。玩家在可能性的空间里探索不同的卡牌组合和玩法，这个设计太美妙了！

Reiner Knizia 的桌游和现代的德国桌游都给我了很多灵感，因为他们在机制方面持续的创造性，也因为他们在主题的基础上对游戏的外观和材料倾注的精力。

你如何看待设计流程

从一款有趣的游戏开始，放进去一些东西，拿出一些东西。

你如何看待原型

我完全相信"原型>游戏测试>重新设计"的循环，这是做出伟大游戏的终极方法。有时候，在现实世界中，你没有为你的想法做出合适的原型的时间和资源，但是没关系，只要你一直都在做游戏，你可以将每款游戏都视为未来更好、更完整的游戏的原型。

讲一个你认为困难的设计问题

我们为 A&E 做了一款有关《黑道家族》（Sopranos，1999）这个电视剧的游戏，主要的想法是，玩家收集有关剧集的人物、地点、物品的卡片，每当播放剧集的时候，基于屏幕上所发生的景象，这些卡片就会基于屏幕上所发生的景象而得分。

我们最开始做了一系列很奇怪但又很有趣的限制。首先，游戏有奖励要素，由于反赌博法令，它不可以具有随机性，必须完全可以预期。同时，必须在潜在的成千上万的玩家中明确地产生一名优胜者，不可以有平局；必须在强者之间留下足够空间，在高水平玩家之间制造很大的分差。而且这是为了第一季的重新播出而做的，这个电视剧已经有 DVD 出售了。所以我们可以假设，任何一位认真的玩家，完全可以观看每一集，然后全面了解我们会使用怎样的计分系统，所以不能设计隐藏信息。另外，这款游戏必须对于很多不玩游戏的人来说足够有趣，也就是说，游戏必须符合直觉。

所以，游戏对休闲玩家来说必须足够简单和清晰，对很大一部分专业玩家来说"无法解决"——即使他们有大量的时间与金钱动机来选择最佳方案，以及能够接触整个游戏过程中的所有事件。说实话，这也没有看起来那么难，因为这就是游戏所要做好的事情！

我不是很擅长数学的人，但是我意识到，我需要的是一个叫作"NP 完全（NP-complete）"的系统。NP 完全是数学术语，在这里的意思是一类放大后会变得非常难的问题——那种用来加密上亿美金银行账户的难度。虽然看起来很复杂，但是很多游戏都是 NP 完全类型，包括《俄罗斯方块》、《扫雷》以及 *Freecell Solitaire*。

最后，我在系统中将剧集中感人的片段以组的形式汇集，玩家的挑战目标就是在播放这些组集时得分。组集中含有的影视片段越多，玩家能得到的分数就越多。而在玩家得到分数的同时，个人的情感也会随着观看这些剧集得到升华。作为一个解谜游戏，它的系统有着大家都很熟悉的形式，但是它能够在安排上产生无限的变化，并且玩家在玩这款游戏时还有着大量的可行策略可供选择。

给设计师的建议

多玩游戏。深入去玩。注意力集中。不要懒惰。简单化。学习像程序员一样思考，学习像艺术家一样思考。站在玩家的一边，但也不要拿玩家当小孩。经常失败。试着把你最喜欢的游戏元素和一些你觉得很酷的新东西组合在一起。别做你自己都不想玩的游戏。坚持到底。

补充阅读

Casti, John. *Complexification: Explaining a Paradoxical World through the Science of Surprise*. New York: HarperCollins Publishers, 1995.

Castronova, Edward. *Synthetic Worlds: The Business and Culture of Online Games*. Chicago: The University of Chicago Press, 2005.

Flynt, John. *Beginning Math Concepts for Game Developers*. Boston: Thompson Course Technology, 2007.

Johnson, Steven. *Emergence: The Connected Lives of Ants, Brains, Cities and Software*. New York: Touchstone, 2002.

尾注

1. Blizzard website, accessed August 2003.

2. Salen, Katie and Zimmerman, Eric. *Rules of Play: Game Design Fundamentals*. Cambridge: The MIT Press, 2004. p.161.

3. Parker Brothers, Monopoly Deluxe Edition rules sheet, 1995.

4. Poundstone, William. *Prisoner's Dilemma*. New York: Doubleday, 1992.

5. Johnson, Steven. "Wild Things." Wired issue 10.03.

第 2 篇

设计一款游戏

你现在已经很熟悉游戏的基本元素了，下面可以开始了解设计一款自己的游戏的全部流程了。一开始你可能会觉得有太多东西需要考虑，尤其是当你想做的游戏像你在主机上玩过的那些游戏一样，它们的动画和代码过于复杂。所以在我开始讨论各个方面之前，让我们把最终的目标先放一放，然后从头开始一步一步地了解设计的流程。

首先，我们来对游戏进行概念上的构思，即为你的游戏想出好的灵感。这可能很容易。你可能已经有了一些你想做的游戏的想法。但如果你手里的那个点子得不到支持怎么办？接下来你会怎么做？我将会让你看到如何变成一个"容易产生灵感的人"，这样在游戏设计的整个过程中，你能更容易地产生新的灵感。

在你有了一个灵感之后，你需要把它付诸实践。许多设计师在这时会直接开始写游戏设计文档，但我会让你看到该怎么基于这个灵感来制作原型，并在非常早期的阶段就引入游戏测试者。我在第 1 章中简要介绍的迭代设计流程会在第 7 章、第 8 章和第 9 章中详细介绍。通过尽早地制作原型和对原型进行测试，你能够了解你的系统在哪些方面表现良好。只有在你看到玩家和你的游戏互动之后，你才能够开始思考要怎么写游戏设计文档。

你要测试什么呢？在第 10 章和第 11 章中讨论了一些策略，来保证你的游戏能够完成、能够公平、能够带来有意义的选择以及对你的玩家来说既有趣又具有包容性。

在这里，我的目标是让你对游戏设计的流程有准确的了解。如果你能将每章中的练习逐个完成，那么你至少能完完整整地设计一款你自己的游戏。进行这个流程，可教会你进行概念构想、制作并检验你的作品的重要方法。在完成的时候，你会懂得怎么设计一款游戏、测试一款游戏，并利用你的关于游戏的形式、戏剧和动态方面的知识来完善游戏体验。

第 6 章

概念构想

对很多人来说，获得一个灵感很困难，获得一个非常棒的灵感更是难上加难。但事实上，获取灵感只是创意设计的开始。游戏设计的工作还包括创意的优化、创意的具体化和创意的实现。最终，这将不再只是一个"白天空"的原始想法，而是一个经过不断迭代的、进行过提炼和升华的、比初始理念更加成熟的作品。这个过程会根据游戏设计师、游戏项目、灵感来源的不同，而带来不同的结果。

我无法告诉你什么样的流程适合你，但是我能提供一些思路和产生优秀创意的练习来让你或者你的团队总结出最适合的概念设计方法。你不仅仅需要尝试我建议的这些涵盖了游戏设计各个方面的方法，还需要根据你的项目进行灵活的变换。就如多产的桌游设计者 Reiner Knizia 所说："我没有一个固定的设计流程，恰恰相反，我认为相同的开始往往决定了相同的结果。新的设计流程更能够激发设计者的创意"。[1]

灵感来自何处

第一件需要理解的事情是，灵感并非凭空而来，虽然有时候看上去如此。优秀的想法来自大量思考和感觉的输入。拥有丰富的生活，自身充满好奇心，周围还有有趣的人、地方、想法和事情，这是成为一个创意"永动机"的重要基础。在第 1 章中，我们提到了个人兴趣与爱好对设计师造成的影响，比如蚂蚁农场之于 Will Wright，探索未知之于宫本茂。我建议，除了玩游戏，你还需要分配好每天的时间去完成这些重要的事情：读

一本书或者一份报纸，观看一部电影，听音乐，摄影，做运动，绘画或素描，参加志愿工作，去看一场话剧，学习一门新语言等。无论你选择做什么，记得怀着激情和好奇心来体验。你大脑中的灵感应该来自你感兴趣的事情，而不是游戏。

我们在第 4 章讨论过心理学家 Mihaly Csikszentmihalyi 的心流理论，他同时也研究过创意工作者是如何工作和如何产生创造力的。Csikszentmihalyi 在他的书中把典型的创意产生步骤描述为以下几个阶段。

- 准备（preparation）：在这一阶段，人

们让自己开始专注于一个主题、一系列问题或他们感兴趣的领域。

- 酝酿（incubation）：酝酿阶段是指创意初现但未成型的一段时间。
- 洞见（insight）：洞见阶段，也就是所谓的"啊哈！"时刻，所有的困惑和解决的创意汇聚到一起。
- 评估（evaluation）：评估阶段是人们评估创意的价值和决定是否继续进行创作的阶段。这个创意真的够新颖吗？
- 精化（elaboration）：精化阶段是创意设计过程中耗时最长，也是最艰难的阶段。这也是爱迪生所谓的，发明创造是由 99%的汗水和 1%的灵感组成的。[2]

Csikszentmihalyi 强调说，然而，我们不能指望创作过程会自然地从一个阶段发展到另一个阶段，创意设计的过程比递归更加非线性。需要迭代的次数，需要循环的遍数，需要洞见的多少取决于问题的深度和广度。有时候这个酝酿过程会持续几年，有时候只用几个小时。有时一个创意的背后是无数个洞见的积累。[3]

我鼓励你去参与和热爱在游戏之外的活动，事实上是想说，你需要每时每刻都进入准备阶段和酝酿阶段的状态。没人能够知道"啊哈！"时刻什么时候会到来。可能它会在你正襟危坐去思考创意的时候到来，也可能在你洗澡或是开车的时候出现。随身携带笔记本或是智能手机是一个好习惯，这样你就能够在遗忘之前把你的想法记录下来。

评估和精化，这两个创意产生的阶段，较之开始的灵感也是同样重要的。一个游戏创意并不只是简单地说："我要做一款学习中文的游戏。"就像我们在第 3 章讨论的一样，游戏制作是一个标准化的体系，而一个创意只能涵盖一款游戏的某一方面。有可能你对中文学习的兴趣能引发你对在游戏中利用符号化的文字表达隐含内容的热情。但到最后，你的游戏可能已经和中文没有任何关系了。随着工作的深入，以及对游戏中独特元素的不断挖掘，玩家可能在你的最终作品中再也找不到你对于语言学习兴趣的任何痕迹了，尽管你知道这是制作这款游戏的最初动力。当你开始要求自己像游戏设计师一样思考，挖掘日常事物中的深层意义，乐于研究事物的本质时，你就会发现大量有利于你游戏体系构造的创意财富。

练习 6.1：在表面之下

选择一个你最近读过的书中的主题或者报纸文章中报道的事件，并且进行系统性的分析。你能够发现文章的目的、规则、流程、冲突、资料来源及一些可以学习的技巧吗？把这个主题或事件中的系统元素逐项列举出来。这个练习每周需要进行若干次，并且应选择不同的类型。

创意有时也产生自对现有游戏和活动的分析。我们在练习 1.4 中讨论过利用游戏日志提高你的游戏分析能力。在习惯使用日志去分析游戏之后，你会发现你对游戏的分析能力会有所提高。同时，你也自然地会对现有的游戏系统产生自己的独特见解。记住，你需要做的是尽可能详尽地分析你玩过的游戏，而非仅仅评价它们的特点和点出它们"酷"的地方。游戏杂志里的那些文章通常只是关注游戏里最时髦和最有表现力的特性，不要被这种文章牵着鼻子走，应该深入挖掘你体验过的游戏的形式元素、戏剧元素和动态元素。同时，时刻注意你对游戏过程的情感反馈：受挫、兴奋、满足、犹豫、自豪、紧张和好奇等，并且将它们记录下来。当你在未来的某天希望寻找灵感时，这份记录会派上用场，它能够帮助你更好地回忆某款游戏是如何在初次体验时打动你的。

除了游戏日志，另一个可帮助你提高专业技能的方法就是和你的朋友或者其他学习游戏设计的人进行游戏分析的辩论。在南加州大学电影艺术学院的游戏创新实验室里，学生们会定期组织"游戏解构沙龙"。在沙龙中，1 到 2 名学生会准备一款指定游戏的正式的分析展示，要求根据游戏的形式元素、戏剧元素和动态元素进行解构式分析。他们会对若干个游戏节选进行详细的、攻略性的解析来支持他们的研究，并且向业内人士进行展示汇报和进行关于该游戏的讨论。

练习 6.2：游戏解构

挑选一款你在游戏日志中分析过的游戏并制作一个"游戏解构"的展示。对这款游戏的形式、戏剧、动态元素进行分析。如果条件允许，可以制作一个 PPT 来展示你的分析成果并且邀请一些合适的观众来观看。在你展示之后，邀请观众对你的观点进行讨论。

有一些独特且有意思的桌面游戏可以作为启发你进行电子游戏设计的优秀资源。这些桌游能够在一些特别的游戏商店或是一些网站上购买到，如 boardgames。在这些网站上能够找到以下这些非常优秀的桌游：

- 《卡坦岛》，由 Klaus Teuber 创作。
- 《卡卡颂》，由 Klaus-Jurgen Wrede 创作。
- 《苏格兰场》，由 Ravensburger 创作。
- *El Grande*，由 Wolfgang Kramer 和 Richard Ulrich 创作。
- *Modern Art*，由 Reiner Knizia 创作。
- *Illuminati*，由 Steve Jackson 创作。
- 《波多黎各》，由 Andres Seyfarth 创作。
- *Acquire*，由 Sid Sackson 创作。
- *Cosmic Encounter*，由 Bill Eberle、Jack Kitttredge 和 Bill Norton 创作。
- *I'm the Boss*，由 Sid Sackson 创作。

这里只是简单地列举了一些人们熟知的例子，优秀的桌面游戏远不止这些。我们推荐这些桌游的另一个原因是，它们有着非常有创意且复杂的游戏机制。同时，由于桌面游戏的特点，这些机制不会像电子游戏那样隐藏在不可见的代码里，因此你可以很简单地通过字面上的描述去了解它们，并且很容易进行解构和分析。

练习 6.3：桌面游戏分析

选择一款在上述列表中的游戏并和一群朋友试玩。把你对它们在形式、戏剧、动态元素上的分析写在你的游戏日志中。然后找一群没有玩过这款游戏的玩家来试玩，同时你在一旁进行观察和记录。不要帮助他们学习游戏的规则。把他们学习规则的过程和他们对游戏的印象记录在你的分析中。

头脑风暴

我们之前所说的方法需要你不断坚持训练，这些练习能够让你在生活中充满创造性想法，并且可能会带来一些"啊哈！"时刻。但是，有时候你需要解决一个特定的问题或被委派去完成一项创意任务。当你从事一份创意职业时，你不会有时间来等待灵感的出现。你需要一个更加正式而系统的创意产生办法，我们称之为"头脑风暴"。

头脑风暴是一个强大的技能，它和其他的技能一样，要通过训练来变得熟练。头脑风暴也有"菜鸟"和"老鸟"之分，他们的区别就和平均线上的高尔夫选手和老虎伍兹的区别一样大。有经验的头脑风暴者会训练自己根据队友提供的思路，提出可行的想法。你当然可以自己一个人进行头脑风暴。但是，游戏开发毕竟是一项合作的艺术，你最终还是希望训练出一套有效的与他人合作的头脑风暴的技巧。通过团队合作来获取有趣而新颖的创意，不仅是一种十分令人兴奋的体验，而且也是高效的创意产生途径。团队的头脑风暴在商业运作上也是一种必要的行为，因为它能够在设计过程中给所有团队成员一种发挥主动权的感受。

在迪士尼，拜其公司文化所赐，那里的幻想工程师都是一些有经验的头脑风暴者。他们使用的一个关键技巧就是，弄清楚问题的本质，提出正确的问题。研发部门的执行董事 Bruce Vaughn 说："无论你是想和别人一起或是独自面对挑战，你首先得弄明白你要面对的问题是什么，明确面对的问题，需要你清理掉你考虑的所有可能性，并且辨析出这个问题的核心。问问自己，在你面前摆着的问题的本质到底是什么？"[4]辨析面对的问题，无论是在团队合作还是在独立工作中，都是能够帮助你推动创意流程的一个重要的头脑风暴技巧。下面是由一些幻想工程师、IDEO 设计咨询师和其他成功的创意工作者带来的顶尖的技巧练习。

头脑风暴的最佳实践

陈述挑战

当你准备开始头脑风暴时，大声宣读要讨论的题目。以下是一些例子：

- 设计一款玩家必须建造一个强大的联盟然后背叛它的游戏。
- 设计一款父母和孩子们一起玩耍，并且父母需要扮演一个特别的角色的游戏。
- 设计一款只使用一个按钮来操作的游戏。

如你所见，上述的每一道题目都设立了非常不同的设计上的挑战。第一道题目的要求，就好像我们在第 1 章里提到的，"以玩家体验为目的"。这里的挑战是创造一个被指定了的游戏体验。第二道题目同样也是以玩家为核心，但是并未指定玩家的体验。第三道题目是纯粹的技术驱动型的。以上每一道题目都可以进行一次很好的头脑风暴，但是后两个还需要明确它们在玩家体验上的目标。

拒绝评论

如果你是一个人在头脑风暴，不要自己

去评价或修改你的想法。先把你所有的想法写下来，最后再去考量它们的质量。如果你要和团队一起进行头脑风暴，不要在会议的头脑风暴过程中去评价或否决队友的想法。这个过程需要绝对自由且互相启发的思考，你对别人尚未成型的想法进行评论将会打断别人的思路，阻碍会议的进行。同时，一些被评论过的队员也会被严厉的批评伤害，以至于减少发言，最终让团队的创意在沉默中枯竭。有一个叫作"Yes!…and…"的头脑风暴小窍门：每当你想转向一个新的话题的时候，在你想说的话前面加上"Yes!…and…"，你会发现你的发言自然地成为队友想法的升华，并且融入整个团队的智慧。关于"Yes!…and…"技巧的更多信息，可参阅第 12 章中的相关介绍。

变换方法

不要只依赖一种头脑风暴的方法，组合搭配会带来更好的效果。某些特定的流程可能只适用于小组中的领导，对其他的组员却效果平平。在前文中我们列出了一系列获取创意的方法。如果你是团队领导，请让你的团队尽可能多地尝试那些你们不熟悉的方法。同时，鼓励团队成员提出新的头脑风暴方法。你甚至也可以让他们尝试来领导团队。不要害怕失去控制，如果你这么想，恐怕你早已经没有权威了，所以要敢于放权。

制造轻松的环境

在你平时的工作环境中，坐在你熟悉的座位上，对着看惯了的屏幕，可能很难产生新的创意。站起来去寻找一个温和的环境，比如一间会议室或最好是一间特殊的头脑

风暴室来进行头脑风暴。在进行头脑风暴时也可以把一些玩具放在身边。有时候扔一扔你手边的碰碰球或搭一搭积木也会对你有所帮助。当然，前提是你不要被玩具过度吸引，当你这样做时，你会发现这种看似分散注意力的娱乐实则会给你的团队提供必要的休息和补充创意能量。

把想法写在墙上

把你的想法写出来让别人看见是很重要的。一个非常棒的技巧就是把它们写在白板或贴在墙上，参见图 6.1。这可以让人们离开他们的椅子站起来说出他们的想法。而白板本身也能够很好地记录这些众多的想法、草图和标注。当你把想法写在白板上的时候，你的队友将会有更充裕的时间来理解和消化你的点子。这会更好地激发大家的灵感并促进团队的合作。

想法多多益善

在这个阶段只需要追求创意的数量。试着在 1 小时内找到 100 个想法。不要担心自己的想法不靠谱。在头脑风暴的时候，想法的数量越多越好。在你讨论一个庞大的概念的时候，用简单的符号来指代之前出现过的想法是非常有效的。你可以用标号的方式来做，这也是避免遗漏的好方法。除此之外，在头脑风暴中产生大量的想法总是有益的。用想法的数量来评价头脑风暴的结果，这就好像用公里数来评价长跑，或者用重量来评价举重的结果一样。

别搞太久

头脑风暴是一个消耗大量脑力和体力的活动。在 60 分钟之后，头脑风暴的效果

会自然地降低。人的大脑和身体在长时间的集中注意力之后需要休息。不要把你的身体不合理地推向极限。无论你们在这 1 小时内讨论出怎么样的结果，请把没完成的工作放到第二天。

练习 6.4："蓝天"头脑风暴

在这个练习中，进行我们之前提及的"蓝天"项目的头脑风暴。"蓝天"的意思是我们知道这些项目需要一些我们今天还没有实现的技术，但我们认为它们能够实现。在这个练习中，需要提出创意去"远程操控"一个模板化的角色。从以下的角色中选择一个：

- 上门推销员
- 忙碌的母亲
- 上帝
- 超级英雄
- 政治家

首先，对被操控人物进行头脑风暴：这个人物是做什么的？这个人物为什么有趣？可以从哪些方面去操控这个人物？这个人物会有怎么样的反应？这个人物可以自由思考吗？然后，对你的控制器的特性进行头脑风暴。它长什么样子？每个按钮有什么用途？记住，这是"蓝天"的东西，这些按钮能够做任何疯狂的事情。享受乐趣！想出的创意的数量越多越好。

图6.1　在白板上工作

其他方法

有时候你会在头脑风暴时需要一点帮助。或者也许你非常想改变自己的流程，正如之前我建议的一样。下面列举了一些你可以实验的创意方法。没有单一的最优解，你可能会发现有些方法对你而言相对更好。我鼓励你去尝试所有的方法，并改变你的流程。高效的头脑风暴的关键在于，你需要尽量放开限制来刺激成员们产生创意，还需要让创意遵照一定的结构产生，所以你应该找到这两者之间的平衡。如果你能做到这一点，你的产出会既有数量又有质量。

列出创意

一种很能突出重点的头脑风暴形式是制作列表。针对一个主题，列出你能想到的所有东西。然后列出关于这个主题的不同版本的所有相关的东西。你一定想不到，一个简单的列表竟然能产生伟大的想法。把它们写下的过程可让你自由地同时进行联系和组织。列表对团队头脑风暴和个人构思都有很好的效果。下次你的团队如果需要想出游戏特性的所有可能的用途，可以从一起列出一个列表开始。

想法卡片

你可能需要一点随机性来让你的头脑风暴更有生产力。拿一些索引卡片，在每张卡片上写下一个单词或一个想法，参见图6.2。然后在一个碗里把它们组合起来。现在拿出卡片，两两配对。举个例子，"花蜜"可能会和"巨人"一起出现。也许你的下一个游戏就会有"花蜜巨人"，它们的身体是流体，闻起来像柿子。你可以组合2、3或4张卡片。这不关键。你往碗里丢的想法越狂野，组合就会变得越丰富。

图6.2　想法卡片

EA 的预研发工坊

作者：Glenn Entis

Glenn Entis 是 Vanedge Capital 的联合创始人和高级顾问，专注于互动娱乐产业及数字媒体领域的投资。他以前是 EA 的高级副总裁和首席视觉技术官，负责领导由 3000 余名美术设计师和工程师组成的遍布世界的 EA 团队。在 EA 之前，Glenn 是 DreamWorks Interactive 的 CEO，他还联合创立过一个开拓性的动画工作室 Pacific Data Images。

EA 预研发工坊是 2004 年发布的公司级别的项目，目的是提升 EA 员工的预研发技能，并让世界各地的 EA 工作室都理解预研发这个词。

这个工坊的创建是因为我们逐渐意识到了游戏、团队和平台的复杂度的增加已经超出了我们的预研发技能。我们对一些值得警惕的问题达成了共识：游戏设计、核心角色和基本流程缺乏清晰度；预研发阶段的工作需要更有着重点，进行得更加紧迫才行；预研发结束之后，正常开发日程开始了，而员工们却会感到慌张。

我们意识到团队并不需要也并不想要传统的训练。他们明白问题所在，并且在许多情况下，他们知道如何解决。然而，当观察到团队挣扎着提升预研发阶段的工作效果时，我们意识到团队需要去练习新的技术，并用学到的新技术来组成新的、长期的预研发的习惯。传统的讲义或是讲课并不会带来实践和习惯，它们来自高度投入、亲自进行的工作，并且要符合每个工作室本地的文化。

EA 预研发工坊就这样诞生了，工坊活动时长为两天，在这里，人们需要亲自动手，在全世界范围内的 12 个工作室的所有团队中进行。每个团队包含 6 到 10 个人，这些人是团队中一些主要部门的领导（制作人、技术总监、艺术总监、游戏设计师、各团队负责人及开发总监/项目经理）。我们让每个工坊包含 3 到 10 个团队，让一支队伍看到其他队伍的工作状态是很重要的，他们可以看到别人是如何为同样的问题感到挣扎、冲破阻碍，并放松下来尝试一些新的东西的。

我们接下来逐一讨论一些能够让工坊更有效率的基本原则。

进行真正的工作

- 每个团队带来他们当前在做的游戏：团队应该解决真正的、当下的问题，而不仅仅是去做课堂上的练习。
- 通过实践来学习：展示往往最多只有 15 分钟，团队在工坊中的大部分时间会专注于一项特殊的技术或是进行预研发。

- 保持快节奏：大部分的练习只有 15 到 20 分钟，需要团队快速并集中注意力。如此短的时间过滤掉了许多精神上的障碍。完成一项艰难的任务如果只有 15 分钟，那团队就没有多余的时间去想他们是否能做到或是否该做这个任务，或者这个设计任务里应不应该有一个工程师。每个人都不得不被立刻发动起来，像一个团队一样合作。

- 带着预研发计划离开：两天后，每个团队都要汇总（在白板上或用便利贴）一个预研发计划和日程表。这个计划会很粗糙，但这就是为什么我们要用可以随意移除的便利贴。但不管有多粗糙，这是很多团队第一次有一个详细的预研发时间表。更重要的是，对于许多团队而言，这是他们第一次作为一个跨职能密切合作的团队来得到这样一个计划，这样一来，不同观点可以得到呈现，冲突和问题也可以得到及时定位和解决。

下面左图所示的是《荣誉勋章》的沙盒。《荣誉勋章：前线》(_Medal of Honor Frontline_) 和至少两个续作都是在沙盒里设计出来的——一个便宜、快速、实体的方式来构造游戏关卡并进行游戏测试。它看起来很简单，但是当沙盒里的小人儿成为首席游戏设计师、制作人、艺术总监和首席环境艺术家时，就会出现不断蹦出来的想法，跨部门问题也会得到及时解决。而且这还很有趣！

下面右图所示的是《指环王》中纸和骰子组成的原型。纸张、卡片、骰子组成的原型是一种快速、便宜的测试游戏状态和整体分数系统的方式。这个原型是 EA Redwood Shores 的《指环王》团队制作的。

下图所示的是 EA 洛杉矶团队正在进行 15 分钟的原型练习。预研发工坊要求团队快速

产出结果。在一个练习中，我们要求每个团队在 20 分钟内为一个关键游戏特性制作一个实体原型。因为游戏团队不怎么做实体原型，所以这个练习常常会带来惊人的结果，让团队对他们的设计想法有一个更新、更深刻的体验。

EA Redwood Shores Maxis 的预研发工坊：每个团队合作制作他们自己游戏的预研发版本。在这个实体原型的练习中（见下图），Will Wright 正在和《孢子》中的一个生物进行互动。

火焰中的 Matt Birch：在英国 Chertsey 的这个 EA 工坊的练习中，我们要求每个团队来表演他们游戏的一个关键特性。游戏设计师 Matt Birch 当时正在和《火爆狂飙》（Burnout）团队共事，他表演了车辆跃入空中时喷发出的火焰，以及即将和他面前的卡车（也就是那把黑色的椅子）发生灾难性的碰撞。

左图所示的是在一次头脑风暴会议后的《火爆狂飙》团队：预研发工坊中的每个练习耗时 15～20 分钟，它们的意义是让团队学会新的开发方法和工具，让团队在离开工坊后仍然可以从这些方法和工具中受益，然后进行改造和拓展。基于思维导图的头脑

风暴对于这个团队来说是一个新工具，在工坊活动之后，他们持续改进了使用这个工具的技巧。这是其中一个会议之后的记录，他们进行了差不多一小时的紧凑的头脑风暴。同时可以注意到的是，团队中的人是跨职能部门混合的，这个 10 人的头脑风暴小组包括制作人、游戏设计师、概念艺术家、艺术总监、声音设计师、前端设计师和首席工程师。

让它好玩

- 人们在享受快乐的时候会变得更有创意、更包容、更有生产力。
- 人们工作时感到快乐是生产效率提升的因还是果？可能两者都是。
- 最快的创造领导者的方式是要求人们去教别人。在每个工作室，我们要求当地的工作室负责人来共同主持工坊。这些当地的负责人协助定制了针对他们工作室内部的游戏和问题的工坊，他们还进行了展示，并致力于让接下来的项目和在工坊中的表现一样棒。这些做法不但让工坊更贴近当地的实际，也让每个由本地负责人领导的工作室能够有激情地在预研发的流程上继续推进。

工坊的关键点包括：

1. 工作室内部分享预研发的概念和词汇表
- 同样的词意味着同样的意思——这样可以为预研发建立起共同的语言。
- 允许平级沟通（在团队、跨团队甚至跨工作室）和垂直沟通（通过管理的层级）。
2. 快速、尽早地迭代
- 犯错误越早越好，成本越低越好。
3. 快速制作原型
- 类型：我们尝试了所有类型的原型——纸面原型（以及卡牌和骰子）、3D 实体模型，以及简单的软件原型。
- 描述：我们用快速、低成本、公开、实体等特点来描述早期的原型。
- 快速：我们快速地制作原型并迭代。
- 低成本：低成本的原型能够随手丢掉或者快速更换，如果有一些东西成本足够低，不需要许可即可去制作（我很惊讶的是为什么我们常常问"我们可以做这件事情吗"）。
- 公开：在这个语境下，"公开"意味着团队可以通过一些有意义的方式来一起观察、体验原型。对于许多设计问题，大家一起思考和设计比各自坐在房间里苦思冥想要好。
- 实体化：实体原型的价值被低估了，并且也没有被充分利用。在我们对游戏的感觉还是一片空白的时候，通过实体原型，能够立即体验游戏的各个层面，这个过程是有趣的，这能充分调动各方的积极性，并帮助团队找到盲点。

4. 预研发流程和原则

- 就像软件开发需要遵守一定的准则一样，创作生产也需要遵守准则，而且这是一件很重要的事情。但是我们并没有现成的标准可以直接使用，开发人员需要根据一些通用的规则和与他人合作的经验来规定他们在创作生产中的准则，通过这一过程，团队可以养成他们自己的习惯来让整个组织拥有较高的工作效率。

成果

最初的预研发工坊始于 EA 加拿大，是由 Pauline Moller、Gaivan Chang 和我带来的。后来，我把工坊升级到了全球项目，并在 2004 年在世界各地亲自主持了 14 次工坊。世界各地的其他 EA 员工也都对工坊的发展做出了贡献。

本文的一些图片展现了工坊中的部分技术、团队和团队共事的过程。

思维导图

有的时候你需要从想法出发，把不同的思考联系起来。思维导图非常适用于这种情况。这种广为人熟知的技巧是一种视觉地呈现想法的方式。你在纸的中心写下核心想法，然后让相关的想法向四周辐射。可以使用线条和不同颜色的马克笔来连接想法。思维导图提供了一种非线性思考的结构。还有软件可帮助你生成思维导图，但是我发现和团队合作时，在一块白板上画思维导图能得到最好的结果。一个使用思维导图的好的训练方法是，从游戏的核心理念开始，把和这个理念有关系的行为和情感在核心理念周围辐射。图 6.3 展示了 Glenn Entis 领导的 EA 预研发工坊，在 15 分钟内画出的一幅思维导图。这个团队将要进行《极品飞车：最高通缉》的制作。Glenn Entis 对于画思维导图的评价是："它看起来简单，但是团队成员往往会用不同的关键词或者是相同含义的不同术语描述他们眼中的游戏，这样会给游戏创意带来多样性"。

意识流

对于个人的头脑风暴，你可能会想试试"意识流"（Stream of Consciousness）这个技巧。坐在你的电脑前，或者拿出纸和笔，然后开始记录对你的游戏的思考。不要管句子的连贯性、标点或是拼写错误，只要求自己以极限的速度把你所有的想法写下来。在针对固定题目的疯狂码字之后，10 分钟后停下来看看你的成果。有时候，这反而比那些经过你若干天的思考和完善而得出的想法更好，因为这是你自己最原始的毫无粉饰的想法。

喊叫法

这和意识流法有点像，但是这个方法要求你把你内心的想法大声喊出来，并且用录音设备记录下来。大喊 5 分钟之后，把你疯

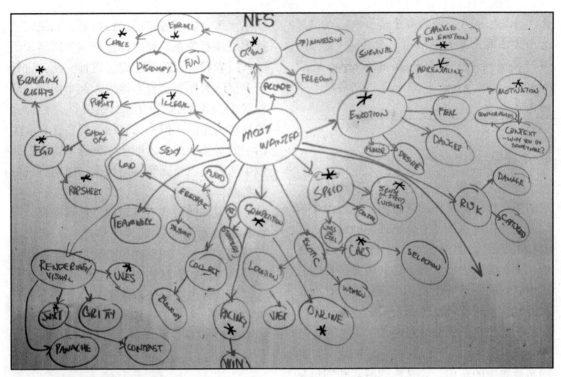

图 6.3 思维导图里的游戏词汇

狂的讲话记录下来。在你闪电战般的喊话中，往往能够挖掘出一些有价值的金点子。

剪贴法

找一份报纸或杂志，打开它的任意一页，并且从中随机地剪出文字和图片，无论内容是什么都没关系，参见图 6.4。当你有一定数量的素材的时候，开始随意地组合它们，并且尝试利用这些随机的材料总结出一款游戏的概念。你也可以利用网页搜索、字典或电话本来进行这个训练。

超现实主义游戏

我们介绍过的很多方法都是从超现实主义和达达主义的艺术家们在无意间的思维碰撞中产生灵感的方法转变而来的。还有很多其他可以运用到头脑风暴中的方法，包括之前提到的剪贴法和意识流，和一些启发思维的游戏，比如能用文字或者图片来玩的、像 *Exquisite Corpse* 这样的游戏。

练习 6.5：美艳的僵尸（*Exquisite Corpse*）

以下是文字版本的游戏规则说明。首先，每个人在一张纸片上写一个冠词和一个形容词，并且把这张纸片折好，传给下一个人。接着，每个人在自己收到的纸片上写一个名词，然后折好，传给下一个人。重复这个过程，再依次写上动词、冠词和形容词，最后写上一个名词。然后，每个人把纸片打开，并且把纸片上面的句子读出来。我们用这个方法写出来的第一句话就是："美艳的僵尸要喝新酒（The exquisite corpse shall drink the new wine）。"这也是这款游戏名字的由来。

研究

我们之前提到的大多数技巧都是以一定的随机性来激发你的灵感的。从另一个角度来说，你可以尝试对你感兴趣的题目进行专门的研究。如果你对大王乌贼十分感兴趣，那么尝试去搜集关于它的所有信息吧。找出它们的生活环境及其适应环境的行为。看看在这个过程中，你是否能够收获一个可运用于游戏里的想法或思考。

研究也同样意味着在实践中提高对你的游戏系统的认识。要是你的游戏和钓鱼有关系，那么尝试着自己去钓鱼吧。如果它和捕捉蝴蝶有关系，那么你也应该尝试这项活动，或者和有经验的捕捉者进行交流。进行研究意味着你要全身心地投入某个问题。即使我们并不要求你的游戏系统百分百地反映真实的生活，但是只有你弄明白在真实生活中的运作情况，才能让你更好地决定在游戏中需要突出什么和忽略什么，以得到最好的游戏体验。

如果你的游戏有特定的目标玩家群，那么就需要对他们在玩其他游戏的表现上进行研究。比如，如果你想给女性青年制作一款游戏，那么你就需要了解她们现在在玩什么，并且仔细观察一群热衷于现有产品的玩家的反馈。多去了解她们的需求，这会给你的创意带来不少灵感。

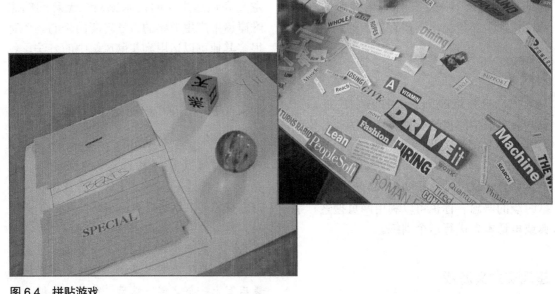

图 6.4　拼贴游戏

是时候头脑风暴出你自己的创意了！找到一个合适的团队，可以是班里的同学或是一群游戏开发爱好者。如果实在找不到团队，可以尝试独自进行。和在练习 6.4 中做的一样，选择一个在你的游戏中出现的有意思的问题，准备一个白板和一些白纸，然后运用之前提及的技巧在 60 分钟内想出 100 个解决问题的创意。这看起来很多，但是如果你能够全身心地投入，你是可以做到的！

修改和优化

当你进行了一场非常成功的头脑风暴会议之后，接下来该做些什么呢？现在你拥有了一堆创意，然而缺乏一个完整的游戏方案。下一步，你需要修改和优化你的创意。这个阶段就是之前 Csikszentmihalyi 所说的，对创意的价值和可行性进行分析的"评估"阶段。有很多的筛选理由会把你的创意排除在最终名单之外。下面我将会对常见的筛选理由进行介绍。

技术可行性

有时候你会想到一些技术无法实现的创意，就像在练习 6.4 中介绍的角色控制系统。你可以尝试用头脑风暴的方法想出解决技术问题的方法，但是通常这种类型的问题是难以解决的。同样，一个需要有经验和大规模的开发团队才能实现的创意，也是会被一个只有有限资源和经验的团队否决的。这不代表这个创意本身不好，而是团队目前没有完成的能力。把这些创意记录下来留到以后，直到有足够的技术来支持这个创意。

市场机遇

有时候一个创意可能无法很好地迎合市场需求。同样地，这并不代表这是一个失败的创意，只是并不建议去实行。市场潮流会受到社会中的重大事件、同类产品的成功（或者失败）、国民经济、技术周期和大量的其他因素的影响。聪明的设计师会遵循市场规律，并不是说你非得跟随别人的设计，而是说你可以立足于你的创意做出明智的市场决定。

艺术考量

有时你会遇到一些不喜欢的创意，以至于你无法投入足够的精力来完成它。而这也正是需要修改创意的绝佳理由。如果你和你的团队在项目开始的时候就感到没有兴致，很难想象接下来的几个月甚至几年时间你们该如何面对这款游戏。同时，作为游戏的设计者，你需要让你自己的作品充满魅力，如果这个创意达不到你的要求，那么最好把它删除。不要拘泥于那些已经成功了的创意领域或者是经典的游戏类型，努力开发出一片新的天地。如果你的创意并没有任何游戏艺术上的挑战，那么是时候把它从你的计划表里删掉了。

商业/成本限制

有时候，一个想法的实现可能会非常昂贵或者花费巨大，以至于你的团队的人力、时间和预算都无法承受。如果这个创意无法被缩减，那么把它从你的任务列表中剔除是一个很好的选择。你应该把这些被剔除的创意都记录下来，因为可能在以后有机会来实现这些野心勃勃的想法。

无论你是独立开发还是拥有一个团队，我都建议你把修改优化的步骤安排在头脑风暴完成的几天后。在这两个过程中间适当间隔一段时间会带来更好的效果。两者在时间上如果不明确分界，很可能会让头脑风暴和修改优化自然地结合起来，这会大大降低头脑风暴的效率。

在大部分情况下，人们在修改优化会议之前，会去关注已经提出的创意，并且倾向于其中的几个创意。因此，最受欢迎的 5~10 个创意就需要被详细地讨论，并且列举出它们的优点。尝试只关心每个创意的优点。不要斥责任何创意，相反，你需要从之前提到的四个角度来对这个创意的相对优势进行考量，即它是否在技术上是可行的，是否有商业价值，是否有足够的艺术魅力，是否在你的团队的能力和预算范围之内。

把列表中的创意减少到三个，然后组织一场新的头脑风暴会议去丰富这三个创意。在第二阶段的头脑风暴活动中，把注意力集中在游戏的特性和 EA 公司通常所说的 "X" 元素上。X 元素是游戏创造性的核心，也是一个校准器，对开发团队、市场运营、广告和客户群体进行校准来让你们能够对游戏的价值进行轻松的交流。

EA 公司的视觉总监 Glenn Entis 把 X 元素描述成 "刀锋（razor）" 和 "标语（slogan）" 两个部分。刀锋需要精准地切入，它能够让团队定位游戏的特性的切入点。标语需要抓住人心，它能够让市场中的玩家知道这到底是不是他们想要的游戏。比如，主机上的以二战为背景的《黄金眼》（GlodenEye）就是《荣誉勋章》（Medal of Honor）最开始的刀锋。Entis 觉得这是一个很好的刀锋，因为两者都是战争题材，它能告诉整个团队游戏需要什么特性。然而这并非是一个好的标语。所以在最后，游戏包装盒上的宣传语是 "为了你最辉煌的一刻"。这是一个很优秀的标语，但它不会对游戏的设计过程有任何帮助。[5]

当你对游戏的核心特性和 X 元素有了明确的想法之后，把它们用简短的语言写在一张纸上。组织一个非正式的评价小组（这个步骤在第 9 章的游戏测试部分会介绍），并且找出你的游戏理念是怎样吸引你的目标玩家的。在这个步骤中，你的想法往往很容易发生改变。这样做的目的是为了让制作流程更加顺畅，避免过早地陷入一个创意或花过多的精力去进行文字上的工作。你可以根据早期玩家的反馈来完善你的原始想法，同时也能够在与潜在玩家的交流中发现一些更好的创意。你能够重复地讨论这些创意，组织更多的评价小组活动，直到找出一个好的、能够让你和你的团队都满意并能够一起努力的创意。

练习 6.7：描述你的游戏

用一到两个段落描述你的游戏创意的核心。尝试挖掘出创意的趣味点并找到可行的基本游戏玩法。在你的游戏介绍中，阐述你的 X 元素，包括刀锋和标语。

对话 Will Wright

作者：Celia Pearce

Will Wright 是 Maxis Inc.游戏公司的共同创办人之一，现在该公司是 Electronic Arts（EA）的一部分。2009 年，他离开了 EA，自己创立了 Stupid Fun Club，一个娱乐智库。他一直以创造性的游戏开发而出名，也是《模拟城市》《模拟人生》《孢子》还有其他革新游戏的开发人。当 Will 做《模拟人生》的时候，发行商曾经试着跟他谈过，让他停止这个项目，因为没有人会玩这种游戏。《模拟人生》到目前仍然是最热卖的游戏之一。以下是 Will 和游戏设计师/研究员 Celia Pearce 对话的部分节选。完整的对话可在线上杂志 Game Studies 上找到，本文转载已得到许可。

你为什么设计游戏

Celia Pearce（CP）：首先我想问，你为什么会设计游戏？这种互动式的体验形式为什么如此吸引你？你想在这个空间内创造出什么？

Will Wright（WW）：我真正喜欢做的事情就是做东西，无论做什么。我小的时候就喜欢做模型、建造模型。当电脑流行起来的时候，我开始学习编程，意识到电脑不仅适合用来建立数据模型，还很适合做很多其他事情，比如做模型和做动态的模型，或是表现行为。我认为当我开始做游戏的时候，我真的想把游戏进一步发展，呈现到玩家面前，这样你就可以给玩家一个用于创造的工具。然后你给所创造的东西一些背景。这是什么，它生活在怎样的世界中，它的目标是什么？你准备怎么处理你创造出来的东西？我想让玩家扮演设计师这一角色。而且，这个世界会对玩家的设计产生反应。然后玩家设计一些电脑内的小小世界会对其有反应的东西。之后玩家需要重新审视设计，进行修改，或者毁掉重建。所以我想，真正让我进入互动娱乐领域并保持专注的焦点在于发动玩家的创造力。我想给玩家提供一个很大的解决方案空间来在游戏内解决问题。所以游戏本身就代表着问题的集合。大部分游戏有很小的解决空间，所以有一种可能的方案或一种解决方法。那些更富有创造力的游戏，有更大的解决方案空间，所以你可以以一种他人从未用过的方式来解决问题。如果你正在建造一种解决方案，那么更大的解决空间就会引发更强的玩家共鸣。如果他们了解到自己所做的事情是独一无二的，他们就会更加珍惜。我认为这就是我一路走来的方向。

《模拟城市》对你的影响有哪些

CP： 当你最开始研发《模拟城市》的时候，当时游戏行业发生了什么？你是想做当时已有类型的游戏，还是想做与众不同的游戏？游戏行业的这一切对你有影响吗，还是你本身就有不同的思考方式？

WW： 影响我的事情确实有，但并不多。有一个很老但很棒的游戏，是由 Bill Budge 设计的 *Pinball Construction Set*。它是以图标为基础、模仿 Mac Lisa 之前的界面的游戏。虽然是在苹果 II 上运行的游戏，但他依然把这些设计放进了游戏。他的设计有点模仿之后 Mac 界面的感觉，但是非常好用，让你很想用它来创造弹球装置然后进行操控。我认为那很酷。

在早期的模仿游戏里，比如 Bruce Artwick 的初代飞行模拟器，你能找到电脑里面带有自己的运行规则的微观世界，并且在某种程度上非常接近现实——只不过分辨率很低。但是，在这个小小的世界里，在许多的限制下，你可以飞来飞去，并且和这个世界互动。

这些就是影响我的因素。还有当时大部分我读到的东西。我开始对模拟器这个想法感兴趣。我早期读了 Jay Forrester 等人写的书，然后继续读更深入的书。当我研发《模拟城市》的时候，当时的大部分游戏都带有街机风格的动作、图像，并且体验都很激烈。很少有游戏是休闲的，都比较复杂。

CP： 当时那些游戏更像是反应类游戏？

WW： 是的，复杂的游戏就是这些细节比较多的战争游戏。我小时候玩过，就像桌游一样，规则就有 40 页。

CP： 比如说？

WW： 例如，*Panzer Blitz* 就是很大型的游戏了，还有 *Global War* 及 *Sniper*。

CP： 是那种有六边形网格棋盘的游戏吗？

WW： 是的，规则就长达 40 页，你可以跟朋友一起玩。最后结果会是……我的意思是，我认为这对于一名律师来说会是不错的训练。因为你坐在那里的大部分时间中，都在跟人争论一些定义不明的规则该如何理解。你完全可以组合这些规则然后说出像"现在处于恐慌的状态，所以他不能走那么远""我的间接射击的有效半径范围为三格"这样的论述。你们就坐在那儿，争论有关规则的这些小细节。这就把游戏的乐趣减半了——两人都试着找出让自己不会死的规则漏洞。所以我很熟悉这种游戏，但是我同时也知道大多数人不会涉及这类游戏。不过，这种游戏的策略其实很有意思。坐下来仔细思考一个游戏是很有意思的，而且它比你能想象到的更详细且复杂。因此你需要通过一种不同的方式来玩这类游戏。

如何把实验性作为游戏机制

CP:　我想了解一下把实验性作为游戏机制的这个想法。这看起来是你的游戏中很重要的一个方面，游戏性和实验性协同作用。

WW:　我们所做的游戏是以模拟为基础的，所以我们的游戏会广泛而真实地模仿现实社会中的各种方面。在游戏向玩家提供模拟的同时，玩家又会反过来对游戏的模拟过程进行设计。你正试着在游戏中解决问题，你试着解决《模拟城市》中的交通问题，或者让《模拟人生》中的角色结婚等。你在脑海中能越清楚地模拟这个景象，你的策略就能进行得越好。所以我们作为设计师试图做的就是在玩家脑中建立起这种思维模型。电脑是一个为了建立玩家心智模型而存在的中间模型，它起到的只是一个过渡作用。玩家必须建立自己脑中的模型才可以。这个庞大的系统中有上千种变量，你不能把这些变量都甩给玩家，否则他们会感到困惑。所以我们通常会试着这样想：如果要让人们能够理解的话，我们应该在模拟中使用怎样的喻体？我们应该怎样构造一个最简单的心智模型，驱使玩家去玩游戏并至少了解这个游戏最基本的部分？现在的模型也许是错误的，但在你的学习过程中还是可以引导你的。我们的大部分游戏都含有表意鲜明的喻体，以便玩家清晰地理解它所模拟的东西。

CP:　例如?

WW:　对于《模拟城市》来说，大部分人把它当成一套火车模型。你看着盒子然后说，"噢，这就跟一套火车模型动起来一样呀"，或者《模拟人生》"就像是玩具屋有了生命一样"。但是与此同时，当你开始玩游戏的时候，这些动态变化对你来说就更加明显。例如在《模拟城市》中，如果你真的思考怎么玩游戏，这个游戏就变得很像园艺工作。你做一些类似松土、施肥之类的事情，然后花草就生长起来，给你惊喜。偶尔你要除虫拔草，然后你会想拓展花园的面积，等等。所以玩《模拟城市》的实际过程十分接近园艺工作。在这两种情况下，你的心智模型一直都在进化。实际上，你可以随时观察玩家在《模拟城市》中所做出的城市设计和观察他们的行为来了解他们对于游戏模型的理解，然后你就会得出像"我懂了！他们认为这条高速公路会帮助他们，因为他们把它放在那儿了"这样的发现。这会让你了解到别人的游戏心智模型。

CP: 对于《模拟人生》来说，它是否潜在地模拟了什么？就像玩《模拟城市》的过程与园艺工作非常相似一样，《模拟人生》是否也有这种不太明显的类比呢？

WW: 这要看你如何玩游戏。对于很多人来说，主流游戏更像是杂技或者平衡板。你开始意识到，每天没有足够的时间来完成一切想要做的事情。然后你会急匆匆地完成这个去做那个。所以你需要在时间上做好分配与决策。这感觉很像表演杂技，如果因失误掉了一个球，那么所有东西都会搞砸。但是有些人的玩法就不一样。所以这个问题很难。我也不是很清楚《模拟人生》的潜在类比是什么。我认为《模拟城市》与《模拟人生》在游戏玩法的空间上相比更加庞大，但玩法略显单一。在《模拟人生》中，游戏角色会按照自己的想法行动，会突然违反玩家的指令而去干别的事情。有些玩家想要用这个游戏来讲故事，这里的潜在类比就是导演的工作了。你正试着使这些演员做你想让他们完成的内容，但是他们在游戏中却忙着过自己的生活。所以在《模拟人生》和你之间就有这种奇怪的冲突，你试着用游戏来讲故事，但是他们想离开去吃饭、看电视或者做其他的事情。

CP: 这些游戏角色的反应就像是真正的演员一样。

WW: 对，是的。有点像那些不听你命令的小演员。

你最喜欢的游戏是什么

CP: 我们在这儿转换一下话题，谈一下你最喜欢的游戏。不仅限于电脑游戏，而是任何你喜欢的游戏。你最喜欢的游戏是什么？

WW: 到目前为止，我最喜欢的游戏应该就是围棋。

CP: 在我看来毫无意外。

WW: （笑）围棋游戏简捷优雅，只有两条规则，而其中一条几乎从未使用。但是就是这两条规律衍生出了这不可置信的复杂度。这就是 John Conway 的 *Game of Life* 的桌游版。非常相似。

你如何理解游戏的涌现特征

CP: 在你谈论围棋的时候，我在想，当你为一个环境建立心智模型时，实际上也是在构建你想要的模型，以围棋为例，心智模型就是想象玩家会怎样进行游戏，是吗？

WW: 对。

CP: 然后随着游戏的自然进行，涌现的特征也就出现了。

WW：　当然，那个模型中的一部分就是模拟另外一名玩家可能会怎样做。因此通常会有这样的想法驱动着玩家："我认为他们要进攻了，所以，我的模型告诉我这就是最佳策略。"

CP：　这很有意思，因为在想象的过程中也有这一方面，就像你之前提过的一样。这让我想再问一个有关《模拟城市》和《模拟人生》的问题。这些游戏都有不同层面的抽象概念。你从设计方面就可以看出这些游戏所做出的不同选择。而在之前说到模拟时，你提到了，站在导演的角度，这个游戏可以作为讲故事的工具，在某种程度上，游戏中就只有一些动态变化，因为游戏是无法包含过多动态的，而游戏角色的身上也没有必要带有那么多的变化。

　　　我很好奇你如何努力克服这一点的，你明显已经考虑过这个问题，你是将游戏视为一种记录故事的工具，还是要继续保持那种角色反抗控制所带来的张力？

WW：　其实在《模拟人生》中很有意思的一点，就是人物会一直发生改变。我坐在那儿玩游戏，然后我说"首先，我要去找份工作，然后我要做这个，然后我去做那个"。然后某个时候角色突然开始不遵循我的指令，而我也会被游戏角色的这种表现震惊到，并惊讶地说"为什么他不这样做"或者"他在干什么"，所以在某些节点上，仿佛是我住在这个小人中，然后我想："这是我，我要去找份工作，我要去做这做那"。然后他开始反抗的时候，那就是他。我便跳出来，和他对抗。你知道我的意思吧？

CP：　我知道。但是在游戏中让我感到有意思的一点就是这些半自主的角色。他们并不是完全自由的，也不是完全受控的。他们处于中间状态。你认为这会让玩家感到困惑，还是你认为这才是游戏的有趣之处？

WW：　我并不认为这是一个缺点，我觉得这很有意思。让我感到比较惊讶的是，人们可以那么灵活地做到这一点，他们可以那么自然地说"这是我，然后我要去做这件事"。之后他们就跳出来说"现在我是那个人，我在做这件事，他在干什么呢？"所以现在他对我来说是第三人，虽然在不久之前他还是我。我认为这就是我们在建模的时候，在想象中经常使用的方式。在短时间内，我们会从别人的角度来看问题。"我们看看，如果我是那个人，我也许会做这件事。"然后我就从他们的脑子中跳出来，然后我就是我，跟他们说话，与他们产生联系。在某些层面上，我希望人们能够深刻地理解不同事物在时空等不同层面上的紧密联系。为了达到这样的目的，我会建立一个简单的小型玩具世界，然后对玩家说，来，跟这个玩具玩一会儿。我把玩具递给别人的时候，我的期望就是他们可以形成自己的心智模型，而不是让我来为他们预设。但无论怎样，他们对于周围世界的心智模型都会进一步拓展。如果是以一种无法预料的方式进行的，那对我来说就很好了。我不想让每名玩家都有相同的心智模型，我宁愿将这视为一种催化剂。这就是发展自己的思维模型的一种催化剂，我不知道它会向哪个方向发展，但是我认为如果玩家产生了简单的思维火花，那么这就是很有价值的改变。

CP： 但是你更感兴趣的是建立起规则空间，让结果随着玩家经验而进化。

WW： 对，我真正想要做的就是，尽最大努力建造最大的可能性空间。我不想创造一种特定的情况，我不想让每个人都有相同的经历，我更想有一个巨大的可能性空间，每名玩家都有独特的体验。

CP： 我认为你作为互动游戏设计师的楷模来讲，你做的事情中有意思的一点就是你非常享受这个难以预测的结局。当人们做出你没有预料到的事情的时候，那似乎就是你希望的事情。

WW： 对我来说，那就相当于成功了。

关于作者

Celi Pearce 博士是一名游戏设计师、艺术家、教师及作家。她设计了经典的虚拟现实游戏 *Virtual Adventures：The Loch Ness Expedition* 并且获奖，她也是"Communities of Play：Emergent Cultures in Multiplayer Games and Virtual Worlds"（MIT，2009）的作者，写过很多有关游戏设计以及互动性的论文。她现在是东北大学艺术、媒体与设计学院的副教授，她同时也是 IndieCade 独立游戏节的联合创始人之一。

把创意转化成游戏

到现在为止，你已经有了一个你喜欢的创意、一系列可能的游戏特性和一个 X 元素，并且它们看起来能够让你制作出一款非常成功的游戏。但是，在你进行原型制作和测试之前，你无法判断你的理念是好是坏。检验一款游戏好坏的唯一方法就是真正地去玩这款游戏。

这时，许多游戏设计师会选择一条捷径。他们觉得最好的游戏开发方法就是从一个现有的游戏机制或者游戏类型入手，这样能够让游戏的玩法更加清晰。这是发行商们希望看到的，也是一些玩家口中的理想游戏。某些设计师能够非常成功地根据现有的游戏机制来改编游戏，也就是我们所说的"微创新"。一个依赖于微创新的设计师往往能够吸引主流游戏的核心玩家，并且这些玩家也习惯于这种在游戏中添加新特性的创新方式。

但是，应该如何应对你的创意无法和现

有的游戏玩法相结合的情况呢？你要把它转换成一款第一人称射击或是即时战略游戏吗？我建议你在游戏机制上做出你自己的尝试，并且去探索新的游戏思路。这并不是因为我不喜欢现有的游戏类型，我只是把它们当作已经被解决的游戏玩法领域。换句话说，已经有无数的游戏行业工作者在第一人称射击领域进行了多年的工作，这个领域的游戏的特点已经被人们所熟知了。这个游戏类型产生的大部分问题已经被他们解决。除非你真的觉得你可以在这个经典的游戏类型上发现一些新的问题，否则我建议还是让你的游戏玩法在一些新的领域中有所建树吧。就如我在第 1 章里所描述的那样，你应该开发出一个你希望创造出来的新的玩家体验类型。你的游戏的结构应该围绕这个体验展开，可能它现在会有已经存在的游戏中的元素，但是总体来说它能够让玩家感受到一些全新的东西。

当你继续头脑风暴、修改和完善你的创意时，问问自己到底想让玩家去扮演和感受到什么。请你以思维导图的方式把你想到的关于游戏的动词记录下来。玩家所扮演的角色是什么？玩家有清晰的目标吗？在达成目标前会遇到什么障碍吗？他们可以使用什么资源去完成目标？游戏机制应该根植于核心创意，源于设计者的整体愿景。

在这个过程中，你需要参考一下在第 2 至 5 章里所介绍的一些形式元素、戏剧元素和系统动态元素，并且依照这些元素来思考你的游戏创意的每个方面。如果你已经忘了学过的内容，请在继续学习之前回去复习一下前几章。要是在你的游戏日志中已经体验和分析过很多游戏，你会发现一些特定的形式元素的组合会涌现出来，并且从中能够提取出一些你希望在游戏里面看到的游戏体验或情感。我希望你不要去复制一些已经存在的游戏机制而是向它们学习。随着你分析的游戏越来越多，你可以训练自己去辨别一些相似的结构和分析它们是怎么被加入游戏中的。不断丰富的经验最终会帮助你建造一个属于你的具有开创性的崭新游戏系统。

很多新手设计师会步入的误区就是把戏剧元素放在第一位。游戏的故事和角色，正如我们之前讨论过的，是非常重要的，但是不要让它们扰乱你的游戏的玩法。它们需要在你的脑海中存在，但它们只是次要的因素，等你把游戏的形式元素确定下来之后再来考虑它们。

聚焦形式元素

形式元素的含义是，游戏的基础系统和基本玩法。你最初的理念可能已经包含了一些关于游戏形式的想法。当你不断完善你的想法的时候，会不断地给这个游戏系统增添内容。同时，你也应该向自己提出下面列出的这些问题：

- 游戏的规则和规程是什么？
- 玩家需要在什么时间节点进行怎样的行动？
- 游戏中的冲突是什么？
- 游戏中有回合吗？它们是怎么运作的？
- 总共有多少名玩家能够参与进来？
- 游戏的时长是多少？
- 暂定的名称是什么？

- 目标受众是谁？
- 这款游戏需要在什么平台上运行？
- 在这个运行环境下有什么限制和好处？

你自我提问的问题越多越好。在这个阶段，你也不必每个问题都回答得上来。在制作之初，你可以只凭感觉。在你真正去玩你的游戏之前，很难知道你是否已经步入正轨。但是不要让这成为你构思游戏的障碍。在开始的时候，你可能感觉很盲目，但是游戏很快就会成型，你的设计决策也会面临更多的情境。

动手搭建游戏框架的时候，请考虑以下问题：

- 定义每个玩家的目标。
- 一名玩家需要怎么做才能赢得游戏？
- 把一类游戏中最重要的玩家动作写下来。
- 描述这类动作是怎么执行的。
- 大概写下流程和规则。
- 只把注意力集中在最主要的规则中。
- 之后再考虑其他规则。
- 整理出一个典型回合或者核心循环的流程。使用流程图是最有效的展现方式。
- 确定有多少名玩家能够参与。
- 这些玩家怎么进行交互？

你可能会注意到这只是原型制作的最开始的阶段。我们不会在这里仔细分析，因为在第7章和第8章，你会学习到整个原型制作的流程。在本章，我们已经叙述了足够多的关于概念设计和探索步骤的知识，接下来的章节会开始涉及原型制作和游戏测试阶段的内容。

目前，我们的目标是列出关于你将要开发的游戏的大纲，无论是写下来的一些策划案还是对游戏机制的简单设想。当你开发时遇到阻碍或者觉得你需要改善游戏的某项特性的时候，记得利用已经学习过的头脑风暴技巧来解决问题。

练习，练习，练习

第一次进入这个阶段是最困难的。当你不断重复的时候，就会发现能够越来越熟练地挖掘出一些有实践意义的创意。除了任务的要求，每一名成功的游戏设计师都会去努力发现更多的灵感。关键在于坚持和不断地进行训练。

练习 6.8：写一个草案

把你在练习 6.7 中所写的关于游戏的描述拓展成三到五页的草案。草案不会深入描述游戏的每个方面和每个关卡的细节；然而，它会定位关于你的想法的顶层的问题。这个游戏是为谁做的？是什么使这个游戏对市场有吸引力？什么是形式架构？什么是戏剧架构？记住这只是个草稿。当进入原型制作阶段时，你会更深入地解决这些问题。

特性设计

另一个练习产生游戏创意的好方法就是给一些已有的游戏添加新的特性。你可以以改进某款游戏的某个特性为主题进行一场头脑风暴，而不是设计一款完整的游戏。以下是一些学生在练习时给某些现有的游戏添加的特性，这些新特性如果在这些游戏的后续更新中也出现了，那仅仅只是因为巧合，参见图 6.5。

《中土战争 2》(Battle for Middle-earth2)

新特性：自创角色。《中土战争 2》中的单位会积累经验直到他们变成英雄单位。在转换之后，他们可以获得阿拉贡、甘道夫和吉姆利等角色的英雄技能。然而，自创角色并不是不死的。如果这些角色死亡，他们是无法复活的。自创角色的游戏特性会让玩家们对游戏单位投入更多的情感。

《战地 2》

新特性：潜行包。这是在《战地 2》中出现的新的游戏玩法。玩家可以选择使用速度快并能够在近距离内欺骗敌方的潜行套装。它的护甲很薄，并且武器是专门用来进行近距离战斗的。潜行套装只能在一些特殊的潜行地图，比如"拯救外交官""破坏雷达塔"等上面使用。完成这些任务也能够像完成其他任务一样消耗对手的重生次数。

《卡拉 OK 革命》(Karaoke Revolution)

新特性：环球派对。想想将《卡拉 OK 革命》《美国偶像》及 YouTube 结合起来会是怎样的。《卡拉 OK 革命》为玩家提供了一个额外的功能，能够让玩家利用摄像头记录他们的表演并通过 PS3 上传到网上。他们的

图 6.5　游戏特性演示

表演，会有一大群在线用户进行评价。获得最高分的表演者能够通过锦标赛并赢得奖品。

所有的这些特性设计都来自我们南加州大学电影艺术学院的游戏设计入门课程上的学生。我们设计了这样的课程训练，因为这对任何层次的设计者来说都是很好的练习，并且这也会成为学生的个人作品集的一部分。游戏公司并不要求初入门的设计师具有从设计草稿开始进行游戏开发的能力，但是在现有的游戏上进行新的功能开发，却

是每一个级别的游戏设计师都会面对的，希望我们的学生能够有这方面的经验。

练习 6.9：游戏特性设计练习，第 1 部分

想出一个想在你最喜欢的游戏里面加入的特性。相信你在这个问题上一定有很多的想法。无论这个想法有多牵强，又或者是技术上不可行都没有关系，不是真的要去实现它。你可以试着用故事板或一段文字对这个特性进行解释。

如何从焦点小组中得到最大收获

Kevin Keeker，索尼 PlayStation 北美的主任研究员

Kevin Keeker 职业生涯的大部分时间都在做用户研究和游戏设计。他在伊利诺伊大学和华盛顿大学学习社会与人格心理学，并从 1994 年开始从事可用性工程学方面的工作。从那以后，他参与研发了许多与娱乐和媒体相关的产品，服务的公司包括微软、Zynga 和索尼 PlayStation。在他职业生涯的早期，他管理微软游戏工作室的可用性小组，后来他专注于把自己的作为一个游戏设计师的以用户为中心的设计经验运用在

Xbox 体育系列游戏上。后来他去了 Zynga，作为高级用户研究员参与了移动社交游戏的开发，包括 *FarmVille*、*PetVille* 和 *FarmVille 2*。跳槽去索尼 PlayStation 后，他提升了《神秘海域 4：盗途末路》等游戏的用户体验。在本文中，他分享了如何从心理学视角看待焦点小组和如何从焦点小组中获得最大收获。

很多人相信焦点小组是一种很好的评价游戏的方式。我发现，焦点小组不应该用于评价你的想法的好坏、是否受欢迎，而是应该帮你产生新的想法。在一个组织得很好的焦点小组中，我们鼓励参与者自由地说出自己的想法并表达反对的意见。这种环境可以激发你

产生新的想法，增加你的创造力，并且让你有机会了解你的目标用户的想法和不满。本专栏介绍了为什么焦点小组更适合产生新的想法，而不是评价想法。同时它提供了一些指示，帮助你达成这些目标。

假设你在设计一款滑雪游戏，而且你对你的设计感觉很好。你知道针对的玩家是青少年和年轻一些的成年人。你知道需要创造很强的速度感、大量的悬空、各种各样的酷炫姿势和技巧展示。你已经基于对目标用户的可用性测试反馈优化了基本游戏体验。玩家们可以玩出技巧，发现你设计的挑战。同时，你对游戏角色的各种姿势也做了改善。

音乐是滑雪文化中一个极为重要的部分。你知道这一点，你知道孩子们喜欢朋克摇滚。毕竟，你是做游戏的，你是一个三十岁左右的男孩。所以，你和一些唱片公司合作，选了一些曲子，然后安排了一次焦点小组测试，以确认你该选择哪些音乐。

会议本来进行得很好，直到焦点小组中的有些玩家开始极端化。当被问到"你最喜欢哪个乐队"时，一些人开始急不可耐地列出一些乐队的名字，而另一些人开始批评这些乐队。第三组人缩在他们的座位上，沉默不语，有些人则茫然若失。

为了让每个人回到正常的状态，你提醒小组成员们，这只是一个头脑风暴，我们会接受所有的意见，会轮流听取每一个人的想法。这样你得到了一个非常庞大的乐队列表，有很多提议集中在一些非常出名、受众广泛且收费昂贵的乐队。

幸好，许多被提到的乐队多多少少还是勉强能被称作朋克的，如果你定义得不太严格的话。至少你可以确定朋克是适合滑雪游戏玩家的音乐类型。

现在你开始测试具体的音乐部分。你播放了一首音乐，问人们喜欢还是不喜欢，并让他们说明理由。你发现这些测试者们在关注其他人的看法，当他们做决定时，他们会环顾四周。你鼓励大家自由发表想法。但到最后，很明显，大家最熟悉的那些乐队，受到的支持最多，至少一些人听说过他们，大多数他们的音乐可以获得半信半疑的支持。在总结的环节，你问大家是否同意总体的音乐选择，一些人争论说应该有一些非朋克的音乐，整个小组同意应该有多样性的音乐。

你最终得到了一个让人烦恼的结果。你现在该做什么呢？你可以凭着直觉去做，但那样的话，这个焦点小组的讨论就变成浪费时间和金钱了。你试着数数票数，去选择那些支持最多反对最少的曲子。但是这样得到的选择只是那些你早已知道的最大众化的音乐，一点儿新意也没有。

这种情形展示了一个根本性的问题。焦点小组非常适合产生想法，而不适合评价想法。

为什么焦点小组比个体的反应更适合产生想法呢？小组内的互动给每个人播下了创造性的种子，因为这鼓励他们比较自己和别人观点的不同。其他人的观点提醒了我们自己的感觉。而观点间的区别使得我们的观点与别人的观点被更加明确地区分开来。这也同样鼓励我们尝试不同的视角，把其他观点中的元素融入我们自己的想法中。创新的过程就是把新的元素融入我们的想法，把不同的想法融合在一起以创造新的想法。

但是，同样是这样的流程，却会使得人们避免和别人不同。要想保持和别人不同，并说得有理有据，一个人需要很费力地承担很大的社交压力。如果只有你一个人抱有一种不同的意见，坚持它就变得异常困难。当一个人提出一个主意，其他人同意，大家的视角就很容易变得一致。这时候责任就落在了反对者身上。但是反对者可能会花时间来重新思考他们的处境。他们不愿意在劣势的情况下立马表达自己的反对意见而保持沉默，而这会进一步让大家的意见趋于一致。

或者，另一种情况是，有些人会极力反对群体的意见。这有可能带来令人满意的结果，或者至少会带来一些有意思的讨论。但是你很难判断他们到底是在就事论事，还是为了反对而反对。小组讨论很容易出现极端的态度，或者非常正面，或者非常负面。在心理学中这一现象被称为群体极端化。群体极端化会影响你的判断，让你不能清楚地了解这些参与者的态度。

那么，你应该怎么办？你应该选择正确的方法来解决你面对的问题。

当想要产生想法时，你去组织一个焦点小组测试。作为测试的组织者，你的工作是促进产生想法。为大家的谈话引入更多不同的声音（"我想多听听这位有不同想法的玩家的意见……"）；澄清观点（"所以，你的意思是……"）；鼓励健康一致的意见（"你们中的一些人都同意这一点……"）；比较不同的观点（"如果我们把他提出的巧克力想法和你提出的花生酱想法放在一起会怎么样……"）。这些技巧可以让我们避免在一个环节上卡太久，并使对话有所进展。简而言之，鼓励人们以安全和建设性的方式清晰地解释他们的想法，然后鼓励小组成员把自己的想法和别人的想法互相结合并以此为基础进行拓展。

当想要评估想法时，你应该对用户进行单独调查。给每个人一个具体的清单，让他们对清单中的每一项选择进行评分。当给人们明确的选择时，你最容易得到清晰的答案。你想要这首歌还是那首歌？或者根据你想让这些歌曲出现在游戏中的程度来排名。把你的标准说明确。不要问人们喜欢什么音乐，要问他们觉得什么音乐适合放在你的滑雪游戏中。

特性故事板

展现你设计的新特性的最有效的方法就是让其可视化。你可以使用 Photoshop 或其他图片编辑软件来做展示。利用一些现有游戏的画面并编辑它们，来展现你的新特性会让玩家在游戏中看到这些画面。

比如，展示这些特性是怎么开始的（当这个特性被激活时，玩家会在屏幕上看到什么）和当玩家操纵摇杆使用这些特性时交互界面是如何变化的。运用一系列的静态图像，每一张都和前一张有一些不同，来模拟玩家在你有新特性的游戏中运动时所看到的景象。像这样的故事板还可以用很多有增量变化的图片来说明特性是如何工作的。即使你的绘画技术很糟糕也不用担心，这项工作的目的不是追求好看的画面而是交流你的创意。

把故事板整理在一起并加上一些解释性的文字。你可以用一些展示软件，比如 PowerPoint 或 Keynote 来进行故事板的整理。这些软件能够帮助你轻松地把大量的图像和少量的文字整合在一起。不要把过多的文字放在这些图片上，因为你需要的是从视觉上表达你的创意。

把特性设计展示给别人看可以确保它的可行性。这个练习的最终目的是有效地进行沟通（比如说把自己脑中的想法传达给他人），所以你需要结合观众的反馈来进行展示。

练习 6.10：特性设计练习，第 2 部分

利用你在练习 6.9 中想到的特性设计创意来制作一个故事板。组织好你的故事板，让它能从视觉上表达出一名玩家成功通关的过程。比如，《卡拉 OK 革命：环球派对》的故事板就应该展示出一名玩家从入门到精通所需要的所有交互流程。把你的创意展示给合适的观众，比如你的同学或游戏设计俱乐部的会员，并让他们进行评论。

实验性游戏玩法

作者：Richard Lemarchand

Richard Lemarchand 是南加州大学电影艺术学院互动媒体与游戏专业的副教授。他作为一名游戏设计师，已经在游戏行业工作了二十多年。前一份工作，他在索尼旗下的顽皮狗工作室担任主设计师，设计了《神秘海域》系列的前三部游戏。

"实验游戏"是什么意思

游戏的历史中充满了实验和创新，多数游戏设计师热衷于尝试新的领域。然而，在最近的十年中，一些游戏设计开始有明确目的进行实验探索，由此全球性的实验游戏设计浪潮开始在游戏开发者中掀起。这些开发者包括独立游戏设计师和游戏艺术家，他们处在这项运动的最前沿。

简单地说，实验游戏指的是，用游戏做一些新的事情，或者以探索游戏设计为目的而制作游戏。他们通过揭示新的游戏机制、新的玩法，甚至（当实验特别成功时）开拓全新的游戏类型，以此帮助我们拓展游戏的边界。还可以通过做实验游戏来提升设计师的技能。这么做可以让我们这些艺术家的"声音"被更广泛的受众听到。

通过做实验游戏，我们可以尝试新的想法，测试新的机制，以及探索游戏这种形式可以实现什么，还可以测试我们对于"游戏是什么""人们怎么开始玩游戏"等问题的个人看法和假设是否可行。我们可以探索游戏和其他艺术形式的边界的交集，还可以作为一名创新者来发现新的自己。

Johan Sebastian Joust

　　无论你是在寻找令人兴奋的新玩法的游戏设计师，还是在寻找方法使观众可以主动参与到艺术作品中的艺术家，或者是希望通过游戏创造出可盈利的新娱乐体验的商人，实验游戏的设计都可以给你提供巨大的好处。

　　最后，实验游戏设计之所以重要，是因为它们处于游戏文化实践的最前沿。文化决定了我们作为个人或群体的身份，正如我们做的这些事情所表达的：语言、科学、科技、艺术、商业、教育、政治、宗教，这个列表可以一直延长下去。无论你是把文化视作我们生活的镜子，还是测试我们价值和抱负的战场，我们做的和我们玩的游戏就是文化的一部分，并且能告诉我们一些有意义的事情。

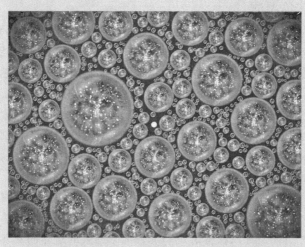

星噬

实验游戏中有哪些比较好的例子

把所有好的实验游戏都列在这里是不可能的，因为过去十年好的例子实在太多了。不过在这里还是列出一些我个人最喜欢的实验游戏吧。

《块魂》（高桥庆太，2004）：一款非常独特、好玩、不羁，同时还出奇地发人深省的游戏。这款游戏由雕刻家出身的高桥庆太设计，让玩家推动一个黏黏的小球，卷起各种碰到的东西。小球会越滚越大，能粘起的东西也会越来越大，一开始只能粘起一个图钉，后来甚至能粘起整个运动场。

The Marriage（2007）：Rod Humble 的这款艺术游戏充满了开创性。他采用一套优雅并抽象的图像和机制，以一个非常个人化又让人产生共鸣的方式描绘出了设计师和他妻子的关系。

Passage（2007）：Jason Rohrer 的这款游戏参加了 gamma 256 大赛（举办于 2007 年的游戏开发比赛）。这款游戏在发行的时候掀起了很大的波澜。他使用了一系列紧凑的游戏机制，在仅仅几分钟的游戏时间内，就勾画出了触动人心的一个人一生的写照。

《黏黏世界》（2008）：卡内基梅隆大学 ETC 实验游戏玩法项目的 Kyle Gabler 和 Ron Carmel 组队创造了这个创新的实体游戏，获得了许多奖项。

《时空幻境》（2008）：实验游戏设计的老将 Jonathan Blow 设计了这款平台解谜游戏，这款游戏以一种全新的方式把时间、空间还有逻辑连接到了一起。

《星噬》（*Osmos*，2009）：Hemisphere Games 公司的这款让人心情平静的解谜游戏把实体游戏带到了一个创新性和复杂度的新高度。

Dear Esther（2008 和 2012）：这款游戏最初是《半条命 2》的玩家 MOD，为某大学研究游戏叙事的项目而做的。*Dear Esther* 后来被完全重制并在 2012 年发售，获得了巨大的商业成功。

Johann Sebastian Joust（2011）：并不是所有的电子游戏都需要视觉上的移动图像，这款游戏来源于 Die Gute Fabrik 的独立项目“电子接触运动”。在这款游戏中，玩家们会使用索尼 PS 的体感手柄，在音乐的伴随下，和其他玩家打闹并进行激烈的竞争。

《云》（2005）、《流》（2007）、《花》（2009）和《风之旅人》（2012）的团队被认为是世界上最成功的实验游戏团队之一，Thatgamecompany，在南加州大学的互动媒体与游戏专业硕士项目中诞生，并且这个工作室在之后又继续创造出了三款里程碑级别的 PlayStation3 游戏，赢得无数奖项，并帮助主机游戏业树立了新方向。

在其他艺术形式中，我们可以得到什么样的关于实验游戏的启发

在 19 世纪和 20 世纪初期，像 Erik Satie 和 Igor Stravinsky 这样的作曲家首次为古典音

乐带来了新声音；两位作曲家的音乐在演奏时都造成了观众骚乱。在同一时期，画家开始远离写实派，走向印象派。他们的作品在那个时代被认为是对艺术的侮辱。

为了反对一战的恐怖和战争的恶化带来的骇人杀戮，诸如达达（Dada）这样的艺术运动和它荒诞的、高度政治化的、常常令人震撼的作品出现了。有些达达主义者进而创造了超现实主义，这也成为20世纪最著名的艺术运动之一，他们还对潜意识毫不畏缩地进行了充满疯狂想象力的探索，这种探索常常通过类似"精美的尸体"（译者注，Exquisite Corpse，一款由法国超现实主义者发明的文字接龙游戏）这样的游戏来表达在他们的梦境、幻觉和幻想中出现的符号。

在20世纪50年代，美国"垮掉的那一代人"也喜欢用一些同样的超现实主义手法，比如，Allen Ginsberg 的意识流、Jack Kerouac 的自动主义、William S. Burroughs 的"剪切"手法（一种创作手法，把完整、线性的文本，例如一篇文章，剪成碎片，每片碎片上包含一个或几个单词，然后把这些碎片重新排列组合成新的文本）。David Bowie 后来采取了Burroughs 的"剪切"手法，用剪刀把抒情诗剪碎，然后对词汇进行重新排列，直到词汇的偶然排列产生了新的美丽的画面。

20世纪60年代的反主流文化通过一种新的、更激进彻底的思考方式影响了艺术。当20世纪60年代晚期法国爆发学生运动时，情景主义国际（Situationist International，是成立于1957年的组织，成员希望发动城市中日常生活的革命，来取代资本主义的景观社会）通过语言游戏来颠覆性地改变公共空间。被称为"激浪派（Fluxus）"的神秘组织想把艺术从画廊里拉出来，把它们放到街上或是普通人的家中，通过大量生产的"激浪派工具箱（Fluxkits）"去挑起好玩的创作和表演。和"激浪派"有联系的作曲家 John Cage 在他的作曲和表演中都尝试了随机性的作用，并通过玩游戏来产生全新的声音。这些手法后来被音乐家、制片人及艺术家 Brian Eno 采用，在他发明的"氛围音乐"中产生了惊人的效果。

流行音乐的历史中充斥着激进的、民粹主义的实验。朋克摇滚通过发挥人的原始力量而不是音乐才能，对当时充满压迫的政治气氛表达了愤怒的回应。新的潮流又通过大量生产的电子合成器来改进这种音乐；紧随其后的是在20世纪70年代的德国、底特律郊区和纽约行政区孵化的高科技舞曲和电子音乐。20年后，价格实惠的音乐制作软件模糊了不同类型和风格的界限，并带来了我们今天所享受到的持续不断的音乐革新。

这些艺术运动的挣扎、反抗，都可以成为我们创作实验游戏的灵感，特别是当我们记得这些事情，并把它们放到今天的社会来看的时候。这个世界让你生气、难过的事情是什么？让你开心、好玩或者充满希望的事情又是什么？哪些新技术让新玩法变得可能？哪些事情是游戏从来没尝试做过的？这些问题的答案就可以为你提供第一个实验游戏的灵感。

你怎样处理实验游戏的挑战

制作出一款实验游戏的最大障碍是"一张白纸的问题"：我该做什么？解决这个问题最好的方案就是选一个随机的主题来创造游戏。比如列一个你感兴趣的事物的名单，然后掷骰子决定。如果觉得选择主题特别难，那你就去谷歌搜索"维基百科：随机"，这个"网络大百科"会把你引导到一个随机主题上。

一旦你选择了一个主题，就要坚持做这个主题，并且彻底地探索它。从不同方向看你的主题。你把它从每个角度都看过了吗？询问朋友的观点，并进行头脑风暴，得出由主题的不同方面延伸出的游戏机制。如果游戏把你带到了一个不寻常的方向，别担心，当你测试游戏时，记录下什么可行、什么不可行，并跟随游戏的发展方向。这是对于做任何游戏来说都非常好的建议，特别是在制作实验游戏时，你更可以完全自由地去探索任何想象中的和玩家想要做的事情。

一个好的实验游戏设计的方法也可以参阅本书的第 3 章，从列出的形式元素中选一个，然后做一些独特的改变。抛去似乎不可抛弃的传统元素，拒绝墨守成规，这就是游戏设计师 Peter Brinson 所说的"先锋艺术（avant-garde）"。比利时开发团队 Tale of Tales 的艺术游戏就用这种方法创造了极佳的效果，比如在游戏 *Graveyard* 中，他们就放弃了传统意义上的"好玩"的方法。

最终，确保完成你的游戏。向你的朋友和家人保证你会给他们一个完成的游戏，这可以成为说服自己完成游戏的极佳方式。在有限的时间内做一款小的游戏也能让你更好地完成游戏。所有这些元素结合在一起形成了像 *Global Game Jam*、*Ludum Dare* 这样在短时间内合作制作的游戏竞赛项目。甚至有些世界上最好的实验游戏，就来自这些开发时间极短，资源极其有限的比赛。

总之，不管你选择做什么实验游戏，我希望你做得开心，并且能学到关于自己的、其他人的和这个世界的一些新东西，并且为游戏这个令人激动的、不可思议的、实验性的艺术形式做出一些贡献，无论大小。

想法与设计

展示游戏特性的练习会使你更加深入地思考游戏特性设计中的问题。在想法和设计之间是有巨大的不同的。一个想法只是口头表述或者用零碎的文字描述的松散的概念。而一个设计则需要从每个细节入手来实现想法。把想法转换成设计是职业游戏设计师最宝贵的能力。

总结

大部分新手游戏设计师只是简单地从成功的游戏中照搬一些元素，然后改编为他们所用。这很好，并且很多有经验的游戏设计师会花上一辈子来做这件事。然而，我们的目标是让你能够不再需要借用现成的东西，并且开始创造。

我们所欣赏的游戏设计师是敢于打破传统，敢不走寻常路的人。计算机带给我们的好处就是，技术的进步能够让我们去做一些以前做不到的事情。这给了游戏设计师一个独特地进行游戏玩法创新的机会。

但是，不能仅仅依赖技术的进步来打开设计的大门。大部分杰出的设计师都曾经进行过不知疲倦的试验。拿桌面游戏来说，技术上它们和 200 年前没有太大区别，始终是关于卡片、骰子和棋子的游戏，但是从理念上来说，它随着时代在不断发展。顶级设计师会设计出打破所有常规的或在游戏玩法上有革命性创新的游戏。体验一下在练习 6.3 中提及的桌游会很有启发。

在计算机的世界中也是一样，你会发现最别出心裁的游戏往往都是在一些所谓的"原始的"系统上被设计出来的。有时候，把自己限制在最基础的东西上往往会让你的思路更加清晰。记住这些道理，是时候检验一下你的创意是否能够真正地工作了。这个步骤被称为原型制作和游戏测试，也是接下来的 3 章要讲的主题。

设计师视角：**Josh Holmes**

来自 Midwinter Entertainment 的首席执行官和联合创始人

Josh Holmes 是一位经验丰富的游戏制作人和设计师。他参与的作品包括 *NBA Street*（2001）、*Def Jam Vendetta*（2003）、*Def Jam: Fight for NY*（2004）、*Turok*（2008）、《光环：致远星》（*Halo: Reach, 2010*）以及《光环 4》（*Halo 4*, 2012）。他是 343 工作室 *Halo* 系列的创意总监，后来在 2016 年创立了自己的公司 Midwinter Entertainment。

你是如何进入游戏行业的

我从有记忆以来就开始设计游戏了。一开始我还是个小孩子，那时候我就重组家里的桌游，加入新的规则和改进，然后说服别人来玩。在高中的时候，我设计纸上的角色扮演游戏，并主持游戏。我在编程上浪费了一些时间，然后发现我并不具备展现自己想法的编码技能。当时并没有那些简单、好上手的工具和脚本。

职业生涯的突破来自在 EA 的一份游戏测试员的工作，我决定通过这个机会用尽一切努力来进入游戏行业。我玩了命地工作，首先进入了 EA 的制作团队，然后进入了设计团队。我首次担任主设计师是在游戏 *NBA Street* 中，后来这款游戏轰动一时，也为我打开了许多扇大门。

你受到过哪些游戏的启发

太多了！我的创作灵感一直受很多游戏的激发，有大作也有小游戏。下面是一些对作为设计师的我来说有持续影响的游戏。

- 在我还是个孩子的时候，《席德·梅尔的海盗》（*Sid Meier's Pirates*）让我付出了无数时间，它也给我带来了非线性叙事最早的灵感。同时，它还把许多不同的游戏玩法体验统一成了一个整体，这样的体验给玩家带来了无穷的动力。
- 《毁灭战士》（*Doom*）刚上市的时候，对我而言是一种启示。在那之前，我一直梦想有一种沉浸式的第一人称射击的体验。尽管有一些早期的游戏拿这种体验来宣传，但《毁灭战士》是第一个做到的。《毁灭战士》引领了第一人称射击游戏中多人对抗的风潮，并允许玩家们自建关卡和 MOD。
- 《光环》添加了有深度的沙盒玩法，同时还加入了能够对玩家行为做出反应的 AI 以及（在当时）逼真的物理系统，把第一人称设计的沉浸感提升到了一个新的高度。第一次玩《光环》的时候，我被震惊了！我当时就把做出这样的游戏当作职业生涯的目标。当时我可不知道自己能在未来真的参加《光环》系列的制作。
- *ICO* 和《风之旅人》都是通过抽象的叙事在情感上产生巨大冲击的游戏。*ICO* 是第一款让我流泪的游戏，它同时还告诉我什么样的游戏能称得上是一种表达的媒体。
- 《侠盗猎车手》和《上古卷轴 5：天际》都是史诗级的大作。这两款游戏都提供了设定完美的、叙事驱动的世界，给玩家带来令人难以置信的游戏体验。

你认为游戏产业里下一个最让人兴奋的发展会是什么

毫无疑问，这会是游戏开发的"民主化"和独立游戏开发者的崛起。在易于上手的游戏开发工具和独立开发者具有独立完成游戏的能力下，产业格局已经被彻底地颠覆了。比起以往任何时候，今天有想法的人都能更容易地把游戏做出来和所有人分享，并有潜力给开发者带来更好的生活。这才刚刚开始呢。

你如何看待设计流程

优秀的想法可以来自任何地方。当你和一支庞大的团队、一群有天赋的人合作时，许许多多的想法自然而然就出现了。它们可能来自设计师、艺术家、工程师、制作人或者测试员。我的工作是选择出最能支持游戏核心愿景（Vision）的想法，然后把它们合成一个统一的整体。这个过程需要许多次的迭代和大量玩家的反馈。

通常来说，对于某个游戏项目，我会从规划它的愿景开始，并通过一段陈述和少量的能引导体验的关键字或者是原则来定义这个愿景。当一个想法出现的时候，如果它能符合这个愿景和原则，我们就会尽快验证这个想法。这通常意味着，在把这个想法进行实际制作之前，我们需要快速做出一个能让人们上手的原型。一旦开始制作，我们就会持续迭代来改进这个想法。我们会进行很多的"Kleenex 测试"：引入许多组玩家来测试游戏，研究他们的反馈和反应。这是开发流程中重要的一个环节，可确保我们在最后发售的游戏中为玩家带来最好的游戏体验。

你如何看待原型

原型对于高效的游戏设计来说非常重要。你能越早地做出一个能玩的东西越好。制作原型的流程取决于我想验证的概念。我会寻找最简单的办法来展示和测试一个核心想法。有时候，如果想法很好理解，原型可能仅仅意味着视觉预览，所以我会把注意力放在视觉的美观上。有时候，原型可能意味着用粗糙的工具和最少的动画做一个简陋的模型。如果它是一个需要在建立好的游戏玩法系统里才能运作的机制，那么在原型中制作出这样的系统环境就非常重要。而不属于这种类型的其他想法，只要在单独的系统环境中测试就足够了。具体怎么做完全取决于不同想法的特定需求。

在你的职业生涯中感到最骄傲的是什么

我喜欢失败者的故事，它们激励我去做人们认为不可能做到的事情。回顾我的职业生涯，我好像总是在尝试冒险：在 EA 制作一个新的 IP，从零开始建立起 Propaganda 工作室，在 343 工作室开始参与《光环》系列。

总的来说，我觉得最骄傲的应该是《光环 4》。我们从名声很大的开发组手中接过了这个受玩家热爱的系列，建立了一个新工作室，然后整个团队一起对自己的首款游戏怀着巨大的希望将其发售。整整三年，每个人都说我们输定了。我把我的心和灵魂都倾注在这款游戏上（当然，我不是说醒着的每一秒），我也为我们团队取得的成功感到无比骄傲。

给设计师的建议

今天就开始设计并制作游戏！如果你想做一些小规模的、"独立范儿"的游戏，你有很多强大又易于上手的工具可以使用。每一个实现你想法所必需的条件都已经准备好了，就等着你开工呢。

如果你想做"史诗级"的游戏，那么这需要一条不同的路径，因为你需要加入一个更大的团队和更多的专家一起工作。你得擅长合作，高效地为自己的想法进行争取，并向一个充满不同个性的人的大型团队传达它们。

无论走哪条路，你今天都要开始设计，并抓住每一个机会去学习。把自负放到一边，拥抱同理心（这是每位设计师都需要的重要技能），深入挖掘，并且开始工作。如果你充满激情、能够跨越障碍，然后做出精彩的游戏，那么世界上就没有什么你不能通过努力工作来完成的了。

补充阅读

Brotchie, Alastair and Gooding, Mel. *A Book of Surrealist Games*. Boston: Shambhala, 1995.

Csikszentmihalyi, Mihaly. *Creativity: Flow and the Psychology of Discovery and Invention*. New York: HarperCollins, 1996.

Edwards, Betty. *The New Drawing on the Right Side of the Brain: A Course in Enhancing Creativity and Artistic Confidence*. New York: Putnam, 1999.

Gladwell, Malcolm. *Blink: The Power of Thinking Without Thinking*. New York: Little, Brown and Company, 2005.

Michalko, Michael. *Thinkpak: A Brainstorming Card Deck*. Berkeley: Ten Speed Press, 2006.

尾注

1. Salen, Katie and Zimmerman, Eric. *Rules of Play: Game Design Fundamentals*. Cambridge: The MIT Press, 2004, p. 22.

2. Csikszentmihalyi, Mihaly. *Creativity: Flow and the Psychology of Discovery and Invention*. New York: Harper Perennial, 1996, pp. 79-80.

3. Ibid, pp. 80-81.

4. The Imagineers. *The Imagineering Way*. New York: Disney Editions, 2003, p. 53.

5. Glenn Entis at EA@USC Lecture Series, January 2005.

第 7 章
原型

对于优秀的游戏设计而言，原型就是心脏。原型就是以你的想法为基础，创造一个可以运转的模型，然后测试它的可行性并改进它。游戏原型除了可以玩之外，通常只包括比较粗糙的美术资源、声音及主要特性。原型很像速写，目的在于让你能专注于一小部分游戏的机制或者特性，然后看它们的效果好不好。

很多初次设计游戏的设计师通常会跳过制作原型这个步骤，直接着手做一个"真"的游戏。但投入时间做原型后，你就会发现，没有什么比制作一个精心思考过的原型更能改进你的游戏玩法的了。当你制作一个原型时，不需要关心它看起来有多完美或者技术有没有优化好。所有你需要关心的就是基本的游戏机制，如果这些机制能让游戏测试者觉得好玩，那你才会知道自己的设计是可靠的。

制作原型的方法

原型有很多种，包括实物原型、视觉原型、视频原型、软件原型等。一个项目可能会需要多种不同的原型，分别用来针对一个独特的问题或者是一个特性。在做原型的时候，要记住一件很重要的事：你不是在制作最终的设计，你只是试着去具体化你的想法，或者把问题单独剥离出来进行分析，这样你可以在确定最终的设计之前搞清楚哪些部分是可行的。本章主要讲解怎么通过使用纸、笔、卡片、骰子等东西来构建实物原型，并测试游戏的核心机制。实物原型是设计师最强大的工具之一，但它只是制作原型的方法中的一种。第 8 章将会讨论数字原型，以及如何在设计过程中成功运用软件原型。

实物原型

对大多数游戏设计师来说，实物原型是可以自行构建的最简单的原型。这些原型通常由纸条、纸板及一些在家里随手可得的物品来制作。你也可以用任何你喜欢的东西，从人物手办到塑料小人，或者是从其他桌游里拿出来的零件。任何你能将它们拼凑在一起的东西都行，参见图 7.1。

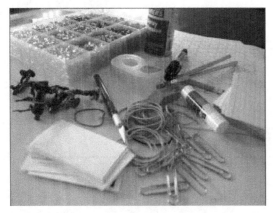

图 7.1　制作原型的材料

实物原型的好处有很多。首先，它可以让你更专注于游戏的玩法而不是技术。这么多年以来，在我教过的所有游戏设计班级和设计工坊中，我发现当一个团队开始编程时，他们就变得非常在乎他们的代码，对游戏玩法进行改变立刻就变得困难了。但如果设计只是在纸上进行的，那么迭代看起来就没那么困难。不喜欢自己设计的回合结构的效果？那就修改，然后再试试看。只需要花费很少的精力，就可以在短时间内对游戏进行多次迭代。实物原型的另一个好处是，你可以即时地响应玩家的反馈。如果玩家发现了一个问题或者提出了一个想法，你可以立刻进行修改，看看效果如何。

实物原型还允许团队中的非技术成员参与到设计过程的顶层。任何人都不需要专业的编程知识，就可以提供游戏设计的意见，这也给设计过程带来了更广阔的多样性。最后，实物原型还能带来更有宽度和深度的实验过程，这仅仅只是因为这么做不需要消耗大量的资源。

对于初步的实物原型，我建议你尽量少关注美术资源的质量。火柴棍小人是很常见

的原型形式。目标在于大致构建出游戏的系统，这样你可以看到游戏在机制层面是如何运作的。花时间在美术资源上只会拖慢这个过程。同时，如果你投入太多的时间去打磨原型的外观和感觉，你可能会太过在乎你做过的东西，不愿再去做出改变。因为在制作原型的过程中充满了迭代和改变，太在乎外观只会起到反作用。

《战舰》的原型

我准备通过几个实物原型的开发过程来让你了解是如何制作和使用它们的。我会从一款系统相对简单的经典游戏开始，这个游戏你可能玩过，那就是《战舰》（*Battleship*），它是一款比赛谁先击沉对手舰队的双人桌面游戏。

让我们一起来制作这款游戏的实物原型吧。开始构建一个原型时，最好首先确定游戏中所包含的关键元素，然后再逐个对不同的元素入手。在这个案例中，我们需要 4 张纸，并在每张纸上画 1 个 10×10 的网格。用字母 A 到 J 在每行网格的旁边进行标注，再用数字 1 到 10 对每列网格进行标注。然后再在 4 张纸的右下角写上它们的作用：玩家 1 的海洋网格表，玩家 1 的目标网格表，玩家 2 的海洋网格表，玩家 2 的目标网格表。最终摆好之后的样子如图 7.2 所示。

接下来找到两名玩家，分别给他们一张海洋网格表、目标网格表及一支笔。玩家用隔板挡住自己的海洋网格表，不让对方看见。然后玩家把自己的五条舰船摆放在海洋网格表上。

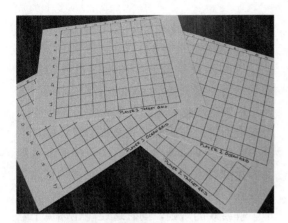

图 7.2　《战舰》的网格表

括号里的数字代表船在网格表上所占的尺寸：

- 运载舰（1×5 格）
- 战舰（1×4 格）
- 驱逐舰（1×3 格）
- 潜艇（1×3 格）
- 巡逻艇（1×2 格）

所有的舰船都应该摆放在网格表内，且不能在网格上斜放。图 7.3 所示的是舰船在网格上摆放的示例。

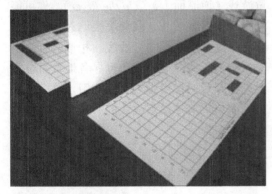

图 7.3　网格表与舰船

原型已经差不多组建好了，可以开始玩了。游戏是以回合来进行的，每轮到一名玩家时，该玩家要叫出一个网格的坐标，如 "B5"。如果对手有一艘舰船在该坐标上，对手回答 "击中"。如果没有，对手回答 "未击中"。当舰船的所有部分都被击中后，对手应该说："你击沉了我的舰船！"，很简单吧？

在游戏过程中，玩家击中和未击中的位置应该记录在目标网格表上。例如，在 B5 被击中时，玩家应在目标网格表的 B5 上标记 "击中"。玩家轮流叫坐标，直到其中一位玩家所有的 5 艘船都被击沉。图 7.4 所示的是游戏进行时网格表的样子。

图 7.4　游戏中的战舰网格表

自己亲身玩这款游戏时，想想作为一个游戏原型它是如何运转的，它准确呈现出了游戏的机制吗？虽然表现和规则都很粗糙，但它为玩家提供了足够的体验去理解游戏，并让玩家给出反馈吗？如果这些目的都达到了，那么这个原型就是可行的。

正如你所见，做一个具有可玩性的游戏原型并不需要编程或美术技能。纸上版本的战舰原型所带来的游戏体验和 Milton Bradley 公司推出的商业版本游戏几乎是相同的。

原型的好处在于，当你在构建游戏的时候，你能直接感受到游戏各个部分的机制组合在一起是否是合适的。抽象的规则会变得具体起来。你可以看着网格表问自己："如果我把这个做大一点会怎样？会对游戏的玩法造成什么影响？"而扩大网格很简单，只需要再找几张纸重新用笔画好，然后你马上就可以重新开始游戏，看看在体验上是更好还是更差了。

练习 7.1：修改你的原型

对你的战舰游戏原型进行多方面的修改。可以改变它的网格、舰船、游戏的目标、玩的流程等。在做调整的时候，要有创意。每次做出修改后，和朋友试玩游戏并总结每个变化对游戏玩法造成的影响。

你对游戏结构中各元素进行的把控会引发更多想法的火花，在这个过程中常常会诞生全新的系统。你甚至可以把这些新的系统做成全新的游戏。当你对做原型有更丰富的经验以后，你会发现这可能是创造游戏玩法最有效率的方式，因为它会直接让你深入游戏机制去检验，这是其他方式所不能提供的。

更多的例子

实物原型是设计桌游和复杂电子游戏的关键。许多著名的电子游戏都是由桌游发展而来的。角色扮演游戏，诸如《暗黑破坏神》《博德之门》《无尽的任务》《阿斯龙的召唤》《魔兽世界》等，它们的系统都是基于《龙与地下城》这款纸面游戏的系统衍生而来的。同样，经典电脑游戏《文明》的系统也是基于 Avalon Hill 公司发行的一款叫《文明》的桌游开发的。

这些游戏的设计师和程序员最初都会使用纸质原型去弄清游戏的机制和系统，确保它们被电子化以后还能起作用。不少电子游戏设计师之前的职业就是桌游设计师，这其中就包括 Warren Spector，关于他的一些观点和见解可以在第 1 章中的"设计师视角"中找到。建立和修改纸上原型可以让你逐渐地了解游戏的规则，同时这还能让你免于陷入复杂的软件开发的泥潭。

那么应该如何训练自己呢？去做一些精心安排的练习就可以很好地锻炼你的游戏设计能力——在一个已经存在的游戏系统中，设定一个新的玩家体验目标，并对系统进行调整去实现这一目标。这样做的难度比从零开始设计一个游戏要低，同时你可以通过这个练习很好地思考一些设计上的问题，并明白如何通过设计来达到目的。

我的下一个例子将使用另一个简单的系统，这是 Ravensberger 公司推出的一款儿童游戏《逆流而上》（*Up the River*）。你可能没有玩过这款游戏，我会简要地对其规则进行介绍，并用之前与《战舰》相似的方法创建一个初步的原型。我和世界各地数百位游戏设计专业的学生做过这个练习，这个系统虽然简单，但是最后收获的游戏的题材概念却非常多样。

《逆流而上》的原型

《逆流而上》有一个特殊的游戏面板。游戏面板是由 10 张大小相同的卡板组成的，如图 7.5 所示。这些卡板排成一列，象征着一条河流。在针对这一游戏来制作你自己的游戏面板原型时，你可以使用一些形状规则的白纸来代替，如图 7.6 所示。在游戏中，河流底部的卡板代表着沙洲，而从底部往上数的第 5 张卡板则代表了河水的高潮。稍后会对这些特殊的地形进行解释，请在你的原型上将它们标记出来。在河流的顶部是海港，又称作目标卡板，同样，请标记好它。这个卡板被横向划分成 12 个部分并依次编号，象征着海港的 12 个码头。除了游戏面板，你还需要一些代表玩家的物件和一个 6 面的骰子。你可以使用 4 种不同颜色的珠子或纽扣来代表各个玩家，或者说玩家们的船，每种颜色各 3 件。游戏开始之前，玩家们将各自的船放在从底部往上数第 4 张卡板上，排成一行，如图 7.5 所示。

图 7.5 《逆流而上》游戏

游戏的目标是将你的 3 艘船移动到海港并获取最多的分数。你的分数将是你的船所停放的码头的编号的总和，分数最多的玩家将取得胜利。

图 7.6 《逆流而上》的原型

游戏的步骤很简单：从年纪最小的玩家开始，每个人依次扔骰子并选择他的一艘船，向前移动相应格数。一名玩家每次只可以移动一艘船。如果一艘船经过沙洲，它必须在沙洲停下等待下一回合，即使还未移动到玩家所掷出点数的位置。如果一艘船恰好停到了高潮上，它可以向前多移动三格。即使一艘船超过了到达海港的格数，也会在海港停下来，玩家不需要扔到精准的点数也可以泊船。

目前看来，这款游戏显得很平凡，只是一个掷骰子的比赛罢了。然而有两条特殊的规则一下子将这个系统变得有趣。第一条规则叫作瀑布。在每一名玩家都结束自己的回合后，面板最底部的卡板会被移动到顶部，形成游戏面板在位置上的顺序更替。这模拟了河流将船只冲回下游。所有在最底部卡板上的船只都会漂走并结束游戏。瞬间，我们的简单的骰子比赛有了戏剧性的转折！每一次当你选择要移动的船只时，你还要考虑其他船只放置的位置。它们是否有危险？在下一次瀑布来临的时候，它们是否会被冲走？正如我所讨论过的，这样简单的两难困境为系统增加了冲突的元素。

第二条特殊的规则叫作顺风/逆风（good wind/ill wind）。当玩家掷出了 6 点时，他并非直接向前移动 6 格，而是要做出一个选择：顺风——移动他的任意一艘船到上游最近的己方船只处；逆风——移动他的对手的任意一艘船到下游最近的一条同色船只处。当他选择好风向时，如果船只经过了沙洲，它仍然需要停下。当选择了逆风时，如果船只经过了沙洲，则不需要停住。

如果掷出 6 点的玩家只有一艘船或他的所有船只都在同一个卡板上，他不能选择顺风。如果他的对手们都只有一艘船或他们的船只都在同一个卡板上，他不能选择逆风。如果这两个选择都失效了，那么该玩家直接结束该回合，由其他玩家继续他们的回合。顺风并不能用于将船只带入海港。

顺风/逆风的选择给这个简单的系统增添了趣味性。玩家可以选择为了增益自己或为了削弱对手而行动，这种选择就是一种玩家与玩家间交互的例子，为游戏创造了更多的趣味性。当玩家将他们的船只驶入海港时，他们将船停在空余的码头上，并获得该码头编号对应的分数。当游戏中所有的船只都在瀑布中被冲走或已驶入码头后，游戏结束。累计分数最高的玩家获胜。

试玩你的《逆流而上》原型并分析这个简单的系统中的各个元素是如何丰富这款游戏的。回答以下关于这个形式系统的一些问题：

- 长板的尺寸和骰子的面数之间有何联系？如果改变长板的尺寸会发生什么？
- 每名玩家所拥有的船只的数目和初始位置之间有何联系？如果改变初始位置会发生什么？
- 为什么沙洲的初始位置很重要？高潮卡板的初始位置呢？
- 玩这款游戏时什么技能是必需的？这款游戏更依赖技能还是运气？
- 顺风/逆风的选择给游戏带来了什么？
- 为什么这款游戏从年纪最小的玩家开始？
- 这款游戏的目标人群是什么群体？

思考这些或其他一些问题可以帮助你发现一些可以针对这个游戏系统做出的改动，然而为了改变而改变并不是我们的目的。

在你开始修改这个系统之前，为你的新版本头脑风暴一些可能的玩家体验目标。这里有一些例子：

- 让这款游戏主要靠策略取胜而不是运气。
- 让这款游戏中出现队伍，并且每位玩家都要扮演特殊的角色。
- 让这款游戏中有更多的玩家间的互动，包括谈判。

除了你的玩家体验目标外，你还要去找到一个更戏剧化的喻体以展现你的玩家体验目标。图 7.7 展示了一系列《逆流而上》的变体，包括一款需要团队合作的登山游戏，一个玩家合作拯救溺水者的海洋救援游

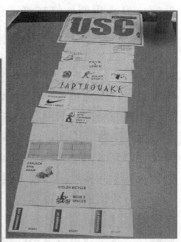

图 7.7　《逆流而上》的变体

戏，以及一个把每一列都变成三栏以强化形式架构的停车游戏。

练习 7.2：《逆流而上》的变体

　　设计一款《逆流而上》的变体。首先设置一个玩家体验目标，然后进行头脑风暴，得到能通过修改系统而实现这个目标的想法。然后修改你的《逆流而上》原型，或者制作一个新的原型，来展现你对系统的修改。和你的朋友们一起玩你的变体原型，看看是否实现了体验目标。

　　你还可以自己做一个设计练习，继续完善自己的设计过程。从一个已有的游戏系统开始分析，明确它的形式的、戏剧性的和动态的元素。然后想出一个新的玩家体验目标，修改系统来实现这个设计目标。我建议你从非常简单的游戏着手。记住，对于一个

稳固且平衡的系统来说，即使是一个小小的改动都会对游戏玩法带来巨大的影响。通过这样的练习，你会成为一名更加强大的设计师，并对许多不同类型的游戏机制有更深入的理解。

第一人称射击游戏的原型设计

　　设计一个简单的桌游原型是一回事，为一款动作类电子游戏设计一个实物原型又是另一回事。尽管纸面上的原型设计有一定的局限性，但它在设计过程中依然可以发挥作用。例如，你可以为第一人称射击游戏设计一款纸面原型。第一人称射击游戏的经典案例包括《雷神之锤》《重返德军总部》《战地 1942》《半条命》《虚拟竞技场》《荣誉勋章》等。这些游戏的核心机制是玩家操作角色四处奔跑并射击其他单位。这很容易

理解，但是我们如何在纸上创建这类游戏的原型呢？这又能教给我们什么呢？

　　第一人称射击游戏的实物原型无法让我们了解在 3D 环境下跑动、瞄准和射击的动态过程，但是它可以帮助我们了解一些具有战术和战略意义的问题，包括武器平衡性和领土控制等。因此，一款准确的第一人称射击游戏的纸面模型虽然无法为我们捕捉到玩家体验的实质，却很可能为我们提供一个有参考价值的设计过程。下一章讲软件原型的时候我会提到，针对游戏设计中的不同问题，一款游戏可以有不同种类的多个设计原型。纸面原型十分适合解决第一人称射击游戏设计中的一些问题，例如，关于关卡设计和武器平衡性，但不适合另一些问题。当我们为第一人称射击游戏设计实物原型时，应该清楚地了解这些区别。

战场地图

　　拿出一大张六边形格纸。六边形很适合用于原型设计，因为游戏单位可以沿着对角线移动。你可以在大多数的桌游商店买到这样的格纸，也可以利用网络上一些免费程序进行打印，例如，Hexographer。这张格纸将作为游戏的战场。

　　截取格纸上的某个小格子，并将它涂成红色来标记重生点。重生点是游戏单位死亡后复活的地点。

　　我们可以在图纸上创造线段来代表墙壁。游戏单位不能穿过墙壁也不能射穿墙壁。用一些物件来代表墙壁有利于我们在格纸上进行定位，火柴棒是很好的选择。可移

动的墙壁同时也方便我们调整系统。原型范例参见图 7.8。

图 7.8　FPS 游戏原型范例

　　你可能已经产生了很多疑问：在格纸上应该有多少个六边形？每个六边形应该有多大？需要多少个重生点？需要很多的墙壁还是只需要一些？这些问题有着一个共同的答案：你认为合理就好。在你没有进行游戏前你没有办法知道这些问题的确切答案，无论你如何选择，都有可能在之后改变它。因此，不妨选择一个你认为合理的参数并顺着设计进程逐步改进它。

"灾难性"的原型设计过程与其他故事

作者：Chaim Gingold

Chaim Gingold 是一位游戏设计师和一位理论家，在业界和学术界有超过 20 年的研究和设计经验。他最知名的设计作品是《孢子生物创造器》（*Spore Creature Creator*）和《地球入门学》（*Earth: A Primer*）。他的设计专长和研究兴趣包括创作工具、模拟及戏剧。现在，他是一个 Y Combinator Research（YCR）/Human Advancement Research Community（HARC）的研究员。

我的硬盘里面装满了失败。学了 12 年的编程，我回头审视所有我写过的软件：不管大小，几乎没有一个是完成的，也没有一个不是野心满满的。这些项目像是缺少动力的火箭，开始的时候都是踌躇满志的，但最后却总是没有将自己送入正确的轨道，最终待燃料耗尽后掉回到地球。在这其中有不少有趣的想法和搞怪的玩意儿，甚至有的项目规模还很大，但很遗憾的是，它们的水准没有一个能达到我心中的期待。

当然，经过多年的磨炼我已是一位优秀的程序员，并且有能力做一些很棒的东西，但对于我自己内心所追求的目标而言，这似乎意义不大。

我在佐治亚理工学院继续深造的时候，曾读到过一些关于 Chris Crawford 的文章。我了解到他有过相似的问题，但他并不认为这是失败。对他来说，这是开发过程的一个有机的部分。失败在他的脑中，其实是帮助他决定想法值不值得继续投入去做的原型。每个好想法的背后，都有大量的糟糕的想法。对于成功的设计师来说，失败，是一种找到好想法的方式。这个启示仿佛一吨砖头砸醒了我，也许我还是有机会的。

Ken Perlin 来到佐治亚理工学院做过一次演讲，讲的是他所制作的具有情感的虚拟演员。他的作品让我佩服不已。他做了无数有趣的小玩意儿，但只把它们当成草稿或者是研究。像埃舍尔和梵高这样的大艺术家，他们不会只是坐下然后就能画出伟大的作品。他们通常也要在完成作品之前画大量的草图并进行深入研究，更别提那些代表作了。从 Ken 的 demo 中可以清晰地观察到，不少内容都是建立在之前他所学到的东西上的。在 Ken 的世界里，我所谓的失败对他来说叫作原型，就像艺术家为创造一个杰作所做的海量研究一样，失败其实是成就一番大事业前必不可少的部分。

如今我已转换了一种思路，把软件意义上的失败当成我所做过的原型和研究，是它们一点点教会了我如何设计和编程。就像学画画，你首先要画成百上千幅糟糕的画。把一件事情看成是一次练习还是失败，这只是一个态度问题。我的经历再加上天时地利，让我意外获得了一次跟着 Will Wright 实习的机会。当时他正在负责一个新的游戏项目，并正处于制作原型的阶段，而这个项目的代号叫作"孢子"。

就在那个夏天，我前往 Walnut Creek 市加入了这个不可思议的"孢子"团队。Maxis 公司当时把所有精力都放在《模拟人生 Online》上。和其他的实习生一样，我被安置在 Will 办公室外的走廊的折叠桌边。我用的是 Will 的旧 Mac 电脑，它是 20 世纪 90 年代中期生产的旧货，但我觉得这台机器中存放的

《孢子》的原型

内容真的非常神奇，所以我很高兴能拥有这台电脑。在 Maxis 的这个夏天就像是去了圣诞老人在北极的车间，能目睹小精灵们制造那些玩具。

这台旧 Mac 电脑就像是一个藏宝洞，里面塞满了 Maxis 以前项目的设计文档、原型和游戏工程，比如《模拟蚂蚁》、《模拟城市》和《模拟城市 2000》。这还不是最棒的部分。我发现了一个充满了野心的 Maxis 的项目，这个游戏是关于 20 世纪 90 年代早期的部落文明的，但并没有做完，它就像是一个神秘的谋杀案。为什么这个项目终止了？硬盘里塞满了这个秘密项目的原型，后来成为《模拟人生》。很显然，Maxis 曾经在这个项目上花费了很多时间，并且为它的很多系统单独制作了原型，包括 2.5 维的角色动画系统、角色编辑器、能自行决定动机和决策的角色 AI 以及房屋编辑器。而房屋编辑器的代码很显然是由《模拟城市 2000》引擎修改而来的。这是一个界面是钟表匠风格的程序，使用遗传算法来程序化生成《模拟城市》风格的建筑。这个程序是一个速成品，而编写者的目的是让大家尽快看到此程序执行的情况与效果，而非构建一个成熟、完美运行的终极程序。它以《模拟城市 2000》的代码库为基础做了一些快速的实验。Will 的想象力显然比正确的软件工程方法要运转得快得多。所有的这些，再加上孢子的概念团队做出的那些棒极了的原型，给我留下了深刻的印象。我加入了他们的创作，并且向《孢子》贡献了一些奇特的原型。

这里都发生了什么？这些都意味着什么？回想起来，我意识到我曾犯了两个经典的错误。第一，我太贪心了。之前我那些踌躇满志、信心满满的项目之所以会失败，是因为我没有使用原型去验证最核心的设计。如果不通过发射简单的玩具火箭来试验，你怎么可能直接发射一枚真正的火箭到月球呢？那个部落文明的项目应该是死于类似的原因：它的作

者直接奔向了充满野心的、最终版本的项目，而没有先进行恰当的研究，建立草案和原型。

第二，我对成功还是失败的判断出现了偏差。虽然《模拟人生》的原型代码并没有用在最终的游戏里，但这个原型清晰地告诉大家最终的产品是什么。我所有的"小失败"实际上是一系列提高我设计技能的"小成功"，对它们研究所得到的成果是可以融入更大的项目中去的。我的认知一直是颠倒的。我的"成功"的，但没完成的大型项目才是真的失败。虽然我投入了大量的精力，但由于没有完成最基础的"家庭作业"，这些大项目失败了。这些是沉痛的教训，许多人可能需要亲自体会后才能有所领悟。

所以我暂时舍弃了 ACM 程序设计大赛中那些"优美"的程序技巧，更加关注如何让程序在最短的时间内运行起来。我很快成为一个更好的设计师。通过干掉那些干扰我的"捣蛋鬼"，我收获了大量的设计经验。

我完成了在佐治亚理工学院的课程，加入了《孢子》团队。我收藏了大量自己做过的学生项目、个人小项目及工作原型，这些东西给我带来了大量的经验，让我形成了设计的直觉。我曾经写过设计，评估过设计，也抛弃过不少设计的创意，仅仅是这些经历，就能让我的设计经验比我的同龄人丰富一大截了。我目睹了优秀的原型可以撬动大山般的难题。在我看来，好的原型就像一个勇往直前的忍者，不仅能干掉艰难的设计挑战，还能终结乏味的设计讨论，用原型这把利刃，一击就可以把它们戳成碎片。

这里有一些关于原型制作的经验法则。即便有多年的经验，我还是经常会遇到在制作原型时找不到方向的情况，通常来说，这些问题可能是由于没有遵循以下法则。

- 一定要问一个问题。这将让你变得更有目的性，并随之会带来一些假设，再考虑通过测试来验证这些假设。举个例子，现在要求你设计一个在电脑屏幕上用鼠标控制一群鱼的方案。你的问题是：如何用鼠标控制这些鱼？一个假设可能是：轻轻滑动光标可以让鱼群聚集到一起，而每一次点击鼠标按键则会在该处释放一个无形的"炸弹"，激活鱼群"转身游走"的 AI 行为，并且这个过程可能会持续好几秒。有一个好方法可确保你不会在没实现的想法上浪费时间，至少对我来说是有效的。那就是用图表先把你的想法记录下来，然后尽可能多地用笔写出所需细节，避免遗漏，而这也对加快原型制作有所帮助。

- 保持可验证性。就像良好的科学研究方法一样，你必须验证实验的结果。你的假设行得通吗？让鱼聚到一起的方案感觉怎么样？你的朋友觉得这个方案如何？这个方案在你设想的游戏情境中适用吗？如果能对一个设想进行测试，怎么都不嫌早。我见过不少很棒的想法最终都以失败告终，大部分是因为这些想法的主人太过保守，不相信想法已经可以测试了，不相信获得的反馈，总是努力去解释人们的反应，或者觉得只有自己的想法是重要的。但最后，用户还是要玩你的作品，到时候想要修复设计问题可就太难了。要尽可能早地把玩家融入设计过程中。对自己和玩家保持诚实的心态，你将会收获丰厚的回报。这一点对我来说并不困难，因为作为一名设计师，我的主要目的就是能让玩家乐在其中和改变别人，所以我总是对我的工作能给别人造成什么影响很感兴趣。看着人们正在使用你创造的东西，会让你成为一名更加自信且聪明的设计师。

- 说服和启发。我们创造的是娱乐和艺术——你的原型应该很酷、有趣，让人觉得兴奋。如果你和你的同事被吸引了，那你的玩家也会被吸引。另外，如果一个东西不能与他人产生共鸣，或许应该重新考虑您的设想或实现方法。原型是一个拥有强大说服力的东西。《块魂》的设计师高桥庆太最开始不能说服任何人，因为大家不认为一个滚来滚去到处粘东西的球会很有意思——直到他们玩到游戏的原型。

- 快速地动手。请你尽快让自己遭遇第一个"失败"，不要害怕按下发射按钮。在原型制作过程中有一个典型的错误，那就是在引擎、架构或其他与原型的目的关系不大的地方花好几个月的时间，因为这些东西无法对你验证核心设计起到帮助。原型不需要引擎。原型就是粗制的机器，用泡泡糖和剩余的线缆凑合地拼凑在一起的粗糙模型，目的在于尽可能快地测试以及验证简单的想法。如果你发现工作数周或数月的项目的成果只有一个引擎，那么你已经失败了。可能你需要验证的玩法需要变得更清晰一些。对我来说，从开始到完成一个原型的理想时间（包括设计、实现、测试和迭代）大概是 2 天到 2 周之间。无论任何原因造成制作原型超出这个时间，你都要为你自己敲响警钟。

- 有效率地工作。你正在制作一些小而美的东西，所以需要在投入上更聪明一点。为了快速产出东西，必须保持体量小巧：不要在这个时候贪多，否则你将很难取得进展。现实一点。当你考虑在你的原型的引擎、美术、界面设计或者其他方面花多少时间时，问自己一些问题：这个原型的目的是什么？谁会使用它？原型的重点是什么？视觉？运动感觉？加载时间？运行状态？可用性？如何说服你的同事？在做的时候，要尽量便宜一些、省事一些。做到能测试你的想法的状态就可以了。不要在制作原型上花太多时间做编程、美术或其他方面的修饰。

- 仔细地分解问题。不要一次试图做太多。如果你同时给所有系统做原型，那就可能会失败，因为你不能快速动手，也得不出任何结论。一次制作所有东西就等同于直接制作整个游戏，这太难了。原型设计师的工作就像一个优秀的围棋选手，应该切割、隔离开敌方的棋子（你的设计问题），把它们切成弱小的小块，然后各个击破。要聪明地把你的问题分隔成可以控制的小块。你要很仔细，因为有时候问题之间以不明显的方式相连，这会给你带来麻烦。通过练习，你的设计直觉和经验能够帮助你看到问题之间的天然联系，让你能够更准确地进行分割。

单位

单位指的是在游戏中你所扮演的角色。你可以用硬币、塑料士兵模型或任意日常用品来代表它们。你所选用的物品必须可以放在格纸的一个网格当中。此外，必须可以清楚地看出一个单位的朝向。例如，当你选用硬币来代表一个游戏单位时，可以在上面画上一个箭头来表示它们的方向。

原型设计允许多个单位同时参与游戏。我们通过掷骰子比大小决定不同单位在格纸上的初始点。获得最低点数的玩家需要首先决定他的初始点。然后按顺时针方向，每名玩家选择一个初始点。你的原型可能类似图 7.8 中所展示的那样。

练习 7.3：移动和射击

如果你想开始尝试相关的设计了，那么现在你可以停止阅读，独立设计你自己的移动和射击的规则，并阐述你设计这套规则的理由。

移动和射击的规则

我将在这里给出一套相对合理的移动和射击的规则。除此之外，还有很多有创造性的规则，我非常鼓励你去尝试不同的规则。

每名玩家会获得以下 9 张卡片：

- 移动一格（1）
- 移动两格（1）
- 移动三格（1）
- 移动四格（1）
- 改变方向（2）
- 射击（3）

游戏按回合制进行。

1. 构建牌堆：每名玩家选择 3 张牌，并将其正面朝下扣在桌面上，作为各自的牌堆。

2. 开牌：每名玩家掀开他位于牌堆最上方的一张牌。

3. 射击卡：掀开了射击卡的玩家可以向他的单位所朝的方向进行射击。如果这条射击线经过的网格上有其他单位，则射击命中。如果射击线碰到了墙壁或者没有经过任何其他单位，则射击未命中。如果此回合有两名或两名以上的玩家抽到了射击卡，那么他们在此回合应同时执行射击操作。

4. 转向卡：掀开了转向卡的玩家可以将他的单位转向任意方向。如果两名或者两名以上的玩家同时拥有转向卡，掷骰子来决定转向的先后顺序。

5. 移动卡：掀开了移动卡的玩家可以按移动卡所示的数字，将他的单位移动特定的格数。如果两名或者两名以上的玩家同时拥有移动卡，掷骰子来决定移动的先后顺序。此外，一个网格上不能停着多个单位。

6. 每名玩家掀开牌堆的第 2 张牌，并重复步骤 2～5。

7. 每名玩家掀开牌堆的第 3 张牌，并重复步骤 2～5。

如果一个单位被击中，它将被移出战场，玩家可以选择一个重生点，并在下一轮游戏的开始使其加入战场。

练习 7.4：自行建立原型

为刚刚描述的系统建立实物原型并进行测试。描述你在测试过程中遇到的问题，并且列出构建过程中遇到的困难。

为动作游戏进行原型设计的过程可能看起来比较复杂，但却很有效。在短短的几

页里，我们仅用纸和笔就已经完整地描述了如何建立一款第一人称射击游戏的原型。当你使用这个原型的时候，你会发现它既简单又有很强的灵活性。

下面是一些附加规则的建议，你可以将其添加到你的第一人称射击游戏的原型中，可参见图 7.9。

- 引入评分系统：计算每名玩家的击杀数，率先 10 杀的玩家获胜。
- 引入命中率：假设两个单位在相邻的网格时击中的概率是 100%。而每当两个单位距离增加一个网格时，击中的概率降低 10%。用一个 10 面骰子来判断射击是否命中。
- 引入生命值：每个单位拥有 5 点初始生命值。每次被击中将会扣除 1 点生命值。
- 引入急救药品：如果一个单位站在急救药品所在的网格上一个回合，则它的生命值恢复到初始状态。
- 引入弹药系统：每个单位拥有 10 发子弹，每次射击扣除 1 发子弹。如果一个单位站在装弹点所在的网格上一个回合，它将被重新填满弹夹。
- 引入其他武器：新的武器将会被放置在场地中。如果一个单位到达武器所在的网格，从下一轮起它将可以使用这个武器。武器的提升包括每一次射击产生更高的伤害、更高的命中率或更多的弹药等。
- 引入可选目标：如果这个游戏的目标不只是完全在于战斗，同时还有一些可选的目标，比如，救援 NPC 角色或在限定时间内找到一些叙事物品，

那么游戏会怎样发展呢？

练习 7.5：特性

在你的实物原型中添加部分或全部上述的特性，以及一些你自己的新想法。记录下添加这些特性对游戏的影响。

图 7.9　添加额外规则的 FPS 游戏原型范例；从左上图顺时针依次是：命中率、生命值和急救

还可以继续添加、修改或删除新的规则和功能。你可以使用这个系统来创建一个夺旗赛、团队合作任务或其他有趣的变体。可以继续添加、测试和调整，直到你想出最合适的组合。每次添加一个新的规则或功能，都可能激发你产生新的灵感并带来意想不到的效果。这就是创造流程的核心。因此你应该鼓励自己去尝试一些可能看起来很可笑或者荒谬的想法。完成这类练习可帮助你深入了解第一人称射击游戏和 3D 冒险游戏是如何设计的。

练习 7.6：反向设计

现在，让我们将所学到的东西应用于不同类型的游戏当中。

1. 选择两款不同的即时战略游戏，如

《魔兽争霸》和《帝国时代》，进行反向设计。除去外部特征来寻找这些游戏的内在共同点。这就是这些游戏的核心机制。

2．将其中一款游戏的核心机制转变成可玩的纸上模型。

记住，我们关心的是两款游戏之间相关联的规则。这些规则代表了游戏的核心系统，也是形成即时战略游戏实物原型的基础。

关于实物原型

不习惯使用实物原型的人可能会认为这种方式并不能准确地体现玩家在电脑上的游戏体验。他们可能会认为纸和笔做出的原型只适用于回合制游戏，不适合动作射击游戏，因为这种游戏的玩法和 3D 环境、玩家的即时响应是一体的。我并不是说实物原型可以取代这些东西。我的意思是，整体的游戏系统可以在早期通过实物原型获得很大的好处。

实物原型可以帮助我们构建游戏结构，想清楚不同元素之间如何相互影响，制定出一套游戏运行的系统性方法。电子游戏中 3D

环境带来的感官体验只是良好的游戏体验的一个组成部分。尽管这是一个关键的组成部分，但这也是一个可以暂时分离、留到之后再考虑的过程。至少，实物原型可以迫使你思考并定义你的设计元素。你可以在接下来的设计中随时进行修改，但是这会给你一个构建设计的框架，和制作团队合作沟通时可以让焦点更清晰。

想象一下，你要和一组完全不知道你的概念的程序员开始合作，再想象一下你在尝试把脑中的游戏描述给他们。这绝非易事。如果你想创造一种人们从未见过的玩法，这可能是做不到的。一个实体原型可以让他们坐下并一起玩，这可以确保他们能领会到你对这个游戏的愿景。这会提供给你所需要的起点，让后续的讨论更有根据。书面的设计说明当然也可以是流程的一部分，但是当你试着要和其他人沟通一个复杂的系统时，这些文档最好有一个原型或一组原型来支持，这样团队才能真的开始玩并进行讨论。

为你的游戏创意设计原型

现在你已经有了创建和修改原型的经验，是时候为你的一个原创的创意制作原型了。首先，挑选一个你在第 6 章进行头脑风暴时想出的创意。当你的想法和概念设计已经完成后，你就可以准备制作第一个游戏原型了。但是在开始深入研究原型的构造机制前，你需要确保你已经明确了游戏的核心玩法。

将核心玩法可视化

如果你试图一次性设计整款游戏，你有可能感到困惑和不知所措。在一款游戏中，有很多元素会令你感到无从下手。我建议你将游戏的核心玩法机制从中分离出来，并试着从这里开始构建游戏。

游戏的核心玩法机制，或者说核心机制，可以定义为玩家在游戏过程中为了达到游戏的最终目标而重复最多的行为。游戏在本质上就是重复性的。尽管玩家们行为的意义和结果的不同可能会导致游戏进程发生变化，但是游戏中核心的行为从始至终都不会改变。可以在 165 页 Daniel Cook 关于循环和弧的讨论中来了解更多关于这些核心游戏机制的内容。

　　图 7.10 所示的是由动视公司的游戏分析师 Jeff Chen 和高级游戏设计总监 Carl Schnurr 所分析的《蜘蛛侠 2》和 *True Crime* 的核心行为的对比图。从图中你可以看到，玩家的行为都会被系统计量，并与奖励反馈等挂钩。在《蜘蛛侠 2》中，挑战、探索和奖励最终都转化为点数，可以在 Spidey 商店中用于升级、购买组合技能、生命值等。这是一个非常简单的奖励系统，用来增加玩家获取点数的动力。在 *True Crime* 的图中，你可以看到它有着更加复杂的设计。玩家的行为会有多种形式的反馈，而这些对玩家行为的计量与相应的反馈反过来会给整个系统造成一定影响。值得注意的是，复杂的设计并不总能带来更好的玩家体验。

　　正如我在第 5 章中所讨论的，有时你会发现你的游戏机制中存在正面或负面的反馈循环，而使你的游戏失去平衡。图解你的核心游戏行为可以帮助你尽早发现这样的问题。这样的图解不一定要采用动视的例子中这样正式的表现方式，你可以在纸上或白板上画简单的草图示意。图 7.11 所示的是某学生制作的游戏原型的核心行为示意草图。即使像这样一张潦草的图画也可以暴露出那些没有被整合到主要机制中的特性，好让你回过头重新设计，更好地整合这些特性。

　　以下是一些流行的游戏和它们的核心玩法机制的简单描述。

- 《魔兽争霸 3》：玩家在地图上即时制造并移动游戏单位，与敌方单位战斗并消灭它们。
- 《大富翁》：玩家购买并升级他们的房产，向在游戏过程中停在房产前的其他玩家收取租金。
- 《暗黑破坏神 3》：玩家通过打怪、寻找宝藏以及探索地下城来积累财富并变得更强大。

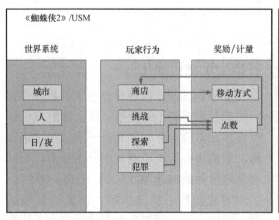

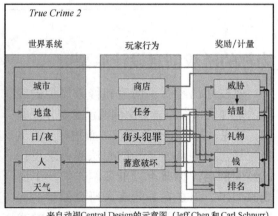

来自动视Central Design的示意图　(Jeff Chen 和 Carl Schnurr)

图 7.10　《蜘蛛侠 2》和 *True Crime 2* 的玩法机制可视化

- 《超级马里奥兄弟》：玩家控制马里奥（或路易基 Luigi）行走、跑动和跳跃，同时躲避陷阱、克服障碍物并最终获得宝藏。
- 《炸弹人》（*Atomic Bomberman*）：玩家在一个迷宫中移动他们的炸弹人，在敌人身边放置炸弹来把它们炸飞。

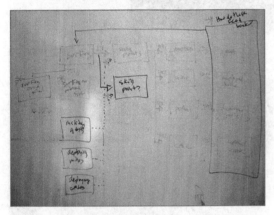

图 7.11　核心玩法示意草图

练习 7.7：图解核心玩法 1

如果你对这些游戏很熟悉，你也许可以快速地画出它们的核心玩法机制的草图图解。如果你对它们还不是很熟悉，选择 2～3 个你知道的游戏，简单介绍它们的核心玩法，并画草图进行说明。

练习 7.8：图解核心玩法 2

现在试着为你自己的游戏创意画出核心玩法示意图。可以根据练习 6.8 中你的策划案进行。如果你不清楚其中的一些活动应该如何关联起来，不妨先按你自己的想法去执行。随着逐步完善原型和修改游戏，答案也会慢慢呈现。因此，别让它们在最开始就阻碍了你的脚步。

构建实物原型

练习了制作和修改现有游戏的原型后，你可以开始为你自己的游戏概念构建原型。下面 4 个步骤可以让你的原型制作更高效。

1. 基础

将你的核心玩法展现出来。你可以利用一些手工制作材料，例如，纸板、绘图纸、胶水、笔和剪刀。可以在一块纸板或一张纸上画出游戏大致的地图或布局，并且把纸板和纸张剪成卡片。

在你进行这些步骤的时候，你可能会想到一些问题。玩家的可移动范围应该要多大呢？玩家之间应该如何互动呢？玩家间的冲突要如何解决？不要试着一次性解决这些问题。实际上，先把问题放下，专注于核心的玩法。

游戏中的基本对象（实物的配置、单位、资源等）和关键流程（使游戏顺利运行的重复的行动循环）的设计才是基础阶段的核心，参见图 7.12。

试着体验一下你自己设计的核心玩法——也许它还称不上是一个游戏，但你可以检验这个核心概念是否值得你继续挖掘。在你有了基础之后，那些曾经你想回答的问题就会变得很明显。但是要当心。要尝试在不扩展规则的情况下测试游戏。如果你不得不添加规则才能让这个原型可玩，那就加，但只在完全必要的情况下才这么做。你的目标是，保持核心玩法机制的规则越少越好。

在一个 FPS 的原型中，我想到的第一个元素是同步行为，这也是这类游戏的核心机制。所有玩家应该同时掀开行动卡片来模拟这种同步行为。这是一个重要的立足点。接下来，下一个逻辑问题就是：行动卡片上有什么选项？答案是：移动、转向或者射击。

当然还有一些其他的选项，如站立、蹲下、匍匐前进等。然而，在初始阶段我们应该尽可能地简化这些选项。这些选项将指导原型构建的下一步：结构。

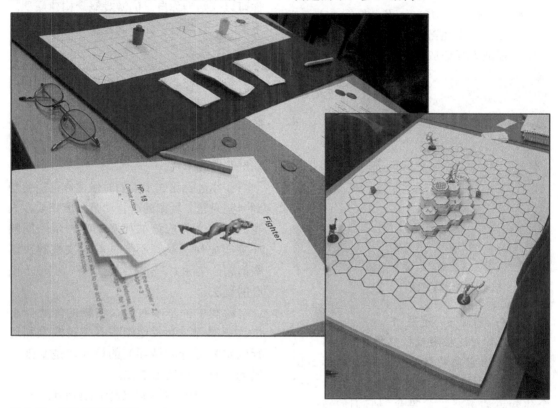

图 7.12   实体原型的范例

万智牌的设计进化

　　万智牌是这个时代最重要和最有影响力的游戏之一。自从它在 1993 年的 Gen Con 游戏展会上一炮而红之后，在玩家中的人气一直保持着稳定增长。这是游戏设计师 Richard Garfield 所写的一篇文章，主要对游戏的创作和发展两个部分进行了阐述。第一部分《万智牌的创造》写于游戏首次发售时，距今已经超过 25 年了。他重点讲述了在设计集换式卡牌游戏时所遭遇的挑战，及当时游戏的测试过程。

第二部分《万智牌设计：10 年后》是一个对万智牌最初的设计过程的回顾。在这部分中，Richard 提出了一些关于游戏如何发展演变，以及为什么会这样演变的睿见，包括他对万智牌专业赛、《万智牌 Online》及接下来 10 年万智牌的发展的一些想法。

万智牌的创造

作者：Richard Garfield（写于 1993 年）

万智牌的前身

游戏会进步。新游戏总是喜欢把早期游戏中受欢迎的特性与一些新特点进行糅合。万智牌就是一个很好的例子。

虽然有不少游戏对万智牌的创造起到过或大或小的影响，但其中对万智牌影响最大的游戏应该算是《银河遭遇战》（*Cosmic Encounter*）了。我无比尊重这个游戏，它由 Eon Products 首次发行，并由 Mayfair Games 再次发行。在这款游戏中，参与者将扮演外星种族去征服宇宙中的领地。玩家不仅可以单打独斗，也可以与其他外星人结盟。游戏中有近 50 个外星种族可以选择，每一种都拥有其独特的能力。例如，Amoeba 这个种族，可以变成黏液四处无限制地移动；而 Sniveler 这个种族则可以在落后时进行"哭诉"，然后自动追赶上来。《银河遭遇战》最棒的地方在于它几乎无限的多样性。即使我玩过这个游戏数百次，也还是会为找到与众不同的种族搭配感到雀跃和惊奇。《银河遭遇战》能一直保持可玩性的原因在于，它能让玩家永远保持新鲜感。

《银河遭遇战》对我自己的设计想法是一个有趣的补充。一直以来，我都在思考这样一个想法：一个使用一套卡牌，但是在不同对局中改变卡牌组合的游戏。在局与局之间，玩家可以向卡堆中增加或者移除卡牌，这样当你玩一局新游戏时，就会面对完全不同的卡牌组合。我还记得在小学玩弹珠的时候，每个玩家都有自己的收藏，他可以拿他自己的收藏去交易或者比赛。我也对 *Strat-o-matic Baseball* 这款游戏很好奇，这款游戏中的角色数据都是基于当时真实的棒球选手上一年的数据而设定的，玩家需要在这款游戏中挑选自己中意的球员组队进行比赛。我很喜欢这个游戏的结构，但是我一点儿也不喜欢这个游戏的主题——棒球。

将这些想法汇聚到一起，最终造就了万智牌。通过《银河遭遇战》和其他游戏所给予我的灵感，我在 1982 年设计了一款叫 *Five Magics* 的卡牌游戏。*Five Magics* 是一次尝试，我把《银河遭遇战》中的模块性提取出来，并将其融入一个卡牌游戏。《银河遭遇战》的内核似乎完全满足了一款魔法卡牌游戏的需要——狂野而难以预测，却又不是完全未知；你似乎理解了它，却又不是完全理解。在接下来的几年中，*Five Magics* 被我朋友玩出了各式花样，他们在游玩的过程中提出了不少关于魔法卡牌题材的创意。

10 年后，我还在设计游戏，Mike Davis 和我一起制作了一款名叫 *RoboRally* 的桌游。Mike 就像我的经纪人一样，他接洽的公司中有一家叫 Wizards of the Coast，它对我们的游戏很感兴趣。事情进展得还算顺利，Mike 和我在 8 月份去了一趟俄勒冈州的波特兰市，与 Wizards of the Coast 公司的 Peter Adkison 和 James Hays 见了一次面。

他俩对 *RoboRally* 比较满意，但也很坦诚地表明了公司目前并没有要立刻推出新桌游的计划。我当然不是为了听这些话才来这里的，我不能让这次远行浪费。于是我问 Peter 他目前对哪种游戏感兴趣。Peter 说他需要一款可以很快开局、零件越少越好，能在各种展会上走红的游戏。我可以做到吗？

数天之内，一款集换式卡牌的最初概念就诞生了，这个概念基于我在 1985 年开发的另一款叫 *Safecracker* 的卡牌游戏，不过这款游戏并不是我最好的作品。随后，我又想到了 *Five Magics*。

第一版的设计

我回到宾夕法尼亚大学继续学习，并几乎把所有闲暇时间都投入了卡牌游戏的开发制作中。这并不简单；头三个月我们偏离了正确的方向，当设计集换式卡牌游戏的时候，卡牌游戏设计的许多角度都要被重新考虑。首先，你不能有任何一张垃圾卡——玩家不会用这种卡。事实上，玩家只会玩最强的卡牌，因此你不能把卡牌的强度范围做得太大——为什么要做别人不用的卡呢？而且，均衡的卡牌强度是唯一能够从游戏概念的一开始就减少"有钱孩子综合征"的办法。怎么才能让一个人即使买了十套卡牌，也不会变得无敌呢？

这是一个主要的设计顾虑。对如何防止购买力差异导致的游戏不平衡，我有许多的理论，虽然它们并不完全有效，但也都有一定的道理。对抗"买爆卡店"的最佳方法是赌注规则。如果我们玩赌注规则，而你的套牌是十套牌的精华，那么我赢了的话，就能赢得一些更有价值的卡牌。此外，如果这个游戏有着很充分的技术施展空间，那么直接购买高强度卡组的玩家会沦为那些一路拼杀、交换卡牌攒出好卡组的玩家的猎物。当然也有人觉得，买一大堆筹码并不会让你成为一个赢家。最后，"有钱孩子综合征"变得没那么让人担心了。万智牌是一个有趣的游戏，你怎么得到卡牌并不重要。游戏测试表明，太强大的卡牌会自掘坟墓。一方面，玩家不会再和拥有这种强大牌组的人玩赌注规则，除非对方做出一些让步；另一方面，它也启发其他没有"好牌"的玩家去组更有效率的卡组来回击。

万智牌的第一个版本被亲切地称为 Alpha。这套牌由 120 张卡牌组成，被随机平分给两位玩家。两位玩家各押一张牌作为赌注，玩一局游戏决定赌注的赢家，然后如此反复直到他们不想再玩了为止。他们往往会玩非常久；即使在初期阶段，万智牌就是一个令人意外地上瘾的游戏了。一天晚上10点左右，Barry "Bit" Reich和我在宾夕法尼亚大学的天文学休息室中开了一局游戏，这是个没有窗户和空调的房间。我们以为玩到了凌晨3点多——但我们都错了，离开大楼的时候，天都蒙蒙亮了。

　　我知道我有一个能够支撑自有定制卡组概念的游戏结构了。对局很快，充满了诈唬和策略，但又不会让人过多拘泥于计算。不断更替的卡牌组合让场面瞬息万变，常常让人感到既有趣又惊奇。与此同时，多样化的卡牌组合并没有破坏游戏的平衡，玩家之间并不太容易出现常胜将军。

从 Alpha 到 Gamma

　　除了卡组的区别外，现在的万智牌和 Alpha 时期相比变化并不大。在 Alpha 版本中，玩家甚至可以对对手所拥有的地界进行攻击，而当你失去所有某个特定颜色的地之后，将会破坏场上所有相关联的咒语。除此之外，今天的规则和那时的规则基本是相同的。

　　而 Alpha 到 Beta 的过程就像是放出了一头狂野的野兽。游戏的 Alpha 版本开始慢慢突破了对战的界限，进而影响到了玩家的生活。玩家可以随意交换卡牌，向比自己弱的玩家发起挑战，面对更强的玩家既可以选择躲避，也可以勇敢地进行对决。一些玩家开始渐渐出名，有些是由于稳定而优秀的战绩，有些是因为几局幸运的大逆转，有些是因为善于虚张声势。玩家们不知道对方的卡组，所以他们学会了在游戏中保持高度警惕。不过，即使是最警惕的玩家也偶尔会遇到意外。这种在未知领域中的不断探索，给这个游戏带来了一种无限的规模和可能性的感觉。

　　从 Gamma 版本开始，陆续加入了一些新的卡牌，并提高了很多生物牌的消耗。我们增加了一倍的游戏测试人数，其中包括一群玩过 *Strat-o-matic Baseball* 的玩家。我们特别急于知道万智牌到底适不适合联赛。Gamma 版本也是第一个给所有卡牌印制了插画的版本。Skaff Elias 是我的美术总监，他和其他一些人花了大量时间去研究旧杂志、漫画书和游戏书中的插画，寻找适合卡牌的图片。即使是在卡片纸上印刷的黑白影印图案，这些测试卡看起来都是非常有吸引力的。大部分的卡牌上都印刷着正经的图案，但也有一些搞笑的图案。比如，医疗（Heal）是 Skaff 用脚画的；能量吸收（Power Sink）这张卡印的是凯文（《凯文和小老虎哈贝》里的凯文）掉进了马桶；谁能告诉我能量吸收跟马桶有什么关系？狂战士（Berserk）是 John Travolta 在《周末夜狂热》（*Saturday Night Fever*）中的舞姿；正气（Righteousness）的图是 Kirk 船长；祝福（Blessing）则是 Spock 做着他的那个经典的"生生不息，繁荣昌盛"的手势。一本老漫画书上的 Charles Atlas 的图成为神圣之力（Holy Strength）的插画，而一个 98 磅（约 44.4 公斤）的弱不禁风的人被踢了一脸沙子的图片成为虚弱（Weakness）这张卡的素材。能量灌输（Instill Energy）上的图是

Richard Simmons。克撒的眼镜（Glasses of Urza）是在一本产品目录上找到的 X 光眼镜。Ruthy Kantorovitz 为炎息（Firebreathing）拼凑了一张可爱的会打嗝会喷火的婴儿的图片。我自己则有幸成为哥布林（Goblins）的图片素材。图片和更多的玩家极大地促进了万智牌的游戏氛围。虽然游戏中的对决是两个人的事，但显然参与游戏的人越多，游戏才越有意思。从某种意义上来讲，玩家之间的对决只是一场更大的游戏的一部分。

对平衡的冲击

　　每经过一轮游戏测试，我们都会淘汰一些牌。其中有一类牌在 Alpha 和 Beta 版本里较为常见，但在 Gamma 版本中开始削减，直到现在已经彻底消失了：把对手的牌收归己有。是的，支配魔法（Control Magic）能永久抢走对手的生物卡牌，而窃取神器（Steal Artifact）可以把对手的神器牌拿走。青铜碑（Copper Tablet）以前的作用是在游戏中交换两张生物牌。（"没错，我想用我的人鱼换走你的龙。转念一想，还是用我的哥布林来换吧——因为哥布林太丑了。"）以前有一个叫时空转换（Planeshift）的咒语，可以偷走一块地；还有一个叫环境转换（Ecoshift）的咒语，能把所有的地重新洗乱，然后再发给大家——这对有四五种颜色的玩家来说是非常有利的。小妖精（Pixie）的使用效果非常复杂，如果它们打中你，你就必须随机地把手上的一张牌和对手进行交换。这些卡牌确实丰富了游戏玩法，比如有的玩家为了避免自己的生物卡被抢走，会抢先一步把这个生物卡杀死，更极端的甚至会把自己干掉来保护剩余的套牌。最后，测试的结果表明，这种卡牌给游戏所带来的坏处大于好处，如果玩家不是自愿使用赌注规则来玩游戏，那么就不应该存在有失去卡牌的风险。

　　就在这时，我渐渐感觉到，不管我对这款游戏做出什么设计决策，总会招致一些玩家的反对，有些还很激烈。关于什么牌该有，什么牌不该有存在巨大分歧，以至于玩家们开始自己做出整个系列来进行测试——这可是项浩大的工程，要设计、制作、洗混、分发大约 4000 张卡牌。每组玩家做出的游戏都有自己的亮点，测试者们也很乐于去发现每个全新的游戏环境所具有的特性与奥妙。这些努力也成为未来 "Deckmaster" 系列游戏的基础，这些游戏会有和万智牌相同的系统，但卡牌则多数是新的。

组建更好的套牌

　　测试一个 Deckmaster 类的游戏很困难。能比这个还难测试的，也许只有那些大型多人电脑游戏了。在给万智牌设计好一个看起来可靠的基础框架之后，我们还需要在海量的候选卡牌中选择用哪些，以及对它们的稀有度进行设定。普通卡牌应该尽可能简单一些，但强度不一定比稀有卡牌弱，如果只有稀有卡牌才厉害的话，那么想弄到一副好套牌就只有靠砸钱和运气了。那些太强或是对平衡带来破坏效果的卡牌肯定会被归为稀有卡，但大多时候，入选稀有卡主要还是因为咒语复杂或在某一方面能力特别突出，而玩家们不会希望这样的卡牌泛滥于市场。但这些设计准则的作用只能帮我们到这了。即使是少数看起来无关痛痒的卡牌被移除，甚至只是修改一下稀有度，都会改变整个游戏的调性。最终需要做决定留什么去掉什么的时候，我觉得自己像是一个处境尴尬的厨师，要用 300 种调料为10 000 个人做菜。

我很希望看到的一件事，就是让玩家尽量多地去使用多色套牌。很明显，只用一种颜色的套牌能够避免很多麻烦，因此玩家都偏向于只使用一种颜色的卡组。出于这个原因，很多法术都能够针对同一种颜色，比如因果报应（Karma）、元素冲击（Red/Blue Elemental Blast）、苦恼护圈（Circle or Protection）等。原本的计划是，任何一种过于简单的策略都可以被某张牌克制，然后慢慢添加新牌用于克制最新的套牌，使游戏策略始终保持动态平衡。例如，太过于依靠大生物来进行游戏的玩家会很怕驯良之石（Meekstone），而一套有多张火球（Fireball）且需要大量法术力的套牌会被法术力倒钩（Manabarbs）轻松干掉。不幸的是，这种策略与反策略的模式导致玩家的套牌变得单一乏味，并且玩家拒绝和那些能用一张牌干翻他们的人对决。如果玩家没有被迫使与各种不同的对手对决，并且可以选择自己的对手，那么功能单一的套牌反而显得更加强大。

因此，我们想到了另外一个能促进套牌多样化的方法。我们让玩家很难在同种颜色中找到一组套牌所需的全部元素。例如，在 Gamma 版本中存在一个问题，就是蓝色魔法可以独自成套。蓝色里有两张很阴险的普通卡牌，先人的记忆（Ancestral Memory）和时间行走（Time Walk），这两张牌后来都被改成了稀有卡牌。蓝色有很强的咒语反制能力。而这一版本的蓝色牌中有非常强的生物，其中最好的两张现在也不是普通牌了。

蓝色魔法现在依然保留它的反制咒语的能力，但生物却相当缺乏，也缺少直接造成伤害的好手段。红色几乎没什么防御力，特别是无法很好地防空，但拥有惊人的直接伤害和破坏力。绿色的生物很多，还能产出大量法术力，不过除此之外就没有什么更多的特色了。黑色是克制生物的专业户，运用很灵活，但是不擅长应对非生物卡牌。白色是善于保护的颜色，是唯一一个其普通卡牌有结合能力（Banding）的颜色，但造成伤害的能力较弱。

有时候几张看似不起眼的牌可以组合成真正吓人的东西。游戏测试的很大一部分工作量在于找出"变态"的卡组——狭隘、强大的卡组，它们很难被击败，玩起来或对抗起来也十分无聊。毫无疑问，其中最著名的就是 Tom Fontaine 的 Sooner-Than-Instant Death 套牌，它的特点在于第 2 或第 3 回合就能立住 8 只以上的大生物。在首次的万智牌比赛（Magic tournament）上，"暴风"Dave Pettey 用他的 Land Destruction 套牌取得了冠军。Dave 还设计了一套由幽灵（Specter）、心灵扭曲（Mind Twist）和扰乱权杖（Disrupting Scepter）组成的套牌，那套牌变态到没有人愿意和他进行对决。Skaff 的套牌 The Great White Death

几乎能和任何对手进行对抗；Charlie Catin 的 Weenie Madness 套牌的小生物打法能很有效地迅速将对手淹没。虽然这套牌的胜率可能没有之前那几套牌那么高，但却有一个独一无二的优势：在赌注规则下，Charlie 基本是立于不败之地的。就算是四局里面只赢一局（他的胜率通常比这个要高），赢回来的一张卡牌也比输掉的一张岛（Island）、两张人鱼（Merfolk）的价值高。

最后，我发现这些变态的套牌其实也是游戏乐趣的一部分。大家会想方设法去组这些套牌并使用它们去打其他对手，但是这样总有一天他们自己会烦或是别人不再愿意和他们对决，这套牌就算是退出江湖了。然后玩家可以用套牌中的牌交换新牌，就好像赛马中把冠军拉去配种一样。不过大多数玩家最后会像 RPG 爱好者处理自己精心培养的得意角色一样，让自己组出的变态套牌退居二线，然后偶尔拿出来打两局。

在对套牌纯粹的强度追求渐渐没那么热之后，另一种风格的套牌又开始流行起来：奇怪的主题套牌。这些套牌的组成通常会在一定的主题的限制下尽可能地变得强大。当 Bit 把他的 Serpent 套牌（他当时特别喜欢拿着一条橡胶蛇在牌桌上拍打，每召唤一条蛇就发出"嘶嘶"的声音）玩烦了之后，他组了一个"神器（Artifact）"套牌，这套牌里真的只有神器，甚至连地牌都没有。看神器主题套牌和使用妮维亚洛之碟（Nevinyrral's Disk）的玩家的对抗会非常有趣。怪异套牌之王，毫无疑问是 Charlie Catin。在一个万智牌比赛里，他组了一套我称之为"The Infinite Recursion"的套牌。这套牌的思路是控制住场面让对手无法攻击，直到他能用化剑为犁（Swords to Plowshares）去干掉一个生物。然后再打出时间扭曲（Timetwister），把场上的牌和坟场、手牌、牌库重洗。被化剑为犁干掉的生物不会再在游戏中出现，所以对手就少了一个生物。然后这样不断重复下去。达到足够多的次数之后，对手因为化剑为犁已经有了不少生命点，大概 60 点左右，但套牌里却没有生物了。接下来 Charlie 的妖精（Elves）出场了：59、58、57……最终这局悲剧的游戏落下了帷幕。直到现在，我一想到这套牌还是会感到哭笑不得。而让人头大的是，他所参加的比赛规定选手要用一套牌打 10 局。由于这套牌对决通常要花一个半小时，他的对手中至少有一个人因此投降了。

让人头痛的措辞

玩家和设计师所面临的挑战不仅是要选择哪些牌留下来。在对卡牌牌面上的规则描述进行无穷无尽的修改的过程中，我深切地体会到了这一点。正如我早期的游戏测试者们指出的那样，万智牌的最初设想应该是一个最简单的游戏，因为所有的规则都写在卡面上。但这个设想早就不存在了。

对于那些没受过这种折磨的人看来，我们为描述的精确性而痛苦挣扎或许是一件很搞笑的事情。关于卡牌上的规则主要是我和 Jim Lin 一起讨论的，他就像律师一样善于利用规则，同时，他又能像消防水管喷水一样讲出一大堆关于规则的论述。我们关于一个规则问题的讨论往往会是以下这样的。

Jim：嗯，这张牌好像有些问题。这七页规则补充是我对这一问题的解决方案。

Richard：我宁愿推翻重来也不会用你那七页纸。还是让我们试试这个解决方案吧。

Jim：噢，我们可能又遇到另一个问题。

（如此反复，直到……）

Richard：这样做太笨了，只有那些笨到极致的人才可能会看不懂这张牌的意思。

Jim：好吧，可能我们在这个问题上纠结的时间太长了。如果跟你一起打万智牌的是这种人，那我劝你还是尽快找些新朋友吧。

举一个我们曾经纠结过的例子：祝圣大地（Consecrate Land）到底该不该保护玩家的地免遭石雨（Stone Rain）破坏。毕竟，一张牌说地不能被消灭，另一张牌说地可以被消灭。这不是自相矛盾吗？至今想起这种困扰时我还是会头疼。就好像你对着"钱只是一张纸，但为什么老是有人不顾一切地去挣钱？"这种问题去钻牛角尖儿，而做这种事情让我很难受。

但话说回来，我确实没法预测到底什么样的表述会把人弄糊涂。有一次，一个叫 Mikhail Chkhenkeli 的测试玩家跟我说："我喜欢我的这套牌。我有游戏里最强的一张牌，只要我一出牌，下一回合就能稳赢。"我想这可能吗？我实在想不出有什么牌可以让玩家一旦出牌后，下一回合就必胜无疑。我问他这是什么牌，然后他给我看了一张能让对手跳过一回合的牌。我一下被搞糊涂了，直到我读了卡牌上的字："Opponent loses next turn."（lose 有失去和输两个意思，该句话可理解为"对手失去下一回合"或"对手下一回合输掉"。）这件事让我第一次认识到，想保证所有人对一张牌上的表述有相同的理解是一件多么困难的事。

万智牌市场

在第二年的游戏测试中，另一件事也让我很吃惊。我发现万智牌变成了我所见过的最好的经济模拟系统之一。我们拥有一个自由的市场经济体系，以及所有形成有趣的动态所需要的元素。大家衡量一张卡牌的价值各不相同，有时候仅仅是因为他们对价值的评估不太准确，但更多情况下是因为同一卡牌对不同玩家的意义是完全不一样的。举个例子，一个强大的绿色咒语，对一位专注于红黑色魔法的玩家和另一位正在组绿色套牌的玩家来讲，其价值肯定是后者大于前者。这种价值落差之间产生了套利的机会。我经常发现有一张牌对一群人来说完全没用，而在另一群人中却被视为珍宝。所以，我想只要我动作够快，我可以通过无私地给出这两群人想要的卡牌来让他们都开心，同时我还可能会得到一点点小利。

有时一张牌的价值会根据它的用途的变化而发生涨落。例如，有一次 Charlie 在收集各种能产生黑色法术力的咒语引起了大家的注意，这些牌的价格越涨越高，大家开始有些担心，他要那么多黑色法术力干什么？而在 Dave 的 Land Destruction 套牌出名之前，像石雨（Stone Rain）和冰风暴（Ice Storm）这种炸地咒语的需求量并不高，他花不了什么钱就能组出好套牌，而在第一次万智牌比赛上打出名气之后，他通过卖套牌大赚了一笔。

这种情况甚至催生了"交易禁令"（Trade embargoes）。在某段时间，有一大批玩家达成协定，不和 Skaff 进行交易，也不和任何与 Skaff 交易过的人进行交易。我还听到过下面这样的对话。

玩家 1 对玩家 2 说：我用我的牌 A 换你的牌 B。

一旁的 Skaff 看了看，说：这笔交易太傻了。我可以用牌 B 加上 C、D、E、F 换你的牌 A。

玩家 1 和玩家 2 异口同声地说：我们不和你做交易，Skaff。

不用说，Skaff 在此之前进行的比赛和交易可能有点太过于成功了。

还有一种有趣的经济现象：有时玩家会哄抢其实他们自己并无意使用的牌。他们抢走这些牌只是单纯为了从牌池中去掉这些牌，因为这些牌让他们觉得很烦（混沌法球等），或者这些牌严重克制他们自己的套牌。

我认为我最有意思的一次经历是某次碰上 Ethan Lewis 和 Bit 的时候。Ethan 刚刚弄到了一包卡牌，Bit 有意向和他进行交易。因为他发现 Ethan 的牌中有一张神秘巨著（Jayemdae Tome），眼红的他随即报了个价。我觉得他的出价太低了，于是我也在桌上摆出了跟 Bit 一样的牌来竞标。

Bit 盯着我说："你不能这样！如果你想要神秘巨著的话，至少也应该出价比我高啊。"

我说："这不是我出的价，这是为了向 Ethan 表示我想要神秘巨著的诚意所送上的见面礼。"

Bit 不可思议地看着我，然后把我拉到一边，低声对我说："我把这一叠牌都给你，请你离开这里十分钟吧。"我接受了他的"贿赂"，让他买下了神秘巨著。本来他确定能买到这张神秘巨著的，因为他手头的资本比我的多得多。但是回想起来，在 Bit 身上使用这个计谋有些危险，因为他做过许多疯狂的事，譬如曾经把 Charlie 的一套牌用胶水粘在一起，还有一次他把 Charlie 的另一套牌在肥皂水里洗了，甚至还把可怜的 Charlie 的其他单卡放到搅拌机里搅碎。

对于单卡价值分歧最大且时间最久的，应该算是对暗渊之王（Lord of the Pit）的评价了。我基本在每次测试版发布的时候都会拿到它，对我来说它用起来确实不太顺手。Skaff

的看法比较极端，他认为这张牌毫无意义，唯一的价值在于骗你的对手使用它，但我并不同意这个看法。他坚持认为白板也比这张牌好，因为白板至少不会伤害自己。而我觉得只要你知道它存在的意义，并且自己有目的性，玩家还是可以从中获益的。

Skaff 让我举一个具体一点的例子。我想起了我曾用这张牌获得过一场惊人的胜利。对手当时的局势很好，他不仅战力十足，并且手里还有张克隆（Clone），所以即便我放下一张能左右局势的生物，他也能复制它。当然，我的下一张牌是暗渊之王，他不复制的话就会被搞死，于是他就复制了。此后，他每次攻击的时候，我都会设法同时医疗两个暗渊之王，或者用浓雾（Fog）使攻击无效。最后，对手再也没有生物来喂给暗渊之王，莫名其妙地被放倒了。

Skaff 听了我的故事后乐不可支，他说："所以我问你暗渊之王什么时候拯救过你，结果居然是因为你的对手蠢到去复制它！"

多明尼亚（Dominia）和角色扮演

设计一个合理的牌池，让大家对其中的卡牌有不同的价值评估，这还远远不够，我们还必须构建一个环境，让这些牌进行合理的互动。为万智牌设定一个合适的世界观成为一个核心的设计挑战。实际上，存在的许多设计上的问题都是因为，针对万智牌的世界与玩家间的博弈，我们先入为主地制定了各种规则和卡牌，而非根据游戏的实际情况来制定这一切，导致了我们的想法与游戏运行之间的不匹配。关于牌与牌之间的关系，我有一些担忧，我希望让这些卡牌看起来是一个完整世界观的组成部分，但我又不想限制设计师们的创意，更不想自己独揽权力控制所有的牌的制作。不过让大家共建同一个幻想世界是不太现实的，因为不可避免地会缺少一致性。我最终选择了多元宇宙这一概念，也就是建立一个多世界的系统，这个系统无比庞大，并允许宇宙间发生奇怪的交互。通过这样的方式，我们可以捕捉异世界的幻想，并在把这种情调加入游戏的同时还保持游戏结构的一致性和可玩性。几乎所有的卡牌或者概念都可以融入一个多元宇宙。同时，这样的设定也能够比较轻松地加入一个不断成长、多样的卡池——同一个游戏内可以容下不同风格的扩展包，因为可以把它们看成来自不同宇宙的元素之间的互动和碰撞。因此我创造了多明尼亚——一个可无限扩展的时空系统，法师们在其中穿梭，寻找可以支持他们魔法的资源。

在这种有结构的灵活性下，万智牌的游戏环境更像一个角色扮演的世界。我不是说万智牌的世界观让它变成了一个角色扮演世界——差远了——但它的确比我所知道的任何其他卡牌游戏或桌游都更加接近角色扮演。我一直对那些声称自己是这两者结合体的游戏不太在意，因为角色扮演游戏有太多特性是其他种类的游戏所无法表现的。事实上，在它的限制形式下——不管是作为杯赛还是联赛的游戏——万智牌和角色扮演的相同之处都非常少。从这方面来看，万智牌就是一个传统意义上的竞技游戏，双方都在一些规则限制下争夺胜利。然而，更广义的万智牌是自由地使用自己拼组出的套牌与朋友对战，而这的确表现出了一些如角色扮演般有意思的元素。

　　每一个玩家的套牌就像一个角色一样。它有自己的人格、自己的怪癖。这些套牌常常还有自己的名字：The Bruise、The Reanimator、Weenie Madness、Sooner-Than-Instant Death、Walk Into This Deck、The Great White Leftovers、Backyard Barbecue、Gilligan's Island 等。我现在还保留着一套牌，其中每个生物都有自己的名字——影印的卡片纸还有个好处是，很容易在上面写字。这套牌叫"白雪公主和七个小矮人"，其中有一只亚龙（Wurm），叫白雪公主；还有七只长毛象（Mammoth），分别叫 Doc、Grumpy、Sneezy、Dopey、Happy、Bashful 和 Sleepy。之后我又加入了两只长毛象，并将它们命名为 Cheesy 和 Hungry。甚至还有一张资深保镖（Veteran Bodyguar），被我叫作白马王子。

　　和角色扮演游戏一样，在这种没有组织结构的游戏玩法中，游戏的目标很大程度上是由牌手自己决定的。一次对决的目标通常还是胜利，但为胜利采取的手段却发生了很多变化。不少玩家很快会发现，相比交换卡牌、组建套牌，对决本身反而成了次要的乐趣。

　　万智牌另一个与角色扮演游戏相似的特征在于，玩家都是在探索未知世界，所有东西并不是一开始就知道的。我认为万智牌并不是一场场的对决，而是一个深入到玩家生活中的巨型游戏，让所有买了牌的人们都能共同参与其中。它是一个有成千上万名玩家参与的游戏，而设计者只是游戏管理员。游戏管理员搭建了游戏的环境和生态，玩家则要去探索和发现。这也就是为什么万智牌第一次上市的时候并没有公布牌表的原因：发现这些牌，探索它们的用途，本来就是游戏不可分割的一部分。

　　如同角色扮演游戏一样，一段让人兴奋激动的冒险不仅是设计者创造的，也是玩家们共同搭建起来的。所以我对所有支持万智牌的人表示感激，特别是为游戏做出了巨大贡献的测试者。如果没有他们，即使万智牌还能存在，也肯定不会如此优秀。他们每个人在游戏中都做出了贡献，并在游戏本身或在游戏的故事中留下了自己的烙印。如今的任何玩家，哪怕只需体会到我玩万智牌测试版时十分之一的快乐，也一定会让他对这款游戏心满意足。

万智牌设计：十年后

作者：Richard Garfield（写于 2003 年）

　　在我写这篇文章的时候，万智牌和集换式卡牌游戏产业已经经历了很多变化。与此同时，万智牌随着每年的逐步成功变得更加完善和强大，并且在游戏提升的同时，越来越多的人也因为《精灵宝可梦》和《游戏王》这样伟大的作品被带进了集换式卡牌游戏的领域。

现在的人可能很难想象，20 世纪 90 年代初我们对游戏设计这个领域是知之甚微的。记得当年跟 Peter Adkison 描述集换式卡牌的概念后，我最后心虚地补了一句，"当然，这样的游戏有可能设计不出来。"对我来说，真的很难想象今天的状况，如今世界上几乎每个角落都能看到集换式卡牌游戏的身影，它几乎成为主流娱乐的一部分。而集换式卡牌也在游戏设计领域发挥着影响力，从电子游戏到桌面游戏，集换式卡牌还启发了从集换式战棋等新游戏类型。甚至在漫画 *Foxtrot* 里，Jason Fox 还对集换式卡牌进行了一番抱怨，他说，一个套牌里只有四个 ACE，这是逼着人们去买扩展包啊！

完全可以用以下这句话概括整段经历：万智牌在十年前就被设计出来了，并且十年后它依然保持着强劲的生命力。但如果这样的话，就会失去一大段有趣的故事，因为万智牌绝不是一款静止不变的游戏。它根据自身的特点不断进行着变化和提高。

首要的是：一个游戏

在我的笔记里提到过"游戏市场"这个概念，虽然这看起来有点晦涩难懂，但实际是强调万智牌是一款"集换式"卡牌游戏，而不是"收集式"卡牌游戏。虽然 CCG（收集式卡牌游戏，collectable card game）现在已经成为行业标准，并且我在早期也为研究 CCG 付出了不少心血，但是我现在仍然更愿意使用 TCG（集换式卡牌游戏，trading card game）这个叫法。我更喜欢"交换"而不是"收集"，因为我觉得它更强调游戏"玩"的角度，而不是投机的角度。制作可收集品的思路和制作游戏的思路是相违背的——如果你在收集方面取得成功，那么现存的卡牌价格便会暴涨，造成一个趋势：新玩家因门槛太高而无法进入，老玩家又因为游玩成本太高而离开。万智牌首要的核心是它的游戏性，收集只是次要因素。好游戏会一直存在，只专注于收集的游戏来得快去得也快。

这不仅仅是书面上的理论，万智牌作为一款拥有丰富收集元素的游戏获得过巨大的成功，但这也在某种意义上严重威胁到了整款游戏。游戏扩展包在某些地方一上架就从几美元被卖到二十几美元，虽然很多人认为这是万智牌的黄金时代，但在设计师看来，这样的情况长远意味着游戏死亡。在一款游戏价格飞速膨胀的时候，谁又愿意去玩它呢？我们可以让一个泡沫维持一段时间，但万智牌想获得人们的长期认可只有一条路可走：依靠自身玩法的可玩性塑造一款经典游戏，而不是投资价值。

在第五个万智牌扩展包"堕落皇朝（Fallen Empires）"推出期间，由于我们生产供应充足，导致万智牌投机市场发生了崩溃。这样长期看来，万智牌可以更健康地成长了，但它的价格也并不会立即变得非常亲民，让所有新玩家都有机会尝试。有一个无法回避的负面问题，就是万智牌从这个时间点开始，它本有的一些优点正在渐渐丧失。但幸运的是，万智牌有着强大的生命力。

无限结合

我的笔记记录了我过去十年的思考，当时最大的变化是我宣称会在未来推出和万智牌机制相似的其他游戏。如今，"其他游戏"变成了冰雪时代（Ice Age）和海市蜃楼（Mirage）两个万智牌扩展包。为什么我认为这是全新的游戏，而不仅仅是辅助主游戏的扩展包呢？

我们从一开始就意识到，不断地给万智牌添加新卡这种方式是无法让它保持流行的。原因之一是，如果卡牌数量持续增加，每一个套牌在整个牌池里所占的比重就会越来越小，以至于它们对整个游戏的影响也会越来越小。你可以想象一下设计师的感受——辛劳工作多年做出了冰雪时代扩展包，但有价值的只有两张牌。另一个，也许更重要的原因是新玩家不想进入一个有好几千张卡牌的游戏，所以我们的受众无法避免地会受到限制。

最初，我们对这个问题有两个解决方案。

1. 让卡牌变得更强大。这是一个很多集换式卡牌游戏采用的办法，但我非常不喜欢。这感觉像是让玩家尽可能多地买卡来全副武装自己，而不是真正地给他们提供更多的游戏价值。但这招确实会带来新玩家，因为他们不需要过时的旧卡。

2. 最终结束掉万智牌，并启动一款新的游戏，例如《万智牌：冰雪时代》。我更提倡这种做法，因为我相信我们可以不断创造出新鲜又有趣的游戏环境。当一套牌组完成后，玩家不会被迫购买新牌来保持竞争力，如果他们想换换花样，那么可以继续跟进购买扩展包，这样的话即使是新玩家也可以相对平等地开始游戏。

不过当冰雪时代这样做的时候，很明显，实际上玩家不太支持新版本的万智牌，所以我们不得不去想别的办法。此外，我们也不想把玩家群分割开来，如果我们做了很多不同的游戏，人们将越来越难找到玩同样游戏的玩家。

我们最终的解决方案是推动不同形式的新玩法，而这些新玩法会更多地使用到最近推出的套牌。如今流行的玩法一般会让卡组内包含各个时期出产的卡，包括近期出版的卡，加上一部分过去两年发售的卡，一部分过去五年的卡，然后这些卡再加上玩家自身选择的卡而形成一套搭配。虽然这种做法仍然对玩家群进行了分割——你不一定能找到愿意玩这个玩法的玩家——但这还是比做成两个不同的游戏的强制性要弱，因为随着时间的推移，你可以把你的卡应用到许多不同的玩法中。这是一个比前者更灵活的方法，因为它没有强制命令玩家什么都要重新开始，它让新玩家能更轻松地加入游戏，而不会全然不知所措。

集换式卡牌游戏不是桌游

我曾经认为我做出来的集换式卡牌很像桌游。这并不令人惊讶，因为在开发万智牌时没有可以参考的集换式卡牌游戏，所以我被迫使用已存在的游戏指导我去衡量万智牌设计的方方面面。我的很多设计理念都来自这个错位的概念。例如，我的第二个集换式卡牌游戏适合四个或更多的人玩耍，经常玩一次就要花几个小时。这对于一个桌游来说不是什么问题，但玩家对集换式卡牌游戏的游戏时间期望值要比这个短很多，因为在集换式卡牌游戏中，我们需要对卡组进行修改或更换一套全新的卡组，然后使用它去进行游戏。而重复以上操作进行对局就是集换式卡牌最主要的内容，所以我们不能让一局消耗太多的时间。

同样，我曾用我所看到的桌游标准去制定规则说明。在桌游中，不同的群体自己微调规则，或者有自己的专属规则以满足不同的口味，这是很常见的。对于桌游来说，不同的规则解释和玩的方式并不是一个大问题，因为桌游玩家都倾向于独立的小群体。因此在我面对"正确的玩法"的问题时，更倾向于一种反权威的做法。结果我发现，对于一个集换式卡牌游戏来说，一个严格通用的标准是必不可少的，因为集换式卡牌游戏的天然属性，它使得玩家之间的互相联系、交互的规模要大得多。

这意味着我们要承担越来越多的定义规则和玩法标准的责任。在某种程度上，这类似被迫为游戏制定锦标赛的规则。过渡的规则没那么复杂，但是你要写出官方的锦标赛规则时，就得关注每一个可能的细节。

之前我认为玩家自己调整套牌限制是没有问题的，某些特定的卡牌组合到一起会很有意思，用标准规则对玩家加以限制后就会显得很无聊。但是实际上，如果每一个玩家群体都提出一堆自己的限制和规则的话，对于万智牌高度互动的特点而言肯定是不利的。这意味着我们必须在设计卡牌和规则上承担更多的责任，甚至必要时还会把那些让游戏变得更糟的卡给禁掉。

专业锦标赛

因为在规则和卡牌设计上投入了大量的精力，这使得万智牌成为一款让人惊叹的好游戏。我们逐渐开始有了举办万智牌比赛的想法，并且比赛会有强大的资金支持，如果玩家的表现足够好甚至可以靠万智牌为生。然而对于 Wizards of the Coast 来说，这是一个很有争议的议题，大家担心，如果把游戏搞得这么严肃和高度竞技，会不会反而让游戏变得缺乏乐趣。我开始认真全面地对专业比赛的概念进行研究，思考 NBA 是如何让篮球这项运动大面积流行起来，并保持了自己一定的专业程度的。

专业比赛有一个几乎是立刻产生的效果。顶级玩家会花费大量时间分析游戏，并从比赛中提取出那些实用的游戏战术，与此同时，普通的玩家也会随之收益，在技术上得到快速提升。在专业锦标赛之前，我自以为我是世界上最棒的玩家之一，但现在看来我也不过尔尔。

现在每周都有成千上万的比赛，不少玩家都通过玩万智牌赚到了钱，一些人甚至赚到了数十万美元。在上一次世界冠军赛上，有 56 个国家参与了比赛。关于万智牌专业赛的分析非常受欢迎，热烈的气氛似乎让人觉得永远都不会终结，不少玩家都会尝试去掌握这些不断变化的万智牌战术策略。我相信这是万智牌能持续流行的一个重要原因——虽然只是一小部分人在认真专业地研究游戏，但也可以造成深远的影响。

万智牌 Online

直到去年，万智牌 Online 才获得了认可。在很长一段时间里，我都想看到一个尽可能接近现实中的万智牌的线上版本。这应该是一个包含了能够连接玩家、进行对战和锦标赛及修改规则的在线游戏。一开始，我们试着和一些电脑游戏公司合作来做到这一点，但是我们的合作方总是有它们自己的制作电子版万智牌的想法。最后，我们决定雇用一个软件开发工作室来按照我们的方式制作，并最终得到了我们现在的万智牌 Online。

万智牌 Online 的亮点之一是，我们选择了和现实版万智牌同样的收费模式。尽管有很多人劝我们用订阅制，但我们还是决定销售虚拟卡牌，同时你还可以和其他玩家在线交换这些卡牌。这样一来，玩家买一些卡牌，就可以无限期地玩下去而不需要额外的费用，正如现实中的万智牌一样。

对我们来说，让在线版本和线下版本的体验保持一致很重要。这是因为，我们觉得纸牌版本的万智牌对这个游戏长久持续的热度贡献良多，如果让许多玩家去玩在线版本，那么纸牌版本就会受到威胁。

出于这个原因，在线版本的万智牌的主要目标之一是挽回流失的用户。我们做了很多研究，主要是关于玩家会玩多久万智牌，以及玩家为什么会流失。他们中的大部分流失都不是因为他们觉得游戏无聊了；流失的主要原因在于生活上的改变使得他们很难继续游戏，比如开始工作了，或者有了孩子。如果他们能够在家里的闲暇时间玩这个游戏的话，这些玩家很有可能回归。

万智牌 Online 还很年轻，但它已经获得了相当数量的玩家，同时并没有伤害到纸牌的版本。许多玩家都是曾经流失的老玩家，这符合我们的期望。

下一个十年

谁知道下一个十年会出现什么呢？十年之前，我毫无线索；这段时间则令人激动，我们就像坐在过山车上一样。现在我更有自信了。我相信万智牌是相当稳健的，我有充足的理由相信它还能在下一个十年里继续受欢迎。万智牌很显然并不是昙花一现，因为每年都有足够多的新玩家加入这个游戏来弥补流失的玩家。

对我而言，万智牌一直让我觉得很新鲜。我每几个月都会花时间来玩——参加一个联赛，构筑一个卡组，或者也可能会去参加一个锦标赛。每一次我回归的时候，都会发现游戏充满了新鲜感并且令人激动，而且每一次对比上次游玩，我总是能有一些令我满足的新感受，所以这让我对游戏一直持有兴趣；但又不至于太过不同，这样一来我还可以继续利用我之前的游戏技巧。我对这个游戏的下一个十年充满了期待。

2. 结构

在完成了基础部分后，我们开始讨论结构部分。最重要的技巧是优先考虑什么对游戏来说是最必要的。在我的第一人称射击游戏的原型中，我在游戏结构中添加了 3 种行为选项：（1）一个单位移动的距离；（2）转向的过程；（3）射击的命中和丢失的规则。我们的"士兵"作为模拟单位根据这些规则在桌面上进行移动和转向。

这些实验可以巩固我们关于移动和射击的相关设想，而排除其他一些想法，这样我们便获得了一个同时进行移动和基础射击的初始系统。此外，我还要考虑增加有关移动、重生点和玩家行动顺序的规则。

可以这样想：你已经为你的游戏打好了基础，现在需要在此基础上为它构建一个结构。这并不在于你觉得什么元素是最有趣或者最有卖点的，而在于构建一个骨架结构，可以支撑你的游戏中丰富且多变的特性。你首先需要决定哪些规则是必要的，以及你的结构需要支持哪些特性。将你的游戏玩法可视化，可以帮助你做出决策。

第一人称射击游戏原型的构建进行到现在，最基础的移动和射击行为都迫切地需要一个评分系统和单位生命系统。我添加了这些元素后，将再次对最初的移动和射击系统进行测试。这样的测试可以揭示

一些只有当系统运行起来才能发现的问题。我们修改整个系统，以定位问题。在这个时候，系统依然是混乱的、定义不完善的，没有什么是绝对确定的，我们仍有许多待解决的问题。然而，这个系统已经可以基本运行起来了。

当完成这些工作后，我们必须牢记规则和特性之间的区别。特性是使游戏更加丰富的属性，例如，加入更多武器、新的交通工具或者合适的在地图中导航的方式。规则则是关于游戏机制的条款，它可以改变游戏的运行方式，例如，获胜条件、冲突解决、回合顺序等。

你可以添加规则而不增加特性，但是当你添加新的特性时一定会改变既有的规则。例如，你在游戏中添加一个新型的激光枪，我们需要有规则来指示如何能够使用这把激光枪，这把枪的伤害有多大，它如何与游戏的其他元素结合起来。一个新的特性可能需要 10 条甚至更多的新规则来支持。因此，当你修改游戏时，会不断地调整规则来适应不断添加的新特性和不断加强的游戏玩法。

构建结构时最好的方式就是优先关注规则再关注特性。规则，就其本质而言，往往和游戏的核心密不可分，而特性则更外在一些。这是一个概括的说法，但只要你牢记

在心,这会帮助你构建你的游戏结构。

3. 形式细节

下一步是在系统中添加必要的规则和程序使其成为一个功能完善的游戏。通过聚焦你对游戏形式元素的了解,来确定你的游戏需要什么。游戏的目标是否有趣并且是否是可达成的?玩家的交互结构已经是最好的了吗?你所希望添加的规则或流程是不是核心机制的一部分?这其中的技巧是在添加细节时把握合适的尺度。一些新手游戏设计师往往会添加过多的细节。而游戏设计的艺术则常常在于将一大堆复杂的特性浓缩成一组精简、关键的核心特性。图 7.13 所示的是带流程描述的实体原型。

第一人称射击游戏的原型构建,到现在,我已经加入了命中率、生命值和得分系统。我还考虑了许多其他的想法,包括地雷、盾牌、载具和躲藏机制等。然而,我抛弃了这些想法,着眼于那些可以影响游戏核心玩法的规则,而不是一系列可以增加游戏趣味性的特性功能。我如何决定是否要添加这些或其他元素呢?这要根据测试人员的反馈,有创造性地做出取舍。

添加形式细节的一个有效的方式是将不同的新规则分隔开,对它进行单独测试。如果你认为一个规则是不可或缺的,就把它留在游戏中,再考虑添加其他规则。但是不要放入太多的规则。不是所有的规则都是不可或缺的,你所必需的规则越少,你的结构就越清晰。许多你认为的规则可能仅仅是特性。应该试着清晰地区分规则和特性,并尽可能地简化你的核心规则。

对于每一条规则,测试它,删除它并添加其他的规则,然后再进行测试。在这个过程中,可以清晰地看出一些规则是可选的,而另一些规则是你继续扩展游戏玩法所不可或缺的。这就像石蕊试验一样,是一个立见分晓的检验办法。如果去掉特定的规则后,依然可以继续构建你的游戏,那么无论这个规则有多么吸引人,都应该将它去除。你可以随时把它添加回来,但是它不应该过早地被包含在这个游戏结构中。

4. 调优

现在,我们的原型已经是一个可玩的系统了,尽管它可能还有点粗糙。不断地进行测试和修改,这个系统会越来越完善。这款游戏所能带来的游戏体验也会开始涌现出来。你不再怀疑游戏的基础(或者担心游戏无法运行),而是开始关心一些细节,以及毫无疑问的最重要的一个问题:你的游戏是否吸引玩家?如果不是,应该如何改进?你会在接下来的几个版本的迭代中不断地持续这个调优和完善的过程。

那些在之前测试时产生的灵感,虽然不是游戏的基本元素,但是可以在调优的过程中作为特性添加到游戏中。我会在这个阶段回过头考虑那些往第一人称射击游戏中添加地雷和传送板的想法。再次强调,不要操之过急。一次添加五个新特性并创造一系列的规则来支持它们,这么做看起来很吸引人,然而会模糊你对游戏的认识。你无法分辨哪个功能使得游戏变得更加有趣,哪个功能使游戏产生了问题。

为了避免这个问题,根据重要性为你的新特性排序,然后逐一引入并测试它们。测试它是如何影响整个游戏的,然后再移除

图 7.13　带流程描述的实体原型

它。这看起来很麻烦，然而它可以避免你的游戏结构变得过于复杂。如果你过早地添加了过多的新特性，会发现你无法掌握游戏的核心。我曾一次次地看到初级设计师犯这样的错误，因此我会建议他们不要急于求成，而是脚踏实地地、一步步地实现你的游戏。

当你开始这样做时，你会发现有一些规则和特性看起来很棒，实际上却削弱了游戏的可玩性，而有一些看起来略显无趣的却能为玩家带来游戏体验的新维度。只有通过在一个严格控制的、不受其他特性干扰的环境下进行测试，你才能真正了解这些特性。在测试过每一个修改之后，写下你的分析。邀请玩家进行测试，将他们的反馈整合到你的分析中，他们就是你的眼睛和耳朵。你也许会过于偏爱一项规则或特性以至于看不见它的缺陷，因此请相信你的测试者。

练习 7.9：为你自己的游戏设计原型

用你所学到的为你在练习 6.8 中描述的游戏设计一个纸面原型。这是一个有难度的任务。你应该把它分为几个步骤——基础、结构、形式细节和调优。如果你在其中某一步卡住了，不妨先猜想一个方案然后继续进行。在做原型时，你始终有迭代的空间。

优化你的示意图

在你做原型时，可能会修改游戏中许多行为之间的关系。我建议优化你的游戏玩法示意图，这样你可以判断你的改变是否会影响到整个游戏系统。在你分析和改进游戏结构时，可以看看是否存在对于玩家起到很少或几乎没有作用的行为，是否存在被"高估"的行为。你应该确保游戏的核心行为对玩家有重要的影响，并且有存在的合理原因。我在第 10 章和第 11 章还会更多地讨论关于游戏的平衡和优化。

使你的实物原型更好

你创造的原型也许已经可以玩起来，也许还不能很好地进行游戏。有一部分原因可能是平衡性，规则之间可能也有冲突。你的游戏可能节奏过慢或者不连贯。一些初级设计师会因此感到气馁，并在此时放弃行动。他们认为他们的游戏是没有希望的，唯一的解决方案就是从头开始想一个新的思路。

这有可能是正确的，但是在你采取如此极端的举措前，最好再回头审视一下自己的游戏的核心机制。移除那些新增加的规则，再逐一引入它们，将问题抽离出来。这样你可以更深入地理解每一条规则或特性是如何适应到这个系统中的。有些特性和规则可能第一眼看上去是无伤大雅的，然而当你添加它们再移除它们时，它们给整个系统的平衡性带来的损害就显而易见了。

你的游戏是一个复杂的系统，特定的元素可能会和其他元素相互作用而产生意想不到的结果。你的职责就是系统性地看待这些问题，反复实验，得出解决方案。有时候，你会觉得这个过程十分痛苦，因为你要反复地将规则打破再重建。但这是唯一真正找出你的游戏在哪里出问题的方法。

当你非常确定你的原型既可玩又有趣时，那你就准备好重新开始了。没错，是这样的。因为你的游戏不错不代表它特别好。在你继续下一步之前，你应该先有一个好的原型。并且即使它已经很好了，还是有办法能让它变得更好。更多实物原型参见图 7.14。

图 7.14　更多实物原型案例

超越实物原型

现在你已经尝试着为多个设计进行实物原型的开发和迭代了，你也许已经开始理解成为一名游戏设计师意味着什么。你的原创游戏概念的实物原型已经可以运行了，即使它还不是十分完美。现在，你一定希望为你的原型做更多的测试，我会在第 9 章讨论这一点。

然而实物原型仅仅是你开发一个良好运行的电子游戏的漫漫长路中的第一步。你和你的团队应该将实物原型作为你们软件原型的蓝图。因为在构建实物原型时，你已经花了很多时间思考游戏的核心机制和最重要的特性，这时将这些机制结合起来就变得简单许多。

显然，将实物原型转为数字设计会改变人们进行游戏的方式，但是系统的核心机制依然有效。例如，在第一人称射击游戏的原型中你要设计地图、重生点、弹药、急救箱等，在软件原型中同样需要这些元素。程序员会淘汰你的卡片系统，实现一个实时的移动和射击系统，然而最基本的游戏玩法却是不变的，而你创造的地图也会是一个很好的设计指导。

你会发现在将实物原型转化到软件设计时，最大的不同在于对目标系统的控制方式和控制界面。玩家不再是在格纸上移动他们的士兵，你需要为他们提供对应键盘、鼠标、专属的控制器或任何其他输入设备的控制映射。并且，你还要在电脑屏幕或者电视屏幕上呈现出游戏场景，并使它在你的目标平台上与其他游戏产品相比具有竞争力。我会在第 8 章中更具体地介绍这个过程。

总结

制作一个实物原型是设计你的原创游戏概念的一个关键步骤，它可以帮助你的团队节约大量的时间，保证每个人都对你们所要做的游戏有清晰的认识。另外，一个实物原型可以让你把注意力集中在游戏机制上，而不会被游戏制作和编程的过程分心。最重要的是，制作一个实物原型使你可以自由地去尝试各种想法，而创新往往源于实践。

设计师视角：James Ernest

Cheapass Games 总裁

James Ernest 是一位高产的桌游设计师，他的作品包括 *Kill Doctor Lucky*、*Lords of Vegas*、*Button Men*、*Diceland*、*Give Me the Brain*、*Lord of the Fries*、*Falling*、*Brawl*、*Fightball*。他还为孩之宝、微软等几个大游戏公司做过兼职设计工作。

你是如何进入游戏行业的

我在 1993 年遇到了一些 Wizards of the Coast 的人，当时他们快要发售万智牌了。我和他们中的一些人一起制作了万智牌的支持材料，同时我也提交了一些新的游戏设计以谋求出版，但效果有限。最后，带着我储备的大量未出版的游戏设计，在 1996 年建立了我自己的游戏公司。

你喜欢的游戏有哪些

我喜欢简单的游戏，不管它们是否具有很深的策略。例如，我喜欢几乎所有的赌博游戏。从我玩这些游戏所花费的时间来看，我最喜欢的 5 款游戏是扑克（广义的）、*Diceland*、《二十一点》、《龙与地下城》和我的家庭定制版的 *Cutthroat Pitch*。我也玩很多电脑游戏，主要是以休闲、解谜和街机为主。扑克被我列在心中第一的位置有几个原因：首先，我能通过它赚钱，所以我很着迷。它的规则很简单，但策略却很深。每局只有几分钟长，你永远可以重新开始。再者，它具有很强的数学和心理策略，这让我在玩扑克时能非常专注，因为我非常喜欢研究这些策略。

你受到过哪些游戏的启发

万智牌给我带来了不少启发，在研究它的优点的同时，我从它的一些不足中也学到了很多东西。在万智牌推出之前，我对于可以商业化的游戏设计并没有什么想法（虽然我写过几款游戏，但都是国际象棋变种这种小打小闹的作品）。但在参与到万智牌的早期阶段后，随着对这款游戏的逐渐了解，我意识到设计游戏也是可以维持生计的一个工作。给我最大启发的东西之一是万智牌的最初的模式，为了复制万智牌的成功，我持续地探索新模式。到目前为止我还没做过爆款，但是至少我一直在尝试。我也是很流行的欧洲游戏的粉丝，比如《卡坦岛》和《波多黎各》，我喜欢它们的结构和平衡，它们和赌博游戏一样足够简单，没有过多的规则就可构建出一个让人着迷的游戏。

你对设计流程的看法

许多设计师在制作游戏的过程中比较重视游戏机制，通常是先设计游戏机制，然后再确定游戏主题。不过根据我的经验，如果一款游戏需要有主题或故事，那么你最好首先解决这部分的问题，如果把它们留到最后会非常难处理。我曾经参与过太多这样的设计会议：我们有一个完美的可以运作的游戏，但是这时候我们要去想一个名字或者主题。这种会议糟糕透了，并且还往往得不到正确答案。相反，如果已经知道游戏的主题是什么，我完全不会担心找不到合适的机制来传递这个主题。事实上，一个优秀的主题往往会带来机制的灵感，并且这种灵感是从来没有想到过的。

你对原型的看法

即使是设计电脑游戏，如果可行的话，我还是会试着建立一个纸面原型。我需要把游戏的核心放到真正的玩家面前，以最快的速度进行几轮迭代测试，而纸面原型的优点就在于修改起来非常快捷。只要是有意义的元素，我都会尽可能地将其放入原型中。例如，以前为 Wizkids 制作 *Pirates of the Spanish Main* 这款战棋游戏时，我使用乐高积木制作了和最终模型尺寸完全一样的模块化的、微型的海盗船。测试结果让我们很清楚地了解到哪些部分起作用了，哪些并不奏效。尽量不要单纯地只用一个零件来制作原型，使用各种零件来构造一个真实的模型，能让测试和修改更加容易。

关于平衡 Diceland

Diceland 是我设计过的最具挑战性的游戏，从原始概念到最终成品的推出花了大约六年时间。它基本上是一款使用骰子的战棋游戏，骰子用来非常抽象地处理伤害、攻击范围和距离等。每个角色都是一个八面骰子，每个面代表角色受伤、健康、失明、执行命令等不同的状态。其中有一个核心设计挑战，就是让灵活敏捷的角色与巨大笨重的角色之间的战斗变得平衡，并且合乎逻辑。解决方案包括梳理骰子表面对应的状态，了解每个面与相邻面之间的联系。然后再把这些状态在骰子的八个面上重新进行规划，对伤害路径进行控制。当一个角色行动时，骰子会从当前面转到相邻面。而角色受到伤害时也会发生相似的行为，但可能不是同一个转换方向。譬如角色执行"恢复"这个行为，可以理解为把一个角色的骰子从相对弱的面一下子调整到相对强的面，这种快速的状态转变赋予了小体型角色一个真正意义上的敏捷性。

给设计师的建议

当你刚开始担任设计师的时候，所有的东西好像都需要做大量的工作，有一些工作会让你很难放下。不要对自己做的东西太过依恋，这样你会变得不够诚实。改变任何需要改变的东西，即使是深入到底层的根部。此外，要以简单至上。通常一个游戏总是通过添加各种规则来进行完善的，但更好同时也更难的是做规则的减法。

当你遇到一个问题时，很多游戏设计师会建议你从现有的游戏中去借鉴它们的方法，当然借鉴并没有什么问题，但你要理解别人为什么这样做。举个例子，不要仅仅因为你喜欢的游戏使用了 7 张卡，你的游戏就也要使用 7 张卡。你还要知道为什么你的游戏要使用 7 这个数量的卡牌数。

复制市场中的游戏很简单，但是去寻找市场上缺少什么才更加有意义。你可以为你不了解的目标玩家群体做游戏，但你的最好目标永远是自己。这就是为什么我经常在办公室说："做你自己想玩的游戏。"

设计师视角：**Katie Salen**

Connected Camps 联合创始人和首席设计师

Katie Salen 是一名游戏设计师，同时也是作家和教育学家。她的游戏作品包括 *Squidball*（2003）、*Big Urban Game*（2004）、*Drome Racing Challenge*、*The Last Fax*（2006）、*Forget Me*（2006）、*Skew*（2006）、*Cross Currents*（2006）、*Gamestar Mechanic*（2011）。她也是 MIT Press 出版的 *Rules of Play* 的作者之一。她还是课程 Quest to Learn 的设计者，在曼哈顿的一个创新公

立学校工作，专注于 6~12 年级的基于游戏的学习。目前她是 Connected Camps 的联合创始人和首席设计师，这是一个公益性企业，提供关于促进创造力、解决问题、合作和兴趣驱动的学习等问题的学习经验。

你是如何进入游戏行业的

我把游戏作为职业始于一个和学生们一起研究德州乐透（Texas Lottery）的项目。当时，我对"乐透彩票如何作为社会和文化的窗口发挥作用"这个研究课题很感兴趣，在研究过程中我意识到游戏是一个不可思议的平台，可以创造出非常吸引人的互动体验。这个项目的一部分就是制作游戏，同时我在奥斯汀和纽约认识了一群有趣的游戏设计者，并开始挖掘无数的游戏亚文化，包括与游戏相关的动画。我作为游戏设计师的职业生涯，从那时就开始了。

你喜欢的游戏有哪些

这个问题回答起来挺有挑战性的，因为我喜欢的游戏太多了。但是如果说对我最具影响的游戏，我想 *Rez*、《黑手党》、《吉他英雄》、*Four Square* 和 *DDR* 会是我的首选。这些游戏完全改变了我思考设计的方向，如何通过玩耍来改变一名玩家与周围社会和环境的关系，以及如何通过我的努力给每个人提供特别的互动。围绕以上所提到的游戏产生了一些

文化产业，而我也被这种文化所深深影响。在我看来，这些作品创造这种游戏文化的方式和过程，也是游戏玩法的一部分。

你对灵感的看法

我更倾向于在进行游戏的某个特定时间点来寻找设计灵感，而不是试图从游戏整体上获取灵感。通常灵感来自一个意想不到的游戏时刻，但却可以一路追溯到游戏的设计，或者是非常优雅的核心机制。例如，*ICO* 中的牵手机制所营造出的感觉，或是 *New York Marathon* 那种竞速游戏的平等结构，它们都会让我深思游戏还可以为玩家提供怎样的体验。《块魂》让我懂得可以从核心机制的层面出发去构建一个奇奇怪怪的故事或世界。DS上的《超级马里奥》让我懂得了游戏平衡的价值和失败再挑战所带来的快感。因为我在大学毕业后曾当过一段时间的排球运动员，我发现我也能从这段经历中得到启发，排球运动有着高度的竞技性与合作性。作为一名玩家，我学会了遵守比赛要求。作为一名设计师，我的工作是将这种对规则尊重的感觉转化为一种"社会契约"，让玩家与玩家在游戏中彼此产生联系。我觉得这种在同一规则下的互动状态可以使游戏设计变得非常有趣。

你对设计流程的看法

我认为游戏设计需要在对所受限制的系统分析、对参考案例的理解和纯粹的想象三者之间达到一个平衡。通常，我首先会试着定义我想让玩家有一个怎样的体验——我想让他们感觉到什么，我想让他们有怎样的动作或行动，什么样的方式或环境让他们可能会与其他玩家或者当下的情境进行互动。我也思考了很多我想要通过游戏表达出的意义，会有谁在什么地方玩这款游戏。我会试着去寻找能回答以上这一连串问题的核心机制，然后通过实物或纸面原型测试机制的效果，当自己心里有数之后再和团队一起把这些机制融入一个更大的系统当中。游戏的想法有时也会从一个场景开始——例如 *Big Urban Game*，想象一个巨型保龄球在城市中滚动是什么样子。我也会与其他设计师一起进行头脑风暴，做一张表，列出我想创造出的游戏体验。

你对原型的看法

原型是我设计过程中一个至关重要的部分，因为它是一条了解玩家体验的便捷途径，从这里你可以观察到游戏为玩家提供了一个怎样的可能性空间。我会使用许多不同的原型：纸面原型、实物原型、情景写作、交互原型等。原型成为游戏测试的基础，并且会贯穿整个设计过程。有时原型非常简单明了，仅仅用一些废纸和卡片就可以构建出一个核心机制或平衡结构；在流程的稍后期，尤其是对于电子游戏，原型可能会变得有些复杂，需要一些人来协助完成。无论何种情况，我用原型和游戏测试来都助我了解游戏的哪些部分有效，哪些无效，来探索出乎意料的结果，以及持续地评估玩家体验的质量。

谈一个让你感到困难的设计问题

我记得在设计 *Big Urban Game* 时，Frank Lantz、Nick Fortugno 和我纠结于游戏的整体平衡。作为一个要求三支队伍五天内完成的竞速比赛，我们需要弄清楚如何确保每天、每支队伍的比赛中都充满戏剧性，即使在某支队伍遥遥领先的情况下，其他队伍也仍然有获胜的机会。我们增加了一个"能力增强"的特性，任何人出现在一个比赛的检查点就可以掷一对大骰子，然后根据得到的数字来提升他们队伍的能力。这个特性达到了我们的目标——如果一个队伍获得的点数足够多，他们是可以后来居上的。但是这个特性也带来了意想不到的东西：它给游戏带来了一种完全不同的玩家。这些玩家是特别休闲的那种，他们对游戏的参与仅仅是简单地投掷骰子。令人惊讶的是，因为投掷骰子的机制融入了社会情境中（在比赛的检查点有很多玩家在消磨时间），这些玩家的参与感和硬核玩家相比毫不逊色。一个小小的规则就能带来玩家行为的巨大改变，这让我觉得非常不可思议，这种成就感支持着我不断前行，但同时也提醒我在设计游戏时务必更加用心。

给设计师的建议

对历史的可能性、多样性和你认为有意义的想法保持开放的心态。做出原型，不要空谈。另外，不断地练习、练习、练习。

补充阅读

Buxton, Bill. *Sketching User Experiences: Getting the Design Right and the Right Design*. San Francisco: Morgan Kaufmann, 2007.

Henderson, John. "The Paper Chase: Saving Money via Paper Prototyping," Gamasutra.com, May 8, 2006.

NielsenNormanGroup. *PaperPrototyping: AHow-to Training Video*.

Sigman, Tyler. "The Siren Song of the Paper Cutter: Tips and Tricks from the Trenches of Paper Prototyping," Gamasutra. com, September 13, 2005.

Snyder, Carolyn. *Paper Prototyping: The Fast and Easy Way to Design and Refine User Interfaces*. San Francisco: Morgan Kaufmann, 2003.

第 8 章
软件原型

现在你已经有一些制作实物原型的经验了，你可以看到它们对你的设计及尽早获得玩家的反馈所带来的帮助。然而，实物原型有其局限性，如果你的游戏最终会发布到一个软件平台上，那么在开发过程中的某个时间，你总是要为你的概念制作软件原型的。这并不意味着从头开始——你的实物原型可以帮助你整合和测试游戏的基础机制。软件原型则将你的设计以软件形式展现出来，允许你更直观地测试游戏的基础内容。你制作实物原型的经验，以及你对形式系统的理解，都会给你的游戏的设计带来生命力。软件原型将清晰展现设计过程的每一步，并会给你带来前所未有的新启发。

在制作软件原型的过程中，你会想要构建一个心里还有疑问的核心系统模型，比如游戏逻辑、特殊的物理、环境、关卡等。此外，软件原型的核心任务在于使用你的目标平台的输入和输出设备来测试你的游戏玩法。这意味着你将要制作操控系统的原型，比如键盘、鼠标、多点触控、手势识别或者专用的控制器等。这还意味着要把你的游戏玩法通过一套符合直觉的、响应迅速的数字界面进行视觉化。

在制作软件原型时，另一个重点是要仔细考虑制作每个原型的原因。你是想要解决游戏设计和技术上的难题吗？是想建立一套有效的游戏制作流程吗？还是想向你的团队和发行商展示你的愿景？接下来的部分将解答如何设计软件原型来应对不同的情况。

软件原型的种类

和实物原型一样，软件原型只需要包含能使其运作的必需的元素。它不是最终版的游戏，如果花费大量时间和精力完善它，那就失去了制作原型本身的意义。一般而言，用在软件原型中的美术和声音应该是最低标准的；甚至其游戏玩法也是不完整的，只专注于尚未解答的问题和必须阐释清楚的部分设计。比如《孢子》游戏的开发总监 Eric Todd 提出，将制作原型的过程分成四个需要验证的部分，如图 8.1 所示[1]，即游戏机制、审美、动觉感受和技术。

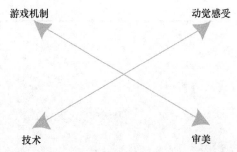

图 8.1　制作软件原型时需要验证的四个部分

游戏机制的原型

正如我先前讨论的，游戏机制就是游戏形式部分的各种特性。如果你已经制作了实物原型，那么在这个部分你已经领先一步了。然而有时，有些游戏玩法上的问题很难在实物原型上体现出来。在这种情况下，你可以从游戏玩法的软件原型开始。一件要牢记的事情是，一定要尽可能地简单，并聚焦于一个特定的问题——不要试图在一个原型里解决所有问题，至少一开始不要这样。稍后，你可以试着去做整合了多个特性的原型，但是刚开始的时候，最好从核心机制起步，就像我做 FPS 原型那样。

独立游戏设计师 Jonathan Blow 的作品是一个利用制作软件原型来解决游戏玩法问题的典型案例。他是 GDC（Game Developers Conference，游戏开发者大会）实验游戏研讨会最初的组织者之一。Blow 曾经在会议上提及过他开发的一个以时间为主题的实验游戏。他的游戏《时空幻境》（*Braid*）是一个创新的平台动作游戏，这个游戏允许玩家"逆转"时间，并且把这个特性做成了游戏玩法的一部分。在决定最终的机制之前，Blow 实际上制作了不少和时间有关的机制原型。

有一次，为了解决一个问题，他做出来一个有趣的原型，Blow 称之为"预言台球（Oracle Billiards）"。他问自己，如果玩家能预见未来，那么台球游戏会发生何种变化呢？除了能看到桌上的球，这款游戏还能显示球被击打后的最终位置。测试这款原型时，Blow 觉得不太好玩，却十分受启发。"这并不是我想要的，"他说，"但在这个过程中，我有了前所未有的体验，我从来没有从其他我玩过的游戏中感受到过这种体验。"[2] 结合这个原型和之前积累的经验，Blow 最终设计出了《时空幻境》，游戏界面参见图 8.2。

另一个案例来自 Eric Todd 在 GDC 上分享的《孢子》的原型制作过程。设计团队始终被游戏玩法中的生物编辑部分所困扰，问题在于如何让这个系统简单并且符合直觉，但也要有足够的深度来容纳多样性，允许不懂 3D 设计的玩家也能够创造出真正独特的生物。有一名团队成员有了一个点子，但是当他尝试着向其他成员解释的时候，其他成员无法理解他的点子是怎么起作用的。因此，为了证明自己的观点，这位团队成员拼凑了一个粗糙的 2D 原型（见图 8.3 的左图）来演示他的想法。这个原型帮助其他成员准确地了解了他的想法。这次基于粗糙想法的成功沟通，让团队决定进一步制作 3D 原型（见图 8.3 的右图）。最终，3D 原型在定义游戏玩法上起到了很大的作用。

这种类型的软件玩法原型并不是只有专业开发者才可以做，对于学生和设计新手来说，也一样是很有用的，并且也具有可操作性。南加州大学的游戏创新实验室的学生在游戏《云》的设计过程中，制作了一系列

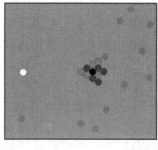

图 8.2 "预言台球"和《时空幻境》

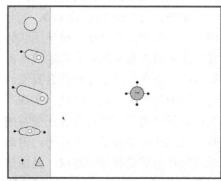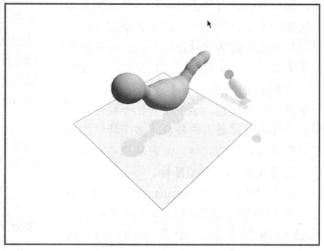

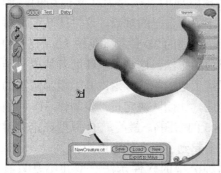

图 8.3 《孢子》中的生物编辑器的 2D 和 3D 原型

的原型用于解决遇到的设计问题，比如如何利用游戏玩法机制来唤起玩家心中放松和自由的感觉。《云》的界面如图 8.4 所示，你

可以在本书 273 页的专栏中了解更多关于《云》的原型制作过程。

　游戏玩法原型不一定是一个独立的程

图 8.4　学生的研究性游戏《云》

序。很常见的情况是，你的机制包含某种数值运算，那么你可以通过定制的 Excel 表格或者 Google 的表格来对这种运算进行测试。这类工具能将比较复杂的游戏逻辑植入数据表中，并将各种游戏机制拆分开来，让你能够对它们进行组合并加以测试。269 页 Nikita Mikros 的"游戏设计中软件原型的使用"讲的便是使用这种方法进行游戏玩法原型制作的案例。

游戏美学的原型

美学是指游戏中的视觉和听觉戏剧性元素，我曾反复强调这是在制作实物原型时不需要考虑的。这一点在大多数软件原型的制作中也是一样的。然而，有时你会希望打破这种规则，给原型增添少许视觉设计和声音，这样往往能使游戏机制更清晰。这里的技巧在于怎么做得恰到好处，而不是添加过多的内容。

此外，有的时候，你的游戏中的一些美学问题需要进行早期测试。比如，人物动画怎样才能和战斗系统完美结合？一个新的界面方案怎样和场景相协调？一些解答这些疑问的简单方法有：故事板、概念图、模拟动画、界面原型和音频草稿。

- 故事板是一系列展现视觉情境的草图，通常在电影制作中用来决定拍摄的场景，同时它对制作游戏过场动画及筹划关卡中潜在的玩法也很有帮助。
- 概念图包含绘画及对角色和场景的素描，从而发掘视觉美学中潜在的外观、色调以及风格。
- 模拟动画是一种对游戏实际效果的动态模仿。模拟动画并不使用真的游戏技术，也不提供运动的美感，但它可以帮助传达游戏的美感和游戏玩法的某些部分。
- 界面原型是视觉界面的模拟，它可以通过静态拼图或动态画面的方式来制作。你甚至可以先制作一个纸面原型，并在制作软件原型之前先进行游戏测试。

- 音频草稿是早期用来奠定游戏基调的音效草案，它为模拟动画和其他原型带来了生命力。

Insomniac Games 团队表示，《瑞奇与叮当》的动画原型不但省了动画师的时间，同时还节省了设计人员和程序人员的时间。"我们有一条规则，"动画技术总监 John Lally 说，"我们的原型更强调功能而不是风格……对于动画师来说，这意味着原型角色需要跳到正确的高度，根据设计的预期进行攻击，并以合适的速度奔跑。"他们的"人物原型"只由简单的物体构成，和他们最终的形象仅仅是大致相似，如图 8.5 所示。这些动画原型允许设计师对角色的部分属性进行测试，比如时间点、尺寸，以及和其他人物的互动，所有这些都直接影响游戏玩法。[3]

类似地，创造了 *Jak* 系列的顽皮狗工作室在设计 *Jak X: Combat Racing* 的定制界面时，就曾遇到复杂的挑战。他们使用了大量的美学原型来验证他们的设计想法。游戏总监 Richard Lemarchand 说：

Jak X: Combat Racing 的界面系统比顽皮狗工作室以往设计的所有游戏都要复杂，因为玩家必须能定制自己的赛车和多人在线任务，同时还支持单机游戏。

最初我们通过流程图和铅笔草图进行设计，后来使用 Macromedia 的 Flash 制作原型，以测试不同部分是否协调，以及我们所构想的一些界面上的小花招是否可行。由于我们在 Flash 原型中已经解决了很多问题，当我们进行最终版的界面制作时，大量的时间被节省了下来。

图 8.6 展示了这一过程中原型的两个阶段。

动觉原型

动觉就是游戏过程中的"感觉"，操控感是否良好，界面是否能提供充足的反馈等。游戏玩法和美学在制作软件原型之前，可以先用实物原型和模拟手段进行测试，而动觉部分则不同。电子游戏的动觉部分必须采用软件原型。我将在后面的操控部分中讲到，电子游戏中的动觉与使用的操控系统的

图 8.5   《瑞奇与叮当》的动画原型

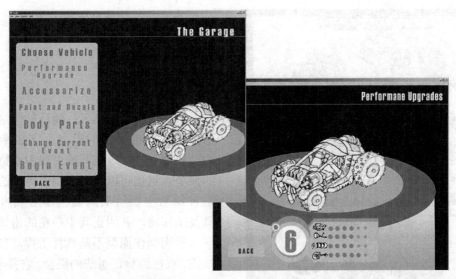

图 8.6 *Jak X:Combat Racing* 的界面原型

类别是息息相关的。为键盘和鼠标设计的游戏与多点触控屏幕上的游戏在动觉上会非常不同。在你思考游戏玩法时要记住，操控要适用于最终的平台，这样你才能在头脑中构建它们。

《块魂》的幕后开发故事是一个能诠释动觉原型的用处的例子。游戏开发者高桥庆太有了一个点子，他想滚动一个黏黏的球到处跑，并用它粘起物品。他当时是南梦宫赞助的一所大学的学生，《块魂》的原型是他为毕业设计做的一个练习。这个游戏无论是口头还是用故事板来讲述都让人觉得很陌生，它不属于任何一个特定的游戏玩法类型。然而，当南梦宫的高管们玩了这个原型后，他们就像后来的所有玩家，立刻被这个游戏的简捷和魅力所打动。这个游戏只使用了 PS2 手柄上的两个摇杆，就实现了简单却充满吸引力的操控体验。[4]

另一个成功的动觉原型的例子是一个设计巧妙的动画故事板。

游戏设计师矢野庆一（Keiichi Yano）受任天堂的新 NDS 上的一个 Demo 的启发，开发了节奏游戏《战斗吧！应援团》[这个游戏在西方市场的版本叫《精英节拍特工》（*Elite Beat Agents*），参见图 8.7]。游戏的核心机制是跟随音乐和视觉标记轻敲屏幕来"声援"游戏中的角色。据矢野庆一说，开发团队为了这个新灵感制作了一个 Flash 的演示视频，以模拟新界面和操作方式的感觉。"当我们向任天堂演示的时候，我是在我的笔记本上进行展示的。我给了他们一支普通的笔。他们想感受这个游戏是怎么玩的，于是直接用这支笔去戳我的屏幕……我的屏幕上留下了很多划痕。"[5]这个动画故事板/动觉原型看起来非常像最终版本的游戏，因此这个概念很快就被任天堂的高管们接受了。

操控原型有时能直接对整个游戏的核心概念产生影响。比如互动音乐游戏 *Pixel Junk 4AM* 最初只是用于研究 Sony Move

图 8.7　《精英节拍特工》

SDK 的。首席设计师 Rowan Parker 介绍道，虽然骨干团队只有两名程序员和一名设计师，但我们还是为 4AM 这款游戏至少做了 12 款不同的操控原型，所有的原型都利用了 Move 来在空间中操控音乐。控制方案包括在空中施展音乐"法术"，或者在空中模拟街机的八方向摇杆并输入《街头霸王》的操作指令。无论每种想法看起来有多么滑稽，最重要的是我们都会问自己："我能用这种方式来演奏音乐吗，这种方式有趣吗？" Parker 表示，若没有之前操控系统的原型试验，他可能永远不会在 Move 的基础上找到这个游戏中创新的操控方案。"仅仅

制作菜单和光标绝对简单多了，但那样我们也就不会有 4AM！" [6]

技术原型

技术原型正如其名：验证制作这款游戏所需要的软件技术的模型。这包括图形能力、AI 系统、物理或其他游戏中的特定问题的原型。这也可以是一个制作流程的原型。这种原型主要用于测试制作游戏内容的工具及工作流，并纠正其中存在的错误。

然而制作原型不是软件工程。它是一个快速、直接地验证想法的机会。它并不是"真正"的代码。在 GDC 上关于这个话题的演讲中，[7] 开发者 Chris Hecker 和 Chaim Gingold 建议，当你制作原型时，可以"去偷，去仿造，去改造（stealing it, faking it, or rehashing it）。"当你了解到应当了解的东西后，你可以在晚些时候去写真正的干净、快速的代码。这里的关键在于你不能想当然地把原型中的代码直接植入最终游戏。从原型中提取的应当是像算法或者游戏玩法概念这样抽象的东西。

试图将你的原型变成最终产品是一个需要避免的陷阱，一个好方法就是采用另一种语言来做原型，比如 Processing 或 Flash。如果最终的游戏用 C++或 C#实现，你就无法直接采用原型里的代码。不过，这种技巧还是有例外的。很多小型游戏实际上就是直接将原型的代码改进为最终游戏代码的。虽然并不完美，但对小团队来说，始终使用一种语言是很实用的。

到目前为止，我们只集中讨论了一种原型——也就是实物原型。但就小型且快速的

项目而言，软件原型更有效。这便是我们所说的"快速原型制作"，这意味着你对游戏玩法的一些方面提出问题，然后想到潜在的解决方案，进而建立一个快速简单的原型，以此测试你的想法是否可行。正如 Hecker 和 Gingold 所指出的，原型并不产生想法；它只是验证好的想法，或是抵制坏的想法。一个好的快速原型建立在一个可以验证的想法上，并可以从中得到建设性的收获。想

了解更多 Chaim Gingold 制作原型的技巧，可以翻阅 227 页。

练习 8.1：你需要做什么东西的原型

对于你的原创概念中的游戏玩法、美学、动觉，你担心的是什么？其中哪一项的优先级最高？哪一项如果不起作用就可能会扼杀整个游戏？根据你的答案，可以决定应该把你的第一个软件原型的焦点放在哪里。

游戏设计中软件原型的使用

BumbleBear Games 公司首席执行官及游戏设计师 Nikita Mikros

Nikita Mikros 是备受赞誉的街机游戏 *Killer Queen* 的联合创作者——这是世界上唯一一个 10 人街机策略游戏。在建立 BumbleBear Games 公司之前，他作为 SMASHWORKS 的创意总监开发了 *Propaganda Lander*，这是一个 iOS 上的快节奏的、超级难的登陆游戏。他还做过 *Super Dungeon Force*，一个 PS Vita、PC 和 Mac 上的每局耗时约 5 分钟的地下城乱斗游戏；他有两款获奖的 GBA 游戏：*I-Spy Challenger*（2002）和 *The Egg Files*（2002）。自 1995 年以来，Mikros 就一直在视觉艺术学院（School of Visual Arts）教授编程和游戏设计课程。

在一款成功的游戏里，游戏的规则会与其他元素相互作用，而这个交互的过程会产生有趣可控的涌现式的子系统和吸引玩家的游戏模式。清楚地理解系统之间如何互相影响，对于写出详尽的设计文案、解答团队对项目的疑问、处理不可预见的难题，以及最终开发出吸引人并且平衡的游戏来说都至关重要。游戏设计师会发现随着游戏逐渐复杂起来，光靠他们的头脑是无法完全厘清系统中的每一个元素的。

科学家使用模拟与可视化的方式来理解复杂的数据。与之类似，游戏设计师使用自己的一些工具来更好地洞察自己的创作。这些工具包含日志、设计文档、纸面原型及软件原

型。软件原型应当是游戏设计师的许多工具之一，尽管它非常有用，但如果没有清晰的目标，它就会变成比现有难题还复杂的怪物。应将软件原型始终作为帮助你设计游戏的工具，而不应是用来炫耀绚丽的图像与优雅的软件架构的。

什么时候需要软件原型

很多游戏很适合利用纸面原型，即使我们不可能通过这种方式制作出能够表现整款游戏的原型，但单独的部分通常可以通过纸面原型进行测试和设计。然而，有时候如果你没有一个软件原型，就没办法真的获得对这个游戏的感觉。此外，一些游戏原型以软件的形式表现会更容易实现。一个典型的案例便是《俄罗斯方块》。发明《俄罗斯方块》的灵感来源于五格拼板，五格拼板由 5 块积木组成，我们可以在此基础上拼出各种形状。在《俄罗斯方块》里，这些形状以四格方块（拼板）为基础，然后持续地堆积，玩家能够旋转或者移动这些单位，当组建出一条完整的水平行时，这一行的方块便会消失。方块逐渐累积，直到玩家没有足够空间累积更多方块，游戏将结束。尽管有部分相似，但用五格拼板创作原型还是不同于玩《俄罗斯方块》的。怎样在实物原型中模拟《俄罗斯方块》游戏呢？尽管游戏以一个实物拼图作为蓝本，但受其互动性的影响，只能通过电脑才能把原型制作出来。在这种情况下，制作实物原型远比软件原型要难得多。

Supremacy: Four Paths to Power

因为编写软件成本高而且十分耗时，所以设计师在开发任何软件原型工具时都必须仔细考虑如下问题：

1. 这个原型真的是必需的吗？
2. 这个原型的要求有哪些？
3. 创建这个原型的最快捷的方法是什么？
4. 这个原型足够灵活吗？

接下来，我将重点举例在多年前的一个项目中，我自己是如何解决这些问题的。

Supremacy: Four Paths to Power 是一款开放式的战争策略游戏，其中有两个战场：太空战场——宇宙中的战斗；地面战场——决定谁来控制星球的战斗。每颗星球都有不同的自然资源，玩家可以开发和打造独特的兵工厂，并最终打败敌人。玩家的生产如果超过了星球的负荷，那么此玩家的星球就会被摧毁。这款游戏入围了 2005 年的独立游戏节（Independent Game Festival，IGF）。

工具/原型是否真的必要

我的第一项任务就是创建实物原型，并通过团队成员的反馈测试我的想法。我创建了两个各自独立的实物原型：一个模拟地面战场；另一个模拟太空战场。地面战场原型运行良好，各种数值的运算很简单，而且跟踪所有数据相对简单。我们开始试玩太空战场原型，这时灾难发生了。忍着痛苦和哀怨，我们艰难地玩了七八个回合，花了数个小时，最终宣布放弃。资源的计算是最为困难的部分。一个同事宣告："这款游戏让我头疼"，我觉得我们是时候该制作软件原型了。

工具/原型的要求有哪些

我的第一个想法就是要创建一个完整的视觉原型，再三考虑后，决定还是转向更简单的解决方案。我们最终决定用软件原型来呈现非视觉部分，用传统的纸面原型来呈现视觉部分。像移动物件、数方块、调整视线等对于普通人来说很简单的事情，若用代码来实现，则需要花费很多人力以及时间。但另一种方法同样简单，就是让软件程序来做所有这些计算，以及像"记录流程"这样的其他琐事。这种"原型"看起来不像游戏，

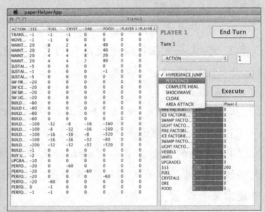

带数据的游戏原型

更像是有无数个按钮的 Excel 数据表，制作只花了一天的时间。

最快捷的制作工具/原型的方法是什么

我最初是想在 Excel 程序中制作原型，但后来很快意识到由于计算方式的原因这根本不可行，所以我最后决定用 Java 和 Metrowerks RAD（快速应用开发）工具包，这确实是一个好选择，因为这能让我快速简单地安排表格、按钮、窗口部件和装饰物。我已经十分熟悉这种语言和开发环境，所以自然而然就选择了这种方式。对我来说，这种软件的编写可以随意一些，因为我没有考虑太多软件设计、架构、优化、编码标准及软件原型要用到的其他东西。请牢记，创建工具的目标就是帮你设计游戏，而不是创造精美、无懈可击的软件。最终，我相信你应当用自己觉得舒服，而且能快速简单进行实验和改造原型的语言编写系统。如果你不是一名程序员或者对编写软件不熟悉，那你应当请教编程团队。这里的难点在于，程序员都想编写好的代码，而他们的第一反应永远是建构完美且能在成品

中再次使用的代码。当你对游戏的所有元素都十分清晰时，这不是坏事。但这种设计原型的方式就如为了造沙子城堡，先造一辆拖拉机，太小题大做了，这会禁锢你的思想，阻碍创新。

这个工具足够灵活吗

最终，你希望通过简单改变一些规则和变量的数值，就能够快速地实现在实物原型上测试所能达到的效果。虽然这个目标看起来高不可攀，但你依然可以有办法使软件原型更加灵活。下面就是一些方法。

1. 所有元素都是变量。

2. 尽量避免在代码中使用任何常量，也就是应该避免像下列这样的代码：

```
totalOutput = 15 x 2
```

而应当是：

```
totalOutput = rateOfProduction x numFactories
```

3. 在界面上显示尽可能多的变量。

4. 把你的原型工具和可编辑的文本域结合起来，所有可能在以后改变的值都应当在这些域中编辑。你的工具可能不好看，但好处是你不需要在测试环节重新编译或者在编码中搜索某个变量。

5. 不要想着代码再利用！当我还在大学学美术时，有一位绘画教授叫 Marvin Bileck，大家都亲切地叫他"老兄"。一天，他让我们去买一些很贵的图纸，并让我们在下一周把这些昂贵的图纸带来画图。然而当我们把买的图纸带来时，教授却让我们把图纸扔在地上踩，如果我们不忍心，他还会走过来帮着毁掉这些图纸。结束后，他才说，我们现在可以开始学画画了。对这次经历，我记忆犹新：如果你想创新，就不应当执着于某些事物，不要因为太看重某件东西而看不清其背后的含义。你为原型编写的代码也应如此，应当做好随时扔掉它们的准备。

结论

软件原型是一个用来理解并最终对游戏元素进行控制的工具。你没有必要为你已经完全理解或已经通过某种廉价方式（比如制作实物原型）测试过的游戏环节去写软件原型。由于不同特性的要求，每款游戏都不同。开发第一人称射击游戏和格斗游戏所对应的原型是完全不同的。我认为软件原型能够让我更直观地看到游戏中的各种突发事件，这是纸面原型所做不到的。在这种原型的帮助下，我能更快速地发现并解决一些更具体的问题。

《云》的原型

作者：Tracy Fullerton

　　《云》是南加州大学游戏创新实验室的一个学生研究项目，这个项目有一个独特的设计目标：创造一种类似童年时代幻想的在空中飞翔和揉捏云朵那样的宁静、放松、快乐的情感体验。作为该项目的指导教师，Tracy Fullerton 在每个阶段都和团队一起定义、迭代项目的设计。这个获奖游戏在 thatcloudgame 网站上有超过 750 万次的下载量，并开启了获誉无数的游戏设计师陈星汉和 Kellee Santiago 的职业生涯。

　　当我们刚开始设计《云》的时候，我们只有一个创新的设计目标：通过某种方式，在你心中唤起那种在晴朗的夏日躺在青草上，仰望天空时获得的惬意与愉悦。每个人都做过这件事。有的时候，我们会幻想着飞入云层之中，去挪动云朵，把它们揉捏成有趣的生物或微笑的脸庞，或者棒棒糖，或者任何脑海中浮现出的东西。对于游戏来说，这看起来像是全新的领域。它看起来既很冒险，又非常有趣。因此我们决定大胆一试。

　　但是要怎么做呢？第一步就是基于飞行和聚集云朵的核心机制制作一系列的原型。这些原型通过 Processing 开发环境进行制作，并进行了许多次迭代。一开始是 2D 的，然后是用粗糙的 3D 原型来测试操控、镜头和游戏玩法的整合（参见图 1）。

　　核心游戏玩法由团队和一些游戏测试者进行了测试，并且得出了一些结论。第一个结论是，2D 的视角虽然简单、可执行，但是不够情绪化。尽管对最终游戏的规划始终是 3D 的，然而关于如何设计出一个舒服的游戏视角的问题一直困扰着我们。同时，我们还在纠结是否要在 3D 环境里把角色锁定在一个 2D 的平面内。

图 1　《云》的 2D 云朵聚集原型（左）和操控、镜头和基本的游戏玩法原型（右）

　　此时，团队意识到，对游戏玩法的清晰度的渴求（这需要一个 2D 的活动空间）和对飞行中的自由自在的情绪感受的渴求（这需要 3D 空间中的移动自由）是有矛盾的。因此我们在 Maya 中制作了一个镜头的原型，简单地测试了允许玩家自由缩放镜头这个想法的效果（参见图 2）。举个例子，我们希望玩家能够将镜头拉到最远，来看到他们在天空中都写了什么，但我们也想让玩家能够靠近角色去一起飞翔，去感受飞行的感觉。最后这个概念和另一个特性——在 3D 空间中"自由飞翔"——结合在了一起，同时解决了界面的问题和情绪感受的问题。

除了实验核心机制和视野，团队开始构思一个没有传统目标和冲突来进行驱动的游戏。这将会是一个简单的游戏，鼓励创造性和自由嬉闹。为了做到这一点，我们开始讨论允许玩家在天空中像粉笔一样轻松地画和擦除云朵的功能。我们也开始意识到，游戏的每一个角度都需要强化

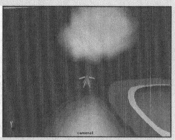

图2　镜头模拟原型；左图展示了镜头拉到最远时整个天空的视野，右图展示了镜头拉近到角色身旁时的状态。

这些积极的情绪。这个游戏玩起来需要像它看起来那样放松和有活力。因此，为了消除所有的精神压力，游戏中没有时间压力，失败也是几乎不可能的。没有会困住玩家的元素，他们可以随时开始玩、随时离开，不会有任何影响。

当我们聚焦于游戏机制和镜头控制的玩法原型的制作时，程序团队有其他几个需要面对的障碍。最重要的一个显然是令人信服的、可塑的及计算机能够负担的云朵。团队想出了一个有趣的解决方案：使用 Lennard-Jones 粒子模拟系统，让云层有一个动态的底层结构，感觉就像在玩一团水汽。

这个概念的首个原型是最有价值的，它证明了我们能够通过一团团的动态粒子创造出"云朵"——并且我们允许游戏中出现很多云朵。粒子模拟原型的影像展示了数千个粒子在原型环境中不会让电脑负荷过大（谢天谢地），这些粒子可以被捕捉和塑形，和团队最初构想的画云的功能很接近了。

原型的下一个阶段就是将底层的粒子模拟得更加具有蓬松感。图3展示了这一测试。在这个版本中，测试围绕着用云团来画脸和画图案来进行，云朵玩起来的感觉让整个团队中都弥漫着兴奋之情。

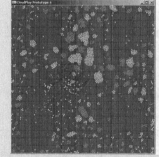

图3　粒子模拟原型

除了这个底层的模拟，团队还制作了一种公告板的实现方法（billboarding method），用来对云图进行渲染。图4所示的云模拟层截屏展现了通过打开或关闭最终游戏渲染效果来展示该方法的最终模拟结果。

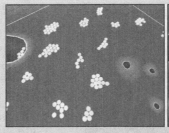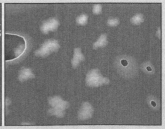

图4　云模拟层（左图），渲染后的云（右图）

在原型制作和游戏投入开发的过程中，团队和外部的玩家进行的大量测试带来了一些改变和讨论。最后，一些技术特性被砍掉了，团队专注于云朵的模拟和自由飞行的操控。像风、日夜循环、和云朵状态相关的地形特性等概念都被降低了优先级，因为游戏测试者展现出来的主要需求是令人满意的动态天空和符合直觉的飞行操控。

这些决策是以游玩体验为核心的设计对于设计和开发流程的重要性的例子。传统的设计团队设计游戏时可能会试着把所有的游戏特点都制作出来，但可能每一样都缺少深度。如果基于整体体验来对这些设计进行测试迭代和重新评估，就可以清楚地看到：玩家重视的是云层和飞行的感觉，而不在意与地形的互动、日夜循环、风或其他缺失的元素。

最后，证明了即使是学生研究项目，也能给游戏玩法创新树立很好的榜样。总之，尽管设计过程充满各种起伏，我们也不能永远保证自己的作品一定会成功。但以玩法为核心的设计方法和发掘游戏情感体验的新领域使得这个项目圆满完结。所以尽管风险很大，我们依然对自己探索的创新模式以及开发的方式充满信心。

设计操控方式

任何电子游戏的设计都离不开好的控制系统。就技术层面而言，电子游戏包含三大元素：输入、输出和 AI 系统，控制系统就是所说的输入部分。

在电子游戏最初被发明时，一直存在着操作方式上的限制。1962 年，Steve Russell 和其他麻省理工学院的学生开发了《星际大战》，它被普遍认为是世界上第一款电子游戏。在开发过程中，他们发现 DEC PDP-l 电脑前搭载的拨动开关特别笨重，所以他们为这款游戏开发了他们自己的控制器，参见图8.8。《星际大战》只有四种操作方式：左旋转、右旋转、前进和开火。

自从 20 世纪 60 年代以来，操作设备有了很大发展。今天的操作设备包含：键盘、鼠标、控制杆、方向盘、光枪、吉他、手鼓、触摸屏、动作感应器、感应手套和 VR 眼镜等。近年来，外部控制设备的发展突飞猛进，比如像 Kinect 或 Move 那样的体感设备。智能手机和平板电脑的普及使得触摸屏几乎无处不在，参见图8.9。这些新技术能吸引更多新的游戏受众。有人可能会因对Kinect的体感感兴趣来了解游戏，也有人可能会因玩智能手机上简单的小游戏而开始接触游戏。

图8.8　DEC PDP-1上的《星际大战》与自制的控制器

作为设计师，你必须对你的目标平台的特性及其操作方式的潜力有充分了解。这意味着你必须创造动觉原型并不断地对控制系统进行测试，直到它能完美地与游戏玩法融合。在gamedesignworkshop网站上，设计师Eric Zimmerman针对核心机制话题，提到了他们团队希望为他们的游戏Loop创造有趣且新颖的控制系统的想法。因此，他们为其核心机制"循环控制系统"创造了软件原型，并且用该原型来全面测试他们的想法。在进一步开发前，该方法确保了

这个想法好玩而且符合直觉。

理解了输入装置后，你需要开始思考游戏如何才能最好地利用它们。你应当把输入装置与你的界面设计结合到一起，最好的开启方式是先回顾一下你的实物原型中包括的流程，这些流程都需要被转译成软件的形式。比如，在我的第一人称射击原型里，我设计了前进、后退、向左转、向右转的流程。同时，还有开火、更换武器等流程。这里的每一项都需要对应到操作上去。如果你已经有一套十分详细的控制系统了，那可能需要将它们打包放进一个菜单系统或可视设备下面，这样便于只用简单的操作就可以随时进行调用。

当你决定好控制系统的运行方式后，创建一个控制界面以确保你对一切都了如指掌。在界面的一栏中，列出所有的控制器，在另一栏中，列出激活控制系统时需要采取的步骤，参见图8.10。如果你的游戏很复杂，那可能需要几张不同的表格，每一张表都代表具体的游戏状态。控制系统的每次变化都意味着出现了新的游戏状态。

比如，如果在游戏中，你能开车、开飞机或者骑自行车，那么就有三种游戏状态。在这种情况下，设计师应当尽可能地使这三种状态的控制方式相似，以免玩家混淆。

练习8.2：原创的游戏操控

为你的初始游戏玩法设计控制方案。比如，如果你的游戏是为像Xbox游戏机那样的主机设计的，那要确保给手柄上每个按钮贴上标签。如果按钮没有任何功能，那就贴上无功能标签。如果控制系统包含动作感应器，那请你在按钮栏中描述每个游戏动作。

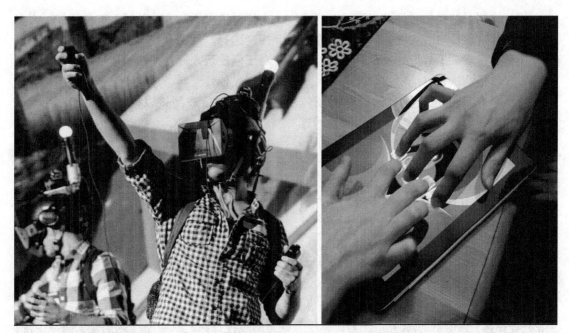

图 8.9 VR 和多点触控体验

	A	B	C	D	E	F	G	H	I	J	K
1											
2		**Key**			**Action in each game state:**						
3					**Land**				**Water**		
4		Arrow keys			walk forward, back, left, right						
5		Shift key			run						
6		CTRL or Left Mouse			shoot (hold for continuous shooting)						
7		A Key			look up						
8		Z Key			look down						
9		Spacebar or Enter key			jump				kick to the surface, tread water		
10		C Key			press and hold to duck						
11		C + arrow forward			crawl						
12		A + Arrow Left/Right			side-step						
13		1 Key			Axe						
14		2 Key			Shotgun						
15		3 Key			Double-barrelled shotgun						
16		4 Key			Nailgun						
17		5 Key			Perforator						
18		6 Key			Grenade launcher						
19		7 Key			Rocket launcher						
20		8 key			Thunderbolt						
21											

图 8.10 简易的操控列表

设计控制系统就像设计游戏玩法一样，是一个迭代过程。你的初次尝试可能不像你想象中那般直观，了解控制系统是否可行的唯一方式就是测试它。

你的目标应该是让游戏的控制系统越不费力越好。游戏玩家不喜欢在玩游戏的过程中思考控制系统，他们希望它直观明了。

在这种情况下，少就是好。如果增加了太多控制选择，反而会使得普通玩家十分苦恼。对于硬核玩家而言，这些详尽的控制系统和自定义控件一样，可能十分诱人，但你必须做大量的游戏测试以确保不会赶走经验不足的玩家。

游戏感的原型

作者：Steve Swink

Steve Swink 是亚利桑那州坦佩市的一名独立游戏设计师和图书作者。他目前在研发一款实验性益智游戏 Scale。先前，他是亚利桑那州立大学游戏中心亚特兰蒂斯项目的首席设计师，那是一个帮助中学生调换课程的项目。在此之前，他是 Flashbang Studios 的游戏和音效设计师，开发了 The Blurst 系列游戏。他的游戏设计师之路始于《托尼霍克的地下滑板》(Tony Hawk's Underground)。Steve 著有《游戏感：游戏操控感和体验设计指南》(Game feel: A Game Designer's Guide to Virtual Sensation)一书，由 Morgan Kaufmann 出版。

什么是好的游戏感？这可能是指操作游戏时的内在快感。《超级马里奥 64》给我带来了无穷的欢乐，对游戏的每个方面都感觉很棒。上手没几秒，我便入迷了，准备废寝忘食地去探索那些感觉永远玩不完的挑战关卡。每次我玩一款游戏时都会有触觉与动觉上很纯粹的欢乐感。如何才能设计出这种感觉呢？幕后的真相是什么？游戏感的魔法究竟在哪里？

虽然关于游戏感的问题和设计是相互交织的，但把与它相关的部分独立抽离出来进行更好的处理也是可以的。

- 输入：玩家如何表达他们的意图。
- 响应：系统如何加工、修改及实时反馈玩家的输入操作。
- 情境：如何通过设定限制赋予动作以空间上的意义。
- 润色：从物理的不同层面创作出反应性运动、主动性运动、声音和特效，并让这些元素相互协调。
- 隐喻：为动作添加情感意义，并且可以让学习过程变得更平易近人。
- 规则：通过调整任意变量、增加额外的挑战和更多动作上的限制来增加游戏深度。

注意，为了更简单，以下的讨论将集中于输入、响应及情境。但润色、隐喻和规则的概念也是同等重要的。

输入

　　输入是玩家在游戏世界里的表达器官，这一潜在的表达深受输入设备的物理特性影响。看看按钮和鼠标的区别。典型的按钮有两种状态：开或者关。按钮会保持在这两种状态中的一种上。而鼠标可以在横纵两轴间自由移动；只要空间允许，你就能任意移动它。所以输入装置有着一定的内在灵敏度，我称之为"输入灵敏度"。

　　输入装置能提供"自然映射"的机会，也就是说，通过输入装置的限制、行动范围和灵敏度，它向玩家暗示了可以进行什么样的交互动作。我最喜欢的案例就是 Xbox 360 上的 *Geometry Wars*，看看这款游戏，再看看 Xbox 360 的手柄，可以观察到手柄的组装方式与 *Geometry Wars* 中的动作变换之间是如何协调的。在手柄上，摇杆被局限在一个圆形塑料凹槽内，也就是推动控制杆到凹槽边缘，并且可以沿着边缘推动转一圈，而这恰恰是 *Geometry Wars* 在屏幕上显示的动作。这种设计被 Donald Norman 称作"自然映射（Natural Mapping）"，如图 1 所示。输入装置的位置和动作与游戏中的位置和动作完全契合，所以无须任何解释和指导。

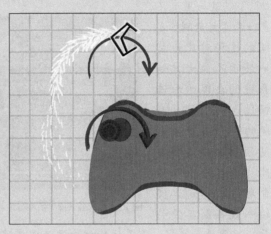

图 1　"自然映射"

　　《超级马里奥 64》的控制系统也有这种特质；拇指杆的旋转与马里奥每次转弯、旋转以及快速变换方向几乎一致。

　　好的游戏感原型需要从整体上把握好系统的灵敏度，通过调整灵敏度来让感觉表现得恰如其分，而不是表达过度，然而这种恰到好处的最佳状态是很难把握的。不过无论是高灵敏度，还是低灵敏度，任何装置都可以实现这一点。这完全取决于系统响应输入装置时会做出什么样的反应。

响应

　　一个低灵敏度的简单输入装置，能通过游戏微妙的反应成为很灵敏的控制系统，我称之为"反应灵敏度"。

　　NES 控制器有很多按键，不过马里奥无论是在速度控制、动作组合还是状态变化上都有着出色的灵敏度。速度控制，马里奥的速度从静态逐渐加速变化到最大速度，然后逐渐减速回到原先的状态，也就是具有大家所熟知的缓冲效果。此外，较长时间按住跳跃按钮可以跳得更高。同时按住跳跃和左定向键按钮可以向左边跳，多键组合能够创造出不同的操作。最终，马里奥有了不同的状态，也就是"在地面"时按左键与"在空中"时按左键有不同的含义。这些人为设计出的区别可以使系统变得更加灵敏，只要玩家能输入相应的状态，系统即可做出相对应的反应。

所有细节反应组合在一起能让输入动作变得高度流畅，尤其是和《大金刚》这类灵敏度极低的游戏相比。

《超级马里奥兄弟》和《大金刚》之间的这种对比清楚地展示了前者控制系统的表现力和流畅性，参见图2。有趣的是，《大金刚》使用的摇杆其实要比 NES 的手柄控制器灵敏得多。其实输入设备简单没关

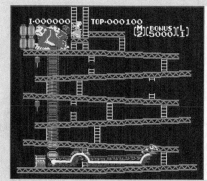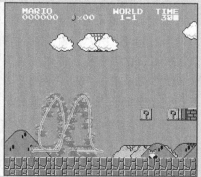

图2　《大金刚》与《超级马里奥兄弟》中的角色运动的对比

系，只要设计得当，在系统中就永远可以实现灵敏的反应。

情境

让我们回到《超级马里奥 64》，想象一下马里奥站在白茫茫的空地，四周没有任何东西。如果周围一片空白，马里奥远跳、高跳或踢墙这些动作还会有意义吗？

如果没有任何东西与马里奥互动，那他这些杂技能力是派不上用场的。没有墙，就没有踢墙的动作。从最实际的角度讲，将一个物体放置到游戏世界中，其实就是加入一组速度、跳跃高度和其他变量使其得以平衡的组合。用游戏感的语言来形容，就是"限制决定感觉"。如果让物体静止不动，同时还紧紧限制住角色的动作，那么游戏会产生压抑、笨拙的感觉，并会引起焦虑与挫败。而如果把物体之间的距离逐渐拉开，游戏感则又会慢慢恢复正常，但如果矫枉过正，又有可能会让纯粹的快乐感变成无聊与麻木。

在实施系统的同时，你也应当为动作系统开发某种空间情境。你需要放入一些平台、敌人，赋予动作不同形式的意义。如果马里奥在白茫茫的空地上独自奔跑，那么很难判断马里奥能跳多高。所以你需要放置平台来了解闯过一个充满内容的关卡会是什么样的感觉。

约束是技巧与挑战之母，想想足球场：足球场四周有固定的限制，以控制球在一定范围内运动。如果没有这些限制，那么踢足球就需要很多不同的技巧了，而且也不会那么有趣，因为你可能要在足球弹回之前朝一个方向使劲跑上很久。足球的各种规则与限制决定了踢足球应该掌握何种技巧。

结论

游戏感可能有着它独特的美学存在，即创造玩家与游戏间美妙的互动。无论是从听觉、视觉还是触觉上，游戏行为本身是可以产生美感的。

在你开始写代码前，再宏观地思考一下整个系统的灵敏度、输入设备的功能性与游戏本身系统的灵敏反应。先为你的动作系统开发一些情境。关键是创作一个"可能性空间"，以方便你通过调整变量，实现你想要的游戏感，用那种最纯粹的快乐来吸引玩家、留住玩家，让他们沉浸其中。

选择视角

电子游戏的界面是以下三者的组合：游戏环境的视角、游戏状态的可视化以及允许玩家和系统进行交互的操作。操作方式、视角与游戏界面共同创造出完整的游戏体验，并可使玩家理解并融入游戏系统中。

和控制系统一样，第一款电子游戏的视角也是受限制的，并且还要包含大量的场景描述，但这并不意味着它们的效果不好——相反，任何玩过文字冒险游戏 infocom 的人都应该记得那种来自一个好故事的沉浸感。在类似 Twine 这样的制作交互故事的开源工具出现后，独立游戏领域又出现了对基于文字的游戏的兴趣。

然而，今天的主流电子游戏使用图形化的世界和界面，随着技术的进步，它们已经变得相当复杂了。但是就如同我们第一次看到经典游戏 Pong 那样，这些视角的基础元素即使到了今天也仍然和以前一样，没有改变。

俯视角

直接向下从某种非自然的角度俯视物体，但能清晰地看到整个地形，很适用于那些塔防类游戏，参见图 8.11。早期的电子游戏很多都采用这一视角，如《吃豆人》。

侧视角

这是一种在街机游戏或解谜游戏（如《大金刚》、《俄罗斯方块》和《愤怒的小鸟》）中被广泛使用的视角，不过其影响最大的还是横版过关动作游戏。在这种游戏类型中，玩家只能在两个平面间控制单位，需要投入相当大的精力来应对复杂的谜题与游戏玩法。后来热门独立游戏 Bit.Trip Runner 做出了一些设计上的改变，制作商让角色自动奔跑。这种设计可以让玩家更专注地体验节奏　　与躲避障碍物，参见图 8.12。

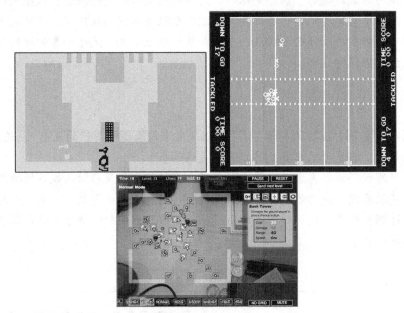

图 8.11　俯视角：雅达利的 Adventure 和 Football，桌面塔防

　　　　MSN Game Zone 的商标归微软集团所有。

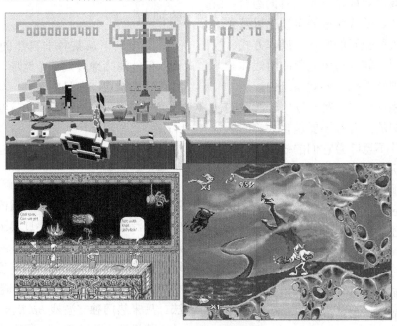

图 8.12　侧视角：Bit.Trip Runner、Castle Infinity 和 Earthworm Jim

等距视角

等距视角在策略游戏、建设模拟以及角色扮演等类型的游戏中被使用得十分普遍，这一视角是 3D 空间中的非线性视角。这种视图可以让你纵观全局，其主要特征便是玩家能轻易获取巨大的信息量，参见图 8.13。*Myth* 和《魔兽争霸 3》就是在 3D 环境中采用等距视角的，使得玩家能拉近或拉远与动作的距离。很多社交类游戏，比如 *FarmVille 2*，就是采用这种等距视角的。

第一人称视角

这是一个常年受到玩家与设计师欢迎的视角。它能立即制造出玩家对主要角色的代入感，直接将玩家带入角色的位置。这种视角同时限制了玩家对周遭环境的整体了解，通过紧张与惊讶的感觉为玩家创造戏剧性的情境，比如，潜伏在四周的敌人可能会从每一个角落进行突袭，甚至可以从背后发动攻击，如图 8.14 所示。

图 8.13　等距视角：*Myth* 和《地牢围攻》（*Dungeon Siege*）
《地牢围攻》的商标归微软集团所有。

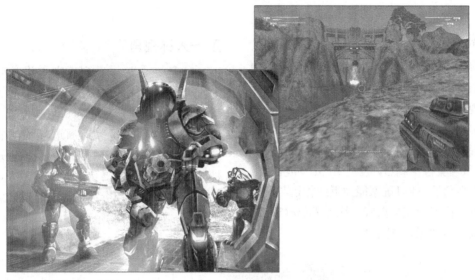

图 8.14   第一人称视角:《虚幻 2》

第三人称视角

作为侧视角的直接衍生品,这种视角会紧紧跟随某个人物,但是并不会将玩家直接置于该人物的视角。通常冒险类游戏、运动类游戏及其他需要对人物动作进行更加精细控制的游戏会选择使用这种视角,参见图 8.15。使用第三人称视角的游戏可以让玩家对角色产生同理心,这一感觉可能比从其他视角都要来得强烈。

图 8.15   第三人称视角:《最后生还者》和《瑞奇与叮当》

这些视角如此根深蒂固地影响了我们对游戏的看法，通常设计师会毫不犹豫地进行选择，而不会停下来思考这些设计背后的几个重要问题：这个视角的目的是什么？游戏的状态如何？玩家应该了解多少信息？这些都是在软件原型的制作过程中需要问自己的关键问题。你可能要考虑制作不同视角、不同界面的原型，来看看它们如何改变玩的体验。在第 5 章，我讲过游戏的信息结构：每名玩家获取有关游戏状态信息的数量及种类。我之前描述过的观点提供了玩家对游戏世界状态的了解程度，以及将玩家放在一个与任务或其他游戏目标之间的动态关系中。这就使得视角的设计既是形式元素同时也是戏剧性元素。

是应该让玩家极其接近角色，在信息不足的情况下，和角色共享同样的动觉，还是让玩家只是接近角色，但是可以用某种方法不以角色的视角脱离角色，且能观察角色周围的环境呢？也许在你的游戏中没有人物，或者没有世界；在这种情况下，对于你的设计来说，最合理的游戏视角是什么？

练习 8.3：视角

你的游戏视角的最佳选择是什么？为什么这么选择？请描述这一选择如何影响了游戏的形式元素和戏剧元素。

有效的界面设计

在游戏视角之外，你还需要去制作原型来验证游戏状态和选项等信息如何和玩家互动。这可能会包括游戏中的点数和进展、其他单位的状态、和其他玩家沟通及各种可以选择的选项或是特殊的行动机会。如何把这些信息融入或者环绕你的主视角呢？正如之前所说的，游戏的界面和操控、视角一起创造游戏体验，它必须非常易于理解。

如设计控制系统那样，你的目标应当是尽可能地使界面简单易懂。理想化的界面应该是全新的，但看起来可能是你之前用过千百次的。这真是设计上的大难题。下面介绍的设计技巧可帮助你的游戏精准地反映出设计师最初的想法，并符合玩家的期待。

形式遵从功能

你可能听过 Louis Henri Sullivan 说的"形式遵从功能"，这位建筑大师把这一原则引入大众文化，旨在强调任何对象的设计都必须基于其功能。若你打算造建筑，在设计门之前问问你自己这栋建筑的功能是什么。若你打算设计游戏，问问你自己在设计其界面或控制系统时，游戏的形式元素是什么。如果你不这么做，那么你最后看起来和玩起来的可能就是别的游戏了。

如今很多设计师仅仅这样说说而已，"我的游戏是《使命召唤》，故事设定是你从一个戒备森严的监狱里成功逃脱。"在大多数情况下，设计师仅仅借用《使命召唤》的界面和控制方案，然后根据这些参数设计内容，可能还会硬塞进一两个新特征。那样做可能会做出一款不错，也许还会很有趣的游戏，但永远不会新颖。为了避免仅单纯复制已有游戏，你应该回到你的最初理念，然后问自己："这个想法有什么特别之处吗？"

在监狱这一案例中，关键在于逃脱监狱，冲突是显而易见的：囚犯必须用计谋打败安保系统。现在你怎样设计一种新的方式呢？囚犯需要做些什么来冲出监狱呢？这一过程中有哪些工具和武器以及障碍？作为设计师，你必须考虑如何表现这些特殊情境的紧张感，以及同时制造出控制系统和界面的刺激感。实验将这些元素可视化的新方法，设置它们的属性，并让它们互相作用。你可以看出，界面是来源于游戏玩法的，而非相反。最佳途径就是永远不要先设计界面，而是让界面随着游戏功能的需求而演变，也就是"形式遵从功能"。

隐喻

视觉界面从根本上是富有隐喻性的，它们可帮助我们了解神秘的计算机世界的图形符号。你可能对微软和 Macintosh 操作系统最为熟悉，文件夹、文件、内置工具箱、回收站等都是各种系统特征和物体的隐喻。这一隐喻十分成功，因为其用这一方式帮助使用者创造了对这些物体的熟悉感。

当你在设计游戏界面时，应当考虑其基本隐喻。在你的游戏中，哪种视觉的隐喻能最佳地表现所有流程、规则、限制等？很多游戏都会将物品的隐喻与主题关联起来。比如在角色扮演游戏中，角色身上所携带的物品是放在"背包"里的。如同之前在第 4 章讨论过的那样，界面中的隐喻能将内存中枯燥的数据以符合游戏体验的形式展现出来。

创造隐喻时，需要牢记的是，玩家会带着游戏的"心智模型"。这种心智模型要么帮助玩家更了解你的游戏，要么产生误解。心智模型包含所有可联想到的特殊情境中的想法和概念。比如，如果我要列出马戏团包含的所有概念，那我可能会想出表演指挥、吊环、小丑、高空钢索、招揽观众的人、杂耍、动物、爆米花、棉花糖、主持人等事物。

如果我正在设计的游戏采用了马戏团的隐喻作为其界面，我就会让指挥成为帮助系统。吊环可能是不同的游戏区域或者类型，爆米花和棉花糖可能是宝物。使用这种隐喻使信息的可视化更加有娱乐效果。

然而，如果不认真设计，你设计的隐喻很有可能误导玩家。我前面所列举的概念都有其本身可以关联的范围，有时如果我们单纯地把自己的心智模型强加在隐喻上面，那么设计出的隐喻不但有可能混淆不清，甚至可能会引起困惑。

练习 8.4：隐喻

列出你最初的游戏界面的所有隐喻，可以是：农场、公路图、商场、铁路，你自己选择。然后自由地对每个隐喻进行五分钟联想，列出所有想到的概念。

可视化

在游戏中，玩家通常需要迅速处理多种大量的信息。如果将这些信息可视化，则可以一眼就对整体状况有所了解。我们对可视化的各种技巧都十分熟悉：你车内仪表盘上表示汽油量刻度的弧形，显示出汽油量由空到满的状态，或是温度计随着温度升高而升高。这些例子都以符合用户常识的方式给使用者展示了想要了解的信息，这就是所谓的"自然映射"，这也是游戏界面起到的作用。

之前我讲到的《雷神之锤》的界面就是使用自然映射来将游戏状态可视化的典型案例，参见图 8.16。中心区域的角色头像体现着玩家的健康状态，在游戏开始的时候，虽然这个表情面目狰狞，但状态是健康的。随着人物受到攻击，面部会出现淤青和血红，看到这种状态我立马就能知道自己正身处险境。

图 8.16　《雷神之锤》的生命力数值的三种状态

Dance Central 3 中的头像界面就是自然映射的范例。很多像这样的体感类游戏可以将玩家的肢体动作映射为界面的一部分。在 *Dance Central 3* 中，动作随着动画而改善，玩家觉得自身舞蹈能力也加强了。

练习 8.5：自然映射

你最初的游戏界面有可能用上自然映射吗？如果是，总结这些想法，弄清设计怎样发挥作用，可以在之后整个界面设计过程中用到这些想法。

特征分组

当你整理书桌时，很可能将相似的物品进行分组。所有名片放一起，钢笔和铅笔放一起等。设计界面时需要类似的思考，通常最好以视觉特征进行分组，以便玩家知道该去哪里找它们。

如果你有几种不同类型的血量条，与其把它们放在屏幕的不同角落，不如把它们分成一组放在一起。如果你有许多战斗功能，把它们放在单独的控制页面里可能会更容易管理。或者，如果游戏中有一些网络通信功能，也应将这些功能归类到一起。

练习 8.6：分组

制作一套索引卡片，将界面中的每一种控制元素都列在单独的卡片上。按照你的理解将卡片分类。和三四个人一起来做这个练习，并留意每个人处理方式的相同之处与不同之处。这个练习是否在你思考游戏控制系统要如何分类时为你带来了一些启发呢？

统一性

在更换区域或改变屏幕内容时，不要改变功能原先的位置。正如 Noah Falstein 在 *Game Developer* 杂志的 "Better By Design" 专栏中所提出的观点，统一性对一套好用的界面设计尤为重要。[8]在你玩过的游戏中，有没有哪款游戏的退出按钮从屏幕右上方跑到了屏幕的右下方？如果有，那你一定对这种缺少统一性的设计叫苦不迭。

反馈

通过视觉或听觉信息对玩家的操作进行反馈，让玩家知道他们的行为已被系统接收到是至关重要的。好的设计师会为玩家的每一种行为都给予一定的反馈。

听觉反馈能很好地让玩家明白输入已经被接收，或者新事物即将出现。但音频设计师 Michael Sweet 也曾探讨过听觉反馈方面的不足。听觉反馈虽然对界面操作响应十分有用，但却无法有效提供准确的数据信息，比如让玩家了解现有资源的状况，或让玩家清楚自己军队单位的位置。在这种情况下，你需要想出一套视觉反馈的方法。

练习 8.7：游戏反馈

想好你的游戏所需要的最有效的反馈方式，然后决定如何最佳呈现这种反馈：听觉、视觉、触觉等。

制作原型的工具

你可能已经注意到，这是本书第一个有关编程的章节。这是因为，我觉得接触游戏设计的起点应当是体验设计，而技术应当是为整个体验服务的，而不应是引导整个设计进程的。这本书不能教你如何编程，但是我强烈建议你至少学一门编程语言，即便你不想当一名程序员。游戏设计师需要了解编程的相关概念，从而做出可行的设计以及和技术团队进行有效沟通（出于相同的原因，程序员也应当对设计过程十分了解）。了解编程概念就是学习程序的读/写。在游戏开发过程中，设计师应当清楚地理解计算机如何运行，编码如何组建，以及整个编程的基本原理。

程序语言

如果你没有编程技能，我建议你去报一个编程入门班；通常在当地社区大学、大学，甚至是很多高中都有这种课。如果你不能找到这种课程，那这方面的图书也有很多，你应确保你所用的书是高质量的并能引导你实践的。至于选择哪种程序语言，就看你自己了。如今个人电脑的标准程序语言是 C++ 和 C#。手机游戏语言可能有 iPhone 的 Objective-C，或者 J2ME、Java 和 C++/C#。C++ 和 C#语言的一大优势是，它们是面向对象的语言，这意味着部分编码能重复使用。这使得设计过程更有效率，而且对于在同一个项目工作的多名程序员来说，也很方便在大范围内应用。

然而，在你过渡到 C++或者 C#之前，你可能想从更简单的语言入手，尤其是对做视觉和创造性设计的初学者而言，Processing 语言是一个非常好的入门工具。这一开放的程序语言对创新型设计师来说很容易上手，即使没有任何编程背景也没有问题，而且最棒的是它是完全免费的。你可以在 Processing 的官方网站上下载相关的学习资料，此外，好的学习 Processing 编程语言的资源也非常多。如果你对编程一无所知，我推荐 Daniel Shiffman 的 *Learning Processing*。

游戏引擎

使用游戏引擎来制作原型，可以节省很多时间和资源。但使用什么样的引擎会影响你的设计决策，你要权衡好其中的利弊。有些引擎是开源的，意味着你可以直接修改引擎的代码，以实现你最初的想法。而其他引擎只允许你在引擎已有的特性基础上进行游戏设计。

Unity 3D 是最普及的原型制作与独立游戏开发引擎。它的编辑器甚至允许新手开发者开发有一定复杂度的 2D 或 3D 游戏，并发布到包含 Mac、个人计算机，iOS、安卓系统主机以及 VR 等不同平台上。它为学生或独立小公司提供优惠，使其节省开发初期在工具上付出的成本。其他容易上手的游戏引擎还有 GameSalad、GameMaker:Studio、

RPG Maker VX Aced、Advanture Game Studio 以及 The Game Factory 2。上述每种引擎都有其局限性，但能帮助新手设计师/程序员迅速有效地制作原型。像 Flash 和上文中提过的 Processing，这样的开发工具并非完全属于游戏引擎，但是它们对制作原型也是很有帮助的。对于低龄的游戏设计师而言，麻省理工学院开发的工具 Scratch，微软开发的 Kodu、Gamestar Mechanic 以及《小小大星球》，这些以游戏为基础的创作工具，很适合 9 岁或 10 岁的低龄开发者。

目前最强大并且应用最广泛的可能是商业游戏引擎 Unreal。这一引擎已被应用到多款高端游戏中，如《生化奇兵》《质量效应》，当然还有 Unreal 系列游戏。如果你仔细观察图 8.17 所示的 Unreal 引擎编辑器的截图，会发现引擎里包含了第一人称射击游戏原型里的形式元素，比如地图网格、房间、

图 8.17　Unreal 引擎编辑器（游戏类型：第一人称射击）

单位、对象之类的。实际上，花时间使用这样的编辑器可以让你对某一类型的游戏有更好的理解。

关卡编辑器

另一个有用且学习起来很有趣的工具便是关卡编辑器，即便你没有任何计算机方面的背景知识也可以轻松上手。关卡编辑器是用来创造 PC 游戏及主机游戏自定义关卡的程序，是典型的只要点点功能键，拖曳些图标就能实现功能的工具，所以你不必非得成为程序员才能使用它。开发自定义关卡能让你直接接触游戏的形式元素，从而帮助你学会如何制作自己的游戏原型。有些关卡编辑器是第三方开发的，但有些是游戏附带的，一旦你买下了这款游戏，其附带的关卡编辑器就可以随时免费供你下载并使用。

图 8.18 展示了《我的世界》的第三方关卡编辑器。该编辑器允许玩家编辑砖块、敌人和为游戏创建新内容的玩家。在《我的世界》的社区里，已经出现了数百种类似的工具，以满足开发者想为游戏创作内容的需求。对新手游戏开发者来说，为这类游戏开发内容本身也是非常好的试水方式。《小小大星球》在其创造模式中也有复杂的关卡编辑器，我们已经讨论过。*Portal 2* 的关卡编辑器已经公开发布了，同时也供学校教学使用。这一工具能培养批判性思维、空间推理及解决问题的能力。[9]

即时战略类型的游戏也同样允许进行深度的关卡编辑。暴雪公司把其《魔兽争霸 3》的关卡编辑器称为"世界编辑器"，参见图 8.19，它允许玩家创建自己的《魔兽争霸 3》地图，

图 8.18 《我的世界》编辑器

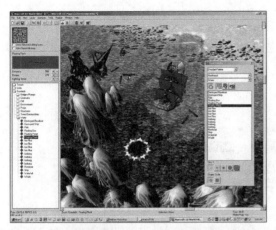

图 8.19 《魔兽争霸 3》世界编辑器（游戏类型：即时战略）

几乎可以编辑游戏中的每一种元素，和暴雪设计游戏关卡时使用的工具完全一样。了解关卡编辑器是理解即时战略游戏设计基础的好方法。

图 8.20 所示的截屏显示了如何设置《魔兽争霸 3》的地图尺寸。和多数游戏一样，

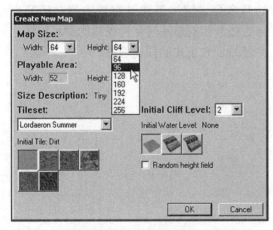

图 8.20 《魔兽争霸 3》世界编辑器：选择地图尺寸

网格越复杂就越能延长游戏的时间，而小且简单的网格则往往更能带来时间短且高度集中的游戏体验。

图 8.21 所示的单位编辑器允许你自定义每个游戏环节的单元特性，其默认数值是由暴雪公司游戏开发人员设计的。当你开始和这些数值打交道时，你可能会思考开发者为什么给每个单元设置为这个特定值。答案就是通过制作原型和进行游戏测试，越强大的单元所花费的资源和时间成本就越高。比如，骑士单位有 800 点生命，普通功击造成 25 点伤害。这几乎是步兵的两倍，步兵仅有 420 点生命，而每次攻击只造成 12.5 点伤害。但同时相比步兵 135 金币和几个木头资源的成本，相应的骑士的成本为 245 金币和 60 个木头。并且骑士的生产时间需 45 秒，而步兵仅需 20 秒，所以游戏中总会有相应的取舍用于平衡。

在权衡利弊的原则下，《魔兽争霸 3》中的每一个兵种的能力都被严格地测试和改进过，直至游戏系统平衡。如果数值比重不当，有经验的玩家很可能集中生产某一兵种，而使其他兵种变得无关紧要。

练习 8.8：开发软件原型

回忆一下在练习 8.1 中让你思考的问题并找到其解决方案。我建议你可以先从控制系统或者界面这种简单的系统入手，然后根据你的解决方案开发出软件原型，用第 9 章中描述的游戏测试技巧来验证你的想法。

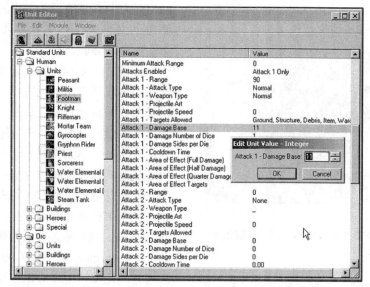

图 8.21 《魔兽争霸 3》世界编辑器：单位属性

总结

现在通过制作实物原型和软件原型，你已经体验了整个游戏的概念开发阶段。随着开发进一步深入，你还会发现更多新的问题和想法，并很可能需要为这些问题和想法开发新的原型来进行验证。测试和反复思考这些概念的过程既刺激又富有创造性。接下来的几章会讲解如何通过有效的测试环节来将这些最初的想法转化为成熟的游戏玩法，并开始步入正式的开发阶段。

设计师视角：**David Perry**

GoVyrl.co 的首席执行官

　　David Perry 是一名游戏设计师、制作人、图书作者和企业家，其代表作品有 *Teenage Mutant Ninja Turtles*（1990）、*The Terminator*（1992）、*Cool Spot*（1993）、*Global Gladiators*（1993）、*Disney's Aladdin*（1993）、*Earthworm Jim*（1994）、*Earthworm Jim 2*（1995）、*MDK*（1997）、*Sacrifice*（2000）、*Enter the Matrix*（2003）以及 *The Matrix: Path of Neo*（2005）。2012 年，索尼公司花 3.8 亿美元买下了 Gaikai（David 是这家公司的创始人之一）。2017 年，他成为 GoVyrl.co 的首席执行官，为重要人物提供技术。

你是如何进入游戏行业的

　　在游戏还未摆在当地商店里卖的时候，我就已经靠做游戏赚钱了。那时候，想玩游戏就得买那种特殊的杂志或书，上面满是用 BASIC 语言编写的游戏。读者如果想在电脑上玩游戏，就必须亲手把整个游戏的代码输到电脑里。有时可能要花好几个小时才能开始玩。然后当你开始玩游戏时，游戏系统还有可能会崩溃，接着又得花好几个小时检查哪儿出了错。有意思的是，通过读里面的代码，你很快就能掌握这些游戏的运作原理。我就曾是给这些杂志写游戏的人，我当时写过无数款游戏，最后甚至还写了书。当游戏开始摆在商店里卖的时候，我已经得到了一份开发"专业"游戏的工作（也就是放到盒子里卖的那种游戏），所以我 17 岁便辍学了（没有获得过任何学位），而且也没有重回学校的打算。

你最喜欢的游戏有哪些

　　我喜欢《战地》系列（多人模式）和《侠盗猎车手》，因为在游戏里面感觉自己无所不能，整个世界都由你掌控。你可以选择游戏规定的玩法，也可以选择其他有趣的玩法。我认为这给玩家创造了极大的选择空间，有的玩家想立马从游戏中获得娱乐，而有的玩家则很富有想象力，更喜欢在里面自娱自乐。我还喜欢 *The Last of Us* 和 *Max Payne*，因为这些游戏能让人沉浸到游戏世界里，有身临其境的感觉。我喜欢即时战略游戏（从 *Command & Conquer* 开始），这是因为我喜欢同时处理很多混乱的事情。体育游戏里我喜欢 *FIFA* 系列，这个系列还在不停地进化。在模拟游戏里，我一直都在玩 *Flight Simulator*（可惜微软公司把这款游戏的开发团队给赶走了）。现在我也玩一些手机游戏，而且我还很喜欢 PS Vita 那种随时随地都能玩到高质量主机游戏的感觉。

你曾受到哪些游戏的启发

我喜欢高瞻远瞩的设计师，所以我总是对像 Rob Pardo、Peter Molyneux、小岛秀夫或 Warren Spector 那样的设计师所做的事情感兴趣。他们不但高瞻远瞩，而且还别出心裁。你甚至可以永远相信，不管他们接下来将做什么，那一定会是有趣而且富有挑战性的事情。我很欣赏这一点，也希望有更多人可以和他们一样。

你对设计流程的看法

我发现我绝大多数的灵感都是在我开车时想出来的。通常都是突然想到了一种我想尝试但从来没有尝试过的游戏体验。我的这些灵感，有些程序员喜欢，有些则恨之入骨。因为我的那些想法肯定都不太容易实现。

你对原型的看法

制作原型很重要。我一开始会首先尝试从视觉入手，确定出这款游戏看起来的样子。这个阶段的主要工作就是集思广益。然后我们会开始写代码，之后会不停地做修改，确定方向是否可行，或者是否应该选择其他不同的方向。反复验证，直到能完全确定好方向为止。

谈一个让你感到困难的设计问题

我接触过很多款游戏，其中遇到的最难的设计问题就是如何才能不把游戏做得很俗套，如何才能做得和外面的作品不一样。我写过一本叫 *David Perry on Game Design* 的书，书里介绍了一些我自己总结的方法来帮助大家想出全新的游戏灵感。其中一个我希望能受到更多重视的领域，就是"幽默感"。想象一下，如果《愤怒的小鸟》里没有丝毫的幽默感，这款游戏就仅仅是个"弹弓游戏"而已，不过是在同样的物理引擎下，把石头弹出去砸某样东西罢了。相比之下，搞笑的鸟叫和羽毛满天飞要有意思多了！而且我觉得相比其他同类型游戏，《蚯蚓战士》成功最关键的原因就在于它融入了一些其他游戏没有的幽默元素。

你对风险的看法

在过去的 30 多年里，我承担过无数风险，然而幸运的是，这些冒险都能有所回报。我既创作过一些销量第一的热门作品，也创作过一些……嗯……很烂的作品。游戏创作的关键就在于不断学习，而且我敢说不管你有多少年的开发经验，你还是依旧每天都能学点新的东西。我最骄傲的就是，我的研发工作室运营了 12 年，当然中间也经历过很艰难的时期。我们经历了许多愉快的时光，也帮团队赚了几百万美元的钱，还帮很多成员在事业上步入正轨。在开发方面，最后一个我亲自写代码编程的项目是《蚯蚓战士》，那段时光让我觉得非常天真快乐（有一天，我还是会回去自己写代码的）。

给设计师的建议

当我有时间的时候，我要把 dperry 网站改头换面，以便帮助更多新开发者；我同时还要运营 gameindustrymap 网站来帮助大家找工作，让大家了解自己身边的公司。总而言之，热情是一切的关键！如果你仅仅是对这个行业感兴趣，那还远远不够。如果你决定参与这个行业内的竞争，就需要全身心投入。那些充满热情的人将走下去；那些缺乏热情的人将止于挫败和疲倦。那么这值得你这么拼吗？当然值得！

你怎么知道自己是否适合成为一名设计师呢？你能观察周围的世界，并在头脑中把每一个细节都描绘出来吗？如果能，那你就有做游戏设计的潜质。祝你好运！

设计师视角：**Elan Lee**

Exploding Kittens 和 *Bears vs Babies* 的创作者

Elan Lee 是游戏设计师兼创新企业家，其代表作品有里程碑式的平行实境游戏 *The Beast*（2001）、*I Love Bees*（2004）、*Nine Inch Nails - Year Zero*（2007）。他的事业起步于 Industrial Light and Magic 公司，还曾经联合创办了包含 42 Entertainment 和 Fourth Wall Studios 等在内的许多游戏创意公司。后来他在 Xbox Entertainment Studios 担任首席设计师，接着又自己制作了 *Exploding Kittens*。

你是如何成为一名游戏设计师的

这需要多年的努力和决心，以及精准的眼光……开玩笑啦。其实游戏是我上学那会儿就一直在做的事情。那时我写过无数的 Mod，设计过很多自制的关卡，同时还对游戏的叙事非常着迷。

我起初创办一系列游戏公司的钱几乎都是四处从朋友那里讨来的。

你受到过哪些游戏的启发

千万别鄙视我。第一个给我启发的游戏其实是我 5 岁时玩的 Captain Kangaroo 的 *Picture Pages*。这东西基本上就是怂恿小孩子去缠着父母买一本叫 *Picture Pages* 的周刊，里面有很多有意思的谜题、图片和小故事。每周电视上都会播出 "Captain Kangroo"。The Captain（我们过去是这么叫的）会在它的魔法书上画画和解谜，而且它的魔法书会和你手上拿的那本一模一样！

这在当时对我来说简直就是魔法。我的父母一直跟我说，电视里的人是看不到我的，但我手里的东西让我感觉自己就是在和电视里的东西进行互动！

今天当我设计游戏时，我总是会包含以下要素：

- 打破第四道墙（可参见百度百科上的解释）
- 鼓励玩家主动参与
- 植入探索的感觉
- 把真实世界变得更神奇

- 把玩家纳入叙事的过程中

我的这些想法显然受小时候的启发所影响。

行业里的哪些发展最让你兴奋

这是一个我有点叫不上名字的东西。这样说吧，在叙事方面，我们曾经历过一些重要的艺术发展阶段。比如最早大家围着篝火讲故事，后来发展出剧院、印刷出版物、电影等，而现在有这样一个类似的东西。该怎么叫它比较好呢？互联网？社交网络？还是应该叫全球多平台即时链接基础网络架构（The Globally Connected Temporal Cross-Platform Meta Infrastructure）？缩写成 GCTC-PMI。嗯，就这么称呼它好了。

不管它叫什么，事实就是用它创作出能把我们带出现实世界的游戏，那些能从一个屏幕移动到另一个屏幕的游戏，那些能让一群人一起玩的游戏，那些能让我们做习惯且擅长的事时还能感觉自己像个超级英雄一样的游戏，那些让我每天早上起床都会很兴奋地想去做好一名"设计师"的游戏。

谈一个让你感到困难的设计问题

我读大学时，其中一个专业是心理学（另一个是计算机科学，最后证明这是一个特殊的组合，它能让你在毕业时接到来自中情局一位兄弟的电话，给你工作机会）。我最喜欢的一个心理学话题便是"强化"，强化是一种奖励好的行为，惩罚不好的行为的过程。强化具体可以分成以下几个类型。

- 正强化（Positive Reinforcement）——每次小白鼠按按钮时，给它一点奖赏（最后小白鼠会很听话，但会吃到肥得动不了）。
- 负强化（Negative Reinforcement）——每次小白鼠不按按钮时，电击它（最后小白鼠会被调教得非常好，它们大部分时间是在角落蜷缩着，希望逃脱惩罚，得到解脱）。
- 随机强化（Random Schedule Reinforcement）——随机决定每次小白鼠按按钮时是否给它奖励（这样意志坚定的小白鼠就会很激动地每天重复按按钮，因为它们坚信只要再多按一次按钮就有可能会得到奖励）。

我对其中第三个类型记忆犹新。这基本就是拉斯维加斯赌城的运作原理，如果能把这个原理用在正道上，其实是可以创作出非常棒的游戏体验的。

所以当我为《光环 2》设计 I Love Bees 时，我对投资人基本是这样描述的，"我们要把广播剧里的第一章切成好几个小段，观众打付费电话给我们，我们才播给他们听。效果一定会不错！"

玩家买了游戏，而且第一周形势十分好。我们贴出了一长串全球 GPS 坐标并开始向 GPS 对应的电话亭打电话，同时成百上千个玩家也忠实地守候在电话亭旁接电话，然后重新构造故事。他们很激动，我们也很激动。整个世界都充满欢乐，随后迎来了第二周。

第二周的计划是做相同的事。更多的 GPS 坐标，更多的电话，以及更多的精华故事。所以最后就是，当面对和第一周同样的 GPS 坐标墙和相同的难题，玩家们开始怨声载道。到了第三周，玩家们开始贴出"蜜蜂（Bees）毁了我的童年"这样的标语。上千名玩家一起签署请愿书，"看在上帝的份上，请不要打电话了！"就在那时，你们很容易在舞会一张干净的桌子底下找到蜷缩着的我。

但我记起了曾经的小白鼠。所以在下一周，除了事先录制电话外，我们让一位演员随机拨打一台电话以增加挑战性，然后录制整个互动过程。那位随机接了指定电话的幸运玩家将会被写入《光环》故事里。多棒的老套随机强化模式。

效果棒极了。一夜之间，接电话从日常琐事变成一件大事。玩家在接电话时会装扮，他们开始叫上自己的朋友接电话，他们甚至在自己的城市举办围绕随机电话的聚会。

I Love Bees 是一个大型平行实境游戏，而且我要感谢那些备受折磨的"小白鼠"能够参与其中。这对我来说是一段奇妙的经历，是我学到过的最重要的游戏设计课。

下一次，我会尝试这种电击法原理下的游戏玩法，仅仅来确保这并非一次侥幸……

补充阅读

Arnowitz, Jonathan, Arent, Michael and Berger, Nevin. *Effective Prototyping for Software Makers*. San Francisco: Morgan Kaufmann, 2006.

Dawson, Michael. *Beginning C++ Game Programming*. Boston: Thompson Course Technology, 2004.

Gibson Bond, Jeremy. *Introduction to Game Design, Prototyping, and Development: From Concept to Playable Game with Unity™ and C#* (2nd Edition). Upper Saddle River Addison-Wesley, 2017.

Maurina, Edward. *The Game Programmer's Guide to Torque*. Wellesley: A K Peters, 2006.

Norman, Donald. *Design of Everyday Things*. New York: Doubleday, 1990.

Overmars, Mark and Habgood, Jacob. The *Gamemaker's Apprentice: Game Development for Beginners*. Berkeley: Apress, 2006.

Shiffman, Daniel. *Learning Processing*. Burlington Elsevier, 2008.

Tufte, Edward. *Envisioning Information*. Cheshire: Graphics Press, 1990.

尾注

1. Todd, Eric. "Spore Preproduction

through Prototyping" presentation at Game Developers Conference, March 23, 2006.

2. Carless, Simon. "GDC: Prototyping for Indie Developers," Gamasutra.com, March 6, 2007.

3. Lally, John. "Giving Life to Ratchet & Clank: Enabling Complex Character Animations by Streamlining Processes," Gamasutra.com, February 11, 2003.

4. Takahashi, Keita. "The Singular Design of Katamari Damacy." Game Developer. December 2004.

5. Stern, Zach. "Creating Osu! Tatakae! Ouendan and Its Recreation As Elite Beat Agents," Joystiq.com, March 8, 2007.

6. Parker, Rowan. "Postmortem: Q-Games' PixelJunk 4AM," Gamasutra.com, April 3, 2013.

7. Hecker, Chris and Gingold, Chaim. "Advanced Prototyping" presentation at Game Developers Conference, March 23, 2006.

8. Falstein, Noah. "Better By Design: The Hobgoblin of Small Minds." Game Developer. June 2003.

9. Santos, Alexis. "Valve announces Steam for Schools, helps teachers create educational Portal 2 levels." Engadget.com. June 22, 2012.

第 9 章
游戏测试

作为一名游戏设计师，游戏测试是你应该参与的最重要的事情；但讽刺的是，这往往是游戏设计师所知最少的一个部分。常见的一个错误观念是"游戏测试非常简单——只需要找人玩游戏，然后收集反馈就可以了"。实际上，玩游戏只是游戏测试过程中的一步，测试过程还包括选人、招募、筹备、控制和分析。

另一个常常使游戏设计师无法正确进行游戏测试的原因是，他们对自己在游戏开发过程中的角色存在一些困惑。

游戏测试并不是让游戏设计师和他/她的团队玩游戏，然后讨论游戏的特性——这叫作内部设计审查。游戏测试不是让 QA 团队来玩通关，然后严苛地检查游戏中的每一个元素有没有 Bug——这叫作 QA 测试。游戏测试也不是带着几个市场人员坐在单向玻璃后面观察一个样本组玩游戏并讨论游戏，同时还有一个人问他们愿意为这款游戏花多少钱——这叫作焦点小组测试。同时，游戏测试也不是通过记录用户的鼠标移动、眼球移动、寻线路径等来系统性地分析玩家会如何和你的游戏进行交互——这叫作可用性测试。

那么游戏测试到底是什么呢？游戏测试是设计师在整个设计流程中都要持续进行的一件事，用以理解玩家如何体验整个游戏。进行游戏测试的方法非常多，有一些是非正式和定性的，另一些则是正式和定量的。在《光环 3》中，微软游戏工作室曾经募集了超过 600 位玩家并进行了 3000 多个小时的游戏测试，这也是世界上最复杂的游戏测试活动。[1]大部分的商业游戏都会进行一定程度的游戏测试，即使不像《光环 3》的测试规模这么大，一般也会在发行商内部或通过外部的测试小组进行测试。而你的游戏可能会有 10 到 20 名游戏测试者，在你家的车库里进行试玩。任何规模的游戏测试都是宝贵而重要的。这些不同形式的测试有一个共同的最终目标：从玩家那里获得有价值的测试反馈，提升游戏的整体体验。

和你开发游戏一样，其他部门的人也会以不同的方式测试游戏。市场人员会尝试着去判断什么样的人会买游戏、游戏能卖出多少份。工程师团队会配合 QA 团队找出 Bug 和兼容性问题。UI 设计师也会进行许多测试，来观察人们能否最高效、最方便地操作游戏。如果你的游戏会被发布到线上，那么发行团

队会在发布后进行测试，以了解游戏的表现如何，并基于测试结果要求游戏做出改变。但作为游戏设计师，在开发游戏的时候，你

的最重要的目标是确保游戏能够按照你期望的方式运行，它是完整的、平衡的，并且有趣的。这就是游戏测试的价值。

游戏测试和迭代设计

回忆一下我说过的话：设计师的主要目标是成为玩家的拥护者。这不仅仅存在于游戏设计的早期阶段；游戏设计师在整个设计制作流程中都需要从玩家的角度出发，关注玩家的需求。常见的情况是，一支团队夜以继日地工作了数月以后，他们很容易就忘了一件事情：在完成工作的过程中，玩家能够帮助他们让游戏更接近他们的愿景。

为了保证游戏不会在长期的开发中迷失方向，我们采用持续迭代的方式来开发，这个开发过程中应该包含游戏测试、评估和改进。当然，你不能一直修改游戏的基础设计，毕竟你最终的目标还是发售一款产品。在图 9.1 中我们可以看到，随着开发流程的逐步推进，测试循环会越来越窄，设计上的问题和修改也会越来越细化，因此当开发流程接近尾声的时候，你不应该进行基础性的修改。这个让玩家持续测试你的游戏的方法，能够让你的游戏在整个开发的过程中都保持在正轨上。

你可能会想：测试的成本实在太高了！难道不能等我们把游戏做得差不多了，比如至少有一个内测版本时，再去测试吗？这样玩家会得到最棒的体验。我不打算和这种固执的想法争辩。在内测阶段，已经来不及对你的游戏做任何基础性的修改了。如果核心游戏玩法不够有趣，你就搞

砸了。你也许能够改变一些顶层的功能，但也仅限于此了。

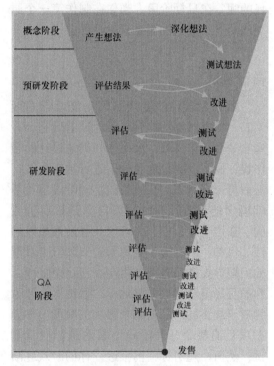

图 9.1　迭代式游戏设计的模型：游戏测试、评估、改进

我建议，从一开始就进行游戏测试和迭代。我也会告诉你如何用比较低廉的开销来做这件事情——只需要一些时间和志愿者。通过测试，你能避免两个问题：在游戏开发的最后阶段耗费高昂的成本进行大量修改；在发布游戏以后发现游戏并没有发挥出全部潜能。

招募游戏测试者

在开始测试之前，你首先需要找到游戏测试者。但是怎么开始找人呢？谁是值得信任的呢？在早期阶段，当你在制作第一个原型的时候，最好的测试者就是你自己。

自行测试

当你为自己的游戏制作出能运行的版本时，你自然而然地会不停地试着玩它，看看它是否运作良好。如果你和其他设计师合作设计原型，你们应该分别进行独立测试，然后再一起测试。在原型的基础阶段检验基础概念是否可行的时候，自测是最有价值的。在这个过程中，你可以找寻游戏系统的核心机制，同时这也是你为游戏体验中发现的问题寻找解决方案的机会。在这个阶段，你的目标是让游戏能够运行，哪怕这个原型相对于最终的产品只是个粗劣的模型。你会在项目的整个开发阶段不断地进行自我测试；然而，随着你往前推进，你的游戏逐渐进化，你需要依赖越来越多的外部测试者，以获得对你的游戏的准确理解。

当进行自测的时候，一个让测试变得更有价值的好技巧是，尝试带着"空白"的思维去测试。我的意思是，你要尽可能地清空自己的大脑，忘掉与游戏相关的东西。这看起来不可能，但是你确实可以学着去做，这会在大量的原型自测和迭代中给你带来很大的帮助。

练习 9.1：自行测试

拿出你在练习 8.8 中制作的软件原型或是练习 7.9 中制作的实物原型，自己进行测试。描述当你玩游戏的时候脑海中出现的每一个细节。做测试笔记，记下每一个来自你自己或其他测试者的反馈。

邀请朋友和家人进行测试

当你完成了基础阶段的制作，游戏的原型已经可以玩的时候，找一些你了解的人来进行测试，例如，朋友或设计团队之外的同事。这些人会用全新的眼光看待你的游戏，并且会发现一些你没有意识到的问题。你可能需要在开始时向他们解释你的游戏。这是因为原型在这个架构阶段看起来并没有完成。你的目标是获得一个临时的版本，在这个版本中人们不需要你协助太多也能进行游戏。你应该做到，测试者一看到原型，就能够获得足够的信息来知道怎么开始游戏。对于纸面原型，你可能需要写一套规则说明。对于软件原型，则需要 UI，或者需要提供一些书面的规则。

当你的游戏可以玩了，并且你有一套很清晰的规则时，也许你需要离开朋友和家人了，参见图 9.2。让朋友和家人进行测试也许会让你觉得游戏很不错，在早期阶段这是有可能的。但当游戏逐渐成熟的时候，事情可能会变得不一样。这是因为你的朋友、家人和你有私交，这会影响他们的客观性。你会发现他们要么特别严厉，要么特别宽容。

这完全取决于他们平时和你是怎么相处的。即使你非常相信你的朋友可以提供客观中立的反馈，也不要过分依赖一小部分人。你需要客观的评价来让你的设计更上一层楼，但来自熟人的点评可能恰恰做不到这一点。

图 9.2　在 ThatGameCompany，朋友和家人在测试《花》的原型，游戏设计师陈星汉向测试者提供了尽可能少但足够让他们开始玩游戏的信息

练习 9.2：让朋友、家人进行测试

现在，把你的初始原型带给一些家人和朋友，让他们进行测试。写下他们玩游戏的时候你观察到的东西。尝试着去猜测他们对你的游戏的观点，尽量避免问任何引导性的问题。

找不认识的人进行游戏测试

把没完成的游戏展示给陌生人总是很困难的。这意味着会有你刚刚认识的人来评论你。但是只有通过邀请陌生人来玩你的游戏，并且给出评论，你才能得到新的视角和观点，并借此来提升你的设计。这是因为对于陌生人来说，他们并不会因为把感受诚实地告诉你而损失或得到什么。他们也不会因为对游戏的了解或个人关系而受到什么影响。如果你仔细地挑选他们，并且提供正确的环境，你会看到他们和你的同事或朋友一样投入，并能尖锐地发现问题。寻找优秀的测试者没有什么替代方法。将他们作为你的设计流程的一个延伸，结果会立竿见影。

寻找理想的测试者

那么，你要如何找到这些从来没听说过你或者你的游戏的理想测试者呢？答案是在社区里面。你可以在本地的高中、大学、体育俱乐部、社会组织、教堂和电脑使用者小组里寻找测试者。可能性是无限的。你也可以把招募信息发到网上或当地的报纸上，以获得更大的样本范围。你尝试的渠道越多，你的"候选玩家池"会越丰富。这很简单，只不过是在当地的游戏商店、大学宿舍、图书馆或者娱乐中心贴一张海报罢了。你会发现人们很想成为一款游戏创作过程中的一分子，并且如果你的邀请听起来很吸引人，那么你的测试者会排成长龙。

招募的下一步是面试并拒绝一部分申请人。只有在有足够多的申请人之后你才能做这一步。你需要寻找的是一组这样的测试者：他们能够清晰地向你表达他们的观点。如果他们在电话里的谈吐都显得含糊不清，那么他们可能不是你想要的人。我并不期望你成为人口统计学或取样方面的专家，但问几个问题筛选出更合适的申请人也没什么坏处，这能够帮你节省时间。问题可以包括"你的爱好是什么？"或者"你为什么要申请这个测试？"或者"你经常买这种类型的游戏吗？"如果测试者不是你所做的游戏的消费者，那么他的反馈可能用处就不会太大。

让你的目标用户进行测试

最理想的游戏测试者来自你的目标用户群体。这些测试者最好能够掏出真金白银来买你想做的这一类型的游戏。相比于那些可能不会一下子被你的游戏吸引到的人，这些人能够给出更宝贵的反馈。他们还会把你的游戏和他们玩过的游戏进行对比，并向你提供更多的市场情报。更重要的是，他们很清楚自己喜欢什么、不喜欢什么，并且会非常详细地告诉你。当你接近你的受众时，你会发掘出大量宝贵的信息，并且能够得到别人提供不了的深刻见解。

练习 9.3：招募游戏测试者

现在可以尝试着去招募一些陌生人来测试你的原型了。确保他们是你的目标用户。和他们约个时间来进行测试。练习 9.4 会帮助你利用测试的机会获得尽可能多的信息。

你招募到的测试者越多样越好。多样的意思是，在你的目标用户里尽可能地扩大寻找的范围。你希望找到测试者，但不要只关注目标用户群体中的一小部分人。你的测试者样本应该代表你的产品的所有消费者。在你附近招募测试者的一个好办法是在游戏网站上发布消息。

如果你担心测试者泄露你的游戏想法，让他们签署 NDA（nondisclosure agreement，

保密协定）。这是一份简单的协议，让参与者签署它以确保他们不会在你的游戏发售前告诉任何人。在游戏公司，游戏测试者往往会获得一定的报酬或者免费的游戏。对于独立游戏和个人项目，游戏测试者一般不会获得报酬，但他们会获得贡献想法的满足感。

你可以在这方面小心点儿，这完全取决于你，但记住别太偏执。事实上，99.99%的人根本没打算剽窃你的想法；就算有，大部分人在"偷"完以后也不知道该怎么做。使用测试者来测试游戏的利远大于弊。实际上，采用测试者的风险和游戏制作过程中出现错误的风险相比是微不足道的。

对于大部分测试来说，你需要招募新的测试者以保证获得新的观点。但在设计阶段的末期，你可能想要找一些善于表达的测试者进行重新测试，让他们说说游戏有多少进步。这些测试者可能还会指出，一些移除掉的或是修改的功能并没有起到你想要的作用。图 9.3 展示了原型的不同阶段，以及在这些阶段你需要引入的测试者。

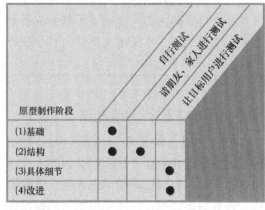

图 9.3　适合原型不同阶段的游戏测试者

主持一次游戏测试

现在你招募到了一些陌生人，他们来到了你的办公室或者客厅，你该做什么呢？每当这个时候，许多游戏设计师总是会犯一个常见的错误——他们开始向玩家介绍他们的游戏是什么、怎么玩、他们的未来开发计划、他们对游戏的期望。但这样的错误使得你不能在游戏测试中获得全新的观点。一旦你向一名游戏测试者介绍游戏在你的期望中应该起到什么样的效果，你就再也无法得到他们自然的第一印象。我告诉我的游戏设计专业的学生们一定要永远记住"你不会出现在游戏包装盒里"，意思是当游戏发售的时候，你没有办法出现在每名玩家面前向他们解释。

因此，在游戏测试的时候，你的角色不是游戏设计师，而是投资人和观察者。你帮助玩家进入游戏，带领他们进行有价值的游戏测试，记录下他们所说的和所做的，分析他们的反应。与其告诉玩家怎么理解你的游戏或者解释游戏如何运作，不如让他们自己玩，只提供最少的解释。允许他们犯错。看每个人怎么玩游戏。也许你的规则让人很困惑。如果他们真的卡住了，你可以提供一些帮助，但还是要尽可能地让你的测试者自己解决。相比于听完你的解释以后毫不犯错的玩家，你从犯错误的玩家那里能学到更多东西。

我们为什么玩游戏

XEOPlay, Inc. 总裁 Nicole Lazzaro

Nicole Lazzaro 是一位备受赞誉的界面设计师，同时她在游戏乐趣和情感设计方面也是权威。她长达17年的研究定义了驱动玩家进行游戏的情感机制，并改进了超过4000万名玩家的体验，其中包括《神秘岛》、《模拟人生》、《美女餐厅》（ Diner Dash ）和 Smart Pens。她曾经帮助过的客户包括 EA、DICE、育碧、Monolith、索尼、PlayFirst 和 Maxis，主要帮助他们研究新的游戏机制及用户。她常常发表演讲，并且很乐于把她关于人们玩游戏动机的研究分享出来。在 1992 年创办 XEODesign 之前，她在斯坦福大学获得过认知心理学的学位，并且从事过一些电影工作。

为了把游戏带入情感投入的下一个层级，在 XEODesign，我们对情感在游戏中发挥的作用进行了研究。自从 1992 年实验室开设以来，我们看到了许多玩家有着兴奋、愤怒、惊讶，甚至哭泣等情绪表现。我们很好奇电脑游戏可以表达多少东西？有多少情感来自游戏性？情感会让游戏更有趣吗？为了找到答案，我们进行了一项研究——观察人们玩游戏时的面部表情。

玩家玩游戏的方式有四种。他们享受征服挑战和激发想象的机会。游戏也提供了放松的空间以及和朋友玩乐的借口。基于我们的研究，每一种游戏模式都通过不同的交互方式给玩家带来了一套独特的情感模式。畅销的游戏，诸如《宝石迷阵》、《魔兽世界》、《光环》和《美女餐厅》倾向于为玩家提供至少三种乐趣类型，同时玩家也会在一款游戏中切换不同的玩游戏的方式。

这些游戏方式，我们称之为"快乐四要素"（困难的快乐、简单的快乐、严肃的快乐和群体的快乐，Hard Fun、Easy Fun、Serious Fun、People Fun）。每一种都代表一套不同的游戏机制，而这些机制带给玩家的情感体验也是不同的。游戏设计师不能直接创造游戏体验；他们可以创造规则，而这些规则能够在玩家心中带来情感的回应。就像我们在吃巧克力和品尝红酒时会拥有特别的感受一样，每个游戏都有着独特的情感体验。当你在品尝一瓶优质的红酒时，它的特点是通过它触动感官的各种方式来体现的，比如鼻子可以闻到它的味道，红酒入喉后头脑可以感受到轻微的眩晕感，以及品尝过后口中会留有久久不会散去的醇香。游戏的过程与这非常相似，然而游戏的情感体验比酒水饮料的要高一个维度，这是因为游戏可以基于玩家的选择而给玩家带来不同的体验。在 XEODesign 的研究中，我们发现玩家对于新一代游戏的期待并不是画质的提升，他们期待的是更加丰富的情感体验，尤其是来源于上述"快乐四要素"的情感。

"游戏是一系列的有趣选择。"——席德·梅尔

游戏设计师们忘记了一件事情：情感比"刺激—反馈—奖励"的循环要更重要。情感中包含了人们在做出决策之前、之中和之后所关心的目标。情感不仅仅是娱乐，围绕着决策的情感让玩家在游戏中的行动之前、行动之中、行动之后的感受变得更好。

情感在游戏中扮演五种角色。玩家享受情感带来的触动。情感能够让人注意力集中；一个沸腾的熔岩坑比城市的人行道能吸引更多的注意力。情感能够帮助决策；没有情感系统的帮助，人们能够合乎逻辑地比较两个选择带来的结果，却不能做出选择。比如，在《分裂细胞》中，在立刻就被杀死或从狭窄的窗沿逃生之间做选择，就比在空荡荡的办公室走廊选择推开一扇门要来得简单。情感也会影响玩家的表现。在《战地2》中，总是被狙击手偷袭的负面情绪会让玩家重复执行以下操作：射杀狙击手然后继续前进。在《块魂》中，积极情绪带来创造力，帮助你解决问题，让玩家懂得如何正确旋转他们的黏球，从地板一路爬上桌子。最后，情感奖励并刺激学习，因为在所有的游戏中都有新东西可以学。

为了从游戏体验中了解最重要的情感，我们观察了玩家玩他们最喜欢的游戏时的面部表情。根据心理学家 Paul Ekman 和其他人的研究，你可以从人们的面部分辨出七种情绪：愤怒、恐惧、厌恶、快乐、悲伤、惊讶和好奇。游戏里常常有沸腾的熔岩怪物、黑暗的走廊、喷涌的血液和悬崖边上的羊肠小道，这都是有原因的。动作和恐怖生存游戏使用这些技巧来创造前三种情绪：愤怒、恐惧和厌恶。其他面部表情，包括其他我们已经证实来源

于游戏性的表情，都包含了玩家根据游戏玩法的其他方面做出的决策。

> "我总能知道我的丈夫对一款游戏感觉如何。如果他大喊着'我恨它！我恨它！我恨它！'我就知道了两件事：第一，他会把这个游戏打穿；第二，他会买续作。如果他什么也不说，那他会在几小时以后就丢下不玩了。"

游戏给玩家带来挑战和掌控的机会。游戏中最重要的情绪之一是"fiero"，这是一个意大利语中的词汇，意思是个人战胜逆境的感觉。克服障碍、难题、关卡和 Boss 怪会让玩家觉得和赢得了大奖一样。这是非常强烈的情绪，而且讽刺的是，它需要玩家首先感到挫败。为了能感受到"fiero"，游戏让玩家感到非常挫败，就在他们即将要退出的时候，他们成功了。此时，身体中能够感觉到巨大的变化。玩家从感觉非常泄气变成感觉非常棒。不像电影，游戏通过玩家自己的决策来直接提供"fiero"。电影永远不会给观众提供一台摩托艇去拯救核爆危机下的世界，但游戏必须这样，因为在游戏中，玩家的决策至关重要。一款游戏要想从难度中持续提供"fiero"，难度必须逐渐上升以跟上玩家技巧的成长。好的游戏总是会带来新的决策的选择，而不是简单地快速加入障碍。举个例子，在《美女餐厅》中，通过第四关时我们会获得一台咖啡机，以作为奖励，而这会改变第五关中的决策。

> "在现实中，如果警车把我截停，我会老老实实停下来，双手递上我的驾照。在游戏里，我可以一脚油门逃跑，然后看看会发生什么。"

除了挑战，玩家也喜欢在游戏里进行探索、闲逛或者享受互动的纯粹快乐。优秀的游戏能带来想象，正如它们带来对成功达到目标的渴望一样。简单的快乐（Easy Fun）是游戏设计的泡泡纸。在 Gotham Racing 中，好奇心驱动玩家在赛道上逆行、把他们的模拟人物放到水池里然后抽走梯子，以及进行角色扮演。就像即兴喜剧表演一样，游戏给玩家带来产生情绪的机会。在篮球中，除了分数和投篮，运动员们还喜欢带球或者像哈林花式篮球队（Harlem Globetrotter）那样玩小花招。在《侠盗猎车手 3》中，玩家能够驾驶任何他们想开的车，游戏同时还提供了其他内容，比如商店橱窗的平板玻璃。游戏中的玻璃让玩家自己去发现要如何进行互动。游戏如果能够给玩家在追逐高分以外的选择以反馈，就可以带来简单的快乐（Easy Fun）。举个例子，在《光环》中，当玩家获得了困难的快乐（Hard Fun）并且所有的外星人都被杀掉的时候，玩家开始享受四处乱跑、炸飞各种东西的感觉；或者去探索游戏中的超现实世界，你会发现这个世界是环形的，这个世界中的地平线甚至是卷曲向上的。玩家自如地在困难的快乐（Hard Fun）和简单的快乐（Easy Fun）之间切换，使他们不那么容易感到疲惫。《神秘岛》的设计师相信，对于玩家而言，游戏的过程本身就是一种奖励。

> "我下班后玩游戏，这样就可以让老板带来的烦恼统统走开。"

在严肃的快乐（Serious Fun）中，玩家带着目的进行游戏。他们使用游戏的快乐来改变自己思考、感受和行为的方式，或者完成现实中工作的方式。通过游戏玩法，玩家表达或者创造价值。人们玩 Dance Dance Revolution 来减肥，玩《脑年龄》（Brain Age）来让自己更聪明或者避免老年痴呆症。玩家通过玩游戏可甩掉工作带来的疲乏，减少排队等待时的无聊，或者傻乎乎地哈哈大笑。有一些人选择玩 Wii Sports 这样的游戏而不是暴力的游戏，这反映了他们的价值观。诸如在《宝石迷阵》这样的游戏中，重复和收集的机制带来了发自内心的情绪和投入。如果玩家消除的不是红宝石和钻石，而是脏兮兮的破玻璃杯或者动物粪便，游戏玩起来可能会非常不同。在严肃的快乐（Serious Fun）中，玩家在游戏前、游戏中、游戏后都因为游戏创造的价值而感觉良好。

"让你上瘾的是人，而不是游戏。"

游戏提供了社交的理由，同时建立起社会的联系。游戏为玩家提供了合作、竞争及沟通的机会，这些机会带来了群体的快乐（People Fun）。这种快乐包含消遣、幸灾乐祸和"naches"（这是来自意大利语的词汇，用来形容你帮助过的人获得成功时的骄傲和满足）等来自关系的情绪。大型多人在线游戏（MMOG），比如《魔兽世界》，会把人们连接到一起来竞争、合作以及分享。在同一个房间里玩游戏的人会比那些分开玩游戏的人表达更多的情绪。在坐在一起的小组游戏中，游戏缩到了角落，而整个房间成为玩乐的舞台。情绪在玩家的相互冲突中产生。当玩家们肩并肩、面对面地玩游戏时，每个人与其他人都会产生情绪上的感染，这让游戏的过程更加充实，并且在这一过程中，玩家们总是会幽默地互相讥讽。玩家们凑到一起玩耍一般都会让他们感到快乐。即使游戏进展得不顺利，他们依然能够快乐地对此进行打趣。人与人之间最重要的感情是爱，或者是玩家之间的友谊和亲近。这些社交情绪也和电脑角色相关，例如《任天狗》或《魔兽世界》中的虚拟宠物。《美女餐厅》结合了困难的快乐（Hard Fun）和群体的快乐（People Fun），因为如果想赢的话，玩家需要让餐厅的顾客们开心。和其他人一起游戏所带来的情绪如此强烈，以至于人们会去玩他们不喜欢的游戏，或是根本不爱玩游戏的人也会来玩游戏，只为了能够有机会和他们的朋友在一起。在订阅制的 MMORPG，以及所有能够带来强烈快乐的群体游戏中，最初是游戏的内容吸引了玩家，而让玩家们留下来的却不是游戏本身，而是玩家之间的联系。

为了创新并创造更多情绪，我们首先需要通过语言和工具来围绕游戏玩法设计特定的情绪。一款游戏的核心价值应该包含玩家的决策；而没有情绪，决策就不可能成真。这会让情绪的设计成为游戏设计的核心。没有情绪，玩家就失去了玩游戏的动力。在游戏设计的开始，通过规划情感体验的轮廓，游戏设计师可以通过不同的游戏机制来形成特定的情感。制作原型并和玩家一起测试这些机制，能够衡量这些决策是否成功。通过四种乐趣的类型来提供情绪，这样可以增加玩家在游戏中产生情绪的机会，而不是仅仅对游戏中的某个事件做出反馈；在游戏前、游戏中和游戏后设计情绪的流动也同样重要。游戏创造情绪。在未来，通过有意图地制造和提升玩家体验中的情绪，游戏将会比电影唤起更多的情感。

进行游戏测试最好的办法是有一个客观中立的人来主持，你可从单向玻璃后面或是视频中进行观察。如果你在家里进行测试，那可能不具备这样的条件。另一种控制你说话的冲动的方法是写一份测试脚本。这份脚本能够让你不做多余的事情，提醒你只是一名观察者。你的脚本应该包括以下将要讲到的部分。你还可以基于不同的测试类型来添加其他不同的内容。

介绍（2～3分钟）

首先，欢迎所有的测试者，对他们的参与表示感谢。自我介绍名字、职位，再简单说说你在做什么。然后对游戏测试的流程进行简短的解释，说明一下为什么这个测试能够帮助你改进游戏。如果你通过录音或录像来进行这个环节，那你就要让玩家知晓这种情况并让他们随时提出有问题的地方。还要让他们相信测试的结果只会供你参考，而不会出现在设计团队以外的地方。同时，如果你在使用特别的可用性测试房间（比如有一面墙上装有单向玻璃），需要让测试者们知道在测试的过程中是否有人从另一侧观察他们。

热身讨论（5分钟）

准备几个问题，来看看这些测试者玩的哪些游戏和你的游戏比较类似、为什么他们喜欢这些游戏、他们最喜欢的是哪些游戏等。下面是一些建议采用的问题：

- 说说你玩过的游戏都有哪些？
- 你最喜欢这些游戏的哪些地方？
- 你会去哪里玩/找到新游戏？为什么

是这个地方？
- 你最近购买的一款游戏是什么？

游戏测试（15～20分钟）

告诉游戏测试者，他们将会试玩一款还在开发中的游戏，目的是获得他们关于体验方面的反馈。确保他们了解你在测试的是游戏，而不是他们的游戏技巧。让他们在玩游戏的时候不会遇到困难并给你正确的反馈，才能帮助你改进你的设计。

进行这一步有两种方法：第一种是把你的游戏测试者独自留在房间里，通过摄像头或者单向玻璃来观察他们，参见图9.4；第二种是你也留在房间里，站在游戏测试者身后静静地观察。无论用哪一种方法，都要求游戏测试者在玩游戏的时候"大声地说出想法"，这样你就能听到他们在玩的时候做出了什么选择、有什么不确定的地方。举个例子，"我觉得这是个打开仓库的按钮，所以我就点了。然后我发现它可能不是。那么这个可能是……嗯……在哪儿来着？"你可以通过这样的方式看到玩家们内心的独白，你也能更好地了解他们内心的期待，而不是看着他们默默地坐在那里按各种按钮。游戏测试者可能会忘记把想的东西说出来，这种事经常发生，而此时你可以轻声地提醒他们一下。

当你在观察游戏测试者的时候，你要让他们至少玩15～20分钟。如果玩的时间超过这个限度，他们会感到疲惫。如果测试者遇到了很大的困难，你可以帮助他们来推进测试，但要确保记录下在哪里有问题以及问题为什么会出现。

图 9.4 在一款游戏的测试中，从单向玻璃后观察测试者

讨论游戏体验（15～20 分钟）

大约 20 分钟以后，最好是在某个或者某些关卡的尾声，差不多可以结束试玩阶段，进入和测试者一对一讨论的阶段。你要为这个讨论准备一系列的问题，探讨关于整体表现、兴趣水平、挑战水平、难度等级以及对游戏功能的了解。以下是一些问题的例子：

- 整体来说，你对这款游戏有什么看法？
- 你对游戏的玩法有什么想法？
- 你觉得这款游戏上手快吗？
- 你觉得这款游戏的目标是什么？
- 你怎么向从来没玩过这款游戏的人描述它？你会说什么？
- 现在你有机会玩这款游戏，在开始玩游戏之前，你觉得有没有什么信息对你来说会有帮助？

- 这款游戏有没有什么让你不喜欢的地方，如果有，是什么？
- 有没有什么东西让你感到困惑？麻烦告诉我你在哪里感到困惑？

随着你的设计过程的深入，在这个部分你会有越来越具体的问题，比如难度、关卡的推进、视觉和感觉如何、音效、音乐、风格、节奏等。这次讨论应该集中在现阶段你面对的最重要的设计问题上。图 9.5 所示的是老师向学生提供测试反馈的画面。图 9.6 所示的是软件原型的测试画面。

收尾

向测试者表达对他们参与的感谢。要保存好他们的联系方式，这样可以在游戏完成的时候告诉他们。如果你有什么小礼物，比如游戏主题的 T 恤衫，那么可以在这时候赠送给他们。

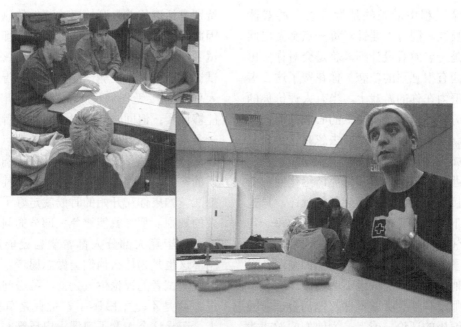

图 9.5　对实物原型进行游戏测试：设计师 Matt Kassan 和 Richard Wyckoff 向学生设计师提供关于他们设计的反馈

图 9.6　软件原型的游戏测试

练习 9.4：写一份游戏测试脚本

　　为你在练习 9.3 中组织的游戏测试活动撰写一份脚本。务必要明确你对游戏设计上存疑的地方。不要对游戏测试者进行引导。

这个过程中最难的是学着去听游戏测试者的反馈，同时不要针对每一点都做出回应。你是一名游戏设计师，总是会对你做出来的东西有很强烈的依恋。你花费了这么多时间和努力在你的游戏上，当有人评价你的东西的时候，采取自我防卫的心态是再自然不过的。我的建议是，试着去忽略这种自我意识。如果你想从游戏测试中获得任何有价值的东西，你需要学习在避免情绪化回应的情况下接受反馈。不要回应任何批评，只把它们写下来。学着仔细倾听玩家说的每一句话。记住，你的目标不是让这些人告诉你他们有多喜欢你的游戏，而是让他们发现什么地方是他们不喜欢的或者不明白的。有太多的设计师没有学会听取批评，他们会试着回复一些消极的评论，或者是为他们的游戏找借口，因为接受批评实在太痛苦了。

如果你拒绝接受反馈，或者是引导你的测试者说出你想听的东西，你会发现他们会很高兴地照做。你邀请他们到你的办公室或者家中，他们不想让你不高兴，他们会试着取悦你。如果你允许他们这么干，他们就会说任何你想听的话。如果你决定只听好话，那么你会得到你想要的。这会让你觉得你自己像个天才，但不会对你改进游戏有一丁点儿的帮助。别这样，试着去接受来自游戏测试者的批评吧。即使你心里觉得很难受，也要提醒自己必须首先知道这些问题的存在，否则你就没有可能改正它们。什么是比从游戏评论中听到坏消息还要糟糕的事情？答案是在太晚的时候听到坏消息。别让改正问题的机会从你的手边滑过。

有的时候，批评可能会有点重。如果你在一个小组中进行测试，一个测试者可能会

特别有话语权并且开始影响其他的测试者。因此，许多可用性检验的专业方法都会把测试者们分开。然而，你可能做不到这么奢侈。试试看这样做：在测试的开始，你告诉所有人你愿意接受任何反馈并且希望所有人都能够诚实；但同时，你也希望测试者能遵守一条规则：每个人都尊重彼此的观点，并且允许每个人都有机会发言。没有正确或者错误的答案，同时测试者不允许评价其他人的想法。如果你在开始的时候就定好了一些有效的规则，那么就能避免大部分的问题。

但毕竟大部分人都希望自己能起到作用，这也是为什么他们会做志愿者。在你对游戏测试者的评论生气之前，务必问问你自己：我是不是太敏感了？批评是真的很伤人，还是这个人并不习惯提出反馈？其他测试者对这个人有何反应？一颗坏种子会影响结果，对所有的东西产生不好的作用，但你也不要直接跳向结论。你的最终目的是记下所有的反馈并且从中学习，而不是让所有说出你不喜欢的东西的人闭嘴。

一开始你可能会犯错误，但是主持一场高效的游戏测试是一项你需要反复练习的技能。在你的整个职业生涯中，有两件事情会一直使你受益：成为一名优秀的倾听者，以及在听取批评的时候保持客观。同样的技能也可以被应用到你的制作环节中。作为对游戏测试者的补充，你需要你的团队的投入和建设性的意见；实现这一点，最好的方式是确保在整个开发过程中，每个人都能够坦然地说出他们的想法，同时对事不对人，不针对个人进行批评。如果在开会的时候采用了之前提到过的同样的规则，你会发现你的团队变得更有效率、更有动力，并且真正地

投入你们所共同创造的产品中。

练习 9.5：测试你的游戏

主持你在练习 9.3 中组织的游戏测试。使用你在练习 9.4 中写下的游戏测试脚本，来保持你的测试不偏离轨道。通过练习 9.1 中的反馈和问题记录，把测试的笔记记录到你的测试记录本上。

游戏测试的方法

许多专业的可用性测试是以个人为单位进行的。普遍被接受的规则是集体讨论，这对于产生想法来说是非常有帮助的，但对于评价想法来说却会带来负面效果。另一方面，由于你的原型和环境的性质，你可能没什么选择，所以不要觉得因为你不能每一步都做到完美而不去进行游戏测试。

以下是一些不同的构建测试的方法，每一种都有各自的优势和劣势，但至少有一种会适合你当前的环境。

- 一对一测试：与在之前的测试脚本中描述的一样，你和单个游戏测试者在一起，在他们玩游戏的时候站在背后观察，或者是通过单向玻璃来观察。做笔记，然后在测试前后分别问他们问题。
- 小组测试：你组织了一组人，让他们一起测试你的游戏。这种方式对纸面原型的效果最好，但它也能够用于软件原型，前提是你有一个装有很多台电脑的实验室。你观察他们，并在测试结束以后提问。图 9.7 所示的是纸面原型的测试场景。
- 反馈表格：你给测试了你的游戏的人一个标准的问题列表，让他们在测试结束以后回答，并且对比他们的答案。这是一个获取一定数量反馈的非常好的办法。职业的测试方法会把用户的反馈输入数据库，然后生成报告以供数据分析，比如微软游戏工作室就经常采用这种测试方法。如果你喜欢这种方法的话也可以这么干，可以利用一些在线工具，比如 SurveyMonkey.com 网站，甚至一张 Excel 表格。

图9.7　纸面原型的游戏测试：动视的Steve Ackrich 和维旺迪公司的 Neal Robison 正在对学生们的设计给予反馈

- 面谈：坐下来和游戏测试者面对面，和他们进行一场关于游戏测试的深入的口头交流。这不是讨论，这更像是一个口头测试。

- 开放式讨论：在一轮游戏测试结束后，你可以进行一对一的讨论，也可以进行小组讨论，然后记下笔记。你既可以鼓励自由讨论，也可以更有计划地引导讨论，并提出更具体的问题。

- 数据：游戏测试成为设计流程的一部分，和网络游戏的发布后流程一样。新工具和技术被开发出来以收集关于玩家在游戏中的信息。举个例子，在 Zynga，所有的游戏都在收集数据。然后这些数据会被分析，以了解哪些功能被玩家使用了，哪些没有。这些数据接下来会被用来调整游戏、增加或者删掉某些功能。处理数据可能会超

出你的经验水平，但了解这些技术是有好处的，因为它们会毫无疑问地成为下一代游戏设计的重要部分。

你可以组合以上方法，将它们用在你的游戏和你的空间中。举个例子，你可以让玩家一起玩游戏，然后进行小组讨论，再要求他们分别填写一张反馈表。你可能会很惊讶，在没有群体影响的时候人们的反应会如此不同。

随着时间的推移，你会慢慢发现适合你的每一阶段的测试方法。如果以上的方法里没有一种适合你，那么有创造性地想一想，找到你自己独特的方法。如果可能的话，把这些不同的流程都尝试一下。你会看到不同的方法如何带来不同的结果，这样你会丰富自己的测试技巧和经验。

典型玩家的反馈如何帮助你避免令人失望的结果

Amazon 的交互设计总监 Bill Fulton

在创办 Ronin User Research 之前，Bill Fulton 在微软工作了 7 年（从 1997 年到 2004 年）。他是微软游戏工作室游戏用户研究小组的创始人之一。这个小组的任务是从典型的玩家那里获得反馈，以提升正在开发中的游戏，例如《帝国时代》系列、《光环》系列、*Gotham Racing* 系列、《极限竞速》（*Forza*）系列。这个收集反馈的任务贯穿游戏开发过程的始终。在 2004 年，Bill 转岗到游戏设计岗位，设计了发行在 PC 和 Xbox 360 平台上的游戏《暗影狂奔》（*Shadowrun*）。2017 年，他加入亚马逊，致力于创新性语音交互的用户体验。

问题

相比于开始一个项目时令人激动的期待，大部分游戏的结果都让人很失望，无论是商业上、口碑上还是两者皆有。很少有人愿意花费时间和金钱去制作一款卖得很差、口碑也

不好的游戏。这个问题是游戏开发中的致命问题，解决了它就可以避免巨大的开发风险。

对于这个问题的传统观点和解决方案

为什么这种失望的情形总是发生？对这个问题的传统观点是，游戏开发团队离自己的游戏太近了，所以他们无法客观看待游戏，正如许多父母都坚信他们的孩子优于平均水平一样。基于这个分析，无数从职业游戏人（同事、发行商、记者、测试团队等）那里取得反馈的办法如雨后春笋般涌现。虽然传统的分析有它的优点，这些解决办法也很有效，但它并不能很好地解释（并解决）全部问题。有一些游戏仍然失败，既不叫好也不叫座。

其他可能的分析和解决方案

关于"为什么游戏总是无法符合开发者的期望"，一种可能的情况是职业的游戏开发者和他们的目标用户——所谓的"典型玩家"不是一类人。游戏开发者非常了解游戏和游戏开发，但他们在为相对不太了解游戏的典型玩家设计游戏的过程中遇到了重重阻碍。

游戏开发者和目标用户不是一类人，这种状况表明，当一款游戏对开发者来说非常有趣的时候，它对于目标用户来说不一定有趣。他们可能会觉得游戏太难了，或者很难找到游戏中的乐趣。这和现代艺术类似，如果观众没有接受过艺术史的教育，他们就很难欣赏优雅的艺术。为了让更多的人玩你的游戏，让典型玩家感受到游戏的乐趣是游戏开发者的责任。

许多发行商和开发者也看到了这个问题。他们尝试着通过市场调研公司对游戏进行焦点小组测试来解决这个问题。但是通常来说，焦点小组测试的目标是怎么卖游戏，而不是怎么把游戏做得对于大部分玩家来说更有趣、更好上手。此外，焦点小组测试完成的时候，游戏一般已经开发到很难做大改动的程度了。由于时间安排上的限制，以及更倾向于提升销量而不是改善游戏，许多游戏开发者都会被焦点小组测试弄糊涂。

下面图 1 所示的是典型玩家和典型开发者之间假设的游戏专业知识分布的对比。这张图表现了所有的游戏开发者是如何比大部分的游戏玩家都要更懂游戏。这张图想表达的重点是游戏开发者如果想给大部分玩家开发他们能玩得懂并享受的游戏，就不能只开发取悦开发者自己的游戏。

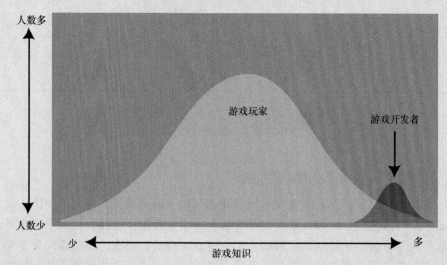

图1 游戏专业知识曲线

从人机交互的角度来看用户测试

从消费者处获取反馈从而改进产品，这是可用性测试领域的主要目标；而可用性测试是人机交互领域的一个子集。大多数软件公司都有可用性部门，雇用人机交互方面的专业人士。游戏行业在适应这方面慢了一拍。

这种情况正在改变，在游戏开发中，越来越多的游戏工作室开始雇用人机交互测试的专业人士。一家游戏发行商从 1998 年开始就在游戏上进行某些形式的可用性工作，但是其他的游戏发行商和开发商才刚刚开始雇用可用性专家来作为提升游戏乐趣的一种方式。随着大部分游戏开发商和发行商在开发过程中对游戏进行可用性测试，这些开发商和发行商的游戏的质量会越来越好。

一个用户测试的例子：《帝国时代 2：国王时代》

《帝国时代 2》是一个从人机交互角度来提升游戏的绝佳的例子。《帝国时代 1》叫好又叫座。事实上，它卖得如此之好，以至于《帝国时代 2》想超越前作唯一的方法就是在《帝国时代》的玩家基础上开拓更广泛的受众。

开发商和发行商决定设定非常高的目标，让游戏对于非玩家来说也易于上手。《帝国时代 2》应该是一款从来没玩过电脑游戏的玩家也能轻易上手的游戏。这个目标非常高，因为《帝国时代 2》是一款很复杂的游戏，但是非玩家群体不太容易依靠他们自己学会此游戏的操作。我们也从《帝国时代 1》的测试中知道，即使对于一些很有经验的玩家，这款游戏也不容易学习。

为了达到这种程度的易用性，它应该提供一套完善的教程，并且进行大量的用户测试。测试的细节在另一篇文章里讲得更好，但下面要说到的关于《帝国时代》教程的最终测试的小故事也许能够给你带来一点帮助。

教程的最终测试在一个星期六的早上 10 点开始。9 点的时候，我发现一位老太太（应该有 70～80 岁）在我们的楼外面等着。我觉得她应该是迷路了或者在找什么人，但最后发现她竟然是来进行游戏测试的。我感到惊讶，但她确实是我们想找的那类人（从来没玩过任何一款电脑游戏，能够操作电脑，年龄在 40 岁以上），因此我带她进来了。我首先向她道歉，因为给了她错误的测试时间；但她告诉我，她收到的测试时间确实是早上 10 点，"但我总是比约定的时间提前一个小时出现"。

我有一点担心她可能会因为游戏的内容而退缩（建立一个王国，组建一支军队，消灭你的邻国），因此我告诉她如果她想离开，可以随时走。但她觉得测试游戏非常有趣，因为她的孙子玩游戏，而她想找一点共同话题。因此我们让她和别的中年测试者一样走完了整个测试流程。看到十几个父母或者祖父母模样的人在实验室里玩《帝国时代 2》，这一幕真是太奇特了。

在完成了教程以后，他们按照指示，开始玩一局对抗电脑的随机地图游戏。在测试的末尾，我经过这位老太太的身后，看到她已经搭建起了一个国家的模样——她有好几个村民在收集四种资源，她盖起了许多正确的建筑（兵营、谷仓、铁矿等）。当蒙古部落翻过山来入侵她的国家的时候，她做了几件正确的事情——她把自己的村民藏了起来，开始建造一支军队（这是远远不够的）。不幸的是，她的动作太慢了，于是她的"国家"惨遭践踏。陪同她走出实验室的时候，我问她有什么想法。她说她觉得自己的孙子会喜欢这款游戏，但这款游戏不合她的口味。

虽然这位老太太并不享受游戏，但在完成了教程以后，她还是能够理解游戏的基础，并且在被攻击的时候做出合理的应对。这相比于初版的《帝国时代》简直就是巨大的进步，之前甚至有的老玩家在玩游戏的时候被卡住了，不查说明就不知道如何玩下去。除了找游戏测试的专业人士来测试，我们还找了真正的普通消费者来测试《帝国时代 2》的教程，因此我们让这款游戏做到了几乎任何人都可以很快上手。

最后，《帝国时代 2》获得了大卖，远远超过了前作。在很大程度上，这归功于在游戏开发中我们进行的玩家测试。

游戏测试入门：别死抱着这些规则！

Eric Zimmerman 和 Nathalie Pozzi

　　Eric Zimmerman 是一名游戏设计师，他在游戏行业已经征战了二十余年。他是 Gamelab 的联合创始人（这是一家位于纽约的工作室，获得了许多奖项），同时和 Katie Salen 一起写了 *Rules of Play* 这本书。现在，他是纽约大学游戏中心的一名教授。Nathalie Pozzi 是一位建筑师，她的作品横跨建筑、装置、艺术等多个领域，探索空间、光线、材料和文化的交叉设计。Eric 和 Nathalie 在游戏方面的合作带来了一些可玩的装置，这些装置已经在巴黎、柏林、都柏林、莫斯科、洛杉矶展出，展出的地点还包括纽约市的现代艺术博物馆。

　　2012 年在柏林艺术大学（University of the Arts Berlin）培训的时候，我们一整个夏天都在和研究员们测试来自剧院、建筑、声音装置、游戏、哲学等的项目。这篇心得概括了游戏测试的方法论，希望它们能成为你自己组织游戏测试的参考规则。

游戏测试是什么

　　游戏测试是来自游戏设计的术语，指的是让目标用户来测试未完成的游戏项目。在进行游戏测试的时候，会有一个或一些人按照流程试玩一款游戏。我们将会基于本次游戏测试的结果来对游戏项目进行下一步改动。

　　游戏测试也是创造过程中的一种态度，一种强调通过迭代和与目标用户合作来解决问题的方法。

什么时候进行游戏测试会比较有用

　　游戏测试能够帮助你开发任何种类的作品，只要它涉及人为创造出来的体验与用户的参与。虽然许多游戏测试的点子来源于游戏设计，但它们也可以被应用到任何领域。

游戏测试是什么样的

　　游戏测试可以有多种形式。在艺术大学里，我们定期和一个小组会面，然后分享进行中的作品。我们会花费 30~60 分钟来与某个项目组进行互动以及讨论，可能会在工作室里、公园里或是街上，然后继续看下一个。

游戏测试和用户测试/剪辑/排演/评论是一回事吗

既是，也不是。游戏测试并没有特别的规则，实践中也会出现各种各样的版本。我们在这里概述的一些游戏测试的方法来自游戏设计，并且和能与用户直接交互的项目密切相关。

"规则"

……在游戏测试之前

A. 在你觉得自己完全准备好之前就进行游戏测试

你总是要测试未完成的项目的。这意味着你应该尽早开始测试，这往往比你觉得最早的时间还要早。测试你的丑爆了的原型要比等到项目打磨好了再去测试要好得多。游戏测试不是做项目展示。如果你觉得准备就绪，乐意去展示并测试你的设计，那你就已经等了太久了，可能都来不及做本质的改变了。训练你自己克服不适感，并尽可能早地进行测试。

现在测试是不是太早了？答案可能会是"是"，但你还是赶紧去测试吧。

B. 为早期的游戏测试制定策略

在任何截止日期之前，想想怎么做出一个能运行的原型。这往往是战术执行的问题。你能够给一个电子游戏项目制作纸上原型吗？你能够把一个需要一百多人参与开发的项目缩小成能让十几个人测试的原型吗？不要在一开始就计划好你的整个项目，每一次你都只需要聚焦在下一次游戏测试需要的内容上。

简化你的项目，这样你今天就能测试了。

C. 了解为什么要测试

开始每一次游戏测试之前，关于从这次测试里想学到什么以及希望测试者回答什么，你都要有一个完整的想法。无论你想在游戏测试中调查什么，缩小它的范围，这样能够帮助你精简你的项目并且尽早测试。提前准备好要问的问题也可以帮你理顺游戏测试的过程。如果你做得没错，你的游戏测试会带来一些你从未预想过的问题。然而，你仍然需要带着清晰的议程表来进行每一次游戏测试。

你最希望游戏测试者回答的是哪一个关键问题？

D. 准备好不同的版本

带着不同版本的游戏来进行游戏测试。这会让你最大化游戏测试的效果，同时也会帮助你在游戏测试中即兴创造并测试新的想法。不同的版本可能意味着不同的游戏规则、不同的软件设置、不同的游戏内容。如果什么东西崩溃了，不同版本也会给你更多的选择，同时它们也会允许你进行对比，看看哪个版本效果更好。一个小窍门：每次只改变一点点（就改一个元素），这样你可以更好地理解你的改变带来的效果。

你能对你的游戏项目做什么改动以进行多样化的测试呢？

E. 对你的游戏测试者心存感激

不管是谁在测试你的游戏，他们都在帮你大忙。他们付出了他们的时间和精力，只为了一个目的：帮助你改进你开发中的项目。游戏测试很艰难，但是不管这个项目带给你多大压力和有多不确定，对你的游戏测试者，你都要心存感激。为他们能来帮你感到高兴，并且务必要让他们知道你有多感激他们的到来。

F. 设计教程

别忘了设计游戏教程。如果你制作了一个非常复杂的交互系统，一段能让玩家理解系统并教会他们与系统交互的游戏教程就成了比所有设计问题都重要的部分。

你测试游戏的教程了吗？

G. 抱怨你自己，而不是游戏测试者

记得提醒你的游戏测试者，他们将要面对的是一个未完成的、粗糙的项目，这个项目在将来的某个时间才会变得流畅、完整。务必要告诉他们，如果他们感到疲惫或困惑，这不是他们的错——这是你的责任，因为你没有为他们设计出更好的体验。他们感到困惑是非常正常的，毕竟游戏测试的最重要的部分不是他们明白的地方，而是他们不明白的地方。

永远不要让你的游戏测试者觉得自己很蠢。

H. 了解你的测试者

在游戏测试开始之前，你需要了解游戏测试者的哪些方面呢？如果你是第一次见到他们，对他们不熟悉，那么就和每一个人交谈，然后记下他们的背景信息和游戏经历，这使你能更好地理解他们对你游戏的反馈，因为游戏测试者可能会非常不同。举个例子，硬核玩家的学习曲线和轻度玩家（从未在某个特定的游戏类型中钻研得很深入的玩家）不太一样。

你知道你的游戏测试者都是什么样的人吗？

I. 别解释

游戏体验比理论更有价值。忍住！抵抗诱惑，不要向测试者解释游戏背后的想法和设计预期。相反，解释越少越好。如果你提前解释了自己的想法，那么你就毁掉了可以看到你的游戏带来的真实反应的机会。忍住不解释真的很难，但通过游戏来传达你的想法（而

不是通过解释来传达）是一种自我挑战，这种挑战能让这个项目变得更好。

有可能在游戏测试开始之前什么也不说吗？

J. 记笔记

在游戏设计中，我们经常会为每个游戏测试者建立一张表格，上面有准备好的问题和记笔记的空间。记笔记的那一页的结构应该能够帮助你记录每一次游戏测试前、测试中和测试后的情况。在讨论中，记笔记能够帮助你引出更好的反馈。如果你的测试者看到你在记笔记，他们会更愿意告诉你含有细节和思考的答案。

准备一张笔记表格，然后用上它。在游戏测试的时候，额外的努力是值得的。

······游戏测试期间

K. 自私一点

游戏测试的目的不是让你的游戏测试者获得乐趣，而是为了帮你了解你的游戏中哪些东西产生了效果，哪些没有。如果你费了很大劲儿让游戏测试者获得乐趣，那你可能会失去从他们那里获得痛苦的真相的机会。不要惧怕向你的游戏测试者展示不够好的、没有完成的东西——其实这才是我们为什么要进行游戏测试的原因。

别再烦恼怎么让游戏测试变得好玩了。

L. 鼓励你的游戏测试者大声说出来

如果你的项目允许的话，让游戏测试者在测试的时候把他们的感受和想法大声说出来。一个"大声地思考"的游戏测试者能够给你带来他/她对于游戏细节的感受与见解，这是非常有价值的。让你的测试者告诉你为什么他/她们要这么做、他们在做什么以及他们觉得结果是什么。这可能需要你周期性地提醒他/她们开口说出来。

别害羞，提醒你的测试者"大声地说出来"。

M. 注意任何东西

在你的笔记表格上，把你想观察的主要的东西的类别写下来，比如什么时候玩家看起来很疲惫、什么让他们哈哈大笑，或者在他们放弃之前会尝试并失败多少次。记录下游戏测试的时长、你的测试者对哪一个版本更喜欢以及其他任何重要的信息。试着把所有可能的东西都记下来，否则，你就会受你的选择性记忆的支配，这会让你从你喜欢的角度来解释所有事情。

你是关注了所有东西吗？或者只是你想看到的东西？

N. 闭嘴

当你在观察游戏测试的时候，说得越少越好。你会有一种强烈的去帮助游戏测试者的冲动，比如告诉他们怎么做或者他们什么地方做得不对。但是你必须尽你所能地不去打扰他们。他们的错误和误解其实是非常有用的：你必须让他们自己去发掘这款游戏。如果他们彻底混乱了，再去介入并帮助他们，但是通常来说，你应该尽可能地把嘴闭上。如果你告诉他们怎么做，那就失去了游戏测试的主要目的，即观察其他人会对你的游戏有何反应。学会在游戏测试的时候保持沉默需要一定的训练。

你能把嘴闭上吗？彻底、完全地闭上？

O. 放眼全局

当你的游戏测试者和你的游戏互动的时候，记住不要只关注你所设计好的系统。试着去观察一些游戏过程中人的元素。你的游戏测试者有什么情绪化的反应？他们的肢体语言是怎么样的，他们和其他人是如何交互的？放眼全局能够让你理解用户是怎么参与游戏的以及什么时候他们会感到厌倦。很容易发生的情况是，过多地关注你设计的内容而不是它们所带来的效果。

尝试关注你的游戏带来的影响，而不是游戏本身。

P. 不要惧怕数据

一个客观了解你的游戏测试的方式是记录数据并把它们放入一张电子表格中。每一个项目都有可以收集的数据：什么时候每个人都不说话？每个参与者穿过一个特定的空间花了多少步？如果你使用软件，有的软件可以记录下重要的用户操作，比如在不同的体验区域他们所花费的时间。如果不用软件，只在笔记里记下重要的数据，那么太多数据可能会难以解读，但正确数据带来的价值无法估量。

能够回答你的关键问题的数据是什么？

Q. 使用一个问题来回答问题

当游戏测试者问你怎么操作某个东西或者这个东西是什么意思时，这很可能是因为他们感到困惑了。相比于向他们解释，你可以通过问他们一个你自己的问题来应对。不要告诉他们蓝色的按钮是干什么的，相反，问他们觉得这个按钮可能是干什么的，甚至问他们觉得这个按钮应该是干什么的。让他们来思考你的项目远比你来解释更重要。他们的看法比你的更有价值。

每次有游戏测试者提问的时候，反问他们。

R. 对失败感到饥渴

一个会对游戏测试起到帮助的态度是渴望你的项目失败。当然我们都希望有成功的结果，但不成功的时刻会更有用。如果你仅仅只是想寻找成功，那你会记住游戏测试者的笑容，并且认为你的游戏已经很完美了（我们称之为"笑脸综合征"）。但是你需要培养一种不顾一切地渴望知道那些并没有起到应有效果的东西的习惯。否则，你的项目永远不会变得更好。

游戏测试结束以后，你是不是太沉浸于成功的感觉而忘记了失败的地方？

……游戏测试结束后

S. 讨论发生了什么

在游戏测试之后，和你的游戏测试者讨论游戏的体验。使用你的记录表格来组织对话。用非常具体的问题来开始，比如游戏中最难理解的地方是哪里，或者他们对设计中某个特定的角度有何反应。用更泛泛的问题来结束对话，比如游戏体验中他最喜欢的部分，或者他们想怎么做来让游戏体验更好。

问题提得越具体，你得到的答案会越有用。

T. 把反馈放入语境中

把业内人士和普通玩家两种测试者分开会很有帮助。业内人士更了解游戏设计过程，普通玩家不了解。当从普通玩家处获得批评反馈的时候，记住他们是病人，而你是医生，你可以把他们的建议当成你的项目中某些东西可行/不可行的临床症状，而不是你下一步的方向。如果有的人告诉你应该拆掉一个房间，然后制作一个更大的，他们只是在告诉你这个房间让他们觉得太小了。相比于采纳他们的建议，也许你只需要重新摆放一下家具。不要指望你的玩家能够理解每一个他们提出的建议会带来什么。

寻求反馈，但是不要直接采纳。

U. 和游戏测试者合作

一个游戏测试中最令人兴奋的瞬间是和你的游戏测试者合作：和他们一起进行头脑风暴，尝试他们的点子，看看这些改变如何影响你的项目。为你的游戏测试做好计划，这样你就有时间来尝试在游戏测试中产生的新想法。测试者是用全新的视角来看待你的项目的，所以他们的点子往往会比你的好。

和你的游戏测试共同创造吧！

V. 残酷、诚实的游戏测试

游戏测试代表着真相到来的时刻——这时候你那些绝妙的想法可能会全部崩溃。游戏测试是诚实的，因为它们很适合模拟你的最终情况。当你的项目完成以后，你几乎不可能在玩家身边解答所有的问题并且为你的设计意图来辩护。在游戏测试中，你要残忍地观察你的想法在实际中到底能不能起作用。游戏测试的态度的一部分在于建立起你对痛苦的忍受能力，并且享受游戏测试的艰难现实。

面对游戏测试的事实吧，即使可能会很痛苦。

W. 拥抱意外

永远别忘记，玩游戏只是游戏测试的一半，你必须向有趣的意外事件敞开胸怀。别执着于希望玩家会按照你的期望来玩你的游戏。勇于接受陌生人从你的项目中看到的新东西。意外是为了那些准备利用它们的人准备的。

如果事情并没有像计划中那样发展，你可能已经找到了一些更好的东西。

X. 游戏测试和设计游戏一样重要

游戏测试和你正在做的项目一样重要。如果你能够管理好测试的进程，那么你会发现你的项目中的问题已经在得到解决了。

忘掉你在做的东西，把注意力放在怎么去做上。

Y 和 Z. 打破上面我说的规则

不存在能解决你遇到的所有问题的万能方案。因此，你需要自己建立适合自己的方式，不要盲目跟随这些"规则"。它们不是用来跟随的，它们是用来调整、修改、拆掉，然后重新做成新东西的。最好的游戏测试是由你自己设计的。

游戏矩阵

一个值得你使用的、有价值的游戏测试工具叫作矩阵。我开发游戏矩阵，为游戏测试者和学生提供了一个讨论游戏系统的方式。

这个矩阵的横轴是技能和随机性的系列，纵轴是逻辑运算和身体灵敏度的系列，参见图 9.8。我选择了这两个系列，因为它们是交互体验的核心，它们是所有游戏的基础。想一想国际象棋：这款游戏基于纯粹的策略，这是一种技能。很显然，其中不含有任何运气成分。因此在技能和随机性的

这条轴上，国际象棋在最左端。这也是一个纯粹的心算游戏，不需要任何身体的灵敏度。因此在逻辑运算和身体灵敏度这条轴上，国际象棋处在顶端的位置。当国际象棋被放入这个包含两个维度的矩阵时，它会出现在左上角。

现在让我们来看一看二十一点。这款游戏中包含了运气，但结果并不纯粹基于运气。因此在技能和随机性这条轴上，它处在中间偏右的位置。玩这款游戏不需要任何的身体灵敏度，因此这款游戏在逻辑运算和身体灵敏度这条轴的顶端位置。

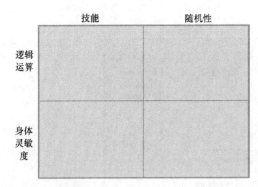

技能　　　　随机性

逻辑
运算

身体
灵敏
度

图9.8　游戏矩阵

练习 9.6　游戏矩阵

现在轮到你来用一用游戏矩阵了。选一款流行类型的游戏，比如《最后生还者》《使命召唤》或 *Ridiculous Fishing*，然后把它在游戏矩阵上的定位找出来。接下来，把它和 *Twister* 或者 *Pin the Tail on the Donkey* 这样的游戏进行对比。然后找一款桌面游戏，比如《大富翁》、*Risk* 或者 *Clue*，找出它在矩阵上的位置。试着说一说这三类游戏之间的不同点和共同点。游戏矩阵告诉了你什么？

游戏矩阵并不是一个每次都带来同样结果的绝对系统。关于游戏的定位，不同的人可能会有不同的想法，这很好。每个人的想法都有价值。最好的方法是使用游戏矩阵来激发讨论、分析游戏玩法。使用它的目的是让你的游戏测试者思考，并把他们的感受用语言表达出来。

在图 9.9 中，你可以看到，游戏矩阵的每个象限内都有一些游戏。你能看出不同象限中游戏类型的模式吗？大部分流行的电子游戏都在左下象限（身体灵敏度+技巧）。许多受欢迎的桌游或回合制电子游戏在左上象限（思考和技巧），许多赌博游戏在右下象限（思考+随机性），而大部分少儿游戏

则在右上象限（身体灵敏度+随机性）。

练习 9.7：定位你最喜欢的游戏

从你喜欢的游戏中选出 5 个，把它们定位到游戏矩阵上。描述一下你看到的规律。这告诉了你什么？

当主持游戏测试的时候，让游戏测试者把你的游戏定位到矩阵上，有时这会很有用。接下来，问他们这些问题：（1）游戏的结果更多取决于运气还是玩家的技能？（2）游戏的结果更多取决于头脑的逻辑性还是身体的灵敏度？（然后再问玩家想把这款游戏往哪个象限移动。通常会有不同的玩家往相同的象限移动，即使他们喜欢的游戏类型各不相同。）举个例子，喜欢即时战略游戏（位于矩阵的左上象限）的玩家往往也会喜欢另一个依赖逻辑运算+技能的游戏，例如，益智问答或者解谜。年幼的孩子往往会倾向位于右下象限的游戏，更多地偏向身体灵敏度+随机性；但随着他们年龄的增长，他们开始选择需要逻辑运算+随机性的游戏。

如果玩家对你的游戏感到不满，那么他们喜欢的游戏可能在其他象限里。问问你自己，你应该怎么修改游戏，才能把它放在你的目标受众喜欢的游戏所在的象限里。举个例子，你可能会觉得，把它从右上象限（逻辑运算+随机性）移动到左上象限（逻辑运算+技能）。

解决办法可能会是把一个由随机性决定的变量改成一个由玩家的选择来决定的变量。在纸面原型中，这可能会是把摇骰子改成由玩家打出手中的牌。在电子游戏中，这个改动可能会是允许玩家选择游戏的起点或是装备的武器，而不是随机指派。

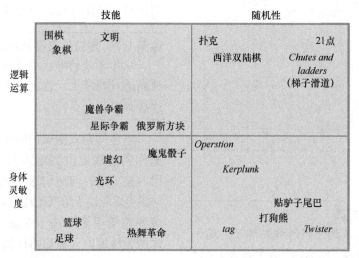

图 9.9 游戏矩阵所包含的游戏

记笔记

正如之前提过的，在游戏测试中记笔记非常必要。你认为你能在以后记得所有的评论，但实际上你能记住的评论都是你希望听到的或者想要听到的。如果你不记笔记，你会忘掉大部分真正重要的游戏测试者反馈的细节。这些笔记应该按时间顺序记录在笔记本或文件中，或者将其输入一个数据库里。每次你主持测试的时候，写下测试的日期和所有从测试者那里收集到的反馈，以及你自己的观察。

图 9.10 是一张你可以用来记录观察和测试者评论的表格。它被分成 3 部分：（1）游戏中的观察——这里写的是测试者玩游戏时你的想法；（2）游戏后的问题——这些问题被设计用于找出对游戏系统的关键部分的想法；（3）修改的想法——在这里你应写

下关于怎么改进游戏的主意。

这张表格并不是用来代替测试脚本的，但它是一个非常好的补充。脚本能够保持测试进程始终在轨道上；而这张表可以用来记笔记。如果你愿意，你也可以把这两个东西合在一起，这样你的脚本就可以有地方记笔记，并列出你所有的问题。

你现在可以问自己，"我要测试什么？"别着急，这是下面两章的内容。现在，这里有一些通用的可以用来问测试者的问题。当你读透了第 10 章和第 11 章后，你就可以为自己的游戏来制定特定的问题了。

你会发现，有的时候表里的问题不都是相关的。比如，如果你正在测试界面的缺陷，那么游戏的整体体验的数据可能不会那么重要。我建议你根据自己的需求来定制这张表格。许多问题可能会是某个游戏特有

游戏中的观察

[在这里写下你观察测试者进行测试时的想法。]

游戏中的问题

[在测试者测试时你要问他们的问题。]

1. 当你的回合结束的时候，你有什么感觉？

2. 路径的引导让你觉得困惑吗？

3. 你为什么要移动到那个位置？

4. 你为什么在那里暂停了？

游戏后的问题

[测试结束后你要问的问题。]

通用问题

1. 你对游戏的第一印象是什么？

2. 这个第一印象会改变你的玩法吗？

3. 有没有什么东西让你感到挫败？

4. 有没有什么地方比较拖沓？

5. 有没有什么地方让你觉得非常满意？

6. 游戏中最让你觉得兴奋的地方是哪里？

7. 游戏的长度太长、太短还是刚刚好？

形式元素

1. 描述游戏的目标。

2. 游戏的目标是不是任何时候都很清晰？

3. 你在游戏中做过哪些类型的选择？

4. 你做出的最重要的决策是什么？

5. 你获胜的策略是什么？

6. 你有在系统中发现任何漏洞吗？

7. 你怎么描述游戏中的冲突？

8. 你怎么和其他人交互？

9. 你更愿意玩单机游戏还是对抗真人对手？

10. 你觉得什么元素是可以被改进的？

戏剧元素

1. 游戏的剧情让你兴奋吗？

2. 剧情是强化了游戏还是让你分心了？

3. 在你玩的时候，剧情是否随着游戏而发展？

4. 这款游戏对于目标用户来说合适吗？

5. 在一张纸上画出游戏过程中你的情感投入程度。

6. 随着游戏的进展，你有没有感觉到戏剧的高潮？

7. 你会怎么让故事和游戏更好地结合成一个整体？

规程、规则、界面及操作

1. 规程和规则好理解吗？

2. 操作感觉怎么样，好接受吗？

3. 你能在界面上找到你需要的信息吗？

4. 界面上有什么你想修改的东西吗？

5. 有什么东西你觉得很笨重或者不顺手吗？

6. 有没有什么你觉得应该加入的操作或者界面元素？

结尾

1. 整体来说，你会怎么评价游戏的表现？

2. 你会买这款游戏吗？

3. 游戏中的什么元素吸引你？

4. 游戏里缺少了什么？

5. 如果你只能修改一个东西，你会修改什么？

6. 你觉得谁会是这款游戏的目标用户？

7. 如果你准备把这款游戏当成一个礼物，你会送给谁？

修改的想法

[在这里写下你对修改游戏的想法。]

图 9.10 观察和游戏测试者的评论

的，因此你应该去创建自己的问题，而不是依赖我提供的这些问题。设计针对你的游戏的问题对你来说是最有价值的。

说到定位你的游戏，一个很好的方法是设计一些能够收集这些反馈的问题。多写一些问题，然后按照重要程度给它们排序。再把最重要的一系列问题按照图 9.10 中列出的那样进行分组。你可以发掘你自己的问题分类和结构。这完全取决于你想收集什么样的信息以及你的游戏测试是如何组织的。

有一个需要避免的东西是，忘乎所以地给你的游戏测试者增加负担。如果你问了超过连续 20 个或者更多的问题，他们会很疲惫，而且很有可能没有办法准确地回答问题。记住，重要的不是问题的数量而是回答的质量。

基础的可用性检验方法

提问是游戏测试的重要部分，但有一些方法可以帮助你取得更好的反馈。在这些办法中，有一些在可用性实验室中被普遍使用。可用性研究会在产品向公众推出之前让真人来测试并收集反馈。下面我会列举三种你可以用于游戏测试的方法。

不要去引导

静静地观察测试者的测试，你能学到最多东西。如果游戏测试者提出了一个问题，那么以一个问题作为回应：问他们自己觉得应该做什么。如果他们遇到了一个僵局，那么你已经找到需要解决的重要问题了。

提醒测试者们大声说出想法

正如之前所讨论的，你应该要求你的测试者在玩游戏时大声说出他们当下的想法。他们的评论会打开一扇窗户，让你看到他们的期望和玩游戏时做出的选择。大部分人没有大声说出想法的习惯，所以你要帮助他们迈出第一步。

定量数据

作为记录玩家喜欢什么、不喜欢什么，什么上手快、什么上手慢的补充，使用反馈表来生成展现趋势的数据。在每次测试后，你可以使用这些定量数据来排列问题的严重性。

有一些游戏公司会和职业的可用性专家合作，这些专家可能会使用更复杂的方法以及特殊的工具来进行游戏测试。如果你有预算，这么做会非常有用。不仅能靠专业的实验室来得出优秀的结果，还可以从整个流程中学到很多，并将他们的方法运用到你的内部游戏测试中。

游戏设计中的度量

Dennis Wixon

Dennis Wixon 是南加州大学电影艺术学院互动媒体与游戏专业的副教授。此前，他曾经在微软进行游戏用户研究。Jerome Hagan 是微软工作室用户研究组的用户研究组长。他领导用户研究工作，并撰写了 *Crackdown*（发售于 2007 年的电子游戏）的用户研究案例。Ramon Romero 是 Xbox 的设计研究组长，曾在 2008 年的 GDC 上展示过他的成果。

度量能够很有效地帮助游戏设计团队了解他们的憧憬。大部分的游戏设计团队都对用户体验有充满激情的承诺。度量能够帮助他们了解玩家的实际体验是否如团队预想的那样。一个设计团队做出的最不靠谱的假设之一是，他们假设用户会对游戏产生和他们一样的反应。虽然让团队成员来玩游戏并给出反馈也会有帮助，但这样的反馈并不能取代找游戏的目标受众来测试。

游戏设计是一个实现心中期待的过程。一个团队往往在一开始对游戏有着期待。这个期待有很多部分组成，并被用不同的方法表达出来。其中一种表达的方式是明确用户体验的设计预期。比如，可以说我们希望玩家感到兴奋、满足、恐惧、享受或者其他更复杂的体验，像卓越。对于团队来说，有一个方法来让大家都了解他们的游戏将会创造一种多么棒的体验，这非常重要。度量提供了实现这点的一种方法。

举个例子，如果一个团队想知道一个谜题对于目标用户来说有多难，最好的办法是从用户处收集数据。团队可能在如何针对给定的难度水平设计谜题这件事情上很有经验，但唯一来确认这个谜题的难度不会太高也不会太低的方法是测试它。这里有两种类型的度量可以被使用。第一种是行为的：衡量人们所做的事情。第二种是态度的：衡量人们所报告的东西。任何一种度量都可能简单或是复杂。

衡量人们所做的事情

常见的简单行为度量的一个例子是有多少比例的人成功完成了一项任务。这可以是一个谜题，或是游戏中的任何任务。这个度量的数据收集相对简单，只需给一些人这项任务或者谜题，然后要求他们去完成。人数可以少（比如五个人），也可以多（上千人）。测试的环境可以被很仔细地控制（在实验室里，没有任何分心的东西），也可以很符合现实（让玩家在家里玩测试版本）。在整体的测试条件之外，还有许多其他的选择要做。玩家能够想玩多久玩多久吗？还是说我们在特定时间或特定的尝试次数后让他们停下来？如果我们决定干涉，那么应该什么时候干涉呢？干涉的方法是什么？可以是直接的提示或者是微妙的暗示。在实验室中，可以对测试者在一段特定的时间或是特定的尝试次数后进行协助，也可以等到测试者提出要求后再协助。在实地测试中，系统可以自发干涉，提供暗示。

这些测试都提供了收集数据的机会。如果用户请求提示，我们应该记下用户尝试完成任务的时间，以及记下他们"要求提示"的这个事实。在这个案例中，我们有两个度量：得到暗示的时间和"是否给了玩家一个暗示"。这些都是行为度量。它们基于用户所做的事情而建立，并且它们可以被用来衡量谜题的挑战度。

如果所有用户都需借助提示才能完成一个谜题，并且在要求提示前，他们平均花费超过一个小时来解密，那么我们就知道这个谜题对于用户的难度是什么程度。这一信息的含义取决于设计团队的目的。如果设计团队希望大部分用户在十分钟内能够不借助提示来解开谜题，那么很显然现有的设计并不满足期望值；换句话说，这道谜题比期望值要难太多了。也许是时候重新设计谜题了。

这个例子展现了度量的一个特性。它们能明确团队的意图，以及玩家的表现多大程度上符合设计意图。科学家们称之为"用度量定义概念"，通过明确一个概念应该使用什么量度进行衡量，从而最准确地定义这个概念。对谜题的测试来说，谜题的难度被定义为解决这个谜题所花费的时间和请求帮助的人的比例。如果都同意以这种方式定义谜题的难度，那么我们就可以决定一个谜题的难度，以及通过目标用户来评估其真实难度。

衡量人们的报告

度量的另一种类型是态度度量。这衡量了玩家对于一款游戏的反应或是观点。收集这类度量需要设计出一种询问玩家对游戏的反应的方法。不像行为度量，它们不是自动的或是藏在幕后的；你需要询问玩家清晰的问题。

继续用我们的谜题作为例子，我们可以询问玩家他们觉得这个谜题有多难。这类问题的效力取决于几个因素。首先，问题需要被公正地问出，玩家应该能够评估谜题的难易。其次，必须让玩家清楚他们是在基于自己的体验来评价谜题——你认为这个谜题有多难？第三，如果能知道是什么让玩家评价这个关卡太难或是太容易，那么会非常有帮助。问这类问题能够提供很有价值的信息，来帮助团队解决谜题中的问题。

这类问题被称为"开放式"问题。例如"谜题的什么地方让你觉得它对你来说太难/太容易？"在这个案例中，了解玩家对于难度的衡量能够让团队知道这个谜题是否产生了和预期一样的效果，以及难度是否适度。开放式的问题能够帮助团队有依据地猜测为什么玩家认为这个谜题太简单/太难。团队同时也可以准备一系列的问题，要求用户来点出那些把谜题变得更容易/更难的因素。这些因素可能会包括暗示的清晰度、分配解决谜题的时间、游戏中这个谜题和其他谜题的相似度等。

正如所有的态度度量，"分数"反映了玩家对这些因素的看法。这些看法可能不会那么"准确"，但如果问题经过良好的组织，并且测试的玩家能做出合适的选择，那么答案就能够反映玩家对于这些因素的真实看法。

态度度量作为数据收集程序的标准部分是非常高效的。数据收集的标准程序允许团队比较不同游戏的分数，并实现更复杂的测试。举个例子，如果有其他游戏或是这款游戏之前的版本的数据，那么我们可以进行更复杂的测试，比如"我们想让玩家通过比较来评价我们的谜题比起竞争对手 A 或者我们游戏的上一个版本是否来得更有挑战性。" 这两个类型的度量——行为度量和态度度量，放在一起非常有效。通常来说，一款游戏的成功取决于用户玩游戏的方式和感受。下面的例子展示了行为度量和态度度量是如何帮助改良一款游戏的。

案例研究：《除暴战警》

《除暴战警》(*Crackdown*) 是 Xbox 平台上非常受欢迎的一款游戏。它同时销售零售版和下载版。它的开发商是 Real Time Worlds，并由微软来发行。在游戏中，一座科幻的太平城市被三个犯罪头领所控制，英雄们通过战斗，为城市重新带来法律和秩序。这是一个沙盒游戏，玩家可以选择自己解决任务的路径。它卖出了超过 150 万份，并获得了良好的评价。微软的游戏用户研究团队曾经为它进行了大范围的测试，这些测试为它的成功做出了贡献。

这些测试包含微软的标准游戏测试。在这些测试中，玩家在有限的时间内玩这款游戏，然后完成一张包含很多问题的问卷。问卷收集用户的反馈，其中既有定量的问题，也有开放性的问题。其中一个问题要求用户评价这款游戏玩起来有多有趣。

在最初的游戏测试中，《除暴战警》获得了 3.8 分（满分 5 分），这差不多是此类游戏的平均值。然而，在一个关于游戏的乐趣源于何处的定性问题中，几名玩家提到了一种能力强化，叫作"敏捷球"。换句话说，许多玩家意识到了提升主角的能力能够让游戏变得有趣。这些评论让研究团队想知道是不是获得更多的"敏捷球"的玩家会有更多的乐趣。研究团队同时还收集了玩家的角色在最后阶段的数据，这样他们可以知道每个测试者收集了多少"敏捷球"。他们把乐趣的评分和收集到敏捷球的数量进行了对比。

这种相对直接的分析方法叫作交叉表。结果是，我们发现给游戏乐趣打高分的人同时也收集了许多强化道具。这个结论为玩家们的开放式问题—— "什么让这款游戏有趣？"的答案提供了实证上的支持。也就是说，获得越多能力强化道具的玩家越觉得这款游戏有趣。

作为这个发现的结果，研究团队提供了数条建议。第一条是在游戏的早期应该加入更多的"敏捷球"；其次，提供更多、更清晰的线索，让玩家能够发现这些球。最后，在游戏的早期加入更多能够进入的高楼，这样玩家可以体验敏捷性提高后跳跃的快感。

最后一次标准测试以 4.2 分的乐趣评分告终，这已经是最好的三分之一的游戏所能取得的分数，并且比之前的评分有了长足的进步。对于游戏的下载试玩版，团队希望玩家能够比完整版本更早体验到乐趣。为了实现这一点，团队仔细地查看了他们搜集到的问卷和行为数据，他们发现：玩家在进入游戏三小时后的乐趣达到了最高点。因此，团队加速了主角的技能成长速度，玩家可以只用三十分钟就达到乐趣的最高点，而不是三小时。对于试玩版来说，这一改动把乐趣评分进一步提升到 4.5 分，这是有史以来的最高分（在数据库里的上百款游戏中）。《除暴战警》随后发售的时候获得了大量的积极评价，并成为微软最成功的可下载游戏之一。

结论

关于度量，我们可以从《除暴战警》这个案例中学到以下重要的几点。首先，如果能和一系列的其他度量比较，度量就会变得有用得多。在这个案例中，微软从此前测试过的类似的游戏中能获得大量的数据。这些数据告诉团队最初的评分只是平均水平，并引导他们去寻找改进的方法。

其次，定性和定量的度量能够共同发挥作用，产生有价值的信息。在这个案例中，定性的结果显示人们解释能带来游戏乐趣的东西是能力强化的道具。

再者，从每个用户那里收集行为数据，比如他们收集了多少"敏捷球"，这使得将表现的水平（行为）和乐趣评分（评估）的对比成为可能。这种对比（交叉表）确认了团队所期待的联系，并带来了对"敏捷球"的重视。最后，游戏在商业上和评论上都取得了成功，使其成为一个关于研究和设计可以协同制作出成功游戏的精彩案例。

在游戏中对度量的使用在可见的未来是会上升的。有许多理由让我们这么做，其中包括对《除暴战警》的研究——它告诉了我们设计流程中度量的价值。同时，度量的数据变得越来越好收集了，尤其是对于在线游戏。这些游戏里有大量的、有趣的值得收集的数据。同时，随着游戏开始超越娱乐，进入教育或者健康之类的领域，研究数据不仅仅会被用来制作高效的游戏，还会用来展现其他效力。总的来说，我们能够期望在未来看到度量的更多用处，并且有一天对度量的使用可能会变得和 QA（质量保证）一样重要。

数据收集

到目前为止，我主要在讨论如何获得定性的反馈，但你也许想获得定量的反馈，例如记录玩家阅读规则的时间，或者是数一下执行特定功能经历的点击数，或者是跟踪玩家在某个关卡里前进的速度。你也可以要求测试者通过 1 到 10 的等级来划分使用特定功能的难度，或者让他们在几个选项中选出对他们来说最重要的功能。

　　你收集的数据的类型取决于你想解决的问题。如果游戏让人感觉笨重并且人们需要花过长的时间来开始，那么测量他们在每个步骤花的时间来找出问题所在，这可能是比较好的办法。然而，如果问题是游戏让人感觉不够戏剧化，那么一系列的定性问题能够带来更好的结果。

练习 9.8：收集数据

　　回到你最初的原型，思考三种你可以测量的定量数据，这三种数据要能够回答你关于游戏玩法的三个确定的问题。

　　如果你成功地收集到了定量的数据，那么你会突然发现你被数据淹没了。能够拥有所有可能想到的数据固然很好，但如果你不知道如何处理数据，它们就没有多大用处。我建议你在收集数据前就在大脑中准备好一个明确的目标。在你开始测量之前，写下你的设想和目的。你想证明什么，反驳什么？然后组织你的测试来肯定或是否定你的猜想。举个例子，你可能觉得游戏中的某个特定功能带来了问题，那么你可以设计一个实验来测量人们在使用这个功能或者没有这个功能时，到达游戏中某个特定的点所耗费的时间。你也可以将其与定性的方法结合，比如，可以询问玩家他们对新功能的感觉如何。这样定性和定量的组合能够给你想要的答案。

　　正如我之前提到的，游戏度量的使用在游戏的设计和运营中越来越被整合到一起。像 Zynga 这样的公司制作了内部的工具用来跟踪玩家的行为，但也有第三方的服务，比如 Kongregate，为游戏提供数据的收集，这使得开发者能够跟踪有多少人在玩一款游戏、他们的活跃度有多高、他们是否邀请其他人来玩，或是其他自定义的数据点，这些数据让开发者能够逐步优化游戏。随着游戏越来越像服务，这种跟踪玩家数据的方式能够让游戏更有趣，利润也更高。

　　然而，谈到开发过程中对度量的使用，非常需要了解它们的长处和不足。用户研究先锋 Dennis Wixon 在前面的专栏中对这一点进行了讨论。Wixon 是微软游戏工作室用户研究小组的始创者，他们的小组制作了定制的软件工具来记录游戏测试过程中的数据。开发者随后使用特定的工具和可视化软件来帮助分析数据，确定不同的游戏元素和功能所产生的效果。可视化的一个类型被称为热力图，这种图能够在一个关卡上的不同区域里呈现出玩家的死亡数。这对于关卡设计师来说是非常重要的数据。如果玩家不停地在一个特定的区域里面死掉，那么就可能存在系统上的原因。热力图可以用来可视化不同类型的信息，比如，玩家探索过地图上的什么地方，被激活或完成的任务有哪些，捡起了哪些资源，等等。这些信息可以用来调整地图的设计以获得更好的效果。

　　作为对从游戏玩法中采集到数据的可视化的补充，其他可以在设计流程中收集到的数据类型包括眼球追踪、皮电反应、心率、血压和其他的生理指标。这些指标可以衡量生理兴奋度、紧张度和对游戏的投入程度的改变。

　　使用这样的技术对数据进行分析是强有力的，然而在如何修改游戏变量这一问题上，这些工具仍然不能取代一个设计师的创造性的判断。这是因为数据可能会带来误导。如果游戏测试者是这款游戏的新玩家，他们可能会玩得没那么有效率，因为他们对系统还不是很了解。或者从另一个极端来说，如果测试者对这款游戏很熟悉，他们可能已经知道如何玩这款游戏，因而没有更多的有创意的玩法。不同的人来观察，会对同样的生理指标数据有不同的主观理解。所有的游戏数据只有在它们和其他的测试方法配合以取得最好的整体结果时才是有用的。

测试特定情景

一个提升游戏测试效率的工具是测试特定的游戏情景。测试特定情景指的是你指定一些参数让玩家测试游戏机制的特定部分，比如：

- 游戏的结尾
- 一个罕见的随机事件
- 游戏中的某种特定情形
- 游戏的某个特定关卡
- 新特性

你可以通过它在不同的原型阶段独立地测试你的游戏的不同方面。在基础阶段，你可以测试基本的功能而不用担心平衡性或公平。在后面的阶段，你可能会想通过测试来找出漏洞和死胡同。或者你也可以把测试的重心放在界面或是导航系统的易用性上。

这类特定测试情景非常重要，因为它让你的测试者能够在不同的情况下重复地体验同一个事件。举个例子，假设你设计了《大富翁》，并且想测试"进监狱"这项功能。相比于碰运气地等"进监狱"这个事件发生，你可以让这个事件在不同的情况下强行发生来看看结果。"进监狱"如何影响一个几乎没有资产的玩家，又会如何影响另一个拥有大量资产的玩家？你也许会选择从游戏的中期开始测试，并且已经有玩家在监狱中；然后玩 30 分钟，观察会发生什么。然后更改玩家的财务状况，重复这一实验。

练习 9.9：测试特定情景

为你的最初原型创建三个特定测试情景。描述每个情景的限制以及它的功能。然后尝试着去测试它并记录观察笔记。

不一定让你的测试者从头开始玩整款游戏，可以从任何时间点开始：开头、中间或是结尾。你可以让玩家之一比其他人更强，看看会发生什么。这类测试可以不必在意游戏的公平或是玩家享受与否。这类测试在于观察在每一种可能的情况下会发生什么。许多情况可能并不常见，需要强制其出现来看在游戏的关键时刻玩家会怎么做。通过这种方法，你可以观察到游戏性是怎么被这种情况影响的。它毁掉了体验吗，还是一个不错的惊喜？

有时，在测试的时候，你的时间是有限的，而有一些游戏需要数小时才能完成。如果没有那么多时间，你会发现每次测试你都需要依赖测试特定情景。最常见的测试特定情景是一场即将结束的游戏。为了做到这一点，你设置原型来模拟玩家可能会遇到的游戏末期的冲突。你可以定义参数来创造你想测试的结局的类型，然后从这个控制点开始测试，研究游戏会怎么被结束。因为这是一个特定情景，也许能够在一小时内测试四次游戏的结尾。

这也是电子游戏中经常存在作弊码的

原因之一。作弊码是游戏开发者用来测试特定情景的工具。比如，即时战略游戏的设计师需要一个关掉战争迷雾的作弊码。这会让他们能够更好地监视电脑控制单位的 AI 的运作；而无限资源的作弊码让他们能够测试拥有的单位数达到上限时的游戏情况。在发售的游戏里留下作弊码已经成为一个传统。原因之一是玩家也能够从本来不可能发生的游戏情景下获得乐趣。

游戏测试实践

我发现对于设计师来说，通过一个和他们没有情感联系的游戏来学习游戏测试流程会更容易。当被评价的不是你的设计技能的时候，做到客观对你来说会更容易。因此在接下来的几个练习中，我会使用一个简单、熟悉的游戏，并用它来展示游戏测试的本质。在我做这件事的时候，前文中我提到过的大部分内容会被使用到，我也会介绍一些新的概念。

《四子棋》

我们中的许多人是玩《四子棋》长大的。在这款游戏中，两名玩家轮流把红色和黑色的棋子放进一个垂直的棋盘里。首名把四个自己颜色的棋子连成一线（水平、垂直或者对角）的玩家获得胜利。

1. 制作原型

首先，你需要为《四子棋》制作一个简单的原型，可以用笔和纸来制作。在一张纸上画一个七格宽、六格高的棋盘。一名玩家使用黑色笔来画下黑色的棋子，而另一名玩家则使用红色笔来画下红色的棋子。确保你有一块秒表来控制游戏测试的时间。然后，决定谁先行。每名玩家在他的回合中可以选择一列来放置棋子。然后他把棋子画在选择的那一列的底部，就好像有重力让它们从顶部落下一样。棋子在棋盘上会一个叠一个地叠加起来。

2. 准备你的问题和测试脚本

写下你准备问的问题，并准备测试脚本。

3. 招募测试者

找到两名游戏测试者。

4. 游戏测试

向测试者介绍游戏，让他们开始测试。

5. 改变棋盘尺寸

按照之前所描述的规则玩几局游戏。使用你的秒表，记录每局游戏耗费的时间。然后，画一个 9×8 的格子替代 7×6 的格子。在相同的规则下用新棋盘玩几局游戏。在 9×8 的版本中，游戏体验有什么变化？每局游戏花费的时间有何变化？哪个版本更有趣，为什么？对棋盘的改变是否能启发你改变其他的变量？

6. 改变目标

回到 7×6 的棋盘，这次我们来改变目标。玩家需要把五个棋子连成线来取得胜利。在这个规则下玩几局游戏。发生了什么？对目标的改变是否也能启发你改变其他的变量？举个例子，你可能会发现 7×6 的棋盘太小了。如果真是这样，那么在 9×8 的棋盘上试试看"连五个棋子"的版本。

7. 改变回合规程

现在回到最初的规则（在 7×6 的棋盘上将四个棋子连成线来取胜）。这次改变回合规程。玩家每回合可以放下两个棋子；第二个棋子必须放在和第一个棋子不同的列里。玩几局新规则下的游戏。发生了什么？这个改变如何影响玩家的策略？游戏还平衡吗？

8. 改变玩家人数

现在回到最初的规则（在 7×6 的棋盘上将四个棋子连成线来取胜）。这一次，把玩家人数增加到三人，如果没找到第三名游戏测试者的话，可以由你来扮演这第三名玩家。给新玩家一种新颜色，然后照常轮流行动，玩几局新版本的游戏。发生了什么？这个变化如何改变玩家的策略？它又如何改变游戏的社交动态？

最终分析

很显然，改变游戏的变量对游戏体验有直接的影响，而确定影响的唯一方法是测试游戏。这些不同的版本和初始版本比起来如何？每个改动是如何影响游戏体验的？

编辑你的笔记并分析结果。在游戏测试之后，你对《四子棋》这款游戏会做什么改动呢？你有没有记下任何结论？

之前的练习让你了解了基础的游戏测试和迭代改进。如果你像我们测试《四子棋》一样测试你的游戏，那么效果会非常好。同样的过程会在一系列的测试后发生，正如你改变并迭代你的游戏原型。我使用《四子棋》当作例子，这样你可以既快又清楚地看到不同版本中游戏体验的变化。理解并重复地练习这个测试——不断改进的迭代流程是创造优秀游戏的基础。在接下来的两章的练习中，你会用同样的方法测试你的原创游戏，尽管可能花费的时间会比《四子棋》更长；在数次测试后，你会迭代并改进你的设计。

总结

正如你所见，游戏测试是一项复杂的任务，它也是游戏设计中的关键部分，是不能被跳过或忽视的。作为一名设计师，你的工作是确保游戏测试存在于游戏设计和开发过程的核心。如果不进行游戏测试，就等于放弃了亲眼看到玩家第一次打开你的游戏时的反应的机会。

游戏测试者是你的眼睛和耳朵。作为设计师，他们允许你把手指放在游戏的暂停键上，即使你已经玩了这款游戏数百次。如果你学着去倾听你的游戏测试者并分析他们所说的，你就能够看到游戏机制真实的面目，而不是你对它的期望或者想象。这是优秀设计的关键。要理解你创造的是什么，如何把它变得更好，依赖的不是一瞬间的智慧，而是数以月计甚至年计的一步步的改进。如果你能掌握这个流程，那么你就拥有了成为一名伟大的游戏设计师的关键技能之一。

补充阅读

Dumas, Joseph and Redish, Janice. *A Practical Guide to Usability Testing*. Bristol: Intellect Books, 1999.

Kuniavsky, Mike. *Observing the User Experience: A Practitioner's Guide to User Research*. San Francisco: Morgan Kaufmann, 2003.

Nielsen, Jakob. *Usability Engineering*. San Francisco: Morgan Kaufmann, 2004.

Rubin, Jeffrey. *Handbook of Usability Testing: How to Plan, Design, and Conduct Effective Tests*. New York: John Wiley & Sons, 1994.

尾注

1. Thompson, Clive. "The Science of Play." Wired. September 2007.

第 10 章
功能性、完备性和平衡性

现在你已经尝试了游戏测试的流程，可能会疑惑要怎么处理测试者给你的反馈。你要怎么按优先级排序这些想法和反馈，把它们变成对游戏进行改进的清单呢？你需要一种方法来推进到下一步，并把你的游戏从核心玩法的模型变成一个功能完整的模型。这一章会提供一些你可以采纳的步骤，以确保你的游戏玩法是功能完善的、完备的以及平衡的。

我在这里所建议的流程来自多年来对学生和职业游戏设计师在这个特定问题上的观察。从这段经历中，我发现把游戏测试的过程拆成数个分别独立的阶段是非常重要的。在每个阶段只专注于设计上的特定

的角度，完善这些角度，然后再继续下一个阶段。

当然，正如我曾经说过的，游戏是动态的、内部相互关联的系统。对系统的一个部分的改变可能会彻底改变玩家对系统的另一部分的感受。我明白这一点，并且我即将介绍的流程相比于你自己动手时真正要经历的要简化很多。重要的是，从这个流程中，你要明白每个阶段都需要把注意力集中在明确的目标上，而不是试着去一次性修改你的游戏中的所有东西。我希望你能够掌握这个流程，基于目标区分不同阶段，并且让你的游戏按照这些阶段逐步推进。

你要测试的是什么

当你制作自己原创的原型的时候，我提到了设计的四个基本步骤：基础、结构、形式细节和精炼。这四个步骤能让你先看到核心游戏性和游戏的根基，然后仔细地往系统里加入更多结构，一次加入一个规则或者规

程。只有这些都完成之后，你才能加入形式细节并进行精炼。

在第 7 章简单地谈到这些制作原型的步骤时，我提到了把你的想法设计成实体原型。我没怎么讲游戏测试、打磨或每个阶段的目标等事情。当时我只是想让你获得一些从草稿到制作游戏设计方案的经验。现在你

已经有一些制作原型和游戏测试的经验了，我可以回到这些基本的步骤，讨论你在经历这些开发阶段时、使用迭代流程时及每一阶段进行游戏测试时应该记住的设计目标。

基础

在这个阶段，你的主要关注点是你的游戏的基本想法要有乐趣、让人投入，并有达成你的体验目标的潜力。你的原型可能只包含一个主要的核心机制而没有别的东西。你的游戏原型可能会有无穷无尽的漏洞或者死胡同，但别在这时候担心。此时此刻，你只需看到你设计的系统的核心，这样你可以判断这个游戏的基础是否吸引人。正如我在第 9 章提到的，在这个阶段，你可能需要自己对系统进行测试。这时候的原型只是为了帮你确认你的直觉是否正确，这个想法是不是建立整个游戏的良好基础。

结构

当有了一个坚实的基础后，你的下一个目标是添加足够的结构，让这个原型对于除了你之外的测试者来说具备一定的功能性。这些测试者可能是你亲密的朋友或者同事，总之不能是你自己。后面我会更详细地讨论"功能性"的本质，但从直觉上来说，你已经知道它是什么意思了：你的原型拥有一个基础的（即使很粗糙）体验。你需要制作规则和规程来扩展系统，让不了解这款游戏最终体验的人也能玩。

当你到达这个阶段的时候，你想知道的是：你的直觉正确吗？这样一个基础体验经得起玩家的测试吗？在这里，你要将注意力同时放在功能性和乐趣上。即使在这个基础的阶段，形式元素也能良好运作吗？你的体验目标是否开始达成？体验是否有开始、中间和结尾？玩家能够达到他们的目标吗？他们会投入你所设计的冲突吗？他们享受这样的投入吗？你的游戏有火花吗？你应该继续制作这个点子，还是应该从头开始设计了？

形式细节

我们可以说火花就在眼前——你已经很接近了！现在你的问题是要做出你曾经预想的有完整功能的游戏系统。首先要做什么呢？你知道游戏存在的问题，之前的两次游戏测试已经暴露出一些问题了，但该怎么开始呢？这个问题的答案是本章的基础。在形式细节阶段，你的焦点应该放在确保游戏的（1）功能性、（2）完备性和（3）平衡性上。

这三个任务乍一看很简单，但它们需要的技能只有通过游戏设计的练习才能学到。每款游戏的内在规律都是不同的，因此你在一次游戏测试中获得的答案并不适用于下一个。经验会帮助你判断如何进行决策，以及什么样的选择能让你的游戏成为干净、平衡的系统。但这个过程真的是一种艺术。形式细节阶段可以决定一款游戏将会声名鹊起还是默默无闻。

你问乐趣怎么办？为什么在这个阶段我们不测试游戏有没有乐趣？当然，在开发的过程中你需要始终留意，确保游戏有乐趣。但是记住，现在我试着让你集中注意力来拆开整个设计过程，这样你就不用一次担心所有的东西。确保你的游戏具备功能性、完备性和平衡性是一项浩大的工程。同时，在测试早期原型的时候，乐趣也是一个非常难衡量的指标。你通常需要从游戏测试者那里寻找"这个游戏一旦做完了会超级有意思"这样的反应。如果玩家投入于核心的机制，如果他们觉得自己做出了有意义的选择，如果他们在询问关于未来的特性和迭代，你可以把这些当成积极的信号，这些信号意味着你的游戏一旦完成，会充满乐趣。

精炼

在精炼阶段，我会假设你的游戏已经具备功能性、完备性和平衡性。在设计的前两个阶段，依靠自己和好友的测试主要是为了保证游戏的乐趣和参与度；如果你的核心游戏性一开始就很有乐趣，那么完备性和平衡性不会改变这一点；相反，还会增强游戏的乐趣。但有一种可能，即一开始的一些灵感在过程中丢失了。坦率地说，现在是时候全力以赴确保你一开始期望的乐趣依然存在。

你可能注意到了我用了"参与度"（engagement）这个词，而不是仅仅用了"乐趣"（fun）。这是因为乐趣是个非常宽泛的词语，你几乎不可能定义它是什么，也很难确保你的游戏有"乐趣"——尤其是在原型和游戏测试早期的时候。以及，如果你问一个玩家他们想在一个游戏里面得到什么，十有八九他们会说"乐趣"。即使我们没法定义

乐趣，但我们能清楚地知道我们感受到了乐趣。第 11 章讲的就是如何让你的游戏产生更多的乐趣，有什么策略和想法能够向游戏系统里加入难忘的情感吸引力，让玩家持续回到游戏中并花费更多的时间。

最后（但同样重要的），精炼阶段，你将要测试易用性。记住，你的游戏必须在没有被解释说明的情况下也能让人玩得转。你的游戏可能在功能性、完备性和平衡性上都做到了最好，但如果它的易用性不好，玩家可能永远不会知道这款游戏有多好。这最后一点和前面的一样重要。

当你被测试和修改弄得不堪重负的时候，看一下图 10.1，它可以提醒你正处在设计的哪个阶段，以及当前阶段你关注的焦点应该是什么。如果你不尝试一次性解决游戏里的所有问题，你的任务会突然变得简单，你的下一步工作也会变得清晰得多。在大脑中记住这些步骤，让我们详细地看看功能性、完备性和平衡性。

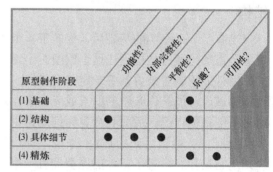

原型制作阶段	功能性？	内部完整性？	平衡性？	乐趣？	可用性？
(1) 基础				●	
(2) 结构	●			●	
(3) 具体细节	●	●	●		
(4) 精炼				●	●

图 10.1　你要测试的是什么

你的游戏具备功能性吗

在开始考虑完备性之前，你需要先让你的游戏具备功能性。谈到功能性，我指的是一套能让完全不了解这款游戏的人也能坐下来玩的系统。功能性并不意味着测试者不会遇到麻烦或体验完全令人满意；它的意思是，测试者不用通过你的帮助也能和系统交互。在纸面原型中，这意味着玩家可以正确地跟着规则和规程来玩游戏，并且不会遇到死路。在软件原型中，它意味着玩家可以正确地操控、参与核心循环并且在游戏中取得进展。在这两种原型中，功能性都意味着系统的组件能够正确交互，游戏可以运行下去。

除此之外，决定你的游戏是否具备"功能性"的是你在每一次游戏测试中都要去判断的东西。如果你在测试一个特定版本的特性，那么能够在游戏玩法中有意义地使用这个特性，应该成为你对具备功能性的定义的一部分。你需要决定在设计的每个阶段你的目标是什么，并用这些目标来聚焦你的开发流程。在原型中，如果你的玩家不靠你的帮助就能正确地使用你在测试的特性，我们就会说这个游戏是具有功能性的。一旦你结束原型测试阶段，开始进行正式的制作，你的游戏中越来越多的部分会开始具有功能性并可以进行测试。

练习 10.1：测试功能性

拿出你在练习 7.9 里制作的实体游戏原型或是一个电子游戏原型，测试它的功能性。把游戏给一组从未玩过这款游戏的人，并且不做任何口头介绍，只告诉他们"来玩这款游戏"。看他们能不能在没有任何来自你的协助的情况下从头玩到尾。如果他们可以，那么你的游戏就具备了功能性。如果他们不能，找出缺少了什么，改进游戏来使其具备功能性。

你的游戏内部完备（Internally Complete）了吗

随着游戏测试的进行，你总是会发现游戏中的有些地方虽然具备了功能性，但是并不完备。比如，在之前的 FPS 原型设计流程中，我建立了移动和射击的规则，因此这个系统是具备功能性的，但我没有制定命中率或胜利条件的规则，因此它仍未完成。有些漏掉的元素很明显，但有一些很难发现。只有测试每一种条件下的每一种组合，你才能确定游戏里没有未完成的地方了。作为一名游戏设计师，你的职责是找到并解决这些问题。

这听起来很简单，其实不然。大部分游戏都是非常复杂的系统，它们在不同的情况下可能会有期望之外的表现。你测试得越多，就越能发现游戏有多种不同的情况。玩家会做一些你从来没预料到的事情。在纸面上看起来很好的规则，当它们被实施到游戏中的时候，可能会带来无法解决的情况或灰色地带。在桌面游戏中，这往往会带来玩家之间的争辩，因为每个人都用自己的方式来解读规则。在电子游戏中，这可能会产生能被玩家所利用的漏洞，或者卡住玩家的体验，或者游戏干脆就直接崩溃了。你可能听过测试者这么评论："这规则没说该怎么办"，"我彻底晕了"，或者"你不能这样！"这类反应是一种警告，说明游戏里有些东西没有完成，需要加以关注。

在找到游戏中未完备的部分后，第一件要做的事情就是回到设计计划中。无论你在做的是电子游戏还是桌面游戏，都应该有一份设计文档或一张规则表，用以清晰地描述你的游戏该怎么玩。可以参考第 14 章中关于如何通过文档来沟通你的设计的部分。你会发现，你曾经以为的非常清晰的一套规则，实际上还是有漏洞的。你现在需要弥补漏洞（或者完善规则），让它讲得通。这么做往往会影响游戏的其他部分，因此这是非常微妙的任务，在你做出正确的改动之前可能需要数次测试和修正。

练习 10.2：测试完备性

将你做过的纸面原型或是电子原型拿来测试完备性。这次要特别注意玩家遇到死路、询问规则或是不得不去找裁判问下一步该怎么做的情况。如果玩家争论规则或者撞到死胡同，你的游戏就没有完备。修改你的游戏，解决找到的问题，然后再次测试。

有的时候，你会发现尽管规则很清晰，游戏测试者依然能在系统里发现问题。举个例子，我们翻回到第 7 章 225 页的那个 FPS 原型。它达到内部完备了吗？

有一个潜在的问题会折磨许多 FPS 游戏，包括我们的原型：当超过两个人在玩这款游戏的时候，玩家就有可能在竞技场地图里潜伏在重生点的附近。当一个刚被杀掉的敌人出现在任何一个重生点时，蹲守重生点的人能够迅速地向他开枪。玩家会非常生气，他们不停地在这个地方死掉——这种战术看起来太不公平了。

问题在于即使规则很全面，玩家也在规则的范围内行动，但总有一些玩家能发现在规则内获利的办法，这是设计师不希望看到的。像一名设计师一样想一想，你会怎么减轻这个蹲守重生点的问题呢？请你停止阅读，把这当成一个挑战，想出你自己的解决办法，并把你的解决办法和下列四种可能的解决方案进行对比。

解决方案一

一张地图上重生点的数量应该总等于游戏中玩家的数量。

- 优点：玩家至少有一个安全的点来重生。
- 缺点：你必须根据玩家的人数有针对性地设计竞技场地图。地图不能适应玩家人数的变化，但大部分在线 FPS 游戏都是支持不同的玩家人数的。

解决方案二

在每个重生点都有一个护盾环绕。一个重生的玩家可以在护盾内朝外开火或是冲出护盾。然而，没人可以走进去或者向里面开枪。如果玩家待在重生点里超过一回合，护盾会把他烧死。

- 优点：玩家刚复生的时候会非常安

全，并且他们可以朝蹲守重生点的人开枪。

- 缺点：多人蹲守重生点依然可能出现，并让复活后的回合变得更加困难。

解决方案三

玩家可以选择重生在一个随机生成的六边形里。如果这个六边形被墙或是其他的玩家占据，那么就生成另一个随机的六边形。

- 优点：这个解决方案减少了玩家在重生点蹲守的兴趣。
- 缺点：这个解决方案给系统增加了一个随机元素。

解决方案四

不修正，因为这是一个特性而不是问题。

- 优势：一些玩家会觉得蹲守重生点只是游戏的一部分。保留这一点会强迫玩家去为重生点而战斗，这会在游戏里产生一个小游戏。
- 劣势：其他玩家会被蹲守重生点搞得非常抓狂。

讨论

上面列出的选项展现了在一款游戏达到内部完备的过程中，有许多有创意的修改系统的方法。正如我所写的，蹲守重生点的问题不仅仅只针对我的 FPS 原型。如果你在网上搜 "蹲守重生点" 这个短语，会发现很多网页在讨论它的优劣。也会发现许多粉丝

制作了大量的变体的 Mod 来减轻蹲守重生点的问题。一些 Mod 提供的解决方案和我之前列出的很接近。有一些则不同。有一个方案是让玩家在重生以后隐形 2 到 3 秒。这使得玩家能够跑开并在被看到之前开枪，给他们一个还击的机会。

练习 10.3：蹲守重生点

写下三个原创的解决方案，要求和之前提到过的都不相同。说说为什么你觉得这些解决方案比之前的解决方案好或差。

漏洞

找出漏洞是完备性测试的关键部分。漏洞可能是系统里的瑕疵，会被玩家利用来获得不公平或是计划外的优势。在系统中，玩家总有方法能够获得优势，否则没人会赢，但真正的漏洞会让某种玩的方式毁掉所有玩家的体验。只要有意外的漏洞存在，你的游戏就不能被认为是完备的。作为一名游戏设计师，你的目标是消除漏洞，同时不能减少游戏涌现玩法的潜力。

这不是一项简单的任务，特别是在电子游戏中。电脑程序的本质使得漏洞很容易被忽略。在大部分电子游戏中，漏洞存在的可能性太多了，测试者不可能完全测试，而且有些玩家确实能找到漏洞。对这些玩家来说，找到漏洞的挑战是无法抗拒的。他们喜欢炫耀自己的发现，并在和其他玩家的游戏中使用它们来获得充分的优势。对于这些玩家来说，找漏洞已经成为一种玩法，他们把在游戏系统中找漏洞当成一种竞技，并将其发布出来供其他玩家来寻找。

来思考一下这个例子：PC 游戏《杀出重围》（*Deus Ex*）。2000 年发布的《杀出重围》堪称先驱，这是因为它的混合类型的设计及开放、灵活的游戏世界，游戏截图参见图 10.2。游戏中可用的武器之一叫作"LAM"。LAM 能够吸附在墙上，像感应地雷一样使用——也就是说，如果有一个人站得与这个武器足够近，几秒后，它就会爆炸。它们很适合用来炸飞门或者杀掉没防备的敌人。然而，很显然，它们也可以用来做一些设计师没有预料到的事情。

有创意的玩家发现他们可以把多个 LAM 附在一面墙上，然后像爬梯子一样在它们爆炸前冲到高处。这么做让玩家能够通过以设计师没有预料到的方式到达地图上的一些地方。这意味着有一些关卡比起最初的设计来说要少很多挑战。如果这能发生在世界顶级的设计师身上，那么也能发生在你身上。玩家总是比你想象中的更有创造力，更足智多谋。

另一个例子是来自经典的雅达利游戏《小行星》（*Asteroids*）。这款游戏发布于 1979 年，在街机时代是一个大作。在这款游戏中，你控制一艘太空船，试着在一大片漂浮着小行星的天空中轰出一条出路，同时你也需要射杀飞过来朝你开枪的飞碟。

雅达利的工程师在游戏发布前不停地玩了 6 个月，并创造了公司内的最高纪录——90 000 分。没人相信一名普通的玩家，一个不熟悉游戏编码的人能够获得同样的高分。然而，在游戏发布后不久，雅达利开始收到报告，一些来自全国各地的玩家获得了三倍甚至四倍于 90 000 的分数。实际上，玩家已经打败了机器，因为《小行星》的得分板上限只有 99 990 分，当得分超过这个分数时，会从 0 重新开始计算。

雅达利的工程师们全都傻眼了。他们开车去街机厅，以进行第一手的调查。后来就任雅达利投币游戏部主管的 Eugene Lipkin 说了一段话，这段话后来被刊登在 1981 年的 *Esquire* 杂志上："玩家真的太聪明了，他们充分理解了游戏的运动规律和程序，并围绕他们发现的规律形成了巧妙的通关策略。这件事情大概发生在游戏发售三个月时。然后，我们一次又一次地听说了类似的事情。人们发现屏幕上有一块安全区域。"[1]

屏幕上会出现安全区域是因为玩家的子弹可以"环绕"屏幕，意思是当子弹从屏幕的右边射出时，会重新从屏幕的左边沿同样的轨道射入，然而飞碟的子弹做不到这样。玩家们发现如果他们摧毁所有屏幕上漂浮的小行星，只留下一颗，这样他们就能够潜伏在屏幕的边缘并在飞碟一出现的时候就干掉它们。

小飞碟通常来说很可怕，而且每个飞碟价值 1000 分。然而利用潜伏策略，玩家可以通过环绕的子弹从后方射击飞碟；如果飞碟出现在和玩家相同的一侧，那么玩家会迅速地在它们开火前炸掉它们。想做得有效率需要非常多的技巧，但一旦掌握了这个技巧，潜伏策略允许玩家获得超高的分数。《小行星》纯粹主义者嘲笑这种行为。然而，这并不能阻止玩家把这种方法用到极致。雅达利不得不等到这款游戏的下一个版本《小行星 Deluxe》来完全解决这个问题。

图 10.2　《杀出重围》的游戏截图，以及 LAM（最小的一张图）

当漏洞遇见特性

有的时候，一个系统问题是漏洞还是对游戏有好处是存在争议的。你会在网络上看到热议，玩家们分成两派争吵不休。FPS 的蹲守重生点漏洞就是其中之一。当你发现类似这样的主观问题时，你必须做出创造性的决策以决定如何处理它。有的时候有可能要对游戏进行一些改变，来满足不同类型的玩家。

举个例子，让我们来看看大型多人在线角色扮演游戏（MMORPG）是如何解决某个特定类型的漏洞的。从 MMORPG 刚出现时，玩家们就在争论能够杀死别的玩家的好处和坏处。MMORPG 是一个持续运作的线上世界，在这里玩家们可以扮演成虚拟角色来进行互动。许多人不喜欢恶意杀死其他玩家的玩家。这些人被称为"玩家杀手"。其他的玩家更希望 MMORPG 的游戏设计师能够阻止这种人。然而，有些人认为玩家互杀能够增加游戏的丰富性，因为这样一来邪恶的人就能够扮演邪恶的角色，这会创造一种更迷人、更富有挑战的环境。

那么到底谁是对的呢？玩家互杀的存在是否意味着 MMORPG 存在漏洞，游戏并未完备？MMORPG 的设计师通过找真玩家进行游戏测试，最后的解决办法是向两类玩家同时提供空间。大体上，许多 MMORPG

存在两种变种：一种是玩家们不允许伤害其他玩家，另一种正好相反。每个变种都用自己的方式得以完善。下面是几个著名的 MMORPG 如何通过游戏测试和迭代来应对玩家互杀的例子。

《创世纪 Online》是第一批 MMORPG 之一。在这个游戏的早期，新玩家们抱怨他们会被更强的玩家欺负和击杀。新手完全得不到保护。这样的问题损坏了许多玩家的乐趣，并使得其他人无法融入游戏。人们往往喜欢游戏，但憎恨玩家杀手——他们管这类人叫懦夫。《创世纪 Online》的设计师需要修正他们的游戏系统以减小这种张力，游戏截图参见图 10.3。

作为回应，《创世纪 Online》的设计师为游戏中的角色创造了声望系统。谋杀其他玩家的玩家头顶上的名字会变成红色，并被认定为"可耻的"。当安分守己的角色看到一个红名的角色时，他们会知道不应该去相信他们或者与他们合作。对于玩家杀手来说，这样乐趣就少多了。此外，也可能会有更好的效果的是，一些有经验的安分守己的角色会抱团狩猎这些红名的角色。这在游戏里建立起了一套义务警卫的法律系统，这很大程度地减轻了游戏中的冲突，但也带来了它自己的问题。

久而久之，游戏设计师们持续修改游戏的系统，使其对玩家杀手越来越缺乏吸引力。举个例子，他们把无敌的电脑控制的警卫放在游戏世界中几乎所有城市（除了一座之外）的入口处。这些警卫会在看见红名角色的时候立刻将其击杀。这意味着这些城市对于遵纪守法的角色是很安全的，而玩家杀手则成了法外之徒。他们只能在荒野里游荡，或是去往唯一一个能接纳他们的城市——一个叫作 Buccaneer's Den 的危险的地方。这个

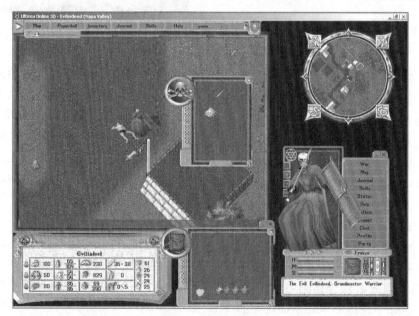

图 10.3 《创世纪 Online》中 EvilIndeed 造成一次击杀

解决方案同时容纳了遵纪守法的玩家和玩家杀手。这也意味着玩家杀手们可以在城市外面蹲点，袭击走出城市的倒霉的玩家。

如今，在《创世纪》及许多其他在《创世纪》之后上线的 MMORPG 中，它们通过许多不同的方式来应对玩家杀手。一种方案是把游戏分成两种类型的服务器：一类服务器里的玩家杀手是自由的，在另一种服务器里，系统禁止玩家杀手。其他方案中包括用声誉系统或者其他标记玩家的方式来应对玩家杀手。

在另一款早期的 MMORPG——Asheron's Call 中，需要解决同样的问题，但设计师设计了一个非常独特的解决方案。在 Asheron's Call 的首个版本中，设计师们创造了忠诚系统和组队系统。当一名新玩家进入游戏的时候，他向另一个玩家的角色宣誓效忠于他。作为回报，新玩家能够受到保护，甚至能够有老玩家送他钱和武器，这样的老玩家被设计成他的"领袖"。从那以后，新玩家的经验点数会有一部分共享给他的"领袖"。同样地，领袖的经验点数也有一部分分享给他/她的跟随者（如果他/她有的话）。这就建立了一个成熟的受益金字塔来帮助保护玩家。

此外，Asheron's Call 的玩家们也可以选择组队。队伍中的玩家之间达成临时的协议，通常用来完成一个任务或是特定的目标。当玩家们组成队伍时，得到的经验值会分给整个队伍。队伍里的成员能够基于他们自己的经验等级来分得一部分经验点数。比如，一个第三级的角色在小队里获得的经验值要大于一个第二级的角色。Turbine Entertainment 的设计师开发的这个系统通过非常优雅的方式来鼓励玩家们合作。他们发现合作更有乐趣，而单枪匹马就没那么有意思了。

即使有这些系统，Asheron's Call 中守法的玩家依然在抱怨玩家杀手。Turbine 响应了他们的抱怨，把游戏改成默认状态下玩家不会被其他玩家攻击。游戏的故事也被修改并解释了：Dereth 世界的强力魔法保护玩家们不受其他玩家的伤害。这次改动使得所有玩家彻底安全了，但这对于那些想获得和其他玩家战斗的快感的玩家来说是非常失望的。Turbine 再次做出回应，他们允许玩家自愿切换到玩家杀手的模式。对此感兴趣的玩家得在游戏世界里面找一个独特的祭坛来做到这一点。在切换以后，这个玩家可以杀死别的玩家杀手，也可以被别的玩家杀手杀掉。在这个解决办法中，所有玩家都在同一个游戏空间中活动，但只有愿意成为玩家杀手的玩家才能彼此战斗。

在《创世纪》和 Asheron's Call 之后发布的《无尽的任务》（参见图 10.4）也学习了前两者的解决方案。

图 10.4　《无尽的任务》

Sony Online Entertainment 的开发者们

创造了一个系统，玩家可以选择切换到玩家杀手的状态，这样可以杀死别的玩家杀手，也会被杀。为了更好地满足玩家杀手们的乐趣，《无尽的任务》向他们提供了专供玩家杀手的游戏服务器。在这些服务器上，所有的玩家都可以互相攻击。这些服务器非常受硬核粉丝的欢迎。通过响应玩家的反馈——这也是游戏测试的一种形式——Sony 的设计师们成功地解决了一个颠覆性的问题，并使他们的游戏在玩家杀手的问题上实现了系统的内部完备。

在大部分案例中，你永远不会在游戏发售之前发现全部的漏洞，这也是为什么许多游戏开发者选择进行公开的 beta 测试。特别是对于大型多人在线游戏，这是一个非常有价值的在正式上线之前寻找及解决漏洞的方法。

无论你是否准备进行公开测试，确保没有会毁掉玩家体验的漏洞都是你的责任。无论何时发现漏洞，你的工作都是修改系统，并进行另一次游戏测试来看修改是否有效。最后，你会找到一个解决办法来摆脱这个漏洞。这是一个迭代的过程，每个漏洞都需要花数天甚至数星期的时间来解决。在游戏发售的时候，大部分的设计师都能很好地解决掉明显的漏洞，但即使是最精细的测试方案，最终的产品中也还会有一些漏洞。这是因为，真正玩到你的游戏的玩家要比任何公司能雇来的游戏测试者多得多；即使大部分人都没有找到漏洞，只要有一名玩家发现了漏洞就出问题了。下面是一些关于找到并解决漏洞的小窍门：

- 使用第 9 章中提过的设计特殊情境，来分别测试系统的不同部分。这会让测试者体验本来他们可能会避免的情况，暴露本来可能不会出现的漏洞。
- 进行一系列的游戏测试，让测试者们尝试着去把系统弄瘫痪。挑战他们，看看谁能想出最有创意的方法。
- 如果可能的话，找出那些愿意提供有建设性的解决方案的测试者。硬核玩家非常擅长寻找游戏里的漏洞。

练习 10.4：漏洞

漏洞是计划外的系统缺陷，玩家可以利用漏洞来获得好处；用你开发的游戏原型来测试漏洞。在这个练习中，需要那些经验丰富的、了解你的游戏的游戏测试者。正如之前提过的建议一样，要让测试者来把系统弄瘫痪，挑战他们，看看他们能不能用最有创意的方式来颠覆规则。

死胡同

死胡同是另一类常见的缺陷，它们毁掉了游戏体验。死胡同并不是漏洞，它们不会被玩家利用，但它们必须像漏洞一样被修复，以免游戏被认为并没有达到内部完备。

死胡同指的是，玩家在游戏中陷入困境，他们无论做什么都无法继续接近游戏的目标，这时候他们就陷入了死胡同。在冒险类游戏中，玩家们在游戏世界里收集物品，并且稍后用这些物品来解决谜题。这类游戏特别容易遇到死胡同。如果玩家因为漏掉了一点点东西而无法解开谜题，他们就到了死胡同。

死胡同也会发生在其他游戏类型里。比如，在策略游戏中，死胡同可能是这样一种情况：玩家解决不了冲突，因为他们的势力缺乏资源；在第一人称射击游戏中，死胡同可能是一个虚拟的空间，玩家无意中进入然后再也出不去了。大部分游戏都在发售前去除了死胡同，但偶尔会有一两个死胡同逃过了游戏测试的检查。

完备性的总结

完备性可以用以下陈述概括：一个内部完备的游戏应该让玩家在流畅游戏的过程中不会遇到游戏玩法或是功能性上不达标的地方。

这是一个既主观又客观的决策。你可以在任何一个时间点说你的游戏已经完备了，这可能是真的，直到有人发现了一个缺陷。现实中，没有一款游戏是真正完备的。游戏总有提升的空间，并且在大部分案例中都存在未知的或是未解决的问题潜伏在游戏系统中。

时间和预算上的限制往往妨碍设计师完整地完成开发流程中的这一阶段。但作为一名设计师，特别是在完善最终细节的阶段，你的关注点是执行足够高的标准，进行严格的测试，这样你才能够确信你的游戏里没有致命的缺陷。只有完成了这一点，你的游戏才能被认为是内部完备的。

你的游戏平衡吗

如"乐趣"一样，平衡常常被用来描述把游戏改得更好的过程。这里，我会提供一种对平衡性的特定的定义。你的游戏可能需要这个定义中并未提到的特殊的平衡技术。但我希望这能够帮助你开始，并帮助你在这一微妙的工序中保持专注。

平衡游戏是为了确保游戏能够符合你为玩家设定的体验目标：确保系统的规模和复杂度是你所预期的，同时系统中的元素可以正常协作，不会出现期望之外的结果。在多人游戏中，这意味着开局和游戏过程公平，没有任何玩家拥有天然优势，也不会有获得绝对支配地位的单一策略。在单人游戏中，这意味着难度等级被调整得适合目标用户。简而言之，我把平衡性的这四个方面称为变量、动态、开始条件和技巧。

解决平衡性方面的问题是游戏设计中最难的部分之一。这是因为"平衡"二字包含了太多的元素，并且它们互相依赖。许多平衡性的问题涉及复杂的数学和统计学，你可能擅长也可能不擅长。然而，不要让这一点阻止你对游戏进行平衡。平衡既是关于数字的，也是关于直觉的；如果有足够的经验，你能够修改实体原型中的变量，或是给予电子游戏的程序员足够详细的反馈，这并不需要你有一个微积分的学位。

平衡变量

你的系统中的变量是一系列的数字，它们可能有不同的含义，并定义了你的游戏对象的属性。这些变量可以定义这款游戏是为多少玩家设计的，游戏的区域有多大，有多少可用的资源，以及这些资源的属性是什么等。在第 9 章中提到过的《四子棋》，其属性是什么，包括 2 名玩家、1 块 7×6 的棋盘，21 个红色单位和 21 个黑色单位。间接地，这些变量也决定了你的游戏在玩的过程中会如何表现。

比如，在《四子棋》中，当你把棋盘的尺寸从 7×6 改成 9×8 的时候，你必须把单位的数量从每种颜色 21 个提高到每种颜色 36 个。如果你不这么做，那么你的玩家可能会在游戏结束前用光单位。这是因为你需要足够的单位来填满棋盘上的每一个格子（9×8/2=36）。因此，改变一个游戏变量时可能还要改变其他变量。

棋盘尺寸的改变还改变了《四子棋》的其他方面。毫无疑问，你在游戏测试的时候就会发现：（1）游戏时间增加了，（2）游戏变得没那么刺激了。关于第一点的原因比较明显：你需要填充的区域变多了，玩家就有更多选项去探索，对空间的竞争就少了。

第二点比较有趣，但可能并不是你所期待的。当棋盘有 9 列而不是 7 列的时候，游戏变得没那么刺激了。为什么呢？在 7 列的游戏中，中心的那一列左右各有 3 列，如图 10.5 所示。这意味着任何水平或是斜对角方向，每 4 个单位都会包含至少 1 个在中心列上的单位。这使得中心列变得非常重要。对中心列的控制权的争夺会引起玩家间的冲突，使得整体的体验更刺激。

因此，原版的棋盘尺寸比 9×8 的尺寸要更成功。你只有通过反复地测试、迭代游戏变量，才能知道什么样的系统是最高效的。

电子游戏也应该遵循同样的原则。在《超级马里奥兄弟》中，一开始你有 3 条命。如果开始的时候只有 1 条命，游戏会变得太难。如果是 10 条命，游戏又会太简单。改

变命的数量会改变游戏的玩法。有 10 条命和 1 条命的时候，游戏测试者的行为会很不一样，这意味着体验和游戏的平衡也改变了。

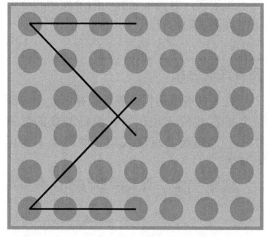

图 10.5　《四子棋》中心的那一列左右各有 3 列

电子游戏中许多变量都藏在代码中。这使得你更难去分析，但你可以将它们提炼出来。我曾经观察过好几款游戏变量的例子：在《魔兽争霸 2》编辑器（参见图 8.19）中的单位属性和《魔兽争霸 3》编辑器（参见图 8.20）中的地图尺寸。尽管这很难可视化，但《魔兽世界》中可用资源的数字和《超级马里奥兄弟》中角色的跑步速度和跳跃高度一样，都可以用来调整以控制游戏的体验。

你能想象马里奥像鼻涕虫一样移动吗？那肯定很无聊。同样地，你能想象马里奥移动得飞快吗？这可能会令人很沮丧，因为太难控制了。任天堂的游戏设计师们反复修改这些变量，以达到一个对大部分玩家来说舒服的速度。

操纵变量的目的基于你的游戏的基础目标：你想创造什么样的玩家体验？只有当

你对这种体验有清晰的愿景时，你才能有效地评判你的系统变量是否运作良好。

练习 10.5：游戏变量

列出你之前做过的游戏原型中的游戏变量。改变一个变量，然后观察它会如何影响其他变量。这是一个测试不同条件下你的系统体验如何的机会。你能够仅仅靠改变变量来制作简单、中等、高难度的关卡吗？

平衡动态

当我谈论平衡动态的时候，我说的是你的游戏在被玩的时候会发生的情况。正如我在第 5 章中说到的，当你的系统运作起来以后，总会有意想不到的结果发生。有的时候，一系列规则的组合带来了不平衡。有的时候，带来不平衡的是对象的组合或是某个"超强"的对象。其他时候，带来不平衡的可能是某套动作的组合——懂得这一点的玩家会利用它来达到最优策略。无论是什么，这些不平衡都会破坏游戏性。你需要找到它们，然后修正带来问题的规则、改变对象的变量，或是制定新的规则来限制最佳策略。

强化关系

正如我在第 5 章中提到的，强化关系指的是，当系统的一个部分发生改变，系统的另一个部分也发生同一方向的改变。举个例子，如果一名玩家获得一个点数，他会得到额外的回合作为奖励，从而强化他的优势。这开始了一个循环，更强的玩家会得到更多奖励直到游戏结束——而且可能是以这名

优势玩家获胜而过早结束。

这类问题必须通过改变你建立的强化关系来解决，以使能力更公平。举个例子，当玩家获得一个点数的时候，下一回合应该让其他玩家行动，从而平衡点数优势的效果。

通常来说，你不希望占优势的玩家通过一次胜利来积累太多的优势。而是让他们获得一个偏小的、临时的奖励，不会让游戏一下子失去平衡。在许多案例中，设计师让胜者付出代价来获得一处战略要地。这能够平衡收益、逐渐增强紧张感，并提供给劣势方一个机会来扳回局面。

其他技巧还包括加入随机性元素，这能够改变能力上的平衡。这可以通过外部事件的形式来实现，比如摇摆不定的盟友、自然灾害和其他不幸的情况。你可能也想让更弱的玩家们联合起来，以对抗占主导地位的那名玩家，或者让第三方介入。

目标是让整体平衡并不使游戏停滞。毕竟，这是一场竞争，总会有人赢。很自然地，在游戏的最后阶段，天平总会倒向一边。这时候，要让天平戏剧性地倾倒。没有什么会比彻底的胜利更让人满足。这让胜者感觉很好，并且会给败者一个快速、仁慈的失败。你永远不会想去拖延结局。从戏剧性效果的角度思考你的游戏：当度过了高潮，就快点把它结束。Stone Librande 在本书 401 页他的专栏里面提到了如何创造这种戏剧性的结束。

一个有创造力地解决了这类问题的游戏叫《战地 1942》，这是一个多人策略射击游戏。在突袭竞赛中，一支队伍一开始只有一个重生点，另一支队伍控制着地图上所有的其他重生点。攻击方必须通过战斗来占领

地盘。在这类地图中，有一张叫奥马哈海滩，它模仿了诺曼底登陆。同盟国的起点在一条船上，他们必须从陆地上的德军手里抢下重生点。《战地 1942》结合了一个门票系统，每一方在开始的时候都有固定数量的门票，每当一名玩家在游戏中被杀并随后重生的时候都会消耗门票。当门票数降为零的时候，游戏就结束了。同时，达成特定的条件会使对方的门票逐渐减少，直到他们夺回该控制点，这种情形才会被扭转。这给了队伍一个力挽狂澜的机会，或者至少它给了玩家一点决心去留在一场即将失败的游戏里，去利用仅有的一点点可能来争取胜利。

练习 10.6：强化关系

分析你的游戏的最初原型中的强化关系。早期领先的玩家总是能够获得胜利吗？如果是，那你的系统里可能有带来不平衡的强化关系。找到问题，改变强化关系进而平衡游戏。

优势单位

一个好规则会让类似的游戏单位处在相同的强度水平上。举个例子，在对战游戏中，没有任何一个兵种会显著比其他兵种强大。"超级单位"总会毁掉游戏性，因为它们太强了，别的单位都望尘莫及。一种最好的方式是让所有元素都相称，但同时又提供强弱不同的选择。每个单位都能通过给它一个独特的优势和对应的劣势来进行平衡。

回想一下经典的《石头、剪子、布》游戏。这个游戏很好玩，因为每个元素都有清晰的能力和弱点。在这个游戏中，两名玩家同时从石头、剪子、布三种选择中选择其一。每种选择胜利或者失败取决于对手的选择。石头砸坏剪子，剪子剪开布，而布则打败石头。如果将它们放在回报矩阵中，它们看起来类似图 10.6 所示。

	石头	布	剪刀
石头	0	+1	-1
布	-1	0	+1
剪刀	+1	-1	0

图 10.6　《石头、剪刀、布》的回报矩阵

在矩阵中，0 代表平局，+1 代表胜利，-1 代表失败。它展示了三种选择之间的平衡。这个概念有的时候会被称为"轴对称"，常常也用来平衡电子游戏。比如，就像 Ernest Adams 在他发表于 Gamasutra 网站上的文章——"A Symmetry Lesson"——中指出的一样，在 Brøderbund 的《古代战争艺术》（*The Ancient Art of War*）中，骑士对野蛮人有着优势，而野蛮人则对弓箭手有优势，弓箭手又对骑士有优势。[2]

许多游戏使用类似的技巧。在格斗游戏中，每个单位或角色都有它的绝杀和致命弱点。在竞速游戏中，有些车很适合爬坡，但不适合过弯道。在模拟经营游戏中，有一些产品更耐用但价格贵，另一些不那么耐用，但有更高的利润率。分配优势和劣势是游戏设计的一个基础方面，在平衡游戏性的时候必须时刻牢记在心。

让我们拿《魔兽争霸 2》来举例，参见图 10.7。在这款游戏中，玩家可以扮演人类或是兽人。双方在很多方面都是对称的，但有少量的不同。双方势力都有同类的单位和

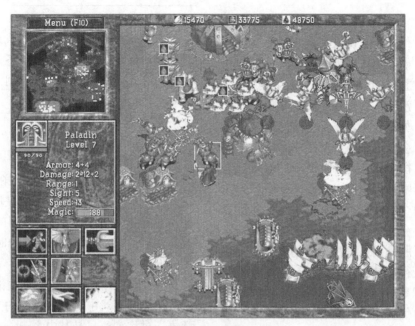

图 10.7　《魔兽争霸 2》中嗜血的兽人攻击一处人类的据点

建筑，并产出同样类型的能力。比如，人类有一种农民单位，其和兽人的一种苦工单位有同样的生命力、花费、建造时间和能力。人类农民和兽人苦工的名字及美术效果是不同的，但从形式的角度来说，他们是完全相同的。

不同之处的一个例子是，兽人的嗜血能力与人类的治疗能力。从表面价值上来说，嗜血要比治疗强力得多。它让兽人能在战斗中造成三倍的伤害。一队带着嗜血的兽人可以轻易地在直接肉搏中撕碎一支同样规模的人类小队。为了平衡这一差距，暴雪的设计师给了人类另一种能力和优势。然而，玩家需要选择正确的策略来从其中获得好处。在和兽人的直接战斗中，治疗并不十分有用，但它很适合用于打了就跑的策略。为了实现这一点，人类必须攻击兽人，然后迅速撤退，治疗他们的单位，然后再次进攻。这是狮鹫非常常用的策略，因为它们可以飞走。

人类通常都有比兽人强一点的法术。然而，使用这些法术既需要技术也需要策略。人类的法师单位可以使其他单位隐身，这样他们可以偷偷溜进兽人的营地进行偷袭。这些法师也可以施放变形术，把一个兽人单位变成一只没有攻击力的绵羊。这些法术的魔法消耗都很高，需要玩家执行复杂的动作来施放，但回报是实实在在的。总的来说，兽人在地面的直接战斗中占据优势，但人类可以通过灵巧的选择和技巧来对抗。关键点在于，人类和兽人的单位之间有不同，但整体来说，游戏在优势和劣势上的平衡做得很好，这可不是一个简单的任务。

优势策略

有的时候，玩家可以在游戏里发现一到两个策略，能够有效地战胜其他玩家。这会导致游戏中整体的选择变少，因为当优势策略存在时，没有人会选择更弱的策略。

比如，如果一种攻击的方式远胜其他，那么玩家就会被这种方式所吸引。即使一点小小的不平衡，也会对一款游戏的可玩性造成显著的影响。当平衡一款游戏的时候，你需要确保每个方面都有足够的策略，并且玩家的选择不会随着游戏的进展而受到限制。当玩家为了胜利而只关注少量的选择时，游戏往往会变得很枯燥。

你能想象玩一款游戏的时候，你的对手已经计算出优势策略，然后只要简单地执行它就可以了吗？游戏会变得让你非常有挫败感，对你的对手来说则是无聊。如果你们都知道优势策略，这就会变成你对每个选择的死记硬背，结果是你从一开始就能预知会发生什么。《井字棋》是一个存在优势策略的游戏，因此它并不让人兴奋。

让游戏有趣并富有挑战的一点在于，系统不能提供优势策略，至少，不能一眼就让人看出来，要反复玩之后才可以找出来。作为设计师，你应该一直监视优势策略。当你发现它的时候，要想办法解决它，或者把它藏起来，这样玩家就不会在了解所有内容之前很简单地发现这个策略。

一句话警告：优势策略和玩家最喜欢的策略并不是一回事。如果硬核玩家在你的游戏中发现了一种他们喜欢一遍又一遍使用的方法，但这种方法并不总是高效的，那么这就不是优势策略。如果游戏的平衡得当，那么其他玩家就有丰富的对抗策略来选择应对。

练习10.7：优势策略

在你的原创游戏中，你能找到会限制玩家选择的优势策略吗？如果找不到，那么列出一些有效的策略。玩家可以利用什么策略来对抗这些呢？

平衡位置

为你的游戏平衡起始状态的目标是让系统公平，这样玩家有平等的获胜机会。这并不总意味着给每名玩家相同的资源和配置。尽管许多游戏在起始点的时候是对称的，但也有很多游戏不这么做。正如我在第3章关于玩家的交互模式的讨论中所展示的，在你的游戏中有许多有趣的方法来设计竞争，对称竞争只是其中之一。

此外，平衡多人游戏的挑战和平衡单人游戏的是不同的。这是因为单人游戏往往包含电脑"玩家"或是对抗人类玩家的AI。为了理解这是如何影响平衡的，让我们看看多人游戏的两种基本模式：对称式和非对称式。

对称式游戏

如果你给每位玩家完全相同的开始条件和获得同样资源、信息的方式，那么你的系统就是对称性的。在国际象棋里，黑方和白方都有 16 个单位，双方在棋盘的两侧以镜像的方式摆放，双方在棋盘上有同样的机动空间。《四子棋》、*Battleship*、*Othello*、西洋跳棋、围棋和 *Backgammon* 都是类似的对称性系统。

在回合制游戏（比如上面提到过的那

些）中，有一处不对称的地方需要进行处理，这便是谁先行的问题。如果不好好平衡的话，这个问题可能会彻底毁掉游戏的公平性。在此前提到过的游戏设计师 Ernest Adams 的文章中，他指出了可以通过在先行一方产生优势的地方做一个系统的设计来抵消先行的优势。[3]国际象棋的布局方式使得开局只有卒和马能够移动。这是游戏中两个最弱的棋子。另外，双方之间有四行空地，这意味着第一步棋双方都没法威胁到对方。围棋中则有一套"贴目"的规则，这套规则补偿后手玩家一定的"目数"（围棋中的分数）。（这个分数根据你玩围棋所在的地区不同、规则不同和段位的不同而变化。）数学家 Piet Hein 和 John Nash 分别发明了游戏《六连棋》。在这款游戏中，他们使用了"换手"规则，当玩家 1 移动后，玩家 2 可以选择是否和玩家 1 交换位置（或颜色），从而抑制先手的优势。

另一个选择是从系统上平衡，让游戏的步骤变多，过程变长。这使得第一步几乎不存在战略上的意义。国际象棋的游戏时间很长，所以先行对整个游戏的影响非常有限。把国际象棋和游戏时间很短的游戏进行比较，比如《井字棋》。在《井字棋》中，首先移动有着巨大的优势，优势大到先行的玩家总是赢或平局。

Adams 还指出，可以结合随机元素来降低先行的优势。对称式的桌面游戏，例如，《大富翁》和 Backgammon 都需要玩家掷骰子来移动。骰子就是随机元素。先手玩家可能会掷出很差的点数，后手玩家可能会掷出很好的点数，因此先行优势就被减弱了。

非对称式游戏

如果你给双方不同的能力、资源、规则或目标，你的游戏就是非对称式的。然而，一个非对称式游戏应该依然是公平的。作为一名设计师，你的目标是改变变量，让系统平衡。如果要正确地进行游戏，不考虑其他因素的话，每个对手都应该有差不多对等的胜利机会。

这种非对称性在游戏中非常强而有力，因为它能够模拟现实中的冲突和竞争。历史事件、自然、运动和生活的其他方面都充满了这样的情况：对手们带着不同的位置、资源、优势和劣势进行竞争。想象一下，如果要重现第二次世界大战，玩家们要带着完全一样的单位在一块对称的棋盘上进行游戏。这完全没道理。由于这个原因，大部分的电子游戏倾向于非对称。让我们来看一些游戏，看看它们是怎么处理非对称能力和资源的问题的。

在格斗游戏《刀魂 2》（Soul Calibur II）中，有 12 个不同的角色，每个角色都有自己的一套能力数值。一个典型的角色大约有100 个战斗动作和自己独特的格斗风格。正如大部分格斗游戏，一个动作能造成不同的伤害，对手是毫发无损还是被击杀，完全取决于对手的应对措施。每次一个角色攻击另一个角色的时候，是否被伤害取决于其中一个角色或是双方。玩家需要了解如何在不同的情况下对抗不同的角色，并且知道如何及何时采取格斗动作，从而掌握游戏。在这个非对称性的例子中，南梦宫的设计师们平衡了这个系统，使得对手们有同样的目标和基础动作，但在能力上有所不同。

在即时战略游戏《命令与征服：将军》中，玩家从三个不同的势力中选择其一（参见图 10.8）。玩家的玩法取决于他们选择的势力的优势所在。第一种势力利用高科技武器，第二种势力用绝对数量淹没对手，而第三种势力依靠诡计和潜入。这款游戏的关键是不同势力有不同的平衡的资源。如果很有技巧地玩这款游戏的话，他们中的每一个都有丰富的策略去击败另外两个。另一个有非对称式资源的游戏是 *NetRunner*，这是一个由万智牌的设计者 Richard Garfield 设计的集换式卡牌游戏，参见图 10.9。在这款游戏中，一名玩家使用一组牌扮演一家公司，另一名玩家则扮演 runner（类似网络黑客），使用另一组牌。两组牌是完全不同的。公司使用卡牌去建设并保护数据堡垒，终极目标是完成公司的工作日程。黑客使用卡牌来攻入公司的安保系统，在公司能够完成工作日程之前偷走它们。在这个非对称式游戏中，对抗双方使用完全不同的资源和能力，但他们都有共同的目标：获得七个工作日程点数。

练习 10.8：对称式游戏 vs 非对称式游戏

你的原创游戏原型是对称式的还是非对称式的？为什么？

图 10.8 《命令与征服：将军》截图

图 10.9　NetRunner：公司卡与 runner 卡的对抗

非对称式的目标

　　游戏中另一个能够体现非对称特性的地方就是每个玩家有着不同的目标。这可以增加游戏的多样性和策略性。其他条件都相同时，你可以给双方提供不对称的胜利条件，或者也可以把非对称的目标和非对称的开始位置结合，这是真正的平衡性挑战。在这种情况下，你要做的可能是增加多样性或是唤起真实生活中的情况。下面是提供非对称性目标的几种模式。注意，在每个案例中，即使目标不同，游戏依然要平衡以保证公平。

计时模式

　　许多电子游戏允许较弱的防守者通过建立防御来抵御较强的攻击者。防守者的目标是坚持一段时间。攻击者的目标是在规定时间结束之前杀掉所有的防守者。在初版《星际争霸》教程里的第二个任务就是这么设计的。在这个任务中，你要建立一个小型的人类基地，并坚持 30 分钟，不被海量的虫族淹没。

　　计时模式主要适用于基于任务的游戏，包括《家园》、《魔兽争霸》及《命令与征服》。这个模式也用在了回合制的军事桌游中，比如 *Panzer General*。在这款游戏中，"计时模式"的胜利条件的计量标准是回合而不是时间。较弱的防守者需要坚持至少 30 回合。

　　而在即时战略游戏《帝国时代》的多人模式中，玩家可以选择是否以计时模式作为胜利条件。他们如果修建了非常昂贵的名为"世界奇迹"的建筑，那么计时模式就开始了。当一名玩家建立了一座奇迹的时候，所有的对手都能看到屏幕上出现倒计时。这名玩家必须防守自己的奇迹不被其他玩家摧毁。如果他能够坚持到时间结束，他就赢得游戏。在这个案例中，计时模式是玩家有策略地选择的胜利条件。它被平衡地加入游戏，以带来更丰富的玩法。

保护

　　这是计时模式的一个变体，它也同样具有戏剧性。在这个模型中，一方尝试着去保护一些东西（比如一位公主、一个魔法球或是一份秘密文件等），而另一方尝试去得到这个东西。如果防守方成功保护或是藏好这样东西没被发现，他们就胜利了。如果进攻方得到了这个东西，进攻方就胜利了。许多游戏都包含这种保护东西或是藏好东西不被找到的任务。一个例子是二战主题游戏《重返德军总部》中的海滩入侵地图。在这张地图上，同盟国的目标是强攻一处轴心国把守的海滩。然后他们必须穿过一座防波堤，渗透进基地，偷到一些最高机密文件。轴心国的目标是保护这些文件，让同盟国无法接触到它们。

组合

我们也可以在游戏中把"计时模式"和"保护设备"的目标结合在一起。例如，第一人称射击游戏《虚幻竞技场》中的多人突袭地图。这些地图都有计时模式（通常 4 到 7 分钟），同时也有需要被保护的对象。攻击者的目标是到达总部、窃取代码，或是炸掉大桥。他们会尽可能快地去做这些事情，与此同时，防守者则要尽可能久地保护对象，或是坚持到倒计时结束。当目标达成的时候，所耗费的时间会被显示出来，然后两支队伍交换角色。他们在同样的地图上再次进行游戏，刚刚的攻击方现在变成防守方。新的攻击方要尝试着在上一轮中对方完成目标所耗费的时间内完成目标。这类游戏会非常刺激，因为它既有清晰的目标，对倒计时的运用也非常戏剧化。

练习 10.9：非对称式目标

在你开发的原创的游戏原型中建立不同的非对称式目标。如果你的游戏是一款单人游戏，那么加入一个对目标的选择。添加这些变化后，测试游戏，并描述在游戏的玩法上发生的变化。

个人目标

在经典的桌面游戏 *Illuminati* 中，设计师 Steve Jackson 非常新奇地运用了非对称目标。这是一个关于政治、外交和蓄意破坏的游戏，在这个游戏中，对手们争夺社会团体的控制权，诸如黑手党、中央情报局、Boy Sprouts、星舰迷（Trekkies）及便利商店。玩家们有一个共同目标：控制特定数量的社会团体。这个数字从 8 到 13 不等，取决于参加游戏的玩家数目。或者，玩家们也可以选择完成他们的个人目标。举个例子，"克苏鲁的仆人"（Servants of Cthulhu）的个人目标是摧毁任意 8 个社会团体。玩家必须观察，以确保没有人完成共同目标；同时还要进行战斗或是谈判，确保其他玩家不能完成各自的个人目标。不同的目标带来了脆弱的联盟和互相的不信任。这款游戏很平衡，因此为了胜利，在许多情况下，玩家需要和另一个人合作，而另一些情况下则要背叛别的玩家。游戏截图如图 10.10 所示。

图 10.10 Illuminati Deluxe

前面的这些模型仅仅是在游戏中应用非对称式目标的其中一些方式。正如许多游戏设计中的概念一样，我们还有其他方式来达到这一目的，有一些可以在已存在的游戏中找到，另一些还需要被发明出来。

彻底的非对称

《苏格兰场》（Scotland Yard）是一款非常流行的桌面游戏，里面的所有东西几乎都是非对称的。在这款游戏中，一个玩家作为一方，而另一方则是一队玩家。这个单独的玩家扮演逃亡者 X 先生，同时其他的玩家是一队追捕他的苏格兰场的侦探们。为了让竞争公平，设计师对系统进行了平衡，让 X 先生具有躲藏能力，他还有用不完的地铁、公交和出租车票（即"资源"）。X 先生在伦敦隐形地四处移动，但必须根据回合计划每四到五回合露一次面。侦探们利用 X 先生上一次露面的信息并进行合作，尝试着包围他，并切断他可能的逃跑路线。侦探们只有固定数量的交通票。如果他们中的一个用完了某一类型的交通票，他就不能再用这类交通工具了。X 先生的目标是坚持 24 轮不被抓住。侦探们的目标是抓住 X 先生。从本质上来说，这两者是平衡的：X 先生有无尽的资源并能躲藏；侦探们只有有限的资源，但他们有四个人甚至更多，可以通力合作。游戏的变量被调整到双方都有平等的机会来赢得游戏。

在我刚刚讲过的对称式的和非对称式的多人游戏模型中，最重要的平衡是各种各样玩家之间的平衡。因为在多人游戏中，其他玩家的存在往往是游戏冲突的基础，而平衡性的问题往往来自游戏开始时每一方的资源与能力分配状况。

然而，在单人游戏中，冲突如果不是由系统提供的，那么就是由障碍、谜题或 AI 对手等形式提供的，之前我曾经讲过这一点。正如多玩家模型一样，单玩家一样可以采用对称式的或非对称式的游戏形式。

平衡技巧

技巧的平衡需要使用户的技巧水平和游戏系统提供的挑战的难度水平相匹配。困难在于每名玩家的技巧水平是不同的。

对于一些游戏，可以非常实在地简单提供多种难度水平。比如，最早的《文明》就提供了五种难度等级：首领、军阀、亲王、国王、帝王。每个难度等级都比前一个更有挑战。不同的难度等级之间的差别很简单，只是系统变量的数字不同。

当你玩首领难度的《文明》时，你的起始现金储备是 50，而在帝王难度下，起始现金储备则是 0。在首领难度下，电脑敌人的攻击强度是 0.25 倍的力量，而帝王难度下则会变成 1.25 倍力量。图 10.11 展示了《文明》的不同难度等级下的系统变量的表格。

练习 10.10：难度等级

你的游戏原型有难度等级吗？如果有的话，描述一下你是怎么使用它们的，以及你是如何平衡它们的。如果没有，为什么呢？你能为其增加难度等级吗？它们会如何影响游戏玩法？

如果为你的游戏提供多个难度等级比较不实际，那应该怎么办？也许你的设计并

特性	首领难度	军阀难度	亲王难度	国王难度	帝王难度
游戏结束年份	2100 AD	2080 AD	2060 AD	2040 AD	2020 AD
初始现金	50	0	0	0	0
满意的市民 每座城市初始时满意的市民数	6	5	4	3	2
电脑玩家的食物 电脑玩家食物仓库中的食物储量	16	14	12	10	8
电脑玩家的资源消耗系数 电脑玩家建造单位和升级的消耗会乘以此系数	1.6	1.4	1.2	1.0	0.8
电脑玩家每次升级的消耗增量 每完成一次升级，下一次升级的消耗增量	14	13	12	11	10
真人玩家每次升级的消耗增量 每完成一次升级，下一次升级的消耗增量	6	8	10	12	14
野蛮人单位攻击强度系数 野蛮人的攻击强度会被乘以这个系数	0.25	0.50	0.75	1.00	1.25
谈判所需金钱系数 和谈所需付出的金钱会乘以这个系数	0.25	0.50	0.75	1.00	1.25
文明得分系数 将最后得分转换到高分榜的系数	0.02%	0.04%	0.06%	0.08%	0.1%

图 10.11 《文明》的难度级别

不像《文明》一样依赖起始的变量。如果是这种情况，最好的做法是平衡系统变量，为你的目标玩家做出中等的难度等级。

为中等技术水平做平衡

为中等技术水平做平衡需要从你的目标玩家中寻找不同能力水平的玩家，进行大量的测试。这应该包含从新手到硬核玩家的范围。设计师 Tim Ryan 在他发表于 Gamasutra 网站上的文章中提到了找到合适能力水平的玩家的办法。首先，找硬核玩家测试，设定最高的难度标志；然后，找新手测试，设定最低的难度标志。接下来，就可以逐步调整难度等级了，如图 10.12 所示。

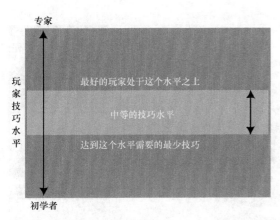

图 10.12　中等技巧水平的平衡

在你建立了这些边界后，就可以在两个难度标志之间调整系统变量来寻找中间点。单人的电子游戏往往会采取渐进式的关卡设计，你可以随着关卡的推进逐步提高难度等级。当然，每个等级必须独立平衡。

动态平衡

在某些类型的游戏中，有可能做到在游戏中根据玩家的技巧水平调整难度。比如《俄罗斯方块》，在这款著名的游戏中，不同形状的方块从屏幕顶端落下。玩家旋转方块，左右移动它们，把它们在屏幕底部排列整齐。如果玩家填出完整的一行，那么这一行就会被消除掉，玩家会获得分数。当游戏开始的时候，方块缓慢地落下，因此玩家可以很轻松地把它们整齐排列在屏幕的底部。但随着分数的增加，方块落下的速度也在增加。系统被平衡为随着玩家的能力提升，难度也自动提升。在这个例子中，难度和方块下落的速度这个变量直接相关。游戏截图如图 10.13 所示。

在《GT 赛车 3》、*Project Gotham Racing*、

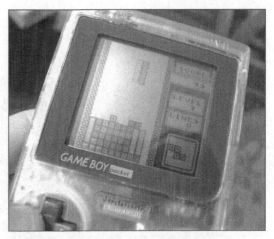

图 10.13　Game boy 上的《俄罗斯方块》

《马里奥赛车 64》这样的竞速游戏的单人模式中，它们都有一个自平衡的机制（参见图 10.14）。在这些游戏中，当一场竞速开始的时候，电脑对手（即其他车）会加速到它们的最高速度。而这个速度不会超过真人玩家通过技巧所能达到的最高速度。如果真人玩家比较靠近或是领先，那么电脑对手就会保持最高时速，这就意味着差距会非常小。如果真人玩家撞车了，电脑对手的规则就会改变，它们会降低速度，这样真人玩家才可以追上来。

当真人玩家接近电脑对手的时候，电脑对手又会重新加速到最高速度。真人玩家不会感觉到这一切的发生。最理想的状态是让真人玩家由于自己的能力而觉得自己很成功，但同时保持游戏平衡，这样新手不会失去获胜的可能。

平衡电脑控制的角色

在设计电脑角色的时候，一个问题是它们必须看起来像人类，而且也会犯错误。否

图 10.14　Moto GP 和 Road

Rash MotoGP©1998 2000 由南梦宫有限公司保留所有权利。图片由南梦宫集团提供。

则，一台电脑控制的赛车会用最快速度跑完一条跑道，不犯任何错误；如一个电脑控制的狙击手每一枪都能射中对手的眉心，这对于真人玩家来说太没意思了。

下面是程序员 Ed Logg 解释《小行星》里的飞碟是如何运作的：

> Sluggo（大飞碟）随机开火。Mr. Bill（小飞碟）会瞄准以后开火。小飞碟知道你在哪里，并且知道你移动的方向。它会获得这些信息，然后在你的前后的一定角度内设定一个窗口，然后在窗口内随机选择位置进行射击。这么做的原因是你永远不会冲着它直接移动。这样它会根据你的行动做出反馈。同时，你的分数越高，小飞碟会变得越准确。当你的分数达

到 35 000 分的时候，它会把射击窗口变得更窄，提升它击中你的概率。

在这个案例中，飞碟瞄准玩家并随机偏离少许角度。这提供了一个能够用来平衡游戏的变量。如果这个角度上升了，那么飞碟容易打偏，游戏就变得简单。如果角度下降了，那么飞碟就更容易命中，游戏就更难了。这么做的结果是一个平衡的、有挑战的、但仍然可以击败的电脑对手。

程序员通过很多聪明的办法来编写电脑控制的角色。事实上，也有很多图书专门讨论如何编写游戏 AI。对游戏设计师来说，重要的不是角色的代码是怎么写的，而是他们能够通过调试来获得一个平衡且满足的体验。

平衡你的游戏的技巧

随着你经历平衡游戏的这些方面,你可能希望一口气把所有东西都改对。游戏测试者说他们希望要更多的 X 和更少的 Y,他们想改变操作步骤 A 并制作新的规则 B。在你知道这些之后,你手上的工作将是一团乱麻——你的平衡流程失控了。

在下面的内容中我会讲到一些技巧,这些技巧能帮助你保持头脑冷静,并真正做出提升游戏的改变。很显然,这些技巧可以运用在修改的全部阶段,但现在可能是你最需要它们的时候。如果能掌握这些技巧,你就有能力把一款不错的游戏调整到优秀,并且不需要放弃之前做过的东西。

模块化思维

许多游戏并不是由一个单独的系统组成的,而是由一系列的互相关联的子系统组成的。简化一款游戏的一个好方法是模块化地思考。把你的游戏拆成独立的功能单位,这会让你看到每个单位互相关联的机制。比如《魔兽争霸》这样的游戏,它有一个战斗子系统,一个魔法子系统,以及一个资源管理子系统。每个子系统都是更大的游戏系统的一部分。多种多样的部分互相联系越紧密,就越难进行修改,因为一个改变可能会让游戏中看起来并不相关的部分失去平衡。

和 Rob Pardo 的对话

Rob Pardo 是位于加利福尼亚州尔湾市的暴雪娱乐的首席创意官。在 2014 年,为暴雪工作了 17 年后,他创立了自己的工作室,Bonfire Studio, Inc.。在暴雪时,他制作了几款行业内颇受尊敬且畅销的游戏,包括《魔兽争霸》、《暗黑破坏神》和《星际争霸》系列。在这次交谈中,Rob 分享了一些关于他在暴雪和开发团队一起平衡游戏的一些细节,同时还分享了一些关于作为一名职业游戏设计师的观点。

本书: 我们感兴趣的一件事情是暴雪平衡游戏的过程。在游戏平衡中,你参与的哪些部分工作比较多呢?

RP: 平衡是任何暴雪游戏中都非常重要的一个部分。我首次参与平衡工作的游戏是最初的《星际争霸》,我们有三个完全不对称的种族。在《星际争霸》中,我知道了让自己成为专家级的玩家有多重要。这样,你才能懂得什么元素可以让一个单位、法术或是种族变得不够强或是太强。许多设计师尝试着在一张包含许多单位的能力和数据的表格里进行平衡，但是通常来说，许多会改变一个单位平衡的元素是你无法在表格里面找到的。举个《星际争霸》中的例子吧，我们激进地对游戏的早期版本进行了改动：彻底减慢了虫族宿主的移动速度。做这个改动是由于虫族玩家通过这个单位可获得侦查上的巨大优势。

在《魔兽争霸 3》中，作为首席设计师，我的职责范围很广。有的时候需要进行兵种设计；有的时候要和我们的剧本作家 Chris Metzen 合作；有的时候需要和关卡设计师合作，决定每个关卡中需要加入哪些噱头和玩法特性，并如何让它们很好地结合起来；有的时候，还要思考"小地图看起来怎么样"这样的问题，或是写出设计文档，交给合适的程序员和美术师这些。我参与制作的差不多是游戏世界里玩家能看到和进行交互的全部内容吧。

游戏平衡只是我们所做的东西里很小的一部分，但它很重要。

关于设计《魔兽争霸 3》的过程。

本书：你能介绍一下设计《魔兽争霸 3》的过程吗？

RP：《魔兽争霸 3》非常有趣，因为它在很多方面都与其他游戏不同。首先，它是我们的首款 3D 游戏，这带来了一些挑战。同时，我们希望能够做一些和《星际争霸》不同的东西。刚刚结束《星际争霸》，我们觉得那种游戏玩法的形式已经玩死了——你懂的，微操作、动作、即时战略，随便你怎么叫它。当我们开始制作《魔兽争霸 3》的时候，我们思考了魔兽系列的背景设定，我们想换一种新方式。因此我们决定加入许多 RPG 的元素。

在 3D 方面，我们决定把摄像机视角调低一点，尝试一些新东西。问题是摄像机降得太低了，变成了伪第三人称的体验。这会让你在地图上走动的时候失去方向感，同时也让人很难在战斗中选中单位，因为你的摄像机视角指向某个方向，很难有对整个战场很好的视野。这是一个挑战，因为我们还是想要一个有趣的策略游戏。最终，我们把摄像机拉回到了一个更传统的等角视图视角，然后我们才真正开始取得进展。

本书：你们为《魔兽争霸 3》建立的第一个东西是什么？你们做原型了吗？

RP：是的。由于这是我们的第一款 3D 游戏，建立 3D 引擎并让它运作起来非常重要。我们也需要准备好美术流程，这样美术师们可以开始利用新引擎测试美术文件。我们首次在《魔兽争霸 3》中做的一件事情（现在我们的所有项目都这么做），我们决定每天都出一个能运行的版本。最终，我们让这个引擎能够运作起来，也可以立刻把美术资源放进去。从那时候开始，每天，我们的团队都能做出《魔兽争霸 3》的一个新版本，并且可以运行。很显然，新构建的版本并不是每天都能正常运行，因为总是时不时就有 Bug，但那是一个承诺，它确确实实帮助我们清楚地看到自己的进度。在《星际争霸》中，直到 Beta 测试，我们才经常开始输出稳定的版本。因此，这对我们来说是很大的进步。我们花了很多时间做世界外观的原型和摄像机的调整，以及思考我们想加入哪些元素。

本书：听说找出摄像机的位置是原型制作过程的一部分？

RP：是的，确实如此。在暴雪，我们强烈相信的东西之一就是迭代设计。你知道的，原型意味着许多不同的东西。我们并不是真的像其他公司那样，建一个由许多方块建起来的原型然后测试游戏玩法。我们做的更多的是技术和美术的原型而不是游戏性原型。因此当我们有了美术和实际的 3D 引擎时，我们才真正开始投入摄像机的调整和单位的加入，并尝试着找出我们心中的《魔兽争霸 3》是一款什么样的游戏。

关于开发《魔兽争霸 3》的种族和单位

本书：能告诉我们一下设计种族和单位的流程吗？

RP：我们很清楚我们不想再做一个《星际争霸》。我们知道我们想往游戏里加入角色扮演的元素，以及我们要做 3D 的游戏。团队里有些人想要许多单位，另一些人只想要少量单位。在早期，这是一个有争议的话题。

我们想出的最早的东西之一是"英雄"的概念。当时，我们称之为"传奇"。实际上，提到游戏自身的时候，我们也叫它"传奇"。我们不想叫它《魔兽争霸 3》，因为这样的话，我们最后可能会做出一款《魔兽争霸 2》的续作，因此我们把整款游戏都叫作"传奇"，并且相信我们会用这个名字来发售游戏。

在早期，我们设计了许多英雄单位，其中包括大法师和酋长。我们用原型的形式把他们制作了出来，然后加入了不同的技能来玩，试着找出他们应该是什么样的。我们问自己："他们应该像《暗黑破坏神》里面的英雄那样吗？"我们尝试着去找出英雄是什么，对于一款策略游戏的意义是什么，对纯粹的角色扮演游戏的意义又是什么。我们试验了诸如"也许单位只会跟着英雄走"这样的东西。

这些概念组成了早期的核心玩法。但此时，这是没有基础的游戏玩法。然后在美术方面，我们尝试着找出该怎么运用 3D：能做到什么，不能做到什么。同时，我们也在尝试不同的联网模式和技术概念，这些可能会影响游戏玩法元素。因此，游戏性、美术和技术是交织在一起的。

本书：因此，英雄单位的概念是你们设计的早期概念。游戏中的四个种族呢？他们是怎么被开发出来的？

RP：一开始，我们有许多关于种族的讨论。我们讨论了不同的很酷的能力及玩法风格，并快速决定亡灵应该是种族之一。这非常有趣：在最早的时候，我们的想法是做九个完全不同的种族。当然这根本不合理——可能应该这么说，我们最酷的种族的概念一共有九个。后来砍到了六个，又砍到了五个。很长一段时间，我们觉得最终版本里会有五个种族，因此我们在纸面上设计了许多的种族和单位。

我们首先开始制作人类和兽人，然后是亡灵。第四个种族，也就是后来的暗夜精灵紧随其后。暗夜精灵是早期的种族概念黑暗精灵和高等精灵的折中。我们希望在这款游戏里能出现以前没有过的精灵。第五个种族是恶魔。我们在 alpha 测试前才砍掉了恶魔。问题在于我们希望恶魔成为故事里的终极坏蛋，但我们也希望他们在多人对战中可以取得平衡。我们遇到了成套的问题，包括他们应该是什么样的及他们应该和其他种族如何交互。最后，我们决定保留他们在故事线中的坏人形象，但不把他们做成一个完全能玩的种族。

本书：有意思，你说你们遇到了"成套的"问题？

RP：是的。当思考种族的时候，我们想："这个种族是什么样的？是个卑鄙的种族吗？是个关注微操作的种族吗？是重型的地面种族吗？这个种族是不是应该很全面？要不要魔法？"当我们思考恶魔的时候，很显然，我们说："很强壮，擅长火焰魔法，有许多强悍的单位。"如果恶魔中出现苦工或者步兵这样的单位会非常奇怪，他们不应该是那样的。我们决定把恶魔做得不那么酷，而是根据在网上对战所需要的特性来设计这个种族。

关于"全力做得更酷"

本书：平衡游戏总是包括不停地来回调整系统的变量数值。在《魔兽争霸 3》里，你们在早期似乎把游戏规模想得很大，随着开发的进行，才把一些期望调低？

RP：是的。在早期的时候，我们头脑风暴了"成吨"的很酷的点子。我们有许多犀利、有创意的人，因此我们想出来的点子数量远远超过能真的放进游戏中的数量。然后设计师接下来一两年（取决于 Beta 前开发周期的长度）的工作就是打磨这些点子。有一些我们要抛弃掉，有一些我们要修改一下，有一些成为游戏玩法的基石。

我们的座右铭之一（我们有很多座右铭）是"全力做得更酷"。比如在《魔兽争霸 3》中，如果我们想要的话，我们可以让一个种族拥有 20 或 30 个单位，但我们希望每个单位都有意义。同时，我们想确保玩家对于每个种族都有独特的感受。因此即使每个种族都有飞行单位和工作单位，但使用他们的方式却是不同的。

我们也希望这样的方式可运用在英雄上。每个种族都应该有几个让这个种族变得独特的英雄。当我们开始设计英雄的技能组合的细节时，每个种族我们设计了四个英雄。但技能组合之间有重合，所以我们修改为每个种族有三个英雄。这个决定在我们的粉丝中产生了很大的争论，因为我们砍掉了人类的英雄游侠。游侠被砍掉以后，网上充满了请愿之类的东西。这一刀砍得非常有争议。

本书：哇。说到这些激进的粉丝，他们在能玩到游戏之前就开始因为失去一个角色而争论了。

RP：是啊，非常疯狂，不是吗？（大笑）我们喜欢在游戏测试之前就有一个庞大的粉丝社区。有一群非常喜欢我们游戏的粉丝真的很棒。缺点是你不能只在黑箱里做好游戏然后把它丢到市场里，因为有太多人在看着。

游侠被砍掉的那天很重要。人们知道她，因为我们在网站上把她挂出来了。她的消失引起了很大的骚动。这还是之前我讨论过的"成套的"争论。人类已经有一个远程魔法英雄，即大法师；他们还有一个很酷的坦克式的英雄，即山丘之王；他们还有圣骑士这个英雄。我个人也对游侠被移除感到有些难过。但我们看暗夜精灵，他们有许多弓箭手单位。游侠看起来太像一个精灵弓箭手了。我们必须把种族区分开，所以她被砍掉了。做出这个决定很艰难。

关于平衡《魔兽争霸 3》的英雄的效果

本书：这太有趣了。英雄戏剧性地影响到了游戏性。在《魔兽争霸 3》中，我注意到了一点，我操纵的军队规模比《星际争霸》中的军队规模要小得多。

RP：没错。当我们开始开发《魔兽争霸 3》的时候，许多人都想要另一个有《星际争霸》风格玩法的游戏。你懂的，微操作什么的。但我们想要有一点不同。我们想要这款游戏的单位更强韧，更有意义。在《星际争霸》中，你只要把一大堆的单位丢进战场就行了，不用管他们是死是活。你可以带着 50 到 100 个单位的军队出去，这不算什么。

对于《魔兽争霸 3》，我们不希望游戏中的普通单位再被玩家当成草芥。我们想要玩家关心每一个兽人步兵和人类步兵。原因之一是为了提升对英雄的关注。我们希望英雄成为战场上具有极大优势的力量，因为只有这样才能叫作英雄。所以如果有超过 50 个单位在战场上，我们就要把英雄变得强得离谱，他才能带来有意义的影响。如果战场上只有 10 到 20 个单位，那么英雄就会更平衡。为了让《魔兽争霸 3》达到我们期望的效果，英雄必须和战斗中可能出现的单位数量进行成比例的平衡。对吗？如果一款游戏中有超过 50 个单位的战斗，而英雄面对仅仅 10 个单位的时候，他会呈现出压倒性的优势。在《魔兽争霸 3》中，常见的情况是玩家操作 12 到 15 个单位。这就是《魔兽争霸 3》中的军队。24 个单位差不多已经到顶了。

试着去执行这个机制是很有挑战的。感觉就是"这要怎么做啊？"我们加入了一个机制，叫作人口，这是一种你能拥有的单位数量的限制。我们同时也控制黄金和木材的获取量。但早期只有这些机制的时候，发生的事情是玩家会迅速造兵直到最多，然后就这么玩。如果他们损失了单位，他们有巨额的金子和木头储备，只需要重新造兵，然后再次把军队规模扩到最大。这玩起来没什么意思。

本书：听起来，你们就在这之后想出了"维护费"这个机制？

RP：没错，这就是"维护费"的来源。维护费这个概念非常有争议，我们在此之前试了一些不同的方案，但最后还是决定采用维护费。

维护费的概念是这样的：你的军队规模越大，金子的收入就会越少。如果你建立了一支庞大的军队，那么维护费就会消耗掉大量额外的金子，你就无法积累下很多金子。维护费鼓励你在有更少的单位时更多地去战斗。

最初的时候，我们只是通过改变单位的数量和花费来鼓励玩家保持小规模的军队。但当我们观察玩家玩的时候，发现玩家总是带着庞大的军队，我们意识到我们必须回到黑板前。我们坐下来并讨论："我们想要一个玩起来单位更少、英雄更重要的游戏。我们该怎么做？"

每个人都头脑风暴出了一系列点子并互相交流。我们花费了数个星期持续选出并测试不同的点子，直到有一个起作用的系统为止。事实上，很多人一开始很讨厌维护费，实施它是很有争议的。问题的一部分在于我们曾把它称为"税"。我猜测这个名字让不少人想起了 4 月 15 日(美国人纳税时交税表的截止日期,需要填写大量的表格因此让人很烦恼)？(大笑)他们接受不了游戏的改变，仅仅是因为名字。直到我们想出了"维护费"这个名字，最后一些反对它的人说道："好吧，那我们试一试。"

维护费这个游戏机制用来鼓励基于英雄的游戏玩法，这也是我们的目标。作为一名游戏设计师，找出这样的办法意味着召开一系列的或大或小的会议，进而探讨出什么样的元素有用、什么样的没用，什么需要被改变、什么需要被拿掉。这是每天都要发生的过程，你懂的。

关于迭代设计及在发售后平衡游戏

本书：这么看来，迭代设计是实现这一点的关键部分。

RP：绝对的。我们一遍又一遍地调整系统变量并且测试游戏。我们并不惧怕拿掉一个单位、一个主要的设计系统或在 Beta 测试的时候才放进去一个新的设计。实际上，在《魔兽争霸 3》里，我们确实在测试以后才放入一些法术。我们之前就已经设计好这些法术了，因为猜到我们可能会用到它们。进入 Beta 测试的时候，我们应该有 90% 的种族单位和法术。从之前的 Beta 测试里我学到了，无论我们觉得这些单位该怎么玩，一旦高水平的游戏玩家（他们会比我们玩的时间还多得多，水平也高得多）开始玩它，我们就得准备好进行修改。因此我领先了几步，在每个种族里留下了一些空间，这样我们可以在需要的情况下用不同的东西来填补。当然，我们也确实这么做了。

本书：有趣。所以即使在 Beta 测试之后，你们也还继续做平衡上的工作？

RP：是的。我们在《星际争霸》发售两年之后还在更新平衡性补丁。它当然进化了。你也许可以就游戏社区的进化开一堂社会学的课程。

游戏发售后，我观察到两件事情。首先，此前从未被发现的不平衡被人找到了。这是因为一百万个玩家玩一款游戏和一千人测试实在是太不一样了。有一些人有着非常有创意的玩游戏的技巧，这些技巧可能别人从来都没想过。一旦这样的人开始在网上使用这些技巧，每个人都会发现这个不平衡之处，它会像病毒一样传遍整个社区。这迫使我们必须着手去做些什么。

另一件事情是游戏性的进化。有的时候我会看到一些东西，让我不急于去发布补丁。比如，突然一个种族可能会在网上连续好几个星期都能赢得相当大比例的游戏，看起来似乎是出现了某种优势策略。我们当然可以插手然后"修正"它。但是通常来说，这只是玩游戏的方式的进化。你可以看到高峰和低谷。我们假设占据优势地位数周的是人族。现在你需要给社区一个机会，让他们看到新战术，并让他们开发一个对应的克制战术。有时你可以在职业体育项目里看到类似的事情。在 NFL 橄榄球中，3 线锋-4 线卫防守战术已经成为优势策略数年了。这不是一种不平衡，运动员也不会去找规则委员会抱怨："我们需要宣布 3 线锋-4 线卫防守战术为不合法，因为这个战术太讨厌了！"进攻协调员只需要规划设计出自己的战术来攻击它。在我们的游戏社区里，有的时候我也看到同样的东西。决定修改什么、不修改什么有的时候真的是一种挑战。这是一个过程。

本书：告诉我，你做这些事情用到的软件工具吧。你能够通过战网（Battle.net）来近距离跟踪玩家的行为？

RP：是的。对于《魔兽争霸 3》，我们雇用了网页工程师来制作一个系统，这个系统可以跟踪所有类型的数据。我们发现有人建立了非常棒的粉丝网站，并且跟踪我们的其他游戏数据，于是我们雇了他。正如我们说的，"我们想看到种族之间如何利用地图基础来互相对抗。"他可以给我们对应的报告。我们常常这么做。有那么好几次，游戏平衡设计师都想对兽人或别的什么东西进行修正。我会说，"好的，听起来很合理，但我们也看看统计数据吧。"然后我们一起看了统计数据，"嘿，原来兽人其实并不是真的有问题，那我们先放一放吧。"

本书：所以你使用数据来判断不平衡是感觉还是事实？

RP：是的。但我们不是数据的奴隶。这只是我们所使用的诸多工具中的一个。你不得不对数据有一种直觉。幸运的是，《魔兽争霸 3》的平衡设计师是一个非常棒的玩家。

我们还有一组顶尖的玩家会直接给我们发送反馈。如果我们看到一些情况，诸如亡灵用一种怪异的方法吊打人类，我们会收集来自顶尖玩家的录像，然后看看他们到底做了什么。

本书：听起来在粉丝社区和开发团队之间好像有一种共生的东西存在。比如，你从粉丝里雇用了一位网页工程师。

RP：是的，我们的网页专家之前曾经有一个顶尖的《魔兽争霸 2》网站。他一开始被作为 QA 测试员雇用，然后我们把他调岗到网页端。即使你是世界上最好的程序员，我们也不一定雇用你，除非你是游戏的狂热爱好者。如果有人既是我们游戏的粉丝，又有开发的技能，那就太完美了。

本书： 这对他们来说也是个梦幻般的工作吧？

RP： 当然。他们往往会成为非常开心的员工。（大笑）

关于暴雪的游戏测试

本书： 好的，下一个话题是，我非常好奇你们进行早期版本内部游戏测试的流程。

RP： 在我们开始 Beta 测试之前，作为一支研发团队，我们自己会相当频繁地玩游戏。我们并没有规划游戏时间，比如有的公司会把周五当成游戏测试日，原因正如我说过的一样——我们是一群游戏玩家。这里的每个人都热爱这些游戏。因此我们的游戏一旦能玩了，团队里的每个人都会开始玩。午饭的时候所有的美术师都会在一起玩。他们都在一个大房间里面工作，所以靠得特别近。设计师也会一起玩，程序员会和他们混在一起进行比赛。有的时候我们会对一些人说，"喂，你玩得太多了。专心工作啊！"这时候我们就知道这款游戏已经很有趣了。（大笑）

关于作为一名游戏设计师

本书： 告诉我们一些你学到的一名游戏设计师所需要的技能吧？

RP： 有一件事情是从我年轻时起直到现在一直都在学习的，那就是你需要有全部的游戏设计技能，你也需要知道不同的开发流程，这样你才可以更聪明地进行设计。一名设计师需要戴上多顶不同的帽子。但从另一方面来说，我似乎并没有看到很多对团队合作技能的讨论。

游戏设计师，至少在暴雪，并不是产出点子的主要角色。他是游戏主要的愿景控制者（Vision Holder）。在很早的时候，我常常为了维护自己的点子和对抗别人的点子而挣扎。我后来意识到，"嗨，我的工作是把游戏设计的元素放进游戏，同时很重要的是引导其他人发挥创意。"这个思想上的转变是我的一个重要时刻。

现在看看我的工作，我知道了一件很重要的事情：倾听团队中其他人的声音，并试着在他们擅长的方面得到他们的点子。有的时候，一名团队成员可能会有很棒的点子，但不知道怎么把点子放进游戏的整体框架中。这时候我就可以出手了。我可能会和团队一起工作，试着从游戏系统的角度找出把他们的点子放进游戏的办法。一旦你做到了，你的工作就会变得简单很多。每个人也都更信任你。这也会带来多米诺骨牌一样的效应：你再也不用"捍卫"你自己的点子了，你也不用跟他们解释为什么他们的点子很糟糕。你和他们一起工作，你是他们把好点子加进游戏的工具。然后每一件事都会更顺利。

解决这个问题的办法是拆开子系统，并把它们从别的系统中抽离。这种类型的功能的独立性是大型游戏设计的一个重要部分。这很像面向对象的编程，每个对象都被一系列的输入和输出参数清晰定义出来，因此当你在编码的其他地方做出一些改变时，可以进行跟踪，看看它会影响哪些其他的对象。这对游戏设计来说也是管用的。如果你保持你的子系统模块化，那么当修改游戏中的一个元素时，你马上就能知道它会如何影响其他的部分。

目的的纯粹性

试着带着纯粹的目的去设计游戏，这意味着每款游戏中的部件都有单独、清晰的定义。没有什么是模糊的，没有什么东西的存在没有理由，没有什么东西有超过一个功能。为了做到这一点，你需要使用流程图把你的游戏机制拆成一块一块的，并精确定义每一块的目的。这会避免让你制作的规则和子系统随着游戏的改进而变得一团糟。当你坚持这个原则的时候，修改一个元素只会改变游戏性的一个方面而不是好几个方面，平衡你的游戏的工作也会更有系统性，而不是去瞎猜。

练习 10.11：目的的纯粹性

思考你的游戏原型。游戏里有任何没有关联的元素，也就是没有任何目的的元素吗？移除你的游戏中最不重要的元素，然后测试系统。游戏还具备功能性吗？还是完备的、平衡的吗？然后再移除另一个元素。持续从你的游戏里面剥离元素然后测试，直到你的游戏无法运行。现在，再回答一次这个问题：你的设计里有任何没有关联的元素吗？

一次只改一处

训练你自己的游戏原型，一次只改一处。每次只改一处总是让人觉得很麻烦，因为每次改完以后你都得重新测试整个系统，并评估效果。然而，如果你一次改变了两个或更多的变量，会导致你很难说出它们对系统的影响分别是什么。

电子表格

当平衡一款游戏的时候，没有比具有一套优秀的电子表格来得更有价值了。随着你的设计的进行，你应该通过 Excel 这样的电子表格来持续跟踪你的全部数据。这会让平衡性的工作变得更流畅。

如果有可能的话，你的电子表格应该反映出你的游戏的结构。这会让你更好地和程序员沟通。我强烈推荐你和你的技术团队坐在一起，共同建立这张电子表格。你的游戏中的每个子系统，不管是战斗、经济或是社交，都应该有自己的一套互相连接的表格。对你的表格，也要运用"目的的纯粹性"和"模块化"的原则。既要把表格当成你的起始点——一个很棒的展开游戏设计的工具——以及你的结束点——一个用来改进和完善游戏玩法的工具。如果可以的话，开发一个让你能很容易地导出和导入表格数据的工具。这样一来，你可以制作同一套表格的很多不同版本用于测试，并且在测试中快速切换不同的版本。这能让你观察到这些调整会如何影响整体的游戏性。

练习 10.12：电子表格

拿出你在练习 10.5 中列出的游戏变量，把它们放进 Excel 之类的电子表格中。确保电子表格的结构与游戏系统一致。现在你可以用这个工具来平衡你的游戏。

总结

恭喜！现在，你的原创游戏应该具备功能性、内部完备性和平衡性了。这意味着你已经准备好开始精炼你的游戏了，而这是设计流程的最后一步。但在继续下一步之前，我还得说说你应该怎样确保你的游戏达到了真正的平衡。我教过你规则、工具和方法，但真正开始平衡游戏的时候，很大程度上还要依赖你的直觉。

之前我简单地提过这一点。在书里面是没办法教你怎么运用你的本能的。直觉既是一种天赋，也是一种可以学习的技巧。你设计得越多，你的直觉会变得越好。你可以在没有测试之前就知道你的游戏是不是平衡的，你也能够立刻找出漏洞和死胡同，并进行正确的修正。在这一章里，我的目标是给你一个开始，我希望当你把这些东西和你对游戏设计的天然感觉结合的时候，你能很快地掌握流程，并让你的游戏发挥出最大的潜力。

设计师视角：**Brian Hersch**

一般合伙人，Hersch 和 Company

Brian Hersch 设计过各种类型的游戏，包括互联网游戏、App 游戏、CD 游戏、DVD 游戏以及电视游戏节目。他最著名的作品是他的桌游大作，包括 *Taboo*、*Outburst*、*Oodles*、*SongBurst*、*Malarkey*、*Trivial Pursuit DVD Pop Culture*、*Hilarium*、*ScrutinEyes* 及 *Out of Context*。

你是如何进入游戏行业的

Trivial Pursuit 打开了我的创造性的好奇心，而我的商务背景让我对游戏市场和当时蓄势待发的成人游戏领域进行了广泛的调查研究。研究的结论是，我认识到一些社会效应将必然聚合到一起：经济衰退影响了人们的娱乐预算；婴儿潮的一代受困于各种账单，他

们愿意在家里寻找娱乐，并倾向于玩桌面游戏。机会出现了，我出手了。很高兴的是，我们的推论是正确的，我们富有创意的努力引起了大众的共鸣，我们的游戏也卖得不错。

你最喜欢的游戏有哪些

- *Taboo*：因为它是我的孩子之一，而且它真正显示了如何将最简单的概念变成乐趣。
- *Carducci*：尽管它从来没有获得授权，但它还是我最自豪的游戏。它包含非常多有创意且有趣的元素，而且人们在玩的时候非常享受（即使没有公司能够为其制定市场策略）。
- *Poker*：因为我很享受从朋友那里赚钱！
- *Trivial Pursuit*：因为它非常适合我这颗塞满垃圾的大脑，同时它也是我进入游戏行业的催化剂。
- 我最近的游戏：因为我非常热爱自己的工作，而且我从不会发售我自己不喜欢的游戏。我发售的每款游戏都让我因为有自己的名字在上面而感到骄傲。

你受到过哪些游戏的启发

我不是很确定我的设计本能是来自游戏的激励还是外界的影响。我生来就是设计游戏的。非常明显，我对玩法模式和吸引人的娱乐很有了解。但是我纯粹是从设计的观点出发的。我常常被非游戏的产品刺激和鼓舞，包括艺术、摄影、建筑、前卫的商业产品和创新。我觉得我有点害怕被其他游戏设计师的作品影响，我也很担心自己对原创的渴望会受影响。

你对设计流程的看法

我赞成一个理论，即创造力由90%的灵感和10%的努力组成。有时我会测试这个理论，尝试着把创意过程当成设计里的主要元素，但通常来说我喜欢寻找自己的灵感，并把它推向加工好的娱乐产品。这听起来很复杂，但这个过程的最终目的就是为了寻找"乐趣"。我很愿意去创造一些新组合。我发现玩家之间有各种类型的互动，游戏中也有各种实体元素，而它们的组合是无穷无尽的。是骰子和卡片？是组队还是个人？玩家们展现的是技巧还是本能？玩家们应该更有创造力，还是使用基本的技能？正确的组合是经典游戏和被人遗忘的游戏之间的区别。这是艺术。

你对原型的看法

我绝对相信原型。就像游戏本身，开始的时候很简单、很粗糙，最后会被打磨成非常棒的游戏体验。评判游戏玩法需要游戏测试者不被设计的"想法"所干扰，而是更看重有什么能实际体验的。卡牌可以用手来抽，但是它们必须是卡牌（不是一张纸上表格里的一列材料）。通常来说，我们可以在一个独特的组件里找到游戏的特殊性。我的最好的例子是 Taboo 中的蜂鸣器。最初的原型用的是车库门的开门器，玩家们至少有了一个机会来按下按钮，然后听滋滋的响声。这个单独的组件支持了游戏性，增加了乐趣，带来了触觉体验，并且不需要复杂的结构。

执行的测试结果是什么

人们总是很自然地倾向于把不尽如人意的测试结果解释成误解、歪曲或任何东西，而不是缺陷存在的证据。接受自己的思路或设计有可能产生误判是非常重要的。也许它是可以改正的，也许它在基础上就不是一个有吸引力的产品。它是什么就是什么。如果你对测试的结果不诚实，那么你是在浪费这些测试者的时间；如果你常常这样，就没人愿意来参加测试了。只要你可以，就把缺陷修正。如果它真的不是缺陷，那么就去为下一次测试做准备。

我们曾经有一款游戏，测试的结果非常好，有趣的主题，很好的参与度，游戏时间适宜等。在游戏测试后，每个人都显得很激动。然后我们把游戏搁置了。我们把它埋掉了，然后继续向前。测试的结果是准确的。我们亲眼看到了所有的正面的东西。但是最明显的事实是，游戏测试者中没有一个人走过大厅然后购买游戏，哪怕是廉价出售的游戏。他们玩这款游戏，他们享受这款游戏，但他们永远不会帮助传播这款游戏，也不会买下游戏、炫耀它并宣传它的好处。以上虽然只是一个案例，但它非常充分地说明了测试流程可能会冲击甚至埋没我们的努力，而我们的态度应该是接受它。

给设计师的建议

尝试新的东西，思考原创的东西。记住，你是要把娱乐产品放进盒子。如果你能让人们投入，让他们大笑，花费一个小时沉醉其中，那么你就已经成功了。但如果它不是复制品的话，你往往会觉得更满足。一定要有原创性，唯--你需要惧怕的东西是拒绝。不管怎样，你都会经历很多。

设计师视角：**Heather Kelley**

实验游戏集体 Kokoromi 的创始人

游戏设计师 Heather Kelley 的作品包括《神偷：死亡阴影》(*Thief: Deadly Shadows*, 2004)，《汤姆克兰西的细胞分裂：混沌理论》(*Tom Clancy's Splinter Cell:Chaos Theory*, 2005), *Star Wars: Lethal Alliance* (2006)，以及 *High School Musical: Makin' the Cut!* (2007)。实验性项目包括 *Lapis*(2005)和 Kokoromi 的 *THE DANCINGULARITY* (2012)。她还是巴黎 Gaîté Lyrique 剧场 2012 年的开创性展览 Joue le Jeu 的管理者。在 2013 年，她获得了微软的 Women in Gaming 的"创新者"奖，并被 *Inc. Magazine* 列为游戏圈最有影响力的五位女性之一。她现在是卡内基梅隆大学娱乐技术中心的一名教授。

你是如何进入游戏行业的

我曾经在奥斯汀的研究生院研究性别与技术。在我毕业之前，一家位于奥斯汀的名为 Girl Games 的公司成立了，他们的目标是制作给青春期前的女孩们玩的游戏。我作为研究员参与了它们的第一款游戏，这款游戏叫作 *Let's Talk About Me!*。随后，我成为网站的制作人和内容经理，这个网站包括给年轻女孩提供的游戏、娱乐和社区功能。在接下来的十年，经历了数家公司，我做过智能玩具、电脑/主机/掌机游戏。基本上，就像大部分游戏设计师一样，我非常幸运地在对的时间出现在了对的地方，并且有着对的技能和经验。

你受到过哪些游戏的影响

我通常喜欢那些能带来完整的审美体验，并且是主流之外的游戏。

- *Raaka-Tu for TRS-80*：这可能是我玩过的第一款电脑游戏，它是一款文字冒险游戏。而我从来没有通关过！回想起来，它的设计其实并不那么好（非常随心所欲），但我被异国情调的场景和神秘的事件深深吸引了。
- 《龙穴历险记》(*Dragon's Lair*) 街机版：这款游戏让我知道了游戏可以如何用一种

完全不同的方式唤起想象力。它的游戏性真的很差劲，而且现在看起来也并不特别，所以很难理解当年在街机厅里为什么会有那么多人围着它玩。无论是视觉上还是游戏玩法概念上，与优秀游戏都有天壤之别。

- PS1 上的 *Vib Ribbon*：这是早期的一款节奏游戏，由著名的音乐游戏设计师 Masaya Matsuura 设计。它最启发我的地方是非常独特的矢量图形、温暖但有点吓人的音轨、充满禅意的节奏连击玩法，以及最特别的——你可以用自己的 CD 来生成关卡。这款游戏允许你把游戏光盘拿出去（整款游戏都在 PS1 的内存里运行），把你自己的 CD 放进去，让游戏读取你收藏的音乐来生成游戏关卡。这可是在远远早于 UGC 概念流行的时候，同时它也是 Kokoromi 的项目 *GAMMA 01：Audio Feed* 的灵感来源。
- Dreamcast 上的 *Seaman*：这款游戏惊艳我的地方是一些关卡——非常奇异的基本概念（你养在虚拟鱼缸里的一条能说话的带着人脸的宠物鱼，最后开始用精神分析疗法对你进行治疗分析），调整得很好的声音识别系统（这款游戏带有麦克风，软件能够识别相关的对话关键词），当然还有 Leonard Nimoy 的配音教程。

你对设计流程的看法

有的时候我在有限的时间内工作，我的流程可能和当我从草图开始制作的时候不太一样。对我个人的作品来说，我通常先有一个点子或是情绪想去表达，然后我会思考交互和目标，以及要让玩家去直接体验的感觉。

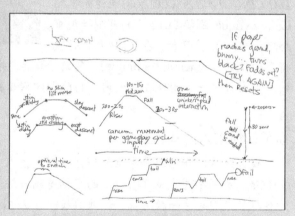

Heather Kelley 的游戏设计草图

你对原型的看法

我会尽可能多地使用原型。我不是一名程序员，所以我通常和一名程序员一起工作来做出原型。首先我会有一个"高级"的纸面设计文档——可能只有一两页那么长。然后我会和程序员碰面，讨论我的点子，画出更多的草稿，然后决定是否有什么东西需要特别被写出来。再从这些文档和对话出发，程序员开始制作基础的交互模型。我们会一起过一遍，然后讨论进一步的改动，随后继续这样的过程。当然，有的时候，一些你在纸面上觉得很好的想法可能会被抛弃，因为做出来以后会发现这些想法并不起作用。这就是原型的意义！如果你想看一款游戏的原型制作过程的案例，可以访问链接 1，它记录了我在 Kokoromi 担任游戏设计师制作的第一款游戏 *GLEE*。（*GLEE* 在开发过程中使用叫作 KISH 的代码编写。）

给设计师的建议

许多游戏设计训练的关注点在文档的制作上，但不要失去对整体的感觉。文档只是流程的一部分，而不是结果。做你该做的，去沟通想法和架构，但不要在文档里写不是你真正需要的东西。为每一比特的信息选择它们最适合的媒介，然后去沟通，画草图，制作流程图，在网上找参考图和视频。如果需要的话，躺下并在地上打滚！无论何时，制作和交互有关的东西来展示你的概念。对于没有代码的设计，你可以试试 GameSalad、GameMaker 或是 Twine。如果你会写代码或者愿意学一点编程，可以使用类似 Processing、OpenFrameWorks 或是 Unity 这样的开发环境。锻炼所有的沟通技能，这样你可以在职业生涯中非常灵活地运用它们。

补充阅读

Conway, John. *On Numbers and Games*. Natick: A K Peters, 2001.

Knizia, Reiner. *Dice Games Properly Explained*. Surrey: Elliot Right Way Books, 2000.

Lecky-Thompson, Guy W. *Infinite Game Universe: Mathematical Techniques*. Boston: Charles River, 2001.

Nowakowski, Richard J., ed. *Games of No Chance*. Cambridge: Cambridge University Press, 1998.

Tweet, Jonathan, Williams, Skip and Cook, Monty. *Dungeons & Dragons Core Rulebook Set*. Renton: Wizards of the Coast, 2003.

Weinberg, Gerald M. *An Introduction to General Systems Thinking*, Silver Anniversary Edition. New York: Dorset House Publishing, 2001.

尾注

1. Owen, David. Invasion of the Asteroids. Esquire. February 1981.

2. Adams, Ernest. "A Symmetry Lesson," Gamasutra. com, October 16, 1998.

3. Ibid.

4. Ryan, Tim. "Beginning Level Design Part 2: Rules to Design by and Parting Advice," Gamasutra.com, April 13, 1999.

5. Owen, Invasion of the Asteroids.

第 11 章
乐趣和易用性

你是否记得什么时候第一次验证了自己的核心想法，以及构建出了自己的游戏的框架？那时，你所关心的只是如何确保自己的想法足够好玩。换句话说，就是把这个想法做成游戏是否可行。既然你已经努力制作出了一款具有功能性、完备且平衡的游戏，那么不妨回顾一下，以确保你构想的本质部分的确好玩且依然魅力十足。当然，在游戏研发过程中，你始终都在关注自己的游戏是否好玩。但是现在，是时候把关注点放在乐趣和易用性上了。

在你对游戏的乐趣进行测试之前，让我们首先思考一下"乐趣"这两个字的真正含义。不幸的是，"乐趣"是我们最难以准确定义的词语之一。就如同艺术和娱乐所具有的多样性，"乐趣"也是一个主观的、需要结合具体环境的，以及完全根据个人口味而定义的概念。比方说，你可能觉得洗盘子很有乐趣（而我却不这么认为），或者用枪打坏蛋很好玩等。你最喜欢的游戏可能是一个深度的策略游戏，然而你的一个朋友却喜欢那些考验动作和反应的游戏。

为了给你的测试流程确立一个行之有效的准则，你至少应该搞清楚为什么希望自己的游戏变得乐趣十足。游戏是一种自发的行为，它要求玩家参与，并且是高度参与其中。和电影及电视不同，如果玩家停止不玩的话，游戏进程将不会继续。如果你的游戏无法从情感层面吸引玩家，那么他们在玩的时候就很容易停下来，甚至一开始就不会选择你的游戏。所以，乐趣是一种情感诉求。所有驱使玩家选择和尝试你的游戏，并且使他们持续玩下去的情感和戏剧元素，通常就是当你问起玩家是什么让游戏充满乐趣时，他们所想到的东西。Nicole Lazzaro 曾经在305 页的"我们为什么玩游戏"部分，提及了简单的快乐，困难的快乐，严肃的快乐，以及群体的快乐。当你基于本章内容测试自己的游戏时，这些乐趣正是你所寻求的东西。

你的游戏是否乐趣十足

如何确定自己的游戏是否好玩呢？现在你应该知道答案了：去询问游戏测试者。但是，测试人员通常无法精准地告诉你究竟是哪些部分不好玩，所以你需要利用一些工具来辨识出那些好玩的因素。

当我讲到游戏中的戏剧元素时，指的是那些通过游戏中的形式系统吸引住玩家的东西，即那些抓住并保持玩家的情感，让他们的情感投入游戏中的东西。挑战、玩法，以及故事都可以通过情感的"钩子（hook）"来吸引住玩家，让他们愿意为游戏结果而投入，使得他们能够持续不断地玩下去。

挑战

在第 4 章中，我曾经详细讲述了一些有关挑战的元素，比如当游戏中的挑战和玩家的技巧水平能够完美匹配的时候，玩家就会进入"心流"状态。下面列举的几个观点和问题涉及对挑战这个话题而言的至关重要的几个方面。当你需要测试游戏的乐趣时，这几个方面你都要考虑。用下面的这些问题问一下自己和你的测试者，以此来衡量你的游戏中存在的挑战是否符合预期，以及如何改进它们等。

达成目标和超越目标

渴望达成目标是人类的一项基本特质。你的游戏如何充分利用这种渴望？你的游戏具有一个终极目标，还是在游戏过程中散布着若干子目标？达成子目标能够让玩家获得情感层面的激励，并且可以让他们为通往最终胜利的漫漫长路做好准备。

你设置的目标是否难以达成或者太过简单？这些目标是否具有清晰的定义？或者是否太过隐蔽？让你的游戏测试者边玩边大声说出自己的目标是什么，这样做能够让你了解他们是否投入你计划的目标中。

与他人竞争

大多数人天生就是有竞争性的。对于游戏而言，无论是直接竞争的多人游戏还是间接竞争的排行榜之类的形式，竞争很自然地就会带来挑战。我们总是喜欢和他人做比较，比如技巧、智力、身体素质，甚至运气等。

你是否错过了一个在游戏中制造竞争的机会？如果你的游戏测试是与测试者面对面进行的，那么就听听测试者之间说了些什么。如果你的游戏测试人员分布在不同的地点，那么你需要确保他们能够彼此进行沟通。即使是言语挑衅、戏弄别人，以及玩家们的夸夸其谈等现象，也许都可以给你提供一些有关游戏中竞争来自何处的灵感。

扩展个人能力上限

实现我们为自己设置的目标通常比实现别人为我们设置的目标更有动力。我们作为玩家，比任何游戏设计师都更为了解自己的极限。当我们为自己设置了目标，并且最终超越了自己的极限时，随之带来的成就感是在游戏中获得的任何回报都无法比拟的。

在那些有史以来最流行的游戏中，有几款游戏允许玩家为自己设置目标，或者说允许玩家挑战自我，参见图 11.1。当然，并不是所有玩家都喜欢这种系统所带来的乐趣，因为它使得游戏过于开放和自由了。你的游戏是否可以添加这种现象级的系统呢？首先你应该了解一下游戏的潜在玩家群体是谁，然后评估一下你是否值得在游戏中制作此类高自由度的系统。

咨询你的游戏测试人员，让他们在玩游戏的时候，大声说出自己的目标是什么。他们是否为自己设置了目标？如果他们能够为自己设置目标，他们是否愿意去这样做？当你发现玩家在游戏系统中经常会设置某些子目标时，你也许会大吃一惊，尤其是当他们知道已经无法取得胜利时，依然会希望通过这种方式让自己获得些许的成就感。

磨炼高难度的技巧

学会一种技巧并非易事，然而一旦你克服万难最终将其掌握，那么你的付出就会得到回报——当你可以为此炫耀一番的时候更是如此。给予玩家机会去学会难度较大的技巧无疑是一种挑战，但是如果玩家无法得到足够的机会来掌握和展示这些技巧，那么这种挑战就是毫无意义的。此外你还要记住，让玩家通过 5 分钟的新手教程来掌握那些技巧是不可能的。掌握一种新技巧通常需要玩家花费许多时间及不断尝试，奖励这些坚持不懈的玩家可以让练习技巧这个过程变得令人享受。

创造有趣的选择

著名游戏设计师席德·梅尔曾经说过："游戏是由一系列有趣的选择所组成的"。这些选择多种多样，比如在《俄罗斯方块》里面决定如何放置方块，或者是在《魔兽争霸3》里面决定招募多少名苦工等。如果一个选择能够导致后续产生某些结果，那么这个选择就是有趣的。反之，这个选择就只会分散注意力，参见图 11.2。在你的游戏中，你是否会提供有后果的选择？玩家是否只是在"微操作"？当玩家做出选择的时候，他们是否知道后果是什么？有一个强有力的方法能够为玩家制造挑战，那就是制造一些难以抉择的时刻，使得玩家在做出选择的时候必须慎之又慎。

你可以在游戏测试人员玩游戏的时候询问他们觉得自己的选择会带来什么后果。哪些因素会影响他们的决定？以及他们的想法正确与否？此外，他们是否只是随意做出了选择而已？随意的选择会扼杀玩家对于自己行为所肩负的责任感。你需要如何改进玩家在游戏中做出的宏观和微观的选择？

玩法

除了呈现给玩家的挑战以外，游戏就是一个用于玩的舞台。本书的第 4 章曾经提到，玩法的种类几乎和玩家的种类一样多。

图 11.1　设定个人目标：《模拟城市》

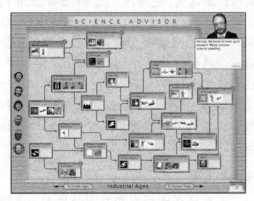

图 11.2　《文明 3》：做出有趣的决策

你的游戏具有哪些不同方式的玩法？你是否将其发挥到了极致？你是否可以为不同类型的玩家提供不同的玩法，或者为某种特定类型的玩家提供更深度的玩法？此外，你还可以根据以下几种自然的玩法类型来思考一下你的游戏。

幻想成真

　　对快乐、浪漫、自由、冒险等的渴望是一种极其强大的力量。大多数人都梦想能够成为与现实中的自己截然不同的人，比如成为宇航员、滑雪健将、将军、饶舌歌星等，参见图 11.3。如果你能够让玩家置身于他们的幻想之中，哪怕只有一瞬间，那么你的游

图 11.3　幻想成真：《星球大战：银河》

戏也将会拥有一批忠实的追随者。角色扮演游戏就是以这种幻想为基础的，不过所有的游戏都可以通过充分发掘玩家的梦想而获益。你的游戏中能够满足玩家的哪些渴望？你的游戏又可以让哪些幻想成真呢？

　　这种理念可以进一步扩展到充满想象力的游戏场景中。这些场景不一定必须包括玩家所希望实现的各种幻想，它们也可以是充满探索乐趣的场景（即使这些场景违背了玩家的道德观），比如《侠盗猎车手 5》就是一个例子。即使玩家从未幻想过抢劫和杀人，他们也会被游戏所吸引。

社交互动

　　人们热衷于和他人交往。游戏提供了一个神奇的社交平台，在游戏中人人平等。社交元素会为游戏添加一种不可预知和自然涌现的新纬度，使得许多玩家在游戏发布很久之后还会持续地停留在这款游戏中。有些强社交性的网络游戏拥有一些极度忠实的玩家，甚至在游戏官方已经停止运营之后，他们依然会想方设法继续玩下去。你的游戏是否将某些潜在的社交元素发挥到了极致？你是否为玩家提供了时间和机会来认识彼此？

探索和发现

　　没有什么比探索和发现一片未知水域更让人兴奋的了。如果你的游戏能够给予玩家类似这样的期盼，并且最终在游戏中得以实现，那么你就创造出了极佳的游戏体验。事实上，大多数冒险游戏、角色扮演游戏，以及第一人称射击游戏等都带有探索成分。通过探索而发现的过程简直就像魔术一样令人着迷，然而想要制造出与其相关的体验却十分困难，比如你在转过一个拐角时的惴惴不安，希望能够找到点什么的那种期待，迷路时感到的害怕和无助，以及发现宝贝时的兴奋等。你是否向玩家显示了神秘宝藏所在的正确方位？你希望能够帮助到玩家，但是你又不想让探索的过程变得生搬硬套。我的建议是，亲自尝试一下冒险的滋味。比如，选择一条新的徒步路线，或者在你身处的城市中选择某些你从来没去过的地方走一走

等。记住你在行进过程中所感受到的那些情感，然后想一想如何能够把这些情感也呈现在玩家的面前。

收集

我想一定是远古时代祖先的捕猎和采集行为导致了我们现在如此喜欢收集物品，不过话说回来，恐怕在游戏中没有什么比允许玩家进行收集更能让他们迷恋一款游戏的了。无论是简单的一手扑克牌，还是《万智牌》或《游戏王》（*Yu-Gi-Oh*）那样花费数年时间和大量金钱才能收集到的套牌，收集对于许多不同类型的玩家而言都是一种充满乐趣的行为，参见图 11.4。

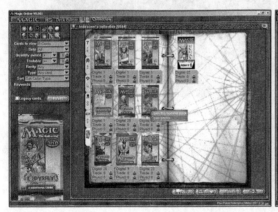

图 11.4　《万智牌 Online》：卡牌收藏界面

刺激

一款能够刺激人们的感官和想象的游戏能成为一种享受。无论是沉浸的 3D 画面、立体声环绕音效，还是让你站起来扮演一名冒险家或者网球运动员的手势识别系统等，对于感官的刺激都可以为游戏平添一份乐趣。相比以往而言，如今的游戏设计师拥有更多的机会利用各种新颖的控制系统

来设计出创新的游戏性，比如虚拟现实头盔、运动传感器、摄像头、跳舞毯、吉他、鼓、生物反馈设备，以及其他别出心裁的附加设备等。

自我表达和表现

作为人类的我们具有一种自我表达的欲望，其形式是多种多样的，比如艺术品、

诗歌，或者是在游戏世界里创造一个角色等。为人们提供机会炫耀和展示创造性是一种让人欲罢不能的体验，并且这种体验可以为你的游戏提供一个新的维度。

建造/破坏

建造这种强大的工具能够让玩家珍视自己在游戏中所付出的努力。无论是建造城市、军队、太空殖民地，还是创造角色等，建造总是一桩乐事。而另一方面，和喜欢建造一样，人类同样喜欢破坏。比方说，你会看到有些人用沙子建造城堡，完成之后就会把它踩个稀巴烂，参见图11.5。所以，给予玩家机会建造和破坏会为玩家带来不同的乐趣，并且两者都可能会让你的游戏更加成功。

图 11.5　破坏：《绿巨人》

故事

一款游戏并不一定非要有一个故事才能变得好玩，但是故事的确是一种能够吸引玩家情感的强有力的机制。作为最早的娱乐和沟通形式之一，我们具有一种本能的冲动去相互诉说和倾听。通过将戏剧元素融入你的游戏，你就可以更加深入地理解故事的魅力所在。

我曾经在第 4 章提到过，和传统的故事相比，游戏中的戏剧性具有与之不同的来源。在电影或小说中，戏剧性来自我们看到那些角色在努力克服万难时的感同身受，而这种现象就是所谓的移情。而在游戏中，戏剧性则来自我们自身或者所控制角色付出努力克服万难的过程。经由对他人的感同身受和自己控制的角色而产生的戏剧性之间有很大的差异,这给游戏设计师提出一个大难题。你不妨扪心自问几个和戏剧性有关的问题,比如以下这些:

- 你的游戏是否拥有一个富有想象及扣人心弦的故事预设?
- 游戏中是否具有独一无二的角色?
- 游戏的故事线是驱动了游戏的玩法,还是从玩法中涌现的?
- 玩家是冲着游戏的故事性来玩你的游戏,还是他们完全不在乎游戏的故事性?
- 诸如故事、角色等方面的哪些因素是卓有成效或者不起作用的?

游戏的吸引力分析

　　如果你的游戏能够将之前列表中的那些元素运用得当的话,游戏的吸引力将会获得明显的提升。但是,千万不要盲目地将所有元素一股脑儿地塞进你的游戏中。更为重要的是分析出游戏的核心乐趣,以及确保这些乐趣对于玩家而言是浅显易懂并且喜闻乐见的。接下来我们会分析几个非常流行的游戏,看看它们是如何将这些元素结合在一起的。

《魔兽世界》

- 首要目标是提升你的角色的实力,同时结合一些诸如冒险、任务等规模较小的目标。
- 玩家之间通过相互竞争让自己变得

更强大、更受欢迎,或者更有名。
- 充满魔法和冒险元素的奇幻世界。
- 与其他在线玩家的社交和互动。
- 探索庞大和不同寻常的奇幻世界。
- 靓丽的 3D 图形和声音所带来的感官刺激。
- 通过角色扮演实现自我表现。
- 世界观和角色具有丰富的背景故事和传说。
- 创建角色、聚集财富、增加资产,以及击败各种怪物和其他玩家(如果你愿意的话)。
- 物品收集。

《大富翁》

- 以拥有游戏中的所有地产为目标。
- 玩家之间的竞争。
- 真正能够成为大富翁的幻想。
- 与其他玩家进行的社交行为,比如交易房产等。
- 建造/破坏房屋和酒店,以及垄断等。
- 收集配套的地产。

《俄罗斯方块》

- 目标是清除所有方块。
- 易于记忆的音乐,色彩鲜明的方块所带来的感官刺激。
- 收集能够摆放在同一行的方块。
- 建造/破坏多行方块。

　　正如你所见,在《魔兽世界》中我列举了 10 种不同的乐趣,其中所有的挑战和玩法元素之前都已经讨论过。在《大富翁》中我只列举了 6 种,而《俄罗斯方块》则是 4

种。但是，这些游戏都无一例外地在世界范围内取得了巨大的成功。显而易见的是，这些元素的数量和玩家能够从游戏中获得乐趣的多少并没有直接关系。《俄罗斯方块》也许是有史以来最吸引人的游戏之一，但是这款游戏却非常简单。所以，制作一款好玩的游戏并不是将所有类型的挑战和玩法都收入囊中，而是要找到正确的组合方式。如果你能做到这一点，那么玩家就会感到愉悦，并且喜欢上你的游戏。

练习 11.1：挑战和玩法

就像之前我分析《魔兽世界》《大富翁》，以及《俄罗斯方块》那样，分析一下你的游戏原型所具有的挑战和玩法。列举出玩家需要在游戏中面对的挑战类型，以及玩家可以通过幻想或者玩法进行自我表现的方式。描述一下这些因素之间如何交互才能让你的游戏充满乐趣，或者总结一下怎样改进这些因素。

改进玩家的选择

由于做选择是游戏玩法中最有乐趣的环节之一，所以我们需要将做选择视为乐趣的一个方面来更为仔细地审视它们。是什么因素使得一个选择有趣或者无趣？如何才能设计出更为有趣的选择（而不是更为无趣）？

对于做选择而言，最为重要的因素之一就是结果。如果一款游戏想要让玩家投入，那么游戏中的每一个决策都必须能够影响游戏进程。这就意味着决策必须拥有造成正面或负面影响的能力。正面影响的含义是能够让玩家进一步接近胜利的目标，负面影响则可能会破坏玩家取得胜利的机会。这就是我们通常说的"风险对应回报"，而这个理念并不只是存在于游戏中，其实在我们的日常生活中也是无处不在的。席德·梅尔所提到的"有趣的选择"其实指的是：游戏必须提供一系列能够直接或间接影响玩家获胜的选择。这是因为除了故事性元素以外，通过让玩家做出能够影响结果的选择，就可以很自然地提升游戏中的戏剧性和悬念。

作为设计师，这一点正是你我需要为之努力的目标。但是应该如何让游戏中的选择变得举足轻重呢？首先让我们从头开始分析一下你的游戏。看一下你在练习7.8中制作的游戏性图表，然后回答下列几个问题：你的玩家需要做出什么类型的选择？这些选择是否真的举足轻重，还是已经偏离了游戏的主要目标？为了帮助你进一步进行分析，我使用了一个自己称之为"决策范围（decision scale）"的概念，详情请见图11.6。

如果你的游戏中存在不合理或者不重要的决策，那么你的游戏就是有问题的。回想一下你赋予玩家的那些选择，有没有办法能够让这些选择变得有意义？如果实在找不到解决方法，就应该把这些选择从游戏中删除，因为它们不会让游戏变得更为出彩，还有可能会破坏游戏体验。接着看一卜图11.6中位于上方的几个重要分类，你的游戏有没有可能将其中一部分选择放入这些

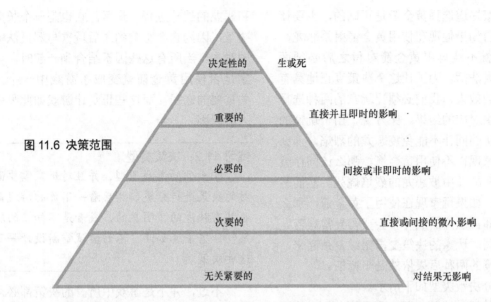

图 11.6 决策范围

决定性的　　生或死

重要的　　直接并且即时的影响

必要的　　间接或非即时的影响

次要的　　直接或间接的微小影响

无关紧要的　　对结果无影响

分类之中？而这些分类的内容才是玩家所希望得到的选择。

不过，你让玩家面对的决策也不能都是生或死。并且，无休止的行动也会让玩家感到厌倦。只有在击溃一批又一批敌人的间隙时间里，我们才能享受一下自己获得的成就感，并预测下一批敌人将会何时出现，以及更为坚强地面对之后的战斗。

如果想要制作一款真正让人着迷的游戏，那么游戏中的高潮和低谷都是不可或缺的。让决策随着游戏进程而起起落落，通过逐渐让决策变得更加重要来增加紧张感，在游戏到达最高潮的那一刻之前，所有的一切都是悬而未决的。这种结构与我在第 4 章中提到的"戏剧弧"几乎如出一辙。

决策的类型

"游戏都应该有有趣的选择"说起来很容易，但是为什么有的选择比其他选择更为有趣呢？答案就是你让玩家所面对的选择的类型。如果玩家必须在两件武器中进行选择，并且其中一件武器的性能只比另外一件高出一点点的话，那么就算玩家后面可能面临生死存亡的时刻，从这个决策本身也完全无法看出这一点。为了有更好的决策效果，每一件武器必须对玩家获胜的机会施加完全不同的影响。

话虽如此，如果一个决策自身太过简单，就不能被称为决策了。比方说，如果玩家一眼就能看出应该使用黄金箭射杀恶龙，那么这就不能算是一个真正的决策。在这种情况下，为什么玩家要冒险尝试其他的武器？所以，虽然这个决策看起来关乎玩家的生死存亡，实则毫无意义。除非玩家不知道黄金箭的威力所在，否则他们就会一直使用黄金箭。再者，如果玩家真的不知道黄金箭的威力，那么玩家所做出的就是一个随意的选择，而非思考后的决策。

让这个决策变得有意义的关键在于，既

要让玩家知道选择黄金箭是正确的，也要让玩家明白如果他现在使用黄金箭射杀恶龙，那么他就不能再用黄金箭对付之后必须面对的邪灵法师。为了让这个决策真正地具有剧情化的效果，我们必须让玩家的两种选择都会产生对应的结果。比方说，由于玩家的一位忠实的同伴不能免疫恶龙的烈焰，那么如果玩家现在不使用黄金箭，那么该同伴就有可能在战斗中被恶龙的烈焰烧死。然而另一方面，如果玩家现在使用了黄金箭，那么之后和邪灵法师的战斗将会变得异常艰苦。突然之间，玩家的决策变得错综复杂起来，而该决策的两种后果依然是平衡的。

部分决策类型如下所示。

- 肤浅的决策：不会真正影响到结果。
- 明显的决策：不算是真正的决策。
- 不知情的决策：随意的决策。
- 知情的决策：玩家具备足够的信息来做决策。
- 戏剧化的决策：足以触动玩家情感深处的决策。
- 权重平衡的决策：平衡且能够产生两种不同影响的决策。
- 即时性决策：具有立竿见影的效果。
- 长期决策：决策产生的影响以后才会展现出来。

在黄金箭的例子中，玩家的决策是以上几种决策类型的结合体。比如，我们可以说它是一个知情的决策，因为玩家对自身所处的状况十分了解。然而它也是一个戏剧化的决策，因为玩家对那位忠实的同伴附带着情感依托。它还是一个权重平衡的决策，因为该决策所造成的两种后果是平衡的。同时它是一个即时性决策，因为它将影响玩家眼下

和恶龙的战斗进程。最后，它也是一个长期决策，因为它会影响到之后玩家与邪灵法师的对决。当所有这些因素结合到一起时，玩家是否使用黄金箭就变成了游戏中一个至关重要的选择。而这些正是让游戏如此吸引人的原因。

练习 11.2：决策类型

拿出你的游戏原型，并且对玩家需要面对的决策进行分类。然后看一下你的游戏是否具有肤浅的、明显的，或者是不知情的决策？倘若果真如此，不妨尝试重新设计一下这些决策。

不过，并不是游戏中所有的决策都必须像黄金箭的例子那么复杂。简单的决策也是可行的，前提是该决策并非是一个肤浅的、明显的，或者是不知情的决策。有一条准则是，虽然通常来说许多游戏都包含一些纯创意、纯表现，或者纯探索性的决策，但你还是不希望把玩家的时间浪费在无足轻重的决策上。相对于只依赖某一种类型的决策而言，在各种玩家认为有趣并且愿意投入其中的决策之间找到平衡则更为重要。

两难困境

"困境"指的是类似这样的情况：玩家必须仔细权衡他们的决策所导致的结果，并且通常来说没有所谓最佳的选择。也就是说，无论玩家怎么选择，他们都会在得到某些东西的同时失去另外一些东西。困境通常具有矛盾性或循环性的特征。当玩家为了在游戏中获胜而苦苦挣扎时，一个设计良好的困境及其相关的取舍可以让玩家的情感与

之产生共鸣。

数学家约翰·冯·诺伊曼（John von Neumann）曾经使用困境为基础研究玩家在 game-like 情况下如何进行决策，以及如何解决游戏和现实中存在的困境。不得不提的是，诺伊曼曾经与其他几位学者联合创建了一个数学和经济学的分支，其被称为"博弈论（game theory）"。虽然这门学科的内容和我在本书中讲述的游戏（英文中两者都有 game 一词）并不是一回事，然而当我们在研究自己和其他设计师的游戏中的玩家决策时，博弈论的部分内容依然是有所帮助的。

为了更好地理解困境，诺伊曼将其分解为一些被称为"行动"的细小结构。所有行动都会以图示的方法集合在一个矩阵中，同时图中也会标出可供每名玩家选择的所有策略所对应的潜在收益。为了更加清晰明了地理解此观念，下面我们来看一个包括简单的行动结构和收益矩阵的典型案例。

切蛋糕案例

一位妈妈想要给她的两个孩子切蛋糕。为了避免因为其中一个孩子拿到较大的一块蛋糕而引发争吵，她为两个孩子赋予了不同的职责："切蛋糕的孩子"和"选蛋糕的孩子"。也就是说，"切蛋糕的孩子"负责切蛋糕，而"选蛋糕的孩子"则是在切好蛋糕之后优先进行选择。假设我们认为两个孩子都希望得到大的那块蛋糕（其实也就是想要在游戏中获胜），那么我们可以用图表来描述两个孩子拥有的选择、他们所面对的困境，以及每一种策略所对应

的收益等。

正如我们在图 11.7 中所看到的，每一个孩子都有两种策略可供选择。我们都知道被切成两半的蛋糕不可能是完全一样大小的两块，其中一块总是会或多或少地比另外一块大，然而究竟大多少则取决于切蛋糕的人。他既可以尽可能地平均切开，也可以把其中一块切得明显比另一块大，然后试图让自己拿到较大的那一块。我们已经说过，即使差距很小，两块蛋糕也始终是大小不均的。所以，选择蛋糕的一方也有两个策略，即选择较小的一块，或者是较大的一块。

结合每一个孩子所对应的两种策略，我们可以通过收益矩阵看出，在这个简单的情景下，每一个孩子都具有一个最佳策略。由于我们说过每一个孩子都希望拿到较大的那一块蛋糕，那么选择蛋糕的孩子所使用的最佳策略就十分明显了：他总是会选择较大的一块。同时，由于切蛋糕的孩子也希望得到较大的那一块蛋糕，那么他就会将蛋糕尽可能平均地切开。于是，两个孩子所采用的最佳策略就达成了一致，即收益矩阵左上角的第一个选项：选蛋糕的孩子得到稍微大一点的那一块蛋糕。

切蛋糕是一个"零和博弈（zero-sum game）"的例子。在这里我指的是游戏最后获胜一方的收益正好等同于失败一方的损失。对应切蛋糕的例子来说，选蛋糕的孩子拿到的蛋糕所多出的部分正好是切蛋糕的孩子所损失的部分。由于零和博弈的存在，导致玩家之间的渴求是完全相反的。也就是说，玩家 A 所得到的东西正是玩家 B 所失去的东西。

选择者的策略

	选择较大块的	选择较小块的
尽可能地分均	选择一块稍微大一点的	选择一块稍微小一点的
切出一块较大的	选择一块更大的	选择一块更小的

切蛋糕者的策略

图 11.7 切蛋糕案例的收益矩阵

冯·诺伊曼通过其研究发现，此类游戏具有一种面对所有玩家而言的最佳策略，并且此策略在特定的情况下可以产生最理想的结果。诺伊曼将此概念称为"最小最大定理"。

最小最大定理说明，玩家在游戏中可以用一种合理的方法进行决策。如果是两名玩家参与的游戏，那就是零和博弈。换句话说，对所有玩家而言，最佳的策略是：尽可能最大化自己的潜在收益。比如在切蛋糕的例子中，虽然切蛋糕的孩子不可能赢（即拿到较大的那一块蛋糕），但是他所使用的最佳策略依然可以让他拿到的蛋糕尽可能的最大化。

对于数学家来说，一个能够轻易产生最佳策略的游戏也许会十分有趣，但是对于游戏设计师而言，却需要尽量避免出现这种情况。如果你的游戏中出现了与切蛋糕一样的

情况，玩家就总是会选择最佳策略，导致游戏过程一成不变。那么，我们如何才能创造出让玩家在每一次行动之前，都必须根据行动所产生的风险和奖励来权衡收益的复杂场景（也就是真正可以被称为困境的场景）呢？

在 20 世纪 50 时代，曾经有两位兰德公司（RAND）的科学家提出了一种收益结构更为复杂的情况，我们称之为"囚徒困境"。囚徒困境其实是一个简单而又令人困惑的游戏，它向我们展示了在非零和博弈游戏中可以产生这样的情况：即单独对于每一位玩家而言的最佳策略，最终却可能导致双方都不满意的结果。

囚徒困境

我们构想一个这样的场景：有两个家伙

一起犯了罪，然后他们被警察抓住了。在我们的例子中，我将这两位不幸的老兄命名为马里奥和路易（任天堂公司著名的"马里奥"系列游戏中的角色）。马里奥和路易被关在两间牢房中，所以他们无法进行交流。紧接着，检察官向马里奥提供了一条信息，同时告诉他路易也会知晓这条信息。该信息是这样的：如果你揭发了对方的罪行但是对方拒不承认的话，你将被无罪释放，而对方将会入狱 5 年。如果双方都不揭发对方，那么凭借检察官手中的证据可以让双方都入狱 1 年。最后，如果双方都选择揭发对方的罪行，那么双方都会入狱 3 年。图 11.8 的收益矩阵展示了所有可行的策略。

马里奥的策略

	背叛路易	不背叛路易
背叛马里奥	马里奥：三年 路易：三年	马里奥：五年 路易：无罪释放
不背叛马里奥	马里奥：无罪释放 路易：五年	马里奥：一年 路易：一年

路易的策略

图 11.8　囚徒困境的收益矩阵

使用与切蛋糕问题相同的流程，我们不难看出，马里奥的最佳策略是揭发对方。如果马里奥揭发了路易，那么他可能会入狱 3 年，也可能会被无罪释放。而如果马里奥不揭发路易，那么他可能会入狱 1 年或 5 年。而基于相同的原因，路易的最佳策略同样是揭发对方。看起来，最终双方都会做出一个合情合理的决策，因为他们的最佳策略毫无疑问都是揭发对方，相当简单明了，不是吗？但是等一下，如果他们都选择了最佳策略，那么双方都会入狱 3 年！双方加起来一共入狱 6 年，竟然比任何其他的方案都多！并且实际上，如果他们凭借直觉而选择了一种更为天真的策略，即双方都不揭发对方的话，就整体而言效果反而要比之前提及的最佳策略好得多。

为了清晰起见，我们将囚徒困境中的收益结构整理如下。

- 揭发对方的诱惑：无罪释放。
- 双方共同合作的奖励：每个人入狱

1 年。

- 双方都选择揭发对方的惩罚：每个人入狱 3 年。
- 倒霉蛋（由于对方不合作导致自食苦果）的收益：入狱 5 年。

在以上几个层级中，坐牢的时间长短其实并不重要。真正重要的是坐牢的时间会按照这样的顺序逐渐上升：诱惑>奖励>惩罚>倒霉蛋。只要这个层级存在，那么对于每一个人而言的最佳策略所带来的收益永远都会低于双方合作的收益。相比切蛋糕的例子，摆在两名犯人面前的难题并不存在一个明显或最佳的解决方案。如果两名罪犯都是通过理性思考来做决定的话，他们所得到的惩罚将会比互相信任的情况还要多。但是，选择信任对方是具有风险的。现在我们谈到的是一种真正进退两难的境地，马里奥和路易将何去何从呢？

练习 11.3：困境

你的游戏原型中是否会出现某种困境？如果是的话，描述一下与之相关的决策，以及它们是如何运作的。

在一次 GDC 上，来自 Radical Entertainment 公司的 Steve Bocska 将囚徒困境中的收益层级应用于一款假想的游戏设计中，以此说明当我们设计那些精妙的困境时，博弈论的理念是有所帮助的。[1]Bocska 所使用的例子是一款有两名玩家参与的在线游戏，每一位玩家都可以建造和定制宇宙飞船，资金预算是 10 000 美元。这款游戏支持玩家之间交易各种原材料，但是交易所需的金额非常高，比如在一个回合运输和处理原材料，需要 8000 美元。不过，游戏中有一种高科技的传输器，它的作用是能够让玩家之间免费传输原材料，前提是双方都必须花钱购买此高科技，其花费是 5000 美元。而 Bocska 抛出的问题是：

在这样的情况下，玩家将会如何选择？如果双方都选择购买此高科技，那么他们的花费将会从每次交易原材料所需的 8000 美元降低至一次性购买高科技的 5000 美元，也就是说节约了 3000 美元。另一方面，如果双方都不购买此高科技传输器，那么在游戏过程中，玩家每一次交易原材料都需要花费 8000 美元。再者，如果只有一位玩家购买了传输器呢？那么由于缺少传输对象，购买的机器就会变成一堆废铁，使得玩家最终不得不承担"倒霉蛋的收益"，即购买传输器（5000 美元）及继续使用传统方法与他人交易（8000 美元）的花费，也就是 13 000 美元。

图 11.9 所示的收益矩阵展现了潜在策略的结果。

Bocska 设计的游戏与囚徒困境的不同之处在于玩家之间可以交流，他们甚至可以一起讨论是否以及何时购买传输器。于是，这种复杂的收益结构将一种困境展现在玩家的面前。这种困境不但可以产生扣人心弦的重要时刻，还有可能激发玩家之间的尔虞我诈或是相互合作等。

其实这些正是你应该努力在游戏中实现的东西。如果有必要的话，你甚至可以把抛给玩家的困境作为游戏的核心玩法之一。不过，你需要确保困境能够与游戏的目标性保持一致。如果你做到了这一点，那么这些决策将会让你的游戏变得精彩纷呈。

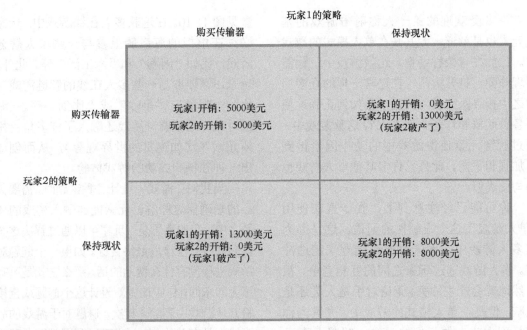

玩家1的策略

购买传输器　　　　　　　　　　　　保持现状

玩家2的策略

购买传输器

| 玩家1开销：5000美元
玩家2的开销：5000美元 | 玩家1的开销：0美元
玩家2的开销：13000美元
（玩家2破产了） |

保持现状

| 玩家1的开销：13000美元
玩家2的开销：0美元
（玩家1破产了） | 玩家1的开销：8000美元
玩家2的开销：8000美元 |

图 11.9　传输器游戏的收益矩阵

谜题

　　还有另外一种方式也可以在游戏中构建有趣的决策，这种方式就是融入一些解谜元素。正如设计师 Scott Kim 在本书 43 页《什么是谜题》一文里所描述的那样，谜题的定义在于它具备一个正确答案。虽然这些谜题的类别和形式各不相同（比如抽象类、文字类、动作类、故事类、模拟类等），但是从根本而言它们依然具有相似性，即这些谜题都可以被解决，或者说它们都具有正确答案，正如之前 Scott 所描述的那样。

　　几乎在所有的单人游戏中，谜题都是一个用于制造冲突的关键性因素。我们在解决难题的时候，总是不由自主地就会感到紧张。此外，通过评估玩家的决策是更为接近还是远离答案，谜题还可以结合当前背景赋予决策一种全新的含义。举个例子，如果你的目标是寻找可以打开通往另一个迷宫的大门的钥匙，而不仅仅是把城堡洗劫一空的话，那么搜寻宝箱的行为突然就被赋予了一种全新的意义。

　　如果你以此为基础构建这样一个系统，即解决谜题会得到奖励，而解谜失败则会受到惩罚的话，那么谜题将会转变为一个游戏中至关重要的因素。比如我们拿《神秘岛》这款最畅销的冒险游戏来举例。这款游戏基本上就是由各种解谜元素所组成的。虽然这款游戏也具有故事和探索的成分，但是其核心机制依然是那些融入游戏场景之中并互相交错的谜题。与之类似，另一个冒险类游戏 ICO，同样在其游戏场景中融入了许多谜题，并且辅助以动作机制来解决这些谜题。

许多受欢迎的第一人称射击游戏的基础元素也是解谜，尤其是在单人模式的游戏中。比如在《荣誉勋章》这款游戏中，你需要埋炸弹，打开大门，在迷宫一样的众多房间之中搜寻医疗包，并且学会如何正确地使用各种武器和炸药。而在 ICO 这款游戏中，通过解谜元素使得游戏中的动作因素得到了加强和平衡。此外，许多其他单人游戏也都与此类似。

你可能已经注意到了，我一直在使用"单人游戏"这个限制性的词语。这是因为在多人游戏中，你无须通过谜题来制造冲突。多人游戏通过玩家之间的互相竞争，很自然地就会产生冲突，无论对手是人类还是电脑。但是在单人模式的游戏中，尤其当你在打副本或者做任务的时候，解谜元素已经变得越来越重要了。这就是为什么我们说每一位游戏设计师都应该把自己当作一位谜题设计师的原因。甚至可以说，你的谜题设计技巧越高超，你的游戏就越好玩。

有一些多人在线游戏也确实具有解谜元素，比如《海盗时代》（*Puzzle Pirates*），

参见图 11.10。在这款多人在线游戏中，玩家必须在虚拟的海盗船上参与一些单人解谜游戏，比如"闲聊"和"木工活"等。此外，玩家还需要参与一些多人在线的解谜游戏，比如"喝酒"、"争吵"或"比剑"等。《海盗时代》这款解谜游戏还融入了许多角色扮演元素（比如连贯的世界观等），从而创造出一种独特和成功的游戏体验。

当我们在游戏中设计各种谜题时，需要关心的是确保这些解谜元素能够融入游戏的体系之中。我的意思是，玩家可以通过解决这些谜题而进一步接近最终目标。如果一个谜题对游戏进程没有什么帮助的话，那么它就是可有可无的东西，你应该重新设计这个谜题或直接将其从游戏中删除。其次，谜题对于游戏的故事线也是有益的，比如你可以利用谜题向玩家讲述一些延展而出的剧情等。最后，如果你能够将谜题整合在游戏玩法和故事线之中，那么玩家在推进游戏整体进程时，就不会将其视为单纯的谜题，而是一些他们必须做出的既重要又有趣的决策。

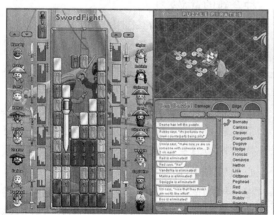

图 11.10 《海盗时代》

奖励和惩罚

对于玩家做出的决策来说，最直接的结果就是奖励和惩罚。很显然，玩家喜欢奖励，害怕惩罚。所以游戏设计师在设计游戏时，经常会把重点放在奖励上，同时限制惩罚。这无可厚非，玩家们玩游戏的目的并不是为了体验生活的艰苦。在现实中，你并不希望过度惩罚玩家，因为这样做可能会让他们不再玩你的游戏。但是通常来说，惩罚带来的威胁（即使不是惩罚本身）所伴随的戏剧性张力，会给玩家的即使是最小的决策增添多层次的意义。

回想一下《神偷》（*Thief*）或者《杀出重围》（*Deus Ex*），这种迫使玩家变得偷偷摸摸的游戏，参见图 11.11。那种希望不被抓住

而完成任务的紧张刺激的感觉，你可能一辈子都忘不了。如果你被抓住或者被攻击，甚至是被杀死的话，那就一点都不好玩了。但是，当你安静地打开了一把锁，并从安保机器人旁边溜过去却没有触发任何警报时，这种通过悬在你头顶上的惩罚来创造的威胁的感觉效果会更好。

构建一个有效平衡奖励和惩罚的系统能够让游戏中的决策更吸引人。游戏中的奖励类型多种多样，但是最好的奖励应该是那些实用和有价值的东西。当你构建奖励系统时，建议使用以下几条规则：

1. 能够帮助玩家获得胜利的奖励通常具有较高的权重。

2. 带有幻想色彩的奖励，比如魔法武器或黄金等，这些奖励一般都具有较高的价值。

图 11.11　鬼鬼祟祟的行动：《神偷》

3. 那些和游戏的故事主线息息相关的奖励往往具有一些额外的效果。

确保每个奖励都有价值，如果这些奖励既可以帮助玩家取得胜利，又可以对故事主线有所帮助的话，那就再好不过了。

奖励的时机和数量也是至关重要的。如果你持续给予玩家一些微小的奖励，有可能会变成无用功。因为这样的话，玩家知道不管他们做了什么，不久之后都会得到奖励，于是他们对于这些奖励就会变得没有兴趣了。

心理学家 Nick Yee 曾经研究过《无尽的任务》这款让人极度沉迷的游戏所使用的奖励/惩罚结构，他认为这款游戏令人着迷的原因在于 B. F. 斯金纳提出的一种行为理论，"操作性条件反射（operant conditioning）"。操作性条件反射所述的是：对于指定的行为，其发生的频率与此行为将会被奖励或是被惩罚具有直接的关系。如果我们因为某个行为而得到奖励，那么我们就会倾向于重复做出这种行为。反之，如果我们因为某个行为而受到惩罚，那么我们就会尽力避免重蹈覆辙。通常我们会引用"斯金纳箱（Skinner Box）"为例对此加以说明。斯金纳箱是一个配备了杠杆、食物、饮水管的玻璃箱，其中放入一些小白鼠。由于小白鼠触动杠杆就会有食物掉落作为奖励，于是它们触动杠杆的行为就会得到强化。

Yee 写道：

操作性条件反射包含了若干种"强化程序（schedules of reinforcement）"，下面我们引用斯金纳箱的例子对这些强化程序加以说明。其中最基础的一种被称为"固定时间间隔的强化程序"，指的是不管小白鼠有没有触动杠杆，每隔 5 分钟它都会得到一份食物。不出意外，这种方法的效果并不好。还有一种强化程序被称为"固定比例的强化程序"，指的是小白鼠每当触动 5 次杠杆就会得到一份食物。相比之下，这种方法的效果明显比前者要好。最后，效果最好的方法是"随机比例的强化程序"，指的是小白鼠每当触动随机数量的杠杆时，它就会得到一份食物。虽然小白鼠知道需要触动杠杆才能得到食物，但是由于它无法预知自己需要触动杠杆的准确次数，所以相比其他强化程序而言，小白鼠会更加频繁地触动杠杆。同时，这也是《无尽的任务》所使用的一种强化程序。[2]

虽然这些内容乍一看会让人吃惊，但是如果你将其与游戏和现实生活中的种种行为联系起来，就会意识到其实也是合情合理的。你是否有过这样的经历，你只是想坐下玩 5 分钟的老虎机，但当你抬头看时间的时候猛然发现，自己其实已经不亦乐乎地玩了好几个小时？换个角度而言，赌城拉斯维加斯就是一个放大版的斯金纳箱。也许我们都只是箱子中的小白鼠，但是有一种威力巨大的奖励不能像小白鼠的食物那样被简单地获得，这种奖励就是认同感。我们都渴望从自己的成绩中获得认同，在多人游戏中尤其如此。如果你有办法让玩家（哪怕是那些不可能获胜的玩家）在达成目标之后因为他们所付出的努力而得到认可，那么你的游戏就会更加吸引人。

实际上，许多网络游戏就是这么做的，例如，在游戏中记录玩家的分数或者举办各种比赛等。此外，还有一些更为直接的方法能够提升玩家的知名度。其中一种方法是在游戏中记录玩家的数据，然后在玩家获得成绩时进行广播，比如将该玩家的成就高亮展示给游戏中的所有玩家等。如果是多人在线策略游戏的两军对垒，当一名玩家出色地实施了某个战术时，其效果需要在游戏中被清晰明了地展示出来。同时，请确保他的同伴可以清楚地知道发生了什么，以及对战局的影响如何等。如果是在多人在线角色扮演游戏中，可以允许玩家向全世界炫耀自己的成就，比如成为传说、获得手工艺品，或者拥有众多追随者等。

练习 11.4：奖励

分析一下你的游戏原型中的奖励系统。每一次奖励是否都具有实用性、幻想色彩，或者贴合故事主线？这些奖励的时间跨度如何？奖励的时间因素是否可以加强玩家继续玩游戏的渴望？

预期

斯金纳箱所使用的方法对于那些具有

重复性和机械化倾向的游戏机制非常有效。然而对于那些更为庞大和复杂的决策，只有在玩家能够更为清晰地看到和预料到他们的行为结果的时候，他们的选择才具有意义。

在国际象棋和其他具有开放式信息结构的游戏中，整个棋局的状态对于正在对弈的双方来说都是透明的。没有任何隐藏的信息。如果双方都是好手，他们就可以算出接下来的几十步棋怎么走，并且精准地预料到各种走法将会导致什么结果。而当玩家将要吃掉对方的棋子或占据有利位置时，随之产生的预期效果则会更为强烈。

那么，具有封闭性或混合性信息结构的游戏是否也可以创造某种预期呢？当然可以。比如，即时战略游戏经常会限制玩家的视野，只有当玩家的单位进入敌方的领地时，玩家才能对敌方的情况略知一二。因为游戏的局势瞬息万变，玩家的所见所闻很快就会变成过期的情报，于是玩家只能凭借部分正确的信息来制定对策（如图 11.12 所示）。

图 11.12　《魔兽争霸 3》中的战争迷雾的关闭（左图）和开启（右图）

在这个例子中，玩家十分清楚信息匮乏是游戏的条件之一，同时他们的目标就是在信息极为有限的前提下扩大自己的地盘。事实上，视野被限制可以为玩家增添一份紧张的感觉。既然已经知道了游戏的局势在不断地变化，那么就迫使玩家对敌方可能采取的行动进行预期，然后快速地制定对策。在这种情况下，隐藏信息反而为游戏增加了一些显著的变化，而这些变化恰恰是那些开放型策略游戏所缺乏的。

惊喜

惊喜是游戏设计师手中最令人激动的工具之一。人们都喜欢惊喜，尤其是当他们觉得自己已经预料到事情原委的时候。然而如果惊喜太多的话，人们就会逐渐变得麻木。那么问题来了，我们应该何时制造惊喜，以及何时将事件展示给玩家呢？

玩家因为自己的决策而获得的惊喜可以让玩家再度燃起对游戏的热情。比如，玩家可能认为 3 号大门后面隐藏了 20 个金块，但是最终却发现一名值得信赖的同伴在那里等待加入他的旅程，对于玩家来说这无疑是一个更好的奖励。

惊喜对于玩家来说可能感觉有点随机，但这是正面的。诀窍就是我们需要在随机性惊喜及让玩家的决策变得有意义之间找到一个平衡点。比如在某款即时战略游戏中，当前你只有一个步兵可供调遣，于是你派这个步兵去对抗一个兽人。这个步兵的强度在 1～5 之间，而兽人的强度在 1～20 之间。从获胜概率来看无疑兽人的赢面更大。但是问题就在于不管步兵获胜的概率有多小，他也

总是有机会获胜的。

从这个案例来说，随机和惊喜为游戏增添了另一种戏剧性，即这样的一种紧张感：你知道一件事情非常可能会发生，但是却不知道它何时会发生。即将发生的是大卫和歌利亚这种以弱胜强的传说，还是又一个被击败的步兵而已。在大多数设计优秀的游戏中，玩家的决策将会起到决定性的因素。如果玩家所做的每一个决策都会导致随机的结果，那么他们就会觉得决策过程是无足轻重的。不过，千万不要忘了惊喜，只要适时地使用一下惊喜，玩家就会充分地感受到乐趣和兴奋。

练习 11.5：惊喜

你的游戏中是否具有某些惊喜？尝试向某一类决策的结果引入一些惊喜的成分，然后看一下这个变化对游戏的玩法有何影响？

进展

如果看到由于自己的决策而取得了进展，那么这绝对是让人心满意足的事情。人类的天性让我们能够从向着目标前进的行为中获得喜悦感。同时在此过程中我们所得到的微小回报往往比最终的胜利更觉得甜蜜。其实在游戏中也是如此。吸引玩家最好的方式就是让他们能够真切地感受到自己在取得进展。

有一种构建进展的方法是为玩家设置一些里程碑。这些里程碑指的是玩家在取得最终胜利之前，在他们一路披荆斩棘的过程中所达到的那些相对较小的目标。你需要将

这些里程碑有效地告知玩家，让他们知道努力达成每一个目标的奖励将会如何。

　　许多游戏对于这一点都做得很好。在《荣誉勋章》和其他一些游戏中，里程碑是以任务的形式呈现给玩家的，参见图 11.13。游戏会提供给玩家一张地图，让玩家知道目标位于何处，以及需要怎样到达目标等。这种做法使得玩家感觉到他们在漫长的游戏过程中在不断地进展。此外，有些游戏通过故事线为玩家设置等级门槛也是出于同样的原因。游戏通过这种方法可以让玩家为自己的每一步行动都做好准备及设置一个可以达成的目标，然后再用画面、赞美，以及下一个故事情节等作为奖励呈现给玩家。

　　不管是什么游戏，射击游戏也好，模拟游戏也好，为玩家提供一条前进的路线都可以带来些许的成就感。尽情发挥你的创意和想象来发现让玩家取得进展的新方法吧，千万不要把自己封闭在某一个系统里。没有任何理由不去同时用多种方法来衡量进展。

　　当你考虑玩家在游戏中的进展节奏时，也许你同样需要考虑玩家花费在一款游戏上的时间成本。EA 的资深游戏设计师 Rich Hilleman 曾经说过，EA 公司的游戏设计师在游戏过程中大约每隔一个小时就会触发一次"微曲线弧（mini-arcs）"。这么做的原因是因为他们发现，玩家每次坐下玩游戏的平均时间就是一个小时。

　　在每一个微曲线弧结束时，游戏设计师都会试图确保玩家将会遭遇一次"记忆深刻"

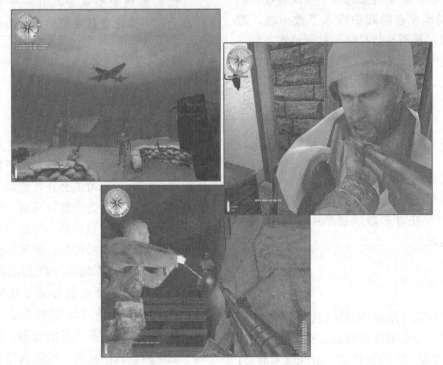

图 11.13 《荣誉勋章》任务 2-4："苏醒"

的玩法，使得玩家会继续再玩一段时间。此外，这些微曲线弧聚合在一起就形成了游戏的戏剧弧。

练习 11.6：进展

审视一下你的游戏原型，游戏的最终目标是否足够清晰？玩家是否一直朝着这个目标在前进？此外，请确保在此过程中设置有若干里程碑。还有，游戏的系统是否对玩家达成最终目标起到了帮助和刺激的作用？如果是的话，请描述一下是如何做到的。

结局

这里所说的"结局"并不是玩家在游戏中死亡，我指的是玩家通关了整款游戏。当你的忠实玩家在游戏中投入了数小时、数天、数周，甚至是数月时间打通游戏之后，在这一刻他们理应为了自己的努力付出而得到嘉奖。

多人游戏天生就带有奖励性质，即击败其他玩家的满足感。如果你设计的多人游戏强调团队协作，那么奖励则是玩家通过协作击败电脑或者另一支队伍而获得的满足感。

但是单人游戏又该如何是好呢？当玩家付出了大量时间并且经历了冲突、挣扎之后，请确保玩家能够得到一份令人满意的奖励。通常我们遇到的游戏结局不外乎是一段空洞的动画，比如主角受到了民众的称赞和敬仰等。如果你打算设计一个这样的结局作为奖励，为什么不直接把奖励设置在故事之中呢？把动画做成一个感人的时刻，在你的英雄苦求某个东西的时候播放出来。

练习 11.7：结局

你的游戏原型是否具有一个令人满意的结局？怎么才能让结局更为出彩呢？

乐趣杀手

经过你的一番努力，你实施的某些游戏特性可能会抹杀你的原始概念中的乐趣。以下是一些我在许多游戏雏形中曾经多次看到过的现象。

微操作

在那些给予玩家细节操控权的游戏中，微操作是一个普遍性的问题。对于热衷于比如《星际争霸 2》的铁杆策略游戏玩家而言，这种操控权绝对是至关重要的。这些玩家总

是希望掌控一切，以及深入地研究游戏的每一个环节。但是你需要牢记，给予铁杆玩家操控权的同时，有可能会让普通玩家觉得不堪重负。而这两者之间往往只有一线之隔。

作为一名游戏设计师，你如何得知游戏给予了玩家足够的操控权，但又不是过多的操控权呢？我们不如从一些基础问题开始讨论。比如，这个任务必须要让玩家操控吗？你需要确保给予玩家的不是一个明显的、肤浅的，或者不完备的决策。如果你做到了这一点，依然还有可能陷入微操作的泥潭。如果一个任务对于玩家而言变得单调乏

味，这就说明出现了微操作现象。最佳的验证方案是引入一些新的游戏测试者来玩你的游戏。如果这些新面孔抱怨某些游戏机制有些过头或招人厌恶的话，你就要当心了。

这个问题的解决方案之一是简化你的系统。微操作所代表的问题通常是一个任务被拆分成了过多琐碎的小任务。虽然由许多决策累积而成的总体性影响可能在战略层面很重要，但是考虑每一个单独的决策带给玩家的负担，最终的效果是得不偿失的。针对这种情况，你可以尝试把众多的微观决策结合成一个宏观决策。比方说，如果在部署军队时需要玩家选择每一个单位的每一件武器，决定携带哪些供给物资及使用哪种运输方式，并且还需要玩家决定行进路线等，那么抛给玩家的问题明显就太多了。为了解决这个问题，你可以让系统帮助玩家做决策。比如，你可以设置一些较为合理的默认值，然后把最关键的几个问题（比如行进路线等）留给玩家来决定。

除了简化次要决策以外，你还可以让玩家决定是否将某些任务自动化，比如资源管理、军队部署、后勤管理等。这样做的好处在于，铁杆玩家能够得到他们所希望的操控权，而其他玩家也可以免于面对过多的细节。微操作本身并不是一个问题，只有当它影响到玩家的体验时才成为一个问题。你总是会发现，不同的玩家在游戏中对于体验的要求是各不相同的，那么在游戏能够保持相对简单的前提下，只要系统更加灵活，效果无疑就会更好。

练习 11.8：微操作

你的游戏中是否存在微操作的情况？如果是的话，怎样才能简化玩家的决策，使得他们无须再把时间花费在无关紧要的细节上？

调整和平衡：人类对抗机器人

作者：Stone Librande

Stone Librande 是 Riot Games 的首席设计师。在来 Riot 之前，他曾经是 EA/Maxis 的创意总监，以及《模拟城市》（*SimCity*，2013）和《孢子》（*Spore's Cell Game*）的首席设计师。除了全职工作以外，从 2001 年起他还在加利福尼亚州森尼韦尔市的康格斯维尔科技学院教授游戏设计课程。

当我们谈论游戏设计时，经常会提及"平衡"一词。这个词所涉及的范围十分广泛，可以说几乎涵盖了一款游戏的方方面面。比如，平衡性可以用于描述游戏初始的条件（是否有的玩家在游戏初始就具备某些优势？）、障碍（难度太高还是太过简单？）、决策（是否有些选择总是优于其他选项？），甚至是玩家自身（谁更有经验？）。

通常来说，人们提及游戏的平衡性，其实指的是公平性。换句话说，所有玩家是否都拥有相同的机会来达成游戏目标？幸运的是，从游戏设计师的观点来看，这是一个相对容易解决的问题：只要让所有玩家基于相同的规则进行游戏就行了。

当一款游戏允许玩家之间通过完全不同的规则相互竞争时，游戏设计师的工作就会更为棘手（同时也更为有趣）了。我们可以在街机格斗游戏中看到此类概念的一个简单的形式。在格斗游戏中，每一名玩家都可以在众多各不相同的角色中进行选择，而每一个角色都拥有独特的战斗方式。此外，在一些可以给实力更强的玩家设置障碍的游戏中也可以看到类似的情况。比如有一盘象棋大师和新手的对局，我们可以规定象棋大师一方有 15 分钟的总用时上限，而新手一方则没有时间限制。游戏中玩家之间的规则差异越大，游戏设计师就越难保持平衡性。

调整一个非对称游戏的平衡性是一件高度迭代化的工作。虽然我们可以利用一些数学方法来判断两个不同的规则集是否平衡，但是玩游戏、记录结果、做出修改及重新玩游戏的这个过程却无法被替代。你每经历一次这些步骤都能够获得一些信息，通过这些信息你就能决定哪些规则需要被调整，以及哪些规则符合预期的效果等。

"人类对抗机器人"的练习就是一个让你能够体验这个过程的机会。这个练习是一个协作型的游戏，从中我们可以了解到如何通过迭代来调整非对称游戏的平衡性。这款游戏有如下条件：

1. 在游戏开始时，每一名玩家的初始条件各不相同。
2. 玩家所遵守的规则集也各不相同。
3. 玩家的目标也是不同的。

游戏分为两个阶段。首先，一组身为"科学家"的玩家互相协作，目标是建造一个终极战斗机器人。接下来的剧情就像你想象的那样，机器人突然变得无比狂躁，它冲出了实验室并且向着附近的小镇狂奔。此时此刻，玩家的身份变成"战士"，任务则是通过操作多辆坦克来阻止正在不断接近小镇的机器人。在战士这个阶段，机器人不受玩家的控制，但是它会机械地遵循在科学家阶段为其输入的指令。

游戏准备

这个练习需要你准备一张具有 8×8 方格的棋盘、4 辆"坦克"，以及 1 个"机器人"。如果你实在找不到与之对应的玩具作为棋子，也可以用 5 角硬币来当坦克，1 元硬币当机器人（并且将硬币的某一固定方向视为机器人的正面）。还有就是别忘了打印右图所示的指令表格。在游戏初始的时候，4 辆坦克位于棋盘的一侧，机器人则位于另一侧（请参考右图）。

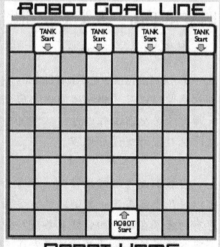

开始位置

虽然这款游戏最佳的人数搭配是 4 名玩家，不过任意数量的玩家参与都是可行的。只要你愿意，甚至你一个人出马也没问题。

游戏目标

玩家们需要设计出一个足以穿越棋盘的强悍机器人，同时机器人又不能强大到足以穿越棋盘边缘，从而到达小镇。

当然，科学家们可以创造一个极速机器人，它能够在第一回合就把所有坦克甩在身后并且到达小镇。或者他们也可以创造一个武装到牙齿的机器人，它可以轻而易举地用跟踪导弹摧毁战场上所有的坦克。或者与之相反，一支消极的科学家团队也可以创造出一个手无寸铁的机器人，它只要被坦克击中一次就会被炸飞。不过既然这是一个考验平衡性的游戏，那么以上结果就毫无意义了。

相对而言，你必须试图让机器人在最为激动人心的时刻被摧毁。比如，大多数坦克都被机器人干掉了，机器人只有一步之遥就可以逃离棋盘，然而在最后一个回合的时候，最后一辆残存的坦克发射出炮弹把机器人炸成了碎片！回想一下好莱坞大片的结局，我们太熟悉这种场景了，不是吗？

给机器人编程

在游戏的第一个阶段，你的小组扮演一些科学家，任务是负责建造一个绝密的军用机器人。输入机器人每回合的行动指令。最多可以对其输入 10 条指令，但不用把它们都用完。

下页图的指令表格列出了可以为机器人设置的行动，包括：发射激光、击打、移动和调整方向（面向目的地/面向左侧/面向右侧/面向基地/面向坦克）。你可以多次使用同一个行动并忽略你不需要的行动，比如你设置的行动列表可以由这 8 个指令组成：移动、面向右侧、发射激光、移动、面向左侧、击打、移动、面向目的地。

一旦你的某个指令造成了伤害，就在受到伤害的所有方格内填写一个范围是 1~4 的伤害值。（由于伤害值为 4 可以直接摧毁一辆坦克，所以范围是 1~4 就足够了。）

最后，如果机器人的生命值已经消耗殆尽，你需要将其自爆的话，就在机器人的"身体"部分中填入对应的伤害值和范围。

机器人的行动

发射激光：远距离攻击武器。机器人使用激光可以攻击位于它面前一条线上距离最近的那辆坦克，所造成的伤害与你在伤害方格中填入的数字相同。

击打：近战武器。和发射激光的用法类似，但是可以同时攻击与其相邻的 5 个方格内的所有坦克（包括正前方的 3 个方格及两侧的各一个方格）。

CRUSH

Attack front and side spaces.
Hit all enemies in range at once.

Damage: 1-4

LASER

Shoot straight forward.
Hit the closest enemy.

Damage: 1-4

FACE:

GOAL

RIGHT

LEFT

HOME

ROBOT GOAL LINE

TANK Start

TANK Start

TANK Start

TANK Start

TANK Start

ROBOT Start

ROBOT HOME

MOVE

Step one space forward.

Check one:
- ☐ Blocked by enemy
- ☐ Pushes enemy

Push damage: 0-4

TANK: Turn the robot clockwise in 90° increments until a tank is directly in line with it. If no tanks can be targeted then the robot ends this action with its initial facing.

Details:

_____

Custom Action Name

BODY

Robot explodes when
its hit points reach 0.

Robot Name

Self Destruct Damage: 0-4

Self Destruct Range: 0-4

Hit Points:

10	09	08	07	06	05	04	03	02	01

Action Name:
One action per line: Laser, Crush, Move,
Face: [Home/Goal/Left/Right/Tank], or Custom

Action Order:

1	
2	
3	
4	
5	
6	
7	
8	
9	
10	

移动：机器人在棋盘上前进一格。我们规定机器人不能走出棋盘的边缘，也不能后退。如果机器人的某个行动碰到了棋盘的边缘或者需要后退，那么这个行动就会被忽略。如果你希望机器人一回合能走好几步的话，那就需要在行动列表中设置多次移动指令。此外，你需要考虑一下是否允许机器人被坦克阻挡，或者机器人是否可以推开坦克？如果是的话，那么被推开的坦克将会受到多少伤害？如果一辆坦克被推出了棋盘的边缘，那么这辆坦克就会从游戏中消失。而如果一辆坦克被推到了另一辆坦克的位置上，那么就会触发连锁反应，即所有受到影响的坦克都将会被推开，并且它们都会受到相同的伤害。

调整朝向：如果你选择了这个行动，那么需要指定一个朝向，比如面向目的地、面向左侧、面向右侧、面向基地、面向坦克。当你让机器人调整方向时，它将会朝向你所指定的方向（需要注意的是，面向左侧/右侧指的是相对于目的地的左右方向，而不是相对于机器人的左右方向）。如果你选择了"面对坦克"，那么机器人将会沿顺时针方向连续转身并寻找目标，直到它能够面对某一辆坦克为止。如果机器人不能用此方法找到一个目标的话，那么机器人就会在转身一周之后，在其初始的方向停下来。

与机器人对抗

在游戏的第 2 阶段，机器人被放置于它的初始位置上，4 辆坦克则在棋盘对面的边缘处一字排开（请参考示意图）。机器人先移动。

看一下机器人的行动列表中的第一个行动，然后处理对应的击打、移动、调整朝向等行动。如果机器人使用发射激光或击打命中了一辆坦克，那么该坦克将受到和"伤害"方格内的数字相等的伤害（你可以使用纸笔或其他代替物来记录所有坦克的伤害值）。如果一辆坦克在游戏过程中遭到了 4 点伤害，那么这辆坦克就会被摧毁并从棋盘中移除。

继续按照行动列表的顺序一个接一个地执行机器人的行动，当行动列表中的所有行动都被执行完毕之后，机器人的回合就结束了。

接下来轮到坦克行动了。每一辆坦克将会从下面的列表中选择 3 个行动，单一行动每回合至多只能被执行两次。比如在同一个回合中，一辆坦克可以进行两次移动及一次射击，但是不能执行三次射击。

坦克的行动：

A. 向前方射击，造成 1 点伤害。一辆坦克的射击会穿过位于其前方的其他坦克，但不会对它们造成伤害。

B. 向前移动一格。一辆坦克不能移动到其他坦克或者机器人所处的位置上。

C. 顺时针/逆时针旋转 90°。

每当坦克击中机器人的时候，机器人就会受到 1 点伤害。一旦机器人总共受到 10 点伤害，它就会被摧毁，并且可能会自爆（如果玩家设置了自爆的话）。而在其自爆所波及范围内的坦克也将受到伤害，甚至可能因此会被摧毁。

游戏结束

　　一旦符合下列 3 个结束条件中的一个，游戏就会结束：

（1）机器人成功逃离了坦克的阻截并且进入了城镇。

（2）机器人摧毁了所有的坦克。

（3）机器人受到了 10 点伤害而被摧毁。

回到设计

　　当游戏结束时，玩家应当迎来一段剧情。最完美的情况是，机器人在即将逃离的瞬间被摧毁，而除了发射最后一炮摧毁机器人的那辆坦克以外，其他的坦克也应该都被机器人干掉了。有可能你需要经历数个迭代才能实现这种惊心动魄的场景。如果机器人过早地被摧毁，你就应该重新设计机器人，使之更为强大。如果机器人成功脱围，那么你就要减弱机器人的强度。如果被摧毁的坦克数量较少，你可以尝试给机器人下达更多的攻击指令，或者增加发射激光、击打的伤害等。

　　你可能会留意到，虽然你并不能直接修改坦克的属性，但是你和你的团队将会越来越擅于运筹帷幄。此外，请尽量避免故意让坦克执行一些无谓的行动以突显机器人的行动效果。如果机器人太过孱弱并需要一些额外的帮助，那这应该是科学家要考虑的事情，战士不应该关心这些东西！

　　你需要不断地调整机器人，然后让其与坦克群对抗，直到你发现有一组机器人行为正好能够产生类似好莱坞大片的效果为止。

自定义行动

　　在掌握了游戏的基础之后，你还可以在表格下方试着为游戏再添加一种强大的能力。这种能力可以是任何你想象到的东西，比如将机器人变形成飞机、埋地雷，或者破坏坦克的电脑控制中枢等。你可以回忆一下自己曾经在电影或漫画中见过的那些体积巨大的机器人，是什么让它们如此特别？

　　这里你可以任意发挥，前提是必须达成游戏的核心设计目的，即，机器人倒在了最后一条拦截火线之下，并且大多数坦克也应该被机器人干掉了。

机器人对抗机器人

　　当所有的队伍将他们的机器人都调整到最佳状态时，最后决定胜负的时刻终于来到了！（当我使用"人类对抗机器人"这种练习方法时，通常我会把"机器人对抗机器人"这一手留到最后。如果你也需要使用"人类对抗机器人"这种练习的话，不妨也把"机器人对抗机器人"当作你的秘密武器吧。）

　　首先你可以将多支队伍组成一支更大的队伍（推荐每支队伍由 4 个机器人组成）。现在已经没有坦克了，而每支队伍需要控制他们的机器人来对抗来自其他队伍的机器人。游戏开始时，每一个机器人分别位于棋盘边缘的不同位置。游戏目标也不再是逃离棋盘的边缘，只有存活到最后的机器人才是最终的胜利者。

　　有的队伍可能需要利用下列方式修改机器人的少许行为：

1. 将所有针对"坦克"的指令都改为"敌方机器人"。

2. 目的地变成机器人起始位置的对面，这就意味着机器人所面对的朝向需要视其所在的位置而定。

3. 如果一个机器人到达了目的地，它并不会因此而获胜，而是会被传送到它的初始位置。

　　从其中一个机器人开始，执行它的第一条指令。接着按照顺时针的顺序陆续执行每一个机器人的第一条指令。然后如此循环，直到所有机器人将它们各自的 10 个行为执行完毕为止。在这之后，需要再次从第一条指令重复这个过程。如果某个机器人的动作列表少于 10 个动作，那么在它缺少动作的回合中，其他机器人照常进行各自的行动，而它将会被强制进行"休息"。

　　除了差异性巨大的自定义能力以外，你应该能够注意到战斗的过程都非常接近。这一点并不奇怪，因为所有的机器人都已经调整到几乎和 4 辆坦克相同的强度。

最后的一些想法

　　只要你能够将游戏中的戏剧张力最大化，玩家就绝对会对你的游戏上瘾。你需要尝试将最终目标与高潮的那一刻合二为一，同时避免将会导致冗长沉闷结局的规则和系统。（你可能已经注意到了，《大富翁》和《冒险》在游戏后期都存在类似这样的问题。）作为一名游戏设计师，你的终极目标应该是让玩家感到愉悦，而达到这个目标的关键就是不断打磨那些能产生情感体验的游戏规则。如果游戏结局能够紧紧衔接玩家获得情感高潮的一刻，那就更棒了。许多好莱坞电影和畅销书籍的结局都选择在高潮之后，这一点并不是没有原因的。所以，你应该努力在自己的游戏中创造与之类似的戏剧性。

停滞

　　有些游戏一不小心就会陷入停滞的泥潭。停滞的意思是在游戏过程中，有相当长的一段时期内都没有发生过什么新鲜的事情，同时玩家决策的重要性和影响也没有什么变化。

　　造成停滞的一个常见原因是重复性，也就是说玩家一遍又一遍地做同样的事情。举个例子，如果玩家需要不断地重复同一类型的战斗，那么游戏就会让人感觉陷入了停滞。在此种情况下，即使玩家实际上获得了等级提升，或者距离最终目标更近了一步，但是这些过于重复的行为会掩盖他们所取得的进步。针对这种情况，我们可以通过两个步骤来解决。首先，应该丰富玩家可操作的行为类型。其次，需要告诉玩家他的每一个行为都将如何让他更为接近胜利。

另一种停滞则来自实力之间的均衡。比方说在一款游戏中，3 名玩家需要互相角逐以称霸世界。然而他们三人无论谁领先，另外两名玩家都会合伙将领先者拉下水，于是就创造出一个怪圈，即，没有人能够获胜。此类情况的解决方案是制造条件来影响当前的实力均衡状态，使得领先者能够击败另外两名对手的组合。

第三种类型的停滞是一种强化或平衡的怪圈，我们曾经在第 5 章讨论过这种情况。此类停滞的表现为，玩家在游戏中的奖励和惩罚总是趋于平衡的。比如在一个模拟经营类游戏中，玩家陷入了这样的窘境：他的全部收益都要用于偿还债务，并且无论他多么努力都无法摆脱这个怪圈。针对这种情况的一个解决方案是通过一个意外事件来改变局势，比如通过一次意外收获让玩家摆脱债务，或者是发生一次天灾让他彻底破产等。当然，你也可以对游戏进行调整，以避免玩家陷入这样尴尬的境地。无论是给予玩家债务减免或提高利润等，都会将游戏推向这样或那样的一个明确方向。

最后一类停滞则是由于在游戏中没有发生任何事情，导致玩家的无所事事。换言之，由于拙劣的游戏设计或在游戏中没有明确的目标等原因，造成了游戏进程的停滞不前。举个例子，假设在一个目标不明确的冒险游戏中，玩家可能只会在游戏中漫无目的地游荡。这种情况的解决方案就是重新设计游戏，以让玩家的目标更为明确。

练习 11.9：停滞

在你的游戏原型中是否存在任何游戏玩法停滞的时刻？倘若如此，请你确认一下问题的成因。你的游戏是否出现了平衡怪圈或实力均衡的现象？如何才能打破这种怪圈，从而有效地推进游戏进程？

无法逾越的障碍

在游戏设计中，另一种我们需要避免的问题是"无法逾越的障碍"。抛开名称不说，它指的其实并不是那些完全无法解决的状况，而是对于特定比例的玩家受众而言，看起来像是完全无法逾越的。

不管是因为信息匮乏、错过了时机、缺乏经验或不够警觉，最终造成的结果都是相同的，即玩家在相同的障碍面前一次又一次地遭遇挫折，筋疲力尽。看下你的手表——在他们因为挫败而关掉游戏并且彻底流失之前，他们会坚持多久？

我们中的大多数人都曾经遭遇过无法逾越的障碍，比如像无头苍蝇一样四处寻找一扇隐藏的大门或者神秘的控制台等。作为一名游戏设计师，请确保你的游戏能够通过某些方法得知玩家是否陷入了困境，并且能够在此时给予玩家某些帮助，使得他们能够在顺利渡过难关的同时又完全不影响挑战的难度。当然，说起来容易做起来就难了。举个典型的例子，任天堂公司的冒险游戏（比如《塞尔达》系列）就十分善于在玩家陷入困境时为他们提供信息。这些游戏会在一些战略要地部署若干游戏角色，它们可以为玩家提供线索及其他一些相关信息，以此帮助玩家克服各种困难。和游戏中其他的可变属性一样，线索也需要讲究平衡性，这样才能确保呈现给玩家的游戏难度是合适的。

在游戏中构建这种智能系统耗时耗力，有时候玩家也不需要如此精密的系统。在游戏开发者大会上，来自微软公司的用户测试经理 Bill Fulton（请见第 9 章中他的一篇关于用户测试的报道）曾经做过一次演讲。他引用了《光环》早期版本中位于游戏初期的一些片段。这些片段对于游戏设计师而言十分简单明了，但是对于玩家来说却成为无法逾越的障碍。

就在这个第一人称射击游戏的新手教程结束之后，系统告诉你需要跟随游戏中的一名指引人物前往飞船的舰桥。接下来你当然会这么做，然而就在电光火石之间，该指引人物却因为一起突如其来的爆炸在你的面前一命呜呼。于是你就被困在了一扇半开的门背后，没有任何指引和线索告诉你如何打开这一扇门。

Fulton 在其演讲过程中播放了一盘录像带，其中展示的内容来自这款游戏的测试录像带，参见图 11.14。该录像显示了一名游戏测试者被困在了大门附近的走廊处，他按遍了手柄上的每一个按钮，使用了所有他能想到的方法来尝试打开那扇门，并且他从始至终都在嘟囔不知道应该做什么。这种情况持续了好几分钟，从他的语调中很容易看出，如果他是在家里玩这款游戏的话，他很可能只玩 5 分钟就会放弃。Fulton 充满幽默

地指出："我希望你们都能意识到这种情况一点都不好玩"。[3]

图 11.14　来自《光环》用户测试的录像带：玩家被卡在了一处坏掉的门廊，玩家通过游戏手柄尝试不同的控制组合

对于玩家失去指引并且被困在门口的情况，《光环》设计师的本意是让玩家短暂地感到困惑和无助，从而给他们留下更为深刻的印象。他们觉得玩家立刻就会意识到那扇门是不能打开的，接着玩家就会在走廊处发现他们提前设计好的备用出口，然后就可以成功逃脱。然而通过用户测试证明，大多数玩家都需要一点帮助才能逾越这个障碍。

在游戏的最终版本中，就在玩家被困的几秒钟之后，另一次爆炸将会很自然地把玩家的注意力从那扇无法开启的大门处吸引过来。紧接着屏幕中会出现文字提示，向玩家说明了如何跨越障碍物。然后地面上有一块精心设计的垫子指向了走廊的另一个出口。虽然通往该出口的路线被一组管道所阻挡，但是只要你知道如何在游戏中进行跳跃，那就完全是小菜一碟了。于是，在经过少量修

改之后，这些游戏初期带给玩家的挫败感消失了，取而代之的是一个让人觉得兴奋的游戏场景，并充满了戏剧性和张力。

随机事件

虽然随机事件在特定情况下具有非常出色的效果，比如幸运的惊喜及意料之外的危险等，但是设计粗劣的随机性同样可以将游戏引向毁灭。在许多游戏中，随机性都会以某些形式出现。之前我已经提到了随机性将会如何影响即时战略游戏中的战斗算法，以及如何让桌游中的移动机制变得不可预测等。毫无疑问，类似这样的随机性将会为游戏增色不少。

不过，利用随机性来提升游戏性是一回事，让过于随机的事件干扰玩家的体验则是另外一回事。比如在一款角色扮演游戏中，你花费了数周时间来培养一名游戏角色，但是突然之间它被一场不可治愈的瘟疫夺走了生命，那么你肯定会有被欺骗的感觉，因为你完全没有反抗的余地，只能眼睁睁地看着自己的心血付之东流。我们都知道现实生活本身充满了各种意外，并且有些意外会带来毁灭性的打击。既然如此，为什么不能在游戏中包含这些意外呢？

其实和我们的日常生活一样，问题在于玩家乐于接受惊喜而不是惊吓。那么应该怎样在游戏中添加一些具有负面效果的随机事件而不会吓跑玩家呢？不管是陨石雨毁灭了城市，公司因为经济危机而倒闭，还是通过奇袭彻底消灭了一支军队等，你都需要确认这个事件必须符合玩家在游戏中的预

期。也就是说，你需要让玩家提前为那些可能出现的恶性事件有所准备，以及可以让他们想办法来减少损失。但是不要告诉他们这些事件何时发生，以及将会造成多么严重的影响。

拿前面瘟疫的例子来说，你应该警告玩家他的角色有可能会生病，并且允许他们提前购买解药。如果玩家不理会你的警告无动于衷的话，那么当瘟疫到来之时，他就要品尝自己种下的苦果，同时意识到自己的过错。

一个良好的做法是在任何灾难性事件来临之前，至少给予玩家三次警告。那些影响较小的随机事件可以减少警告的次数，甚至是没有警告。因为对于影响较小的事件来说，让玩家从过往的经验中学习并进行预防是可行的。但是随着事件造成的影响越来越大，游戏中提供的警告信息也应该越来越多。如果你能够遵循这个规则，那么游戏中的事件就不会变得过于随意，同时玩家也会觉得他们能够掌控自己的命运。

可预知的道路

如果一款游戏只有一条通往最终胜利的道路，那么我们就说这个游戏是可以被预知的。正如我在第 5 章所提到的那样，线性或简单分支的游戏结构通常会导致这样的可预知性。如果你希望为游戏设计加入更为丰富的可能性，不妨考虑一下如何让游戏结构更为对象化。也就是说，如果我们可以让游戏中的每一类物品都可以通过一些简单的行为和规则与玩家进行交互，而不是把

每一次交互的内容都写在一个脚本中，那么通常来说就可以给游戏带来一些富有创意和意料之外的收获。

《侠盗猎车手 5》就是一个这样的例子。这款游戏有玩家可以跟随的关卡结构和故事线，但玩家也可以四处转悠，偷别人的车，犯下罪行，甚至是经营出租车生意等，只要他愿意做。对于游戏的整体目标而言，在游戏中随意闲逛并不会大幅推进游戏的进程，然而这种做法却能让玩家感到游戏世界可以对他的行为做出响应，同时又不可预测。在任何时候，他都可能会因为自己的胡作非为引来警察的注意，然后引发一场脚本里没有的高速警匪追逐战。模拟游戏则是另一种采用这种设计思路的游戏类别。比方说，《模拟城市》系列和其他与其类似的游戏就可以根据玩家的选择而演变成不同的发展方向。

还有一个方法可以保持游戏发展方向的可预知性，即允许玩家从多个目标中选择一个。比如在《文明 3》中，有 6 条通向最终胜利的道路可供玩家选择，分别是：征服、太空、文明、外交、统治，以及分数。每一条道路都需要经过细致的规划才能成功，同时也会让玩家站在一个全新的角度来权衡每一个决策，所以玩家并不只是第一次玩这款游戏的时候才会觉得有趣，而是可以多次重复进行游戏。每一次从头开始游戏的时候，玩家都可以选择与之前完全不同的一条道路，而游戏也会以完全不同的姿态呈现于玩家面前。

并不是所有的游戏都需要和《文明》或者《侠盗猎车手》一样，然而当你在大量的可能性和大量的可预知性之间寻找平衡时，通常来说选择大量的可能性会是一个好主意。

超越乐趣

随着游戏成为一个更成熟的媒体，游戏已经不仅仅是一种娱乐手段了。举个例子，如今在教育、公众参与、新闻，以及保健等领域，已经可以越来越多地看到游戏的存在。有的游戏更具有实验性质而不是竞技性，还有的游戏被视为艺术品而非流行文化的象征。对于类似这样的新形式的游戏而言，也许乐趣并不能作为最重要的标准来衡量这些游戏对于玩家的诉求。然而作为以游玩体验为中心的设计流程的一部分，你依然需要为游戏玩法设置其他更为合适的目标。在这种情况下，这些目标就是你需要测试的

内容。游戏设计师简·麦戈尼格尔（Jane McGonigal）曾经提及通过设置目标带来现实生活中的正能量，这些内容收录在第 2 章中的"设计师视角"部分。对于现如今的游戏产业来说，最令人激动的趋势之一莫过于游戏已经被人们视为社会变迁的代言人，而这种变迁其实也可以充满乐趣。正如在本书第 15 章中，Adrian Hon 和 Matt Wieteska 的一篇有关手机游戏设计的报道中所描述的那样，《僵尸，快跑》（Zombies, Run!）这款游戏帮助成千上万的玩家迷恋上了锻炼身体，而这一切都是借助于既有趣又聪明的游戏设计来实现的。对于现如今的游戏而言，类似这样的机会已经源源不断地被挖掘了

出来。而对于游戏设计师来说，展现在你我面前的则是一片广阔的新天地。我在本章的末尾列出了一些推荐读物，如果你希望自己的游戏玩法超越乐趣的范畴，那么不妨读一读。

你的游戏是否易用

最后一个对游戏进行改良的方面是确保你的游戏对于潜在玩家的易用性。如果玩家得不到来自你和游戏指南的许多帮助，他们是否还可以正常地操作和理解游戏？

对于游戏设计师来说，易用性是一个奇怪的矛盾。因为你对自己的游戏越了解，你就越是无法预知玩家在第一次玩游戏时将会碰到什么问题。游戏的易用性（accessibility）测试和可用性（usability）测试是息息相关的，区别只在于测试的人是谁。通常来说，可用性测试是由专家们在可用性实验室里面进行的。如果你的公司或出版方拥有一支这样的团队，我强烈建议你对其进行充分利用，参见图11.15。

可用性测试工程师通常都是久经磨炼的心理学家或研究员，他们的特长在于测试和评估用户如何与众多不同的产品进行交互。常规软件行业在数年前就已经将可用性测试整合于产品的研发周期之中，而游戏行业则在近期也沿用了这种做法。比如许多大型发行商都会为了他们的游戏而在其内部建立一些致力于可用性测试的团队。

专业的可用性实验室通常都会配备一些精密的记录装置，研究员们可以利用这些装置通过一个主界面近距离观察测试者的双手是如何操作键盘和鼠标或者手柄的。有时还会利用摄像头来展示测试者的面部反应，并且当测试者大声说出自己心里的想法时，这些声音也会被记录下来。通常在这时，研究员们会和游戏设计师及制作人坐在一扇单向玻璃的后面，通过对讲机和测试者进行交流，参见图11.16。

研究员还会为测试者准备一个测试脚本，其内容类似之前的练习9.4，只是更为详细。比如，他们会要求测试者走过游戏中的几个区域，或者是完成一系列任务等。之后，有关这些任务完成度的数据，以及所有新发现对产品造成的影响大小都会被整理到一份报告中。

当我要求你进行游戏的易用性测试时，实际上我是要求你让"门外汉"来进行可用性测试。到目前为止，可能你已经让一些人测试过你的游戏。然而不幸的是，这些人将没有资格参与你的游戏的易用性测试。能够参与易用性测试的人群有以下几类：

- 属于游戏目标市场的人
- 来自外界的人（和你非亲非故）
- 从未玩过你的游戏的人

你需要一支具有相当规模的测试团队：针对每一个细分市场（如果多于一个的话）分配3~5人是一个较为满意的方案，而如果能达到8人的规模就最好不过了。

为了让测试流程一切顺利并获得最佳的效果，你需要将游戏中最重要的地方标示出来。你的列表可能会包括开始游戏及一些

图 11.15　微软的游戏测试实验室。一些参与者在各自的格子间玩游戏。格子之间有挡板，每个格子都配有耳机，以减少分心。这样测试者之间就不会互相影响。每个测试者的观点和偏好都会通过办公格里电脑屏幕上的网页问卷进行收集。（摄影：Kyle Drexel。）

图 11.16　微软的可用性试验室。一个测试者（图中右侧）正在玩游戏。一个用户测试专家正在用单向玻璃隔开的另一个房间里观察这个测试者。单向玻璃使用户测试专家和开发团队的成员能够讨论游戏和测试者的行为，而不会被测试者听到。（摄影：Kyle Drexel。）

最重要的决策和游戏特性。紧接着你需要编写一个脚本，让测试者带着任务体验一下这些重要的地方，以此验证游戏中的一切是否都如你所料。不过这个脚本并不需要十分精细，因为它的目的是尽可能地减少遗漏的现象，以确保测试过程的顺畅无阻，你希望测试者的注意力集中在游戏上。

将声音作为一种游戏反馈设备

伯克利音乐学院艺术总监 Michael Sweet

　　Michael 是一位卓有成就的作曲家，在过去的 20 年中，他曾经在超过 100 个获奖的电子游戏中担任过音效总监。从 2008 年至今，Michael Sweet 在波士顿的伯克利音乐学院负责电子游戏课程。他的作品包括 Xbox 360 logo 的音效，以及许多获奖游戏的音乐与音效，与其合作过的公司包括 Cartoon Network、Sesame Workshop、PlayFirst、iWin、Gamelab、Shockwave、RealArcade、Pogo、微软、乐高、美国在线、全球音乐电视台等。此外，Michael 的有声雕塑曾经在世界范围内巡回展出，包括伦敦的千年穹顶（Millennium Dome）和位于纽约、洛杉矶、佛罗伦萨、柏林、香港、阿姆斯特丹的美术馆等。

　　声音可以增加玩家对游戏的参与度及扩展游戏的创意和风格，因此声音能够对游戏产生巨大的影响。由于音乐和音效通常都在潜意识的层面生效，因此我们就可以借助声音将情感内容传递给玩家。无论你正在努力通过某一关还是在等待从某个角落出现的怪物，声音都可以让你感到心跳加速或忐忑不安。在这篇文章里，我们将会探讨两款我曾经为其创作过音乐和声音的游戏，以及探讨如何利用声音解决设计难题，从而为玩家带来丰富的听觉享受。

《瓦尔登湖》

最近我参与过的一个有着独特声音效果的游戏是《瓦尔登湖》，这是一个来自南加州大学游戏创新实验室（USC Game Innovation Lab）的作品。这个游戏赢得了 2017 年 Game for Change Festival 的年度游戏奖。在这个第一人称的 3D 体验中，玩家可沿着美国作家亨利·大卫·梭罗（Henry David Thoreau）的足迹，体验他在 1845 年到 1847 年间，在马萨诸塞州的瓦尔登湖畔度过的时光。

《瓦尔登湖》（游戏）中的日落。

我们在《瓦尔登湖》中的音效设计和音乐有三个主要的目的，分别是让玩家沉浸在环境中、提供声音的反馈，以及支持叙事。我们从录制瓦尔登湖畔几乎所有的音效来开始制作环境声音，包括鸟鸣、虫嘶、蛙鸣、脚步声，还有天气的声音。我们通过便携式录音设备和定向麦克风来录制音效。此外，我们还向当地的专家咨询了鸟类的迁徙，确保我们只录下亨利在瓦尔登湖畔会听到的鸟的声音。举个例子，红衣凤头鸟如今在瓦尔登湖畔相当常见，但是它们因为气温升高而北迁是发生在亨利的瓦尔登湖时光之后的事情。

这些环境音效随后被导入游戏开发引擎 Unity 中。因为让玩家沉浸是声音的主要目的之一，所以我们利用所有的音效来创造了一个环绕的环境。我们把鸟布置在整个地图中的独立的树上，并根据季节和每日时间来匹配它们的鸣叫。鸟儿们在拂晓更爱唱歌，它们在春天也比在秋冬唱得更多。因此当鸟被一只只地放置在树林里，而不是去做一个单独的声源时，玩家便可以在空间中转身和移动的时候感知到他们自己的位置变化。

类似地，我们希望风、天气和虫子也能够一样空间化。但在 3D 世界中做出所有的独立声源是不切实际的，因此我们选择让一组固定的、虚拟的扬声器始终环绕玩家。因此，当玩家旋转时，虚拟系统中鸟的位置将保持静止，以准确地固定每一个声源。

全部组合起来以后，这些被动态控制的环境音效共同创造了一个程序化的音景（soundscape），让玩家能够沉浸在瓦尔登森林中时刻改变的环境里。

声音的另一个重要作用是在世界中留下声音线索，使得玩家能够进行探索。这些声音线索被捆绑在世界中的箭头上，当玩家拾起的时候，能让你洞察亨利在湖畔的生活。这个音效被空间化了，因此在玩家移动的时候，声效会动态地平移以帮助他们找到线索。这些声音散布在世界中，依附在箭头上，吸引玩家的注意，形成了鼓励探索的微妙的诱惑。

游戏中的音乐主要用来支持体验的情绪弧，并且讲述亨利在树林里的故事。音乐主题是根据一年中的每个季节来编写的，由于亨利觉得四个季节对于描述整年的明显的季节变化来说太少了，因此我们的包括音乐在内的季节系统共会展现八个季节。此外，我们为游戏中多种多样的地点和角色都创作了主旋律，还为游戏中的 reflective points 创作了特殊的主旋律，叫"孤独的凯恩斯"。

原声音乐还提供了一个重要的反馈机制，可告诉玩家他们在游戏中的表现好不好。每个季节的主旋律都被分成四个音乐层次。这些层次基于玩家所拥有的"启发"来淡入和淡出。这个"启发"的参数会在玩家花费时间在树林里搜索细小的惊奇和美丽时增长——搜索荒僻之处，和动物互动，读找到的书，以及听远处的声音。

音乐背后的创意方向是从亨利自己的超验主义哲学，以及他周遭的极简主义的有韵律的环境中得到的启发而来的。我们创造了结合虚拟乐器和真实乐手的混合配乐，来让音乐栩栩如生。音乐先在 Digital Performer 中制作小样，然后在 Pro Tools 中录制和混音。

《瓦尔登湖》的主要要点是：通过音乐和声音来让你的玩家感到沉浸，以此提高你的游戏品质。在调配你的声音的时候，想办法做得独特以给予你的游戏独特的愿景和风格。音乐应该能够在情绪的层面，通过展现主题、角色和情节，来增强你的游戏中的叙事效果。

BLiX

第二款游戏对于声音的运用与之前完全不同，它就是创新类智力游戏 BLiX，这款游戏曾经在 2000 年的 IGF 上获得过最佳音效奖。游戏的目标非常简单：把球放进杯子里即可。这款游戏的受众是所有年龄段的玩家，游戏界面较为符号化，得分系统没有使用数字，玩法内也不包含任何文字。

这款游戏对音乐的运用与之前的游戏完全不同。当我们创作声音时，我希望在游戏过程中，玩家能够在不知不觉的情况下演奏出一段优美的旋律。我这么说是因为游戏中所有的音效都是可循环的环境电子音乐的片段。此外，游戏场景的布局是一个 3×3 的九宫格，其中每一格中都放置着音乐触发器。当玩家在场景中移动和放置物品时，这些音乐触发器就会播放简单的鼓点及合成音效。所以从本质上来说，游戏的乐谱是由玩家自行创造出来的。

同时，在工具极其有限的前提下，我们为这个在线解谜游戏引入了一些相当独特的理念，即游戏玩法的核心是创作音乐。现如今，作曲家可以利用许多新技术完美地衔接乐谱和动态创造的音效，从而即时地塑造了故事性。而在 BLiX 诞生的那会儿，我们只能利用极其有限的技术在创意上做文章，以及通过不断的努力来打破系统带来的局限性。

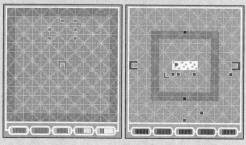

BLiX 的界面

我们最终为这款游戏提供了大约 30 种音效资源，包括 14 种可循环的背景音乐及各种音效等，这些声音都是使用软件 Rebirth、Reason 和 ProTools 创作而成的。我希望将大量的延迟和特效等整合到一些独立的音效中，我还希望能够在游戏中营造出一种复古街机游戏的感觉，从而将那些简易的音效提升到一个全新的层次。由于开发者都是一些骨灰级的街机游戏迷，所以也可以说，我是希望在游戏中保留一些老游戏的传统吧。

在游戏声音中增加延迟会增加声音文件的大小。令人欣慰的是，一起合作的游戏设计师们让我协作处理文件大小，而不只是武断地说声音文件太大了。这就使得我在创作时能够以创意优先，而不用担心受制于技术或游戏内在瓶颈的制约。虽然在 Shockwave.com 接手 BLiX 的时候，我们为了减小文件大小还是将一些资源从游戏中剥离了，但是这款游戏依旧能够让我在许多创意性和实验性方面大展拳脚，而这些也是我之前未曾有过的经验。此外，与重视声音的团队进行合作同样是非常重要的。因为这样的团队会激发你的创作和实验欲望，于是你总是希望尝试一些新的东西。

来自声音方面的反馈是极其重要的。当我和 BLiX 的玩家交谈时，他们总是会跟你提到他们有多讨厌游戏结束时的音效。在游戏仍处于开发阶段时，由于这段音效实在是太刺耳了，我曾经想过把它从游戏中剔除，然而游戏设计师们（Peter Lee 和 Eric Zimmerman）

则一致认为这段音效简直棒极了。不幸的是，玩家们对此并不买账。当他们听到这个音效时，第一反应几乎都是立刻重新开始游戏。

值得一提的是，游戏时间即将用完的音效并不是我创作的。Peter Lee 提供了这个音效，由于它属于那种能够将你从游戏中拉回现实的声音，所以我们最终将其保留了下来。在玩了一段时间的游戏之后，你可能会有一种类似玩《俄罗斯方块》的麻木感，就好像游戏是一台机器，而你是这台机器的一部分。突然之间，游戏时间即将用尽！于是你立刻就被拉回到现实中，同时游戏也将接近尾声。

有一点对我来说至关重要，那就是游戏中的声音需要为听众带来统一和协调的听觉体验。所以，*BLiX* 中的音效必须与其主题音乐融为一体。尽管我们无法让音效和音乐节拍完全同步，但是这些制作精美的音效（打破了我最初的怀疑）几乎完美地与背景音乐融为一体，使得玩家感觉游戏中的声音是一个整体，而不是两个互相独立的部分。

经常被大家所忽视的一点是，声音反馈也可以培养玩家进行交互的节奏。比如，电子游戏中玩家的交互行为包括：按照某种特定速度移动、点击鼠标，以及按下按键等。这些交互都具有一定的节奏或规律，而音乐和音效可以保持或降低这种节奏。此外，许多复古街机游戏都利用音乐来动态调整节奏，比如《太空侵略者》等。此外，使用层叠式的节奏也可以明显提升玩家的游戏体验。

和电影类似，游戏音效师也可以利用音乐主题突显游戏角色或帮助游戏进行切换等，以及给予玩家一些直接或间接的提示或反映出他们在游戏中的处境如何。音效设计的强大之处在于，在游戏中它还能够产生很难用视觉效果体现出的情感。比如共鸣、憎恨、爱情等都可以通过声音得以展现。

每一名游戏设计师都应该清楚地认识到，音效所具有的强大力量将会影响游戏的方方面面。研究表明，高质量的声音能够让玩家更好地接收整体的视觉效果，并提高玩游戏时的认知度。

除非你的游戏需要多名玩家同时在线，否则这种测试最好一对一地进行。你想知道玩家遇到阻碍或感到困惑的地方，而有时候他们会掩饰这一点，或者他们只是跟随同组的其他测试者人云亦云而已。如果你不得不让测试者在同一房间内进行测试的话，请提前和他们讲清楚，他们之间不能为了完成任务而互相帮助。

如果你无法单独记录测试过程的话，也许你需要找一个朋友来帮个忙。当你让测试者实施测试脚本中的内容时，你的朋友可以帮你做一些笔录。此外，让你的朋友坐在测试者的视野之外的位置，避免对测试者造成不必要的干扰。当经历过几轮测试之后，你必然会发现一些问题。那时你也许会惊讶地发现，自己的游戏其实并不如想象中那么易用。《光环》游戏初始的那几分钟说明了，对于游戏设计师而言，他们很容易漏掉某些有可能让玩家感到困惑的地方，因为他们对自己的游戏实在太熟悉了。你要牢记这一点，在这样的测试中，测试者的表现是错不了的。有许多因素会诱惑你相信游戏中的某个特性是显而易见的，但是很可惜，在此类测试中你的意见并不算数。玩不下去，那就没什么游戏可言了。

你需要对有问题的地方进行标注，对它们进行修正，然后再进行几轮测试。将这个过程持续进行下去，直到大部分目标用户都能够顺利通过游戏中大多数核心区域。最理想的状况是你将游戏的每一个方面都进行了易用性测试，不过你可能并没有足够的时间或资源来做到这一点。因此，你能做的是

保证游戏易于上手、易于理解，以及易用。

练习 11.10：可用性测试

使用之前描述的方法对你的游戏原型执行一系列可用性测试。

1. 编写一个可用性测试脚本，其核心内容是一些举足轻重的任务，比如开始游戏、理解游戏的目标、制定一些关键决策等。

2. 招募一群新的测试者，他们之前从未玩过你的游戏。

3. 执行可用性测试并且对其结果进行分析，想出 3 个可以改善游戏可用性的点子。

总结

现在你应该已经拥有一个具有功能性、完备性、平衡、有趣，并且易用的游戏了。这是一个了不起的成就！无论你是通过纸面原型独自经历了这个过程，还是设法组成了一个团队并且完成了一个电子游戏原型，既然已经通过了所有的设计和测试阶段，那么就意味着你已经非常清楚自己在这个过程中所付出的努力是值得的。此外，在之后游戏的量产和发布阶段，你也必然需要将这种做法沿用下去。

在我们继续之前，不妨先回顾一下到目前为止你所经历的过程：

- 你并不只是拥有一个游戏原型的想法而已，还学会了许多能够让你在任何游戏设计团队中占据一席之地的技巧。
- 你已经将自己的想法付诸实践，并且可能已经将其制作成了一个可以运

行的游戏原型。

- 你不断地测试自己的游戏原型并对其进行改良，直到游戏的玩法让测试人员大呼过瘾，并且达到你所预期的体验效果。

此时此刻，你应该已经能够得心应手地掌握以玩法为中心的设计流程了。游戏设计流程不再是一团迷雾，无论你是独自一人，还是和朋友一起，或者是作为专业游戏设计团队的一员等，你都应该感到胸有成竹。你可以充分利用自己的游戏设计技巧在自家车库里独自制作游戏，或者选择为一些颇具规模的游戏开发商或发行商工作等。而无论你的决定如何，也无论你是将游戏设计视为个人爱好，还是想要搭建一条游戏设计师和玩家之间得以沟通和协作的桥梁，你都将具备足够的经验和技巧以解决形形色色的游戏设计任务，对此我深信不疑。

设计师视角：**Robin Hunicke**

Funomena 的联合创始人

Robin Hunicke 是一名游戏设计师兼制作人，她设计的游戏包括《模拟人生 2：我要开店》(*The Sims 2: Open for Business*，2006)，《我的模拟人生》(*MySims*，2007)，《轰炸方块》(*Boom Blox Bash Party*，2009)，以及《风之旅人》(2012)。除了游戏设计工作以外，她还帮助组建了国际游戏开发者协会(简称 IGDA)的教育委员会，以及共同管理 GDC 每年一度的 Experimental Gameplay Workshop (实验性玩法会议)。她目前是加州大学圣克鲁斯分校的一位助理教授，她主管艺术与设计、游戏与可玩性媒体的本科项目。

你是如何成为一名游戏设计师的

当年在攻读人工智能和计算机科学的博士学位时，我就在不知不觉中开始了设计师的生涯。当时我为了研究机器人行为学而修改了几款游戏，并且和形形色色的游戏开发者进行过交流。几乎与此同时，我在一次于斯坦福大学召开的人工智能学术会议上遇到了 Will Wright。在我们的交流中我表达了自己对游戏的研究和热情，之后他就问我是否考虑成为一名游戏设计师。

我情愿将自己的一生都奉献给游戏。那时，通过在 IGDA 以及 GDC 的授课和发言，我与游戏圈的联系也越来越紧密。但是，成为一名全职的游戏开发人员却是我之前未曾考虑过的事情。要说原因的话，我想可能是因为那个时候游戏行业中的女性实在是太少了。思索再三，我最终还是决定尝试应聘 Maxis 公司的初级设计师职位。幸运的是，我最终得到了这份工作。现在回想起来，这绝对是我做出过的最棒的一次选择了！

你受到过哪些游戏的启发

第一款让我爱不释手的游戏是 Danielle Bunten Berry 设计的 *M.U.L.E*。

我的一个朋友的哥哥曾经拥有一台"Commodore 64"电脑，于是我们经常在放学后用这台电脑玩游戏。在那个年代，大多数电子游戏都不支持多人游戏，也就是说几个人只能轮流着玩。而这款游戏能够即时地与商店以及其他玩家进行交易，当时给我的感觉是，简直太新潮了！此外，这款游戏的策略性很强，加上具有社交性质的交易系统，使得这款游戏让人百玩不厌。当我在家里的时候，脑海中都是这款游戏的影子，于是我经常会跑到朋友家里去玩这款游戏。现在回头想想，如今我所坚持的一些理念，比如游戏可以将人们聚集在一起，以及可以促进新奇的社交行为等，都源于 *M.U.L.E.*。

多年以后我上了大学，那时我经常整夜都泡在计算机实验室里，在那里我第一次接触到了《模拟城市 2000》这款游戏。因为那时候我家里并没有电脑，所以我接触的游戏主要停留在雅达利、任天堂，以及超级任天堂这些早期游戏机之上。我非常喜欢玩这些游戏机上的游戏，但是《模拟城市》却真正让我感受到了震撼。你需要掌控整座城市，而你的决策就是游戏的设计核心。之后一些让我感兴趣的游戏，比如《神偷》（*Thief*）和《杀出重围》（*Deus Ex*）等，都与这种设计哲学有关。我从这些游戏中学到了系统设计的价值所在，比如为玩家的选择留出一些空间，以及接受玩家自己的设计理念、创造力，以及他们在游戏中扮演的角色等。

此外，我还需要提及一些日本的 PlayStation 主机游戏，它们可能才是对我的游戏设计生涯影响最大的游戏。比如《啪啦啪啦啪》（*Parappa the Rapper*）、Rez，以及《块魂》等，这些游戏确实能够超越那些传统的动作和智力游戏机制。ICO 和《旺达与巨像》则让我知道了在电子游戏中，也可以探索诸如爱情、信仰，甚至复杂的人生理念。

再之后，我的大多数灵感则来自 IGF、IndieCade 独立游戏节，以及 Experimental Gameplay Workshop 等盛会。每一年在这些展会上出现的游戏都能够突破游戏领域原有的极限，所以我总是迫不及待地想知道接下来还会出现什么！

你看到了这个行业哪些令人激动的发展

毫无疑问是参与者和内容的多样性！如今我玩的游戏如果放到 10 年前，也许会因为资源和工具的限制而无法制作，或者受到平台的限制而无法发布。这些游戏不但包括 *Dear Esther* 和 *Cart Life* 这样的付费下载游戏，也包括 *Dys4ia*、*Mainichi*、*Lim* 等免费游戏。

随着越来越多的人通过游戏传递属于他们自己的经历，如今游戏媒体也发展得越来越成熟了，游戏行业也不再是从前那样的一个小众以及排他性很强的行业。现在我玩游戏是为了获得一些新鲜的感受，以及通过一些全新的视角来看待世界。所以，游戏行业是一个充满创造力的生态环境，它的不断发展和演化的确让我激动不已。

你对设计流程的看法

开始的时候我会使用"机制、动态、美学"（简称 MDA）方法来进行设计。首先我会构思如何让玩家在游戏过程中体验到与众不同的感触。其次则是机制，最后做一些动态调整。但我总是会从感受的角度开始。

通常来说，当我的身体很忙碌，但是头脑相对较为空闲时，最佳灵感往往就会出现。所以当我制作一个新项目时，我会花费许多时间做一些半结构化的活动，比如徒步、园艺活动、烹饪美食，或者骑自行车等。

一旦我获得了灵感，我会让灵感在脑海中酝酿一下，同时我会立刻将其画下来或写下来。有时候我会在半夜灵感突发，我也会立刻将其记录下来。此外，我会阅读大量和工作相关的文学作品，观看电影，或者参与一些和工作主题一致的活动等。尽量将自己沉浸在一些能够激发灵感的素材里，而这些素材可能来自许多不同的领域，这就使得项目自身并不只是和游戏相关。

我想这是因为，当我的游戏没有一个我想去传达的核心主题时，我会非常难以在它上面集中注意力。即便是一个相对较为简单明了的游戏，比如像《我的模拟人生》这样对著名游戏系列的扩展，我依然花费了大量精力思考如何体现小城镇的文化氛围，如何让玩家通过创造性的行为看到一个不一样的世界，如何让玩家感受到乐于助人会比自私自利更快乐。

一旦我觉得游戏的潜在主题已经确定，我就会着手寻找游戏机制的种子。通常来说，首先我会与项目团队成员或社区中值得信赖的开发者讨论游戏机制。在我向他人描述游戏内容和初步构想的游戏规则时，通常都会发现一些严重的设计缺陷，或者意外地发掘一些特定机制的玩法。其实在我和他人的沟通过程中，这种设计思路的成长和改变是非常普遍的。换句话说，当我和其他具有才华与创意的人们沟通时，经常会被激发出一些新的想法和灵感。所以，我坚信最好的设计方案都是通力合作的产物。

当我的大脑被游戏灵感所充满时，我会用纸笔将这些灵感记录下来，描述尽量简单明了。我并不赞同撰写庞大的游戏设计文档，但是我确实认为一份简明的方案有助于正确勾勒游戏的整体架构，以及避免一些不相关的因素等。接下来，我们就应该考虑游戏原型了。

你对原型设计的看法

老实说，我实在想不出不使用游戏原型的设计方式。只要你拥有一份简单的软件原型或纸面原型，大家在沟通和讨论游戏设计时，就不会仅停留在和美术相关的内容上，而是会聚焦在游戏机制的结构和行为表现上。

在你完成游戏原型之前，游戏机制只是一些粗略的概念，比如游戏中的时间、活动，以及玩家的注意力将会如何等。而构建游戏原型则会让这些概念实体化。接下来，每一名玩过游戏原型的玩家都会在游戏过程中为你带来一些信息或惊喜。所以，如果你希望通过调整游戏机制和动态产生的各种结果来达到自己的预期目标，那么唯一正确的方法就是让大量玩家来测试你的游戏。

当人们探索游戏原型时，你可以亲眼看到和感觉到实际的体验效果和预期的美学目标之间的差异有多大。而游戏测试可以引导之后的开发方向，并且帮助你剔除那些拙劣的游戏机制，去打磨你的游戏的灵魂。如果你希望自己的作品既优雅又紧凑、既稳定又坚实的话，那么这就是正确的方式。从美学体验开始设计，然后你发现了合适的游戏机制，最后针对目标玩家和游戏情景，打磨动态体验。

以我的经验来看，这种流程适合所有创意性的项目！无论你的灵感来自何处，也无论游戏体验最终的表现形式如何，这个流程都是行之有效的，其适用范围很广，而且绝对物超所值。

谈一个让你感觉困难的设计问题

目前，我正在与高桥庆太联合制作一款游戏。这款游戏的美术风格既有趣又奇异，其游戏机制简单到连小孩子都能理解。然而即便如此，游戏的核心交互依然会让一些测试者摸不着头脑。

值得一提的是，年纪较小的玩家通常都会忽略用户界面上的提示，在游戏系统面前，他们通常只会跟着感觉走。而成年玩家则总是热衷于"做正确的事情"，尤其是当反馈与他们的预期不符时，这一点尤为明显。

于是，我开始尝试在没有用户界面的情况下进行测试。我发现，一旦成年玩家将"做正确的事情"这种想法抛到九霄云外，当他们在游戏中遇到挑战或难题时，他们就会尽情地探索和发现解决问题的方法。也就是说，给予他们更少的指引反而提升了他们的信心，同时激发了他们童心未泯的一面。玩游戏时请尽情探索吧！

现在，虽然他们的实际行动和游戏原本的预期并不一致，但是他们依然会乐此不疲地探索游戏中的世界，即便经历了挫折或失败也是如此。所以，虽然看起来很简单，但是这种经验对我来说是非常宝贵的财富。

在你的职业生涯中，你觉得最自豪的事情是什么

毫无疑问是《风之旅人》这款游戏！它具有极度实验性的游戏理念，而当时我们在研发这款游戏时，遇到过好几次看起来几乎是无法逾越的障碍（包括技术性的、创意性的、管理上的问题等）。但是我们依然持续不断地推进游戏进展，最终我们做出的游戏让所有人都感到骄傲。

之后，我们收到过许多来自玩家的令人振奋的来信，他们都被这款游戏深深地感动了。而当我自己玩这款游戏或者观看他人第一次玩这款游戏时，我依然会忍不住潸然泪下。对于我来说，这个游戏足以证明用心制作游戏的威力有多么强大，同时也证明了对游戏媒体

而言，我们的想象力有多丰富，游戏就有多精彩。

从宏观角度而言，我很高兴自己能够成为一股为游戏行业带来多样性的驱动力。我异常努力地工作，并且通过多种方式支持新生事物，比如展示新的工作成果，辅导激情四射的开发者，或者只是在发现一些新奇和实验性的游戏时玩一玩等。最后我想说的是，能够作为游戏行业的一分子，并且在行业发展过程中参与游戏设计工作，我对此深感自豪。

给设计师的建议

做很多很多的东西，体验很多很多的感受，享受新的体验。所有这些将会转换成你创作的东西，它们会让你愈发感受到生命的价值。

人生只有一次机会，并且这一次旅途会比你想象得更早结束。充满好奇心，投入到每一件你在做的事情中吧。不管是什么事情，拥抱它！

设计师视角：**Lorne Lanning**

Oddworld Inhabitants 的联合创始人，首席创意官

Lorne Lanning 是一名游戏设计师、作家，以及动画电影导演。他曾经制作的游戏包括《奇异世界：阿比历险记》（*Abe's Oddysee*, 1997）、《奇异世界：阿比逃亡记》（*Abe's Exoddus*, 1998）、《奇异世界：蒙克历险记》（*Oddysee*, 2001）、《奇异世界：怪客的愤怒》（*Stranger's Wrath*, 2005）、《奇异世界：阿比历险记之新的美味》（*Abe's Oddysee New 'n' tasty*, 2013）。

你对设计流程的看法

对我来说，设计流程是一个相当抽象的过程。我的设计灵感来自生活中那些我热切关注的事物，此外，我还会研究许多看起来与游戏毫不相关的事情。我觉得最好的灵感通常都来自意料之外的地方，所以我会花费许多时间做一些看起来不着边际的事情，而其他人可能会认为我那是在浪费时间。然而我觉得，创作灵感的过程就是把一些离散的想法结合起来。所以身为一名游戏设计师，我相信除了自己所熟知的领域以外，对其他领域的探索也是极其重要的。如果只在某个领域内寻找思路，而不借助其他领域的话，想要创作出独特和新颖的作品无疑只是痴人说梦而已。

你对原型设计的看法

游戏原型是至关重要的。在正式开发游戏之前，可以通过游戏原型来实现游戏最为核心的部分，以此测试项目的可行性和乐趣。然而你还有最后一件事情要做，就是通过团队合作将团队成员认为不可能实现的东西变成现实。所以，游戏的原型不但有益于提高学习曲线，同样可以激励团队的士气。

让你印象深刻的游戏有哪些

- 《闪回》（*Flashback*）、《世外之旅》（*Out of This World*）、《波斯王子》（*Prince of Persia*）：我觉得这些游戏为游戏设计领域带来了一种全新的剧情和生命力。受益于这些游戏

真实感十足的动画以及引人入胜的故事，不断切换的场景，以及故事导向的谜题机制等，我们从中汲取的灵感最终成就了发布于 PlayStation 平台的第一款《奇异世界》（*Oddworld*）游戏。这些游戏就像发光的路灯一样，告诉我们有一天，电影和游戏会比我们之前所想象的有更多相同之处。

- 《终结者 2》（*Terminator 2*，街机）：我是在一个主题公园会议上见到这款游戏的，当时这个公园还没有对外开放，而那时我也并未进入游戏设计领域。当我看到这款游戏时，我几乎立刻就意识到，未来的内容不但将会存在于数字化的数据库中，还会跨越多种媒介。《终结者 2》是第一款成功使用电影画面的游戏，它就像是出现在我面前的一块路牌，上面写着："这条路通往全世界数字多媒体领域的未来。"

- 《魔兽争霸 2》：这款游戏将有些体验简直做到了极致，比如管理你所建造和训练出的大量单位等。同时我还感受到了通过掌握这些单位的绝对控制权而获得的心理满足感。当然，其他一些游戏也曾涉及此类体验，然而《魔兽争霸 2》利用其简单灵活的操作/管理界面充分调动了玩家的情感，同时又不会让玩家感到单调之味。同时，这款游戏还融入了一些简单有趣的模拟和策略元素，而这些元素恰好是之前那些即时战争游戏所缺乏的。

- 《超级马里奥 64》：虽然我很难保持对这款游戏的兴趣（马里奥是公认的面向低龄人群的游戏），但是其玩法和动画确实让游戏中的 3D 角色展现出更为生动的一面。这款游戏让人吃惊的地方在于，玩家们竟然可以忍受其僵硬不便的操作，甚至有时候他们还觉得很享受。对我而言，如果游戏角色涉及现实生物，而由于其蹩脚的操作导致这些角色的一举一动都相当机械化，那么我是完全提不起兴趣的。这一点经常让我无法从一些也许是极其优秀的游戏中获得乐趣。在这方面，马里奥无疑为之后那些 3D 角色操作更为优秀的游戏提供了铺垫。

- 《模拟人生》：这款游戏是业界多项纪录的保持者，当提及游戏创新时，几乎无一例外地会提到这款游戏。同时这款游戏在另一方面也是一个令人拍案叫绝的案例，即开发者依靠个人能力扶持和支撑一个 MOD 社区，反而能够支撑和延长一款产品的生命力。总而言之，这是一款突破了传统准则的游戏。如果我们只是将注意力集中在那些常见的想法和猜测上，那么这款游戏很可能在开发过程中就会被叫停。然而最终，《模拟人生》系列的傲人地位向我们证明，游戏并不都是我们（从商业角度而言）所想象的那样。同时这款游戏也验证了这样一个规模庞大的市场确实存在，而这个市场中的潜在玩家对于其他游戏几乎不感兴趣。在许多方面，《模拟人生》系列承载和引领着未来游戏设计领域的创新，而这种创新并不一定与游戏设计的架构或变化有关。对于一款游戏来说，更为重要的是它究竟有多么与众不同。

- *Tamagotchi*（俗称电子鸡）：与《模拟人生》非常类似，我知道未来还会出现许多更好玩的虚拟养成类游戏，它们必然会将养成类游戏提升到一个新的层次。如果游戏所产生的社会效应能够影响到一家大公司的运作，比如由于孩子们的不满导致起飞时间被延迟的日本航空（事件的导火索是航空公司让孩子们关掉他们携带的所有电子设备），那么你所看到的就不只是人们沉迷于游戏那么简单了，我们看到的是一种全新的体验，即人们对虚拟生命的情感依托和相互依赖。

给设计师的建议

你需要具备极强的职业素质以及不断研究其他值得你学习的游戏。同时不管你的专业技能是什么，你需要深入学习并精通编程、设计、电脑动画，或者写作等专业技能。除此之外，你需要关注游戏以外自己周遭的生活，并从生活中学习。最棒的灵感不会来自其他现有的游戏，而是来自那些几乎与游戏毫无关联的地方。这些灵感可能源自其他的地区和艺术形式，甚至可能源自某个科学类别，比如社会学、农业学、哲学、动物学，以及心理学等。你从其他领域汲取的灵感素材越多，你创造的游戏就会越与众不同。

补充阅读

Bogost, Ian. *Persuasive Games: The Expressive Power of Videogames*. Cambridge: MIT Press, 2007.

Cooper, Alan and Reimann, Robert. *About Face 2.0: The Essentials of Interaction Design*. Indianapolis: Wiley Publishing, 2003.

Gee, James Paul. *Good Video* Games and *Good Learning: Collected Essays on Video Games, Learning and Literacy*. Bern: Peter Lang Publishing, 2007.

Koster, Raph. *A Theory of Fun for Game Design*. Scottsdale: Paraglyph Press, 2004.

Maeda, John. *The Laws of Simplicity: Design, Technology, Business, Life*. Cambridge: MIT Press, 2006.

McGonigal, Jane. *Reality is Broken: Why Games Make Us Better and How They Can Change the World*. New York: The Penguin Press, 2011.

Norman, Donald. *Emotional Design: Why We Love (Or Hate) Everyday Things*. New York: Basic Books, 2004.

尾注

1. Bocska, Steve. "Temptation and Consequences: Dilemmas in Video Games," Game Developers Conference, 2003.

2. Yee, Nick. "EQ: The Virtual Skinner Box."

3. Fulton, Bill. "Making Games More Fun: Tips for Playtesting Games," Game Developers Conference, 2003.

第 3 篇

像一名游戏设计师一样工作

本书的前两篇帮助你了解了游戏的结构性元素、制作原型的艺术及测试你自己的游戏概念。在第 3 篇中，我会开始专注于实践的信息，以帮助你成为一名职业的游戏设计师。要成为一名成功的游戏设计师，你要学会怎样有效地在团队中工作、和不同类型的人沟通，并且懂得游戏产业不断变化的产业结构会怎样影响你的项目。

在第 3 篇的开始，我将会讨论产业里一个游戏开发团队是如何构建的。我会提供理解游戏从业者中不同类型的人的视角，从发行公司的经理到确保游戏可以发售的 QA 测试者。然后我会讲讲游戏软件从概念到完成的不同阶段。

除了要对团队结构和开发步骤有清晰的了解，你要能和整个团队清晰地沟通游戏的概念。在最近几年，这个过程改变了很多。很多团队停止使用单一的游戏设计文档，而是用更小巧、更灵活的沟通方式。这种新方式往往是通过协作工具来完成的，例如，Google Groups 或 wiki，这样可使整个团队更容易使用和修改游戏。无论你决定用什么协作工具，我都将向你展示应该如何将你的设计思考透彻地描述出来，让它能够展现你设计、制作的原型和测试的游戏玩法。我也会讨论如何将你的设计文档变成团队沟通中有效的工具。

最后两章简要讨论了当今快速改变的游戏行业，以及如何找到一份工作、发售一个独立的项目、推销一个原创的想法。在第 15 章中，我会解释各种各样的构成游戏产业的组织、推动游戏产业的平台和类型，以及未来数年可能成为领先的平台和在这些多种多样的平台上常见的发行交易的种类。最后一章会讨论在行业里如何获得一份工作，如何展示你的原创的游戏灵感，以及如何创立一家公司并独立发行你的游戏。

第 12 章
团队结构

20 世纪 70 年代，电子游戏商业化方兴未艾，编程高手凭一己之力就能做出完整的产品。一人可以分饰游戏设计师、制作人、程序员甚至美术设计师和音效师。一款完整的游戏体积最多不超过 8KB；用满是锯齿的像素块代表游戏角色，声卡发出的"哗"和"梆"就是全部音效。为了便于理解，举几个例子：1978 年街机上的经典游戏《太空侵略者》（Space Invaders），算上美术和声音一共才 4KB。1979 年的《小行星》（Asteriods）只有 8KB，1982 年发行的《吃豆人》，是 28KB。

一方面，随着 PC 和游戏主机的硬件越来越强大，这些平台上游戏的体积和复杂度也呈指数级上升。游戏中包含的图像和音频大幅增加，远超代码量。如今的主机游戏需要成百上千 MB 的硬盘空间，制作水准迅速逼近电视和电影。精心制作的视觉特效、声音特效、音乐、配音和动画都是当今游戏的标准配置。有些游戏，比如《CSI：犯罪现场调查》和《加勒比海盗》，利用知名影星的配音和 3D 模型制作游戏角色；还有一些，

比如《荣誉勋章》，使用电影化场景和管弦乐伴奏营造史诗感。随着制作水平的不断进步，催生了包含各领域人才的大型团队。从数据库管理员到界面设计师，再到 3D 美术设计师，主机游戏制作团队容纳了越来越多各种各样的人才。

从另一方面来说，为移动设备制作的小型游戏也迎来了爆发。这些游戏可能由只有几个人的团队研发，所包含的资产往往受到限制。对于许多刚起步的独立开发者来说，虽然开发的游戏规模如此小，但却可以卖给大规模的智能手机的用户，这让这个市场变得令人兴奋。然而，即使你的团队很小，你也应该让它尽可能职业地进行运作。因此，理解团队中每一个可能的角色是很重要的。你可能发现你自己同时扮演了多个角色，但是你应该知道每一个角色的职责，以及当你同时承担多个职责时会带来项目复杂度的上升。在这一章中，我会介绍每个独立的角色，以及游戏设计师要如何融入团队结构中。

团队的组成

图 12.1 说明了当今游戏业中构成大多数开发和发行团队的基本职位。注意图中只显示了或多或少参与制作的人员。我刻意忽略了人力、会计、公关、销售和后勤，因为他们并不属于典型的生产部门，不在讨论范围内。

发行商与开发商

要了解团队结构，先让我们来看看发行商和开发商之间的关系。任何开发商都会同意这至关重要，因为它决定了所有的事情要如何安排。关系多种多样，有时开发商除了销售和市场工作之外全都要做，有时发行商会在内部消化掉大部分生产工作，只让开发商专注于特定任务。但是在多数情况下，分工如图 12.2 所示。

通常，发行商会预付给开发商一笔钱当作版税，开发商利用这笔钱招募团队成员，维持日常开销，或者外包部分工作。开发商的主要任务是交付产品，同时发行商提供经费支持并分销产品。

图 12.3 中列出了如今业界中的知名开发商和发行商。容易搞混的是，许多发行商自己也开发游戏。EA 就是一个典型，自己开发了不少第一方的游戏。另外，一些开发商隶属于发行商旗下。比如，Media Molecule 和顽皮狗（Naughty Dog）都是 Sony 所拥有的第一方开发商。

尽管有从属关系，公司内部的开发部和其他部门还是存在开发/发行这一层关系的。在许多方面，这些被称作第一方的开发团队，也像小公司那样自负盈亏，管理现金流和安置员工。这样发行商可以评估开发商的效益，分析使用内部开发和外部开发团队哪个更划算。

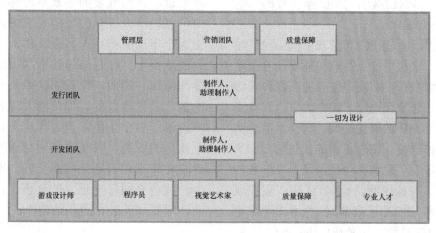

图 12.1　团队结构

发行商	开发商
· 挑选要制作的游戏 · 投资游戏 · 提供QA测试 · 营销游戏 · 分发游戏	· 向发行商提案游戏创意和演示 · 利用发行商的资金制作游戏，包括游戏设计、程序、美术、音效等

图 12.2　发行商/开发商的职责

发行商	开发商
Electronic Arts Nintendo Activision Sony Computer Entertainment Take-Two Microsoft Game Studios THQ Ubisoft Konami Sega Namco Bandai Zynga Square Enix Capcom Gameloft King.com Supercell Big Fish Games Riot Games	Rockstar Games Naughty Dog Entertainment Bioware Firaxis Games thatgamecompany Epic Games Relic Entertainment Insomniac Games Ready at Dawn Rovio Entertainment id Software Infinity Ward Valve Vicarious Visions Bethesda Game Studios Treyarch Crytek Harmonix Bungie Giant Sparrow The Fullbright Company Telltale Games

图 12.3　发行商/开发商列表

对于独立游戏开发者，边界可能更模糊，他们既可以是小公司，也可以是一个个人，这个人可能承担所有的角色：制作游戏，然后努力把它卖出去，通常只能得到很少的市场支持，有时甚至得不到。这么做想成功很难，尤其是现在外面有这么多独立开发者试图让别人知道他们的游戏。在本书第 470 页，IndieCade 游戏节的总监 Sam Roberts 介绍了对于独立开发者来说，游戏节将如何成为一个他们推广自己的游戏的地方。

关于发行方的典型人员配置我会另外着墨，首先我们从开发商的角度看看制作团队的构成。

开发商团队

多数游戏开发公司创立时只有寥寥数人，往往是喜欢一同做事的朋友。尤其在创业初期，并没有明确的职位描述，初创公司里"人人都是多面手"。但是当团队扩大，预算增加，项目复杂度越来越高时，即便最好的朋友也要划分职责范围。

大多数资深游戏开发者能够清楚地描述出每个团队成员的职责。这不是说他们不能密切合作，只是有时候他们会做超出职责范围的事情。这意味着每个人专注特定的领域，他/她掌握的技能让他/她成为最适合承担项目这方面职责的人。

让我们仔细看看这些个体的职能，先从游戏设计师开始，因为我们最需要了解设计师如何融入团队，并与其他所有的成员协作。

游戏设计师

我之前说过，游戏设计师对游戏体验负责。从提出概念到完成游戏，需要设计师确保游戏各方面的正常运作。因为游戏玩法由程序、视效、音乐和音效等共同组成，极其复杂，所以游戏设计师必须与团队中的每个成员合作无间。

现在你已经亲手设计过游戏，应该知道设计师的职责重点。总结一下，就是以下几条：

- 在头脑风暴中提出创意
- 制作原型
- 试玩和修改原型
- 撰写概念和设计文档，在制作过程中不断更新
- 和团队成员沟通游戏的愿景
- 制作游戏关卡（或者与关卡设计师合作，参见 441 页）
- 设身处地为玩家着想

并不是所有公司都有专门的游戏设计师。这个角色时常由程序员、美术设计师、主管或制作人兼任。从项目的规模和身兼数职者的技能来看，有时这种情况可能对设计产生负面影响。

举个例子，同时任程序员的设计师可能对某个重要的游戏功能有偏见，仅仅是因为这项功能需要花费数周甚至数月来编写代码。如果职责分开，游戏设计师会以更加客观的心态对待测试和反馈。

如果设计师同时也是制作人、美术设计师或者主管时，会发生类似的利益冲突。最明显的莫过于同为制作人的设计师。因为制作人负责项目的进度和预算，天然与设计师的职责冲突。当一个人的职责是支出时间和金钱换取最佳游戏品质时，怎么能同时保证团队严守底线不超支呢？

为解决这个问题，一些公司，如在 EA 加拿大公司，虽然制作人也兼任游戏设计师，但是许多传统意义上的制作人的职能转交给了被称作开发总监的人。

总的来说，头衔不如职位描述重要。最重要的是，对于每款游戏，能够有一个人专注于游戏玩法设计，而不被其他职责太过分心。这个人，我称其为游戏设计师。

为了胜任这项工作，需要全职投入，尤其是现今制作的游戏非常复杂和新颖。游戏业界也开始了转型，让游戏设计师专注于玩法和体验，不被预算、排期、资源配置等其他职责拖累。

另外，在某些游戏中，设计师太过重要，他的职责超越了玩法，还要去负责指导游戏的情绪和戏剧弧，这些游戏设计师被称为"游戏总监"（Game Director）。比如《最后生

还者》和《风之旅人》，就是游戏设计师兼任游戏总监的例子。

制作人

对开发团队来说，制作人（Producer）最简单的定义就是项目主管。制作人负责如期向开发商交付游戏。为了顺利交付，制作人必须制订计划，包括进度、预算和资源配置。

在大多数情况下，开发团队和发行团队各有一个制作人。在正常工作结构中，这两位制作人是双方的中间联络人，共同敲定需要双方协商的重要开发决议。作为两个团队之间的主要沟通渠道，制作人们通力合作，确保两边团队中的每个重要决定都能传达给对应的负责人。

简单地说，制作人的职责如下：

- 制作团队的主管。
- 开发团队和发行团队之间沟通的纽带。
- 负责开发商的预算和进度。
- 负责资源的配置、追踪和预估。
- 管理开发团队，确保准时交付。
- 激励团队，解决制作相关问题。

要想按照预定时间交付游戏，往往要在制作过程中做一些艰难的决定，制作人的责任包括雇用和解雇员工和拒绝额外的资源请求。最后，担任制作人是一件十分有意义的工作，会比其他人更频繁地与发行商接触。他们也可能在公开场合、行业大会或者媒体上作为团队代表出现。制作人的办公室常常扮演为整个团队的"联合国"，每个人来这里表达他们的顾虑和不满，并希望得到解决。

还有一种职位称作执行制作人，他们的任务是监督数个制作组或整个开发集团。另外，还有联合制作人和助理制作人，他们负责协助制作人工作。绝大多数制作人从助理和联合制作人起步，慢慢成长为制作人、资深制作人，最终成为执行制作人。

作为游戏设计师，你必须跟制作人密切合作。在任何项目开始制作前，与制作人一起检查设计细节。确保制作人能制定出可信的进度表和预算，协助他彻底了解游戏。如果你还没完全弄清楚整个项目的预期和规模，制作人只能估算数字或是粗略预测，那你的游戏的日程表和预算都会不准确，具有潜在的失控和短缺的风险，并可能导致大量不必要的焦虑。

想要真正做好游戏设计师，你要像制作人一样了解进度和预算的来龙去脉。你不必亲自撰写文档、跟踪进度，但是你要了解其中的内容，确保与你的预期相符，并尽早找出潜在的问题。

建立包容的设计团队

Tracy Fullerton

在今天的游戏行业中，一个重要的问题在于多样性，以及为游戏设计和开发建立包容的团队。我们知道玩游戏的人随着时间变得越来越多样化，现在玩家中女性的比例已经大于男性，并且玩家的平均年龄已经来到了 35 岁。开发团队也越来越多样化，有着非常不同的经历和背景的团队成员在多样化的平台上，创作有着创新的体验目标的不同游戏。

多样性不仅是指有着不同性别、年龄、种族或者背景的人，它还意味着用不同方式沟通的人，比如，性格外向者和性格内向者，或者对游戏玩法有不同倾向的人，比如，休闲玩家和硬核玩家。当你在一个团队中工作的时候，你可能会假设每个人都和你有类似的背景和敏感性，因此你可能会误解他们试着来和你沟通的方式。或者，你可能会不经意间错过对你没有吸引力的想法，因为它们可能在你的经验领域之外。但是这些想法和你的想法一样有价值，需要在你的工作中完全地去考虑它们。否则，你会错过把这些新想法带进你的项目的机会。

这也是为什么建立一个包容的设计流程会成为游戏设计师的工作的重要部分。游戏创造过程中的设计文化会对最终的结果产生巨大的影响。你可以做的最重要的事情之一，是用社区的氛围来在包容、尊重的环境中制作游戏，这样想法可以来自团队的各个角落。

在我的游戏设计课程中，我使用许多不同的练习来帮助学习建立这种包容设计的技巧。我将要介绍的两种方法，如果你是在学习游戏设计的话可以自行尝试，如果是在工作的话，则可以和团队一起试试。

技能分享

第一个练习，我称之为"技能分享"。这个练习来自早先我发现的一件事情：学生们倾向于和与他们有着同样的技能的人组队。因此程序员倾向于和程序员组队，艺术家倾向于和艺术家组队，等等。但我已经指出，游戏天生就是跨专业的，最好的游戏都是由跨专业的人进行良好合作而做出来的。最好的情况是，每个人都懂一些编程，每个人都懂一些艺术，等等。为了达到这一点，我需要帮助学生们克制他们和有类似思维的人组队的天然倾向。

技能分享很适合大团队，比如一个班级，但也可以在小到三个人的团队中进行。这个练习的目的是鼓励团队分享知识和工作方法，并打通专业之间的障碍。在我的课堂上，我们在第一天就用这个练习来破冰，并在整个学期都进行这个练习。在学期末，我们会用一天来分享从彼此那里学到的东西。

一开始，我们会先讨论技能和激情。教室里的每个人都有什么样的技能？他们最有激情做的事情是什么（既包括游戏设计中的，也包括生活中的）？他们最想学的自己还不具备的技能是什么？完成对这个话题的热身后，每个人在三张同色的便利贴上写下三个他们觉得自己可以教其他人的技能，并把它们贴在自己的身上。然后，在另一种不同颜色的三张便利贴上，每个人写下自己想学的三项技能，把它们也贴在自己的衣服上。他们成为自己的技能和兴趣的行走的"布告板"。

学生们在南加州大学进行技能分享练习（左一为译者）

　　要说明的是，参与者可以选取任何他们喜欢的技能——当然，有些技能比其他的更有销路，但是在选择技能上没有限制。我们有许多的程序员教 C++，以及艺术家们教 Maya，但我们也有人教做预算，或者跳舞、剑术，甚至冲浪。这个练习并不是为了决定哪些技能更有价值、哪些没有，而是为了建立"技能都有各自的价值"的理解。这个社群的技能越多样化，社群中的每个人就有更多的机会去学习。

　　然后，组员们混合到一起，一一交谈，讨论每个人的便利贴上面写的技能。在这个过程中，他们的目标是找到一个能够教他们一个新技能的人，以及一个他们可以教授新技能的人。唯一的规则是这两个对象不能是同一个人，以及每个人只能有一个老师和一个学生。有时候搭档们需要进行一些协商，来确认到底某个技能的哪一方面是学生们真正想要学习的。到最后，他们达成一致，一旦每个人都有一个学生和一个老师以后，我们把这个课程中每个人要向谁学什么写在一张格子纸上，然后封起来。这是标准的课程材料之外的补充。学生们在课余时间碰面，来灵活地分享和学习。当我们在学期末分享大家都学到什么的时候，你总能看到许多很惊人的展示。

　　现在，在我的课堂上，每年在每个新班级中都会进行这个练习，所以现在这个练习已经变成了某种仪式。每个人都想知道你的技能是什么，你教了什么，你学了什么，这意味着整个创作者的社群（而不仅仅是班级）在进入小组项目的时候，都已经对彼此有了一些了解。有些技能的需求如此之多，以至于学习小组会围绕着这些技能组建起来，这鼓励学生们去超越规定的课程，把他们自己当成终身的和自我驱动的学习者，并投入这个有很多愿意帮助他们达成学习目标的人们的社区中。

　　所以这要怎么帮助团队协作和跨专业项目呢？好吧，正如我已经强调的，游戏团队是由多种不同类型的人组建起来的：工程师、艺术家、设计师、音乐家、制作人、作家，以及用户研究员，他们共同工作，来创造互动体验。技能分享建立起了这些团队成员之间的理解、尊重和人与人之间的连接，他们学会了认真对待团队成员的想法，学会了不同的技能，并且将"不同"当成一种正面价值带入他们未来的工作中。

是的，然后……

　　包容性常常被挑战的一个地方是头脑风暴会议，这种会议有时候会被一些团队成员所掌控。这通常不是有意的，但是在产生想法时变得很兴奋的人会容易不仔细倾听其他人的想法。因为这是设计流程中的重要部分，也是多样化的思维最需要的场合之一，我准备了一个叫作"是的，然后……"的练习，来帮助来自不同专业的人们学会一种优秀的用于合作的共同语言。

　　"是的，然后……"是从你可能已经很熟悉的一种剧场技术中改进而来的。我把它专门用在小组的头脑风暴中。"是的，然后……"是一种更多地去发展别人的想法的练习，而不是聚焦于让你的想法被别人接受。通过让头脑风暴的参与者能够更清醒地意识到创意合作时他们所运用的语言，我们能够帮助他们更有合作性，并在合作中更包容。

卡牌游戏"是的，然后……"

在我的版本的"是的，然后……"练习中，我制作了一个简单的卡牌游戏。在这个卡牌游戏中，有两种卡片：目标卡，和"是的，然后"卡。目标卡是将要头脑风暴的东西——它们有意地被做得有一些古怪以激发每个人的想象力。以下是一些目标卡的例子：

- 一个需要花 30 年去玩的游戏
- 一个学习一种语言的游戏
- 一个你只能在一个固定地方玩的游戏
- 一个跨越几代人来玩的游戏
- 一个让你变得更柔和的游戏
- 一个关于未来的游戏。

每个小组选择一张目标卡来开始。然后，"是的，然后"卡会被进行洗牌和分配。从上页的图中可以看到，每一张"是的，然后"卡上都有一个短句，可以在每一次有一个玩家想添加点子的时候使用。所以，很显然，其中有一句是"是的，然后……"。但是也有许多其他短句，学生们可以在想要把自己的想法加入头脑风暴的时候使用。

比如这些短句：

- 我喜欢那个想法！
- 我喜欢你思考的方式
- 确实是，所以……
- 你看这样如何……
- 如果我们组合……
- 我们深入一些……
- 这让我想起了……

在往你的想法上加上我的想法之前，我可能会打出"我很高兴你提到了那个点子"卡。或者"确实是，所以……""绝对的！""同时，我们还可以……"等。每张卡片都在说出自己的想法之前，对上一个说话者的想法进行正面的强化。然而，不是所有的卡片都是一个清晰的肯定。如果我打出了"这不在范围之内，但是……"卡的时候，它是在告知我要从你的想法开始改变话题，但是这个方式至少不会否定你刚刚说过的东西。

这些卡片被涂上了不同的颜色，以展示它们的建设性影响的等级。所以我们可能会看到中立的卡牌，比如"所以，来总结一下……"或者，不那么中立的，比如"我的想法是……"或者"不，但是……"，直到那些"终结"卡，比如"我不太理解它"或是"这不会有用的"。由于这些卡牌是洗牌以后才发牌的，所以玩家手中会有一组不同的卡。每个人可以在头脑风暴的任何时刻说话，只要在说之前打出卡片，并且以卡上的话当成说话的开头。

头脑风暴持续到每一个成员都贡献了至少一个想法，最后，我们分享他们的成果——不仅仅是他们想出来的有创意的想法，还包括他们觉得头脑风暴进行得怎么样，以及某一句特定的话在整个过程中的影响。我可以告诉你，这个练习非常有启发性，并且能帮助参与者建立优秀的头脑风暴的语料库。

如果你想和你的团队一起试试看"是的，然后"卡牌游戏，可以在 theGameCrafter.com 网站上找到链接 2 所示的网页。

结论

这只是我用来把我们的游戏设计社群变成一个欢迎所有创意观点的包容、热情的环境的练习中的两种。建立包容的跨专业的社群是产业未来的关键。你在这方面会如何挑战你自己和你的团队？仔细看看你的团队以及你沟通的方式；你和团队成员之间的对话有可能更好吗？在你的会议上，是不是每个人的声音都被听到了？使用这些方法来打通障碍，让每个人都能更好地投入。

程序员

我使用的术语"程序员"，指的是所有从技术方面参与游戏制作的人员。包括各种级别的代码编写者、网络和系统工程师、数据库程序员、硬件支持者等。在有些公司里，程序员还指代工程师和软件开发者。进阶职位包括高级程序员、主程序员、技术总监和CTO。一些公司根据不同专业领域划分职位，比如工具程序员、引擎程序员、图像程序员、数据库程序员等。

大体上，程序团队的职责如下：

- 起草技术规范
- 在技术层面实现游戏内容，包括：
  ◇ 软件原型
  ◇ 软件工具
  ◇ 游戏模块和引擎
  ◇ 数据结构
  ◇ 通信管理
- 建立代码文档

- 与 QA 工程师配合修复 Bug

作为游戏设计师，如果你没有技术背景，与程序团队沟通会比较困难。要想设计电子游戏，必须对编程有基础了解，不必成为专家但至少能和程序员说上话。这个没有什么固定套路，如果你擅长通过读书学习，那就买一本入门的编程图书读一读。如果你需要一个有氛围的环境来学习，那就报名参加培训班。如果你有一个程序员好友，可以多请教他，人们都喜欢讨论自己擅长的领域。如果你对编程表现出极大的兴趣，大多数程序员会滔滔不绝跟你谈论怎么编写游戏。

充分了解游戏所需的技术后，你可以写出更好的设计说明，更清楚地向技术团队传达你的理念。反过来，程序员也更乐意与你讨论游戏所需的修改。

在整个制作周期中，你会发现任何调整都要修改代码。如果你按照第 10 章中介绍的方法，将游戏进行模块化设计，就不会影响整个系统，但是这需要程序团队去做额外的工作。与程序团队搞好关系，才能顺利让这类需求付诸实施，这需要你具有沟通的技巧和编程方面的知识。

不论你的团队是大是小，想成功就要尊重层级。如果你绕开技术总监，直接找数据库工程师做修改，会不利于技术总监树立权威，绝对会招致反感。

不管是技术总监还是主程序员，你要与技术负责人搞好关系。此人的职责是向组员传达你的想法，你只有尊重他们的专业和成绩，才能得到对方的尊重。

你的目标是让程序团队积极迭代改进游戏。他们会询问何时进行测试以检验自己的工作成果，而你则需要与他们密切合作，毕竟程序团队是游戏制作中最重要的团队之一。

视觉艺术家

视觉艺术家负责游戏中所有视觉方面的工作，包括人物设计师、插画师、动画师、界面设计师和 3D 设计师。进阶职位有艺术总监、资深艺术总监和主美术人员。在有些公司，还有创意总监和首席创意官，他们的职责是确保公司产品线的艺术风格统一。

视觉设计师背景各异，最棒的设计师未必有专业领域的学位。一些人只在电脑上作画，有些人则是从传统绘画转向数字媒体的。在雇用你的美术设计师之前，想想团队缺少哪种人才。需要大量 3D 艺术？需要制作动画？你的游戏界面是否需要吸引特定细分市场的用户？

在看过大量作品集后，你会发现有的设计师擅长描绘复杂的都市场景和 3D 世界，但是对动画毫无头绪。所以，团队需要依据开发的核心需求构建，设计师需要按照特定领域雇用，比如 3D 建模、动画制作、动画绑定、贴图、界面等。

总的来说，视觉设计师负责设计和制作游戏中所有与视觉相关的内容，包括：

- 角色
- 场景和其中的物体
- 界面
- 动画
- 过场

虽然没有技术障碍，但游戏设计师与视觉设计师的沟通也像与程序员沟通一样存在障碍。视觉设计师的职责是让游戏在视觉上尽可能地吸引人。有时游戏设计会干扰视觉呈现效果。还有可能，你的交互稿写出了每个重要特性和设计细节，但最终只有部分被实现。视觉设计师可能为了更美观的布局，自作主张地简化了设计。

遇到这种情况，你的第一反应也许是要求设计被严格执行。这确实是一个方法。除了这个方法，你还可以更客观地评估一下视觉设计师的工作。他们认为你设计得过于复杂，玩家可能也有同感。也许在你妥协之后，经过美术设计师重新审视，设计会变得更好更直观。当然，你要确定没有因为美观而减弱功能。记得要以玩家身份审视游戏，如果没有玩家需要的功能，再好看也没用。

另一个游戏设计师和美术设计师容易产生分歧的地方是整体美术风格。与不同的美术设计师合作，你会发现他们各有独特的风格和技法。虽然大多数美术设计师都能做到不带个人风格，但是项目如果正合他的胃口，会激发他更多的热情。打个比方，如果你要组建一支摇滚乐队，不会想从交响乐团招募鼓手。对美术设计师也是同样的，所以请尽可能招募一支与你审美相符的艺术团队。

如果你身在一家大公司，可能没什么选择余地，公司会分配给你几位美术设计师。在这种情况下，你必须选择：是改变设计，最大化利用已有人员的技术，还是与他们沟通来实现你的想法。

美术设计师都崇尚视觉，直接给他们参照就是最好的沟通。大部分艺术部门都有很多参考资料——其他游戏、杂志、艺术画册等。比如视觉设计师 Steve Theodore，利用视频捕捉人类和动物的动作作为参考进行创作。[1]如果需要，自己准备参考素材。我曾在微软制作过一款复古的太空时代游戏，当时我和艺术团队从跳蚤市场收集了一些20 世纪 50 年代的布料，然后扫描它们的纹理和颜色，创造游戏所需的视觉素材。

与程序团队类似，设计时最好与主美术人员或者艺术总监合作。解释你的构思，听取他们的反馈。通常美术设计师远比你更了解视觉设计，他们的好点子可能让你的初期设计走得更远。跟他们一起研究参考材料，解释清楚你的选择。

当你决定了方向，美术设计师会开始制作概念图，而你要开始给出意见。要记得给意见的目标是推进项目。即使设计不如你意，肯定也有可取之处。找找这些闪光点，揣测设计师的意图。当你打算开始评论时，最好先肯定他们的工作。

给予和接受反馈可能是人生中最难办的事情之一。当听到玩家批评你的玩法设计时，你会惊讶地发现，玩家居然对你最用心的设计毫无反应。艺术总监是你向美术设计师反馈的重要帮手，你必须与他一起设定项目的基调。仔细地听从他的建议，找到令双方都满意的方案。记住，设计的问题不只有一个答案，通过进行开放的对话，你们可能会找到此前谁也没想到过的解决方法。

最后，除非你有能力自己搞定美术，否则给美术设计师一些自由，让他们加入自己的想法和激情。如果与艺术总监合作顺利，你会在最后的成品中体会到强烈的成就感。即使最终成品跟当初的设想不太一样，团队成员也会感觉到他们对游戏整体设计做出的贡献。

QA 工程师

QA（质量保证）工程师也被称为测试员或者 Bug 测试员。许多游戏从业者都是从 QA 工程师入行，然后转向其他岗位的，比如制作人、程序员或者设计师。进阶职位有测试主管和测试经理。之前在团队结构表中提到过，开发商和发行商两方都有 QA 工程师。发行商通常在接受开发商代码前进行QA 测试。

QA 团队的职责如下：

- 根据设计和技术指标制订测试计划
- 执行测试计划
- 记录全部意外和不良表现
- 把测试中找到的问题分门别类进行整理和报告
- 修复问题后继续测试

作为设计师，确保 QA 人员制订出全面的测试计划是你的责任。不要以为给了设计文档或游戏，他们就能完全理解。尽可能提供帮助以制订出完美的测试计划。如果他们想要直接体验游戏而不需要你指导，也不必大惊小怪，这样测试游戏会更加客观，对于试玩者也是同理。

QA 测试者可以成为设计师最好的朋友。与试玩者不同，他们是游戏大规模发售前最后的防线。反馈时如果你的某项设计被当作 Bug，不要沮丧，QA 测试者未必是批评你的设计有问题，而是工作方式如此。他们的职责就是确保游戏在视觉和技术上都没问题。如果你得到反馈说角色界面的字体在特定场景下很模糊，先别不高兴，要庆幸还能在玩家看到问题之前修复它。

观察 QA 测试者如何工作，向他们请教如何逐步测试游戏，会让你获益良多。作为经验丰富的测试者，他们可能会有特别的测试技巧。

另外，尽量让 QA 人员在项目早期就测试你的设计。他们可能会在你着手制作前发现游戏流程或界面布局的问题。尽早开始测试流程，让 QA 团队参与游戏设计。这样在紧要关头，他们会优先处理你的游戏，并花更多时间帮你找出所有瑕疵。

专业人才

我之前说过，游戏发展到现在集合了各类专业人才，多到没法一一列举。你的游戏可能需要文案、音效师、作曲家，甚至动作捕捉师、空手道专家和语言指导。我把这些都归类为"专业人才"，因为他们实在太多了。这些人员一般通过短期合同雇用，而不是被当作全职雇员。

作为设计师，最重要的是在雇用专业人才之前明确你的需求。通过合同雇用专业人才之后，一般按日或者小时计费。如果招募之后才开始考虑要做什么，浪费的钱不如花在别处。

最典型的如文案和音效师。文案的职责范围从撰写对话到整个剧情脚本。根据你的设计能力，决定要写多少。如果你的强项就是写作，甚至压根不需要文案。如果你不擅长写作，那可以在设计初期雇用一名文案，并全程与他合作。对倾向叙事的游戏，可能需要一名文案在概念阶段参与，以便使叙事与游戏其余部分融为一体。

至于音效师，他们的任务是在游戏快要完成时制作音效和音乐。如果你追求更完整的音效设计，可能需要在项目开始前就制定好整个设计方案，以便音效更好地支持游戏。音效和音乐会在情感层面影响玩家。如果你和音效设计师深度合作，音效对游戏体验的帮助可能会让你大吃一惊。

随着制作过程越来越复杂，游戏需要越来越多其他领域的专业人士。作为设计师，你必须与这些人打交道，指引他们并给予支持。这些人的工作范围可能不仅限于游戏，所以在沟通时你要使用他们熟悉的语言。这些人大多不是硬核玩家，听不懂游戏方面的术语。要想最大化利用他们的才能，你要尽量了解他们的专业，并在游戏制作的过程中指导他们。

关卡设计师

很多游戏以关卡作为展现形式，需要有人设计和布置关卡。如果项目很小，你可以亲自设计。但在大型项目中，游戏设计师通常会率领一队关卡设计师实现各类关卡概念设计，有时候也会加入他们自己的创意。

关卡设计师，使用"关卡编辑器"工具来制作任务和场景。他们把组件放置在关卡或者地图中，并与游戏设计师紧密合作确保符合游戏的主题。

关卡设计师的职责如下：

- 实现关卡设计
- 提出关卡概念
- 与设计师测试关卡，提高可玩性

关卡设计是一门艺术，也是进入业界的好渠道。好的关卡设计师经常能转变为游戏设计师，比如 American McGee，他在 id Software 工作时靠着出色的关卡设计而声名鹊起。另外，关卡设计师也可以成为制作人。

作为游戏设计师，你必须与关卡设计师紧密合作，让玩家在关卡中体验你设计的玩法。关卡包括剧情、任务等核心游戏元素。由于关卡太过重要，有时候设计师会直接控制他们如何实现。

同视觉设计师一样，鼓励他们发挥创意比死搬教条效果更好。如果你设计出一套很棒的玩法，将会启发设计师们做出意想不到的组合和解法。尽量不要事无巨细地管理关卡设计团队，给他们一些空间，你会发现他们反而更努力，效果更好。

实际上，他们努力工作和创造会令作为游戏设计师的你更出彩。所以别担心，让关卡设计师成为你的搭档，带着游戏大胆去尝试吧。

练习 12.1：招募团队

现在你已经知道一些关于游戏制作团队的知识了，考虑找几个朋友或招募一些人才一起实现在第 2 篇设计的游戏原型。想想哪些职位你无法胜任，以及如何填补这些空缺。在当地的网站或者公告板上发帖子，你肯定会收到回音，因为很多人都想参与一个游戏项目。

发行商团队

发行公司一般都是大型企业，跨越多个城市甚至国家。它们有上千名雇员，虽然你可能与它们从未谋面，但是它们直接或间接地把你的游戏放上货架。这里我主要列举开发游戏时你可能会接触到的人。

制作人

与开发团队的制作人类似，发行方的制作人通常也是项目主管。两者的不同之处是，发行方的制作人不会花那么多时间与制作团队打交道，而是领导营销团队，同时保证公司的管理人员一直跟进游戏的开发。

发行方的制作人的职责如下：

- 发行方团队的主管
- 开发商和发行商交流的主要桥梁
- 负责发行方进度表和预算的制定
- 负责预估、跟踪和分配资源
- 确认开发商工作是否合格，支付款项
- 协调内部的管理、营销和 QA 人员

虽然发行商的制作人不太参与具体开发，但相比发行方的其他人员参与得较多。这意味着当游戏进入市场后，它的成功与制作人休戚相关，但由于制作人较少参与日常开发，有时候会比游戏设计师和制作团队更能客观地看待游戏和它的潜力。

包括游戏产业，在创意产业都有这样一种观念，管理层和制作人不亲自参与制作，所以不清楚团队的境况。这些人的建议和意见往往不被重视。虽然你肯定最了解自己游戏的设计，但他们更精于发行和营销游戏，说的话也许不无道理。

没有人是为了制作烂游戏才入行的，发行商的管理层和制作人也不例外。他们与团队其他人一样想制作优秀的游戏。如果你能采纳他们提出的合理建议，当游戏发售时，你会发现发行商会更乐意支持你的游戏。

营销团队

营销团队的目标是卖出你的游戏。有时候他们也会直接参与制作，针对游戏设计给予反馈，或组织讨论组来探讨各个角色的设计，也有可能快要发货时你才会接触到他们。开明的游戏设计师能够发挥营销团队的价值，因为他们最懂消费者的需求和欲望。他们的职责就是了解市场，如果你能灵活利用他们手中的数据，无须牺牲核心玩法，就能摸清人们的口味变化和兴趣点。

营销团队会极大地影响 PC 游戏的配置需求设定。营销专家们会研究不同智能手机型号的普及率、游戏输入设备、下载网站的覆盖范围等问题。

作为设计师，产品畅销很重要，让营销团队尽早加入是明智之举。向他们打探消息，征求意见，认可他们的眼光。找到那些要写在游戏包装上需要重点宣传的核心特

性，可以让你在毫无头绪时确保设计不会跑偏。营销团队恰好能在这方面帮到你，而且在开始宣传游戏或成立新项目时，他们会成为你强劲的盟友。没什么比销量更具说服力的，而营销团队往往最了解消费者的心声。

练习 12.2：营销

为你的原创游戏设计一个在线广告。利用标语或口号抓住玩家的眼球，突出三四个游戏特性。尽力通过广告设计推销游戏，考虑一下怎么表现这些游戏特色，通过截图、角色设计还是原画？询问试玩者关于广告设计的意见，做一些市场调查，这样可以帮你想出精彩的广告词，在第 16 章中我会详细分析。

管理人员

管理人员包括发行方的 CEO、总裁、CFO、COO、各类副总裁和总监。这些人的职责细节不做讨论，总的来说，他们的任务是经营发行公司——领导员工、指引方向、监管每个部门，最终发行精良的游戏。

当然，如果开发团队足够大，也会有类似的职位。通常情况下，开发公司的管理人员会承担上述职位，或者有些人从核心设计团队中被提拔，来承担更多职责。

发行公司的管理人员背景各异。一些人有其他行业经验或者金融、营销学位，其他人可能有丰富的游戏制作经验但没有任何商业背景。因为游戏产业从爱好者文化发展而来，所以很多擅长开发和发行游戏的人并不是来自游戏相关专业。

能碰到一位有丰富游戏开发经验，深入

了解市场又脚踏实地的管理人员是设计师最幸运的事。可惜大多数设计师并不这么想，往往反感上层管理者参与制作过程。他们希望管理层拨款后，他们就可以不受打扰地创造自己的杰作。

之前我说过没人想做烂游戏，管理层也不例外。在你无视他们的建议前，最好花点时间了解一下他们的工作，还有他们升任管理层之前有哪些专业技能。

了解后如果还是觉得自己没法与之相处，那么试试从他们的错误中吸取教训。你不喜欢他们哪一点？是因为他们的表达方式、态度还是建议内容？顺便利用这个机会提升你的管理技能，找到那些低效、烦人、影响效率的行为，确保你不会对自己的团队做同样的事。

如果以上这些都失败了，你可能会发现游戏实际上由管理人员掌控。也许你忍无可忍打算辞职，但是在此之前请考虑一下：与上层管理人员沟通游戏的构想是你的工作之一，如果出了事你可能也有责任。也许因为你的设计文档写得不好或他们压根就没读过，也许因为代码糟糕不稳定或他们没时间试玩最新版游戏。总而言之，他们无法通过这些了解游戏最终的样子。

从矛盾中解脱出来，试着教会他们。你可以针对这个问题与团队头脑风暴，并且邀请管理层一同参加。让他们开诚布公地讨论并提意见，并讨论采纳这些建议时可能会遇到的问题。

通常，讨论之后大家会觉得自己的看法被认真对待，并且贯彻执行会上做出的决议。不管是你还是管理层，没人想听人说教，都希望别人能倾听和尊重自己的意见。一场专门解决设计问题的公开讨论可以同时满足以上两点。虽然最后你可能还是需要做出让步，但至少为接下来的项目建立了新的沟通渠道。

QA 工程师

发行商的 QA 团队跟开发商的几乎相同，只有两点差异。首先他们可能不太熟悉游戏，毕竟没有与开发团队一起工作，另外，他们的职责是决定是否接受当前交付的游戏版本。如果接受，就需要付款给开发商，所以最终的游戏版本能否通过 QA 团队严苛的技术要求是非常重要的。

可用性测试专家

一些游戏公司会在开发过程中寻求可用性专家的帮助。在第 11 章中我谈到过，可用性专家是确保游戏针对目标市场足够直观易用的重要一环。他们评估用户在游戏中理解核心概念和完成重要任务的能力。区别于游戏试玩，可用性测试一般只针对界面和操控，而不是核心玩法。

可用性专家几乎都是第三方公司的人，由发行商或开发商雇用，在开发末期进行一系列测试。如今大一些的开发商都拥有自己的可用性实验室，全程参与游戏开发。

可用性测试能够极大地影响玩家的体验，如果能为你所用那是最好不过了。类似试玩，在游戏发售前还能修改的时候，让玩家直面你的设计，根据他们的反馈做出修改。

可用性专家的职责如下：

- 通用交互测试（测试交互是否符合一些基本的设计原则）

- 创建用户场景
- 在目标市场寻找和招募测试对象
- 执行可用性测试
- 记录和分析测试中的数据（可以利用可视化数据展示，比如视频、音频、量化指标、任务成功/失败报告或问卷数据）
- 提交发现和建议

开发临近结束时才着手可用性测试是游戏设计师常犯的错误。有的设计师会把它与测试、营销一同进行。总的来说，游戏业中的可用性测试不像软件业中那么广泛。不过随着游戏的受众从核心玩家扩展到更广泛的市场，业界也随之改变，开始加入可用性测试的环节，以确保游戏受众不会被开发团队代表。

不过对于很多游戏设计师来说，出于对外部建议的抵触，会让他们恐惧或讨厌测试流程。很可惜这些设计师错过了提升游戏、了解玩家与游戏互动的大好机会。所有可用性测试都有设计师值得学习的地方，与这些专家共事还能教会你如何分解游戏、导航、操控等方面的问题，以便测试和解决它们。

很明显，学会改进游戏玩法会让你变成更出色的设计师。成功的游戏设计师会尽早让可用性工程师参与到开发中，并尽可能地向他们学习。

练习 12.3：体验可用性测试

团队档案

在本章开头我就说过，制作典型主机游

联系第三方可用性测试实验室，看看能不能作为用户观摩或参与到测试中。记录完成了哪些测试内容？测试成功了吗？分析成功的原因或失败的原因。你认为可用性测试的结果会如何帮助游戏设计师？

用户研究和数据分析

与可用性测试专家类似，但不完全一样，用户研究专家研究用户，针对游戏玩法进行研究分析。随着越来越多的游戏通过网络联机、发售及更新，发行商（也包括开发商）可以持续了解玩家的游戏状态。通过分析这些数据可以提高玩家的参与度和游戏的盈利能力。

开发商 Zynga 曾对这类数据分析进行大笔投入，大规模记录新玩家的游戏数据和玩家在游戏中的各种行为。在它们的办公室中，放着显示实时数据的巨大屏幕。这些指标不仅包括日均和月均活跃用户（这是在线社交游戏中最重要的两个指标），还有玩家使用过哪些游戏功能、购买过哪些物品等。如果你把游戏当成一种服务，而不是一次性消费的商品，就会明白这些数据的重要性。

游戏业界正逐步成为一种服务行业，作为游戏设计师，需要了解哪些指标可以用来提升玩家在游戏中的参与度。同时，理解这些指标还可以帮助你更好地与数据分析人员沟通，对游戏的成功很有助益。

戏的团队的人数从游戏业创立之初便一直在稳定增长。此外，制作的预算和时间都水涨船高。如今的主机团队往往会有 200 人一起工作 3 年时间——有时候甚至更长。举个例子，《侠盗猎车手 5》耗费了超过 5 年的开发时间。这从上个主机世代开始就快速增长，当时大约是平均 40 人，开发两年。不过从另一个角度来说，如今我们也看到更小的独立游戏团队和移动游戏团队，他们有着较小的团队规模和较少预算。一个独立团队可能只有 5 个人，在一个项目上大约需要花费 8 个月的时间。一个不需要最好的图形质量的中型团队，可能需要 40 个人一起工作 24 个月。每个这样的案例的结果可能都非常不同。团队规模、项目的时间线以及项目规模的不同是我们所看到的整个游戏行业快速多样化的一部分。

你可能想知道在每个典型的游戏中，每个职位都有多少人。事实上，更大的团队会进行令人难以置信的细分，所以有些开发者会只致力于游戏开发中非常窄的方面。从另一方面来说，小型团队还保持着通用化，每个人都全力投入以完成项目。通常来说，美术和程序团队在任何大小的团队中都占据最大的比例，而当项目的复杂度上升时，对特定人才的需求也会快速上升。

对于有着很长的开发周期和巨大的技术挑战的大型团队来说，制作的压力无论在职业上还是个人上，都是非常巨大的。小团队也会有有限的资源和巨大的野心不匹配所带来的压力。以下的内容可帮助你理解有哪些东西可以用来让团队凝聚在一起，如何构建团队，以及如何让任何规模的团队在制作期间沟通良好。

一切为设计

在团队结构图 12.1 中有一句话"一切为设计"。这并不是说每个人都要参与设计过程，而是在运营有方的项目中，每个人都可以在自己负责的层面上为设计贡献力量。

有时候这意味着你能尊重并考虑每条建议，有时候意味着设计师在做出决定前能主动征求团队的意见。我在第 13 章中将谈到敏捷开发方法，它要求每个功能小组不仅能与主设计师配合，还能负责相关的游戏设计。尽管每位设计师和团队都有自己的工作方式，但最终每个参与制作游戏的人都可以指着成品自豪地说"这部分是我做的。"

作为设计师以及制作人，应该把培养这种成就感当作工作中的重要一环。你应该花时间与本章中提到的团队成员交流，建立沟通渠道，倾听每个人的意见。这件事做起来不简单，但有几条建议可以帮到你：

- 每周与各部门主管讨论当前项目的状态。
- 新建一个建议清单，写一些可能会用到的想法。
- 花些时间与团队中的核心成员一对一交流。
- 在设计阶段举办公开的头脑风暴会议，从助理到 QA 团队，欢迎任何人参加。拒绝别人参加设计过程不利于团队建设，还可能让你错过好创意。
- 如果你在设计过程中卡壳了，向同事寻求帮助。把难题当作创新的挑战。
- 分享成就感。说话时注意用词，记得

用"我们"而不是"我"。这个微妙的区别可以让别人感觉好很多。

团队建设

想制作好游戏除了需要精彩的创意，团队建设也很重要，最终将创意实现全靠他们。不是简单地招募一群人才，聚在一起，等待奇迹发生就行。而是要根据你定义的团队结构、创造的工作环境决定他们成功与否。

人才永远是团队建设的核心，人人都想要最出色的人才。微软公司的理念就是尽可能地雇用最聪明能干的人。能力只是人才的一个方面，找到能力和性格都合适的人更重要。有的人确实很能干，但在团队中不能与其他成员协作，甚至会起反作用。

当你组建团队时，必须把每个人看作潜在的团队成员。询问他之前的成绩，并与他的前同事聊聊，包括他的工作能力和在团队中的表现。

团队沟通

除了注意结构表中各团队的垂直层级，还有不同团队之间横向的沟通联系。也就是说，所有团队除了向制作人汇报之外，相互之间也有联系。实际上，他们可能与自己功能小组中的同事沟通更频繁。这并不意味着制作组不分层级，决定工作项目的大方向和规划日常工作的内容是制作人和各组总监应承担的责任。

在图 12.1 中，发行方和制作方的制作人之间还连着一条线。这条线十分重要，因为它代表了双方沟通的代理人。有经验的开发者都知道，发行方需要这样一个有权认可开发商的工作并授权付款的人。如果两边的团队成员各自为战，不通知制作人就做决定，很可能影响双方步调一致。

在开发团队中也是一样。我之前说过，如果你需要数据库程序员帮忙，或者需要修改界面，那么你需要联系技术总监或者美术总监，向他们提出请求，而不是直接联系具体执行人。如果你在一个使用敏捷开发的团队中工作，这种沟通会更为自然，但与其他团队协调沟通的问题依然存在，所以开发过程还是要组织有序。

召开会议

会议是团队成员之间进行沟通的最好方式。不只是把同事们召集到会议室这么简单，你需要精心安排会议内容才能达到预期的结果。

如果会议由你组织，你需要确定会议的议程。好的会议有明确的目标，所有人能在参加前做好准备，并且在会议结束时达成预定目标。如果你没有理清思路，很可能一无所获浪费大家的时间。

如果你受邀参加会议，记得提前准备。了解会议议程和目标，准备好相关材料。如果是头脑风暴，那就去做点研究。如果是项目状态会议，那就评估一下你的工作量。倘若毫无准备，你会浪费其他人的时间，而且也帮不上任何忙。

组织会议的人，一般会在会议中带头讨论。这个人可能会指定其他人主持会议中的某一段，但主要还是靠他保持会议向目标推进。

与头脑风暴的规则一样，会议中的许多规则也涉及个人能力和社交能力。没有人被故意排除在外，大家应当畅所欲言。如果有人进行人身攻击，先给予警告，如仍不停止则请他离场。记住，不同的看法有助于解决问题，要允许人们从不同角度看问题。

当会议行将结束时，你应该回顾一下讨论得出的决议和分配给团队的任务。如果还需要后续会议继续跟进，敲定下次会议的时间，让大家提前准备。最后，如果你是会议的召开者，应该将会议内容的备忘发给每个与会者，包括未能亲自参加会议的重要团队成员。

敏捷开发

敏捷开发方法代表了目前较先进的软件开发方法，是一种让开发过程更具适应性和更人性化的模块化开发方式。一些前卫的游戏开发者使用一种叫作"Scrum"的方法，是敏捷开发方法的流行变种。Scrum 将团队划分成若干个跨功能小组。这些小组每天对工作内容划分优先级，并且拥抱迭代，尤其是短迭代。短迭代和代码审查能加强团队成员间的沟通团结。Scrum 开发方式尤为适合游戏，因为能顺畅地修改代码，适合解决难缠的游戏设计问题。大型游戏开发商会组织 Scrum 小组专门开发游戏功能。这样做可以让一大群创意人士不被管理流程拖累，更有效率地工作。我会在第 13 章谈论开发阶段和过程时详解敏捷开发和 Scrum。

总结

理解你在团队中的定位，并明白管理团队同设计技能一样重要。游戏开发是合作的艺术，游戏团队不分大小，工作都很复杂和富有创造力，需要你发挥全部社交能力。我强烈建议你在卷入制作游戏的大旋涡前抓紧时间锻炼你的团队合作能力。花些时间了解其他团队成员，学会与他们交流。让他们知道你是谁，以及你在制作团队中的角色。尽可能参加最高级别的团队讨论，如果你要参加会议，则你有备而来且专注于议题。不管你是刚入门还是带领团队，尽量做到最好，并用你的行动激励他人。

就像设计游戏的方式不止一种，打造最好的团队的方法也没有定论。这里提到的概念只是一个出发点，你需要根据实际情况自己制定策略。大胆尝试，从我给你的建议出发并扩展，但要记住你的目标是打造一个让人们尽可能发挥才能的环境。做到这一点，你的游戏将会反映出团队的卓越。

设计师视角：**Nahil Sharkasi**

微软游戏工作室制作人

　　Nahil Sharkasi 是微软游戏工作室的游戏设计师和制作人。她参与发行的游戏包括 *Kinect Fun Labs*（2011）、*Kinect Star Wars*（2012），Halo 5: *Guardians*（2015），*Halo 5: Forge*（2016）以及 *the Windows Mixed Reality Home Experience*（2018）。

你是如何成为游戏设计师的

　　我从没想到会走上这条职业道路，但如今我已经出不了这行了。我在南加州大学读研究生时自愿参加了 Game Innovation Lab 为公共广播公司做的研究项目，利用游戏教高中生学习美国的宪政史，从那时起就对游戏着迷了。作为一名前记者和纪录片制作人，能用全新的工具和技术叙事让我很兴奋。我们不只简单地向观众叙述，还创造出工具和场景让观众通过互动自己发掘故事。在发现游戏难以置信的强大后，我便无可救药地爱上了这充满合作和创造性的制作过程。

你受到过哪些游戏的启发

　　我喜欢游戏，因为它模糊了现实和虚拟的界限。有一款游戏叫作 *Sharkrunners*，玩家在其中扮演研究人员驾船航行于大洋中，希望与鲨鱼不期而遇。船只和研究人员都是虚拟的，但是鲨鱼的位置则来自贴在真实鲨鱼鱼鳍上的 GPS 装置。在游戏中驾船捕捉鲨鱼时，你会意识到它们真实存在于大洋中，这种刺激难以言喻。在自然系统中加入游戏元素是如此神奇，重新定义了真实世界中的事物。

你认为游戏业中有哪些激动人心的进步

　　虚拟现实和增强现实为创新带来了如此多的新机会。我一直热爱探索机制，这些体验在 AR 和 VR 技术的加持下会更有吸引力。我对在 VR 技术下能够沉浸在另一个世界中的变革的潜力感到兴奋不已。另一个令人兴奋的挑战是，玩家能够通过跟踪移动和手势的设备来像和现实中的交互一样，和虚拟世界进行交互。我们正处在新时代的边缘，这必然会对游戏产生巨大的影响，同时也会影响所有类型的娱乐和我们在电子世界中进行的工作。

你对设计流程的看法

创造需要原材料。在你爱好之外，广泛涉猎各种媒体上不同流派的艺术形式很重要。当团队头脑风暴时，我会鼓励成员多去采风，走出房门体验新事物，提高对各种情感经历的敏感度，这样才能为玩家们还原这种情感。进行头脑风暴时，我喜欢尝试不同的方案，当作对大脑的间歇训练。你必须想方设法刺激你的大脑，用艺术喂饱它才会产出好的创意。一旦有了好创意，我们采取"从低保真到高保真"的方法，用简单快速的办法实现并测试，得到反馈后开始迭代。如果反馈不错，提高保真度，可加入一些美术或者调整机制。重要的是多去尝试，有时候出色创意制成的原型可能是一团糟，不起眼的创意反而很有趣。

你对原型设计的看法

制作原型是开发中重要的一环，尤其是尝试新技术时，比如 Kinect。作为制作人，我一直试图平衡探索新技术和为消费者提供优质体验之间的分歧。我们的团队使用快速原型法，这给我们留出了不少时间优化游戏体验。我们从最具前景的创意开始，列出一个优先级表。只需用一两天的时间即可将创意原型化（尽量简单和快速），如果调试得好，继续提升保真度。如果不行，继续尝试表中的下一个想法。

谈一个你觉得困难的设计问题

在 *Kinect Star Wars* 中我们遇到过一个难题，是关于在多人模式下如何获得 Xbox 成就的。对游戏来说，鼓励玩家同家人和朋友一起体验很重要。但是，技术认证指导需要我们正确识别出玩家，并且让他们登录游戏取得成就。当然，我们不想用麻烦的登录流程打断玩家的游戏过程，这违背了设计初衷。于是，我们与成就奖励团队协商改写了部分成就，允许在不打断游戏的情况下，给所有已登录的玩家一些奖励。这里得到的教训是，一些规则在 Kinect 实际应用前已写好，并没考虑周全所有的情况，所以搞清楚能否通过修改既定规则来实现你的目标很重要。

你认为职业生涯中最值得自豪的事情是什么

在 2016 年，我所在的 343 Industries 团队在 Windows 10 上发布了《光环 5：铸造器》（*Halo 5: Forge*）。这个游戏免费向爱好者提供铸造模式和自定义多人游戏，这也是我第一次带领如此大的项目。《光环》爱好者非常有热情，压力在于保证动作和战斗体验在 PC 上用键盘鼠标操作时，能和 Xbox 上用手柄操作一样好。我们非常努力地工作，通过如此多的迭代来保证我们做的是对的。当我们在一个 343 的粉丝独享活动上初次展示游戏的时候，我被从社区里收到的感谢所震撼到了，但更震撼我的还是他们在铸造器中制作地图的创造力。这是整个团队值得骄傲的时刻，因为我们创作了粉丝们热爱的东西，并且吸引了更多人首次来尝试《光环》。

给设计师的建议

多做游戏。有那么多平台供你选择，没理由藏着你的创意。找到团队、学习工具，和世界分享你的创意。创造人们喜爱的游戏。

设计师视角：Matt Firor

ZeniMax Online 的总裁

Matt Firor 以游戏开发者和管理人员的身份混迹网络游戏界多年。他在 Mythic Entertainment（1995—2006）任职时参与开发过 *Rolemaster: Magestorm*（1996）、*Godzilla Online*（1998）、*Spellbinder: The Nexus Conflict*（1999）、*Aliens Online*（1998）、*StarshipTroopers : Battlespace*（1998）、*Silent Death Online*（1999）和 *Dark Age Of Camelot*（2001）及《上古卷轴 Online》（2014）。

你是如何成为游戏设计师的

20 世纪 80 年代，我曾是 BBS 多人角色扮演网游的"死忠粉"，于是我和几个朋友打算做自己的游戏。我们在晚上和周末工作，总共花了 4 年时间。游戏叫作 *Tempest*，于 1992 年发售，是一款奇幻角色扮演游戏，允许华盛顿地区的 16 位玩家利用拨号上网同时在线游玩。这本来只是兴趣，我们都有正式的工作。后来，我们的律师联系到了一家公司，这家公司随后发展成为 Mythic Entertainment，并开始接到一些活。从 1996 年 1 月我正式开始全职开发游戏，随后十余年都在 Mythic 工作，比在业内其他公司干得都久。

回顾这段时间，我们刚开始的时候并不知道在游戏行业做出来有多难，这可能解释了为什么我们取得了成功，当时可没人提醒我们成功的概率低到几乎没有。

你最喜欢的游戏有哪些

排名不分先后。

- 《辐射》（*Fallout*）：游戏的剧情和代入感是我玩过的游戏中最好的。虽然技术有限（毕竟是 1997 年的游戏），但你会感觉真的在探索广袤的核战后废土。《辐射》展示了剧情对游戏有多重要。
- 《半条命》：最棒的射击游戏，剧情也超赞。尽管第一人称射击游戏不太擅长叙事，但《半条命》把我为什么身在黑山解释得很清楚，尽管不知道反派是谁，但我知道为什么必须要逃命。游戏体验棒极了。
- 《巫术》（*Wizardry*）：我最喜欢的奇幻单机 RPG，非常上瘾。虽然现在已经彻底过时了，但却是头一次让我有彻底沉浸的游戏体验。当几年后我回过头再玩时，震惊地发现它极其硬核，尤其是如果在开始阶段失败甚至会彻底丢失角色存档。经过了这些年，游戏大都变容易了不少。但在《巫术》中你必须专心战斗，走错一步几乎就等于重来，让游戏特别刺激！

- 《无尽的任务》：这款游戏证明了在线角色扮演可以像单机游戏一样好玩（甚至更好）。这是我第一次尝试 MMORPG，也是我的最爱。回头看它（类似《巫术》），我发现它也比今天的 MMO 硬核得多，有点像《魔兽世界》。这也解释了它为什么那么刺激，战斗中的一次失误就会导致两小时"跑尸"时间，所以你真的会特别"怕死"。

- 《魔兽世界》（WoW）：这款游戏彻底改变了网络游戏的格局。WoW 证明了网游开发者讲了 20 年的话：在线游戏才是未来。WoW 是第一款对公众产生冲击的游戏，至少在北美和欧洲是这样的，游戏太过成功以至于演变成了大众文化。WoW 的核心是有着超多内容和产值的简单规则游戏，这个公式简单但极难实现。虽然我从 20 世纪 90 年代就开始制作网络游戏，但都没有认真玩过它们，而在 WoW 里花的时间可能比其他游戏加起来都多。为什么？因为它实在太好玩了。

关于设计 MMO 的看法

在 MMO 中，你创造的是游戏也是世界。一般以 IP（以 *Dark Age of Camelot* 为例，它的灵感来自亚瑟王传奇）为基础创造世界，地貌、各种怪物、建筑、玩家职业、武器、护甲等，都源自游戏的 IP。在此之上，开始加入互动的规则：职业系统、经济系统、战斗系统等。通常对游戏的定位有严格规定——PvP（玩家对玩家）为主还是以社交/探索为主。设计 MMO 时一定要遵守这些规则，如果你偏离了最初的设想，会影响游戏质量，并且让玩家会对游戏目标感到困惑。

设计 *Dark Age of Camelot* 中的 PvP

Dark Age of Camelot 中 PvP 系统的实现过程非常艰难。玩家需要使用技能、战斗能力和法术杀掉怪物以实现升级，为了保持连贯，PvP 时玩家需要使用同一套技能。设计对付 AI 对手（怪物）的技能相对简单，但是如果在应对真人对手时也让玩家使用这套技能的话，这就变得非常难以平衡了。任何在游戏初期（2001—2002）玩过 *Dark Age of Camelot* 的人都知道游戏平衡性不足。设计团队花了很长时间才让 PvP 战斗和 PvE 战斗一样有趣且平衡。

给设计师的建议

为了进入业界什么都可以干。不管你从美术、QA 测试还是程序员入门，只管去做，你入了门就容易多了。要有耐心，只有别人知道你有实力后才会尊重你的想法，而这需要时间。

设计师视角：陈星汉

Thatgamecompany 联合创始人兼创意总监

陈星汉是一名游戏设计师和企业家。他为 PlayStation 3 设计了广受好评的实验游戏，其中包括《风之旅人》（2012）、《花》（2009）和《流》（2007）。《风之旅人》在 2013 年获得了多项年度最佳游戏奖。陈星汉的其他作品包括学生研究项目《云》（2006）和《流》（2006）的网页版。

你是如何进入游戏行业的

当我还在大学读大二时，我爸爸刚好认识育碧上海公司的人。我因此被雇用为那年夏天唯一的实习生。但总的来说，这只给了我一个大体的感觉，知道游戏公司是什么样的。我的第一个进入游戏业的机会是我在中国大学本科毕业时得到的。因为大学期间我们做的是学生游戏，我的团队得到了很多曝光。在一个当时没有游戏教育系统的国家中，我们很容易就得到了游戏界的特别关注。基本上整个团队的成员都得到了去上海盛大公司的工作机会——上海盛大在当时是中国最大的网络游戏发行开发公司。但在面试时，我感觉到我想要做的游戏，无论是在上海甚至是中国，在很长一段时间内都不会诞生，我所知道的唯一途径就是出国获得更多的教育。

于是在 2003 年的 8 月，我开始了在南加州大学的研究生学习，专注于电影艺术学院的互动媒体与游戏专业。我很惊讶地发现，游戏教育在美国也是才刚刚兴起。我所在的项目只有一年历史。尽管我当时的语言技能很糟糕，但本科时的游戏制作经验还是使我得到了第一份工作，并且我在游戏模型和动画部门中担任助教。之后我在大学中做了很多与游戏相关的工作。在 2004 年，EA 公司给我们学校捐赠了一笔钱，我得知在 EA 有实习生的职位，这最终成为我进入商业游戏业的第一步。与此同时，我制作了多个后来很受欢迎的学生游戏项目，比如《云》《流》，它们使我在这个领域走得更远。

你在工作中学到了什么

设计游戏让人兴奋又充满挑战，但也会让人筋疲力尽。这是一个不断妥协和自我修正的过程。很有趣的是，在你读他人对你的游戏的评论的时候，你会得知你的作品启发、鼓励、或感动了其他人，这是生命中最有成就感的事情。与此同时，当你发现别人并没有理解你的游戏的意思的时候，你会感到哭笑不得。

你对拿到游戏设计学位的看法

虽然很多聪明的游戏设计师都没有从大学毕业，但能从 USC 的研究生项目中学习游戏设计，我感到很幸运。虽然游戏设计依然是一个很新的领域，关于游戏的教育系统依然很年轻，但我可以从学术的角度来阅读和谈论游戏设计。这些设计的专业词汇会取代"好玩"和"酷"，使你可以看到游戏中更深层次的东西。电子游戏实在是太新了，以至于游戏中的理论和规则通常来自另外一个领域。我是从电影、剧本和心理学中学到这些理论的。如果我没有去读这个研究生项目，恐怕我永远都不会去接触这些领域。

你对设计流程的看法

我发现在游戏界，几乎与我聊过天的每一个人都有好主意。并且不仅是游戏从业者，连年轻的玩家都有很棒的主意。但是我发现，人们常常把"好主意"和"好游戏设计"这两个概念混淆。我认为，所有人都有好主意，但是只有非常少数的人能够花几年的时间不断提炼他们的想法，并最终把它们实现。

我的设计过程基本就是不断提炼一个简单的、但从来没有被做过的想法。比如《云》就是基于这样的想法，"我们可以做一款关于天空中美丽的云的游戏吗？"当我们考虑了这个想法一段时间之后，这个想法发展成了"我们可不可以做一款这样的游戏，这款游戏能够唤起人们看蓝天白云时那种既兴奋又静谧的感觉。"然后我们开始开发这款游戏，这时我们需要更多细节来决定游戏的玩法。我们确定了这款游戏氛围的基调，然后把它和童年时期的白日梦的感觉结合在了一起。这使我们更进一步设计了游戏角色、故事和《云》的世界。

我是如何得到这些游戏的想法的呢？我把游戏看作娱乐，而不是一个互动软件产品。当你设计产品时，你会很在意它有什么功能。在 2000 到 2005 年间，这似乎是游戏业一种常见的做法。当你为娱乐产生想法时，你是从一种感觉、一种情感出发的。从这里出发的话，独特的游戏想法就近在咫尺了。今天，越来越多的游戏赢得好评，并不是因为他们的技术出众，而是因为他们的故事和造成的情感冲击。

你对原型设计的看法

如果你把游戏当作一种艺术形式，就像绘画一样，那么原型就像是绘制草图一样。原型能帮助在你脑海中塑造最终的游戏体验，能帮你综合地看这款游戏的功能或是整个游戏。从字面上说，原型就是一个你视觉预想的集合：美术、声音和玩法。游戏依然是一个年轻的媒体，一个创新项目中的游戏玩法是难以被理解的，所以用原型来做预想中的玩法，是反复塑造游戏最好的工具。

我们做原型来解决设计中的难题，比如，做我和团队没有见过的游戏。我们喜欢把网撒开，做尽可能多的不同的原型，因为我们不会在不确定这是不是最好的方向之前，就去深入地制作游戏细节。就像画画一样，当你在一个原型中花费了太多时间时，你就会对它习以为常，而不能发现它隐含的问题。当这种情况发生时，我们会毫不犹豫地丢弃这个原型，重新开始。

谈一个你觉得困难的设计问题

我喜欢创造表达情感的游戏体验。几乎我设计过的所有游戏都很难，因为没有同类游戏设计可参考。举例来说，《云》的情感主要是放松，在设计过程中，我总是被那些我以前玩过的传统游戏中的好玩和有挑战性的游戏机制干扰。我知道这些游戏机制有效，并且效果很好。我很容易就会设想这些游戏机制会让我的游戏变得更好。但是，"挑战"和"放松"是矛盾的。解决这个问题的唯一办法就是，不停地问自己：我在做的到底是什么？我想要这款游戏可以唤起人们什么样的感觉？这种游戏玩法能够帮助我实现我想要传递的这种情感吗？因为这些问题，《云》最终拥有了一个非常独特的游戏体验。

你对未来的看法

在未来，我希望可以证明我相信的游戏发展方向。我希望我可以成为创造改变的人之一。从字面上说，就是用我们的游戏来感动和启发新一代的游戏开发者和加速游戏的革新，使游戏成为为每一个人服务的发展成熟的娱乐媒体。

《风之旅人》发布后写过的内容的更新

我去了很多地方旅行，遇到了很多游戏开发专业的学生和独立游戏开发者，他们都很有热情地想要推动游戏能以什么样的方式和观众交流的边界。但问题是，他们很多人都找不到一家游戏公司或发行商愿意去做这样的游戏。我意识到，虽然很多游戏都证明了游戏可以是艺术，但是在经济上依然没有足够的回报来让投资人和发行商更多地支持这类游戏。在接下来的5年中，我希望充满了心意和灵魂的艺术类游戏能够在广泛的人群中流行，取得商业成功，使得更多的游戏公司有条件去做这样的游戏。

给设计师的建议

　　世上没有所谓的生下来就有天赋这回事，只有一个人做自己所爱之事才会有激情。如果这个人爱他做的事，他就可能花更多时间和努力去做这件事、思考这件事，甚至在睡觉做梦时都还想着这件事。随着时间和努力的积累，那些其他只花了少量时间的人就会把这个人称为"有天赋的人"。

　　就像在游戏中一样，你需要一个非常清晰的目标来开始你的"英雄之旅"。就像在游戏中一样，你需要更新挑战来匹配你目前的能力，使你在最佳的心流体验中实现目标，而不会由于枯燥或焦虑而放弃。

　　一个人真正的潜能，会在他的各方面都能得到充分的发挥，在为他人创造价值时展现出来。一个公司真正的价值，会在整个团队用它们的才华为社会创造最大价值时产生。

补充阅读

Bennis, Warren G. and Biederman, Patricia Ward. *Organizing Genius: The Secrets of Creative Collaboration*. New York: Perseus Books, 1997.

Brooks, Frederick P. *The Mythical Man-Month: Essays on Software Engineering*. Boston: Addison-Wesley, 1995.

DeMarco, Tom and Lister, Timothy. *Peopleware: Productive Projects and Teams*. New York: Dorset House Publishing, 1999.

Schwaber, Ken and Beedle, Mike. *Agile Software Development with Scrum*. Upper Saddle River: Prentice Hall, 2002.

尾注

1. Theodore, Steve. "Artist's View: And a Partridge in a Poly Tree." *Game Developer*. November 2003.

第13章
开发的阶段和方法

制作电子游戏是一个复杂又昂贵的过程。开发商的目标是在有限的预算和时间内制作尽可能好的游戏。发行商的目标是在压低花费、减小风险的同时，尽量发行热卖的游戏。两者的共同目标是打造成功的产品，冲突之处是产品所需的时间和金钱。

为了协调开发商和发行商的预期，业界逐渐发展出了开发的标准流程，以不同阶段来界定游戏项目的合约和里程碑。通常，开发商达成合约中规定的里程碑后，发行商就会支付一笔事先约定的款项。即使你不打算成为一名游戏制作人，作为一名游戏设计师，你也需要与他们共事并清楚这些开发阶段。

另外，认识到对灵活性和迭代的需求后，最优的游戏开发方式也在进化。许多开发商把敏捷开发方法（包括"Scrum"和它的衍生版本）和传统的软件开发方式混合起来开发它们的游戏。敏捷开发方式相比传统开发方式的核心区别是，专注于创造可运行的版本而不是编写文档和管理团队，所以它可以在开发过程中快速响应新的情况，而不是遵照既定的方案刻板执行。

在本章中，我将逐个讲解开发中的高级阶段，谈谈每个阶段的目标。我还会讨论敏捷开发方法和 Scrum 的基本元素，以及这些知识如何帮助你掌控开发过程。

定义阶段

图 13.1 用图形展示了开发过程的各个阶段。注意 5 个阶段组成了倒 V 形状，这表明项目初始阶段可能性多、开放且易变。早期阶段修改游戏的成本较低，如果你想把游戏从模拟蚂蚁改成潜艇大战，应该在概念阶段实施。在这之后，任何想法的大改动都会

带来致命风险。随着流程推进，想法将会越来越聚焦，修改设计对开发的干扰也越来越大。

到了开发的中期，我们就基本不能改变游戏的愿景了，不过仍然可以改进一些内部特性和概念。比如在制作阶段，你可以修改的可能是如何控制潜艇下潜。这会影响到游戏的体验，但一般不需要大幅重构或者重做之前的美术和动画。越到开发的后期，对游

戏设计做大幅修改的成本和难度越大。

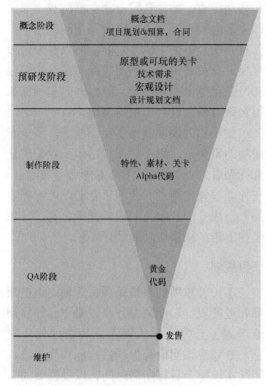

概念阶段	概念文档 项目规划&预算，合同
预研发阶段	原型或可玩的关卡 技术需求 宏观设计 设计规划文档
制作阶段	特性、素材、关卡 Alpha代码
QA阶段	黄金 代码
	● 发售
维护	

图 13.1　开发的各个阶段

当接近测试阶段时，除了细节可以修改之外，其他规模的改动几乎都无法实施了。到了这一步，你只能讨论德国 U-577 潜艇的贴图是否正确，但是不能再加入新型号的潜艇了。

在这些阶段中，团队有相当大的灵活性来安排和管理项目实施过程。这正是敏捷开发大显身手之处。相比传统的开发流程（提前确定详细设计，然后按顺序执行），敏捷开发更注重一开始就创造可用版本，在称作 Scrum 的日常小组例会中评估并迭代软件，确定下一阶段目标。可以看出，这种灵活的迭代式开发过程，与我推荐的定期试玩游戏法非常合拍。这并不会颠覆上面提到的开发规则，只是说你的团队将会以跨功能小组的形式工作，从项目开始就密切合作，不停地实现和迭代创意，同时将试玩测试作为制作过程中重要的评估手段。

当然，这些阶段所需的时间取决于面向的平台和游戏规模，还要看团队经验的丰富程度。如果你是独立开发者，自己出钱做游戏，估计不会有合同阶段。

概念/合同

让开发商觉得最难的任务之一就是推销游戏。除非你已有成功作品，否则很难说服开发商为你的创意投资。对于独立开发者，现在有不少选择，包括在各种移动的 App 商店自己发行，或是在 Xbox One 和 PlayStation 4 这样支持独立开发者的主机上发行。你可能会发现，作为独立开发者，自行在这样的平台上进行市场推广很困难，但至少你可以上线你的游戏。如果你直接跟发行商打交道，这个阶段的目标是让他们至少为首个里程碑投资。

我会在第 16 章教你如何与发行商接触，这里我们先假设你已经联系到了发行商，大致谈好了合约，正准备进行你的游戏提案。这时候，发行商会基于以下三点来做判断：你的团队、项目计划（包括进度和预算），以及创意。

团队

首先，发行商希望看到一支经验丰富的团队。这是因为游戏开发过程昂贵、复杂、风险高。一支经过检验的队伍可以大大降低发行商的风险。

当听取游戏提案的时候，发行商会评估团队的长处。在发行商的眼中，想法很重要，但起决定性作用的是执行。你能够在预算范围和时间限制内完成一个开创性的游戏吗？最好的评价办法就是看过往的成绩，发行商更乐意投资已经发售过游戏的团队。然而有时候，新团队也会很幸运，因为业界开始认识到新的独立开发者们是游戏产业需要的新鲜空气。在本书463页的 Kellee Santiago 的专栏中，你会学到 Thatgamecompany 作为一支年轻的团队，是如何在 PS3 上开发他们的处女作的。

是什么造就了成功的团队？首先，团队有工作经验很重要。我在之前的章节中提到过，团队合作是核心。假设你的队员都是业界精英，但如果没一起共事过，风险比一支平庸但成功交付过产品的团队更大。发行商会调查团队的历史，预测你们的表现。每个开发阶段是否有明确的领导？公司里的每个人都起什么作用？你遇到过哪些障碍，是如何解决的？是否与发行商有过愉快的合作经历？

其次，发行商希望知道你们是否有能力交付自己提出的游戏。如果你们之前因制作模拟类游戏闻名，现在打算做第一人称射击游戏，那显然会有风险。开发商想知道你能否驾驭另一种类型的游戏。你能否搞定非模拟类游戏所需的技术？游戏中有什么玩法元素？一个好的第一人称射击游戏和一个好的模拟游戏有着两种完全不同的玩法模式。因此，发行商经常把开发商归类，希望他们开发熟悉的同类游戏。

最后，发行商想知道你的游戏能否登录指定的平台。这取决于发行商的内部目标。

有的发行商专注于主机，有的也会覆盖 PC 和移动游戏。如果开发一款主机游戏，那么即使是经验丰富的 PC 游戏开发商也比不上仅有一次经验的主机开发商，所以说平台很重要。开发商希望一个团队能够在目标平台和产品类型上都有经验。因为时间和预算都很紧张，所以没有出错的余地。

如果你的团队满足了全部要求，至少有成功的希望了。我不是在打击你。我是想让你找到着力点，最大化你的成功率。底线是，在你能够独自带领一个项目之前，可能需要加入已成立的开发公司或者发行公司，一步步往上走，积累成功的项目经验。

项目规划

下一件重要的事情是项目规划，包括预算和进度表。它能向发行商说明你已经周到地考虑了开发所需的资源，明白如何实现它。规划应该明确写出项目目标和优先级，团队实现每个目标所需时间，以及需要的人力和资源预算。

你可能会纳闷：我怎么可能对开发中的所有事情都考虑周全呢？灵活敏捷的流程定义阶段似乎会和详细项目规划冲突。实际上，你很难准确预测如此复杂的流程，但可以预估开发每个游戏核心特性组件的时间。然后你还需要注意在进度表里留出时间来迭代和完善这些特性。这样，你就能做出一张将实现和迭代的时间都考虑进去的进度表。在工作过程中，计划的细节会改变，但只要之前预估得不太离谱，你会按期完成合同中的重要里程碑。

即使你没有与发行商签约开发，项目规划仍然是开发中最重要的文档，因为它设定了各方面的预期。作为独立开发者，你的资源可能捉襟见肘，还可能通过口头许诺未来的报酬，以让别人先免费为你工作。这种情况下要谨慎向团队提要求，不打招呼就乱加需求可能会导致不满，最终导致团队解散。如果你和发行商合作，项目规划往往会作为合同的附录。一旦发行商通过，实现它就成了你的法定义务。我的建议是好好考虑项目规划，与组长们一起评估，确保得到大家的一致认可。

创意

通常，创意是发行商最不看重的。这不是说发行商对好创意不感兴趣，而是发行商判断创意的准则与开发商很不一样。在整本书中，我都是从设计者和开发者的视角出发的。我鼓励你寻找和追求出色游戏玩法的本质。这是挖掘伟大的游戏想法的办法，但可惜这未必能帮你推销创意，因为发行商想寻找和投资的是能大卖的游戏。

发行商根据销售数据决定玩家想要哪类游戏。因此，如果你的游戏并不属于卖座的类型，发行商会对投资它有所顾虑。虽然发行商喜欢创新，但要建立在成熟类型的基础上。比如《杀出重围》是一款真正革新的游戏，但玩法建立在两个已经被证明的类型上：第一人称射击和角色扮演。《杀出重围》的创新尺度令大部分发行商无法坦然支持，即使它背后有超一流的开发团队，其中包括游戏设计师和项目总监Warren Spector，他有着多年参与类似创新项目的经验（详见本书 30 页 Warren 的设计师视角）。

向发行商展示创意，这叫作"提案（pitch）"。提案是一门艺术，我会在第 16 章中详谈。简单地说，你的提案材料需要提及上述的三件事：团队、规划和创意。

你可能要花很长时间才会有一个机会提交你的提案，但是在概念/合约签订的最后阶段，一个想要和发行商合作的开发商手上一定会有一份已经签署好的协议。协议会写明相关事宜，包括版权、交付产品和打款的里程碑。签订合同和通过项目规划是首个里程碑，随后的里程碑出现在如下所述的各个阶段中。

预研发阶段

在预研发阶段，会有一小队人通过开发项目验证创意的可行性。他们一般只做一个可玩的关卡或场景，专门试验各种特性和有风险的技术。如动视的 Steve Ackrich 所说，这是开发中最重要的阶段。如果经过六个月的预研发后，游戏看起来不怎么样，他会取消项目。

为了降低成本，这个阶段的参与人数要少。直到发行商确定游戏概念和技术都没问题，他们才会投资给整个团队。这个小团队的任务就是进一步完善创意，证明游戏设计、技术和实现的可行性。更多关于预研发方法的分析，请看本书 188 中页来自 EA 的 Glenn Entis 的专栏文章。

如果在概念阶段没有制作软件原型，那这个阶段你可以开始制作并测试原型了，同时这也是着手使用敏捷开发方法的时候，这部分我随后会在书中详述。为达成这个阶段的里程碑，团队需要尝试视觉设计，开发故事想法（如果时机合适），同时构建可玩的游戏原型。这些设计都应该被写入协作设计文档中，这些文档应该被当成一个活动的记录，而不是实施项目的说明。在第14章中，我将探讨为适应近年来的敏捷开发环境，文档是如何进化的。

除了完善游戏设计，预研发也是尝试风险性技术、证明可行性的阶段。这会帮助开发商和发行商降低潜在风险。如果不了解创意的技术可行性和所需时间就去尝试高难度项目，那只是有勇无谋。在这个阶段，技术不需要达到100%的完成度，但是发行商在投资下一阶段前希望看到游戏没有技术障碍。

在预研发阶段末期，发行商会评估原型完成度、所用技术、视觉设计、故事脚本和最新的项目规划，最终决定是否继续投资。聪明的发行商会毫不犹豫地取消风险过高或看起来没有市场的项目。到目前为止他们的总投资并不多，相比发行成本，这点损失微不足道。

如果这个阶段发行商取消了项目，他会付给开发商预研发的费用，并且终止后续开发。随后根据合同中版权的协商情况，开发商可以换一家发行商或提出新的创意。如果开发商在这个阶段的花费超出预期，并且指望靠下一阶段的里程碑款项来补贴亏空，那么这可能会出大问题。不少开发商曾栽在这个阶段。

制作阶段

制作阶段是所有开发阶段中最漫长和昂贵的阶段。这个阶段的目标是执行出预研发阶段定下的项目愿景。因为开发规模的扩大，开发各功能时有更多资源可用。在每个功能的改进和迭代的过程中进行修改不可

避免，并可能影响到整个制作阶段。通常情况下，想在有限的时间和预算内全部修改到位不太可能，不过敏捷开发有可能会创造奇迹。所以，当设计可修改的幅度越来越小时，敏捷开发还要继续贯彻。

在这个阶段，程序员写出让游戏运行的功能代码。视觉设计师制作出全部的美术文件和动画。音效设计师制作音效和音乐。文案人员撰写游戏中的对话和其他文本。QA工程师全面熟悉游戏特性，并使用早期版本做些测试。让所有人员步调一致地协作非常有挑战性。在敏捷开发中，围绕特定功能集，会创建由程序员、视觉设计人员和游戏设计人员组成的跨功能小组，将其当作子项目开发。制作人将与所有小组一起，保证沟通顺畅、与预期保持一致、进度和资源一切正常。

有许多工具可以用来管理开发过程，包括 Trello、Asana、Jira 和 ClickUp。此外，你的团队可能会从沟通工具中获益，比如 Slack、Basecamp、Google Hangouts 或者 Skype。这些工具中的大部分都有不同级别的服务和费用，对小团队往往都有免费的选项。

随着开发势头渐猛，关卡和场景开始被完成、美术和声音文件被渐渐加入开发的代码里，游戏设计也逐步成型。Steve Ackrich 根据自己的工作经验，建议把第一关放在最后完成。因为大家会在开发中越来越熟悉制作流程和工具，他们知道游戏系统的限制，所以最后完成的关卡可能品质最好。在一开始就给玩家最好的游戏体验，这样才能吸引他们继续玩下去。

制作阶段的目标是达到 Alpha 测试版本

的水平，这意味着所有的特性齐备并不再添加。有时候团队为了及时赶上 Alpha 版的里程碑，会砍掉野心太大的特性。比如，原版设计中允许玩家将 E-mail 联系人导入游戏。然后，在游戏过程中，这些名字会出现在单位的头顶上。实际上《黑与白》（Black&White）中也有这些功能，还蛮不错。但如果团队的开发时间不够，而且这项功能还未完成，那么这个设计可能因为优先级较低而被砍掉。另一种可能是，在迭代过程中，团队发现某个功能明显受到试玩者青睐，在这种情况下可能优先实现此功能。

由于团队成员与代码为伍，所以他们会不停地集成新版本。在敏捷开发中，每一次短期功能冲刺都会产出新版本。版本号会逐渐递增，方便利用版本追溯 Bug 和错误。当开发商完成 Alpha 版本后，会提交给发行商的 QA 团队。如果审核通过，发行商会支付开发商达成里程碑的项目款项，随后团队进入 QA 和游戏优化阶段。

QA/优化

在开发的最后几个月，重心从编写新代码和功能转向确认已有功能工作正常、关卡和美术完整无误。团队规模可能会缩减，因为不再需要视觉设计、声音设计师和作家这样来自团队外部的人了。

在这个阶段中，开发商将 Alpha 版本转变为最终产品。用户体验更加紧凑完整，关卡也经过了优化。游戏设计师、程序员和 QA 工程师一起排除 Bug、恼人的界面和操作问题。Steve Ackrich 说过，游戏 70%的质量来自最后 10%的开发过程。他提醒开发者要留出时间，进一步改善游戏。

在这最后的阶段，开发商有机会真正看到游戏的全貌，确保提供给玩家最好的游戏体验。赶工上市和悉心打磨的游戏不可同日而语，游戏靠玩法、操控等方面的细致调校创造出了让玩家难忘的游戏体验，也凭借这样的品质造出惊世之作。

我之前说过，QA 测试是一门艺术，即便很多人不这么认为。简单地说，QA 团队提出测试计划，列出产品中的全部特性和区域以及需要测试的各种场景。随后，QA 工程师在当前版本上进行测试，记录下被称作"Bug"的异常行为。

这些 Bug 和重现它的具体步骤、重要性和发现人等信息一齐被输入数据库。有不少收费和免费的 Bug 数据库可用。对于学生和独立开发者，我推荐使用开源的免费系统，比如 BugNet、Mantis 或者 Bugzilla。

从课堂到游戏主机：制作 PS3 游戏《流》

Google VR 的游戏及 App 制作人 Kellee Santiago

在加入 Google 前，Kellee 是 OUYA 的开发者关系主管、Thatgamecompany 的总裁和联合创始人，Thatgamecompany 是她与同为独立创作者的陈星汉、John Edwards 和 Nick Clark 一起于 2006 年成立的公司。她目前是 Indie Fund 的合伙人之一，投资独立开发者。

发售第一款商业化作品的感觉如何？疯狂极了。那时我们规模不大，由刚毕业的研究生和游戏节结识的朋友组成，我们都有成为优秀开发者的潜质：天真、乐观、充满正能量。我们中没人发行过商业作品，但我们都准备好了改变世界……

陈星汉和我在 2006 年 5 月成立了 Thatgamecompany，那时我们刚从南加州大学的互动媒体与游戏专业研究生毕业。我们看到了数字发行的机会，靠制作我们喜欢的游戏养活自己。由于数字发行的兴起，大发行商愿意给有创意的小游戏和小团队机会，因为数字发行能极大地降低财务风险。

我们想要尽快完成第一款游戏，最多不超过一年。与发行商合作制作商业游戏要学的东西太多了，从头学到尾，所以我们尽量保持项目简单，留出迂回的余地。因此，我们决定开发陈星汉的毕业设计《流》，而目标平台则是当时还未发布的 PSN，它看起来很适合我们的首款游戏。我们在创作游戏的 Flash 版本时已完成了大部分繁重的设计工作，所以已经通过了最难的挑战。同时游戏本身也是以简捷为主题，完美契合。

我们向 Sony 提案了《流》的 PS3 版本。加入了更多可控的生物，每个生物都有自己独特的世界，并且要用 3D 来做。我们自认为难度不大。

在开发进行了数月之后，我们意识到自己遭遇了三大挑战：

1. 为一个玩家角色设计操作已经很难了，而我们打算设计五个。

2. 为一个开发中的平台（不论次世代与否）设计游戏总是很困难的。

3. 把原本是完全 2D 的游戏改成 3D 环境中的 2D 视角，实际上带来了很大的设计改变。

长话短说，我们意识到高兴得有点早了。当时我们决定为东京电玩展提交一个游戏演示，谁知开发两个月后便遇到这些难题。这时候我们才意识到学术和职业开发之间的巨大差别：截止时间。要么做出来，要么完蛋。游戏必须可玩而且不能崩溃，而且到时会与其他 Sony 游戏一同出展。天呢，那真是开发中最难熬的时期之一，我们深刻意识到了让游戏可交付需要付出多少努力。我们还发现，比上述那些挑战更麻烦的是，需要留出相当多的时间来优化和修复 Bug，这让开发日程更加吃紧。我们认识到自己只是凡人。工作的激情可以带你走很远，但是作为人类，我们总是会遇到明确的极限。

所以怎么扭转局面呢？简化。多亏了游戏的初衷是为了传达一种感受，这才让我们可以在不影响游戏本质的情况下简化它。

在《流》中，玩家扮演五个海洋生物中的一个，在超现实的深海中捕食、生长、进化。原本这个 Flash 游戏是用来演示游戏的心流理论的（解释人为什么喜欢玩游戏）。因此，在游戏中玩家可以持续体会到一种放松的禅意。在这种放松的感觉中，每个生物都有自己独有的场景，分别唤起不同的情感。我把它看成一次顺流而下的冒险，场景会改变，水流千变万化，但是游戏画面会一直游弋于同一条河流中。

要设计出五个截然不同的生物供玩家控制，发挥的空间不大。我们主要专注于让捕食、成长和进化的过程尽量有趣。我们砍掉了所有对核心玩法没有帮助的内容，因为游戏核心如果不够有趣，根本不能被称为游戏。

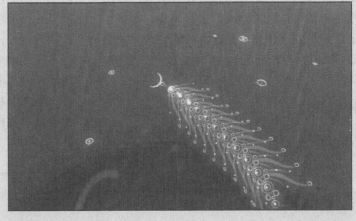

《流》

游戏制作时还正处于 PS3 的开发期，处境非常艰难。我们对 PS3 编程了解不多，也没有太多时间研究它，当着手技术开发时还对这个平台知之甚少。在项目之初，我们应该把游戏设计成不需要 PS3 的独有特性，这样就不会这么依赖一个特定平台了。

将玩家角色从 2D 改为 3D 时遇到的麻烦出乎意料，现在想来还不如不改。运动和视角的可能性大大增加，修改几个变量就能彻底改变游戏体验。不过，我们明白必须要保持 Flash 版本中的纯粹体验，这个想法贯穿了整个设计。如果不够简单，就不再是《流》。尽管如此，还是要提醒一下：简捷、优雅的设计方案往往是做起来最复杂的。

直到今天（不管你什么时候读到这篇文章），我们还是庆幸选择了《流》作为处女作。虽然遇到了很多意想不到的设计挑战，但基于 Flash 游戏继续开发非常明智。它帮助我们确定了游戏的核心概念和核心感受，在 PS3 游戏的开发过程中一路引导着我们。这让我明白一开始就确定游戏的核心有多重要。你想给玩家传达什么感觉？游戏的乐趣在哪里？如果你能回答这些问题，会有助于你解决开发游戏时遇到的设计和制作挑战。

为了追踪什么 Bug 被修复了、谁修复的，以及是在哪个版本中被修复的，Bug 会被指派给特定的人。举个例子，涉及游戏数据库的 Bug 交给数据库程序员。当程序员修复后，会发回 QA 团队进行测试，测试通过后会在数据库中将问题标记为"已修复"。

当开发团队聚在一起针对当前版本设定修复 Bug 的优先级时，会开优先级排序会议。主机游戏一般会有几千个 Bug 被记录在数据库中。程序员会系统地遍历数据库，先解决高优先级 Bug。游戏的任何地方都可能出现 Bug，有的需要视觉设计师帮忙、有的需要程序员甚至法务人员的帮助，比如 Bug 涉及注册和免责声明。当完成所有的功能并且没有"第一优先级"的 Bug 后，游戏进入 Beta 版本。

这一阶段的最终目标就是达成"最终版本（gold master）"，解决掉所有的 bug。值得一提的是，几乎所有的游戏在发售时都会带着一些小 Bug。在项目末期，制作人会把这些未解决的小问题称为"延期 Bug"。这就是说，制作人认为这些 Bug 影响不大，时间用尽的话可以不做修改，正常出货。例如，警告信息的字体有点问题，可能让艺术总监心烦，但不会影响可玩性，所以先不管它了。

持续开发

现在，很多游戏都会持续升级，不管是利用在线程序还是放出补丁包。也就是说，游戏卖出后，团队会跟踪用户反馈，持续修复 Bug 或增加新特性。随着游戏越来越以服务为中心，持续开发的比重会越来越大。很多在线游戏会持续更新数年，设计师不停地增加内容和特性，程序员则保持技术不落伍，数据分析人员研究用户行为，提出改进建议以提高用户留存和利润。

敏捷开发

在第 12 章介绍敏捷开发概念时，我曾说过这种软件开发方式适应性更强、更人性化。具体说来，比起让团队按照既定的详细方案开发，我更喜欢让开发者根据优先级设立短期目标，通过"冲刺（sprint）"快速实现。他们会每天或每周开会评估进度、设立目标、解决开发问题。

敏捷开发方式的核心是注重跨功能小组协同工作、沟通和取舍利益相关者的反馈，不停地实现和迭代项目。管理敏捷开发小组的技巧有很多，下面列出的这三个是最重要的。

- 工作在"冲刺（Sprint）"中："冲刺"的长度是固定的，目的是迭代游戏。冲刺的目标应当清晰、可行并且产出可玩版本，交给用户、发行商或者客户测试。冲刺的长度应控制在数周内，如果超过了一个月，你需要把目标拆分成更小的任务。
- 召开 Scrum 会议：Scrum 会议是每日的短会，团队成员展示各自的工作成果，设定今日工作目标，讨论和解决遇到的障碍。这些会议通常是由一个核心专家（Scrum Master，常为项目负责人）召开的。
- 根据潜在玩家和其他"客户"（包括管理层和发行商）的反馈调整工作优先级。制作人和项目经理负责管理特性列表，并根据优先级排序。

下面讲一个小团队进行敏捷开发的案例。团队构成为游戏设计师、程序员、视觉设计师和制作人各一名。他们在开发一款移动解谜游戏，这款游戏结合了两种机制：组字母和组单词。两种机制都通过触摸屏幕上表格里的字母进行操作，玩家可以同时进行两种操作。游戏需要识别出一组字母（连续的相同字母）和一个单词的区别，进而奖励玩家不同分数。

团队现在正处在为期两周的冲刺中，打算实现游戏的核心机制。在这个例子中，冲刺的目标是制作一个可玩版本，玩家可以触摸屏幕上的字母，按照既定机制进行反馈。今天的例会发生在第一周结束时，敏捷专家询问程序员昨天的工作内容。程序员展示了可用的字母表格，并说明可以触摸字母让其消失。明天他会开始实现把触摸过的字母放在数组中，让它们被正确识别并得分。他需要游戏设计师提供完整的字母集合表和游戏规则，以及可搜索的字典。于是这成为游戏设计师的一个任务项。视觉设计师看到游戏后，认为字母不应该消失，而是呈选中状态，直到操作完毕得出结果。随后他展示了已经做好的得分动画，并表示要立即着手制作字母的选中状态，这样游戏玩法更易懂。小组成员全程站立开会，整个过程紧凑果断，用时不超过 15 分钟。之后一周，当冲刺结束时，会在回顾会议上展示游戏核心机制的完成效果。

这是一个简单的敏捷开发案例，适用于小型的移动游戏或大型复杂项目。当用在大型项目时，会有多个跨功能小组，各自负责游戏的一部分。因为每个团队都足够小，沟通快捷有效而且更容易发现问题，比如案例中视觉设计师就发现了缺少字母选中状态。

在敏捷开发和 Scrum 中还有许多细节管理的技巧，比如利用"燃尽图（burndown charts）"跟进日常开发任务。如果你感兴趣的话，有不少课程和图书可以帮助你提升这方面的能力。我会在扩展阅读表中列举其中一些，希望你读一读。如果你刚刚接触，可以尝试围绕冲刺规划项目召开每日站立会议，同时练习下面我提到的规划方法。

敏捷项目规划

我曾说过，项目规划是开发商最重要的文档之一。即便免不了要修改，这套文档也仍是开发游戏的路线图。其中还包括预估的进度和预算，通常附在生产合同中。你可能会纳闷，不了解生产的具体情况怎么预估进度和预算。这里务必要记住，进度表应该基于功能，具体执行人必须积极参与创建进度表。

如前所述，敏捷开发法注重迭代过程，利用小组实现和改良所负责的游戏设计。图 13.2 展示了几个小组冲刺、迭代和互相协作组成一个大开发项目。开发商需要把这些小组凝聚在一起齐心协力开发游戏。如果你的游戏规模很小，哪怕只能凑成一个小组，仍然可以围绕冲刺和迭代规划项目。

目标

首先要明确所有项目的目标。包括游戏性目标，如游戏机制和关卡；技术目标，如支持多人连线；以及目标平台和预计发售日期，比如游戏打算在夏季登陆 iOS 和安卓平台。

练习 13.1：目标

与招募到的团队成员一起，以你的原创游戏为最终产品写下所有目标。记得别落下可玩性目标和技术目标。

优先级排序

现在根据优先级排列你的目标，有些目标明显是高优先级的，比如游戏的核心机制。其他一些，比如得分排行榜也很重要，但不如核心机制。有时你会想到很有创意的功能，但知道少了这部分游戏也能发行。这就是可选目标，属于低优先级。

练习 13.2：优先级排序

根据优先级组织你的目标，考虑每个目

标对当前游戏的重要程度。随着进度推进这可能会改变，但最好先确定下来。与其他成员一起讨论，尽量定得准确一些。

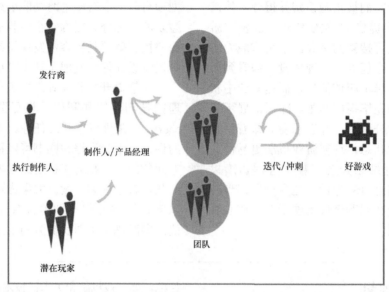

图 13.2　敏捷团队流程

进度表

敏捷开发中的进度表根据迭代的周期而定，周期一般为 2～4 周。每个周期着重将高优先级特性加入可运行的游戏版本。整体进度就是把实现全部游戏特性的时间加在一起的估计。根据优先级排序，挨个冲刺实现每个特性。

因为团队使用敏捷开发，所以最好的办法就是与团队一起创建特性目标，进行优先级排序，然后预估冲刺每个目标所需时间。得出每个目标的冲刺时间后，你就能得出整个项目所需的时间。根据以往经验，越了解工作任务，就能对它拿捏得越准。所以如图 13.3 所示，进度表后期的冲刺，细节相对模糊。同样，你的预测也要考虑到随着开发的推进，团队经验和规模会改变。一开始团队的预测会不准确，随着他们对项目越来越熟稔，便会更清楚自己的能力和工作状况，因此进度表也会不停变动。不断重新规划和审视项目是敏捷开发的核心。

即便如此，如果你与发行商合作，很可能要确定一个整体里程碑进度表，在规定日期交付产品。所以你的预测还是要可靠一点。如果你承诺在 3 月份提交 Alpha 版本，但到期只完成了核心机制，可能会失信于发行商，而且在交付 Alpha 版之前也拿不到报酬。最严重的是，如果你没钱发工资，还能继续开发下去吗？

总而言之，进度表不仅灵活多变，还能维持生产秩序和规模。说到规模，你需要评估团队能消化多少工作量。如果团队不大，目标却很多，那么你必须延长工期或者将目标数降到合理范围内。

开始制定进度表时，列出所有目标，预估冲刺的长度并给它们分配日期。如果你有多个功能小组，那么部分目标可以平行列出，否则只能线性排列。有些功能可能互相依赖，所以要将它们依次排列。你可以用 Excel 甚至纸质日历起草你的进度表，参见图 13.3。完成之后会对项目时间线有一个宏观概念，帮你制定预算。

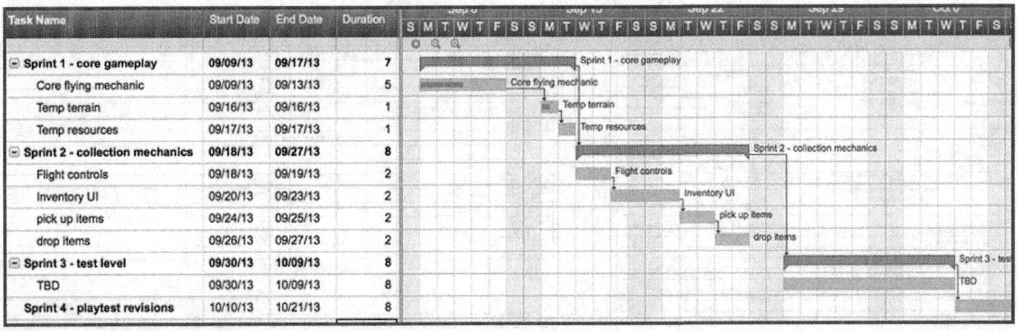

图 13.3　Excel 表格示例

很快你会发现对开发流程越了解越难以准确预测，预估接下来 2~4 周的开发细节还算合理，超出这个范围就很难了。因此敏捷开发进度表的详细程度分了几个层次。你可以把高级别里程碑和实现这些里程碑所需的特性一并放入进度表，但是每次冲刺完之后可能要重新调整这些目标。

然而，使用敏捷方法可能会给你的发行商带来麻烦，所以应该经常向他们展示开发中的游戏，这对沟通有极大帮助。即使你的进度延期，但如果某项功能做得特别出色，可以通过展示游戏与发行商进行更清楚的沟通。

总之，进度表可以用来让团队专注于项目实现，或作为个人和团队的沟通工具，使每个人对游戏的处境和走向有所了解。

练习 13.3：进度表

使用进度表软件或者纸质日历，与团队一起为你的原创游戏创建冲刺进度表，预估每个特性所需的时间。

预算

预算是进度表的直接应用。如果你知道需要的人员和时间，估算出游戏花费不会太难，因为人力成本是公司的最大支出。其他直接花费包括软件授权、外包费用、硬件和差旅费等。

图 13.4 展示了使用 Excel 工作表创建的预算的样本，其中展示了预算的几个重要元素。左侧页面中显示了各项花费的总和：项目管理、游戏设计、视觉设计、数字视频、2D/3D 动画和开发软件。还包括了直接花费，如测试、生产用具、媒体、授权费和行政支出。右侧页面展示了每种人力花费的细节和计算方式。

日常开支指的是经营业务时所需的非人力花费。对于游戏开发商，一般包括房屋租金、水电费、日常用品花费、保险费等。实际的日常开支比例可以由此计算出。这个比例非常重要，因为很多开发商都没算对，最后自己吃亏。

收益和日常支出经计算后放在首页并标出明细，包括在团队资源总量中。将各类支出合计在一起，一些重要的比例也要计算出来。首当其冲就是"生产保险"，如果你为了支持公司完成工作而购买过任何保险，需要算上这项花费。在这个案例中开发者并没这么做。

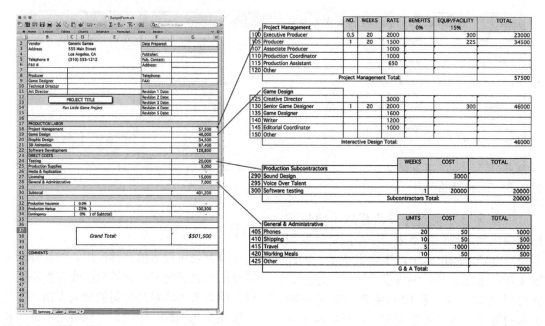

图 13.4   预算示例

第二个需要计算的比例是"利润"，指的是开发商的收入减去支出。所以开发商如果用心经营完成预定目标便可以盈利。这对那些接整体外包工作的开发者来说更重要——整体外包的意思是，他们并不拥有项目的所有权和相关权益。

练习 13.4：预算

现在该是你为自己的游戏创建预算的时候了。仿照图13.4所示的例子，大胆预估一下各类支出，有问题随后也能修改。

独立游戏制作人的机遇

作者：Sam Roberts

Sam Roberts 以创意总监、设计师和企业家的身份活跃于数字和现场娱乐活动，包括近期的移动游戏 *FREEQ*、大型游戏 *P.O.S.E.* 和广受好评的戏剧改编作品 *The Count of Monte Cristo*。他是独立游戏节 IndieCade 的创始人和主办者，现在是南加州大学互动媒体与游戏专业系的副主任，继续推广游戏媒体并帮助下一代的游戏制作人。

我们每天都在制作未来的游戏，每个设计实验、每个新创意、每个技术发现、每个革新的界面都让未来更激动人心。你怎么让自己的互动艺术小品、小游戏和甚至不能称作游戏的实验引起他人注意、获得认可呢？虽然参与设计本身就有收获，但是随着实验、艺术和独立游戏展会激增，这些项目应该拿去参展。国际独立游戏节 IndieCade 正是展示你神奇作品的绝佳机会。

IndieCade Night Games 上的"人形陨石"

以游戏创新和互动体验为主题的 IndieCade 国际独立游戏节，支持独立游戏开发并组织了一系列的全球性活动，展示独立、艺术和实验性游戏。宣传并培养互动媒体的创新和艺术性，帮助公众认识到游戏的多样性、艺术性和在文化上的重要价值。IndieCade 给你提供独一无二的机会与志同道合的杰出设计师们分享作品。通过这些活动，IndieCade 为游戏开发者提供了一个论坛，他们可以借此向媒体和大众推广自己的作品，让更多人玩到你的游戏并得到各种各样的反馈和建议。IndieCade 可给予你的游戏一举成功的机会。

IndieCade 还包括了神奇的大型夜间游戏活动 Night Games，以及 IndieCade 大会。在这些大会上，独立开发者分享创意、设计实验和成功经验，这里是杰出设计师的故乡。利用 Medium is the Message 系列强调游戏媒体表现力的设计师 Brenda Bathwaite，首次在这里展示了作品 Train，还有 Bill Viola 和 Tracy Fullerton 的实验性游戏 The Night Journey。IndieCade 获奖游戏《菲斯》（Fez）曾大放异彩席卷游戏业。IndieCade 也是许多成功游戏第一次与大众见面或展示的地方，比如《时空幻境》（Braid）、Unfinished Swan、Everyday Shooter 和《花》（Flower）。

IndieCade 还有制作和发行方面的活动，旨在帮助独立浪潮中涌现的新游戏。如独立游戏开发社区一样，IndieCade 放眼全球，参与的制作人来自世界各地。作为独立浪潮的一部分，IndieCade 是许多设计师和开发者展示他们作品、进入更大的社群、与志同道合者讨论游戏未来的极佳机会。

与 IndieCade 齐名的还有 IGF，一个更加面向业界的比赛，帮助独立游戏开发者吸引发行商和媒体的注意。除了 IndieCade 和 IGF，其他竞赛和活动也不断涌现，比如专注严肃教育类游戏的 Games for Change，针对实景游戏的 Come Out&Play，专注于互动小说的

IFComp，专注于实验游戏的 Experimental Gameplay Workshop，以及许多其他小型独立游戏竞赛。同时还有各类 Game Jam，从国际性大型 Jam 到本地学校，或围绕特定平台和技术的小型 Jam。参加 Global Game Jam、IndieCade 的 Jam 或 7 日 Roguelike Jam 是年轻设计师提升技术水平、融入游戏开发社区的好渠道。测试各种创意，寻找符合自己兴趣的 Jam，或者寻找周围的开发者一起开发游戏，马上参与其中吧。

IndieCade 和其他游戏节一样围绕设计、设计方式和玩法展开。在 IndieCade 大会上，你可以听到许多同时代的优秀设计者谈论他们的创意、方法论和项目。和游戏设计师们一起共度周末，讨论、分享创意、试玩入围游戏。这种讨论是 IndieCade 对游戏界的主要贡献之一，因为这可以激发设计师们的灵感，促使他们尝试新事物，提高自己的设计水平，互相借鉴创意。这些社区中的创意实践和实验促成了重要的产品、流派和理念，对未来的游戏和互动玩法影响深远。Horka、Johann Sebastian Joust 和 BaraBariBall 曾全部在 IndieCade 上现身，如今它们已在 PS3 上发售，引领了本地多人游戏（Local Multi-player Game）的爆发。

IndieCade 提供了认识其他游戏设计师，建立人脉的宝贵机会，进而促成将来的开发和合作。哥本哈根 Game Collective 和之后的 Die Gute Fabrik 就是在第一届 IndieCade 游戏节后成立的。当时，Nils Deneken 在这里展示了一款关于记忆的游戏 Ruckblende，探索艺术和叙事，而来自哥本哈根 ITU 的 Doug Wilson、Lau Korsgaard 和 Dajana Dimovska 带来了 Dark Room Sex Game，一款只有声音的双人游戏，探索性爱中的韵律。

IndieCade 的影响力成就了许多成功的故事和出色的游戏，它们在 IndieCade 上亮相，用 IndieCade 当跳板签下发行合约，发行主机游戏并广受赞誉：比如大型实境游戏 Johann Sebastian Joust，利用 PS Move 操作，玩家保护自己控制器的同时攻击别人的控制器；USC 互动媒体与游戏专业的学生的作品《温特伯顿先生的不幸旅程》（The Misadventures of P.B. Winterbottom），有着独特的美术风格和时间克隆解谜机制；Alexander Bruce 的 3D 哲理解谜游戏《环绕走廊》（Antichamber），以非欧几何为灵感；诱人的多人在线策略游戏《幕府将军的头骨》（Skulls of the Shogun），面向非硬核玩家；还有 Eric Zimmerman 和 John Sharp 制作的桌面游戏 Quantum，玩家随骰子点数变化，还有模块化的地图设计。这些游戏首次亮相于 IndieCade，在这里你可以看到电子化实境游戏、本地多人游戏，程序化生成场景的趋势正在兴起，越来越多的游戏首次在 IndieCade 公布。IndieCade 是将杰出游戏创意带给大众的第一站。

IndieCade 侧重展示独立游戏，尤其是卓越的设计和领域内的创新，展示的游戏只有一个要求——创新，不管是电子游戏或传统游戏，单人游戏或多人游戏，还是经典神作或只是用来消磨时间的小游戏。2012 年，在 IndieCade 上展出了一款艺术风格奔放、关卡设计完美的平台类解谜游戏 *Deepak Loves Robots*；包含了一套桌面角色扮演游戏规则的实体书 *Vornheim*；艺术游戏 *Open Source*，使用 Kinect 将玩家化身为球拍，但不允许玩家看屏幕操作；一个装在毫米级厚度钢板上的游戏 *Interference*，允许多名玩家同时玩又鼓励玩家之间互相干扰；以摔跤手为主角，风格独特的 PS 游戏《墨西哥英雄大冒险》（*Guacamelee*）；iOS 游戏 *Blindside*，根据游戏发出的声音指令，凑近手机用眼睛玩；探索社会认同和道德判断的 RPG 游戏 *A Closed World*；简单的 iPad 多人游戏 *Bloop*，比谁按的彩色方块多。以及其他 20 余款其他各类游戏，而这仅仅是 IndieCade 的入围游戏，IndieCade Selections 还有另外 50 款游戏。IndieCade 的多样性不断丰富，展出的游戏涵盖所有可以想象到的内容——桌游的、角色扮演的、严肃的、实验性的、艺术的、休闲的等。IndieCade 给开发者提供任意展示自己作品的机会。

　　IndieCade 专注于卓越、创新的游戏，以及玩法和交互体验。作为一名对 IndieCade 感兴趣的开发者，你应该好好考虑一下这些内容。为自己所爱而设计，探索最离经叛道的想法，这才是 IndieCade 感兴趣的游戏。任何游戏节都是如此，展示的游戏要有特定的侧重，比如报名参加 Come Out&Play 时，除了设计你钟爱的游戏，还要保证它是实境游戏。IndieCade 这样的游戏节寻求开发者的心血之作，作为创新和探索的乐园，分享真正卓越、有爱的游戏。只要遵从你的内心设计游戏，一定不会走错。

　　不同的游戏节有不同的受众，多参与有助于增加游戏的曝光度。设计师最需要的观众是游戏从业人员，他们可以给你提供新的工作；普通玩家，他们会带来新的粉丝和下载你的游戏；媒体，它们的关注可能成为新闻报道或是游戏评测，引导大众目光、引起业界注意；设计师同行，他们的关注可以给你重要反馈，提高圈内知名度，尤其是特定的小众圈子。IndieCade 从大量参展游戏中筛选并分享选中的作品，制作真正杰出作品的设计师可得到上述所有受众的关注。

　　IndieCade 是展示实验性和艺术性作品的舞台，提出游戏设计创意的社区，和小众杀入主流的垫脚石。作为游戏设计师，这些游戏节、竞赛和展出是让其他人关注你作品、听取观众反馈、加入游戏同行的社群的绝佳机会。

审视和修正

　　当你完成了前面四个步骤，不要被远超出发行商预付金的巨额预算吓到。你下一步要做的便是从头开始审视你的功能目标，砍掉或修正它们。修正目标后，还需要修正优先级排序和冲刺进度表。之后，把这些修改反映到你的预算中。

　　新手开发者犯的最大错误就是在制定预算的过程中不更改目标和进度表，而是直接修改预算数字，直到它们看起来"比较合理"。一定要从你的目标开始，一路修改优先级排序表和进度表。如果你的承诺过多而预算不足，就要冒着亏损、压榨员工和不能准时交付的风险来工作。

练习 13.5：修正

现在假设你的开发商要求你砍掉20%的预算。从你的目标开始，一路修改优先级表、进度表，最终到预算，修正你的规划来压缩支出。

里程碑和验收

每个开发阶段在完成并获得发行商验收后，开发商才会收到付款。开发商记录下发行商的每次验收和决定很重要，因为发行商经常在开发过程中要求开发商修改设计，导致生产成本增加。如果在开发中，发行商一直十分认可开发商的工作，那么开发商请求提高预算增加额外功能的话，会更好商量一些。

在相对轻松的游戏开发过程中，这些看着很正式且不近人情的细节可能对生产状况造成极大影响。如我所说，保持沟通顺畅，记录所有决定和修改请求成就了许多成功的开发商。

总结

游戏可能是世界上技术最先进的软件。随着技术的进步和玩家的品位提高，制作游戏的难度水涨船高。清楚如何保持有序开发、理解开发的每个阶段的任务是确保成功实现设计理念的法门。尽管设计师一般不负责创建项目规划和管理，但对开发过程了解得越多，越能对团队规划做出贡献，还能让你成为更好的设计师和团队成员。

设计师视角：**Michael John**

加州大学圣克鲁斯分校游戏和可玩媒体硕士项目主任

Michael John 设计游戏至今已有 20 年。他的作品包括原创 PS 游戏 *Spyro the Dragon*（1997—1999）和 PSP 经典游戏 *Daxter*（2008）。现在，他是位于硅谷的加州大学圣克鲁斯分校的游戏和可玩媒体硕士项目的主任。在来到加州大学圣克鲁斯分校之前，他曾经是 EA 和 GlassLab 的游戏总监，开发了将商业级质量和《共同核心州立标准》（Common Core State Standards）及《21 世纪所需技能》（21st-century skills）整合到一起的创意学习游戏，比如《模拟城市 EUD》（2013）。

你是如何成为游戏设计师的

我的故事并不特别。我之所以成为游戏设计师是因为需要一份工作，而当时我在飞利浦命运多舛的 CD-i 项目担任 QA。没多久我就跳槽到了 Universal Interactive Studios 担任制作人。

我开始与 Insomniac Games 密切合作，发行他们的第一款商业游戏（叫作 *Disruptor* 的第一人称射击游戏）。渐渐地，我发现他们需要人设计所有关卡。当时他们没有使用成熟的关卡编辑器，而是用了 Alias PowerAnimator（Maya 的前身），Alias 又慢又难用，而关卡设计必须非常精确。同时，Universal 雇用了一名叫作 Catherine Hardwicke[1]的设计师制作建筑和装饰元素，这些东西需要放入刺激有趣的关卡中。我接下了这个任务，主要是因为必须有人去做，然后我便爱上了设计游戏。

后来我才意识到这项工作是"关卡设计"，之后便把我的定位扩展到了"游戏设计"，但是这个过程花了很久而且后知后觉。比如有一阵子我的膝盖一直有伤，因为我每天都趴在地板上帮动画师和程序员琢磨 *Spyro the Dragon* 中龙的动作（难得要死）。这是因为只有我会撕下脸皮地这么做，但是在 20 年后的现在，我发现那就是游戏设计的工作。

后来，真的有人雇我当"游戏设计师"，我便接受了这个头衔，但实际上我已经从业多年。我不记得我的名片上是否写过"游戏设计师"。我的头衔有过"制作人"、"总裁"（在我创业时），在 EA 时我是"创意总监"，但从来不是"设计师"，想来还蛮有趣。

你受到过哪些游戏的启发

彻底颠覆我的是《超级马里奥 64》。我从小玩的都是 2D 游戏并且深深地爱着它们，但《超级马里奥 64》说，等等，这里还有一个全新的世界——字面意义上的全新的地平线——等你来探索。《古墓丽影》有这种意思，但是效果一般，而《超级马里奥 64》中的新维度改变了一切。那是个引人入胜的精细世界，同时让我感到与角色无限亲近。在这款游戏诞生之后，我们迎来了 3D 平台类游戏的黄金时代，任天堂和 Rare（*Banjo-Kazooie* 和 *Conker's Bad Fur Day* 都是杰作）成为业界标杆，激励了无数人。正是它的成功与魔力让许多人投身于独立游戏的制作。

1　在我面试 Universal Interactive Studios 时，Mark Cerny 向我介绍了 Catherine Hardwicke，然后转过头来问我："快，告诉我她像《VR 战士》（*Virtual Fighter*）中的哪个角色？"我回答道："当然是 Sarah 啦。"直到今天，我依然认为这是 Mark 给了我那份工作的原因。

你认为游戏业中有哪些激动人心的进步

最激动人心的是技术不再成为瓶颈，起码比之前好多了。Unity、Flash、Game Maker，如此多的工具帮助坚持制作游戏的人。在 iOS 平台，你甚至可以借助 Cocos2D、Box2D、Objective-C 在几天内就写出不错的原型。

我知道很多人都赞扬过这一点了，但我还是要说，这真的很了不起。我 11 岁的女儿在夏令营花了 1 周就做了一款游戏并自诩为游戏开发者。这对于社会和业界来说都是大跨跃。如果我们让年青一代认为自己都能开发软件，那是什么样的情景？一定棒极了！而且他们这么做是因为喜欢游戏。

你对游戏设计的看法

不好意思，我不认为有什么方法。实际上是创造的过程，它千变万化，尤其是与不同的人或团队共事时，会变得完全不同。当我在 EA 授课和与人交流时，我清楚地意识到了这一点。实际上，游戏开发方法时刻在变化，想找到一种标准模板并不好，不利于你的职业发展和取得个人成就感。游戏作为一种媒体经常带给你新鲜感，你也应该把此融入你的作品中。

所以，我们可以谈谈创意，我对这个很感兴趣。其中一点是巧妇难为无米之炊。游戏是叙事媒体（尽管这点正在改变），所以开发者必须从游戏之外寻找原材料。当我年轻到处旅行时有过不少创意，许多开发者会阅读大量虚构类小说。我还对建筑着迷过一阵子（*Spyro* 中有许多 Frank Lloyd Wright 风格的建筑，还有经典的意大利式建筑），这些都是创意产生的原料。

创意流程基本上是一个综合体。如何把各种东西组合到一起，创作出我感兴趣的意义？这里就是需要激情的地方，还需要冷酷无情，接受失败，以及所有人跟你说的"21 世纪所需的技能"。因为……事情就是这样。许多年前，当我和 Stewart Copeland 合作的时候，当时他刚刚因为担任警察（Police）乐队的鼓手而变得很有名气，他告诉我，人们误以为创意就像水井，总有一天你会把水打光。实际上，创意是肌肉。随着时间的推移它会变弱，但是这更可能是因为你没有每天训练它。

好吧，我承认我说谎了……确实有个方法，但我经常忘记，而且不断跟我的同事们讲，这个方法叫作"由内而外设计法"。电脑游戏如此独特和迷人是因为它们的游戏机制本质，围绕游戏机制设计一款游戏很诱人。这个方法看着很不错但极少成功，往往变成抄袭或一团乱麻。所以我认为设计师应该从游戏的意义或者情感开始，然后以此为基础设计机制。这做起来很难，但成功的话回报很高。优秀的设计师不自觉地就会这么做，你可以在他的作品中察觉出来。记得"从里到外"的概念，在与其他同伴沟通游戏创意时会助益良多。

你对原型的看法

当实习设计师第一天来实习时，我会问他们一个著名的哲学问题，如果森林中的一棵树倒了，而且没人听到，它有没有发出声音？答案是：没有。这个问题的寓意是，不管你的创意多么惊人，宣传得多好或者文案写得多好，玩家玩不到都是白搭。游戏是玩家和开发者共同努力的结果，没有原型，就没有游戏。[1]

我在开发教育类游戏时，一直乐于与人分享游戏原型的重要性。现在我每天都跟教育专家共事，他们会习惯性地写一些书面材料，在同行评议时这些材料会成为反馈的重要依据。与之相反，原型设计者则希望评估者越无知越好。任何明白人很容易就能理解，原型化是所有设计的核心过程，因为设计的本意就是要同时满足"小白"和资深用户。[2]

我一直没有聊过原型的设计，因为对我来说这是理所当然的。为什么制作电脑游戏离不开原型设计，这更值得思考。

让你感到最骄傲的事是什么

这个问题有好几个答案。我很幸运参与了几款游戏制作，并且成为业内的一员。我为这些年指导过的许多人感到骄傲，一些人已经超越了我的设计，让我感到很满足。

但说实话，最让我高兴的是与 Insomniac 共事，一起创造了 *Spyro* 的世界。在完成第三款游戏时，创造世界的感觉更像是探索而不是发明，那感觉很棒。更棒的是，我遇到了一些玩着这款游戏长大的大学生，这体验很奇妙。并不是因为他们是我的粉丝，而是我曾参与创作孩子们喜欢的游戏，他们会记住一辈子并乐于跟我谈论它们。这种感觉真是太棒了。

给设计师的建议

最重要的是：忠于自己。[3]

1　无关但有趣的想法：我特别敬仰的美术设计师 Richard Serra 很讨厌被人称作"建筑艺术家"。Serra 不认为建筑是艺术，因为建筑因用户而存在。恰恰相反，而他的艺术，独自表达出作者的意图。我喜欢 Serra，但很好奇他会不会把游戏当作艺术。

2　有句话叫"为自己设计"，这句话反着说也适用。这就是游戏设计和制作的方式（有时候细分市场的规模还是蛮大的）。这并不影响原型设计的价值（你必须自己动手），但是感觉不一样。

3　我在大学学习英文文学时常常引用莎士比亚的作品，我特别欣赏莎士比亚式的讽刺。

设计师视角：Jeff Watson

南加州大学互动媒体与游戏专业助理教授

Jeff Watson 是一位艺术家、设计师、研究员，他担任了南加州大学电影艺术学院的助理教授和 Situation 实验室的负责人。他的工作聚焦于研究游戏机制、计算机的普及和社交媒体如何带来跨媒体的叙事，以及如何让公众参与其中。他的设计作品有屡获殊荣的创新教学游戏 Reality Ends Here（2011），自 2011 年起，这个游戏一直在南加州电影艺术学院的教学中被使用，因而它成了持续进行的最长的真人在线互动电影游戏。

你是如何成为游戏设计师的

我小时候花很多时间做了一些角色扮演游戏和朋友一起玩。长大后，我对写作和电影产生了兴趣，最终绕了一圈又回到了游戏设计。很长时间，我最感兴趣的是拍电影，在 20 世纪 90 年代末，我开始好奇如何能利用新媒体把故事带到其他平台和场景中。网络看起来是叙事的全新领域，我想探索一番。最后，这种探索把我带向了游戏和一些称作"跨媒体叙事"的东西。然而，我了解得越多，越发现我感兴趣的不是用各种方式把故事素材放入现实生活，而是创造性地让观众能参与其中。自然而然地，我开始学习游戏设计，因为游戏恰好是我所需：提供一种人们可以与他人和系统互动的平台。

你受到过哪些游戏的启发

对我影响最直接的作品应该是 SFZero，一个关于发布和接受挑战的 DIY 游戏。规则非常简单，有的人甚至不承认它是游戏，但在鼎盛时期它创造出了许多迷人的创意项目，让参与者体会到了非常刺激的社交互动。我很喜欢 SFZero 的一点是，它会留下记录，对于玩和看的人都很有趣。我称这类东西为"可参与式奇观"，而且发展空间很大，尤其在社交媒体逐渐渗透的今天。另外，我认为每个人内心深处都是创造者和艺术家，这些潜能越激发越大。

我还受到 Sid Sackson 的聚会游戏启发，比如 The "No" Game 和 Haggle 都在他写的 A Gamut of Games 书中有提及。这些游戏就像《狼人》(Werewolf)（同样启发了我），通过非常简单的规则和游戏资源创造了无穷多样的社交玩法。越来越多的新剧情游戏，类似 Fiasco 和 The Quiet Year 也以同样的方式从幻想中提炼社交创新。对我来说，这些游戏中出现的叙事比大多数游戏中提前编写好的剧情分支要精彩得多。

你认为游戏业中有哪些激动人心的进步

虽然我很喜欢单人游戏，但我认为应该知道这是游戏历史上一个不正常的现象。在电子游戏出现前，大部分游戏都是高度社交化的，想想桌游、纸牌、运动和室内游戏。即使最开始的电子游戏，两个人玩的乒乓也是多人的。因为技术限制，比如缺乏标准化的网络协议，还有与二十世纪七八十年代制作和贩卖的游戏卡带、主机相关市场的作用，游戏业前 20 年的主要精力都在制作单人游戏。当然单人游戏也有社交的一面，类似绘画、雕塑、电视、小说和其他媒体，但游戏的特殊之处是可以直接促成社交行为。我很高兴地看到越来越多的游戏正在探索多人互动的新方式，从设计概念之初就加入多人元素，而不是作为一种附赠功能。

你对游戏设计的看法

设计方法很神秘。许多人坚持认为艺术和设计泾渭分明，但在我看来它们不分彼此。制作游戏就是创造，所以我把它当作纯粹的艺术实践，或是为了实现设计理念。我的办法是回到根本问题：我想为玩家带来什么样的体验。这是我必做的一件事，从根本上确定最初的动机。我们可以把这个叫作"立意"甚至是"论点"，但这些词对我来说都不够贴切。游戏是动手做事而不是动动嘴皮子，所以我尽量让玩家在游戏中感觉到要去做些什么，思考这些行为会怎么影响到他们与周围人和世界的关系，甚至形成一种全新的玩法。当然，要想搞清楚这些，需要触及整个行为的本质，需要自我审视周围的世界，寻找革新的玩法和社交行为，思考潜在的障碍，以及怎样才能排除它们。这种设计方法只是一个有好奇心的人让世界变得更好罢了，我认为越深入理解自己根本的动机越能做出好游戏。

你对原型设计的看法

我大量地使用纸质原型。对我来说，制作游戏最有用的工具是索引卡、骰子、模型和游戏板。我不设计第一人称射击或者平台类游戏，所以我不太清楚纸质原型怎么帮你设计一张死亡竞赛地图或者发明什么跳跃机制。但在我的机构中可以随便设计任何游戏，在桌面、街道或者足球场上玩，这要比把游戏电子化省事得多。一个可玩的纸质原型要简单优雅，方便玩家执行规则、管理游戏资源和决定胜负条件等。如果你的原型可以让玩家不借助电脑就能游戏，而且有趣到能让他们一玩再玩，在此基础上把游戏电子化就会容易得多。

职业生涯中让你感到最自豪的事情是什么

现在，我最开心的就是 *Reality* 对玩家产生的影响。看到游戏带给玩家的创新和协作精神会让我回忆起进入游戏业的初衷。

给设计师的建议

Hitchcock 建议有想法的剧作家先写出剧本，完成后再加入对话。他的观点是，对话应该为剧情服务，而不是反其道行之。我对游戏与技术的关系也持这种观点。先设计你的游戏，然后再用必要的技术实现它。不管你使用的是什么平台和引擎（或者平台和引擎的集合体），你应该让它们服务于你的游戏。接受各种可能性，比如制作游戏不使用任何数字技术，或是原本与游戏无关的技术，甚至结合多种技术。换句话说，不要让技术牵着设计的鼻子走，主导者应该是你。

补充阅读

Chandler, Heather M. *Game Production Handbook*. Boston: Charles River Media, 2006.

Hight, John and Novak, Jeannie. *Game Project Management*. Boston: Thompson Learning, 2007.

Irish, Dan. *The Game Producer's Handbook*. Boston: Thompson Course Technology, 2005.

Keith, Clintion. *Agile Game Development with Scrum*. Boston: Pearson Education, 2010.

McCarthy, Jim. *Dynamics of Software Development*. Redmond: Microsoft Press, 2006.

第 14 章
沟通你的设计

在本书中，我一直强调电子游戏开发是天生需要合作性的媒介。在第 12 章和第 13 章中，我讨论了构成协作环境需要的各类人才，还有研发过程的几个阶段。与所有团队成员分享游戏的整体愿景，是管理好制作过程的重要手段之一。如果你的团队很小，或者自己单干，这也许不成问题。但大多数游戏都很复杂，制作团队庞大，保证沟通顺畅最有效的办法是通过某种形式的文档来向各个团队成员传达信息。

这类文档虽然没有业界规范，但在行业发展过程中形成了几个约定俗成的标准。第一种标准是由游戏设计师创建一份大型文档。这份"设计文档"尽可能将游戏的方方面面都描写清楚，包括游戏机制、用户界面、美术、音效、剧情和关卡等。现在的设计维基百科就是由设计文档进化而来的，允许团队成员在线协同编辑。小型团队可以使用简单的在线工具（如 Google Docs）协作和分享创意。有的团队使用最少量的文档，依靠强沟通、快速原型、执行技巧。不过大多数团队为了协同工作并提高效率，还是需要一定程度的文档。

不管文档使用什么格式、工具及做到多细，目的都一样：与团队所有成员分享想法和决策。工作中的设计会变化，所以文档也不是一成不变的，是用来记录一次冲刺的成果、一次设计评估或头脑风暴之类的短期结果。你自认为能回忆起早前在白板上随手做的表格，但实际上很快便会遗忘，除非已经记录成文档。在本章中，我会介绍一些好用的技巧，帮你平衡游戏项目开发中对设计文档的需求。这些技巧未必都适用于你目前的游戏和团队，但是你会逐渐发掘出它们的用途。

可视化

沟通复杂信息最有效的手段之一就是视觉。想想建筑使用的蓝图包含了多少信息。房间的尺寸、空间的布局、门窗/台阶和电梯的位置，这些信息如果用文字而不是图片表述会有多么复杂。和建筑一样，游戏也是空间、时间和触觉的复杂结合。有时候把关键信息抽象化和可视化，可以更好地表达这些设计。

Riot 的首席设计师 Stone Librande 提倡使用一种他称作"一页设计（one-page design）"[1]的可视化方法，以简单快速地传达设计的核心。Librande 曾看到他们团队的程序员为了方便参考，不用复杂的设计文档而把用户界面（UI）流程图贴在桌面上，于是想出了这个主意。他很快就发现这种形式

的可视化正是他想要的，人人都能看懂。

游戏中的某些元素最好通过可视化方法展示，比如关卡的空间布局、UI、不同类型单位之间的关系、角色进化等。图 14.1 所示的就是被 Librande 称作一页设计的样子，来自 EA 的 *The Simpsons Game*。在这张图中，你能看到游戏中地图的进化过程，从纸面原型到电子版的地图，再到包含了每个游戏区域的布局的充满细节的设计。

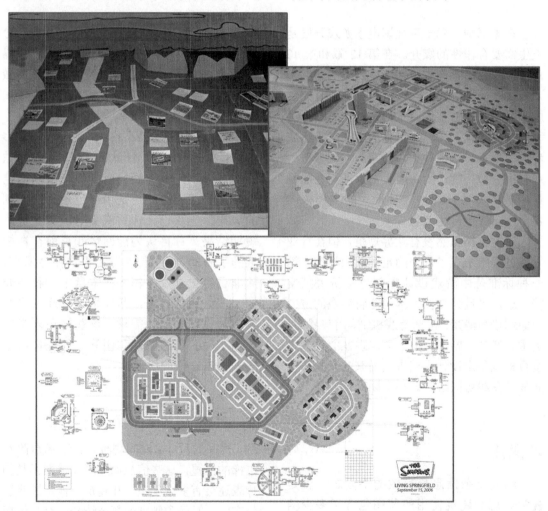

图 14.1 设计可视化

有时你需要传达的设计可能比地图更抽象。你可能需要很多时间来与其他人沟通一个在基调上的改变。回想在图 4.22 中陈星

汉为《旅途》制作的用来描述情感弧的图表，可以看出他对弧的可视化是传达设计理念的关键工具。

流程图

如果你想要表达一种层级结构或过程，那么使用流程图再好不过了，参见图 14.2。流程图有助于全面地涵盖玩家在游戏中可能经过的路线。

通常，你可以结合流程图和简易的 UI 设计，让人大致了解每一屏会有什么内容。

这些简单的 UI 设计叫作线框图，它是与游戏设计师、美术设计师和 UI 程序员沟通的绝佳工具。如图 14.3 所示，你可以看到 UI 线框图没有体现出成品布局的模样和感觉，但非常简略地画出了所需的元素，它可以作为技术和视觉概念制作时的参考。随后 QA 团队制订测试计划时也会参考它。

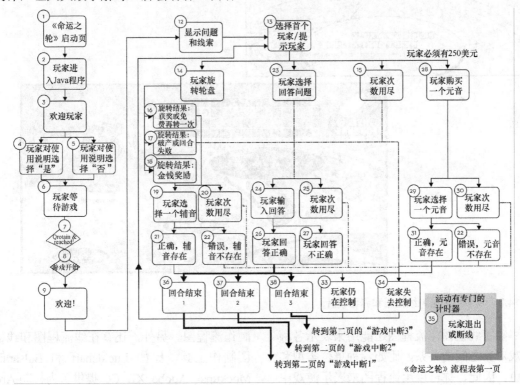

图 14.2　《命运之轮》的流程图

1　经多方查找资料，不能确定原文要表达的意思，故此处保留原文。——译者注

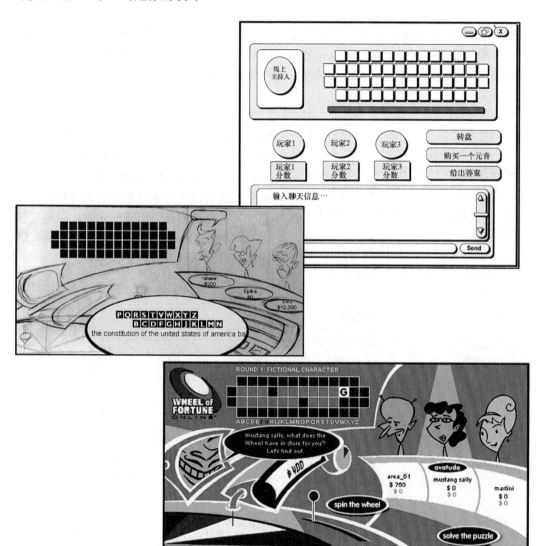

图 14.3　《命运之轮》线框图和界面设计

除了线框图，流程图还能用来表示各种游戏对象之间的关系，比如各种单位类型和角色。因此，你可以用流程图来表示游戏中单位可能会怎样升级，或者角色能力会如何随着游戏的进程而变化。你可以使用 Microsoft Office Visio、Edraw 或 Inspiration 制作流程图。另外，还有在线流程图和线框图制作工具，比如 Lucidchart 和 Balsamiq Mockups。Adobe XD CC 提供了为移动 App 进行模拟的解决方案，这对某些游戏设计可能很有用。有些工具允许你制作基于 UI 设计的简单的可以点击的原型，用于演示和测试。

不管用纸还是类似 Microsoft Office Visio 之类的软件，给你的原创游戏制作一张完整的流程图。然后，给游戏的每一个界面状态制作一套线框图。最后，在线框图上做注释，说明每一个特性。

表格和电子表格

除了地形、流程和层级结构，你可能还需要使用表格或电子表格展示数据。作为设计师，最重要的技能之一就是使用表格，可以想象一下游戏中众多单位的类型、造价、优缺点都不同。用表格列出这些数据不但可以帮助你与同事沟通，还是检验和调整这些变量最好的方式，如图 14.4 所示。如果能把表格输出成存档文件直接放进游戏版本中进行测试，你就可以快速有效地尝试很多配置方法。如此一来，设计文档不仅是原型设计工具还是沟通工具，两全其美。

	A	B	C	D	E	F
1	Unit name	Cost	Speed	Damage	Armor	Range
2	Redshirt	10	50	30	70	5
3	Blueshirt	10	25	50	50	5
4	Command	20	10	30	20	20
5	Scout	30	75	10	20	80
6	Medic	30	30	10	50	10
7	Security	5	40	90	90	10
8	Comms	40	90	0	0	90

图 14.4　单位数据表格

表格还能用来表示游戏中对象和行为之间的关系。比如，回想一下将图 11.8 所示的囚徒困境的矩阵列在一页纸上，每个策略代表一名玩家潜在的行为，这个矩阵就是这些行为组合的结果。

概念图

规划一个游戏时最常用的可视化方法就是概念图。一方面，能看到游戏玩的时候的样子——包括环境、角色、动作和基调——对建立游戏的整体感觉极其有用。另一方面，概念图一般缺少细节，不能直接供给美术设计师或程序员使用。概念图在早期阶段确定游戏风格时最有用，此时你一般在试着寻找游戏的感觉，参见图 14.5。一旦确定了团队风格，就需要细节更多的图示，比如角色分解动画，或图 14.1 所示的关卡地图或模拟 UI 图。

对于复杂的序列，常常使用故事板（story board）来演示体验的流程。你也可以将其用于游戏过场动画甚至复杂的关卡设计。除了用故事板，另一个早期设计时很好用的视觉化工具是模拟动画。这也许是可以交互的或是一段简单的动画，以体现出游戏运行时的样子。如第 265 页所述，故事板、

图 14.5　Jak & Daxter 和 Ghost 中的角色草图

概念图和模拟动画都是美学原型设计的技巧，对可视化和设计流程都有帮助。

练习 14.2：概念图

为你的原创游戏制作一些概念图，可以是场景或角色。如果你不太擅长绘画，可以简单涂鸦，或者如果你觉得自己没有足够的艺术细胞的话，可以借此机会招募一名艺术家加入团队。

游戏描述

虽然文字描述不是表达设计最好的办法，但如果你没办法用其他东西时它还算有效。当描述你的游戏时，有几个描述的层级需要注意。

首先，用有说服力、创造力的写作来描绘出游戏的顶层图景。这是你在撰写概念文档和总结顶层游戏概念时需要的东西。把它当作加强版的电梯演讲，快速地传达出游戏的玩法和整体感觉。可参考下面这个概念文档："*Alphaville* 是一款快节奏的拼字游戏，数百名玩家合作拼字冲击最高分。每名玩家代表字母表中的一个字母，他们的目标是与其他玩家一起在游戏空间内拼成高分词。一旦单词拼写完成，玩家们会重生为新的字母"。

注意这种高层次的描述不会给出游戏如何实现、视觉、感觉和技术之类的信息。只是纯粹的概念，透露一点玩法基础。

在设计初期，这种文本很有用，但很快就需要深入细节了。描述要清晰准确。列表和要点往往比大段文字更好用。图 14.6 展示

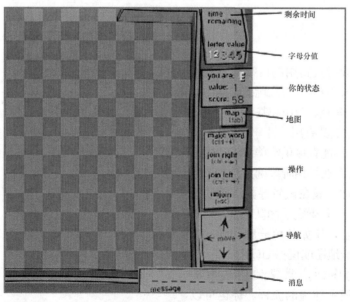

图 14.6 *Alphaville* 的界面

了 *Alphaville* 部分界面的草图，这种功能要点列表也可以附在文档中。

- 剩余时间：显示游戏中还剩多少时间。
- 字母分值：展示不同颜色字母的分值。
- 你的状态：列出玩家的当前字母、分值和当前得分。
- 地图：点击按钮弹出地图。
- 操作：这一部分允许玩家进行拼词，从左侧/右侧加入字母或退出。

- 导航：控制玩家移动字母的按钮。
- 消息：在消息区域显示玩家用键盘输入的字符，它们会出现在消息区域。按下回车键后，房间内的其他玩家便可以看到信息。

时刻记住你的设计文档不是给自己看的，你的目的是沟通，所以要做任何可能的事情来达成这个目标。不需要很长的文字就完全可以搞定这件事。

虚拟现实和 Oculus Rift

作者：Laird Malamed

　　Laird Malamed 是 Oculus VR 西雅图公司的总经理和核心运营团队的领导者，他还在南加州大学电影艺术学院兼职任教。在加入 Oculus 之前，Malamed 曾在动视暴雪任高级副总裁并掌管开发部门，监督软硬件的制造，如《吉他英雄》（*Guitar Hero*）、《使命召唤》（*Call of Duty*）和 *Skylanders*。Malamed 在动视任职的 16 年中换过许多岗位，包括在动视总部和欧洲的工作室、市场部担任要职。加入动视前，Malamed 曾在索尼影业和 LucasFilm 担任音效编辑师。Malamed 的本科在麻省理工学院度过，研究生毕业于南加州大学电影艺术学院。

VR 发展的早期阶段

　　虚拟现实（简称为 VR）的概念由 Douglas Engelbart 在 20 世纪 50 年代提出。面对持续十年的麦卡锡主义，科学家和大众梦想着控制现实，于是将目光投向了当时还是庞然大物的计算机，希望能逃避糟糕的现状。Engelbart 对计算机潜力的看法没有被一些人接受，不过这个想法在 20 世纪 60 到 70 年代的一部分狂热者中颇为流行，所以相关研究一直在进行。到了20 世纪90年代，因为 TV 版《星际旅行：下一代》（*Star Trek: The Next Generation*）（全息成像台）和电影《黑客帝国》的出现，VR 又成为热门话题。

　　韦氏词典中宽泛地把虚拟现实定义为"通过电脑模拟感官（视觉和听觉）体验到的人造环境，人的行为会部分决定环境中发生的事情。"

更优雅地说，虚拟现实是承诺把用户传送到另外一个现实，并带有真正身临其境的感受。这可以是一种现实的"真实"，比如身在奥克兰，却像来到了巴黎。向四周环顾，可以看到旁边的埃菲尔铁塔、闻到新鲜牛角面包（croissants）和咖啡的香味、听到本地人用法语交谈和汽车鸣笛声，感受轻风吹过布满落叶的花园。或者也可以是想象中的现实，比如环绕着遥远的双星系统运动的类地行星上的峡谷。甚至，是过去的现实——比如同样是在巴黎，但埃菲尔铁塔正在建造，街上听不到汽车的鸣笛，只能听到马拉着四轮马车匆匆驶过。通过与我们天生的感官类似的方式体验这些景观和令人激动的时刻，而不是通过银幕或 5 个音响组成的环绕立体声。

VR 在初期就对游戏有显著影响。在 20 世纪 90 年代，也许是因为大众意识的提升，市场上出现了一些游戏 VR 系统的失败的尝试。上面说过 VR 代表着人造世界，但 20 世纪 90 年代的消费级产品没有足够的运算能力和视觉保真度让买家信服。另外，视野（用户看到的图像宽度）没有超过 40°，远少于人眼的 130° +。这种体验既不真实又不虚拟，所以 VR 失败了。

但最近 20 年间，对 VR 的研究没有停止，特别是在对于大众比较遥远的军事和医疗领域。Mark Bolas 教授等人的研究让 VR 设备变得更小更轻，计算机和显卡也更先进。VR 是不是终于要来了？

VR 回归

刚满 18 岁的 Palmer Luckey 曾将大把高中时光花在了鼓捣和修理手机上。他还是一个狂热的 VR 原型机收藏家，已有 40 多件藏品。身为一名骨灰级玩家，Palmer 好奇能否把质轻的手机屏幕、廉价的光学设备和传感器组装成价格实惠的 VR 设备。经过一系列机缘巧合，他结识了 3D 游戏之父 John Carmack，终于在 2012 年中期成立了他的公司 Oculus VR。不久以后，Valve、HTC、Sony、微软和三星等一系列的公司都相继推出了它们自己的 VR 设备。

诸如 The Rift 之类的虚拟现实设备，包含了一个类似滑雪眼镜的头戴设备，内置显示屏。这种设备往往内置音频，以及许多的调整点来让所有的用户都能舒适佩戴。两个光学放大镜带来了 110° 的立体图像。戴上之后，The Rift 显示的

Oculus Rift 开发套件和头戴设备

图像会填满使用者的视野，隔绝外界空间。感应器追踪玩家的头部运动，把信号传回连接的电脑。电脑程序使用这些数据将用户正在看着的图像显示在屏幕上。配合上空间音效，The Rift 能将使用者"传送"到另外的现实世界。更新的设备正在努力做到一体式，即把电脑、存储和连接设备都整合到 VR 设备中；位置追踪通过头戴设备里的视觉传感器来实现，这样就不需要额外的追踪设备了。

但是内容呢？本质上，Oculus Rift 和其他 VR 平台一样都是一张等待设计师和美术设计师来创作的画布。The Rift 的易用性和整合软件已经收到了无数的赞誉。任何游戏都能稍加修改适用于 The Rift。然而要让体验有趣且不会引起生理不适（大脑的运动感应与视听不匹配时会头晕）非常关键。

同其他平台一样，The Rift 的设备很出色但也有很多局限。用户看不到真实世界——这是很明显的限制；在 The Rift 中识别文字很难——这是硬件编程上的限制；用户界面需要重新设计——这是硬性、难以解决的限制。

为 VR 设计

The Rift 出色地把玩家置于设计师选择的新世界中。屏幕边缘不再重要，体验非同寻常。实际上，VR 最强大的一点是鼓励玩家环顾四周。玩家之前习惯使用手指操作键鼠和手柄控制游戏，其实头颈才最擅长控制视野。这种直接的控制机制造就了有史以来最棒的体验。

比如 *EVE Online* 的发行商/开发商冰岛公司 CCP，他们的 VR 独占游戏 *EVE Valkyrie* 饱受赞誉。玩家坐在飞船的驾驶舱中，在太空中进行战斗（dogfight）。飞船的操控是通过摇杆（模拟飞行员在座舱中）来完成的，但瞄准和跟踪敌机完全是通过头部运动来进行的。采用第一人称视角时，玩家低下头就能看到自己的身体。

Valve Software 也为《半衰期 2》（*Half-Life 2*）加入了 VR 模式。第一人称动作游戏带来了一些特别的挑战，因为用户还需要控制虚拟角色的运动。第一人称视角和 VR 的直接视野完美契合。但是，移动和转身会迷惑感官（*EVE-V* 和 *Hawken* 这类以座舱为基础的游戏则比较少见这种情况，因为大脑知道玩家是坐着控制车辆）。不过来自 Valve 的 Michael Abrash 称，经过一周适应 VR 游戏，人们会逐渐长出"虚拟腿"。真正让《半衰期 2》出彩的是当 NPC 直接面对你说话时。相比非 VR 模式，游戏中的一位女性同伴 Alex，令人感觉特别真实和鲜活，与她似乎真的有眼神交流。这种直接让玩家投入的能力，提供了前所未有的体验的可能性。

即使是更简单的游戏，也可以仅仅依靠头部运动就来到一个新的高度。Pushy Pixel 的 *Proton Pulse* 就把经典的《打砖块》换了个方向。砖块悬浮在玩家面前的通道中，玩家通过头部运动控制面前的一块半透明板，再用脖子把光球反弹出去。看错地方则会弄丢光球。

The Rift 的关键优点是映射头部运动的能力，玩家可以通过环绕视场来和图像直连。设计师要利用这些优势创造出绝佳的体验。The Rift 早期的一些内容侧重玩家的视觉体验，因为这些作品的体验相比传统 2D 屏幕沉浸感强得多。屏幕超大的 IMAX 电影更引人入胜，但这是电影进化 100 年的结果。对于真正的 VR 独占游戏来说，界面、UX（用户体验）和视觉同步都是关键的设计挑战。

扩展 VR 之梦

手势和触觉虽然不是 VR 特有的，但可以进一步加强体验。随着各种动作控制系统的涌现，一些实验性游戏开始出现。USC 的学生通过把 The Rift、电脑背包和动作控制系统结合，创造出了虚拟的全息平台。在这类体验中，玩家可以在虚拟空间走动，并通过 The Rift 观察四周。这支团队已经在这个方向上继续前行，创办了 VR 创业公司 Survios。

随着显示效果的提升，VR 的应用范围很快扩大并超越了游戏。在医疗方面的应用包括远程手术和训练。在军事上，VR 可以应用于从战争游戏到文化上的模拟，如果将军能够使用 VR 观察战场，这也许会改变他们的指挥方式。

在教育方面，学生可以用 VR 技术体验历史时刻——想象站在《独立宣言》签订现场或者看 Chuck Yeager 突破音障。体验理所应当可以超越现实，学生们能够置身于细胞内观察 DNA 复制，在循环系统中体验奇妙旅行。*Titans of Space* 让 The Rift 用户能够在太阳系中穿梭。

建筑师可以在奠基之前通过 VR 设计和展示他们的作品。

现在人们已经创造出了一些优秀的 VR 作品，比如 *Henry* 这样的 VR 动画，还有 *The People's House*，在这部 VR 电影里你能够切身地倾听奥巴马夫妇讲述关于白宫的点点滴滴。以上提到的这两部作品已经斩获了艾美奖，那么，一个 VR 作品获得奥斯卡的颁奖是否也能成为可能呢？

设计文档的格式

当设计文档首次出现时，因为全部信息汇集在一起所以能够帮助团队整理想法。同样在撰写文档时，游戏设计师必须深入了解设计细节。写作的过程也强迫设计师必须审查所有的游戏元素，不幸的是，设计文档一般又长又乏味，而且全是文字，因此许多团队成员不读文档，至少不会通读。另外，随着开发过程中游戏元素的改变和进化，设计文档很难保持同步。一些设计师仍旧使用独立的设计文档，但随着在线协作工具的普及，越来越多的设计师转向使用协作工具，比如设计维基（类似维基百科的文档，它可以记录某项目各个模块的信息）。

设计维基是设计文档的进化，它解决了

一部分单机文档的问题。维基允许多个作者在不同区域撰写，因为它永远在线所以更容易与设计保持同步。通过模块化设置，它可以将信息拆分成小块，便于团队成员阅读和查找特定内容。维基的特点是去中心化，这意味着所有团队成员都能轻而易举地在其中添加内容。维基还提供了追踪功能，查找修改记录很方便。不过对设计来说，维基缺乏统一管理功能，如果很多人都在修改，文档很快就会变得臃肿和难以理解。一个很便于使用的维基工具是 Notion.so，这个工具支持合作且有非常易用的工作空间，很适合进行一个多人协作的设计流程。

对小团队来说，像 Google Docs 这样的合作工具可以达到与维基或设计文档同样的效果，并且更轻量。团队成员可一起编辑文档、表格、演示并将它们保存在共享文件夹中。同维基一样，这个解决方案也允许将信息拆分成小块进行协作设计。

不管你使用维基还是独立的设计文档，目标都是相同的：为了沟通游戏的整体概念、游戏玩法机制、界面、操作、角色、剧情、关卡等。简而言之，就是一切团队应该了解的与游戏相关的内容。设计会随开发的进行而修改，所以不要把它当成完全不变的东西。随着特性小组回顾他们的工作成果，可能会找到简化和整合功能的办法，或者美术设计师会优化 UI 流程，这些都是团队合作的积极成果。不论用什么方式描述你的设计，团队沟通顺畅是最终目标。

内容

游戏业界没有标准协会为设计文档制定规则。如果有像剧本规范或建筑蓝图那样的标准参照就好了，但事实上没有。众所周知，优秀的设计文档需要包括创作游戏的所有细节，然而这些细节会被游戏本身的特性影响。

总的来说，设计文档需要包括以下内容：

- 游戏的总览和愿景的陈述
- 目标用户、平台和市场
- 游戏玩法
- 角色（如果有）
- 剧情（如果有）
- 世界（如果有）
- 媒介列表

设计文档还可以包括技术细节，或是拆分成独立的技术设计文档。技术设计文档或设计文档中的技术部分一般由技术总监或首席工程师撰写。

练习 14.3：研究设计文档

要想知道游戏设计师如何撰写设计文档，上网搜索"游戏设计文档"，你会发现一堆文章，选两篇仔细阅读。它们的优缺点是什么，如果你是设计团队的一员，能按照文档内容执行吗？读完文档之后又有什么问题想问游戏设计师？

当你准备撰写游戏设计文档时，很容易因为文档太庞大而忘记最终目标：向开发团队、发行商、营销团队及所有相关人员传达你的游戏设计。所以我建议你把游戏创意变为可试玩的原型之后，再撰写设计文档。有了对游戏玩法的切身体验，可以大大提高你表述游戏玩法的能力。

你要一直记得，游戏设计文档是一个"活的"文档。在开发过程中，每个特性和部分都可能需要大量修改。实际上，如果你使用了上文提到的可视化技巧，你的目标应该是让团队成员标记出所有的修改。这样的图是绝佳的讨论起点，甚至设计会议的主题就是围绕着图表或流程图进行标记。所以不要太在意下面列出的部分——把精力放在可视化和沟通上，只选用下面有用的部分。

撰写文档尽量模块化，当信息越积越多时更容易更新和管理。这也有助于各个小组找到和更新涉及他们工作的区块。使用维基创建的设计文档会更加模块化。不同的区域或特性要用不同的页面，下面介绍的子页面中有更详细的描述、图像、表格和其他材料。

下面介绍的大纲是如何整理设计文档的示例，为了涵盖任何可能用到的信息，写得极其详细。我在每个部分下标出了它应该包括的信息。要记住，我的目标是列出适用于所有游戏的标准格式，而不是告诉你每个部分应该有哪些内容。你的游戏和设计应该决定你自己的文档会选用怎样的格式，而不是照搬大纲，并且我也不推荐你做的文档要包含下面所有的部分。

1. 设计历史

设计文档应该是不断变化的参考工具。绝大多数团队成员没时间在每次版本更新后都通读一遍文档，所以最好可以让他们知道对文档做了哪些重要更新和修正。如你所见，每个版本都有更新的部分，列出了所有重大改变。如果你使用维基，这一部分就可以用

软件的修订历史功能显示出来。这使得跟踪文档的改动及回到改动前的版本变得简单省力。举个例子，下面的版本列表展示了文档如何随着团队成员的添加和编辑而进化：

　1.1　版本 1.0　概念与顶层的游戏玩法

　1.2　版本 2.0　添加平台信息与控制表

　　　1.2.1　版本 2.1　更新 PS4 控制表

　　　1.2.2　版本 2.2　更新支持 Nintendo Switch 的平台

　1.3　版本 3.0　添加关卡 1-5

2. 愿景陈述

在这里你陈述的游戏愿景，一般长度在 500 个英文单词左右。尽可能抓住游戏的本质并用准确且吸引人的方式传达给读者。

　2.1　游戏简介

　　　用一句话描述你的游戏。

　2.2　玩法概要

　　　描述你的游戏玩法和用户体验。尽量精练，不超过数页纸，你可能需要介绍下面的几点甚至全部。

- 独特性：你的游戏为什么独一无二？
- 机制：游戏如何运作，核心玩法机制是什么？
- 设定：你的游戏的设定是什么，西部荒野、月球还是中世纪？
- 视觉和感觉：概括游戏的视觉和感觉。

3. 受众、平台和市场

　3.1　目标受众

　　　谁会买你的游戏？描绘目标人群的特征，包括年龄、性别和地理位置。

　3.2　平台

　　　你的游戏要登录哪些平台？你为

什么选择这些平台？

3.3 系统需求

系统需求可能会限制你的受众，尤其是在硬件差别巨大的 PC 和手机上。描述游戏所需的配置并且解释原因。

3.4 成功范例

列出同一市场中最卖座的游戏。提供销量数字、发售日期、续作信息和平台，简述每一款作品。

3.5 特性对比

与你的竞品相比，消费者为什么选择你的游戏？

3.6 销售预期

提供第一年每个季度的预期销量。包括全球销量和核心市场销量，比如美国、英国、日本等。

4. 法律分析

所有法律和财务上的义务，包括版权、商标、合同和授权协议。

5. 游戏玩法

5.1 概述

这里描述你的游戏的核心玩法，应当和游戏原型直接关联。展示你的游戏原型如何运作。

5.2 玩法描述

详细描述游戏如何运作。

5.3 操作

标出游戏步骤和操作。使用可视化工具，比如操作表格或流程图辅助描述。

5.3.1 界面

利用第484页所示的线框图解释每个界面，每张线框图应该包括界面上每一个特性功能如何运作的描述。确定你解释清楚了每个界面的不同状态。

5.3.2 规则

如果你创建了原型，描述游戏规则会简单一些，在这个部分你需要定义所有游戏对象、概念、它们的行为和互动方式。

5.3.3 得分和胜利条件

描述得分系统和胜利条件。单人模式、多人模式或者其他模式之间可能会有所不同。

5.4 模式和其他特性

如果你的游戏有其他玩法模式，比如单人和多人模式，其他影响游戏玩法的特性都需要在这里进行描述。

5.5 关卡

在这里展示每个关卡的设计，越详细越好。

5.6 流程图

制作一张流程图以展示所有需要制作的区域和画面。

5.7 编辑器

如果你的游戏需要专用的关卡编辑器，描述所需的编辑器的特性和功能细节。

5.7.1 特性

5.7.2 细节

6. 游戏角色

6.1 角色设计

描述所有游戏角色和它们的属性。

6.2 类型

6.2.1 PC（玩家角色）

6.2.2 NPC（非玩家角色）

如果你的游戏中有多种角色类型，那么需要把每个角色都当成一个对象，定义它们的属性和功能。

6.2.2.1 行为

6.2.2.2　AI

7. 剧情

7.1　概要

在这里总结你的游戏剧情（如果有的话），控制在一两段文字内。

7.2　完整剧情

写出剧情大纲。用一个能够反映游戏玩法的方式来写。不要单纯讲故事，而是随着游戏进程逐渐展开。

7.3　背景故事

描述没有直接体现在游戏玩法中的重要元素。这些大部分不会出现在你的游戏中，但最好写下来以供参考。

7.4　叙事方式

描述你打算叙述剧情的各种方式。你想用什么方式来讲述剧情。

7.5　支线故事

游戏不像书和电影那样是线性的，可能有许多小故事和主线故事交织在一起。描述每个支线故事，以及它们如何与游戏玩法和主线故事关联。

7.5.1　支线故事#1

7.5.2　支线故事#2

8. 游戏世界

如果你的游戏涉及世界的创造，那你就需要把这个世界的各方面细节写在这里。

8.1　概论

8.2　关键地点

8.3　旅行

8.4　绘制地图

8.5　规模

8.6　物理实体

8.7　天气

8.8　日夜

8.9　时间

8.10　物理

8.11　社会/文化

9. 资源列表

9.1　美术方向

9.2　界面资产

9.3　环境

9.4　角色

9.5　动画

9.6　音乐和音效

列出所有需要制作的媒体素材。涉及哪种素材取决于游戏的特点。列表要足够详细，在最前面附上文件的命名规则，这样可以省去很多麻烦。

10. 技术参数

如前所述，在设计文档中不一定会包括技术参数。通常技术文档是一份单独的文件，由项目的技术主管撰写，与设计文档同时开始筹备。

10.1　技术分析

10.1.1　新技术

如果游戏用到任何新技术，写在这里。

10.1.2　主要软件开发任务

开发游戏是否需要大量软件开发工作？使用别人授权的引擎还是已有的引擎？

10.1.3　风险

你的策略有什么内在风险？

10.1.4　备选方案

是否有备选方案可以降

低花费和风险。

10.1.5 预估所需资源
描述开发新技术所需的
资源和软件。

10.2 开发平台和工具
描述开发的平台，所有制作所需
的软硬件。

10.2.1 软件

10.2.2 硬件

10.3 分发
你打算如何发布游戏？通过互联
网、应用商店、实体店？达成这个目标需要
什么？

10.3.1 所需软硬件

10.3.2 所需物料

10.4 游戏引擎

10.4.1 技术规格
游戏引擎有哪些参数？

10.4.2 设计
描述游戏引擎的设计。

10.4.2.1 特性

10.4.2.2 细节

10.4.3 特殊考虑
你的游戏是否会包含技
术上的特殊考虑，它们是什么？

10.4.3.1 特性

10.4.3.2 细节

10.5 界面技术的参数
从技术角度描述界面设计。计划
使用哪些工具，它们会怎么工作？

10.5.1 特性

10.5.2 细节

10.6 操作的技术参数
从技术角度描述如何操作。是否打

算支持需要进行特殊编程的特殊输入设备？

10.6.1 特性

10.6.2 细节

10.7 光照模型
光照是游戏的重要部分。描述光
照如何工作和你需要的特性。

10.7.1 模式

10.7.1.1 特性

10.7.1.2 细节

10.7.2 模型

10.7.3 光源

10.8 渲染系统

10.8.1 技术参数

10.8.2 2D/3D 渲染

10.8.3 摄像机

10.8.3.1 操作

10.8.3.2 特性

10.8.3.3 细节

10.9 互联网/网络参数
如果你的游戏需要网络连接，标
明参数。

10.10 系统参数
系统参数细节不在这里细说了，
但设计文档应该列出全部内容和特性。

10.10.1 最大玩家数

10.10.2 服务器

10.10.3 自定义

10.10.4 连通性

10.10.5 网站

10.10.6 持续性

10.10.7 保存游戏

10.10.8 读取游戏

10.11 其他
这里包括所有其他应该囊括的

技术参数，比如帮助菜单、手册、安装程序和安装流程等。

10.11.1 帮助

10.11.2 手册

10.11.3 安装

我再次强调，前面的提纲只是建议采用的主题列表。每款游戏应该各取所需，整理你的设计文档时应当反映出这些需求。

练习 14.4：内容提纲

为你的游戏写出内容提纲表。考虑如何用原型、流程图、线框图表现游戏的特性。参考网上下载的范例和本章中提供的通用模板。

宏观设计

我刚刚展示的这个信息列表对于大部分游戏来说都明显太多了，也不是大部分团队真正会去用的方式。然而，在开发中的每一个节点，都需要确定信息的类型。你想去做的是刚刚好的文档。你需要和你的团队成员仔细讨论，倾听他们的意见，找出他们具体会在什么时候需要什么。

顽皮狗的开发者们使用一种叫“宏观设计”[2]的工具，来从比较高的视角去组织游戏的信息。这是一张囊括了所有它们计划要制作的故事节拍、角色目标和游戏玩法时间的表格。这张表是通过和团队成员讨论得出的，并概括在宏观表格中。它很简洁，因此也可以随着设计的改变轻松地在表里进行腾挪。这张表比一份设计文档更紧凑、抽象，并提供了对游戏的预计体验的一个非常棒的概览。当然，你手上可能有游戏的更细节的信息和可视化的东西不在宏观表格里，但是单张表格的优势在于，它十分便于整个团队用来思考整个项目的宏观愿景。

在图 14.7 中，你可以看到《神秘海域 2》

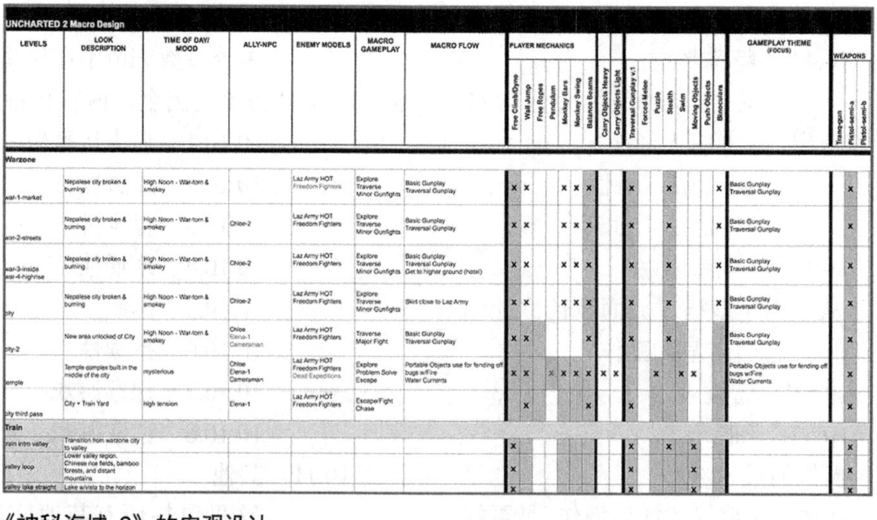

UNCHARTED 2 Macro Design

LEVELS	LOOK DESCRIPTION	TIME OF DAY/ MOOD	ALLY-NPC	ENEMY MODELS	MACRO GAMEPLAY	MACRO FLOW	PLAYER MECHANICS: Free Climb/Dyno	Wall Jump	Free Ropes	Pendulum	Monkey Bars	Monkey Swing	Balance Beams	Carry Objects Heavy	Carry Objects Light	Traversal Gunplay v.1	Forced Melee	Puzzle	Stealth	Swim	Moving Objects	Push Objects	Binoculars	GAMEPLAY THEME (FOCUS)	WEAPONS: Tranq-gun	Pistol-semi-a	Pistol-semi-b
Warzone																											
war-1-market	Nepalese city broken & burning	High Noon - War-torn & smokey		Laz Army HOT Freedom Fighters	Explore Traverse Minor Gunfights	Basic Gunplay Traversal Gunplay	x	x			x	x	x			x			x				x	Basic Gunplay Traversal Gunplay		x	
war-2-streets	Nepalese city broken & burning	High Noon - War-torn & smokey	Chloe-2	Laz Army HOT Freedom Fighters	Explore Traverse Minor Gunfights	Basic Gunplay Traversal Gunplay	x	x			x	x	x			x			x				x	Basic Gunplay Traversal Gunplay		x	
war-3-inside war-4-highrise	Nepalese city broken & burning	High Noon - War-torn & smokey	Chloe-2	Laz Army HOT Freedom Fighters	Explore Traverse Minor Gunfights	Basic Gunplay Traversal Gunplay Get to higher ground (hotel)	x	x			x	x	x			x			x				x	Basic Gunplay Traversal Gunplay		x	
city	Nepalese city broken & burning	High Noon - War-torn & smokey	Chloe-2	Laz Army HOT Freedom Fighters	Explore Traverse Minor Gunfights	Skirt close to Laz Army	x	x			x	x	x			x			x				x	Basic Gunplay Traversal Gunplay		x	
city-2	New area unlocked of City	High Noon - War-torn & smokey	Chloe Elena-1 Cameraman	Laz Army HOT Freedom Fighters	Traverse Major Fight	Basic Gunplay Traversal Gunplay	x	x					x			x			x					Basic Gunplay Traversal Gunplay		x	
temple	Temple complex built in the middle of the city	mysterious	Chloe Elena-1 Cameraman	Laz Army HOT Freedom Fighters Dead Expeditions	Explore Problem Solve Escape	Portable Objects use for fending off bugs w/Fire Water Currents	x	x		x	x	x	x	x	x			x		x	x			Portable Objects use for fending off bugs w/Fire Water Currents		x	
city third pass	City + Train Yard	high tension	Elena-1	Laz Army HOT Freedom Fighters	Escape/Fight Chase			x					x			x										x	
Train																											
train intro valley	Transition from warzone city to valley						x									x			x		x					x	
valley loop	Lower valley region. Chinese rice fields, bamboo forests, and distant mountains						x									x					x					x	
valley lake straight	Lake w/vista to the horizon						x									x					x					x	

图 14.7 《神秘海域 2》的宏观设计

的宏观设计，其中包括了每一个关卡的描述，比如"看起来怎么样"，一天中的什么时间，什么样的情绪，NPC 队友，敌人，玩法，关卡的"流"，会用到的机制，游戏玩法主题，武器，载具，电影序列，远景等。这个文档是顽皮狗在预研发阶段唯一交付的东西，因为通过完整地制作这张表格，他们知道自己已经彻底考虑过在量产阶段要面对的问题。

练习 14.5：制作一张游戏的宏观设计表

你的游戏可能比《神秘海域 2》简单很多，但你依然可以为你的所有元素制作一张宏观设计表。使用诸如 Excel 这样的表格工具来定义你的关卡、描述、任何角色、游戏玩法、机制、特性，还有游戏每个部分的主题或者是"感受"。

结论

在这一章中，你学到了与他人沟通你的原创设计并为其制作文档的技巧。你为自己的游戏制作了流程图、线框图和其他类型的可视化设计。你与团队一起（如果有的话）描述了要真正做出你的游戏所需的技术和创新工作。你还从宏观和微观层面考量了你的设计。

设计文档可以是一个有效的沟通工具，也可以是拖累设计师的沉重负担。要永远记住，文档的目的是沟通和衔接。一个埋头在格子间里写好几个星期文档的设计师，远远不如一个能够和团队频繁沟通，把团队成员的建议考虑在设计流程中，并且和他们一起做出文档的设计师。

与团队一起讨论不仅能帮助设计师写出更好的设计方案，还能让他们重视参与的项目。这是制作"活"的文档的方式，人人都是合著者，让它成为凝聚队伍力量并提供一个让人们了解游戏进展的平台。

设计师视角：**Anna Anthropy**

独立游戏设计师

Anna Anthropy 是一位独立游戏设计师和评论家，她的作品包括 *Mind Fuck*（2009）、*Lesbian Spider-Queens of Mars*（2011）、*Keep Me Occupied*（2012）、*Realistic Female First-Person Shooter* (2012)、*Surfboard Cop*（2012）、*The Hunt for the Gay Planet*（2013）和 *Triad*（2013）。她强烈建议大家都来做游戏，就此还写过一本书 *Rise of the Videogame Zinesters:*

How Freaks, Normals, Amateurs, Artists, Dreamers, Drop-outs, Queers, HouseWives, and People Like You Are Taking Back an Art Form.

你是如何成为游戏设计师的

一开始我用纸做娃娃，让它们穿越我画的一些游戏关卡。之后我找到了一个免费游戏制作软件 ZZT。因为当时完全不知道如何靠这个谋生，上了大学后我便放弃了游戏制作。幸运的是，在我退学的时候，刚好 GameMaker 出现了。

你受到过哪些游戏的启发

最近受到角色扮演游戏影响比较多。有一款关于 5 岁女孩探索邻居的游戏，叫作 *Clover*。它有一条规则："游戏中的时间和现实世界中的时间一样，所以睡觉时间以后就不要玩了哦。"我很欣赏这种纯粹感，通过这样的简单的规则，我可以体会到 5 岁小孩的生活是怎样的。

你认为游戏业中有哪些激动人心的进步

Twine。

游戏业界就像一条正在沉没的船，任何有趣的东西都不能活着离开。所以最有趣的进展是让那些被业界边缘化的人可以开发游戏的工具。可以制作超文本游戏的免费工具，Twine，是其中的佼佼者，因为它用起来就像写日记一样简单。我也会在自己的工作坊里教别人用它。

你对设计流程的看法

打磨并不重要，永远也不要担心它。我的游戏往往一开始就有清晰的想法：就像你在游戏中正用狙击枪瞄准目标，但准心有点抖动，因为人类是会紧张的。但是你不会扣动扳机，而是尝试着去看得更清楚。然后确定你的游戏的核心动词——在这个例子里，就是"调整你瞄准的方向"。然后围绕这些动作想一个故事。我会记些笔记但从不写设计文档，因为我害怕游戏还在开始制作的阶段就让人感觉它已经完成了。

你对制作原型的看法

我看不出游戏原型和成品有多少区别，前提是你做出正确的选择，没有把时间浪费在无关紧要的地方。比如制作 *Triad* 时——这是一款需要把三个人塞到一张床上的解谜游戏。在我开始用软件制作前先用剪纸做出人和床的形状，并用它们搞清楚谜题如何运作。这款游戏中的谜题是最不重要的部分。

谈一个你遇到过的设计难题

在 *Triad* 中，玩家可能意识不到除了用鼠标拖动人物，还能单击来替换角色。所以我们决定，如果你实在想不出来——数次尝试而且从不单击鼠标的话，过场时会出现一只猫提醒你。那只猫原本不会说话，只是作为谜题的一部分安静地坐在那里。

给设计师的建议

烧掉你的设计文档，全身心放在创造上。造，造，造！只管创造，不要在意作品够不够好，你够不够好。这很美好，你只管创造就行。

设计师视角：Rob Daviau

IronWall Games 公司总裁

Rob Daviau 是一位多产的设计师，其设计的游戏涉及桌游、卡牌和电子游戏。成立 IronWall Games 之前，他是 Hasbro Games 的创意总监和首席游戏设计师。他的作品包括 *Risk 2210 AD*、*Axis & Allies Pacific*、*Heroscape*、*Star Wars Epic Duels*、*The Game Of Life: A Jedi's Path*、*Battleship Card Game*、*Risk Star Wars*（双版本）、*Clue DVD*、*Nemesis Factor* 和 *Risk Legacy*。

你是如何成为游戏设计师的

我玩了一辈子游戏，并且一度沉迷于角色扮演游戏。在做了五年的广告文案后，我渴望着能有一些改变。我应聘了 Parker Brothers 的文案（写的大部分都是规则和包装盒文字），那时公司正好需要一位有写作背景的游戏设计师。最后我得到了那份工作，并参与了一些需要大量文本的项目。在面试时我列举了两款从小就喜欢的游戏，没想到面试官竟是这两款游戏的设计者，那次我是运气好，但这个策略用在别处也不错。只是不要让人看出你是事先计划好的就行。

你最喜欢的游戏有哪些

我最喜欢的游戏经常变化，主要取决于当时我跟谁一起玩和想要哪种体验。是一个人玩 RPG，还是和孩子一起玩，还是和游戏玩伴一起玩，差别很大。我很喜欢最近几年 Ameritrash 和 Eurogames 合并后发行的游戏，还有最近的牌组构筑游戏。

你受到过哪些游戏的启发

大多数游戏都有一些新颖好玩的设计。玩过游戏后，我会记下那些好玩的机制或特别的艺术风格，在创作自己的作品时会把它们当作素材。我对我的游戏的叙事潜力感到欣慰，甚至包括我制作的非电子游戏。希望我的游戏能够讲故事、唤起某种情感或是体验叙事张力。利用卡牌达成这个目标非常难。我还会受到其他艺术形态的启发，比如电视节目、棒球的规则、艺术展、图书等。

你对游戏设计流程的看法

我先考虑想要的感觉，然后通过机制唤起这种感觉。我希望游戏紧张？刺激？戏剧性？跌宕起伏？残酷？我希望游戏玩家轻度参与还是全身心投入？以此为基础开始创作游戏，找到我想要的情绪。这估计和许多人设计游戏的方式相反。

你对原型设计的看法

我是个非电子游戏的设计师，所以我一直都使用原型（甚至用 DVD 制作过游戏原型）。由于我的游戏大多是实体的，用塑料、纸和电子设备（偶尔）制成，所以需要在初期就用实体呈现。我工作的领域涉及很多板子的尺寸、塑料设计和卡片存放的问题，这些问题只存在于桌游中。当我在孩之宝工作时，有一整个模型和工程实验室可用，在这个实验室里我差不多能创造任何可以想象到的东西。

关于设计 *Risk Legacy*

那是个令人难忘的疯狂创意。我意识到其他形式的章节式的叙事都会在一季中逐步推进，而不是用一系列孤立的章节。虽然当时桌面游戏中有各种叙事手段，但每次游戏都会被重设到初始状态。因此我打算设计这样一款游戏：允许玩家参与游戏剧情，玩家行为会影响之后的游戏发展。

给设计师的建议

用画面、声音、授权和精致的预告片糊弄玩家容易，但玩家不傻。他们会搞清楚这些骗人的东西，然后发现根本不是真正的游戏。什么让你的游戏不同？如果只把各种游戏混在一起重新排列，不会有任何特别之处。当你开始制作游戏时，记得质疑一切。即使所有的疯狂想法都被否决或行不通，至少要尝试新东西。商人们总是把游戏引向熟悉和安全的领域，你的职责就是反其道行之……因为也许只有你能办到。

补充阅读

Freeman, Tzvi. Creating a Great Design Document, Gamasutra.com, September 12, 1997.

Ryan, Tim. The Anatomy of a Design

Document: Documentation Guidelines for the Game Concept and Proposal, Gamasutra.com, October 19, 1999.

　　Sloper, Tom. Sample Outline for a Game Design, Sloperama.com, August 11, 2007.

尾注

　　1. Librande, Stone. One-Page Designs. GDC Vault, 2010.

　　2. McInnis, Shaun. Naughty Dog designer maps out Uncharted 2 development. Gamespot.com, February 18, 2010.

第 15 章
理解新的游戏产业

除非你是制作人或管理层的人，否则可能永远看不到制作游戏的合同或条款。你可能觉得没必要了解协议中的版权结构，或是你创建的角色版权归谁。也许你无视合同中冗长的条款和商业的繁文缛节，你只想专心做最爱的事情——设计游戏。但你如果想成为一名聪明、高效、成功的设计师，你要三思商业的重要性。

理解游戏产业架构的快速变化——玩家、市场、发行商和开发商的合作方式，这些知识会助你成为更好的设计师，尤其在商业嗅觉上。这一章会讲述游戏产业的概况，它如何变化及发行商和开发商交易的结构。

这并不是一个全面的描述，实际上游戏产业进化太快，让人难以描绘出它的全貌，但是这里讲的内容足以让你理解和参与交易过程。即便你不需要亲自参与到交易过程中，这些信息也能让你理解管理层和市场人员主要关心的问题是什么，并能和他们进行更清晰的沟通。

我对所有游戏设计师的建议是，像对待技术知识一样拥抱商业知识。你可能没法精通两者中的任何一个，但了解业界的商业运作，了解它会如何影响你的设计，会帮助你成为一个更有效进行创造的人，以及团队中更有价值的资源。

游戏业的规模

包括 PC 游戏、移动端（智能手机、平板）游戏在内的全球游戏业产值预计将在 2018 年达到 1000 亿美元。这个数字代表了多个市场的总和，但它不包含硬件的销售额。游戏产生的盈利方式总体上从实体产品售卖转向了电子内容收费，这一趋势自多年前就已有之。在 2019 年，电子游戏产品的收益预计将占游戏行业总收益的 85%，剩下的 15% 则为实体部分的收益。以上数据充分说明了游戏产业的变化：行业产值在不断增长，但增长的部分并非传统零售，而是新平台与数字分发。[1]

美国的电子游戏内容的消费量在 2017 年达到了 291 亿美元，如果加上游戏设备与游戏周边产品的销量，这个数字将达 360 亿美元[2]。在过去的十年间，即使游戏产业历经了在分销平台和核心市场上的重大变化，它依然保有强大的活力并保持稳定的增长。图 15.1 展示了过去几年中实体形式和数字形式游戏销量的比重变化。

数字和实体销售

*数字版本的销售包含订阅、完整版电子游戏、数字版的额外内容、移动App和社交游戏

■ 所有的实体销售　　■ 所有的数字销售

图 15.1　数字和实体销售信息

图片由 Entertainment Software Association 提供，数据由 NPD 提供。

自 20 世纪 70 年代之后，电子游戏已经成为一种重要的娱乐形式。如今，67% 的美国家庭都拥有一台可以运行电子游戏的设备，参见图 15.2。65% 的美国家庭中至少有一位成员，每周起码玩 3 个小时游戏。男女玩家之间的比例差距越来越小，女性玩家现已占总玩家数量的 41%。其中 18 岁及以上的女性玩家在玩游戏的人群中占到了 31%，这比 18 岁以下的男孩所占的比例（18%）要多得多，其主要原因是社交游戏与移动游戏的兴起。电子游戏已经陪伴了几代人的童年与青春，而这些人在长大之后会选择继续他们的游戏生活，现在总体玩家的平均年龄是 35 岁。有 45% 的游戏玩家的年龄在 36 岁以上，27% 的玩家年龄在 18～35 岁。游戏已经成为人们日常社交与生活的一部分：对于游戏的玩伴，有 41% 的玩家喜欢与自己的朋友一起玩耍，21% 的玩家倾向于选择家人，还有 17% 的人喜欢和自己的配偶或重视的人玩，最后有 18% 的人喜欢和他们的家长一起玩游戏。[3]

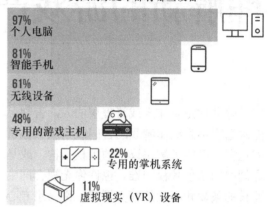

美国的家庭中都有哪些设备？

97% 个人电脑
81% 智能手机
61% 无线设备
48% 专用的游戏主机
22% 专用的掌机系统
11% 虚拟现实（VR）设备

图 15.2　美国的家庭里有哪些及多少电子游戏设备

图片由 Entertainment software Association 提供。

据 ESA 总裁 Michael D. Gallagher 所言："没有其他行业像电子游戏业一样是爆发式增长的。我们有具有创造力的发行商和天才的开发者，他们持续推动着产业加速发展，开拓前所未有的娱乐体验。不断的创新增进了玩家间的互联，刺激了消费欲望，扩大了消费人群。"[4] 所有这些都证明电子游戏不只是打发时间，而是变成了娱乐产业的一部分。这种现象已经蔓延到了全球，相比北美 25% 的占比，亚太占据了全球市场的 47%。欧洲、中东和非洲一共占据了 24%，拉丁美洲占 4%。所有这些区域的休闲、社交和移动游戏都在大幅增长，在 2017 年它们占据了 42% 的全球市场，这个数字预计在 2020 年将达到 50%。[5]

分发平台

要想知道业界正在发生的变化，可以观察迅速崛起的游戏分发平台的数量。主机曾在历史上一直主宰着业界，现在依然是主力军，但它正不断受到来自诸如手机和平板电脑等移动平台的挑战。2017 年，在电子游戏产业的市场中，头两位领先者是 Google/Alphabet 和 Apple，没有一个是传统意义上的电子游戏公司，但是它们占据了移动游戏主要的分发渠道。[6]同样，最新一代的主机发布的时候，它们不再只是聚焦于核心游戏市场，还把市场扩展到流媒体电影、电视节目和音乐。

主机

主机市场中有多个竞争者。历史上，主机市场一直被一到两个厂商主宰，由于竞争激烈和技术进步，每隔三到五年就会升级换代。现在的主机有着惊人的运算和绘图能力。这让设计师可以用类似电影电视的制作水平创造出激动人心的游戏体验。下面介绍的是当今主流的主机平台。

索尼 PlayStation 4

截至 2017 年，PlayStation 4 在世界范围内售出了 7600 万台，这使得这款主机即将超过它的前任 PlayStation 3。PlayStation 3 一共卖出了 8000 万台，而 PlayStation 4 仅用了四年就达到了差不多的数字。这款主机对 VR 的支持也达到了一个新的里程碑，截至 2017 年 12 月，一共售出 200 万套 PSVR。[7]

微软 Xbox One

截至 2017 年 8 月，Xbox One 在全世界范围内卖出了大约 3000 万套。[8]Xbox One 越来越注重家庭娱乐，它能够通过 HDMI 接口从主机中播放电视节目，提供内置的节目单，以及利用屏幕边缘的分屏显示来让用户边娱乐边进行 Skype 这样的多任务。然而在这个时间点，要赶上 Sony 的这一代主机有些太晚了。

Nintendo Switch

自从 2017 年 3 月发售以来，任天堂的 Nintendo Switch 在一年内已经卖出了 1000 万套。这使得它的表现远超 Wii U，此前的这款主机仅仅卖出了 1350 万套。十分创新的 Nintendo Switch 是一个掌机和主机的"混血"，它提供了和其他两种主流主机完全不同的体验。玩家可以随身携带这台机器，随时玩游戏；也可以像传统主机一样，连接电视机进行游玩。这真的是一场豪赌，把公司的 3DS 掌机最好的部分和从 Wii U 收获的经验结合到了一起，这场豪赌最后大获全胜。[9]

电脑（PC 和 Mac）

电脑游戏市场根据操作系统分为 PC 和 Mac，根据类型分为单机游戏、网络游戏和社交游戏。对单机游戏而言，传统的实体游戏仍然有销量，但数字分发模式正越发流行，如 Steam，从独立游戏开发者到大型公司都在这上面发行游戏。在网络游戏领域，免费加订阅模式正从像《魔兽世界》这样的游戏手中夺取市场份额。Riot 公司的《英雄联盟》的成功就是这个领域的范本。最后，社交游戏一般特指社交网络上的游戏，主打"免费"的营销策略（免费游戏加内购）。

移动游戏（手机和平板）

移动市场主要是按 iOS 和 Android 操作系统来分类的。每个系统有自己的内容商店，每个商店都有从屏幕尺寸到算力的不同规格。大部分开发者会专注于一个平台，先追求获得效果，再去追求更广阔的平台。截至 2017 年，Android 已经在产生的流水方面超过了 iOS，虽然这里也包括第三方的应用商店。从流水角度来说，Apple 的应用商店还是单一最大的应用商店，每年达到 400 亿美元，并且有望在 2021 年达到 800 亿美元。

Google Play 排名第二，2017 年的流水达到 210 亿美元，并有望在 2021 年达到 420 亿美元。[10]

虚拟现实和替代现实（VR 和 AR）

如今游戏中一个正在蓬勃发展的领域是虚拟现实和替代现实的体验。这些体验使用头戴式的显示器，创造沉浸式的环境。尽管它们的市场还未被证明，但受众越来越多。

Oculus 的 Laird Malamed 在本书第 487 页他的专栏中讨论过这个领域。Sony 的 PlayStation VR 获得了不错的效果，并且也带来了一些著名的 VR 游戏，包括《星际迷航：舰桥员》（*Star Trek: Bridge Crew*）。微软的 Hololens 之类的替代现实头盔并不会使玩家沉浸，但它把图形和互动结合进了玩家身边的真实世界。这些技术的一个有趣的衍生品是基于地点的体验。近来表现比较突出的 VR 体验，比如 The VOID 或者 Dreamscape，把完全沉浸式的游戏玩法和可触摸的环境和物品结合在一起，带来了新颖的主题体验。

游戏玩法的类型

除了平台，还有一种观察业界的方法，那就是通过游戏类型。你可能注意到我讨论设计时从不强调类型。因为我认为游戏类型对于设计者来说好坏参半。

一方面，游戏类型让设计师和发行商在描述游戏风格时有共同语言，可快速了解游戏的目标市场、最适合的平台、谁更适合开发等。另一方面，游戏类型会限制创意，让设计师倾向已有的方案。我建议你把游戏类型当作项目在商业方面的考虑，不要让它在设计过程中扼杀了你的创意。

游戏类型是当今游戏产业的重要组成，你要学会理解它所扮演的角色。不同平台和细分市场中最卖座的类型也不同，参见图 15.3。当发行商看到你的游戏时，他们会想知道它是否迎合目标受众的购买趋势，如果你的游戏不属于市面上的任何类型，那你可能就难以得到发行商的支持。

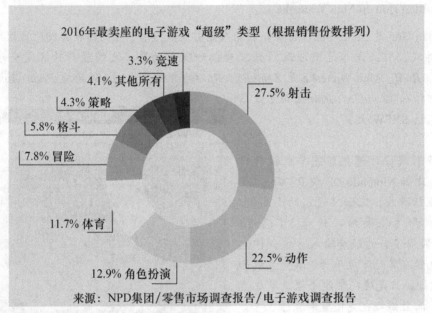

图 15.3　2016 年最卖座的电子游戏"超级"类型

图片由 Entertainment Software Association 提供。

尽管我不想过分强调类型会影响你的设计方式，但设计师可以从中学习为什么开发商要强调制作玩家喜欢的类型，参见图 15.4。为了更好地解释目前热卖的游戏类型，我简单地列出了它们的核心特质。

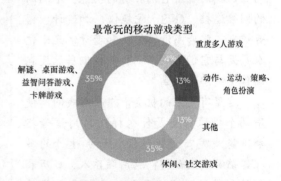

图 15.4　玩得最多的移动游戏类型

图片由 Entertainment Software Association 提供。

移动游戏设计和 Zombies，Run!

作者：Adrian Hon 和 Matt Wieteska

Adrian Hon 是 Six to Start 的联合创始人兼首席执行官，擅长做有游戏感的故事和有故事感的游戏，作品发布范围涉及网页、手机和现实世界。他的最新作品是全球畅销的 *Zombies，Run!*。Matt Wieteska 是 *Zombies, Run!* 的音效总监，还是游戏 *Radio Able* 的文案作者和制作人。*Zombies, Run!* 荣获了众多奖项，包括 SXSW 大奖。

许多游戏设计师把智能手机视作传统掌机，比如 Nintendo DS 或 PS Vita。虽然一些流行游戏，比如《愤怒的小鸟》、*Canabalt* 和《糖果粉碎传奇》（*Candy Crush*）利用了新的触屏输入方式，但这些游戏也能在其他掌机平台，甚至主机和 PC 上运行。只是碰巧智能手机比掌机流行得多，而且游戏也更便宜和易于上手。

然而，智能手机的性质与其他设备不同。让我们看看它们独有的功能：不间断的网络连接、GPS、陀螺仪、加速计、语音识别、前后高清摄像头和蓝牙。几十亿人每天与它们形影不离，但我们居然还在制作《愤怒的小鸟》。

这里有无限的机会。想象游戏同时使用两个摄像头会是什么样？只用语音指令玩游戏呢？使用陀螺仪和加速计的多人舞蹈游戏又如何？利用联系人、日历和邮件创造的游戏呢？仅仅去想象智能手机上可以做出什么样的游戏就是很好的练习。

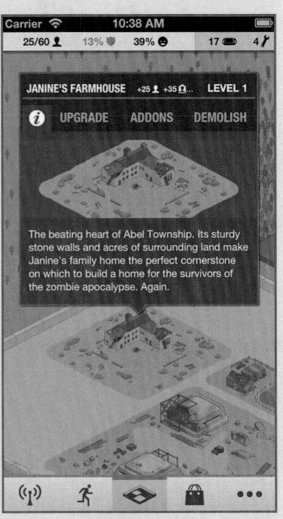

Zombies ,Run! 的手机界面

更棒的是，智能手机中使用的技术仍在不停地创新。用不了几年，我们很可能会看到压感识别和心跳监控设备，当然还有更多的穿戴装备，如智能手表和头戴显示设备。专门为智能手机设计的游戏可能会包括许多特别的体验，比如：

- 全天候不间断游戏
- 激烈的户外活动（而不只是坐在沙发上玩）
- 新颖的输出方式，比如只有声音的游戏、震动、增强现实等
- 新颖的操作方式，比如手势和声音指令

这些体验经常能取悦新玩家，强迫他们学会与设备和游戏互动。

因为开发门槛极低且市场规模巨大，所以智能手机游戏目前鱼龙混杂。主机之类的其他平台很难和免费的游戏抗衡，也很难想象主机何时能达到 iTunes 应用商店或 Google Play 商店的安装量和开放程度。

以 Zombies，Run!为例，它是一款"健身冒险游戏"。要玩 Zombies，Run!，你需要戴上耳机，拿着装有游戏的手机在现实世界中跑步（或者在跑步机上）。我们用高品质音频让你这个主角沉浸在一场刺激的末世冒险中。不只是跑圈或是在健身房里冲击个人最佳成绩，你需要逃出僵尸的魔爪，拯救平民，为你的基地里的人们收集补给品。在故事中每个场景结束后，我们会从你的跑步歌单里挑一首歌播放，给跑步添加一点电影感并让你从最喜爱的音乐中汲取能量。

在更实用的层面上，游戏包括了一切健身软件该有的功能：记录你的步频和路线（如果开启了 GPS 的话），并且分类所有重要数据，跟踪你健身的进度和成绩。另外，随机加入了僵尸追逐的可选功能（强烈推荐），激发你的肾上腺素挑战极限。

敲定游戏设计的第一步是搞清楚任务（故事中单个章节）的持续时间。一开始我们认为每段游戏应为固定长度：你选择任务，出发跑步，然后任务完成运动结束。但团队中每个人的运动体验不同，难以在长度上取得共识。Adrian 是个跑步爱好者，喜欢更长更有挑战的任务，而 Matt 和 Naomi 属于入门级，我们希望人人都能完成任务。

最后，我们一致认为不该限定运动时长。如果你在任务完成前停止，可以随后继续完成；如果任务完成后还在跑步，我们则会提供更多内容一直陪你到

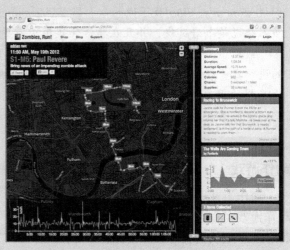

Zombies ,Run! 的跑步数据

结束。我们认为这个想法真不错，最后成了我们的非官方口号："我们不管你跑得多快、跑得多远或是跑去哪里，我们只想让你出门跑起来。"我们认为这种态度让应用更加包容和灵活，大幅提升了它的吸引力。

另一个值得铭记的时刻是当我们实现了僵尸追逐机制时。我们的首席开发者（也是当时唯一的开发者！），Alex，当时在测试僵尸追逐触发的频率和时长，与此同时，我们正在分类录制声音，输入游戏引擎进行测试。Alex 突然有了一个灵感，不管时机是否合适，我们应该在特定音频播放后"强制"开启僵尸追逐。之后我们发现这个点子棒极了，提高了玩家的游戏代入感并让跑步过程更刺激。想象一下，你最喜爱的角色朝你吼着"快跑！他就在你背后！"同时警报响起，耳中传来"侦测到僵尸，50 米。"真能吓死人。

自从游戏发行后，我们收到超多的玩家评论，还有对 *Zombies, Run!* 帮助他们实现了健身目标的感谢。没什么比听到用户的感谢更让人满足的了，其中有几个故事尤其特别，比如那些使用 *Zombies, Run!* 从严重疾病和创伤中康复的故事。我们听说过 *Zombies, Run!* 帮助战斗中负伤的军人获得新生；从重病中恢复的人们借助游戏走过复健的漫漫长路；还有 *Zombies, Run!* 改变了他们的生活方式。听到这样的故事让我们觉得自己的工作真的很有意义。

开发像 *Zombies, Run!* 这样的创新游戏最令人满足的地方之一就是看到玩家用全新的方式与它交互。游戏的过程让散步、慢跑和奔跑变得更有乐趣，而且因为它是智能手机应用，所以可以覆盖极大的市场范围。

我们已经超过六年不停地推出新功能和内容，用户达到了 500 万，还有 25 万活跃用户，许多用户感谢我们帮助他们减肥成功，比私人教练和健身房都有效，甚至还有人跟我们说 *Zombies, Run!* 救了他的命。当然，*Zombies, Run!* 不一定适合每个人，但是它对很多人来说是个好游戏，并且在生活和娱乐中有更多角度可以进行创新。

最后，要提一下智能手机，尤其是苹果的 VoiceOver 特性，它是易用性技术中最大的进步之一，让视力受损的人也能正常使用手机。我们将 *Zombies, Run!* 设计成盲人和视力受损的用户也能正常玩的游戏，因为这是我们应该做的事情，这显然也比其他偏重视觉的游戏来说更难做。

动作游戏

动作游戏强调反应时间和手眼协调。动作游戏可能包括完全不同的游戏，比如《战地 2》、《侠盗猎车 5》和《俄罗斯方块》。动作游戏经常与其他类型混合，比如，《侠盗猎车 5》是一款动作游戏，但也是一款驾驶/赛车和冒险游戏。《俄罗斯方块》是一款动作解谜游戏。《超级马里奥银河 2》是一款动作冒险游戏，而《最终幻想 XII》可以被看作角色扮演动作游戏。动作游戏必须包括即时体验，强调在规定时间内完成特定动作。

策略游戏

策略游戏的核心是战术、规划及资源和单位的管理。主题一般都与征服、探索和交易有关。这种类型的游戏包括《文明 4》《星际争霸 2》以及移动端的爆款《部落冲突》(Clash of Clans)。起初，大多数策略游戏源自经典策略桌游，并采用回合制系统，给予玩家充足的时间做出决策。然而，在 20 世纪 90 年代，《魔兽争霸》和《命令与征服》的流行给策略游戏带来了改变，开创了子类型即时战略游戏。从那以后，出现了动作策略游戏，将灵活操控和决策制定结合起来。《部落冲突》聚焦于多人玩家的基地防御，它简捷的策略设计使其成为世界上最受欢迎的移动游戏之一。

角色扮演游戏

角色扮演游戏围绕着创建和提升角色，常在任务中加入丰富的故事线。实体的《龙与地下城》系统是此类型的始祖，启发了后世诸多游戏，如《博德之门》《地牢围攻》、《魔兽世界》和开创性的 NetHack。角色扮演游戏自始至终都以角色为核心。玩家一般通过获取物品、探索世界及积累财富、属性和经验来提升角色。与其他类型一样，RPG 也会混合其他游戏类型，比如，《翡翠帝国》和《王国之心 2》就是典型的"动作角色扮演游戏"。

这个类型的主要成就是 MMORPG 的出现，这对游戏商业影响巨大。即便点卡式游戏，如《魔兽世界》的市场正逐渐被免费模式抢占，但《魔兽世界》最近新出的拓展包"军团"还是卖出了 330 万份。这类游戏的设计需要对社交玩法和游戏内部经济有极深造诣，另外还需要玩家了解经典的角色扮演机制。

体育游戏

体育类游戏是对体育运动的模拟，如网球、橄榄球、篮球、足球等。自从 Pong 成功后，运动模拟一直是电子游戏市场的重要组成部分。目前最火爆的体育类游戏有 Madden NFL、FIFA Soccer、NBA Jam、Sega Bass Fishing 和 Tony Hawk Pro Skater。大多数体育游戏采用现实世界中的竞技规则和运动员，但原创规则的体育类游戏在日益增多，比如 Def Jam Vendetta 结合了嘻哈乐手、摔跤和格斗。许多体育类游戏包括团队竞赛、赛季、锦标赛模式、模拟运动会模式等。

竞速/驾驶游戏

竞速/驾驶游戏大体分为两种：街机类，比如《马里奥赛车》(Mario Kart)和《火爆狂飙》(Burnout)；竞速模拟类，比如 NASCAR 07、F1 Career Challenge 和 Monaco Grand Prix Racing Simulation。大体上讲，街机类受众更广，而模拟类更有深度，更吸引核心爱好者。它们的共同点是由你驾车进行比赛。

模拟/建造游戏

模拟/建造游戏的核心是资源管理结合建造，建造的目标可以是一家公司或是一座城市。不像策略游戏着重于征服，这类游戏的重点在于增长。许多模拟/建造游戏模拟真实世界的系统，让玩家管理虚拟的企业、城市或国家。例如，*Farmville 2*、《模拟人生2》、《模拟城市》、《过山车大亨》和*Gazillionaire*。模拟类游戏的核心是经济和贸易系统。玩家依靠有限的资源进行建造和管理，谨慎做出决策，因为一旦失误往往会导致全盘失败。

飞行和其他模拟类游戏

模拟类游戏是真实还原现实世界活动的动作游戏，比如，开飞机、开坦克甚至操控宇宙飞船。飞行模拟游戏是最好的例子，试图通过复杂的模拟还原真实飞行体验。但这些不能算作动作类，因为重点并不是手眼协调和精准操作，而是需要玩家掌握真实复杂的操作和指令。典型例子包括《微软飞行模拟》、*X-Plane* 和 *Jane's USAF*。这类模拟游戏常常受到飞行和军事爱好者的青睐，因为他们追求最真实的体验。

冒险游戏

冒险游戏强调探索、收集和解谜。玩家扮演的人物一般身负任务或要寻找宝物。早期的冒险游戏只有文本，用细致的描述代替游戏的画面。早期的例子有纯文字的 *Zork*，也有图形类的 *Myst*。如今的冒险游戏经常加入动作元素，如《杰克和达克斯特》（*Jak and Daxter*）系列。《塞尔达》系列的创始人宫本茂总结冒险游戏的本质为"必须要体现出小孩子孤身进入洞穴探险的心态。走进洞穴能感觉到冷冰冰的空气，路上必有一条岔道出现，要决定是否进去探索一番。有时候还会迷路。"[11]尽管冒险游戏的核心是人物，但

不同于角色扮演游戏，他们没有可定义元素，一般也不会有财富、属性和经验的增长。有些动作冒险游戏，如《瑞奇与叮当》（*Ratchet & Clank*）中的角色也有物品栏的概念，但这款游戏主要靠体力和脑力解谜，在核心玩法上并没有角色的升级和积累的概念。

教育游戏

教育游戏的目标是寓教于乐。主题从读、写、算到解决问题和获取知识。大多数教育游戏的目标人群是儿童，但也有一些针对成人的，专门用来学习技能和自我提升。在第2章中我提到过，新兴的严肃游戏往往同时具有教育和娱乐的功能。

针对儿童的教育游戏包括 *Motion Math*、*DragonBox* 和 *Gamerstar Mechanic*，对于成人的则有《脑年龄》（*Brain Age*）和 *Foldit*。

儿童游戏

儿童游戏专门为 2 到 12 岁的孩子设计。这些游戏可能会有教育功能，但主要还是娱乐。任天堂是制作这类游戏的高手，不过旗下的《马里奥》和《大金刚》题材也受到了成年人的欢迎。其他例子包括热门网游 *Club Penguin Island* 和 Humongous Entertainment 的 *Freddi Fish* 系列。

休闲游戏

休闲游戏的定义是男女老少都能玩，不需精准的操作，没有暴力和复杂的玩法，其

目标是尽可能吸引更多受众。大部分时候，这些都是简单的游戏，比如那些在 App Store 能找到的游戏，从 *Threes* 到《纪念碑谷》到《奇葩钓鱼》（*Ridiculous Fishing*）。在休闲游戏领域的一些爆款，比如《愤怒的小鸟》和《彩虹独角兽》（*Robot Unicorn Attack*），都让休闲游戏成为适合能创新的游戏设计师的快速发展的领域。

休闲游戏的机制常常涉及解谜，《俄罗斯方块》应该是史上最著名的休闲游戏，有些还包含动作元素。有的解谜游戏注重剧情，如 *Puzzle Quest Challenge of the Warlords*；有的注重动作，如《俄罗斯方块》；有的加入了策略元素，如 *Scrabble* 和纸牌游戏；有的加入建造，如著名的 *The Incredible Machine* 系列。设计师 Scott Kim 在本书第 43 页的专栏中讲到了谜题和解谜游戏。

实验性游戏

严格来讲这不是一个游戏类型，但实验性游戏日渐增多。比如《时空幻境》、《风之旅人》、《超级肉食男孩》（*Super Meat Boy*）、《亲爱的伊斯特》（*Dear Esther*）和 *Everyday Shooter* 都是其中的佼佼者，它们突破了传统游戏发行和制作的概念。这些实验性游戏大都为独立开发，创意独特。更多此类游戏内容，请看本书中第 210 页 Richard Lemarchand 的专栏文章。

练习 15.1：你的游戏类型

你的游戏是什么类型，为什么？根据游戏类型，你的游戏应该登录哪个平台？目标受众是谁？

发行商

在过去十年中，发行的格局发生了巨变。如今开发商数量暴增，找发行公司发行游戏的难度太高了。但如果你接受线上发行，那么发行渠道十分多。在 Metacritic 近期发布的报告中，分析了位列前十的大型发行商（发行过 12 款产品以上）的数据，得出了其所发行产品中评价好、坏和"非常棒"（Metascore 超过 90）的作品比例。[12]

Electronic Arts

一般称其为 EA，很长一段时间是世界上最大的独立发行商。独立的意思是它不属于任何一家游戏平台公司，比如索尼、微软和任天堂。如今最大的独立发行商是动视暴雪，这主要是因为其旗下的《使命召唤》连续 7 年成为最畅销的游戏。不过 EA 在 2017 年拿下了 Metacritic 榜单的第一位，因为它发行了诸多高评分的游戏，包括 PS4 上的《泰坦天降 2》（*Titanfall 2*）和《战地 1》（*Battlefield 1*），以及 PC 上的《毛线小精灵》（*Unravel*）。EA 旗下的体育游戏也都获得了很高的评分。

Square Enix

Square Enix 从一个中型的发行商成长为一个主要发行商，发售了 29 个独特的游戏系列，包括一系列获得高度赞誉的游戏系列。其中就包括了 20 周年庆典的《古墓丽影：崛起》（*Rise of the Tomb Raider*），以及一个新原创 IP《图灵测试》（*The Turing Test*）。后者是这家发行商对独立游戏的首次尝试的一部分，其中还包括冒险游戏 *Goetia*。

任天堂

任天堂是业内历史最悠久的游戏发行公司，公司成立于 1889 年，起初在日本发行了一种叫作"Hanafuda"的卡牌。从 20 世纪 80 年代中到 20 世纪 90 年代结束，任天堂统治了主机行业。随着 Nintendo Switch 的发售，任天堂重回新世代主要主机的行列。任天堂的核心系列包括《塞尔达传说》《口袋妖怪》《皮克敏》《银河战士》等。

索尼电脑娱乐

显而易见，Sony 的重心在 PS4 主机上。Sony 发售的游戏涉及各种游戏类型，但动作、体育和赛车游戏一起占据了 54%的出货量。索尼发行了许多高评分的游戏，包括《神秘海域 4：盗贼末路》《最后生还者》《战神》和其他核心游戏系列。除此之外，索尼还研发了 PSVR 设备，积极地在 VR 领域进行尝试。

其他 Metacritic 榜单上的大型发行商有：

- XSEED Games
- Capcom
- 动视暴雪
- 南梦宫万代
- Telltale Games
- 育碧

榜上有名的中型发行商（游戏发行数量 6 到 11 款的）包括 Paradox Interactive、世嘉（Sega）、Microsoft Game Studios、Take-Two Interactive、Warner Bros. Interactive 以及 Bethesda Softworks。在移动游戏领域，知名发行商有 Machine Zone、Supercell、Niantic、King.com、EA Mobile 和 Zynga。

正如 Tristan Donovan 在 *Game Developer* 杂志上指出的，"了解发行商对外部开发的态度，给其他开发商的待遇和擅长的游戏类型，在与他们打交道时会非常有用。"[13] 我建议你在接触它们前做好调查。了解它们的产品、业务重点和未来趋势有助于你在呈现游戏时契合它们的目标和规划。

练习 15.2：找到你的发行商

做一些功课，找出哪个发行商最适合你的游戏创意。不要只挑最大或者最知名的发行商，寻找最符合游戏侧重和目标市场的，还要参考它们已发行的游戏。

开发商

大大小小的开发商太多了，全列出来没什么意义。总的来说，大概有三类：独立工作室、半独立工作室和集团旗下工作室（被完全持股）。大多数开发商都是白手起家，经常是与同事、大学同学一起创立的。与组建乐队类似，成立游戏工作室往往也是出于兴趣爱好。

不少初创开发商没有挺过概念阶段。他们也许会制作一个 Demo 到处展示，但只有少数幸运团队签下合同做出游戏，发行后取得成功的更少。成为一名游戏开发者的风险很高。许多小开发商制作了一两款游戏，但没有钱周转或应对突发情况。这些公司最终破产，但其中的人才总是会再度出现在另一家公司旗下。

一些开发商可能制作了一系列成功游戏，发行商决定投资或直接收购它们成为内部开发团队。不管是哪种情况，每个游戏开发公司内都是热爱游戏的人，不管他们成功与否，都在努力平衡管理生意和诚实面对自己的艺术愿景。

Thatgamecompany 的创始人们坦言了制作《风之旅人》时面对的困境，为了让游戏足够完美，他们冒着几近破产的风险额外花了一年时间开发，最终成就了获得数个年度最佳游戏大奖的神作。即使非常成功，小开发商在行业中还是很脆弱的，风险无处不在。

游戏发行业务

从商业角度看，设计只是游戏制作过程的一小部分。相比发行游戏的漫长过程，制作也只是其中的一小部分。游戏发行包括从创意迸发到将成品销售给玩家之间的所有过程。这一部分解释了发行的四个关键元素：开发、授权、营销和分销。游戏发行商是业内资金的主要来源，所以理解这些元素如何运作会帮你更高效地与它们打交道。

元素 1：开发

开发最根本的任务是资助团队创作游戏，尽量在时间和预算限制内达到最高品质。

业界趋势

从 20 世纪 80 年代开始，游戏开发的平均费用稳步攀升。现在制作一款高端主机游戏一般需 1 亿到 2 亿美元，而且这个数字还在增长。《使命召唤：现代战争 2》的制作花费了 2.5 亿美元，而《侠盗猎车手 5》花费了破纪录的 2.65 亿美元。增长的原因很简单：消费者需要更多的内容、更好的质量、最大限度利用硬件资源的新特性。回到 Sega Genesis 的时代，一个游戏卡带的容量大概是 4MB。Xbox 360 和 PS2 使用的标准 DVD 的容量是 4.7GB，PS3 使用的双面蓝光碟的容量是 50GB。从 Sega Genesis 的时代到现在，容量增加了一万倍，而第八代主机很可能会有更庞大的内容预算。一直以来，容量越大、消费者的预期越高，制作画面、音乐、音效和玩法等的花费也越多。当然我也提到过，现在小型开发团队、移动游戏和独立游戏也同样强势。2012 年度的游戏《风之旅人》只花费了大约 500 万美元，并且极其成功。而一款独立移动游戏的花费一般不超过 50 万美元。

除了开发费用的门槛外，游戏的定价范围也更多样化。最便宜的主机上的游戏下载只需要 4.99 美元，而盒装游戏常年稳定在 50 美元左右。随着 AAA 游戏开发费用增加但售价不变，传统游戏开发商被迫适应"更少、更大、更好"的策略。许多业界专家预测 AAA 市场会进一步收缩，每年出产

8～10 款作品，而移动和下载游戏市场会继续扩张。

如果你是一名设计师，就会知道为什么针对小众市场的原创 AAA 游戏设计即使很出色也难以找到发行商。市场中的多样化和创新需用小型、低成本的游戏实现，这是经济原因导致的必然结果。

因此，今天不少真正创新的游戏设计师开始独立工作。设计师 Randy Smith 在本书第 59 页的设计师视角中谈及此事。从 *Tiger Style* 完成之后，Smith 发行了不少好玩又新颖的移动游戏，而且开发者和购买者的风险都比较低。

开发版税

通常，发行商会提前支付给开发商一笔费用，预付作品产生的版税。版税是发行商全部收入的一个百分比，付给某个项目参与者。以下内容解释了开发—发行协议正常情况下是如何生效的。

基本协议

在最基础的开发协议中，发行商根据以里程碑付款的形式提前支付给开发商所有的制作费用。如果你的游戏的预算为 1000 万美元，发行商在每个制作阶段结束后会支付给你一定比例的费用：概念、预研发、制作、测试。

这些里程碑的付款用来提前支付未来的版税。一般开发商制定的版税比例为发行商净销售额的 10% 到 18%。当作品销售额赚到超过预付款后，发行商开始支付版税。在这个例子中，发行商会持有作品产生的全部收益，直到版税达到 1000 万美元。

当版税满足预付款的额度时，发行商会根据版税比例与开发商分成。如果协议中的比例为 15%，从这个时间点往后，发行商要将净销售额的 15% 支付给开发商，自己保留 85%。当特定销量目标达成后，开发商可以要求提高比例。比如，销量在 6 万件之内的税率为 10%，6 万件～12 万件之内的税率为 15%，12 万件～24 万件之内的税率为 20%，以此类推。

初创开发商对于发行商来说风险大，所以版税税率较低。已有成功作品的开发商，因为风险较低可以协商要求更高的税率。

版税计算

版税是根据净收入或调整后总收益计算的，这意味着发行商需要扣除税费、运费、保险和退货之后再付款给开发商。这其中的账目存在投机的可能。所以聪明的开发商会询问扣费的具体细节，确认发行商没有额外算上自己的管理费用。

附属劳动协议

在附属劳动协议中，开发商会分担制作和营销费用。这有助于降低发行商的风险，但版税比例会高得多，一般为 65%～75%。

元素 2：授权

发行商从事的授权有两种基本类型：内容授权和主机授权。

内容授权

许多发行商严重依赖授权内容制作游戏。通过在游戏中加入授权的知名角色、人物、音乐或其他娱乐内容，可以提高游戏的曝光率和销量，降低投资风险。下面就是一

些基于授权的游戏：*Tony Hawk's Project 8*、
《哈利·波特与凤凰社》、*Madden NFL* 系列、
《魔戒：中土之战 2》（*The Lord of the Rings:
Battle for Middle Earth 2*）和 *NBA Jam* 系列。

当使用授权内容时，发行商支付版权持
有人使用费。比如，在 *Madden NFL* 系列中，
EA 向 John Madden 和 NFL 支付授权费。
随着游戏收入屡创新高，内容授权价格也越
来越高。因此一些发行商，比如索尼电脑娱
乐和微软游戏工作室都致力于原创的游戏
概念和 IP。

无论如何，为大 IP 支付大笔费用，或者
向版权持有人提供 1%～10%不等的收入分
成，都是很常见的。毕竟，授权的根本目
的是降低发行商的风险。无论游戏本身是
否好玩，知名品牌一次次被证明对销量大
有帮助。

主机授权协议

当你开发的游戏登录 PC 平台时，你不
用向微软、苹果或硬件厂商支付任何版税。
但发行商打算登录主机或者是移动 App 商店
的话，需要与主机制造商或是商店签署一份
严格的授权协议，以为每一份售出的游戏支
付授权费。对于主机来说，通常是为每份售
出的游戏支付 3 到 10 美元，这是除了零售
加价、广告、运输、经营和开发费用之外，
每件额外收取的。对于 App 商店来说，行业
的平均值是抽取每笔销售额的 30%。

下面列举了典型的第三方主机授权协
议的条目。

发行商的责任（和开发商进行合作）：
- 提出游戏概念
- 开发游戏

- 测试游戏
- 推广游戏
- 分发游戏

主机制造商或是 App 商店的责任：
- 批准游戏概念
- 测试游戏
- 评估和批准最终产品
- 生产游戏（如果是有实体的情况）或
  是让游戏能够被下载

主机授权协议或是 App 商店发行协议
一般给予主机制造商最终审核权，这意味着
如果它们不认可游戏或游戏内容，可以拒绝
发售。测试和审核过程可能非常严格。主机
制造商要保证游戏万无一失并且能符合它
们的质量标准。如果游戏有任何瑕疵，都可
能被退回给开发商要求修改。对于 App 商店，
测试流程往往没那么严格；然而，它们也会
检查内容。

在第 13 章中我曾提到过，这一阶段修
改的代价很大，并且可能推迟上市日期，错
失重要的发售时机。当发行商终于得到许可
可以发售游戏时，还必须为每一份游戏预付主
机制造商版税。只有付款之后发行商才能将
游戏分发给零售商。在 App 商店中，一款游
戏所获得的收益在被第三方平台扣除一部
分后，剩余的收益才会到发行商的手中。

元素 3：营销

发行的大部分工作是推广游戏，营销人
员的职责就是最大化销量。从构思游戏到清
仓甩卖，营销部门的工作常常贯穿游戏的整
个生命周期，直到游戏不再售卖才停止。所
有事都要经手营销部门，从审核创意、设

定系统需求，到买断本地电台做广告，再到协调实体店的推广促销。营销的预算可能是开发的两倍。以我们 1000 万美元预算的游戏为例，营销预算可能高达 2000 万美元。*GTA 5* 的营销花费达到了 1.28 亿美元，这打破了营销纪录。

元素 4：分销

发行商与组成分销链的批发零售商关系密切。没有这层关系，发行商不能卖出足够的游戏收回开发成本。把游戏放上大型连锁商场的货架，比如沃尔玛和 Target，同样还有亚马逊和 Steam 这样的在线分销平台，是必须完成的事情，并且这个过程花费不菲。下面是一款典型主机游戏涉及的分销费用条目：

- 零售价 50 美元。
- 批发价（零售商的拿货价）大概等于零售价的 64% 或每件 32 美元。
- 发行商支出成本，大约每件 5 美元。
- 发行商支出联运广告费大概是批发价的 15% 或每件 4.8 美元。
- 发行商支出营销费用大概是批发价的 8% 或每件 2.56 美元。
- 发行商预计支出意外退货，大约为批

发价的 12% 或每件 3.84 美元。

如果你从批发价中扣除成本价（5 美元）、联运广告费（4.8 美元）、营销费用（2.56 美元）和意外退货（3.84 美元），会发现发行商大概每件赚 15.8 美元或者大概零售价的 32%。比许多人想象的收益要低。

即便一款游戏足够幸运放上了沃尔玛的货架，也很难保证能待很久。如果滞销或库存太多，零售商有权退货，这意味着发行商的仓库可能堆满了卖不出去的游戏。

即使是受零售商欢迎的大型开发商，制作游戏也还是有风险的。大多数游戏在货架上的时间不算长，一般为 3 到 6 个月。另外，留意一下发行商的其他开销，包括开发预算超支、高退货率、无法通过审核、游戏跳票等。现在你就会明白为什么这么多小发行商破产或被大型公司收购。除非你能控制好成本、制作最好的产品、做好推广营销，否则很难在游戏业分一杯羹。

这些触目惊心的零售数字是驱使发行商和开发商如此快速地向完全数字分销转型的动力。如图 15.1 所示，2016 年数字分销占据了游戏销量的 74%，这比 2011 年翻了一倍，并且在接下来的几年中，这个数字还会继续上涨。

总结

对于一心扑在玩法和制作上的游戏设计师来说，游戏发行的业务知识就像天书般难懂，最好留给制作人和管理层们操心。但知识就是力量，你越懂得行业如何运作，越

有助于制作和发行自己的游戏。

创意设计者不应该回避本章中谈论的问题。了解发行过程中涉及的各个阵营的需求和目标——从发行公司的高管到主机制造商的代表，再到销售人员——将帮你更好地决策并且在职业生涯中不断地收到

回报。

除了设计师，还要把自己当作精明的商人，了解业界的每个机遇。多读市场调研，请教合同相关问题，了解游戏的交易构成，用每次参与业务的机会学习，扩展你的能力。在这个过程中，良好的态度会增进你与业务人员的关系，反过来也让你成为一名更出色的设计师。

设计师视角：**Keita Takahasi**

Funomena 的设计师

高桥庆太从南梦宫开始了他的设计师生涯，开发了古怪的佳作《块魂》（*Katamari Damacy*）（2004）。他的其他作品有 *We Love Katamari*（2005）和 *Noby Noby Boy*（2009），以及 PC 和 VR 体验 *Luna*（2017）。他目前想超越电子游戏的设计，转向研究其他玩法形式。

A recentidea sketch from Keita Takahashi

你是如何成为游戏设计师的

当我在南梦宫工作时没接到什么有趣的项目。因为不想参与无聊的项目，所以我自己做了一个游戏。听起来也许有点自私，但我的项目在两年半后变成了《块魂》。

你受到过哪些游戏的启发

一个被取消的日本的 PS2 游戏，叫作 *Densen*。Densen 在英语中的意思是"电力线"。玩家通过挂钩在电线上滑行，电线就是滑索。因为项目被取消了，所以我从没玩到过，但想象一下如果能在现实中做到这件事情的话，我会觉得非常有趣。这让我意识到日常生活中也隐藏着魔力，游戏不一定非要打打杀杀。

你的游戏灵感来自哪里

我说不清楚灵感是怎么出现的，但是我的游戏灵感往往来自日常生活。如果想法很棒，我会从头到尾想象出完成的游戏玩法。不过很少出现！

你对原型设计的看法

当然，我会通过制作原型检验创意是否有趣。一开始只有非常简单的功能。同时小心不在原型中加入额外特性，因为这会使得核心玩法变得不清晰。

谈一个开发中的难题

我在开发 PS3 上的 *Noby Noby Boy* 时遇到了许多编程难题。为了赶上进度，我不得不在质量上妥协，但是从中我学到了很多经验教训。

你认为职业生涯中最值得自豪的事情是什么

我在 YouTube 上看过别人玩 iOS 版本的 *Noby Noby Boy*，这令我印象深刻，也是职业生涯中最让我骄傲的。

给设计师的建议

不要在乎别人对你的创意的看法。你必须先建造自己的世界，然后，你再去倾听。

设计师视角：**Graeme Bayless**

NetherRealm Studios（WB Games）的高级制作人

Graeme Bayless 从事电脑游戏开发长达 25 年。他的作品包括 *Battles of Napoleon*（1988）、*Star Command*（1988）、*Secret of the Silver Blades*（1990）、*Kid Chameleon*（1992）、*MissionForce: CyberStorm*（1996）、*CyberStorm 2: Corporate Wars*（1998）、*NFL Street*（2004）和 *NFL Street 2*（2004）。在加入 NetherRealm 之前，他曾经在 E-Line Media 的 Phoenix 工作室担任总经理。

你是如何成为游戏设计师的

我很早就开始设计纸面游戏（12 岁时设计了第一款游戏，并在 14 岁时发行）。早在我涉足电子游戏之前，我已经设计了不少纸面游戏。驱动我的是对游戏的强烈热情和了解它们原理的强烈欲望。

因为这份热情，最终使我踏足了游戏业，并于 1987 年进入一家叫作 Strategic Simulations（难过的是，现在已经倒闭了）的公司担任游戏开发者。在供职的 4 年里，我马不停蹄地制作了超过 20 款游戏，大部分负责的是设计工作。

你受到过哪些游戏的启发

- *M.U.L.E.*：1983 年 EA 发行的佳作。设计虽简单但制作极其精致。许多方面都是开创性的——合作/竞赛模式放在今天看仍值得设计师学习，交易/出价系统直到今天也是独一无二的特性。游戏注重多人游戏，出色的 AI 无人能比。对我来说，最启发我的地方是设计的简捷。游戏非常简单且易于上手，没有多余功能影响趣味性。当今的游戏设计师应该多从它的设计中学习。

- *Daisenryaku*：Sega Genesis 的这款游戏有一堆衍生版本，它成为 Panzer General 系列的灵感来源，让 Strategic Simulations 公司兴盛了数年。游戏特别新颖，简单的战争设计扩展了游戏受众。这款游戏的优势在于采用了复杂主题（二战的地面战斗）并分解成相互关联的组件。主要设定比如轰炸机克制陆地单位、战斗机克制轰炸机、城市中的步兵克制坦克、只有步兵才能占领领土、坦克在开阔地带才能发挥威力等。此类战斗设定全部抽象化。游戏易上手的同时，利用类似 RPG 中的单位升级设定增加深度（代表战争中生产的各类作战单位）。我有好几款游戏都受到它的启发。

- *EverQuest（EQ）*：第一款真正的 3D MUD 游戏，开启了游戏的新类型 MMORPG。本书的读者对这种类型的游戏一定不陌生，*EQ* 是真正把这种类型推向主流的功臣。虽然随后暴雪的《魔兽世界》远比 *EQ* 成功（并且终结了它），但 *EQ* 仍是开山始祖，继承了前辈 Meridian 59 和《网络创世纪 UO》的概念并面向了更广阔的市场。从设计师的角度来说，*EQ* 教会我们把游戏变成一项服务，而不是一锤子买卖。*EQ* 是真正实践这个概念的游戏，借助不停地升级和扩展，让玩家真切感觉到这是他们的世界，他们的游戏。这个游戏确确实实地改变了我和其他很多人看待游戏的方式。

- *X-COM*：一款被 2K 游戏公司华丽复活的经典策略游戏，*X-COM* 代表了回合制玩法的最高水准，更适合深思熟虑的玩家而不是思维敏捷的玩家。程序生成的地图和各种挑战极大地增加了重玩价值，并且在战术游戏的表面下还有战略游戏，给予玩家两个可玩的层次。*X-COM* 的优势在于战略层面做出的决定会影响战术的成功，战术又会反过来影响战略。*X-COM* 的这个特性比起程序生成地图更能启发我。

- 《植物大战僵尸》：可能是史上最成功的塔防游戏，这款游戏成为休闲策略游戏的标杆。虽然规则很简单但让人沉迷。更重要的是，游戏证明了与主题搭配的音乐和画面可以极大改善游戏体验。《植物大战僵尸》告诉了我们中等预算和好的设计可以做到什么程度。

你认为行业中有哪些激动人心的进步

实话说，游戏业绕了一圈又回到原地让我感到兴奋。当我在 20 世纪 80 年代开始设计游戏时，设计和编程都自己来，美术工作经常也一起包了。这些游戏特别出色非常吸引人，说明好游戏不一定非要有特别厉害的美术或技术。然而最近几年，我们看到消费者对游戏设备机能的狂热追捧，导致游戏必须又大又炫才有销量。制作团队人数从 1 人到 10 人再到 100 人，预算从几万美元增长到上亿美元。

如今我们又回来了。独立开发者复兴，设备也易于开发。小团队和低预算开发出了越来越多的好游戏。大型游戏如《使命召唤》和《魔兽世界》永远占有一席之地，但再次看到小开发商兴起让我振奋不已。

你对设计流程的看法

游戏开发的方法有很多，但最终我发现，好设计来自把它们融会贯通。设计师不能只关心机制，而不在意提炼创意。同样也不能只关心游戏的剧情和世界，留下糟糕的机制。为了确保你不会只见树木不见森林，设计时需要遵循规则，但也要花些时间在天马行空的头脑风暴上。

对我来说，创意并不是突然出现的，而是持续的、有机的过程。实际上，人人都会产生好的游戏创意……我曾经做实验验证过这个理论，发现一流的游戏创意可能来自最意想不到的渠道。想出创意不难，实现它才难。业界充斥着成百上千个没有被实现到位的"好创意"，或者它们都在无穷无尽的设计决策中迷失了。

我的方法论里都是寻常做法，提出概念并头脑风暴，设计原型检验可行性，边设计边充实原型，然后做出游戏的一个片段，展示游戏完成后的样子……只有做完这些之后才会让整个团队开发游戏。在制作过程中多测试和检查，降低项目失败的风险。

至于打磨质量，有种说法是"最后 20%的时间决定 80%的品质"。花大量时间来打磨和修正。迭代、测试，再迭代、再测试。尽可能频繁地找尽可能多的观众来测试你的游戏。要关注反馈，要用温和的态度对待反馈，因为你是通过反馈了解玩家是怎么看待游戏的。

你对快速原型的看法

早期的快速原型可验证游戏的核心概念和机制。用乐高制作游戏关卡、用纸笔验证机制、用实体模型代替游戏对象等，这些原型制作技巧可以帮你省不少事。

我倾向优先快速制作小组件的原型，然后填充代码测试可玩性、界面等。最后，最终的原型成为游戏的一个完整片段，叫作"垂直切片（vertical slice）"。如果你做到了这一步，并且喜欢它的状态，那么你就走在通往一个优秀、完整的游戏的路上了。

对有抱负的游戏设计师的建议

总结起来很简单，任何听过我在会议、学校或者其他集会上演讲的人都知道我很少这么简练！

- 除非你做不了其他的，否则不要进入游戏业。相比其他竞争行业，你会干得更辛苦，挣得更少。在这个领域里，你必须充满热情才能生存下来——对于工作和手艺的深深的热情。
- 如果你有这份热情，那么表现出来。自己做些东西、学习技术、使用各种工具并展示你的作品。你可以做其他游戏的 MOD 或者从头做起。不管使用哪种方式，不要以为毕业+面试=工作。我招人的时候，相比于简历上只有学校经验的人，我有十倍的可能性去招亲自做过东西、并从中学到知识的人。
- 玩一切你能玩的东西，从任何你能学的游戏中学习。你越多地暴露在那些闪耀的宝石之前，你就会变得越好。

补充阅读

Chaplin, Heather and Ruby, Aaron. *Smartbomb*: *The Quest for Art, Entertainment and Big Bucks in the Videogame Revolution*. New York: Workman Publishing, 2005.

Laramee, Francois Dominic. *Secrets of the Game Business*. Boston: Charles River Media, 2005.

Michael, David. *The Indie Game Development Survival Guide*. Boston: Charles River Media, 2003.

Vogel, Harold. Entertainment Industry Economics: *A Guide for Financial Analysis*. Cambridge: Cambridge University Press, 2007.

尾注

1. DFC Intelligence, "Worldwide Video Game Market Forecasts," April 26, 2016.

2. Entertainment Software Association Press Release, January 18, 2018.

3. Entertainment Software Association, "Essential Facts about the Computer and Game Industry," June 2017.

4. Entertainment Software Association, "Essential Facts about the Computer and Game Industry," June 2013.

5. Newzoo. "2017 Global Games Market Report." April 2017.

6. DFC Intelligence, "Worldwide Video Game Market Forecasts," April 26, 2016.

7. Webster, Andrew, "The PS4 has sold 70 million units, while PSVR tops 2 million." *The Verge*. December 7, 2017.

8. Ibid.

9. Statt, Nick. "Why the Nintendo Switch is the most innovative game console in years." *The Verge*. December 21, 2017.

10. App Annie "App Economy Forcast," March 29, 2017.

11. Sheff, David. *Game Over: How Nintendo Conquered the World*. New York: Vintage Books, 1994. p.52.

12. Dietz, Jason. "Metacritic's 3rd Annual Game Publisher Rankings." Metacritic.com. February 13, 2017.

13. Donovan, Tristan. "Game Developer Reports: Top 20 Publishers." Game Developer. September 2003.

第 16 章
如何进入游戏产业

进入游戏业界的方法不止一种。如果你读过前面每章最后的设计师视角，可能已经发现每个设计师入行的故事都不同。没有两个人会走同一条路，你也必须找到自己的路。在最后这一章中，我会教你一些向游戏行业销售你的想法以及你自己的策略。我将谈到的三种基本策略是：

1. 在发行商公司或开发商公司谋得一职
2. 向发行商提案并展示你的独特的创意
3. 独立实现你的想法

大多数游戏设计师并不是靠着展示原创概念起家的，他们会在成熟的公司就职并努力工作。当他们有了一些经验，可能会辞职创业或在公司内部转岗。但怎么在游戏业内找到第一份工作？有哪些要求？面试时要准备些什么？这些问题可不容易回答。与许多其他职业路线不同，游戏设计师并没有固定的成功路线。我的建议会帮助你在竞争中尽可能提高胜算。

在发行商公司或开发商公司找一份工作

在一家成熟的公司找一份工作是进入业界最实际的方式。你可以学习知识、积累经验，与其他人一同工作，直接参与内部游戏制作。不过即使在初级岗位，游戏行业竞争也很激烈。除了直接给公司投简历和联系游戏公司的 HR 部门，我还推荐以下几个策略来帮你找到第一份工作。

自我学习

当你联系公司准备去面试时，作为新人设计师最重要的是对游戏和行业足够了解。明白游戏玩法的概念和机制、了解游戏的历史、清楚你所应聘公司的定位都是展示你技能的重要途径。

学术专业

美国的许多大学都有游戏设计学位。比如最顶尖的 USC、NYU、Georgia Tech 和

Carnegie Mellon，有成熟的课程体系和游戏设计研究实验室。还有职业学校，如 DigiPen 和 Full Sail，专门为游戏行业培养人才。

现在一些大公司，如 EA、动视、微软等都从游戏专业中招新人。它们主要从顶尖的游戏设计、计算机科学和视觉设计学校招人，并且更倾向于招收擅长计算机和人际沟通的候选人。公司中的大多数新雇员一开始是暑期实习生，毕业后招为正式员工。

如果你选择就读游戏设计学校，那么要记得，一个全面的游戏专业相比只专注工具和技术的课程要更能帮助你进入游戏设计行业。此外，学习游戏设计之外的东西，比如历史、心理学、经济学、文学、电影或者其他你有热情的方向，都能够刺激你的思维和想象力，给你提供设计游戏的有趣视角。

也就是说，游戏公司确实有偏向：它们更喜欢雇用有技术背景的人。如果你上过工程或计算机科学课程，会让你更有优势并且有助于了解业界标准，例如，C++和 C#。如果你参加过游戏课程，可能会有使用游戏引擎的经验，比如 Unity 3D、Unreal 或 Source。虽然工具不应该是你学习的重点，但你还是要熟悉用来制作游戏的工具。除了在第 8 章中讨论过的游戏引擎，像 Photoshop、Illustrator、3D Studio Max、Maya、Microsoft Excel 等都是需要熟悉的重要非编程软件，大多数游戏专业会有这些工具的培训课程。

玩游戏

你可以通过玩尽可能多的游戏，了解它们的历史和开发历程，分析它们的系统来自学游戏设计。我假设你很喜欢游戏，所以玩很多游戏对你来说可能已经不是问题了。但是光玩是不够的，要养成分析你在玩的游戏的习惯，尽量从每款玩过的游戏中学习新知识。积极参与游戏社区，如 Gamasutra.com、Indiegames.com 和 GameDev.net。如我在第 1 章所说，培养游戏素养可以帮助你在更深的系统层面上讨论游戏并用恰当的实例表达自己的想法。

设计游戏和关卡

如果你一直在做书中的练习，现在应该至少设计过一款原创游戏了。这种经验是寻找游戏设计工作最有用的工具之一。

扎实的纸面游戏原型和出彩的概念文档可为一份优秀的作品集打下基础。如果有能力把你的设计做成软件原型，那最好不过了。即使这个时候你还不打算向发行商提案你的创意，你也应该继续改进你的原型和文档。在面试中被问及你有什么经验时就可以展示你的作品，详细谈谈设计、测试、改进的过程。尽管你是新人并且没有发行过游戏，但这能让你展现出实际开发经验，以从其他应征者中脱颖而出。

除了制作原创游戏的实体和软件原型，还可以为其他游戏制作关卡来展示你的设计技能。我在第 8 章中提到过，许多游戏发售时都有灵活且强大的关卡编辑器和 MOD 开发工具。你还可以参加 MOD 和关卡制作比赛，增加在业界的知名度并帮你拿下第一份工作。制作目标公司游戏的关卡和 MOD，同简历一并投递，这也是进入游戏公司的一种策略。

了解业界

我之前说过，了解你想进入的行业非常重要，阅读书籍、杂志和上网可以帮助你掌握最新的趋势。参加面试之前了解一下最新的行业新闻，展示你的知识储备以提高胜算。

人脉

人脉对游戏行业中的所有人都很重要。人脉，我的意思就是出门去会见业内同行。你可以参加产业相关会议和活动，通过网络结识从业人士，通过业内的朋友或亲戚相互介绍。

你需要一张个人名片。风格不要太华丽，尽量大气简洁，内容包括你的名字、电话号码、E-mail 地址和作品集网址。印名片的目的是在活动中与人交换，得到他们的信息，方便以后与他们联系。

组织团体

加入行业相关的组织有助于结识同行。最好的选择就是加入国际游戏开发者协会（International Game Developers Association，IGDA）。IGDA 是程序员、设计师、美术设计师、制作人和各类业内人士的国际性组织，致力于培养社区和推动游戏媒体化。IGDA 在许多地方设有分部，具体地址可以从 IGDA 的官网中查询。

分部经常举行交流、演讲和其他有机会结识同行的活动。组织会收取一定的会费，对于学生则有减免。

其他可以加入的组织有 WIGI（Women in Games International，国际游戏业女性协会）、G.A.N.G.（Game Audio Network Guild，游戏音效公会）、SIGGRAPH（Special Interest Group on GRAPHics and Interactive Techniques，计算机图形学顶级年度会议）和 SIGCHI（Special Interest Group on Computer-Human Interaction，人机交互顶级年度会议）。

参加会议

另一个绝佳的交流机会是参加游戏会议。在美国，顶尖的两个大会是游戏开发者大会（Game Developers Conference，GDC）和 South by Southwest（SXSW）。开发商和发行商公司的高管都会参加此类会议，你可以见到行业内各层次和各领域的从业者。这里有各种主题的演讲和研讨会，你会惊讶地发现一些业界顶尖人才是多么平易近人。其他大会包括 E3、DICE、PAX、IndieCade、Global Game Jam、Games for Change、Casual Play 等。每年都有许多大会召开，有些可能就在你附近。

练习 16.1：人脉

把你的目标设定为每月至少参加一次人脉活动。可以是大会、聚会、演讲或任何结识同行的机会。创建一个数据库存放他们的联系方式。

互联网和电子邮件

另一个交流资源是互联网。你可以在线

上社区中遇到许多从业者，如 IGDA.org 网站的论坛，或者在 Gamasutra.com 网站的项目和职位区找到实习职位。电子邮件可以有效地联系你想联系的人，但并不是最有说服力的毛遂自荐的方式。你可以在 Gamasutra.com 网站的公司区找到开发商和发行商列表，去它们的网站并发送邮件，但如果没有收到回应的话也不用惊讶。游戏公司每天都会收到很多求职信，没有人介绍的话机会很渺茫。这并不是说不值得一试，但做好石沉大海的心理准备。

这里有一个问题，HR 部门往往不是你去接触项目招聘的决策人的最好途径。我建议你搜索公司内雇员的地址，找到负责特定游戏的制作人，然后想办法联系他/她。你是否认识某个人，能把你推荐给这个关键人物？如果有的话，试着让他/她帮忙介绍一下。如果没有，从新闻稿或网站上找到他/她的电子邮箱，直接联系他/她。

在你坐下来写邮件之前，调查此人的背景和制作过的游戏。根据你的调查写信。一些对他/她的了解，加上出色的自我介绍以及来由，都会很有帮助。运气好的话，你会收到回信。即使现在没有工作机会，至少互相认识了，你可以在下一次参加大会或者活动时当面介绍一下自己。

即使研究到位、文笔又好，也不要指望每封信都有回应。在游戏业工作的专业人士会收到很多不请自来的信件。如果他们不回信，不要沮丧，他们可能只是工作太忙没空回复。但如果你能坚持下去，收到回信的可能性会越来越大。

练习 16.2：跟进邮件

写一封跟进邮件给某个你结识的同行，谈一谈他/她们公司的工作机会并且向他/她展示你的原创想法。邮件尽量写得谦虚又打动人心。提前准备好收到回信怎么应对。下面的几个练习会帮你做好准备。

关于交际，一个很重要的技巧是，交际时要注意预期别太高。如果参加一次活动没人能帮到你，不要认为这是失败。交际是一个积累的过程。一次会面就带来工作机会的情况是很少见的。通常你会在不同的活动中见到某人数次，持续保持联系才会出现机会。即使在交流活动中没有任何机会出现，简单地与他们相处和交流也会学到很多东西。

从底层做起

该选择什么职业入行？如果你是程序员或美术设计师，大多数公司都有对应的入门职位。你需要有不错的简历/作品集。这些职位竞争激烈，但对特定的人才需求也很大。随着游戏团队规模的扩大，新招聘的大部分是美术设计和编程岗位的人员。

如果你想制作游戏，最好从制作助理（或者实习生）做起。但是如果你想设计游戏，情况会稍微复杂一些。你能找到最好的职位是助理设计师或关卡设计师。然而这些岗位难度较高，除非你已经有类似的工作经验。许多人走上游戏设计师之路前都在其他岗位上积累经验，比如许多设计师一开始是程序员或是助理制作人。

练习 16.3：简历

制作一份简历，重点介绍你的设计经

验。你可能没有多少工作经验，但记得谈及书中做过的设计练习、参加过的课程，或者加入的组织，比如 IGDA。

实习

实习是进入此行业的好方法之一。游戏公司，尤其是发行商公司，定期从学校招暑期实习生。这些职位未必都有薪水，但比获得全职工作要容易多了。在你申请实习之前，确定公司会让你参与项目。有的公司招实习生，但是却没有让实习生参与项目的规划，这对于实习生和实习生的导师而言都是很为难的处境。好的实习工作可以让你学到一些核心知识。通常，实习岗位会安排你从事研究、测试，或担任制作人或高管的助理，这是你拓展人脉和学习知识的绝佳机会。

练习 16.4：实习

如果你还是学生，实习是不错的选择。去学校的职业生涯中心或登录他们的网站寻找职位。另一个办法是直接联系游戏公司，询问是否需要实习生。

QA

QA 是一个薪水平平的入门职位。可能活多钱少，但是作为入行职业还不错，可以接触到整个开发团队。你写的 Bug 报告会直接递交给程序员、美术设计师和制作人。主管可能会注意到有才华的 QA，因为他们中很多人也是从 QA 起步的。为新项目组建团队时，相比外部招募，有的公司更喜欢从内部挑选优秀的 QA 加入。更重要的是，QA 让你更接近开发过程。你会看着游戏从早期一路发展到最终成品。

提交你的创意

当你在行业内积攒了一些工作经验时，可能就会想开发你自己的创意，并向开发商提案。我在第 13 章中提到过，开发商更倾向于投资有经验的团队、成熟的创意、好且靠谱的项目规划。

让我们假设你要去会见一家潜在的发行商。他们会期待看到什么？过程会如何展开？下面这部分内容会介绍一些知名开发商向发行商展示创意的实例。即使你的职业生涯还没到这一步，也值得了解一下这个过程，将来当你有机会参与时便能切中要害。

下面这部分信息和推荐来自 IGDA 商业委员会的游戏投标指南。为了准备这份文档，IGDA 对众多业内专业人士进行了问卷调查和访谈，得出游戏提案行业的惯例和大趋势。完整报告可以在 IGDA 网站下载。征得 IGDA 同意后，我利用报告得出了下面的推荐。

提案过程

游戏发行商每年从开发商那里收到上千件提案。出于各种各样的原因，大都被直接拒绝，例如，资料准备不足。最终发行的提案不足 4%。被做成成品的那些游戏中，只有一两款会大卖。不过别被这些数据打击到，因为所有创意产业被拒绝的概率都差不多。

作为开发者，你至少可以备足提案材料，增加通过第一步的概率。好的提案材料会让你的团队显得专业，听起来也更有吸引力。当你向发行商提案时，他们也在问自己一个问题："这些人真的可以把他们提案的东西做出来吗？"

提案的第一步，找到第三方评测提案的组织。你可以从发行商网站找到联系方式或到总台询问。同样，如果没有回应不要意外。记得保持礼貌，同时坚持不懈。

当你最终获得提案机会时，准备签署一份提案协议或保密协议。这些文档里会提出一个基本要求：如果在你提交提案之前，已经有某个正在开发的项目或某个团队提交的提案所采取的创意是与你的相似的，并且这些团队的创意的产生与你无关，那么你将不会得到投资。尽管协议有些片面，还是应该签署它，拒绝签字说明你不熟悉流程。提案协议是每个创意产业的标准惯例，包括书籍、电影和电视行业。

最好能当面提案，不过有的发行商会要求先过目一遍材料。不管是哪种方式，要让你自己和你的材料显得尽可能专业。你不必穿正装，但破牛仔裤和脏 T 恤肯定不行。

走完全部提案过程大概需要 4 到 16 周，取决于你催得有多紧。创建一个备忘录或者表格，写上所有你联系过的发行商。可以同时向多家公司提案，但你需要应付很多个审核人员，这可能会让你感到混乱。

提案材料

你提交的材料一定要激起发行公司内部不同人员的信心。他们会首先评估你的团队，其次是创意素材，最后是项目规划。保持提案材料简短易懂，因为发行商不会每个人通读一遍。下面是 IGDA 指南中推荐准备的材料：

1．产品介绍书
2．游戏试玩 Demo
3．游戏演示视频
4．游戏设计概述
5．公司简介
6．游戏故事板
7．幻灯片演示
8．技术设计概述
9．竞品分析

产品介绍书

用短小精悍的文档介绍你的创意和目标市场。产品介绍书的内容应包括游戏名称、类型、玩家数量、平台、发售日期、两段描述、特性要点列表和一些游戏美术。

游戏试玩 Demo

一段可玩的游戏 Demo 是最重要的材料之一。IGDA 的问卷显示，77%的发行商认为可玩的游戏 Demo 至关重要。Demo 的完成度可高可低，最重要的是发行商能据此评估成品的质量。

游戏演示视频

如果你拿不出可试玩的游戏 Demo，那么最好有演示视频。在视频中展示游戏角色和玩法，并且尽量通过游戏代码实现。不过，也有一些知名开发商利用故事板和解说代替视频。

游戏设计概述

这是一份不带过多细节的游戏设计描述文档。如果发行商感兴趣，他们会想看到你已经通盘考虑了整个项目，但他们不会想阅读每一个细节。理想的内容应包括：游戏剧情、游戏机制、关卡设计大纲、操控、界面、艺术风格、音乐风格、特性列表、初步里程碑进度表和团队成员简介。

公司简介

简短地介绍公司管理层和团队成员，就像一份公司的简历。理想的内容应涵盖：公司信息（包括办公地点、项目历史和能力证明）、公司细节（包括使用的技术、各部门雇员的人数、其他特色信息）、开发中的游戏、已发售的游戏（包括平台信息）和全部人员信息。

游戏故事板

这些是你游戏的静态图像。可以使用草稿或者成品，或者两者都有。最好附上一份实体版，便于发行商在手头没有电脑的情况下评估你的文档。理想的内容应包括：游戏玩法的可视化介绍并搭配文字说明、游戏操控键位表和角色信息。

幻灯片演示

这是提案材料中关键的视觉和要点的汇总。它容易制作，并且容易在你不在场时也能让发行商了解你的大致想法。举个例子，发行商中的某个人可能会想在你不在场的时候，向另一个人介绍你的想法。

技术设计概述

这是一份不包含细节的技术文档，它描述开发路线和技术如何实现。不仅要完整还要通俗易懂，让没有技术背景的人也能看懂。理想的内容应包括：整体概述、引擎描述、工具描述、硬件需求（开发需求和目标硬件平台）、历史代码库和使用的中间件（如果有）。

竞品分析

要指出与你竞争的产品。这体现你对市场的了解及你在市场中的相对位置。理想的内容应包括：对目标市场定位的总结、你的有利条件、竞品的优缺点并附带销量数据（如果你能拿到的话）。

练习 16.5：准备你的提案材料

仔细查看前面的列表，和你的团队一起尽可能备齐提案材料。记得包括所有制作的游戏原型、设计文档和项目规划。

练习 16.6：提案

根据你的人脉数据库和研究结果列出游戏可提案的公司列表。利用上面提到的方法找到公司内的联系人争取提案机会。即使最后没有成功，也是增进人脉的好机会，甚至会得到一份工作。

提案之后

在离开提案会议之前，可以询问大概什么时候能收到回信。这样不仅可以让你有个预期时间，也会让发行商有一个你想要跟进的预期。

开发商能迅速跟进很重要，但过分热情容易惹恼发行商。正确的做法是在提案后马上发一封简短的感谢邮件，并提供会议的补充材料或文档拷贝。

如果发行商感兴趣，那他们会很快回复你，如果没有很快收到回应，可能是你的联系人正在出差或忙于其他会议。如果7到10天后你的创意仍然没有被回应，那你应该联系会议召开人询问进度，但每周至多发一封邮件或者打一次电话。联系太频繁招人反感，反而帮不到你。

这段时间内发行商可能正在内部的多人之间进行评估。最终的决定也不会只由一人做出。大多数发行商由下面三类团体组成：

1. 销售和市场
2. 研发
3. 商务/法务

每个团体中都有响应外部提案的负责人。在提案现场的人可能来自商务/法务部门。如果他们喜欢，会拿给其他内部成员看并试图达成一致。由于分工不同，这些团体之间通常是竞争关系。理想情况下，某人看好你的创意然后努力说服其他团体。如果这些团体也认可，发行商会要求技术总监深入研究你的项目。如果发行商开始询问技术细节，对你来说是个好兆头。

基本上，最终的决定应该综合全部的风险和潜在的机会。这些风险包括上市时机、设计风险、技术风险、团队风险、平台风险、营销风险、成本风险等。如果发行商走完流程认为你的项目值得一试，他们会准备一份详细的投资回报率（ROI）分析，确定作品的潜在利润。

如果发行商承担所有风险并且项目的ROI可接受，发行商会发给你一封项目意向书。恭喜你，但流程还没结束。在最后一步，发行商可能会要求你签署一份合约，也可能因为内部原因突然取消项目。根据经验，除非发行商签署了最后的合约，否则不要认为你已经成功了。而且除非钱已到账，否则不要指望能花发行商一分钱。

如果你的提案没走到这一步，记住你并不孤单：96%的提案都没通过发行商的评审。每一次尝试，会让你更进一步，认识更多更好的提案对象。

独立开发

我曾说过，现在独立开发的机会很多。但这条路并不好走，东拼西凑筹集资金，维持团队几个月的开发，任务可是相当艰巨。一些独立开发者有其他正式工作，有的通过受雇赚钱来支持自己的游戏开发，有的利用众筹网站（如 Kickstarter）募资，有的透支信用卡或向亲友借钱。类似独立电影和地下音乐，独立游戏对于开发者来说如同豪赌。在大部分情况下，游戏都无法完成，或者找不到好的分发方式。但独立开发也有它的优势，可以尝试真正独特的创意，有改变想法的自由，拥有自己的想法并且可积累真的去执行而带来的经验。

对于部分独立开发者来说，他们的目标是开发一款可能被大型开发商选中并发行的游戏。如果成功，开发者可以在所有权和版税上与发行方商谈到不错的报价，对于发行商的风险也小得多。

对于其他独立开发者，他们的目标是通过主机、PC 或者移动平台上的某个数字分发渠道来自己进行分发。通常这些数字商店会从收入中抽成。比如之前说过的，苹果 App Store 抽取收入的 30%，这差不多是其他数字商店分成的平均值。同样，游戏内置的微交易也需要采用分销商的专用系统。如果你以低成本独立开发出优秀的游戏，收入也会相当可观。独立游戏开发者 Asher Vollmer 在大学时期开发的解谜游戏 PuzzleJuice，曾在 PAX 展出并被 Yahoo 选为"必玩的 iPhone 游戏"，所得收入足够支持他的迷你团队继续设计独立游戏，详情见他在本书中 540 页的专栏。这不是一夜暴富的故事，但证明了小微独立团队也能有所作为。

行业的边缘地带正是创新繁荣的地方，你的独立游戏也许正好有大众遍寻不得的玩法。你可以通过参加游戏节曝光自己的独立游戏，比如 IndieCade 和 IGF，这里造就了不少成功的故事。更多关于这些活动和其中脱颖而出的游戏，详见 Sam Roberts 在本书第 470 页的专栏内容。

总结

如你所见，成为游戏设计师并且实现游戏创意的方法有很多。不论你是在业界内谋一份工作慢慢往上爬，努力与发行商达成协议开发游戏，或是自己创业独立实现你的想法，重要的不是选择什么路线，而是去了解自己的梦想，制作你真正信仰的游戏。

不管你是在大型游戏公司还是小本经营的独立工作室，或者仅把游戏设计当作爱好，永远别忘了你自己的愿景，记住只有不断尝试才能成功。

设计师视角：**Erin Reynolds**

Flying Mollusk 的创始人、创意总监

Erin Reynolds 于 2012 年毕业于 USC 互动媒体与游戏专业。毕业之后，她加入了 Zynga，任高级游戏设计师，投身于 Zynga 扑克的开发。后来，她建立了 Flying Mollusk，开始对她的毕业设计 *Nevermind*（2012）进行商业化制作，这是一款心理恐怖游戏，它利用玩家的生理反馈来训练他们控制自己的焦虑。她的作品还有 *Ultimate Band DS*（2008）和 *Trainer*（2009）。

你是如何成为游戏设计师的

虽然玩了很多年游戏，但我绕了一些弯路才最终走上游戏这条路。因为一直热衷于科技和艺术，我想选择一个可以兼顾两者的领域。起初我致力于 3D 电脑动画方向，于是我来到了南加州大学。在这里我醉心于艺术、电影和计算机科学课程，其间还参与了 SCFX，一个致力于视觉特效和电脑娱乐业的学生组织。经过学习跨学科课程，看到 SCFX 带来的机会，我逐渐意识到我真的可以靠制作游戏为生。

我从小玩着游戏长大，但从未考虑过把制作游戏当作潜在的职业。想通之后我开始在 Disney Interactive 实习，担任概念美术师和游戏设计师，从此爱上了这份工作。幸运的是，在 USC 的最后一年有了游戏课程，我如饥似渴地参加了各种相关课程。那时我已经沉迷于制作游戏，无法想象自己会去做别的事情。

你受到过哪些游戏的启发

听起来有些奇怪，但对我影响最大的三款游戏是 *Ecco the Dolphin*、《劲舞革命》（*Dance Dance Revolution*）、《永恒的黑暗》（*Eternal Darkness*）。

Ecco the Dolphin 是我一直以来最喜欢的游戏之一。尽管画面上仍有限制，但它给我的震撼非常大，让我迷恋上了海豚和鲸鱼。在设计游戏时，我总会谨记游戏对人有如此大的影响。

Dance Dance Revolution 在某种程度上也对我意义非凡。我不仅非常享受游戏过程，而且参与其中让我变得更加健康。坦白地说，我在玩 DDR 之前不喜欢运动，但多亏了它，彻底改变了我对体育活动的观念。

因为这两款（以及其他许多）游戏的体验，我强烈感觉到游戏可以对人们产生巨大的积极影响。只需与玩家互动，便可以激发他们拓宽兴趣的范围，超越固有的认知范围。

最后，《永恒的黑暗》教会我打破陈规的重要性。这是一款冒了很多险的游戏——打破了第四面墙，让玩家体验丰富的可玩的角色（并不是所有主角都是有好结局的"好人"）。直到今天，《永恒的黑暗》一直提醒我要勇于尝试新想法，如果能让游戏变得更好，应不惜打破设计规则。

你认为游戏业中有哪些激动人心的进步

最近几年，行业里新鲜的想法喷涌而出，并且一点也没有慢下来的迹象。游戏的创作者能够使用前所未有的丰富的工具和分发渠道来制作和分享他们的想法，越来越多的独特视角被表达了出来。这种情况本身已足够让人兴奋，但更了不起的是其中隐含的趋势。越来越多的人开始玩游戏，更重要的是，人们开始玩各类游戏，对真正革新科技的渴望（和认可）逐渐凸显。我们可以从 Oculus Rift 这样的产品和 Games for Change 这样的组织，以及 Thatgamecompany 广受赞誉的《风之旅人》上看到这种趋势。现在正是成为游戏设计师的绝佳时机。

你对设计流程的看法

每款游戏的构思过程不尽相同。不过我发现我的创意大都在听音乐和散步时出现。坦白地说，我认为这主要归功于当我在"入定状态"时，脑中否决疯狂（但也可能棒极了）创意的部分在怠工，于是一些绝妙的想法更容易冒出来。我认为这种怠工反而不错，一杯烈酒通常也有同样的功效。

有了创意之后，我会尽可能征求别人的意见，不仅在行业内，我也会找从不玩游戏的人。如果概念看起来还算靠谱的话，我会画出草图想象玩起来的感觉，研究相关的艺术寻找灵感等。如果还能对创意保持热情，我会想办法实现它。这种方法不仅适用于全新的游戏和理念，也可用于开发已有的游戏中的特性、解决设计难题或任何困扰我的问题。

你对原型设计的看法

有时候会做原型，视游戏、特性、时间而定。通常我设计新游戏或特性时会用迭代的方式，保持原型灵活性的同时还能进入真正的实现过程。在理想情况下，这可以让我测试特定的假设，以确定特性是否正常运作，并且迭代直到成功。之后我以此为基础，每次"试验"都向完成游戏更进一步。它不如真正意义上的原型那么灵活和创新，但更适合时间紧迫的情况，也能够利用到一些原型的好处。

谈一个你遇到过的设计难题

Nevermind 的核心机制是加入生理反馈的冒险恐怖游戏,本身就是设计难题。一方面,我想利用生理反馈让玩家意识到自己的压力并且考验他们在压力和不适环境下能否保持淡定。另一方面,我想在玩家感到压力和沮丧时通过惩罚让他们实现这一点。在大多数情况下,游戏设计师想要玩家保持心流,略有压力但不至于受挫。如果你让玩家彻底灰心丧气,他们可能愤怒退出永远不再玩,所以我们只在他们变得沮丧时略施惩罚。

我希望 *Nevermind* 有趣好玩,但同时督促玩家学会解决他们的压力和不安(而不是简单降低游戏难度缓解他们的不适)。我们尝试过许多方案,比如玩家保持冷静可获得奖励(而不是在焦虑时惩罚他们),但最终发现,为了实现游戏的根本目标必须坚持我们设计的初衷。所以我们没有修改核心机制,而是简单调整了惩罚和危险的概念。换句话说,我们还是按照最初的设计体现惩罚(场景会变得更难,如果玩家不及时控制情绪,最终导致角色在游戏内死亡),不过我们把真正的惩罚(游戏内的死亡)变成了轻微的挫败。我们发现在大多数情况下,玩家的表现与我们预想的一样,这令玩家达到了高度焦虑,但很少超过彻底难以忍受的限度。

另外,选择这种与现有的经验背道而驰的非传统设计,恰恰是 *Nevermind* 吸引玩家和形成独特体验的方式。有时候必须破除陈规才能创新。

你认为职业生涯中最值得自豪的事情是什么

每天让我从床上爬起来的原因是利用游戏让世界变得更好,所以最自豪的就是可以通过游戏达成这个目标。我尝试用游戏帮助玩家改善现实生活,*Trainer*(一款帮助儿童养成健康饮食和锻炼习惯的游戏)和 *Nevermind*(一款帮助玩家更好控制焦虑情绪的游戏)就是非常典型的例子。另外还有一些不太明显的例子,比如 *Ultimate Band DS* 中的制作音乐的功能,鼓励年轻玩家去学习和创作音乐,还有 Zynga Poker 中举行的数次公益活动。

我不确定这些努力是否对世界有影响,但我很自豪我至少努力尝试了,并且获得足够成功以至于还有机会继续做下去。

给设计师的建议

享受生活,不断挑战自己。作为游戏设计师,你有带领其他人踏上奇妙冒险和旅程的能力!如果你都没有去尝试,那怎么可能带领其他人呢?在任何设计精良的游戏中,玩家的失败都应该是吸取教训准备下一次挑战的机会。生活也是不断的挑战,最糟的情况不过是失败,之后让自己变得更好更强并继续尝试。如果不去冒险按下"开始键",你永远不知道自己错过了什么。

设计师视角：**Matt Korba**

The Odd Gentleman 的创意总监

Matt Korba 是一个游戏设计师，同时也是企业家。他为 XBLA、iOS 和 PC 等平台设计游戏。他的作品包括 *The Misadventures of P.B. Winterbottom* （2010）、*Flea Symphony*（2012），以及与 Neal Gaiman 合作的 *Wayward Manor*（2013）。

你是怎么成为游戏设计师的

2005 年我从电影学院毕业，我放弃了在一个西班牙真人秀节目端咖啡的工作，开始了我在南加州大学互动媒体与游戏专业攻读艺术硕士的第一个学期。我的面前是一个全新的世界，我爱上了电子游戏，我发现爱这些东西远胜于制作电影。你能够在电脑里创造一个互动的、活生生的世界，这让我着迷。

我的毕业设计项目叫 *Winterbottom*，它是时间旅行、默片和美味馅饼的混合。它不仅赢得了 2008 年独立游戏节的学生作品奖，并且还在 IndieCade、E3、东京电玩展获奖，最终由 2K Games 发行。就在我毕业不久之后，The Odd Gentleman 工作室于 2008 年 10 月建立。接下来就是互动娱乐的古怪风潮。互动娱乐，它值得我做出职业生涯上的改变。

你受到过哪些游戏的启发

那些个人化的游戏给我带来了很多灵感。我曾经说，"有创意"的游戏能给我灵感，但"有创意"很有可能只是噱头。如果一个创作者设计了一个个人化的游戏，它往往会非常有创意，因为没有任何两个人是一样的。当一支团队相信一个项目并对其充满激情时，他们的热情和个人化的行动会反映在游戏的质量中。人们也不一定需要艺术范儿。一个交换颜色的三消游戏可以很个人化，可以很出色。还有，我非常喜欢 *Spelunky*。

你认为游戏业中有哪些激动人心的进步

工具越来越易用，平台越来越开放。每个想做游戏的人都可以开始做游戏。作为一个游戏玩家，这真是最好的时机了，因为游戏体验的种类在不断扩展。媒体和电视频道也覆盖了独立游戏，最好的独立游戏更容易达到顶峰。

你对设计流程的看法

我的游戏灵感往往来自游戏外的世界：梦境、强迫你出门的活动、桌面游戏、我妻子的笑声、电影院、一块美味的馅饼、非常随机的只有我觉得有趣的事情，还有我祖父讲的暖心的故事，以及不同的微波炉食品。一旦灵感形成了，它的中心必须有强大的游戏性。我可能有关于一个世界或一个故事的想法，但如果我不能在想法里加入有深度的游戏互动，那么这个想法可能更适合一部微电影或者漫画书（或者早餐三明治）。原型是把想法实现的关键。一旦我们有了一个很棒的原型，我们就可以进入制作阶段，把游戏做出来。我们尽可能多地提前做好计划，然后给制作过程中的灵光一现留一些空间。

你对原型设计的看法

原型是我们制作流程中非常重要的一部分。我们的游戏都从非软件原型开始。优秀的原型自己就是一种艺术形式。我们通过非常有创意的解决方案来尽快实现游戏的想法。制作软件的游戏原型并没有定式。有时候我们用乐高，有时候我们使用纸娃娃或是桌游里面的小卡片。在非软件原型阶段后，我们非常快地做出一个软件原型，然后进行迭代。我们常常会很快做个动画加进去，或者是通过 PowerPoint 来传达游戏的感觉。游戏制作非常贵、非常耗时，因此只要有可能，最好先在纸上弄清楚你要做什么。

谈一个遇到过的设计难题

Winterbottom 的设计目标之一是创造一个解谜游戏，让玩家可以探索并发现多种解法。我们想象着在发售以后能够在 YouTube 里发现设计师们从来没有想到过的解决方案。为了做到这一点，我们必须从后往前设计谜题。首先，我们思考了一系列想要玩家去创造的事件。然后，我们利用合适的工具设计关卡，做出这些事件。之后，我们大量测试这些关卡，并目睹人们尝试所有可能的办法去解决谜题。我们调整耗时，修改误判，直到在关卡的开放度和挑战性之间达到良好的平衡。我可以说我们成功了，在 YouTube 上能找到不少 *Winterbottom* 的视频。

你认为职业生涯中最值得自豪的事情是什么

发售我们的第一个游戏 *Winterbottom*。我们没有半路放弃，而是顺利地把游戏发售到 Xbox 360 上，并且创立了一家有不少年轻、有冲劲的人的公司。

给设计师的建议

　　别等着，动手去做游戏。用任何你能拿到的东西做游戏：弹珠、顶针、线头。做出好游戏，剩下的都很简单。

设计师视角：Asher Vollmer

Sirvo Studio 的创始人及创意总监

Asher Vollmer 是一位独立游戏设计师和企业家，他的作品包括 Threes!（2014），Puzzlejuice（2012）和《温特伯顿先生的不幸旅程》（The Misadventures of P.B. Winterbottom，2010）。Asher Vollmer 在读大学时就发行了 Puzzlejuice，并且取得了成功。而 Threes! 这款游戏得到了大众的高度评价，它斩获了苹果设计大奖和 2014 年最佳 iPhone 游戏等两个奖项。

你是如何成为游戏设计师的

7 岁的时候我在计算机夏令营学会了编程，那对于我来说是个关键时期。我没有学习第二门语言，而是学会了像电脑一样思考，让我能更轻松地实现自己的想法。一开始做的是简单的命令提示符文字冒险游戏，但很快便开始了其他试验，比如多人聊天机器人 RPG 和火柴人横板游戏。直到申请 USC 时我才意识到自己是"游戏设计师"，我一直认为自己只是一个喜欢乱搞的程序员。

你受到过哪些游戏的启发

我最喜欢两种游戏体验，但它们却截然不同：冒险游戏和模拟。冒险游戏如《猴岛小英雄》（Monkey Island）、Space Quest、《冥界狂想曲》（Grim Fandango），它们让我爱上了叙事，定义了我的童年。这些游戏中精致的场景、人物和艺术风格征服了我，让我沉迷在这些世界中直接与设计者产生共鸣。而在完全相反的复杂模拟类游戏上，我也花费了上千小时，如《文明》、《过山车大亨》和 X-COM。这些游戏简单粗暴地炫耀着计算机最擅长的东西：系统。它们考验你能否按照一套详细明确的规则建造出一台复杂的机器。你可能会失败，但经过不断学习和重复，每一次成功都会在你心中填满无与伦比的骄傲感。

你认为游戏业中有哪些激动人心的进步

必须是 Kickstarter。它不仅是实现创意的平台，还能把无形的概念比如"名声"和"兴奋"变成真金白银，而这正是实现梦想的燃料。

你对设计流程的看法

创意需要时间。它们可能在做梦、与朋友聊天或者看电视时出现。当它出现时我会很兴奋，尽快把它实现是我的责任。速度最重要，因为几天内我的热情就会消退，必须与自己赛跑做出可用的原型。在那之后我会向尽可能多的人展示，如果大部分人反馈不错，意味着有活要干了。随后将部分游戏外包给其他人，驱动着我把游戏从原型变成成品。

你对原型设计的看法

在你开始敲代码或创建素材之前，搞明白实现你的想法需要的最小工作量。你的时间和能量很宝贵，所以尽量花在直接提升玩家体验的工作上。你可以有一些超出项目规模的点子，但先保存在你的脑海中。你需要尽早并且经常打磨游戏品质。

关于自己发行 *Puzzlejuice*

靠自己发行和上线 *Puzzlejuice*，感觉没什么难度。因为游戏足够小，我知道设计和写程序自己都能完全胜任。那时候我在上学，也没有什么财务压力。最重要的是，App Store 特别支持独立出版的开发商。当时我的目标是靠发行一款游戏给我开发更多游戏的自由，所以我对投简历找工作完全不感兴趣。

补充阅读

Gershenfeld, Alan, Loparco, Mark and Barajas, Cecilia. *Game Plan: The Insider's Guide to Breaking in and Succeeding in the Computer and Video Game Business*. New York: St. Martin's Griffin, 2003.

Mencher, Mark. *Get in the Game: Careers in the Game Industry*. Indianapolis: New Riders Publishing, 2002.

Rush, Alice, Hodgson, David and Stratton, Bryan. *Paid to Play: An Insider's Guide to Video Game Careers*. Roseville: Prima Publishing, 2006.

Saltzman, Mark. *Game Creation and Careers: Insider Secrets from Industry Experts*. Indianapolis: New Riders Publishing, 2003.

结语

如果在阅读本书的同时还完成了书中的习题，那你不但增进了自己对游戏和游戏结构的了解，而且还学会了如何构思、设计原型、测试游戏和清楚地表达自己的游戏创意。

你已经制订过了实现你的原创游戏的敏捷生产计划，包括目标、优先级排序、进度表和预算。你起草过了游戏设计文档及演示材料，包括故事板、幻灯片或游戏试玩演示。你甚至可能结识了不少从业人员，可以向他们提案你的创意。换句话说，你已经踏上了成为游戏设计师之路。

贯穿全书，我的目标就是赋予你成为游戏设计师的知识和技能，不管是就职于知名公司，向发行商提案创意，还是独立开发游戏。如果你自信有能力做到这些，那么我的目标就算达成了。

然而和这份自信一起，你应该明白"成为"游戏设计师是永不停歇的终生事业。希望你能够在职业生涯中不断学习成长，让书中我传达的理念成为这段精彩旅程的第一步，或者说，是你成为游戏设计师的第一关。

现在你已经准备好挑战更复杂的设计理念、承担更多的职业责任或投入某个特定领域，比如视觉设计、编程、制作或者营销。不管将来你选择哪条路，我希望你能体会到如今游戏设计的无限可能性，作为一种能让人们参与和互动的娱乐形式，它的潜力远超传统媒体。

未来的游戏设计，不仅在于科技设备会带来前所未有的临场感，更重要的是技术可以应用于更深层次的玩法和交互方式。为已知的游戏体验加入更丰富的情感，或是创造前所未见的全新游戏机制，任你发挥。在接下来的数十年中，游戏设计师将会证明游戏这种媒体能否不负盛名。我相信你会欣然接受这个挑战。

感谢你玩游戏！